그린오토전기

제3의 개정판을 내면서....

자동차 메커니즘의 발전은 하루가 다르게 변모한다. 반면에 자동차 공학도는 양질 모두 도태 일로를 걷고 있다.

하지만 '골든벨'은 우리들의 생활 산업에 필요불가결한 한 축을 이루어 왔고 미래에도 그럴 것임엔 틀림없다. 이에 따른 기술의 전령사로 다시 재 개편에 투자를 한다는 것은 전문 출판사의 자 존감이자 양심의 발로이다.

우리나라의 자동차 산업은 40년 정도의 짧은 역사를 갖고 있지만 자동차의 생산은 세계 5위, 수출은 세계 4위의 자동차 강국으로 발전하였다. 자동차 산업은 집중적인 투자와 우수한 인재 육성 을 통한 헌신적인 노력 덕분에 자동차의 성능이나 품질 및 기술면에서 선진국과 어깨를 나란히 할 수 있는 수준이 되었다.

이 책의 개편 내용은 다음과 같다.

자동차의 초심자와 진보 기술의 정보이자 입문서로서 타사와 비교할 수 없도록 가독력을 고 민하여 편성하였다.

내용의 개정 주요 포인트는 자동차 기초이론은 물론이고 신기술인 커먼레일 엔진 예열장치, 고휘도 방전(HID) 전조등, 램프 직접제어 전조등, 레인 센서 와이퍼 제어장치, 파워 윈도, 후진 경 고장치, 전자동 에어컨, 가변용량형 컴프레서, 전자제어 시간 경보장치(ETACS), 통합 운전석 기억 장치(IMS), 에어백, LAN 통신, 도난 방지장치, 스마트 키, 통합 정보장치(DIS), 내비게이션, 하이 브리드, 고전압 배터리에 이르기까지 자동차 공학을 총망라하였다.

이 책을 잡는 자동차 공학도, 자동차 산업현장에서 신기술의 개념만이라도 체득하고자 하는 진정한 기술인들, 관련 시험에 응시하는 수험생들에게까지 후회 없는 필독서로 잔존하길 염원의 작품이다.

대한민국의 자동차 공학도들이여 !
당신이야말로 세계 속의 'Top Auto Technician'입니다.

2014년(갑오년) 벽두에
지은이

차 례

Contents

1 기초 전기(1)

학/습/목/표

1. 자동차 전기 장치의 구성에 대하여 설명할 수 있다.
2. 자동차 전기 장치의 요구 조건에 대하여 설명할 수 있다.
3. 전기의 정의에 대하여 설명할 수 있다.   4. 축전기(콘덴서)의 구조에 대하여 설명할 수 있다.
5. 전류·전압 및 저항에 대하여 설명할 수 있다.   6. 옴의 법칙에 대하여 설명할 수 있다.
7. 저항의 접속 방법에 대하여 설명할 수 있다.   8. 키르히호프의 법칙에 대하여 설명할 수 있다.
9. 전력 및 전력량에 대해 알 수 있다.
10. 전선의 허용 전류 및 퓨즈에 대해 알 수 있다.

1 자동차 전기 장치

 ## 1-1. 자동차 전기 장치의 구성

자동차 전기 장치는 엔진의 작동과 직접 관계되는 축전지를 비롯하여 기동 장치, 점화 장치, 충전 장치와 자동차의 안전 주행을 위한 조명 장치, 안전 장치 및 부속 장치로 나눈다.

1 축전지 Battery

축전지는 전류의 화학 작용을 이용한 것으로 화학적 에너지를 전기적 에너지를 발생하는 기구이다. 그 기능은 엔진을 시동할 때 전원으로 작동하며, 또 발전기의 고장으로 인한 전원 공급이 차단되었을 때 전류를 공급하고, 발전기와 전장부품의 부하 사이에 불평형이 발생하였을 경우에 도와주는 역할을 한다.

2 점화 장치 Ignition System

점화 장치는 낮은 전압의 직류 전원에서 높은 전압(10,000V 이상)을 만들고 적합한 시기에 정확한 전기 불꽃을 일으켜 연소실 내에 압축된 혼합 가스를 연소, 폭발시키는 장치로서 높은 전압을 발생시키는 점화 코일과 코일의 전류를 단속시키고 점화시

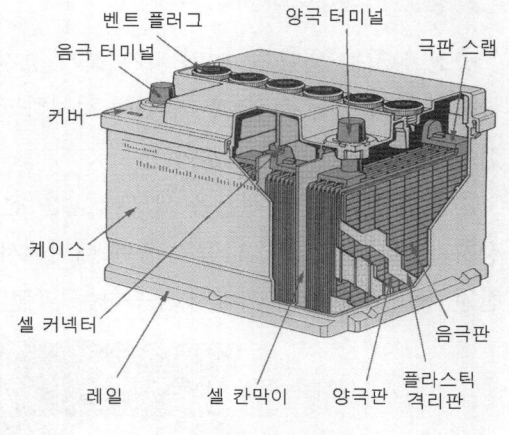

❖❖ 축전지의 구조

기를 제어하며 발생된 고전압을 각 실린더에 분배하는 배전기, 실린더 내에 전기 불꽃을 튀게 하는 점화 플러그로 구성되어 있다.

최근에는 파워트랜지스터를 이용하는 HEI(High Energy Ignition, 고강력 점화방식)이나 DLI(Distributor less ignition, 전자배전 점화방식)을 사용한다.

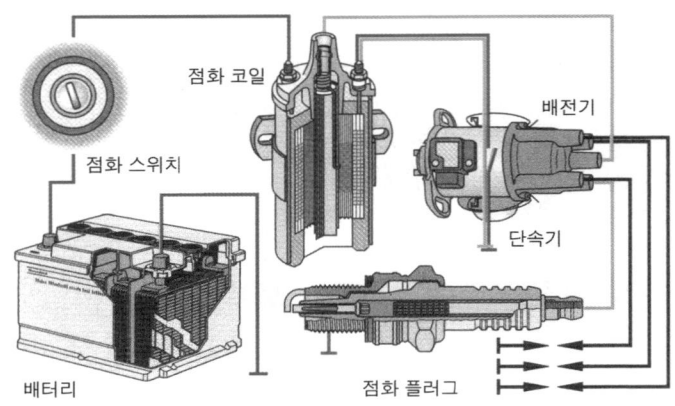

:: 점화 장치

3 기동 장치 | Starting System

엔진은 자기 힘으로 시동시킬 수 없으며 외부의 힘에 의하여 크랭크축을 회전시켜 공기와 연료의 혼합 가스를 압축하여 연소실 내에서 연소, 폭발시킨다. 이렇게 외부의 힘을 이용하여 엔진을 기동시키는 장치를 말한다. 기동 장치에는 축전지를 전원으로 하는 직류 전동기와 전동기를 구동 또는 정지시켜 주는 전자 스위치, 전동기의 토크를 크랭크축에 전달시키는 구동장치로 구성되어 있다.

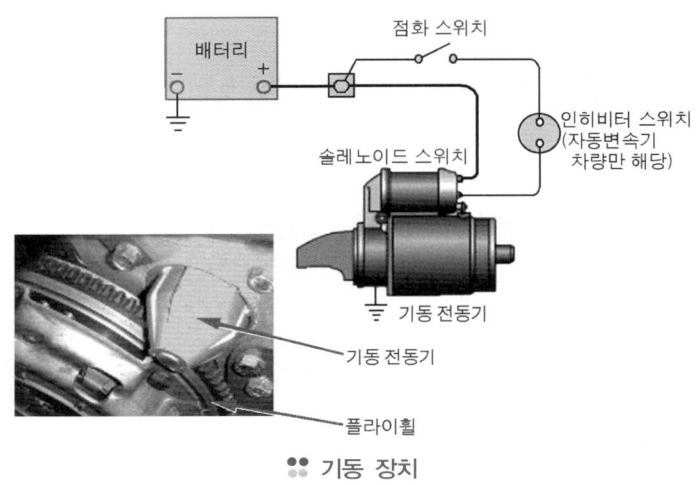

:: 기동 장치

4 충전 장치 | Charging System

충전 장치는 운행 중 여러 가지 전기 장치에 전력을 공급하는 장치일 뿐만 아니라 축전지에 충전 전류를 공급하는 장치이다. 축전지는 엔진이 정지하고 있을 때 전기 장치의 전원으로 쓰이나 주목적은 기동 장치의 기동 전동기를 작동시키는 전원이다.

기동 장치의 시동 시간은 짧으나 많은 전력을 소비하게 되므로 축전지 전압이 낮아지게 된다. 따라서 충전 장치는 엔진을 시동한 다음 시동에 대비해서 소모된 전력을 축전지에 보급하는 역할과 운전 중 각 전기 장치의 전원 장치로 엔진에 의해서 구동하는 발전기와 발생 전압을 자동적으로 제어하는 조정기 등으로 구성된다.

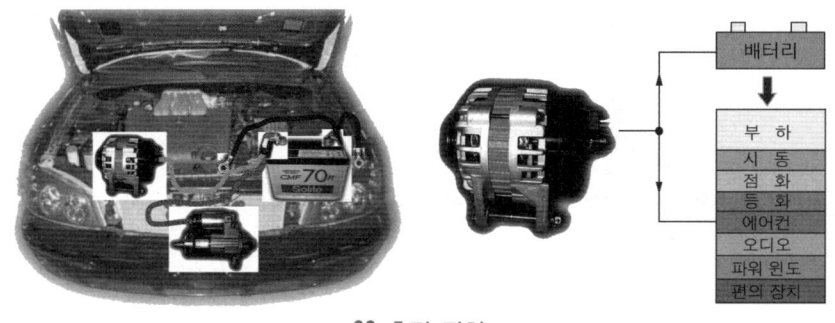

:: 충전 장치

5 등화 장치

야간에 자동차를 안전하게 주행하는 데는 전조등(헤드라이트), 미등, 계기등 외에 주차등, 차폭등, 번호등, 실내등, 후진등 등 많은 조명기구가 쓰인다. 또 방향 지시등, 제동등과 같이 보안, 신호용으로 등화 장치를 겸용하기도 한다.

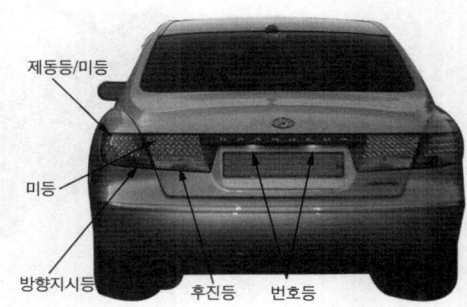

:: 등화 장치

6 계기 장치

자동차의 운행에 필요한 각종 정보를 운전자에게 제공하는 것으로 운전석 전면의 계기판에 종합적으로 설치되어 있으며 이들 중에는 지침의 움직임으로 지시하는 지침형과 작동이 정상이 아닐 때 램프가 점등되어 경보하는 점등식 그리고 기록 장치를 조합한 운행 기록계 등도 있다. 계기류의 종류는 다음과 같다.

① 자동차의 주행 속도를 나타내는 속도계
② 엔진의 냉각수 온도를 나타내는 수온계
③ 엔진의 윤활유 압력을 나타내는 유압계
④ 엔진의 회전수를 나타내는 엔진 회전계
⑤ 충전 장치의 작동 상태를 판단하는데 필요한 전류계
⑥ 연료의 양을 알려주는 연료계

:: 계기 장치

7 안전 장치

안전 장치는 자동차가 주행할 때 필요한 장치로서 자동차의 안전 기준에 적합하여야 하며 그 종류는 윈드 실드 와이퍼, 윈드 와셔, 경음기, 에어백 등이 있다.

8 부속 장치

부속 장치는 운전자와 승객이 쾌적하게 느낄 수 있도록 하기 위하여 거주성을 높이고 자동차의 기능성을 증가하기

:: 에어 백

위한 장치로 난방 장치, 냉방 장치, 라디오, 스테레오, 시가 라이터, 내비게이션 장치 등이 있다.

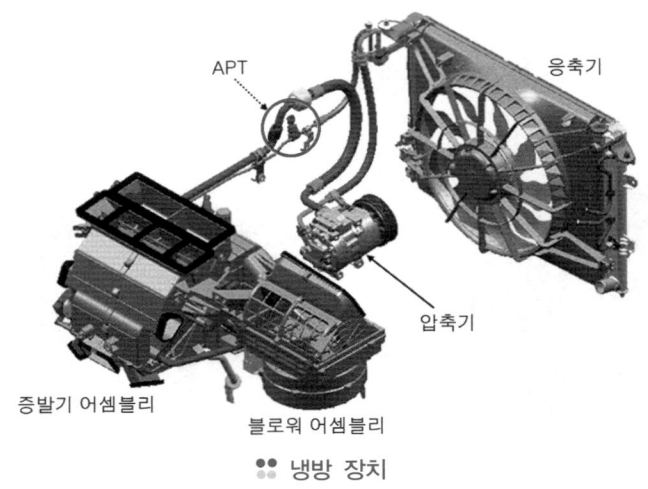

APT 응축기

압축기

증발기 어셈블리

블로워 어셈블리

✿✿ 냉방 장치

1-2. 자동차 전기 · 전자 장치의 구비 조건

자동차의 전기·전자 장치는 자동차의 주행에 필요한 여러 가지 장치에 전기 에너지를 공급하여 작동시키는 장치이므로 폭넓은 환경 변화에 대응하여 확실한 작동이 이루어져야 한다.

그러므로 자동차의 전기·전자 장치는 다음과 같은 구비 조건을 갖추어야 한다.

① 가능한 한 소형 경량으로 하여야 한다.

② 고온과 저온의 온도 변화에 따른 작용이 확실하여야 한다.

③ 진동이나 외부의 충격에 강하고, 먼지, 습기, 비바람의 영향에 따른 내구성이 커야 한다.

④ 부하 변동에 따른 전압 변동이 있어도 확실한 작동이 이루어져야 한다.

⑤ 배선의 저항, 접속 부분의 접촉 저항이 작아야 한다.

⑥ 점화 장치는 큰 온도 변화 중에도 10,000V 이상의 고전압에 견디며, 누전이 없고, 잡음, 전파 장해가 없어야 한다.

2 전기와 전기 회로 _Electricity_

2-1. 전기의 개요

전기를 전자론에 의하여 설명하면 모든 물질은 분자로 구성되어 있고 이 분자는 원자의 집합체로 구성되어 있다. 또 원자는 양전기(⊕ 전기)를 지닌 원자핵과 음전기(⊖ 전기)를 띤 전자로 구성되어 있으며, 원자핵은 다시 양자(양성자)와 중성자로 분류된다.

물질의 구성체인 원자는 중앙에 원자핵이 있으며 그 주위를 전자가 빛의 1/10 정도의 속도로 회전을 하고 있다. 일반적인 물질은 양전기를 띤 원자핵과 음전기를 띤 전자의 양이 같으며, 원자핵 1개가 지닌 전기량과 전자 1개가 지닌 전자량이 똑같다.

그러나 이들의 성질은 정반대이므로 원자 전체는 중성 상태로서 외부에 대해서는 아무런 전기적인 성질을 나타내고 있지 않으나 중성 상태로 있는 원자를 외부로부터 마찰·가열 또는 자력이나 빛을 가하는 등 어떤 자극을 가하여 전자 1개를 빼앗는다면 전자 1개를 빼앗긴 원자는 중성 상태의 균형을 상실하고 양전기(⊕ 전기)를 지닌 원자핵 1개가 더 많은 결과가 되어 양전기를 띠게 된다. 이때 이탈된 전자는 음전기(⊖ 전기)를 띠고 있으므로 중성 상태에 있는 다른 원자에 들어가면 그 원자는 전자가 1개 더 많은 결과가 되어 음전기를 띠게 된다.

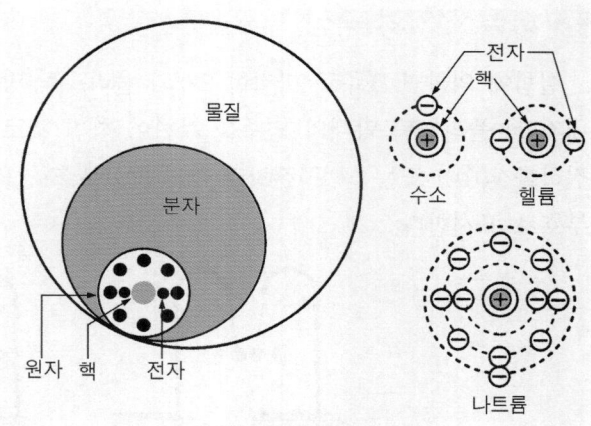

:: 물질의 구성

이와 같이 전기가 발생할 경우에는 항상 양전기와 음전기가 동시에 발생한다. 또 원자를 형성하고 있는 전자 중에서 가장 바깥쪽 궤도를 회전하고 있는 전자를 **가전자**라 부르며, 이 가전자는 원자핵으로부터 멀리 떨어져 있어 구속력이 약하기 때문에 궤도에서 쉽게 이탈 할 수 있는데 이러한 전자를 **자유 전자**(free electron)라고 한다. 전기에 있어서 여러 가지 현상은 이 자유 전자가 외부로부터의 자극에 의해 이동하므로 발생하는 것이며, 어느 곳에서나 존재하는 전자가 전기의 본질이고 자유 전자의 이동이 전류이다.

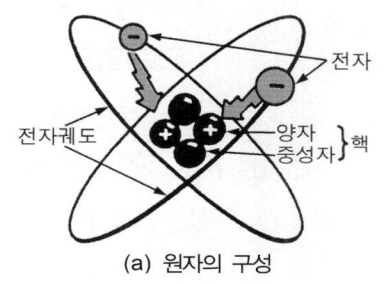

(a) 원자의 구성

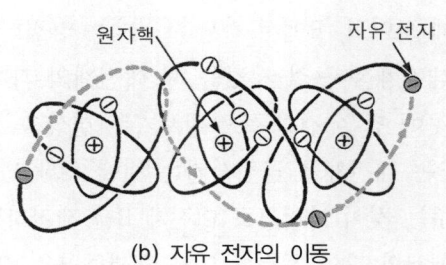

(b) 자유 전자의 이동

:: 원자의 구성 및 자유전자의 이동

2-2. 정전기 static electricity

정전기란 전기가 물질에 정지한 상태에 있을 때를 말한다. 이 정전기는 방전할 때 순간 전류가 되므로 에너지원으로는 이용할 수 없다. 즉 정전기는 마찰 전기와 대전 물체에 정지되어 있는 전기이며, 이동하여도 속도가 느리고 자기작용 또는 줄(Joul) 열의 현상이 발생되지 않는다.

1 마찰 전기 frictional electricity

건조한 플라스틱 막대를 명주(silk)로 마찰을 하면 이 플라스틱 막대와 명주는 종잇조각이나 작은 나무 조각 등의 물체를 잡아당기게 된다. 이것은 전자가 마찰에 의해 받은 에너지로 온도가 상승된 플라스틱 막대(비교적 자유전자가 튀어나오기 쉬움)에서 명주로 이동하여 전기를 발생하였기 때문이다. 이 경우 플라스틱 막대 또는 명주에 전하(electric charge)가 발생하였다 또는 대전(electrify)하였다고 하며 이 전기를 마찰 전기라 부른다.

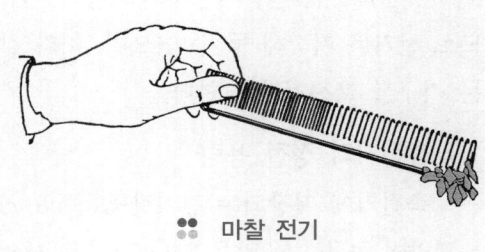

:: 마찰 전기

2 마찰 전기의 극성

실험에 의하면 명주로 마찰한 2개의 플라스틱 막대에 각각의 실을 수평으로 매달고 가까이 하면 서로 밀어 내지만, 플라스틱 막대와 명주를 가까이 하면 서로 잡아당기는 것을 볼 수 있다. 이에 따라 플라스틱 막대의 전하를 양(陽) 또는 정(正)전하라 하고 (⊕)부호로 표시하며, 명주의 전하를 부(負) 또는 음(陰)전하라 하고 (⊖)부호로 표시한다.

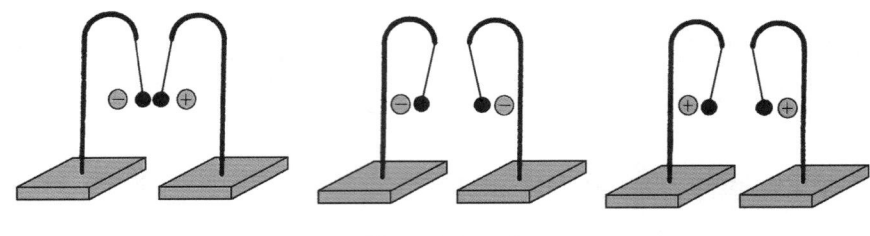

∷ 전기의 극성

3 정전 유도 electrostatic induction

그림과 같이 절연되어 있고 전기적으로 중성인 도체 A에 음전하를 지닌 대전체 B를 근접시키면 도체 A내의 자유전자는 B의 음전하에 반발하여 B에서 먼 곳에 모이고, B에서 가까운 곳에는 양전하를 가지게 된다. 이와 같이 도체에 대전체를 근접 시켰을 때 대전체의 가까운 곳에 대전체와 다른 전하를 먼 곳에 같은 전하를 발생시키는 현상을 정전 유도라고 한다.

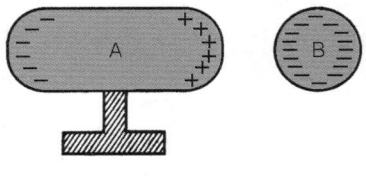

∷ 정전 유도

정전 유도는 대전체를 근접시키는 것에 의해 발생하는 정전력(electrostatic force)에 의한 것이며, 대전체의 전하를 주는 것이 아니므로 대전체 B를 제거하면 도체의 양끝에 나타났던 전하는 중화하여 소멸된다. 그러나 위 그림에서와 같이 정전 유도가 발생하였을 때 도체 A에 손을 댄 다음 대전체 B를 제거하면, 도체 A는 양(⊕)전하를 띠게 된다.

이것은 대전체 B에 가까운 곳의 양전하가 B의 음(⊖)전하의 흡입력에 의해 구속되어 자유롭게 이동하지 못하기 때문이며 이것을 구속 전하라고 한다. 이와 반대로 도체 A의 먼 곳에 발생한 음전하는 대전체의 구속을 받지 않으며 오히려 반발력을 받으므로 손을 대면 인체를 거쳐 대지로 흐르게 된다. 이것은 자유로 유리되는 전하이므로 자유 전하라고 한다.

4 축전기 Condenser

축전기란 절연체를 사이에 두고 2장의 얇고 편평한 금속판 A와 B를 매우 가깝게 한 다음 각각에 (⊕), (⊖)전원을 연결하고 전압을 가하면 2장의 금속판으로 (⊕), (⊖)의 전하가 이동하여 A판의 (⊕)전하와 B판의 (⊖)전하가 서로 흡인하므로 전기를 저장해 둘 수 있으며, 이와 같이 전압을 가하여 전하를 저장할 수 있는 기구를 축전기라고 한다.

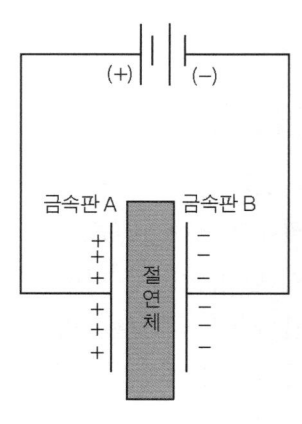

∷ 축전기의 원리

1) 축전기의 정전 용량

축전기에 저장되는 전기량 Q(coulomb)는 가해지는 전압 E에 비례한다. 즉, 전압이 높을수록 많은 양의 전기를 저장할 수 있으며 이들 사이에는 다음과 같은 관계가 있다.

$$Q = CE$$

여기서, Q : 축전기에 저장되는 전기량   C : 정전 용량

E : 축전기에 가해지는 전압

그리고 축전기에 저장되는 정전 용량은

① 가해지는 전압에 반비례한다.

② 상대하는 금속판의 면적에 정비례한다.

③ 금속판 사이의 절연체의 절연도에 정비례한다.

④ 금속 판 사이의 거리에 반비례한다.

등에 따라 결정되며, 1V의 전압을 가하였을 때 1쿨롱(coulomb)의 전기가 저장되는 축전기의 용량을 1패럿(farad)이라 하며 단위는 다음과 같다.

- 밀리 패럿(1mF) $= 10^{-3}$F
- 1마이크로 패럿(1μF) $= 10^{-6}$F

2) 축전기의 연결 방법

① 축전기의 직렬연결

여러 개의 축전기를 직렬로 연결하면 정전 용량과 관계없이 일정한 양의 전하가 축전기에 충전되며 정전 용량을 감소시키는 결과가 된다.

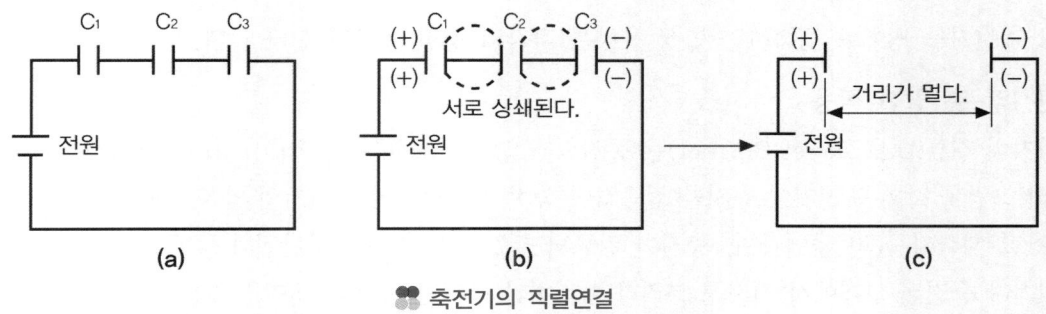

🏵 축전기의 직렬연결

그리고 합성 용량은 각각의 정전 용량 중 가장 작은 것보다도 더 작다. 또 축전기를 직렬로 연결하면 전체 전압의 일부만 인가되므로 전압에 대한 내구성이 향상된다. 축전기의 직렬연결에서 전압과 합성 용량은 다음과 같다.

● 전압

$$E = E_1 + E_2 + E_3 + \cdots\cdots + En$$

● 합성 용량

$$\frac{Q}{C} = \frac{Q}{C_1} + \frac{Q}{C_2} + \frac{Q}{C_3} + \cdots\cdots\cdots + \frac{Q}{Cn}$$ 여기서, 각 항을 Q로 나누면

$$\frac{1}{C} = \frac{1}{C_1} + \frac{1}{C_2} + \frac{1}{C_3} + \cdots\cdots + \frac{1}{Cn}$$ 이 된다.

그리고 축전기를 직렬로 연결할 때 합성 용량의 역수는 각각의 정전 용량의 역수의 합과 같다.

② 축전기의 병렬연결

　　여러 개의 축전기를 병렬로 연결하면 금속판의 면적을 증가시키는 것과 같은 효과를 나타낸다. 따라서 합성 용량 C는 각각의 축전기 용량의 합과 같게 된다. 병렬연결에서의 전압은 다음과 같다.

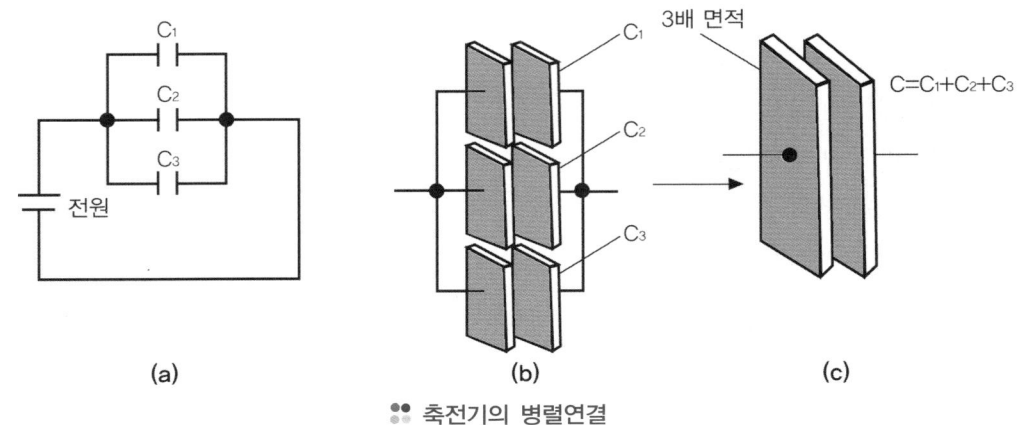

(a)　　　　　　　　(b)　　　　　　　　(c)

:: 축전기의 병렬연결

● 전압

$$E = E_1 = E_2 = E_3 = \cdots\cdots = E_n$$

● 합성 용량 : 합성 용량은 각각의 전하의 합과 같다.

$$Q = Q_1 + Q_2 + Q_3 + \cdots\cdots + Qn$$

$$Q = C_1E + C_2EC_3E + \cdots\cdots + CnE$$ 여기서 양변을 전압 E로 나누면

$$C = C_1 + C_2 + C_3 + \cdots\cdots + Cn$$ 이 된다.

그리고 축전기를 병렬로 접속하면 합성 용량은 각각의 정전 용량의 합과 같다.

3) 축전기의 충·방전 작용

　　축전기의 직류(DC ; Direct Current)는 통전되지 않으나 교류(AC ; Alternate Current)는 통전된다. 이것은 아래 그림과 같이 축전기에 전지를 접속하면 충전이 시작되어 축전기의 양쪽 전극의 전압이 전지의 전압과 같아질 때까지 흘러 들어가며, 충전이 완료되면 전류의 흐름은 차단된다.

　　축전기가 충전된 상태에서 전지를 분리하면 전하가 축적된 상태로 있으나 축전기를 단락(short)시키면 방전으로 전류가 흘러 축적되었던 전하가 소멸된다. 이와 같이 축전기의 충·방전 작용은 순간적으로 이루어지며 교류에서는 (⊕), (⊖)가 차례로 흐르기 때문에 충·방전이 반복되고 있는 것과 같은 상태를 이루어 전류가 흐르게 된다. 그러나 축전기의 용량이 작을 경우에는 적은 전류가 흘러도 곧바로 전압이 상승하여 그 이상의 전류가 흐르지 않게 된다.

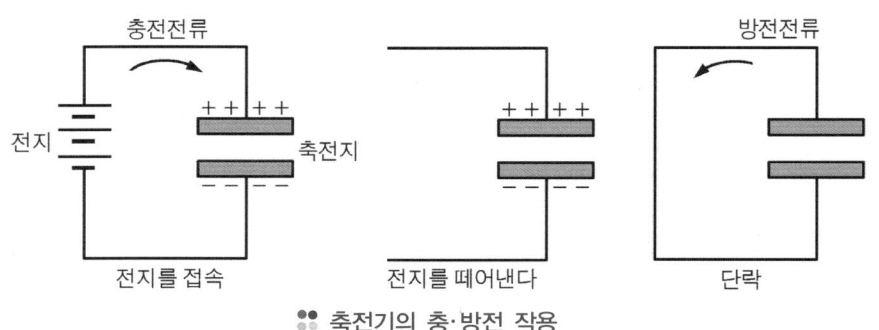

전지를 접속　　　　　　전지를 떼어낸다　　　　　　단락

:: 축전기의 충·방전 작용

4) 축전기의 종류

축전기는 절연체의 종류에 따라 공기 축전기, 종이 축전기, 운모 축전기, 세라믹 축전기, 전해 축전기 등이 있다.

① **종이 축전기**(Paper Condenser) : 종이 축전기는 2장의 은박지를 2~3장의 종이 절연체를 사이에 두고 둥글게 감은 후 케이스 안에 넣고 은박지의 한쪽은 케이스에 접지 시키고, 다른 한쪽은 전선으로 연결하여 밖으로 꺼내어 리드 선으로 사용한다. 예전의 단속기 접점 방식 점화 장치에서 접점의 손상을 방지하기 위하여 주로 사용하였으며 그 용량은 약 0.2~0.3 F정도이다.

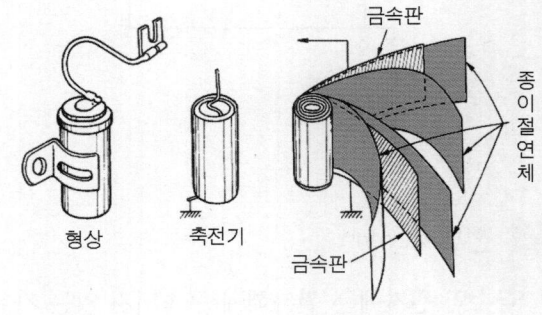

:: **종이 축전기의 구조**

② **MP**(Metabolized Paper) **축전기** : MP 축전기는 은박지 대신에 절연지에 직접 금속 분말을 부착한 것을 이용한다. 금속 층이 종이 축전기 보다 매우 얇으므로 축전기의 용량을 증대시킬 수 있고 크기를 소형으로 제작할 수 있다. 특징은 내열 성능과 내압 성능은 부족하지만 부분적으로 파손되어도 자기 회복 기능이 있어 지속적으로 사용할 수 있다. 즉, 열, 부식, 변형, 파손 등이 없으면 계속 사용할 수 있다.

③ **금속 페인팅**(Metal Painting) **축전기** : 금속 페인팅 축전기는 알루미늄 박지(箔紙 ; 매우 얇은 판지)의 양쪽 면에 얇게 페인트를 칠한 후 얇은 아연판을 녹여 붙인 것이며 자체 단락 제거의 효과가 있다.

④ **전해 축전기** : 전해 축전기는 양(⊕)극판으로 알루미늄 박지를, 음(⊖)극판으로는 전해액을 바른 종이를 사용한다. 절연 층은 양(⊕)극판 위에 매우 얇은 산화알루미늄을 사용한다. 전해 축전기는 각 단자에 (⊕), (⊖)극이 지정되어 있으므로 반드시 극성을 맞추어서 사용하여야 한다.

⑤ **세라믹**(ceramic) **축전기** : 세라믹 축전기는 세라믹을 절연체로 한 것이며 이산화티탄이나 규산염을 사용하여 매우 높은 절연도를 얻을 수 있다.

2-3. 동전기 dynamic electricity

정전기의 흐름 즉, 전자가 물질 속을 이동하는 것이며, 여기에는 교류(AC)와 직류(DC)가 있다. 교류란 시간의 흐름에 따라 전류와 전압이 시시각각으로 변화하고 전류의 흐름 방향도 정 방향과 역 방향으로 반복되어 흐르는 전기이다. 그리고 직류란 시간의 변화에 따라 전류 및 전압이 변화하지 않고 일정 값을 유지하며 전류의 흐름 방향도 한쪽으로만 흐른다.

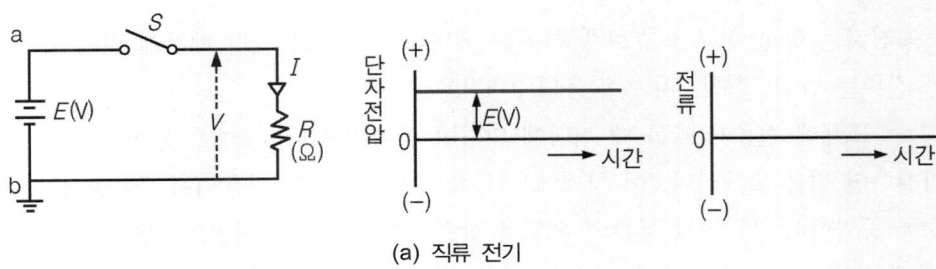

(a) 직류 전기

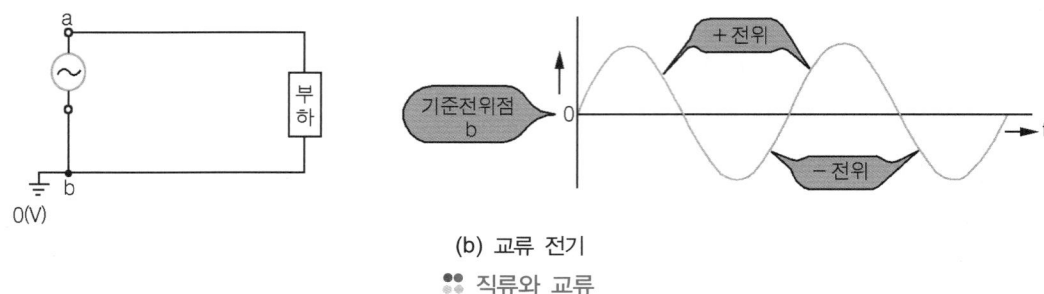

(b) 교류 전기

:: 직류와 교류

1 전류 current

금속의 원자에는 원자핵에 구속되지 않는 자유 전자가 있기 때문에 도체 내에서는 자유롭게 이동할 수 있는 자유 전자가 많다. 이 자유 전자가 전기를 전도하는 중요한 역할을 한다. 그러나 도체 자체만으로는 자유 전자를 이동시킬 수 없다. 아래 그림에서와 같이 (⊕)전하를 지닌 A와 (⊖)전하를 지닌 B를 도체로 연결하면 도체 속의 자유 전자가 A의 (⊕) 전하에 흡인되어 A쪽으로 이동하여 (⊕)전하와 결합하여 중성이 된다.

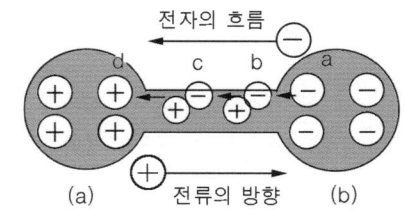

:: 전류(전자의 이동)

이로 인하여 도체 속의 자유 전자가 일제히 A쪽으로 이동하여 도체 B에는 자유 전자가 부족하게 된다. 이와 같이 도체 속의 전자 이동은 A의 (⊕)전하가 모두 중성이 될 때까지 계속되며, 이 전자의 이동을 전류라고 한다.

지금까지 살펴본 전자의 이동은 (⊖)전하로 대전한 물체와 (⊕)전하로 대전한 물체를 도체로 연결시키면 이동한다. 즉, (⊕)전하 대전체의 부족한 전자를 보충 시켜주기 위해 (⊖)전하 대전체의 과잉 전자가 이동하므로써 전기가 흐르게 되는 것이다. 전자는 (⊖)쪽에서 (⊕)쪽으로 이동하고 있으나 우리는 전류의 흐름을 (⊕)에서 (⊖)로 흐른다고 약속하고 있다. 이와 같이 전류가 흐르는 방향과 전자가 흐르는 방향은 서로 반대로 되어 있다. 이것은 전자가 발견되지 못한 때의 과학자들이 결정한 방향이다.

1) 전류의 단위

도체를 흐르는 전류의 크기는 도체의 한 점을 1초 동안에 통과하는 전하의 양으로 표시하며, 그 단위는 암페어(Ampere, 기호는 A)를 사용한다. 전류의 크기는 "1A의 전류가 흘렀을 때 이것은 도체의 단면 임의의 한 점을 1초 동안에 1쿨롱**(6.25×1018개의 전자)의 전하가 이동하고 있을 때를 말한다." 전류의 단위 종류에는 1A=1,000mA, 1mA=1,000μA이다.

> **⊪쿨롱(coulomb)**
> 쿨롱이란 전하의 단위이며, 전하는 전기량과 같은 뜻을 지니고 있으므로 이를 측정하는 단위로 사용된다.

2) 전류의 3대작용

발전기나 축전지는 항상 전류를 흐르게 하려는 에너지를 지니고 있기 때문에 연속적으로 전류를 흐르게 할 수 있다. 전류는 발열, 화학, 자기 작용의 3대작용을 한다.

① 발열 작용 : 도체에 전류가 흐를 때 저항에 의하여 열이 발생한다. 예를 들어 텅스텐(tungsten)선을 전기로 가열하면 빛을 발생한다. 이 상태에서 금속선은 광원으로 사용되며, 열 발생량은 저항 값과 전류가 클수록 증가한다. 또 발열 부분의 온도가 상승하면 적열에서 백열로 변화하여 많은 빛을 발생한다.

자동차에서 전류의 발열 작용은 2가지로 나누어져 사용된다. 하나는 열을 이용한 담배 라이터, 예열 플러그, 뒤 유리 성에 제거용 열선, 수온계, 방향지시등의 플래셔 유닛이며, 또 다른 하나는 빛을 이용한 등화 장치의 전구이다.

② **화학 작용** : 전류가 도체 속을 흐를 때 화학작용 및 전기분해 작용이 발생한다. 축전지(battery)는 묽은 황산(H_2SO_4)과 증류수의 혼합액인 전해액에 전류를 흐르게 하면 화학반응이 일어나는데 이 화학반응을 이용하여 전기적 에너지를 화학적 에너지로 변환시켜 저장시킨 것이다. 그리고 전기 분해 작용이란 묽은 황산 속에 2장의 백금(P t)전극을 넣고 축전지의 (⊕), (⊖)에 접속한 다음 전류를 흐르게 하면 (⊕)극에서는 산소가스가, (⊖)극에서는 수소가스가 발생한다. 이것은 묽은 황산 속의 분자가 수소이온(ion, H^+)과 황산이온(SO_4^-)으로 분리되어 (⊕)이온의 수소는 가스(gas)형태로 되어 (⊖)극으로 이동하고, (⊖)이온의 황산은 (⊕)극으로 집결하며, 황산 부근의 증류수와 작용하여 산소가스를 발생시키기 때문이다. 즉, 수소이온은 극판에 전하를 방출하여 수소가스로 되고, 황산이온은 증류수와 작용하여 전하를 방출하므로 산소와 황산이 된다. 따라서 축전지는 (⊕)극판을 과산화납(PbO_2), (⊖)극판은 해면 상납(Pb), 그리고 전해액은 묽은 황산($2H_2SO_4$)을 사용하여 충·방전의 화학작용을 이용한다.

③ **자기 작용** : 자기 작용은 전기적 에너지를 기계적 에너지로 변환시키고 또 반대로 기계적 에너지를 전기적 에너지로 전환시키는 작용을 한다. 즉, 철심에 코일(coil)을 감고 전류를 흐르게 하면 전자석(solenoid)이 되는데 이것은 전류가 흘러 코일 주위에 발생하는 자기 현상으로 전자석이 된 것이다. 전자석의 크기는 코일의 권수가 많을수록, 전류의 흐름이 클수록 커진다. 자동차에서 자기 작용을 이용한 것은 기동 전동기, 발전기, 솔레노이드 기구, 각종 릴레이 등이다.

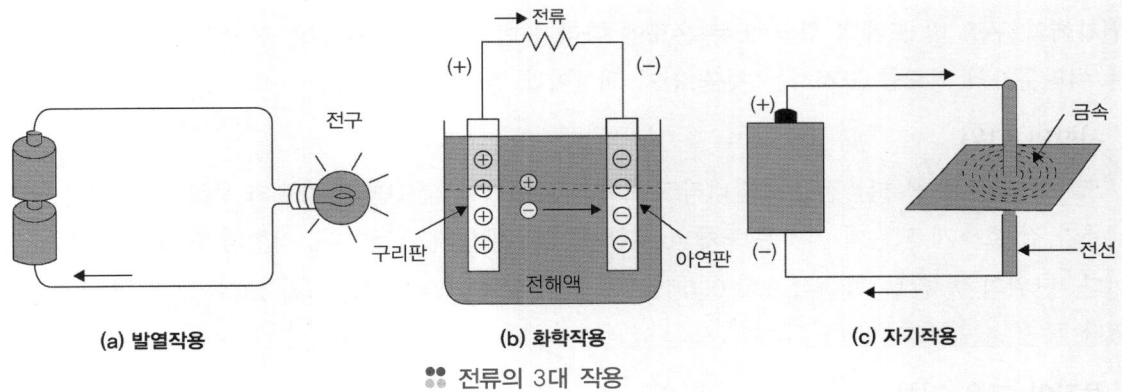

(a) 발열작용　　(b) 화학작용　　(c) 자기작용

:: 전류의 3대 작용

② 전압(또는 전위차)

그림과 같이 물이 담긴 용기 A와 B사이를 파이프로 연결하면 물은 수위(水位)가 높은 A쪽에서 수위가 낮은 B쪽으로 흐르게 되며 이때 물이 흐르는 세기는 용기 A와 B의 수압에 의해 결정된다. 한편 전기회로에서는 (⊕) 전하(용기의 A)와 (⊖)전하(용기의 B) 사이를 전선(파이프)으로 연결하면 (⊕)전하는 전선을 통하여 (⊖)전하를 향하여 전류가 흐르게 된다. 이때 A에서 B를 향하여 어느 크기의 전기적 압력이 가해졌다고 가정할 수 있

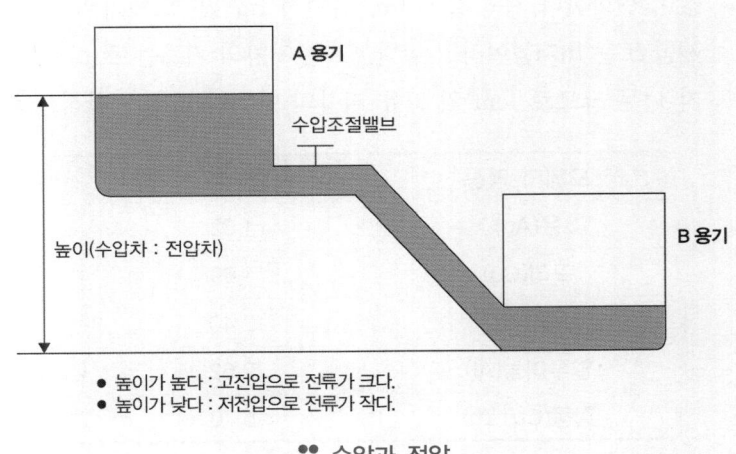

● 높이가 높다 : 고전압으로 전류가 크다.
● 높이가 낮다 : 저전압으로 전류가 작다.

:: 수압과 전압

는데 이 전기적인 압력을 전압이라 한다. 즉, 물체에 전하를 많이 저장해 두면 같은 극성의 전하는 서로 반발하여 다른 전하가 있는 쪽으로 또는 전하가 부족한 쪽으로 이동하려는 압력을 말한다.

1) 전압의 단위

전류의 흐름은 전압 차이가 클수록 커지며, 전압의 단위는 볼트(Volt ; 기호는 V)로 표기한다. "1V란 1옴(Ω)의 도체에 1암페어(A)의 전류를 흐르게 할 수 있는 전기적인 압력을 말한다". 단위의 종류에는 1kV=1,000V, 1V=1,000mV이다.

2) 기전력 Electro motive force

도체에 전류를 계속 흐르게 하려면 전압을 발생시켜야 하는데, 이 전압을 만들어내는 힘을 **기전력**이라고 한다. 즉, 원자핵과 전자를 분리시켜 전하를 지속적으로 발생시키는 힘을 말한다. 기전력의 크기는 전압으로 표시되며 단위도 **볼트**(V)이다.

3) 전원 Electric Source

발전기 및 축전지는 전류가 지속적으로 흐르게 하는 작용을 하는데, 전기가 흐르도록 하는 원천이 되는 것으로 **전원**이라고 한다. 단위는 전압과 마찬가지로 **볼트**(V)를 사용한다.

3 저항 resistance

전자가 도체 속을 이동할 때 원자와 충돌을 하여 저항을 받는다. 이 저항은 도체가 지니고 있는 자유 전자의 수원자핵의 구조 및 도체의 형상 또는 온도에 따라서 변화한다. 이와 같이 도체 속을 전류가 흐르기 쉬운가 또는 어려운가의 정도를 표시하는 것을 전기 저항이라 한다.

1) 저항의 단위

도체에 흐르는 전류는 전압이 같더라도 도체의 단면적이 작으면 잘 흐르지 못하고, 도체의 단면적이 크면 전류가 잘 흐르게 되는데 이것은 도체의 저항에 의해 발생되는 것이다. 저항의 단위는 **옴**(Ohm, 기호는 Ω)이다. 단위의 종류에는 1MΩ=1,000,000=10^6Ω, 1kΩ=1,000Ω=10^3Ω, 1Ω, 1μΩ=1/1,000,000=10^{-6}Ω 등이 있다.

2) 물질의 고유 저항

물질의 저항은 재질·형상 및 온도에 따라서 변화하며, 형상과 온도를 일정하게 하면 재질에 따라서 저항 값이 변화한다. 즉, 길이 1m, 단면적 1m² 인 도체의 두 면 사이의 저항 값을 비교하여 이를 그 재료의 **고유 저항** 또는 **비저항**이라고 한다. 고유 저항의 기호는 **로**(ρ)로 표시하며, 단위는 Ωm이다. 실제로 1m³는 그 크기가 너무 크므로 1cm³의 고유 저항의 단위Ωcm를 일반적으로 사용한다. 도체의 고유 저항은 다음 표와 같다.

도체의 명칭	고유 저항(μΩcm) 20℃	도체의 명칭	고유 저항(μΩcm) 20℃
은(Ag)	1.62	니켈(Ni)	6.9
구리(Cu)	1.69	철(Fe)	10.0
금(Au)	2.40	강	20.6
알루미늄(Al)	2.62	주철	57~114
황동(Cu+Zn)	5.70	니켈-크롬(Ni-Cr)	100~110

※ 1.62μΩcm는 1.62×10^{-6}Ωcm이다.

3) 도체의 형상에 의한 저항

도체의 저항은 단면과의 길이에 따라서 변화하며 같은 재질의 전선이라도 전류가 흐르는 방향과 수직되는 방향의 단면적이 커지면 저항이 감소하고, 전류가 흐르는 길이가 증가하면 그 만큼 원자 사이를 뚫고 나가야 하기 때문에 저항이 증가한다. 즉, "도체의 저항은 그 길이에 정비례하고 단면적에 반비례한다".

도체의 단면 고유 저항을 ρ(Ωcm), 단면적을 A(cm²), 도체의 길이가 ℓ (cm)인 도체의 저항을 R(Ω)이라 하면 $R = \rho \times \dfrac{\ell}{A}$의 관계가 있으므로 도체와 그 형상이 결정되면 저항값을 계산할 수 있다.

예를 들어 전압과 도체의 길이가 일정할 때 도체의 지름을 1/2로 하면 단면적이 $\dfrac{\pi \times d^2}{4}$이므로 저항은 4배로 증가하고 전류는 1/4로 감소한다. 그리고 길이가 2배로 증가하면 저항도 2배로 증가하지만 단면적이 2배로 증가하면 저항은 1/2로 감소된다.

4) 절연 저항

절연체의 저항은 절연체를 사이에 두고 높은 전압을 가하면 절연체의 절연 저항 정도에 따라 매우 적은 양이기는 하지만 화살표와 같이 전류가 흐르게 된다. 절연체의 전기 저항은 양도체의 저항에 비하여 대단히 크기 때문에 메거 옴(MΩ)을 사용하며, 절연 저항이라 부른다. 절연 저항은 다음의 식으로 산출한다.

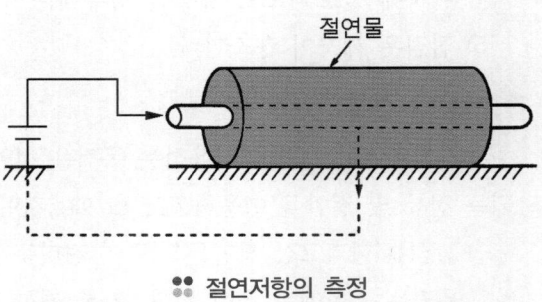

절연물

:: 절연저항의 측정

$$R(\text{M}\Omega) = \frac{E(\text{가한 전압})}{I(\text{가한 전류})} \times 10^{-6}$$

5) 온도와 저항의 관계

도체의 저항은 온도에 따라서 변화하며, 온도의 상승에 따라서 저항 값이 증가하는 것(PTC)과 반대로 감소하는 것(NTC)이 있다. 일반적으로 금속은 온도의 상승에 따라 저항 값이 증가하지만, 탄소·반도체 및 절연체 등은 감소한다. 금속의 저항값은 온도 상승에 비례하여 직선적으로 증가한다. 온도가 1℃상승하였을 때 저항 값이 어느 정도 크게 되었는가의 비율을 표시하는 것을 그 저항의 온도 계수라 한다.

구리선의 경우 온도가 1℃ 상승하면 그 저항은 약 0.004배가 증가한다. 따라서 이것의 저항이 1Ω이면 1℃ 상승하였을 때 1.004Ω이 되고 20℃상승하면 1+(0.004×20)=1.08Ω이 된다. 온도 계수는 일반적으로 기호를 알파(α)를 사용하며 어떤 온도 t_1℃일 때의 저항 값을 알면 임의의 온도 t_2℃에서의 저항은 다음의 식으로 구할 수 있다.

$$R_2 = R_1[1 + \alpha_1(t_2 - t_1)]$$

여기서, R_2 : t_2℃일 때의 저항값　　　R_1 : t_1℃일 때의 저항값　　　α_1 : t_1℃의 온도 계수

6) 접촉 저항

접촉 저항이란 도체와 도체를 연결할 때 헐겁게 연결하거나 녹·페인트 및 피복을 완전히 제거하지 않고 연결하면 그 접촉면 사이에 저항이 발생하여 전류의 흐름을 방해한다. 이와 같이 접촉면에서 발생하는 저항을 말한다.

즉, 전기 배선의 접지용 볼트(bolt)나 너트의 조임의 헐거움, 스위치 접점의 손상에 의한 접촉 불량, 접지면의 녹, 축전지 단자 기둥의 산화에 따른 부식 등에서 의해 발생하는 저항이다. 접촉 저항이 발생하면 전류의 흐름을 방해하므로 부하에 필요한 전류 공급이 원활히 이루어지지 않아 제 기능을 발휘할 수 없게 된다. 이 접촉 저항을 감소시키는 방법은 다음과 같다.

① 접촉 면적과 접촉 압력을 크게 한다.

② 같은 굵기의 전선을 사용한다.

③ 전선을 연결할 경우 납땜을 한다.

④ 단자에 볼트·너트로 체결할 경우에는 조임을 확실히 한다.

⑤ 접점은 깨끗이 청소한다.

7) 저항의 종류

전기회로에서 저항을 사용하는 목적은 전압을 강하시키고자 할 때 즉, 전류 흐름을 낮추고자 할 때, 변동되는 전류 및 전압을 이용하고자 할 때, 저항을 사용하여 부하에 알맞은 전기가 공급되도록 하기 위함이다.

① **고정 저항** : 고정 저항은 전력에 견디는 값이 수십 와트(Watt)로부터 1/4와트까지 있다. 일반적으로 사용되는 저항에는 권선 저항, 카본 저항, 금속 피막 저항 등이 있으며 각 저항에는 저항값 허용 차이가 표시되어 있다. 또 솔리드(solid) 저항이나 카본(carbon) 저항 등에는 외부의 절연체를 식별하기 위해 아래 그림과 같이 컬러 코드로 되어 있다.

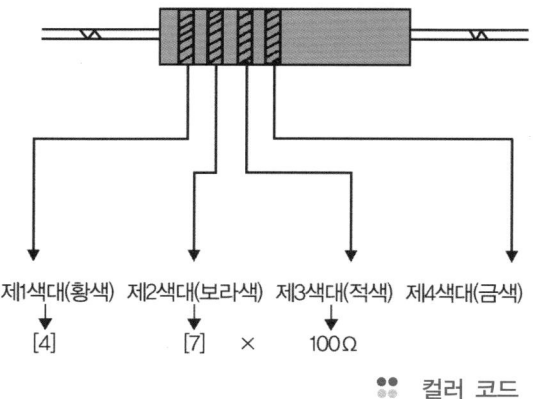

4.7kΩ로 제조된 것이라도 ±5%의 저항의 편차가 있으므로 이 저항의 실제값은 4.5~4.9Ω

허용오차 ±5%
(허용오차는 최후에 표시되어 있다.)

제1색대(황색) 제2색대(보라색) 제3색대(적색) 제4색대(금색)

[4] [7] × 100Ω

:: 컬러 코드

② **가변 저항** : 가변 저항기는 저항 위 부분을 접점이 미끄럼 운동을 하여 저항 값이 변화되는 것이며 최대 저항 값이 수치(數値)로 표시된다. 자동차에서는 스로틀 포지션 센서(T.P.S), 연료계, 유압계, 등에서 가변 저항을 이용한다.

③ **컬러 코드(color code)읽는 방법** : 저항의 부품은 모양이 동일하여도 저항값이 전혀 다른 경우가 있다. 저항의 부품 크기는 대부분 색연필의 심 정도이며 여기에 여러 가지 문자를 기입하는 것은 어렵다. 따라서 저항 값을 컬러 코드로 나타내고 있다.

컬러 코드를 읽는 방법은 컬러 코드가 저항의 끝 부분에서 가까운 쪽부터 2개의 선이 유효 숫자이고,

3번째 선이 승수, 4번째 선이 허용 오차(%)를 나타낸다. 예를 들어 첫 번째 선부터 황색, 밤색, 갈색, 적색으로 되어 있다면 그 저항 값은 470Ω이고, 허용 오차는 ±2%가 된다.

즉, 저항값=(첫번째 유효숫자×10 + 두번째 유효숫자)×세번째 승수(Ω)=(4×10+7)×10^1 = 470Ω

아래 그림은 컬러 코드 읽는 법을 표시하였다.

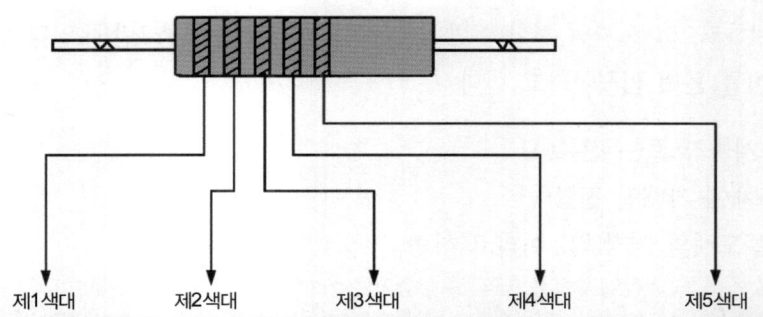

색 명	제1색대	제2색대	제3색대	제4색대	제5색대
	제1숫자	제2숫자	제3숫자	승 수	공칭저항값허용차
흑	0	0	0	10^0	–
갈색	1	1	1	10^1	±1%
적	2	2	2	10^2	±2%
등색	3	3	3	10^3	–
황색	4	4	4	10^4	–
녹	5	5	5	10^5	±0.5%
청	6	6	6	10^6	±0.25%
자색	7	7	7	10^7	±0.1%
회색	8	8	8	10^8	–
백	9	9	9	10^9	–
금색	–	–	–	10^{-1}	±5%
은색	–	–	–	10^{-2}	–

→ 예

제1색대   청   6=600×10^2±5% = 60kΩ ± 3kΩ
제2색대   흑   0
제3색대   흑   0
제4색대   적 10^2
제5색대   금   ±5%

∷ 컬러 코드 읽는 법

3 옴 Ohm 의 법칙

전기 회로를 흐르는 전압·전류 및 저항 사이에는 일정한 관계가 있다. 즉 "도체를 흐르는 전류는 도체에 가해진 전압에 비례하고, 그 도체의 저항에 반비례한다." 이 관계는 1827년 독일의 물리학자 옴(Ohm)에 의해 발견된 것으로서 이를 **옴의 법칙**이라고 한다.

I : 도체를 흐르는 전류(A)

E : 도체에 가해진 전압(V)

R : 그 도체의 저항(Ω) 이라고 하면

$$I = \frac{E}{R} \quad \text{--} \quad ①$$

의 관계식으로 표시된다.

또 ①의 공식을 변형하면

$$R = \frac{E}{I} \quad \text{--} \quad ②$$

$$E = I \times R \quad \text{--} \quad ③$$

이 된다. 이상의 3가지 식에서 전압·전류 및 저항 가운데 어느 것이든지 2가지만 알면 나머지 1개도 알 수 있다. 식 ③의 전압(E)은 회로 중의 저항(R)에 I의 전류가 흐르면 이 저항의 양끝에서 $E = I \times R$(V)의 전압이 소비되는 것을 의미한다. 또 저항 R인 도체에 I의 전류를 흐르게 하기 위해서는 E의 전압이 필요하다는 것을 의미한다.

4 저항의 접속 방법

몇 개의 저항을 접속하는 방법에는 직렬접속과 병렬접속이 있다. 어느 접속이든지 전체의 저항 (R)은 전압 (E)을 전체 전류(I)로 나눈 $R = \frac{E}{I}$가 되며, 회로의 저항 전체를 합성하는 경우에는 이를 합성 저항 또는 전 저항이라 한다.

1 저항의 직렬접속

몇 개의 저항을 한 줄로 접속하는 것을 **직렬접속**이라고 한다. 전압을 이용할 때 사용하며, 그림에서 2개의 저항을 직렬로 접속하면 각 저항에 흐르는 전류는 일정하고 각 저항에는 전원 전압이 나누어져 흐르게 된다. 그리고 합성 저항은 각 저항의 합과 같으며, 각각의 저항에 흐르는 전류는 동일하다. 또 각 저항에 공급되는 전압의 합은 전원 전압과 같다.

직렬로 접속하면 다음과 같은 특징이 있다.

① 합성 저항은 각 저항의 합과 같다.

② 어느 저항에서나 동일한 전류가 흐른다.

③ 전압이 나누어져 저항 속을 흐른다. 즉, 각 저항에 가해지는 전압의 합은 전원 전압과 같다.

④ 동일한 축전지 2개 이상을 직렬로 연결하면 전압은 연결한 개수의 배가되며, 용량은 1개일 때와 같다.

⑤ 큰 저항과 매우 작은 저항을 연결하면 매우 작은 저항은 무시된다.

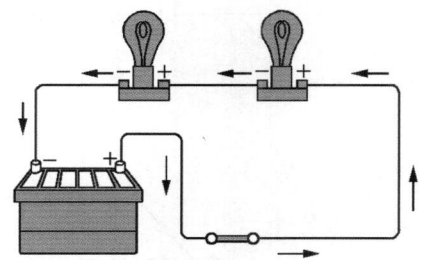 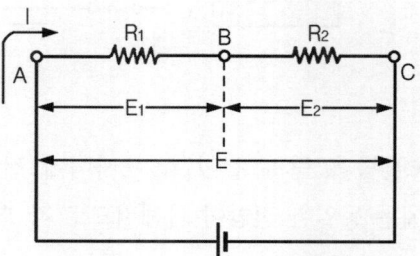

∷ 저항의 직렬접속(1)

그리고 직렬접속에서는 어느 저항에서나 항상 동일한 전류가 흐른다. 즉 R_1에 흐르는 전류와 R_2에 흐르는 전류는 같다. 아래 그림에서 각 저항의 양끝의 전압을 E_1, E_2라고 하면 옴의 법칙에 따라 $E_1 = I \times R_1$, $E_2 = I \times R_2$ 가 된다.

따라서 $E = E_1 + E_2 = I \times R_1 + I \times R_2 = I \times (R_1 + R_2)$이 되므로 A와 C사이의 합성 저항을 R이라고 하면 $E = I \times R$이 되어 $I \times R = I \times (R_1 + R_2)$가 되므로 $R = R_1 + R_2$가 된다. 따라서 n개의 저항 $R_1, R_2, R_3 \cdots\cdots R_n$을 직렬로 접속하였을 때 합성 저항 (R)은 각 저항의 합과 같게 되므로 $R = R_1 + R_2 + R_3 + \cdots\cdots + R_n$으로 되어 직렬접속의 합성 저항은 각 저항은 어느 하나보다 크게 된다.

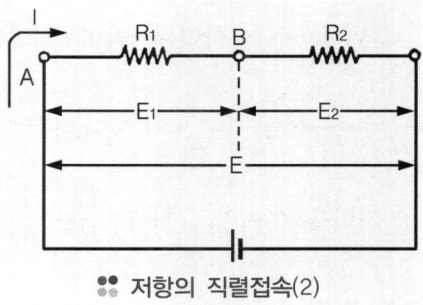

∷ 저항의 직렬접속(2)

2 저항의 병렬접속

몇 개의 저항을 그림과 같이 접속한 것을 병렬접속이라 한다. 모든 저항을 두 단자에서 공통으로 연결하는 것으로 작은 저항을 얻고자 할 경우와 전류를 이용하고자 할 때 사용한다. 2개의 저항에서는 어느 곳에서나 동일한 전압이 흐르며 병렬 접속하는 전장 부품의 전압은 전원 전압과 같아야 한다. 따라서 전원에서 나오는 전류는 각 전장 부품에 흐르는 전류의 합이 되므로 병렬 접속한 전장 부품이 많을 경우에는 용량이 큰 전원을 사용하여야 한다.

병렬접속의 특징은 다음과 같다.

① 어느 저항에서나 동일한 전압이 가해진다.

② 합성 저항은 각 저항의 어느 것보다도 작다.

③ 병렬접속에서 저항이 감소하는 것은 전류가 나누어져 저항 속을 흐르기 때문이다.

④ 각 회로에 흐르는 전류는 다른 회로의 저항에 영향을 받지 않으므로 양끝에 걸리는 전류는 상승한다.

⑤ 동일한 축전지를 병렬로 접속할 경우 용량은 연결한 개수 배가 되나 전압은 1개와 같다.

⑥ 매우 큰 저항과 적은 저항을 연결하면 그 중에서 큰 저항은 무시된다.

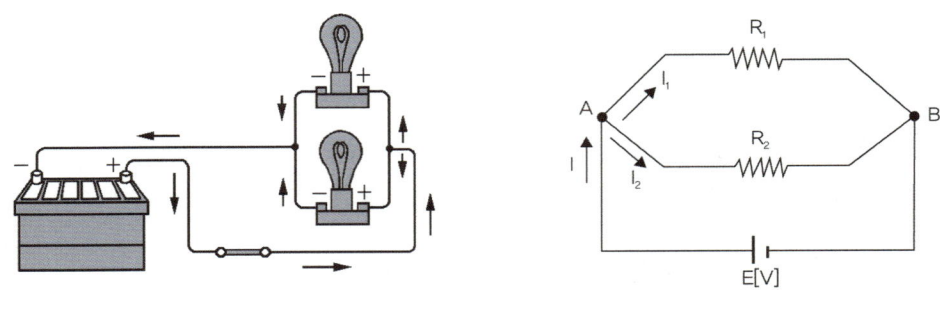

그리고 오른쪽 그림과 같이 A, B사이에 전압 E를 가하면 각 저항 R_1, R_2, R_3에는 동일한 전압이 가해지므로 각 회로의 전류는 옴의 법칙에 따라 다음과 같이 구할 수 있다.

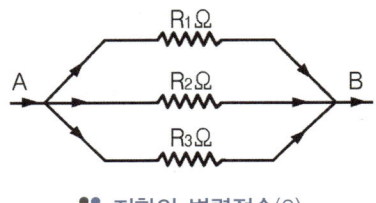

∷ 저항의 병렬접속(2)

A점에 들어온 전류를 I라고 하면 전류 I는 A에서 나누어져 I_1, I_2, I_3가 되어 각 저항에 흐르므로 I는 I_1, I_2 및 I_3 의 합과 같다.

즉, $I = I_1 + I_2 + I_3$ 가 되고

$$I = \frac{E}{R_1} + \frac{E}{R_2} + \frac{E}{R_3} = E \times \left(\frac{1}{R_1} + \frac{1}{R_2} + \frac{1}{R_3} \right)$$ 이 된다.

그리고 A, B사이의 합성 저항을 R이라고 하면 $I = \frac{E}{R}$가 되며 $\frac{E}{R} = E \times \left(\frac{1}{R_1} + \frac{1}{R_2} + \frac{1}{R_3} \right)$이므로

$\frac{1}{R} = \frac{1}{R_1} + \frac{1}{R_2} + \frac{1}{R_3}$ 이 된다. 따라서 n개의 저항을 $R_1, R_2, R_3 \cdots\cdots R_n$ 을 병렬로 접속하였을 경우 그 합성 저항을 R이라고 하면 $\frac{1}{R} = \frac{1}{R_1} + \frac{1}{R_2} + \frac{1}{R_3} + \cdots\cdots + \frac{1}{R_n}$ 이 된다.

3 직·병렬연결

직·병렬 연결이란 직렬과 병렬을 혼합한 연결 방식이며 그 특징은 다음과 같다.
① 합성 저항은 직렬 합성 저항과 병렬 합성 저항을 더한 값이 된다.
② 회로에 흐르는 전류와 전압이 상승한다.

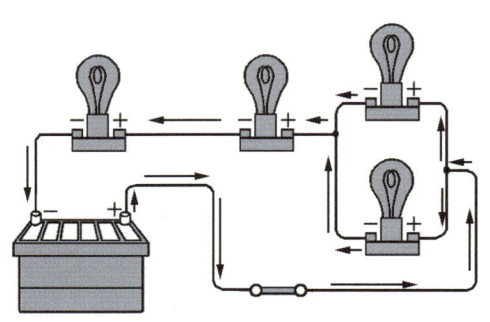

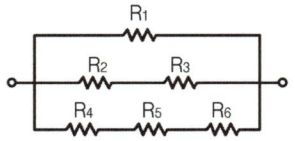

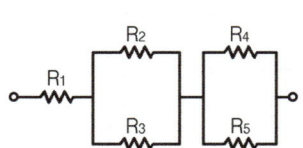

∷ 저항의 직·병렬연결

5 전압 강하

　전원에서 전기 에너지를 소모하는 전장 부품에 전류가 흐를 때에는 도중의 전선 저항(R) 때문에 $I \times R$(V) [옴의 법칙]의 전압이 소비되며, 이 전압은 전원에서 나감에 따라 점점 낮아진다. 그림과 같이 단자 전압이 E, 저항이 R(Ω)인 전선을 통하여 전장 부품(전구)에 전류 I(A)를 흐르게 하면 1개의 전선에서 $I \times R$(V)의 전압 을 소비하며 ($\oplus$), ($\ominus$)의 왕복 2개의 전선에서는 $2 \times I \times R$(V)가 소모되어 전장 부품의 양끝 CD의 전압 E_L 은 $E - 2 \times I \times R$(V)가 된다. 즉, 전원에 주어진 전압은 전장 부품 쪽으로 진행됨에 따라 낮아지며, 전장 부품 의 전압E_L 은 아래 그림과 같이 된다. 이와 같이 전기 회로에서 사용하고 있는 전선의 저항이나 회로 접속 부 분의 접촉 저항 등에 소모되는 전압을 그 저항에 의한 전압 강하라 한다. 전압 강하가 커지면 전장 부품의 기 능이 저하하므로 회로에 사용하는 전선은 알맞은 굵기이어야 한다.

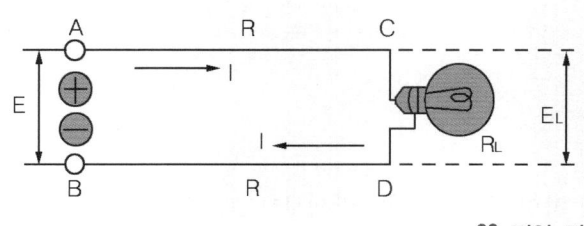 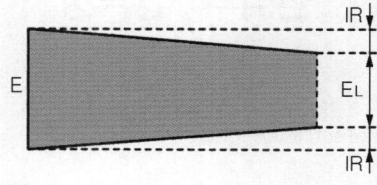

:: 전압 강하

6 키르히호프의 법칙 Kirchhoff's Law

　복잡한 회로의 전압·전류 및 저항을 다룰 경우에는 옴의 법칙을 발전시킨 키르히호프의 법칙을 사용한다. 즉, 전원이 2개 이상인 회로에서 합성 전력 측정이나 복잡한 회로망의 각 부분의 전류 분포 등을 구할 때 사용 하며 제1법칙과 제2법칙이 있다.

1 키르히호프의 제1법칙

　이 법칙은 전류에 관한 공식으로서 직렬 회로에서의 전체 전류는 각 저항을 통하여 흐르나 병렬 회로에서는 전체 회로가 2개소 이상의 회로에 나누어져 흐르며, 이 전류는 그 통로를 통하여 흐른 후 다시 합하여져 흐른다. 또 직·병렬 회로에서는 회로의 어 떤 부분은 2개소 이상의 통로로 구성되어 있으며, 다른 어떤 부분은 1개소 의 통로만으로 구성되어 있다.

　그러나 회로의 연결과는 관계없이 "회로 내의 어떤 한 점에 유입된 전류 의 총합과 유출한 전류의 총합은 같다" 이러한 관계를 키르히호프의 제1법 칙이라 한다. 그림의 0점에서는 다음의 공식이 성립된다.

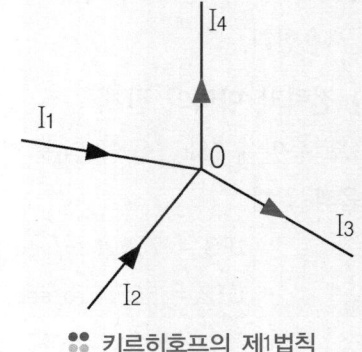

:: 키르히호프의 제1법칙

$$I_1 + I_2 = I_3 + I_4$$
$$(I_1 + I_2) - (I_3 + I_4) = 0$$

2 키르히호프의 제2법칙

이 법칙은 전압에 관한 공식이며, 그림에서 기전력 E(V)에 의해 $R(\Omega)$의 저항에 I(A)의 전류가 흐르는 회로에서 옴의 법칙에 따라 $E = I \times R$이 된다. 이것을 문자로 나타내면 "기전력 = 전압 강하에 의한 전압의 합"으로 되어 A→B→C→D의 방향에서는 기전력과 전압 강하가 같다는 것을 뜻한다. 이상의 설명은 간단한 회로의 경우이나 전원이 2개 이상 있는 복잡한 회로에서도 적용된다. 즉 "임의의 폐회로(閉回路;하나의 접속 점을 출발하여 전원·저항 등을 거쳐 본래의 출발점으로 되돌아오는 닫힌회로)에 있어 기전력의 총합과 저항에 의한 전압 강하의 총합은 같다"

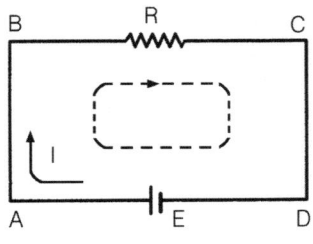

:: 키르히호프의 제2법칙

7 전력과 전력량

Electricity

1 전력 electricity, power

전구나 전동기 등에 전압을 가하여 전류를 흐르게 하면 빛이나 열이 발생하고 또 기계적인 일을 한다. 이와 같이 전기가 하는 일의 크기를 **전력**이라고 하며, 전력은 전압과 전류가 클수록 커진다.

1) 전력의 표시

E(V)의 전압을 가하여 I(A)의 전류를 흐르게 할 경우 전력 P(W)는

$$P = E \times I \text{(W)} \text{ --- ①}$$

로 표시된다. 만약, I(A)의 전류가 $R(\Omega)$의 저항 속을 흐르고 있다면 $E = I \times R$의 관계가 있으므로

$$P = E \times I = I \times R \times I = I^2 \times R \quad \text{즉, } P = I^2 \times R \text{ ----------------------------- ②}$$

이 되어 전력은 모든 저항에 소비된다는 것을 알 수 있다. 또 $I = \dfrac{E}{R}$의 관계가 있으므로

$$P = E \times I = \frac{E}{R} \times E = \frac{E^2}{R} \quad \text{즉, } P = \frac{E^2}{R} \text{ --------------------------------------- ③}$$

으로 표시할 수 있다. 전력의 단위는 와트(Watt, 기호 W)를 사용하며 큰 단위로는 1,000W 즉, 1킬로와트(kW)를 사용한다.

2) 전력과 마력의 관계

1초 동안에 75kgf·m의 일을 하였을 때 일의 비율을 **동력 1마력**(PS)이라고 하며, 이 마력과 전력의 관계는 다음과 같다.

$$1\text{PS} = 75\text{kgf·m/sec} = 736\text{W} = 0.736\text{kW}$$
$$1\text{HP} = 550\text{ft·lb/sec} = 746\text{W} = 0.746\text{kW}$$

2 전력량

전류가 어떤 시간 동안에 한 일의 총량을 **전력량**이라고 하며, 전력과 그 전력을 사용한 시간과의 곱한 값으로 표시된다. 따라서 P(W)의 전력을 t 초(sec)동안에 사용하였을 때

전력량 W는 $W = P \times t$ (와트 초 또는 줄(Joule, 기호 J) --------------------- ①

로 표시된다. 그리고 I(A)의 전류가 R (Ω)의 저항 속을 t 초 동안 흐르는 경우에는

$W = I^2 \times R \times t$ --- ②

의 전력량이 모두 열로 되어 소비되기 때문에 이때 발생하는 열량을 H 칼로리라고 하면

$H ≒ 0.24 \times I^2 \times R \times t \ (cal)$ -- ③

의 관계 공식이 성립된다.

공식 ③은 저항에 의하여 발생되는 열량은 도체의 저항과 전류의 제곱 및 흐르는 시간에 비례 한다는 것을 의미하며, 이를 **줄의 법칙**(Joule' Law)이라고 한다. 이와 같이 전류가 저항 속을 흘러 발생하는 열을 **주울 열**이라고 하며, 전열 기구, 자동차 운전석 내의 담배 라이터, 예열 플러그 등에서 널리 사용된다.

3 전선의 허용 전류와 퓨즈

1) 전선의 허용 전류

전선에 전류가 흐르면 전류의 제곱에 비례하는 주울 열이 발생하며, 이 열이 절연 피복을 변질시키거나 손상되어 전기 화재의 원인이 된다. 이에 따라 전선에는 안전한 상태로 사용할 수 있는 전류 값이 정해져 있는데 이것을 **허용 전류**라고 한다. 모든 전기 회로에서 사용하는 전선은 허용 전류의 한계 내에서 사용하여야 하며, 허용 전류와 안전 전류는 같다고 생각해도 된다. 그리고 [퓨즈가 있는 회로] 그림(a)와 같이 전압을 가한 전선의 절연 피복이 손상되어 전선이 직접 차체와 접촉하면 부하를 거치지 않고 전원과 접촉되므로 많은 양의 전류가 흐르게 된다. 이와 같이 부하를 거치지 않고 전원이 접속되는 상태를 **단락**(short)이라고 한다.

2) 퓨즈 fuse

퓨즈는 단락으로 인하여 전선이 타거나 과대 전류가 부하로 흐르지 않도록 하는 것이며, 회로 중에 직렬로 접속되어 있다. 퓨즈는 용융점(melting point)이 약 70℃정도이며 납, 주석, 창연, 카드뮴의 합금으로 구성되어 있다. 퓨즈는 전선의 온도가 상승하거나 부하에 과대 전류가 흐를 때 녹아 끊어져 회로를 차단한다.

아래 그림(b)와 같이 전선의 절연 피복이 열화하여 서로 접촉하는 경우에도 한쪽 회로의 스위치를 닫으면 (스위치를 ON으로 하면) 다른 전기회로에도 전류가 흘러 전선에 많은 전류가 흐르게 되는데 이런 경우에도 퓨즈가 녹아 끊어져 위험을 방지한다.

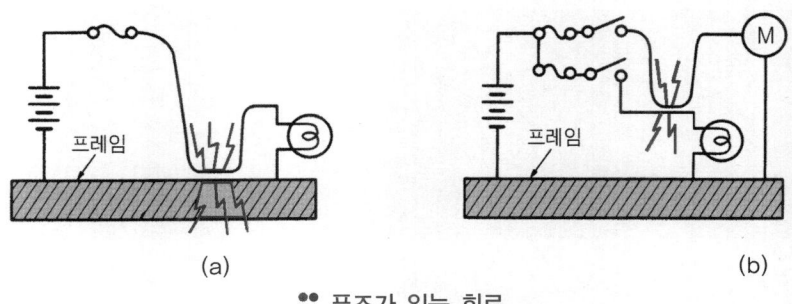

(a)　　　　　　　　　　　　　(b)

❖ 퓨즈가 있는 회로

각종 전기 기호

기호	명칭	설명
—⊣⊢⊢—	축전지(Battery)	전원, 축전지를 의미하며 긴 쪽이 (+), 짧은 쪽이 (−)이다.
—⊣⊢—	콘덴서(Condenser)	전기를 일시적으로 저장하였다가 방출함(교류에는 전도성이 있으며 직류는 전류를 전달하지 못함).
—ᴡᴡᴡ—	저항(Resistor)	고유 저항, 니크롬선 등
—ᴡᴡᴡ—	가변 저항 (Variable Resistor)	저항 값이 변하는 저항(인위적 또는 여건에 따라)
—⊗—	전구(Bulb)	램프를 의미
—⊗—	더블 전구 (Double Bulb)	이중 필라멘트를 가진 램프. 테일 라이트, 헤드라이트 등
—ᴍᴍᴍ—	코일(Coil)	전류를 통하면 전자석이 됨(자장의 발생).
	더블 마그넷 (Double Magnetic)	두 개의 코일이 감긴 전자석 혹은 마그넷, 스타팅 모터의 마그넷 스위치
	변압기(Transformer)	변압기로서 점화 코일 같은 경우
—ᴏ╱ᴏ—	스위치(S.W)	일반적인 스위치를 표시함
B S1 S2 E	릴레이(Relay)	S₁과 S₂에 전류를 통하면 코일이 전자석이 되어 스위치(SW)를 붙여줌.
—╲ᴏ—	S.W	2단계 스위치로서 평상시 붙어있는 접점은 흑색으로 표시함
—ᴏ▼ᴏ—	지연 릴레이 (Delay Relay)	지연 릴레이로서 일종의 Timmer 역할을 의미함. 그림은 Off 지연 릴레이 임.
—ᴏ┴ᴏ—	(N.O) Normal Open (스위치)	평상시 접촉이 이루어지지 않다가 누를 때만 접촉됨. 혼 스위치, 각종 스위치 등
—•┴•—	Normal Close (스위치)	평상시에는 접촉이 이루어지나 누를 때만 접촉 안됨. 주차 브레이크 스위치, 림 스위치, 브레이크 스위치 등에 쓰임

2 기초 전기(2)

학/습/목/표

1. 자기와 전기와의 관계에 대하여 설명할 수 있다.
2. 전류가 형성하는 자계에 대하여 설명할 수 있다.
3. 전자력에 대하여 설명할 수 있다.
4. 플레밍의 왼손 법칙에 대하여 설명할 수 있다.
5. 렌츠의 법칙에 대하여 설명할 수 있다.
6. 플레밍의 오른손 법칙에 대하여 설명할 수 있다.
7. 자기 및 상호 유도 작용에 대하여 설명할 수 있다.

1 자기와 전기의 관계

Electricity

1 자기 Magnetism

자철광은 철이나 니켈 등을 흡인하는 성질을 지니고 있는데 이 성질을 **자성**이라고 하며, 흡인하는 힘을 **자기**라고 한다. 자성을 지니고 있는 물체를 **자석**이라고 부른다. 또 철, 니켈, 코발트 등과 같이 자기 작용을 느끼거나 자석이 될 수 있는 물체를 **자성체**라고 하며, 알루미늄, 구리 등과 같이 자기를 거의 느끼지 않는 것을 **비자성체**라고 한다. 자석의 양끝을 **자극**이라고 부르며 자력이 가장 크다.

자석에는 자철광과 같은 천연 자석 이외에 직류 발전기의 계자 철심에서 사용되는 영구 자석과 기동 전동기의 솔레노이드 스위치에서와 같이 코일에 전류를 흐르게 하면 자석이 되는 인공 자석(=전자석)등이 있다. 자동차의 전기 장치에서는 기동 전동기의 계자 코일과 계자 철심 및 솔레노이드 스위치, 각종 릴레이, 냉각 팬 전동기 등은 인공 자석을 사용하고, 와이퍼 전동기, 전자제어 엔진의 연료 펌프는 영구 자석과 인공 자석을 병용하고 있다. 자석의 성질은 같은 종류의 자극은 서로 밀어내고, 다른 종류의 자극은 서로 흡입하며 N(North)극과 S(South)극이 있다.

2 쿨롱의 법칙 Coulomb's Law

자석의 자극 세기는 그 부근에서 다른 자석을 놓았을 때 양쪽 자극 사이에 작용하는 흡인력 또는 반발력의 크기를 표시한다. 즉, 2개의 자극의 세기를 각각 M_1, M_2 라고 하고 자극 사이의 거리를 r 이라고 하면 양쪽 자극 사이에 작용하는 힘 F 는 다음의 관계 공식으로 표시된다.

$$F \propto \frac{M_1 \times M_2}{r^2}$$

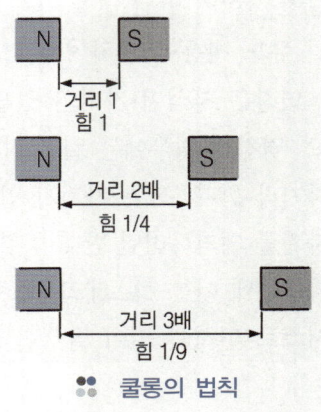

❖❖ 쿨롱의 법칙

이 공식에서 알 수 있듯이 자석의 흡입력 또는 반발력은 거리의 2승에 반비례하고, 자극의 세기의 상승적($M_1 \times M_2$)에 비례한다. 이것을 **쿨롱의 법칙**이라 한다.

3 자계와 자력선

자석 위에 유리판을 올려놓고 그 위에 쇳가루를 뿌린 후 유리판을 가볍게 두드리면 그림과 같이 N극과 S극을 연결하는 곡선의 모양이 생긴다. 이와 같이 자석이 작용하는 범위를 **자계** 또는 **자장**이라 한다. 그리고 쇳가루가 배열되는 것은 쇳가루 입자의 하나하나가 모두 작은 자석이 되어 자력이 작용하는 방향으로 배열되기 때문이다. 이것은 N극과 S극 사이에서 자기의 힘 즉, 자력이 어떤 경로를 거쳐서 작용하고 있는가를 보이는 선이라고 생각되며, 이 선을 **자력선**이라 한다. 이 자력선의 방향과 직각 되는 단면적(1cm²)을 통과하는 전체의 자력선을 **자속**(magnetic flux)이라 한다.

자력선은 일반적으로 N극에서 S극으로 향하는 방향에 화살표를 넣어 표시한다. 또 자력선의 성질은 N극과 S극을 마주하면 서로 잡아당기고, N극과 N극, S극과 S극을 마주 하면 자력선이 서로 반발하여 서로 멀어지려는 현상을 알 수 있다. 이 가설(假設)은 발전기와 전동기를 공부하는데 있어서 매우 중요하다.

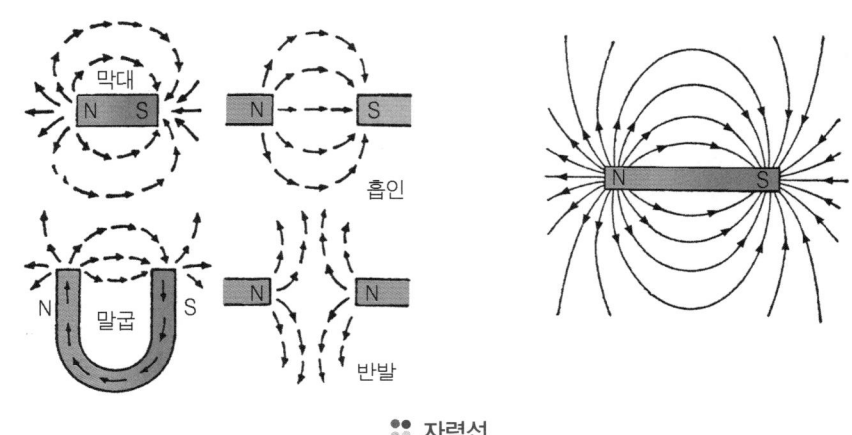

막대 N S 흡인 N S 말굽 N S 반발 N N

✿ 자력선

4 자기 유도 작용

자기를 지니지 않은 철이나 니켈 등에 자석을 접근시키면 잡아당기게 되는데 이것은 자석이 형성하는 자계에 의하여 철이나 니켈이 자기를 띠어 자석이 되기 때문이다. 즉, 철편을 자석에 가까이 접근시키면 철편은 자극에서 먼 쪽에 같은 종류의 자극을, 가까운 쪽에 다른 종류의 자극이 생겨 자극에 흡인되는 현상이다. 이와 같이 자석이 아닌 것을 자계 속에 넣으면 새로운 자석이 되는 작용을 **자기 유도 작용**이라고 하고 이 물체는 자기 유도 작용에 의하여 **자화**되었다고 한다.

연강은 자석이 가까이 있을 때에는 자화가 되지만 자석을 멀리하면 자기가 없어지므로 **일시 자석**이라고 하고, 경강의 경우에는 일단 자화가 되면 자석을 멀리하여도 자기가 남아 있게 되며, 이때 남아있는 자기를 잔류 자기라 한다. 잔류 자기가 안정되어 시간이 경과하여도 자기가 변화하지 않는 것을 **영구 자석**이라 한다. 잔류 자기를 제거하려면 반대 방향에서 자력을 가하여야 한다. 이와 같이 경강이 자화할 때에는 자기적인 경력이 나타나는데 이를 **히스테리시스**(hysteresis)라고 한다. 경강을 자화 하는 방향을 주기적으로 변화시키면 히스테리시스로 인하여 열이 발생한다.

5 자속과 자기 회로

자속은 그림과 같이 공기 중에서는 N극에서 S극으로 들어가고 자석 내부에서는 S극에서 N극으로 이동하며 자력선과 자속의 관계는 물질에 자력선이 통과하는 비율로 결정되므로 자력선이 증가하면 자속도 증가한다. 자속의 양을 표시하는 단위는 **웨버**(Wb)이며, 자속이 링(ring)모양으로 되어 통과하는 회로를 **자기 회로**라고 한다.

> **▮TIP**
>
> ▮ **웨버(Wb)란**
> 웨버(Wb)란 진공 중에서 같은 크기의 두 자극을 1m거리에 두었을 때 6.33×10^4N의 힘이 작용하는 자극의 세기를 1로 정한 단위를 말한다.

자기 회로의 자속은 대부분 철심 속을 통과하지만 극히 적은 자속이 공기 속으로 새어나가게 되는데 이를 누설 자속이라 한다. 전기 회로에서 전선은 절연 물질이 매우 양호하기 때문에 누설 전류가 매우 작으나 자기 회로는 자기적인 절연이 어려워 누설 자속이 많으므로 자기 회로를 취급할 때 주의를 필요로 한다.

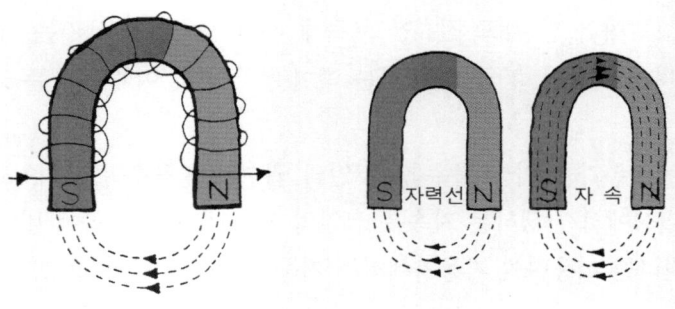

⁛ 자속과 자기 회로

---

2 전류가 형성하는 자계

그림과 같이 두꺼운 종이에 구멍을 뚫고 전선을 통과시킨 후 전선에 전류를 흐르게 하고 종이 위에 쇳가루를 뿌리면 쇳가루는 전선을 중심으로 하여 여러 갈래의 링 모양을 형성하는데 이것은 전선에 전류가 흐르면 전선 주위에 맴돌이 자력선이 발생하기 때문이다. 이 자력선을 이용하여 자동차에서는 각종 릴레이와 전동기 등에서 사용하고 있다.

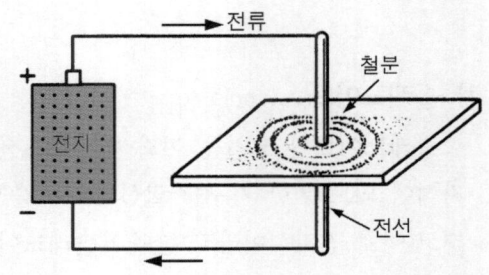

⁛ 전류가 형성하는 자계

1 앙페르의 오른 나사 법칙

전선에 전류를 흐르게 하면 그 주위에 전류의 세기에 비례하고 전선에서의 거리에 반비례하는 자계가 발생하며, 이 자력선은 전선을 중심으로 하는 동심원상이 된다. 전류가 흐르는 방향과 자력선의 방향 사이에는 다음의 관계가 있다.

"전류의 방향을 오른 나사의 진행 방향에 일치시키면 자력선의 방향은 오른 나사가 회전하는 방향과 일치한다." 이것을 앙페르의 오른 나사 법칙이라고 한다. 또 기호로 표시하고자 할 때에는 전류가 들어가는 곳은 자력선이 오른 나사가 회전하는 방향으로, 전류가 나오는 곳은 그 반대 방향으로

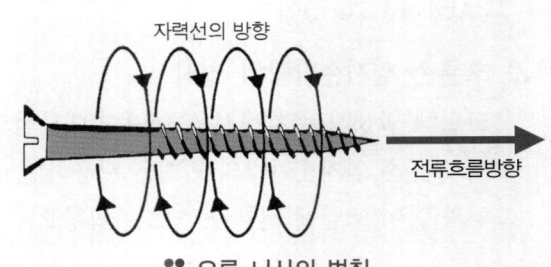

⁛ 오른 나사의 법칙

표기한다.

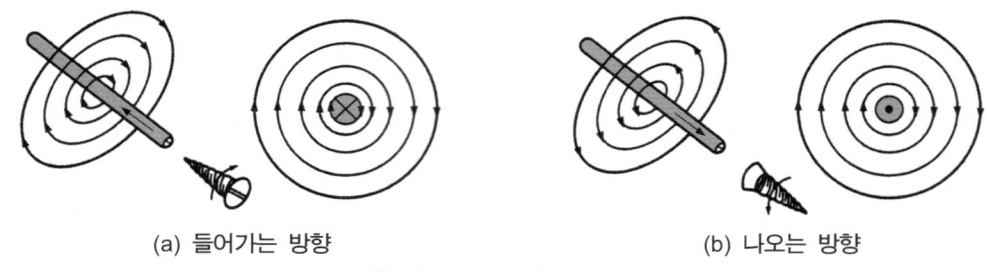

(a) 들어가는 방향   (b) 나오는 방향

:: 전류가 출입하는 기호

2 코일이 형성하는 자계

전선을 코일 모양으로 여러 번 감고 전류를 흐르게 하면 자력선의 세기는 각 코일에서 발생하는 자력선의 합이 되며, 자력선이 나오는 쪽이 N극, 들어가는 쪽이 S극이며, 이때 자계는 코일의 바깥쪽과 안쪽에서 하나로 연결된다.

코일 주위의 자계는 전류가 많이 흐를수록, 코일의 권수가 많을수록 크며, 코일 내부에 철심(core)을 넣고 전류를 흐르게 하면 철심에서 발생하는 자속은 코일의 권수와 전류의 곱에 비례하여 증가하고 막대자석과 같은 작용을 한다. 이 원리를 이용하여 자동차에서는 기동 전동기의 솔레노이드 스위치, 전기자 코일 및 계자코일 등에서 사용된다.

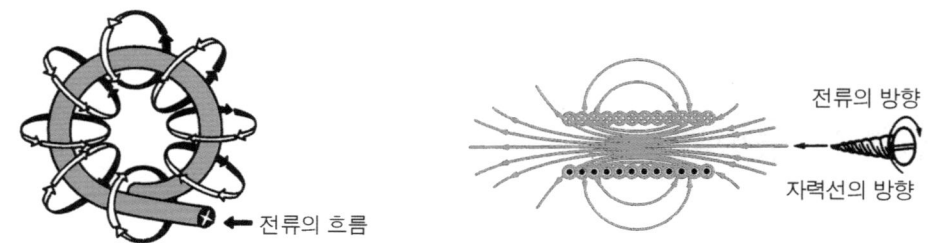

← 전류의 흐름

전류의 방향

자력선의 방향

:: 코일이 형성하는 자계

1) 솔레노이드 solenoid

솔레노이드란 코일을 여러 번 감고 전류를 흐르게 하였을 때 자석이 되도록 한 기구를 말한다. 또 솔레노이드 내부에 철심을 넣고(이를 전자석이라고 한다.) 솔레노이드에 전류를 흐르게 하면 철심에 자속이 발생한다. 이 자속은 철심에 포화되지 않는 한 솔레노이드의 권수 N과 여기에 흐르는 전류 I와의 곱 NI에 비례하여 증가한다. 이 NI는 자속을 발생시키는 능력을 표시하는 것이며 기자력이라고도 한다. 그 단위는 암페어 회수(AT ; Ampere Turn)이다.

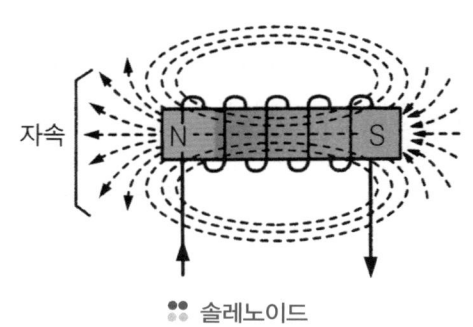

자속

:: 솔레노이드

2) 오른손 엄지손가락의 법칙

코일에 발생하는 자력선을 보면 막대자석의 자력선과 비슷하며 코일의 자력선 방향을 알고자 할 때 앙페르의 오른손 엄지손가락의 법칙을 사용하면 쉽게 할 수 있다. 즉, 엄지손가락을 제외한 4개의 손가락을 아래 그림과 같이 코일에 전류가 흐르는 방향으로 잡았을 때 엄지손가락의 방향으로 자력선(자계)이 나온다. 이때

엄지손가락이 N극의 방향이 되며 이 자극은 전류의 흐름 방향과 코일이 감은 방향이 바뀌면 극성도 바뀌게
된다.

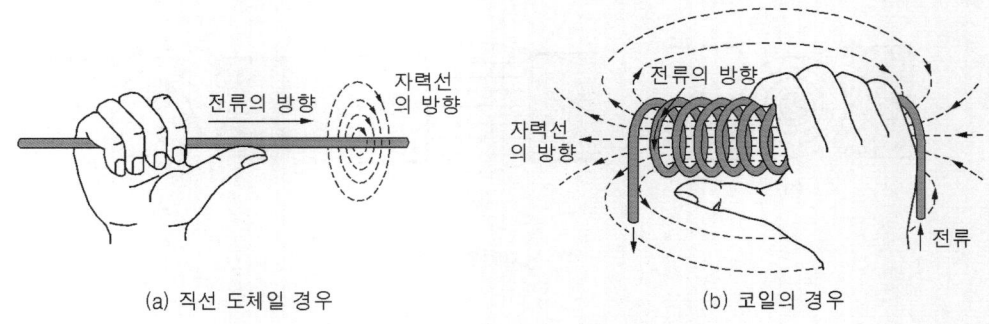

(a) 직선 도체일 경우   (b) 코일의 경우

:: 오른손 엄지손가락의 법칙

 **전자력**

1 전자력의 발생

앞장(자기와 전기와의 관계)에서 설명한 바와 같이 전류가 흐르는 도체의 주위에는 자계가 발생하며, 근처에
있는 철편 등에는 흡인력이 작용한다. 따라서 전류가 흐르고 있는 도체의 부근에 자극을 놓으면 그 자극에 힘
이 작용한다. 이때 자극을 고정하고 도체를 자유롭게 움직일 수 있도록 하면 그 힘이 도체에 작용하여 도체가
움직이게 된다. 이 힘을 **전자력**(electromagnetic force)이라고 한다. 이 전자력의 크기는 자계의 방향과 전류
의 방향이 직각일 때 가장 크며, 도체의 길이, 전류의 크기 및 자계의 세기 등에 비례해서 증가한다. 즉, 전자
력은 아래와 같이 표시된다.

전자력 = (자계의 세기)×(전류)×(도체의 길이)

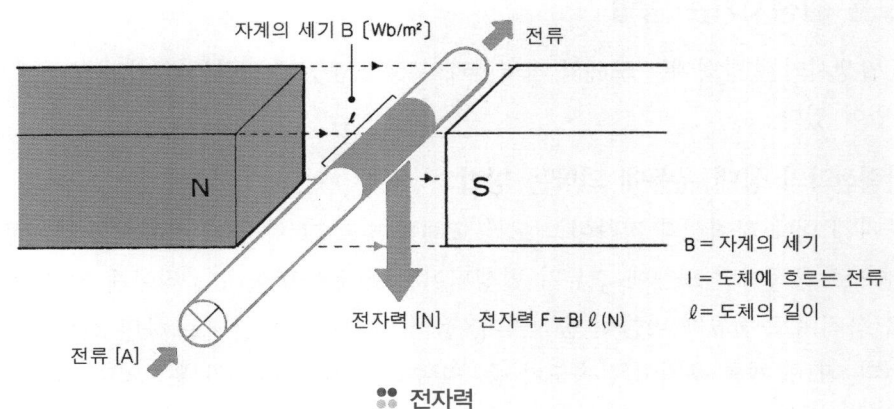

:: 전자력

전자력을 받는 방향은 도체에 흐르는 전류의 방향과 주위의 자계 방향에 따라 결정된다. 오른쪽 그림에서 보
이는 바와 같이 자계의 자력선의 상태를 (a), 도체에 흐르는 전류가 만드는 자력선의 상태를 (b)라고 하면 (a)

와 (b)의 양쪽 자력선을 합성한 자력선의 상태는 (c)와 같이 막대가 고무줄에 의해 아래쪽으로 밀리는 형태가 되므로 도체는 아래쪽 방향으로 전자력을 받게 된다. 따라서 전류와 자계의 방향 중에서 어느 하나의 방향을 바꾸면 전자력의 방향으로 역(逆)이 된다.

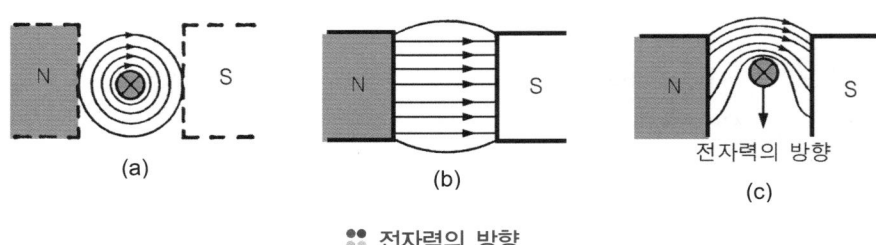

:: 전자력의 방향

2 플레밍의 왼손 법칙 Fleming's left hand rule

자력선의 방향, 전류의 방향 및 도체가 움직이는 힘의 방향에는 일정한 관계가 있으며 이것을 왼손을 이용하여 보면 도체가 움직이는 방향을 정확하고 쉽게 알 수 있다. 즉, 아래그림에 나타낸 바와 같이 "왼손의 엄지손가락, 인지 및 가운데 손가락을 서로 직각이 되게 펴고, 인지를 자력선의 방향에,

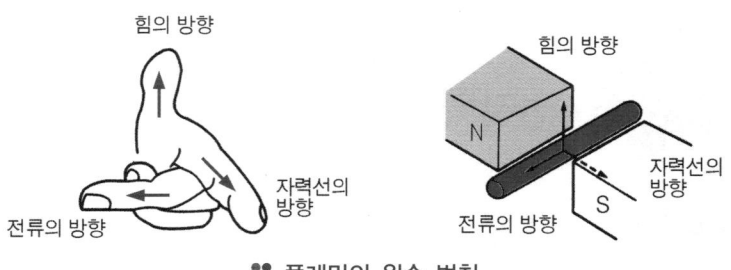

:: 플레밍의 왼손 법칙

가운데 손가락을 전류의 방향에 일치시키면 도체에는 엄지손가락 방향으로 전자력이 작용한다."는 것을 표시한 것이 플레밍의 왼손 법칙이다. 이 법칙은 기동 전동기, 전류계 전압계 등에서 사용한다.

4 전자 유도 작용   *Electricity*

1 전자 유도를 발생시키는 방법

전자 유도를 발생시키는 방법에는 도체와 자력선과의 상대 운동에 의하는 방법과 도체에 영향하는 자력선을 변화시키는 방법이 있다.

1) 도체와 자력선과의 상대 운동에 의하는 방법

이 방법은 자계 내에 자력선과 직각이 되도록 도체를 넣고 그 양 끝에 전류계를 접속한 후 도체를 자력선과 직각 방향으로 움직이면 도체에 전류가 발생되어 전류계의 바늘이 움직이게 된다. 여기서 도체나 자석 중 어느 것을 움직여도 전류계 바늘이 움직이며, 움직이는 방향을 반대로 하면 전류계 바늘의 움직임도 반대 방향이 된다. 또 도체를 움직이는 속도가 증가할수록 전류계 바늘의 움직임도 커지며, 정지하면 전류계 바늘의 움직임도 정지한다. 이와 같이 도체와 자력선이 교차하면 도체에 기전력이 발생하는데 이 현상을 **전자 유도 작용**이라고 하고 이 유도 작용에 의하여 발생한 기전력을 유도 기전력 이때 흐르는 전류를 **유도 전류**하고 한다.

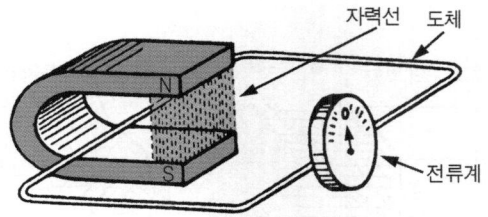
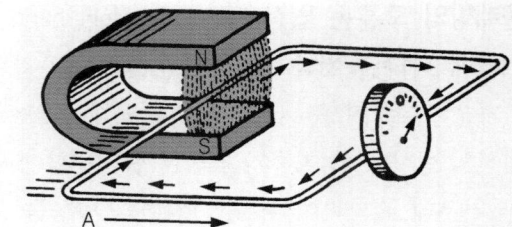

전자 유도(1)

2) 도체에 영향하는 자력선을 변화시키는 방법

이 방법은 그림 (a)에 나타낸 것과 같이 코일에 자석을 가까이 하였다가 멀리하던가, (b)와 같이 코일과 대립한 다른 코일의 전류를 증감시키든지, (c)와 같이 코일 자신의 전류를 증감하여 그 자속수를 증감시키면 코일에 기전력이 발생한다. 이것은 코일 내를 통과하는 자속수가 변화하면 변화된 양에 상당하는 자력선과 코일이 교차하게 되므로 이 변화가 계속되는 동안 그 코일에 기전력이 발생한다.

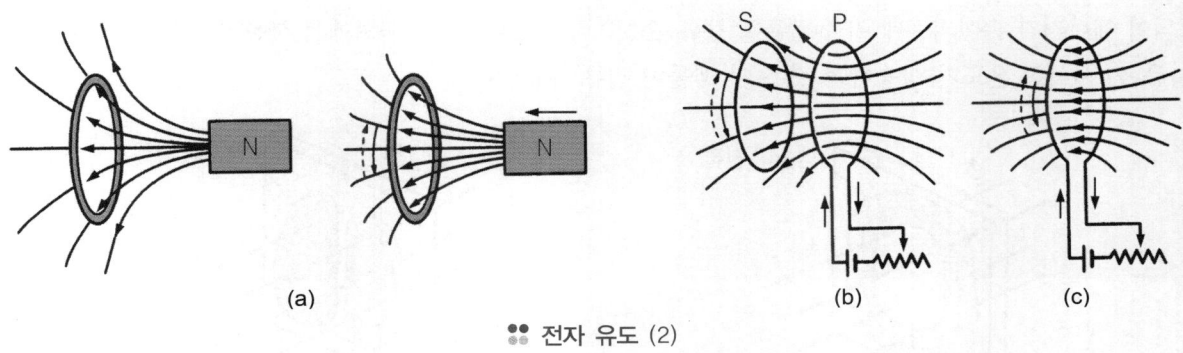

(a)   (b)   (c)

전자 유도 (2)

2 유도 기전력의 방향

1) 렌츠의 법칙 Lenz' Law

"도체에 영향하는 자력선을 변화시켰을 때 유도 기전력은 코일 내의 자속의 변화를 방해하는 방향으로 생긴다" 이것을 렌츠의 법칙이라 한다. 즉, 자석을 코일에 접근시킬 경우에는 자석으로부터 가까운 쪽에 같은 종류의 극이 생기도록 코일에 기전력이 발생되어 자석의 접근을 방해한다. 또 자석을 코일에서 멀리할 경우에는 자석으로부터 가까운 쪽에 다른 종류의 극이 생기도록 기전력이 발생하여 자석이 멀리 가려는 것을 방해한다.

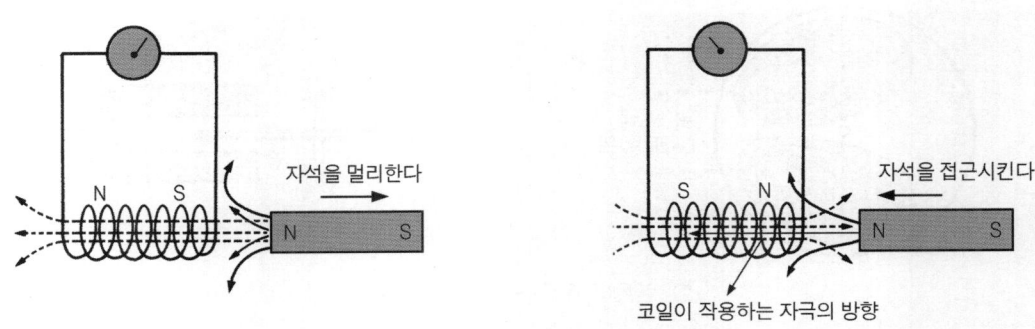

렌츠의 법칙

2) 플레밍의 오른손 법칙 Fleming's right hand rule

그림에 나타낸 것과 같이 "오른손 엄지손가락, 인지, 가운데 손가락을 서로 직각이 되게 하고 인지를 자력선의 방향에, 엄지손가락을 운동의 방향에 일치시키면 가운데 손가락이 유도 기전력의 방향을 표시한다." 이것을 플레밍의 오른손 법칙이라고 한다.

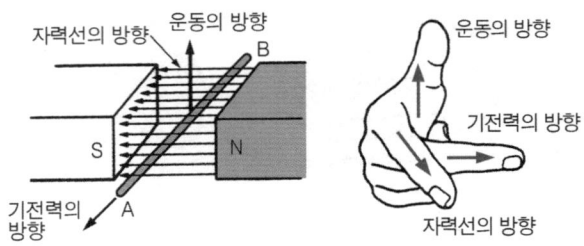

✖✖ 플레밍의 오른손 법칙

3 맴돌이 전류 Eddy Current

그림에 나타낸 것과 같이 도체 속을 자력선이 통과하고 있을 때 그림(a)와 같이 자력선이 변화하던가(이 경우에는 자력선이 증가된 상태임), (b)와 같이 도체와 자력선이 상대 운동을 하면 전자 유도 작용에 의하여 도체 중에 기전력이 발생하며, 이 기전력으로 인하여 흐르는 유도 전류는 그 도체 중에서 저항이 가장 적은 통로를 통하여 맴돌이(와류)를 형성하면서 흐른다.

이와 같은 전류를 **맴돌이 전류**라고 한다. 맴돌이 전류가 흐르고 있는 도체에는 그 도체의 저항에 해당하는 열이 발생되어 에너지가 손실되는데 이를 **맴돌이 전류 손실**이라고 한다. 교류 회로에서 사용되고 있는 변압기의 철심이 사용 중 서서히 온도가 상승하는 것은 이 맴돌이 전류 때문이다.

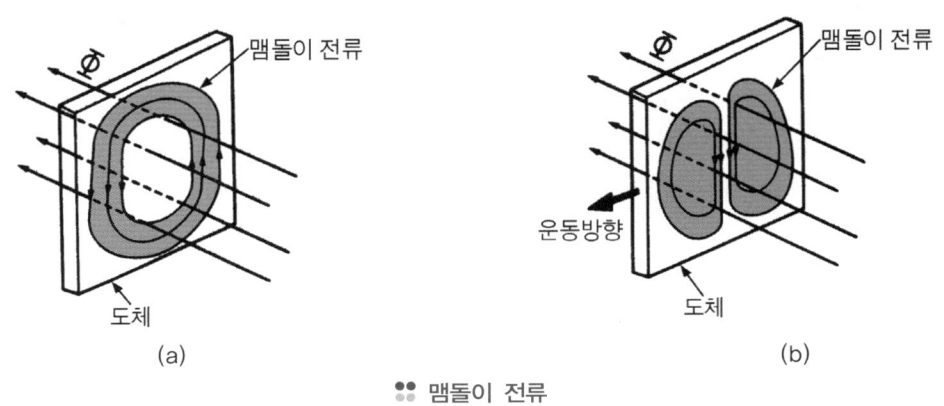

✖✖ 맴돌이 전류

또 그림과 같이 원판의 자극 바로 아래쪽에 플레밍의 오른손 법칙에 의한 맴돌이 전류가 유기 되며, 그 결과 맴돌이 전류가 흐른다. 이 맴돌이 전류와 자극 사이에는 플레밍의 왼손 법칙에 의하는 회전력이 작용하여 원판의 운동이 저지된다. 이것을 **맴돌이 전류 브레이크**라고 하며, 자동차 감속 브레이크의 하나인 맴돌이 전류 리타더(eddy current retarder)로 사용되고 있다.

✖✖ 맴돌이 전류 브레이크의 원리

5 자기 유도 작용과 상호 유도 작용

1 자기 유도 작용

이 작용은 코일 자신에 흐르는 전류를 변화시키면 코일과 교차하는 자력선도 변화하므로 그 변화를 방해하려는 방향으로 기전력이 발생한다. 이와 같은 전자 유도 작용을 **자기 유도 작용**이라고 한다. 자기 유도 작용은 코일의 권수가 많을수록, 철심이 들어 있을수록 커진다.

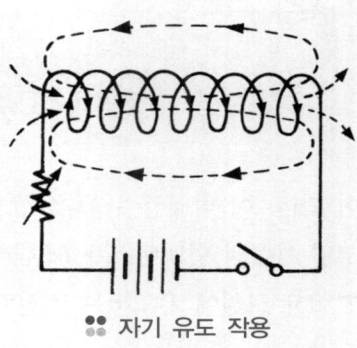

:: 자기 유도 작용

즉, 그림에서 스위치를 닫으면(ON) 자기 유도 작용에 의해 전류의 반대 방향으로 흐르는 기전력이 코일 내부에서 발생하며, 이로 인하여 전류는 비교적 천천히 증가하여 일정 값을 유지한다. 이때는 자속의 변화 속도가 작기 때문에 코일 내에 발생하는 기전력도 전원(축전지) 전압 보다 높아지지 않는다. 그러나 스위치를 열면 자력선이 급격히 감소하므로 큰 유도 기전력이 발생한다. 이에 따라 자기 유도 작용도 그 만큼 크게 되어 전원 전압보다 훨씬 높은 전압이 발생하게 된다. 일반적으로 자기 유도 작용에 의해 발생하는 기전력은 전류의 변화 속도에 비례한다.

즉, 기전력∝전류의 변화 속도로 되어

> 기전력 = 자기 인덕턴스(L)×전류의 변화 속도

가 된다. 따라서

> $$L = \frac{기전력}{전류의\ 변화속도}$$

이 비례상수 L 은 코일의 **자기 인덕턴스**(self-inductance)라고 하며, 자기 인덕턴스 L (단위 Henry, 기호 : H)의 코일에서 그 코일에 흐르는 전류가 t 초 동안에 I(A)의 전류로 변화하였을 때 기전력의 크기 E는

$E = L \times \dfrac{I}{t}$ --- ①

로 나타낸다.

2 상호 유도 작용

이 작용은 그림과 같이 A, B의 2개 코일을 가까이한 후 A코일에 흐르는 전류를 스위치를 열면 B코일에 기전력이 발생한다. 이것은 A코일의 전류에 의하여 발생한 자력이 스위치의 열림에 따라 전류와 함께 변화하기 때문이다. 이와 같이 하나의 전기 회로에 자력선의 변화가 발생하였을 때 그 변화를 방해하려고 다른 전기 회로에 기전력이 발생하는 현상을 상호 유도 작용이라 하며 전원과 연결된 A코일을 1차 코일, B코일을 2차 코일이라고 한다. 자동차에서는 점화 코일의 2차 코일에서 상호 유도 작용을 이용하여 약 20,000~25,000V의 고전압을 얻고 있다.

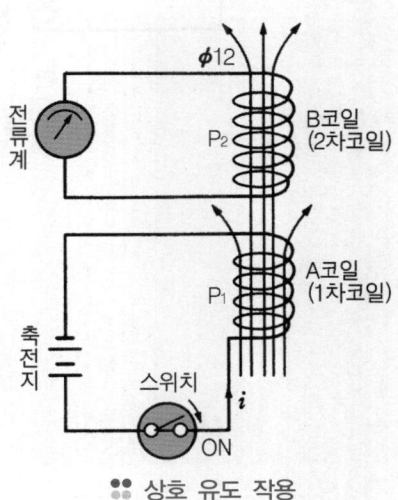

:: 상호 유도 작용

상호 유도 작용에 의한 2차 코일의 기전력의 크기는 1차 코일의 전류 변화 속도에 비례한다.

즉, 2차 코일의 기전력∝1차 코일 전류의 변화 속도

> 2차 코일의 기전력=상호 인덕턴스(M)×1차 코일 전류의 변화 속도

가 된다. 따라서,

$$M = \frac{\text{2차코일의 기전력}}{\text{1차코일 전류의 변화속도}}$$

이 되며, 이 비례상수 M을 상호 인덕턴스라 한다. 단위는 자기 인덕턴스와 마찬가지로 헨리(H)이다. 즉 2개 코일 사이의 인덕턴스가 M헨리인 경우 1차 코일의 전류가 t 초 동안에 I(A)의 전류 비율로 변화하였다고 하면 2차 코일에 유도되는 기전력 E는

$$E = M \times \frac{I}{t} \text{---} ②$$

로 표시되며 상호 유도 작용은 1차 코일의 전류 변화가 같아도 양쪽 코일의 권수, 형상, 상호 위치 등에 따라서 달라진다. 상호 인덕턴스는 자기 유도 작용의 경우와 같이 그 작용이 일어나는 비율을 표시하는 것이다. 상호 유도 작용을 이용하고 있는 기구로는 변압기와 점화 코일 등이 있다.

또 상호 유도 작용은 그림 (a)와 같이 철심에 2개의 코일을 감고 그 1개를 입력 쪽(1차 코일), 다른 하나를 출력 쪽(2차 코일)으로 하고 입력 쪽에 교류(AC)전원을 가하면 1차 쪽의 자력이 변화하므로 2차 쪽의 권수비에 비례하는 전압이 발생한다. 이 원리는 변압기의 원리로 이용된다. 그림 (b)와 같이 직류(DC)회로이면 1차 쪽의 자력선이 변화하지 않으므로 스위치를 닫은 체로는 2차 쪽에 전압이 발생하지 않는다.

따라서 스위치를 ON-OFF하여 1차 쪽의 자력선 변화를 주어야만 2차 쪽에 전압이 발생한다. 자동차의 점화 코일은 이 원리를 이용하고 있다. 또 N_2 (2차쪽) 〉 N_1 (1차쪽)이면 전압이 상승하고, N_2 〈 N_1이면 낮아진다. 따라서 권수비를 알맞게 하면 자유롭게 전압을 바꿀 수 있다.

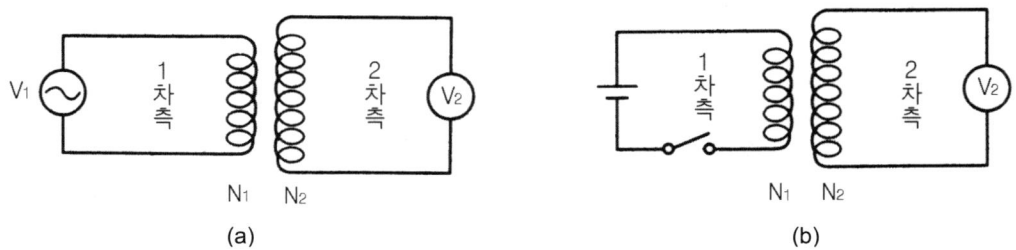

(a)   (b)

✴✴ 변압기와 점화 코일의 원리

3 반도체

학/습/목/표

1. 반도체의 개요에 대하여 설명할 수 있다.
2. 반도체의 접합 및 전류 흐름에 대하여 설명할 수 있다.
3. 반도체의 분류에 대하여 설명할 수 있다.
4. 반도체의 장점 및 단점에 대하여 설명할 수 있다.
5. 반도체 소자의 종류에 대하여 설명할 수 있다.
6. 반도체 소자의 작용에 대하여 설명할 수 있다.

1 반도체의 개요

반도체란 도체와 절연체 사이에 있으면서 어느 것에도 속하지 않는 물질로서 고유 저항이 $10^{-3} \sim 10^6 \Omega \text{cm}$ 정도의 값을 지니고 있으며, 여기에는 실리콘(Si)·게르마늄(Ge) 및 셀렌(Se) 등이 있다. 이들의 결정은 상온에서도 몇 개의 자유 전자가 있으며, 반도체에 열이나 빛 등의 에너지를 가하면 원자핵의 구속을 이기고 튀어나오는 전자의 수가 증가한다. 즉, 온도가 상승하면 고유 저항이 낮아지는 성질을 나타내며, 특히 다음과 같은 성질을 가지는 것을 일반적으로 **반도체**라고 한다.

① 전기저항의 온도 계수가 부($-$)이다. 즉, 온도가 상승하면 저항 값이 감소한다.

② 다른 원자를 극히 소량이라도 혼합하면 전기 저항이 크게 변화한다.

③ 빛을 비추면 전기 저항이 변화한다.

④ 교류 전원에 접속하면 발광한다.

2 반도체의 기초 사항

그림은 전기에서 사용되는 재료의 고유 저항을 표시한 것이다. 전기 재료로 많이 사용되는 구리의 경우 고유 저항이 $1.69 \mu \Omega \text{cm}$로 매우 낮으며, 저항선으로 이용되는 니켈-크롬(Ni-Cr)도 고유 저항이 $10^{-4} \Omega \text{cm}$ 정도로 전기가 잘 흐르기 때문에 **도체**라고 한다. 그러나 고유 저항이 $10^{10} \Omega \text{cm}$ 이상 되면 전기가 잘 흐르지 못하기 때문에 이들을 **절연체**라고 한다.

절연체의 경우에는 전자는 있으나 원자핵에 굳게 구속되어 있어 전압을 가하여도 전자가 이동을 못하기 때문에 전류가 흐르지 못한다. 그러나 금속의 경우에는 맨 바깥쪽에 있는 몇 개의 전자는 원자핵과 유리되어 자유롭게 이동할 수 있기 때문에 전압을 가하면 전자가 움직여 전류가 흐르게 된다.

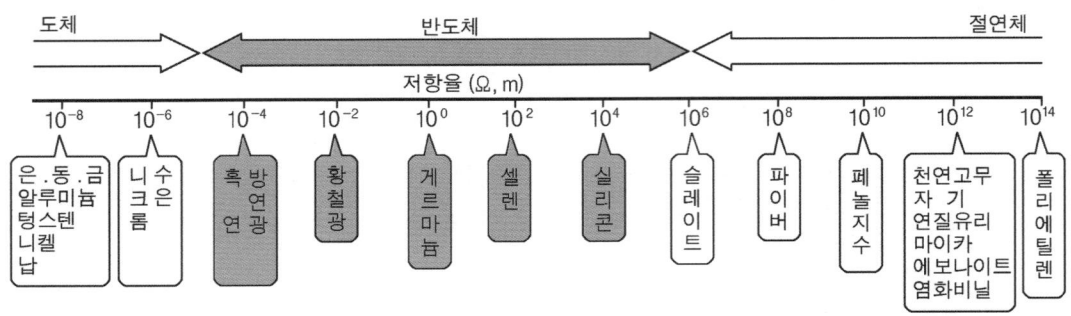

각 물질의 고유 저항

반도체 재료로 사용되는 게르마늄이나 실리콘의 결정은 그림과 같이 규칙적인 원자의 배열로 되어 있다. 실리콘의 경우 가전자 4개가 각각 인접한 원자와 결합되어 있고 동시에 인접한 원자 1개의 가전자가 와서 결합되어 모든 원자가 4방향에서 2개씩 전자에 의해 둘러싸여 있다.

오른쪽 그림은 이것을 평면적으로 나타낸 것이다. 게르마늄이나 실리콘의 결정은 상온에서도 몇 개의 자유 전자 있으며, 여기에 높은 전압이나 온도 등을 가하면 전기저항의 변화로 인하여 공유 결합이 파괴되어 전자의 이동이 쉽게 된다. 따라서 게르마늄과 실리콘에 매우 작은 양의 다른 원소를 혼합하여 전압이나 온도에 대하여 민감하게 반응하는 반도체 성질을 얻을 수 있다.

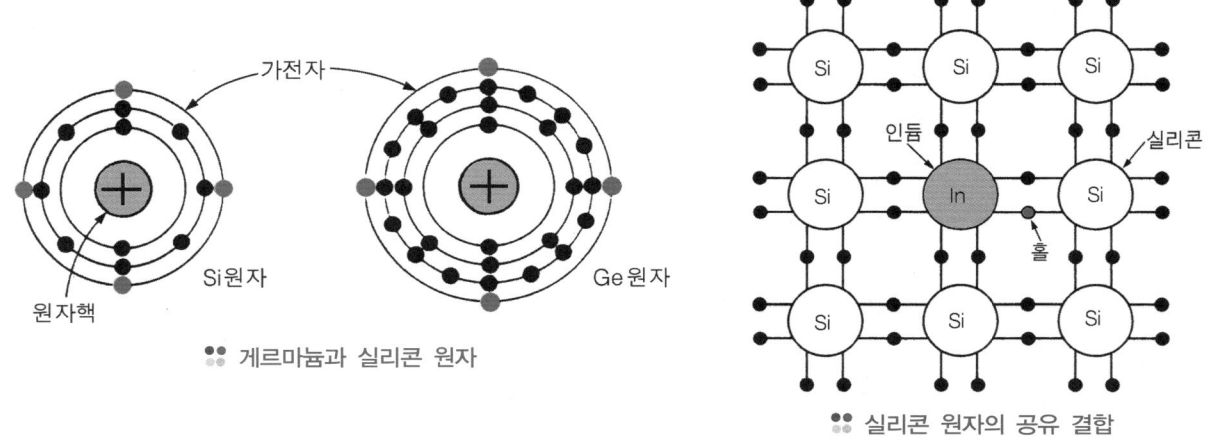

게르마늄과 실리콘 원자

실리콘 원자의 공유 결합

그리고 반도체는 온도가 상승하면 저항 값이 감소하는 부 온도계수의 물질이며, 그 성질은 다음과 같다.

① 다른 금속이나 반도체와 접속하면 정류 작용(다이오드의 경우), 증폭 작용 및 스위칭 작용(트랜지스터의 경우)을 한다.

② 빛을 받으면 고유 저항이 변화한다(포토 다이오드의 경우).

③ 열을 받으면 전기 저항 값이 변화하는 지백(zee back) 효과를 나타낸다.

④ 압력을 받으면 전기가 발생한다(반도체 피에조 저항형의 경우).

⑤ 자력을 받으면 도전도가 변화하는 홀(hall) 효과를 나타낸다.

⑥ 전류가 흐르면 열을 흡수하는 펠티어(peltie) 효과를 나타낸다.

⑦ 매우 적은 양의 다른 원소를 첨가하면 고유 저항이 크게 변화한다.

1 가전자의 작용

가전자란 가장 바깥쪽 궤도(그림에서 L각 궤도)에 있는 전자이며 이것은 원자핵으로부터 가장 멀기 때문에 원자핵과 결속이 약하다. 그 작용은 다음과 같다. 어떤 원자로부터 1개의 가전자가 튀어나온다고 하면, 그 원자는 1개 분량만큼 음(⊖)전하를 상실한 것이 되므로 그 때까지의 전기적 평형이 무너져 원자에는 양(⊕)전하를 지니게 된다. 또 1개라도 다른 것으로부터 전자를 받으면 1개분만큼 음(⊖)전하가 증가한 것이 되어 원자에는 음(⊖)전하를 가지게 된다. 그런데 원자로부터 전자가 튀어나게 하려면 외부로부터의 에너지가 필요하다.

가전자는 원자핵으로부터 가장 멀리 떨어져 있기 때문에 원자핵의 인력이 다른 전자에 비해 약하므로 그 인력보다 큰 전압, 열, 빛 등의

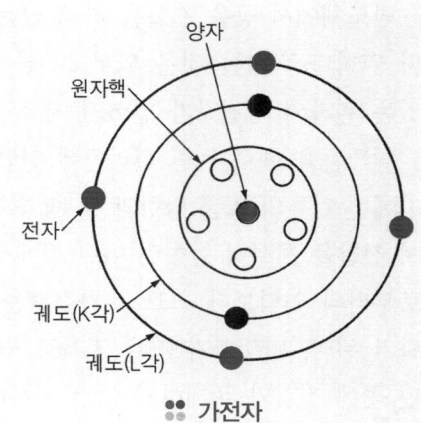

❖ 가전자

에너지가 가해지면 가장 바깥쪽 궤도로부터 튀어나와 자유전자가 된다. 이 자유 전자의 움직임이 물질의 전도성에 큰 영향을 끼치고, 또 이 자유 전자가 원자들의 결합 속에서 매우 큰 역할을 하고 있다.

원자들의 결합 방법에는 2가지가 있는데 하나는 **이온 결합**이라 하여 소금(NaCl)이 대표적인 예로 나트륨(Na^+) 이온(⊕)와 염소(Cl)이온 (⊖)가 전기적으로 결합되어 있다. 다른 하나는 **공유 결합**이라고 하며 실리콘과 같이 몇 개 원자의 전자가 서로 공유하여 결합하고 있는 것이다.

2 반도체의 결합

실리콘 원자는 공유 결합이다. 공유 결합이란 다음과 같은 것을 말한다. 실리콘 원자에는 그림과 같이 원자핵의 둘레에 14개의 전자가 있고 이것을 K각에 2개, L각에는 8개를 채우고, 가장 바깥쪽 궤도인 M각에는 4개의 가전자가 있다. 실리콘 원자에는 이 4개의 가전자로 결합되어 있으므로 4개의 원자가 필요하다. 즉, 1개의 실리콘 원자는 인접한 4개의 원자와 가전자를 공유하여 결합되어 있다. 또 실리콘 원자는 그림과 같이 다이아몬드 구조라고 불리는 공유 결합이기는 하지만 다이아몬드 원자와는 다르게 그 결합은 비교적 약하다. 이 결합의 강약이 물질의 전도성과 관계가 있다. 실리콘과 같이 4개의 가전자를 가지고 공유하고 있는 물질에는 게르마늄, 납, 주석, 다이아몬드 등이 있다. 이 중에서 공유 결합이 가장 강한 다이아몬드는 외부로부터 에너지를 가해도 결합이 깨지지 않으므로 절연체이나, 실리콘이나 게르마늄은 공유 결합의 세기가 절연체와 도체의 중간에 있으므로 반도체라고 부르고 약간의 전도성이 있다.

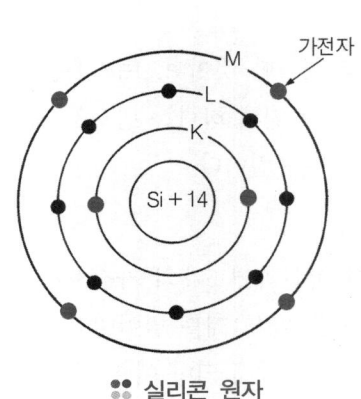

❖ 실리콘 원자

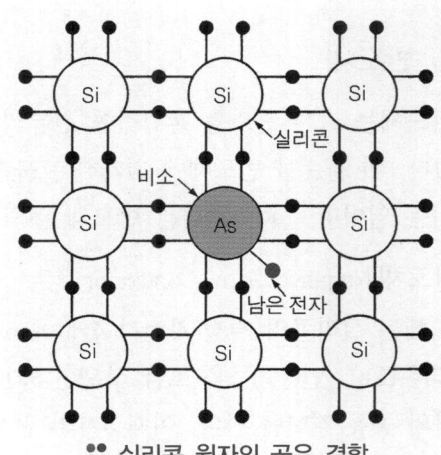

❖ 실리콘 원자의 공유 결합

3 반도체의 전류 흐름

반도체에서 공유 결합을 하고 있는 원자들의 결합이 절연체 보다 약하다고 하는 것은 외부로부터 에너지가 가해지면 결합되어 있는 원자의 가전자가 떨어져 자유전자로 되기 때문이다.

실리콘을 예로 들면 실리콘에 전압을 가하면 그림과 같이 가전자에는 전류의 흐름 방향과 역 방향으로 힘이 작용되고 이 상태에서 전압을 서서히 높이면 어떤 점에서 전압에 의한 힘이 원자핵으로부터의 인력보다 크므로 가전자는 궤도에서 튀어나와 자유 전자가 된다. 가전자가 자유 전자로 되면 그 때까지 가전자가 있었던 곳에 전자가 존재하지 않는 빈자리가 발생하게 되는데 이것을 정공(hole ; 正孔)이라고 하며, 자유전자가 지니는 음(⊖)전하에

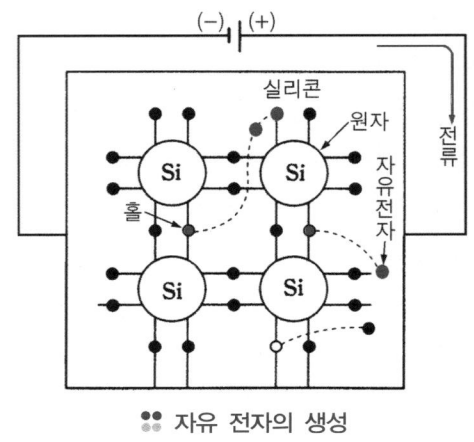

∷ 자유 전자의 생성

대해서 양(⊕)전하를 가지고 있는 것으로 된다. 이 정공은 가까이 돌고 있는 자유 전자를 붙잡아 빈자리를 메우려고 한다.

이상으로부터 반도체의 양끝에 전압을 가하면 음(⊖)전하를 가진 자유 전자는 전극 (⊕)방향(전류 흐름의 역 방향)으로 이동하고, 양(⊕)전하를 가진 정공은 전극(⊖)방향(전류 흐름과 같은 방향)으로 이동하게 되어 전류가 흐른다. 또 자유 전자와 정공의 수는 반도체에 가해지는 전압이 높을수록 증가하므로, 반도체에 흐르는 전류도 그것에 따라 증가한다. 그리고 자유 전자와 정공은 반도체의 전기 전도를 관장하므로 **캐리어**(carrier ; 전기 운반자)라고 부른다.

 **반도체의 분류**

1 진성(순물질) 반도체

진성 반도체란 다이오드나 트랜지스터 등을 제작하는 게르마늄이나 실리콘이며, 이들은 결정이 같은 수의 전자와 정공이 있는 반도체를 말한다. 즉, 다른 원자가 거의 섞이지 않은 것으로 순도가 100%에 가까운 것이며, 여기에 외부로부터 전압, 열, 빛 등의 에너지를 가하면 자유 전자나 정공수가 증가하여 서서히 전도성이 높아진다.

2 불순물 반도체

불순물 반도체는 다른 원소를 혼합하여 전류의 흐름이 쉽도록 제작한 것이며, 여기에는 P형 반도체와 N형 반도체가 있다. 이 불순물 반도체에 첨가하는 불순물의 작용은 2가지인데 하나는 반도체 사이의 자유 전자 수를 증대시키는 일이며, 다른 하나는 반도체 내의 정공을 증가시키는 일이다.

1) N형 반도체 Negative Semi Conductor

이 반도체는 실리콘의 결정(가전자 4개)에 5가의 원소(가장 바깥쪽에 5개의 가전자가 있는 물질)인 비소(As), 안티몬(Sb), 인(P) 등을 조금 섞으면 5가의 원자가 실리콘 원자 1개를 밀어내고 그 자리에 들어가 실리콘 원자와 공유 결합을 한다. 이때 5가의 원자에는 전자가 1개가 남게 되며 이때 남은 전자를 **과잉 전자**라고 한다. 이 과잉 전자는 원자에 구속되는 힘이 약하기 때문에 약간의 에너지로 반도체의 결정 속을 자유롭

게 이동할 수 있는 **자유 전자**가 된다.

　이 자유 전자가 전기의 캐리어가 되며, 5가의 원자를 혼합한 반도체는 (⊖)로 대전한 자유 전자의 수가 (⊕)로 대전한 정공보다 많아 **N형 반도체**라고 한다. 이와 같이 인위적으로 자유 전자를 만들기 위하여 혼합하는 5가의 전자를 **도너**(Donor)라고 부른다.

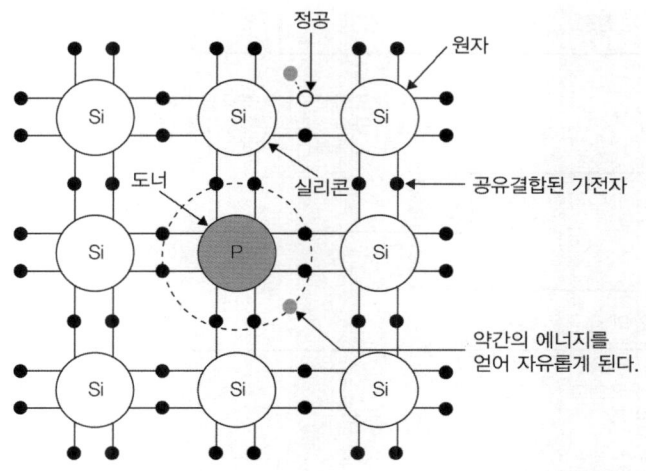

∷ N형 반도체

원소명	원소 기호	원자 번호
인	P	15
비소	As	33
안티몬	Sb	51

2) P형 반도체 Positive Semi Conductor

　이 반도체는 실리콘의 결정에 3가의 원소인 알루미늄(Al), 인듐(In), 붕소(B) 등의 원소를 첨가하면 실리콘 원자와 공유 결합을 한다. 이때 3가의 원소에는 가전자가 3개이므로 전자가 부족하게 되고 전자가 부족하다는 것은 (⊕)전기를 지니는 정공이 발생하였다는 의미가 되며, 이 정공은 전기의 캐리어가 된다. (⊕)라는 의미에서 **P형 반도체**라고 하며, 이와 같이 인위적으로 정공을 만들기 위하여 혼합하는 3가의 원소를 **억셉터**(acceptor)라고 한다.

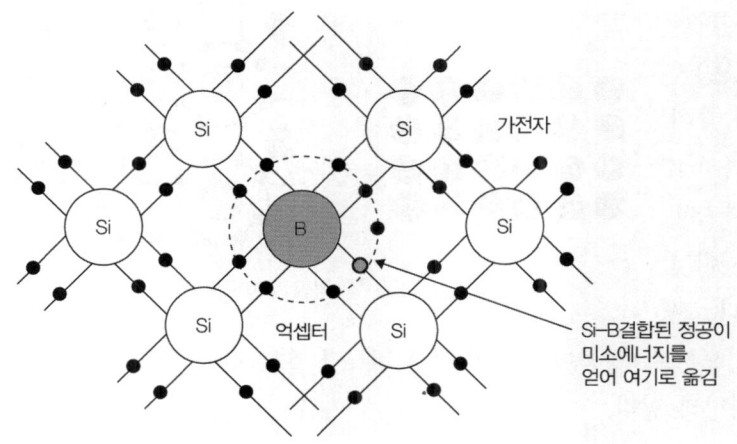

∷ P형 반도체

원소명	원소 기호	원자 번호
붕소	B	5
알루미늄	Al	13
인듐	In	49

3 불순물 반도체의 전류 흐름

　불순물 반도체에 전압, 열, 빛 등의 에너지를 가하면 (⊕), (⊖)의 전기가 결합하여 중성의 상태에서 전자가 튀어나와 전기를 운반하는 작용을 한다. 이때 전자가 튀어 나간 자리에는 정공만 남게 된다. 아래 그림은 이 상태를 나타낸 것이다.

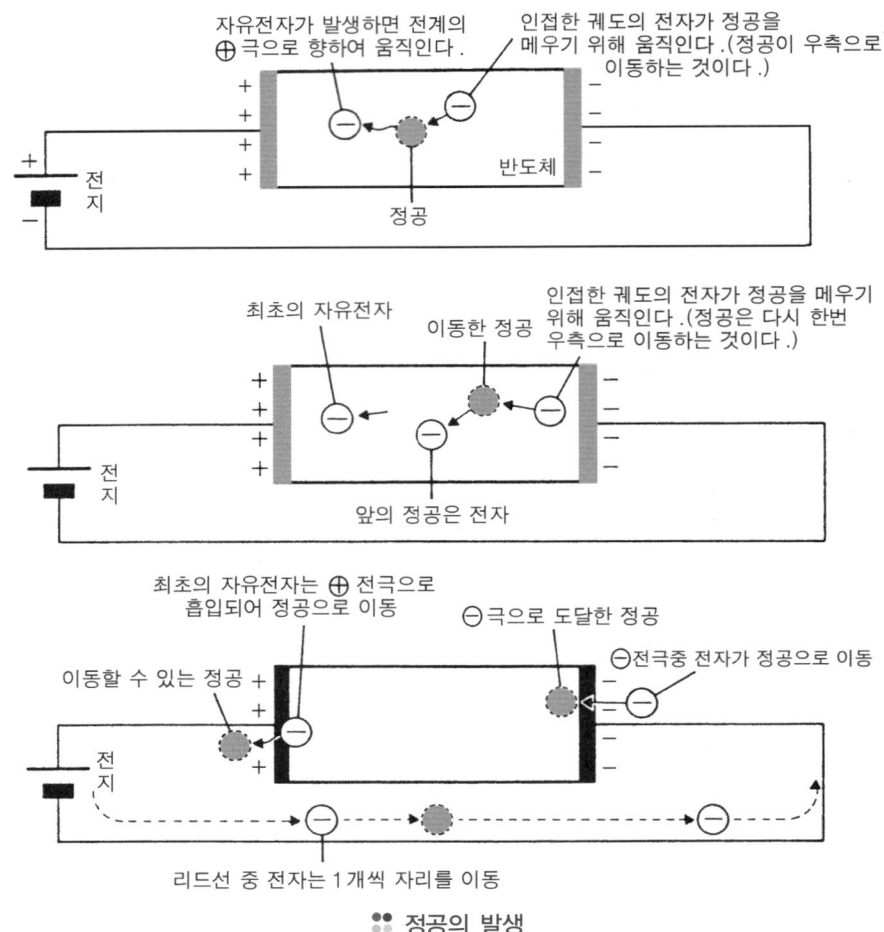

자유전자가 발생하면 전계의
⊕극으로 향하여 움직인다.

인접한 궤도의 전자가 정공을
메우기 위해 움직인다.(정공이 우측으로
이동하는 것이다.)

반도체

전지

정공

최초의 자유전자

이동한 정공

인접한 궤도의 전자가 정공을 메우기
위해 움직인다.(정공은 다시 한번
우측으로 이동하는 것이다.)

전지

앞의 정공은 전자

최초의 자유전자는 ⊕ 전극으로
흡입되어 정공으로 이동

⊖극으로 도달한 정공

⊖전극중 전자가 정공으로 이동

이동할 수 있는 정공

전지

리드선 중 전자는 1개씩 자리를 이동

:: 정공의 발생

정공이 발생한 상태는 전자가 부족한 상태이므로 이 정공은 가까이 있는 전자를 흡인하여 안정 상태가 되려고 한다. 아래 그림에서 (⊕)점이 정공이라 하면 가까이 있는 a점의 전자가 이동하여 메우고, a점의 전자가 이동하면 다시 b점의 전자가 이동하여 메우며, 이와 같은 작용을 하여 c점에 정공이 계속 발생하게 된다. 이것은 정공이 a → b → c로 움직인 것과 같다. 전

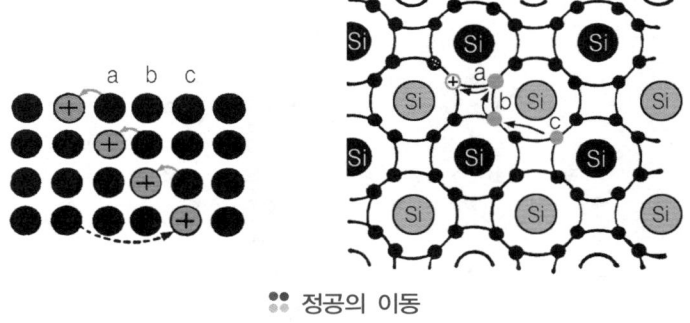

:: 정공의 이동

자가 이동하는 것은 전류가 흐르는 것과 같으므로, 정공이 움직인 것은 전류가 흐른 것과 같다. 정공은 전지의 (⊖)쪽으로 흐르므로 그 방향은 전류의 방향과 같다.

4 PN 반도체의 접합

1) PN 반도체 접합의 종류

다이오드, 트랜지스터, 사이리스터 등은 PN접합을 기본으로 하여 제작한 반도체 소자이며, PN접합이라 하여 마치 P형 반도체와 N형 반도체를 접착제로 붙여서 만든 것 같지만 실제는 연속적으로 P층에서 N층으로 변화해 가는 구조를 형성하고 있다. 이와 같이하여 PN 접합면이 1개인 것을 **단접합**, 2개인 것은 **2중 접합**, 3개 이상은 **다중 접합**이라고 한다.

반도체 소자를 접합면 수에 따라 분류하면 아래 표와 같다.

접합의 내용	접합도	적 용
무접합	P N	서미스터, 광전도 셀(CdS)
단접합	P N	다이오드, 제너 다이오드, 단일 접합 또는 단일 접점 트랜지스터
이중 접합	P N P N P N	PNP 트랜지스터, NPN 트랜지스터, 가변 용량 다이오드, 발광 다이오드, 전계효과 트랜지스터
다중 접합	P N P N	사이리스터, 포토 트랜지스터, 트라이악

2) PN 반도체 접합의 특징

PN 반도체 접합을 좀 더 구체적으로 설명하면 다음과 같다. 게르마늄이나 실리콘의 결정을 만들 때 도너나 억셉터를 혼합함으로써 결정의 일부분을 P형과 N형의 영역으로 할 수 있는데 이와 같이 P형과 N형의 영역이 접합된 상태를 PN접합이라고 한다. P형과 N형이 접합되면 접합면 부근의 영역에서 정공은 P형에서 N형으로, 자유 전자는 N형에서 P형으로 확산되어 이동할 수 있는 캐리어(carrier)의 농도가 양쪽의 결정으로 평형을 유지하도록 되어 있다. 따라서 P형과 N형의 접합부에서는 정공과 자유 전자가 부족한 결핍 층이 생긴다. 이 결핍 층은 정공과 자유 전자의 이동을 방해하므로 P형 영역과 N형 영역의 캐리어는 평형을 이룬 상태가 된다. 그리고 전계(field)가 발생한 결핍 층에서는 전위 구배가 있어 캐리어가 결핍 층을 통과하려면 이 전위 구배를 올라가야 한다. 이에 따라 전위 구배는 캐리어의 이동을 방해하게 되므로 PN접합에 전류를 흐르게 하려면 전위 구배를 올라갈 수 있을 만큼의 에너지를 외부에서 가하여야 한다. 이와 같이 PN접합을 사용하는 이유는 전위 구배를 만들어 놓고 외부에서 가하는 에너지를 주입하여 캐리어 수를 조절하기 때문이다.

5 반도체의 장·단점

1) 반도체의 장점
① 극히 소형이고 경량이다.
② 내부 전력 손실이 매우 적다.
③ 예열을 요구하지 않고 곧바로 작동을 한다.
④ 기계적으로 강하고 수명이 길다.

2) 반도체의 단점
① 온도가 상승하면 특성이 매우 불량해진다(게르마늄은 85℃, 실리콘은 150℃이상 되면 파손되기 쉽다.).
② 역내압(逆耐壓)**이 낮다.
③ 정격 값 이상 되면 파괴되기 쉽다.

TIP
▌역내압이란
역내압이란 역 방향으로 전압을 점차 상승시키면 어느 값에 이르러 통전(通電)되는 현상이며, 이 상태는 반도체가 파손되어 사용할 수 없게 된다.

다이오드는 P형 반도체와 N형 반도체를 서로 마주 대고 접합한 것이며, **PN정션**(PN junction)이라고도 한다.

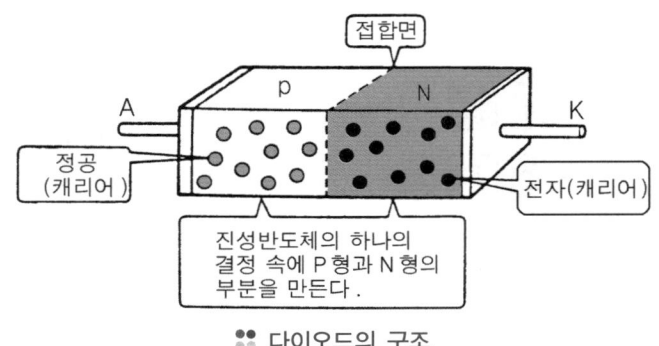

:: 다이오드의 구조

1 정류용 다이오드

1) 순 방향 전류

그림과 같이 P형 쪽에는 전원의 (⊕)를, N형 쪽에는 (⊖)를 연결하면 PN 접합 부분의 전위 장벽은 외부 전압 손실에 따라 거의 없어진다. 전위 장벽이 낮아지면 결핍 층의 폭도 좁아져 정공과 자유 전자가 이동한다. 여기서 중요한 사항은 가한 전압에 따라 정공은 접합면을 지나 P형에서 N형으로 들어가고, 자유 전자는 N형에서 P형으로 들어가 전류가 흐른다는 점이다. 이와 같이 전류가 흐르는 것을 **순 방향 전류**라고 한다. 즉, 정공은 전원의 (⊕)극에 반발하여 N형으로 흘러 들어가고, 전자는 (⊖)극에 반발하여 P형으로 흘러 들어가는 것을 말한다.

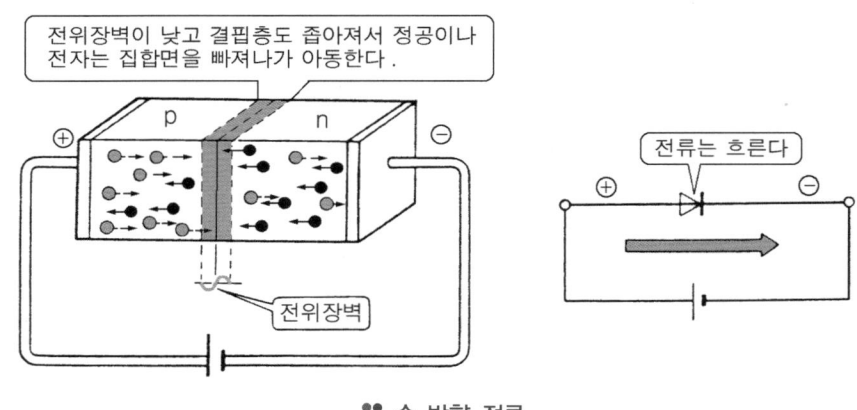

:: 순 방향 전류

2) 역 방향 전류

그림과 같이 P형 쪽에는 전원의 (⊖)를, N형 쪽에는 ⊕를 연결하면 PN 접합 부분의 전위 장벽은 외부 전압에 의해 더욱 높아져 결핍 층의 폭이 넓어진다. 따라서 P형에서 N형으로, N형에서 P형으로 들어가는 캐리어가 매우 적어 극히 적은 전류밖에는 흐르지 못하므로 결핍 층에서 전류가 소멸되어 흐르지 못하게 된다. 이와 같은 것을 **역 방향 전류**라고 한다.

즉, 다이오드에 역 방향으로 전압을 가하면 전류가 흐르지 않는 것은 이 때문이다. 또, 역 방향의 전압이 높아질수록 결핍 층의 폭이 넓어져 더욱 더 전류가 흐르지 못하게 된다. 그러나 이 전압은 상한선이 정해져 있어 일정 전압을 넘으면 전류가 급격히 대량으로 흘러 다이오드가 파손된다.

다이오드는 가하는 전압의 전극에 따라서 전류가 흐르거나 차단되는데 전류가 흐르는 상태를 **순 방향 전류**, 흐르지 못하는 상태를 **역 방향 전류**라고 한다. 이와 같은 작용을 **정류 작용**이라고 한다.

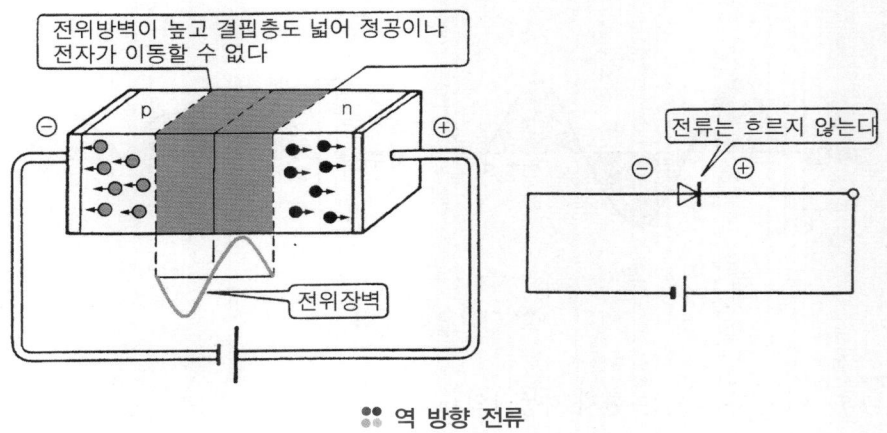

:: 역 방향 전류

3) 다이오드 정류 작용

다이오드가 한쪽 방향으로만 전류가 흐르는 성질을 이용하여 교류(AC)를 정류하여 직류(DC)로 변환시킬 수 있는데 정류 방법에는 단상 반파 정류, 단상 전파 정류, 3상 전파 정류가 있다.

① **단상 반파 정류** : 이 정류 방법은 회로 중에 다이오드 1개를 사용하여 교류 전원에 접속하면 (⊕)쪽이나 (⊖)쪽의 1/2사이클에만 전류가 흐른다. 이때 이용 전류는 1/2 밖에 사용하지 못하므로 정류가 되어도 맥류(脈流)이므로 직류로는 부적합하다.

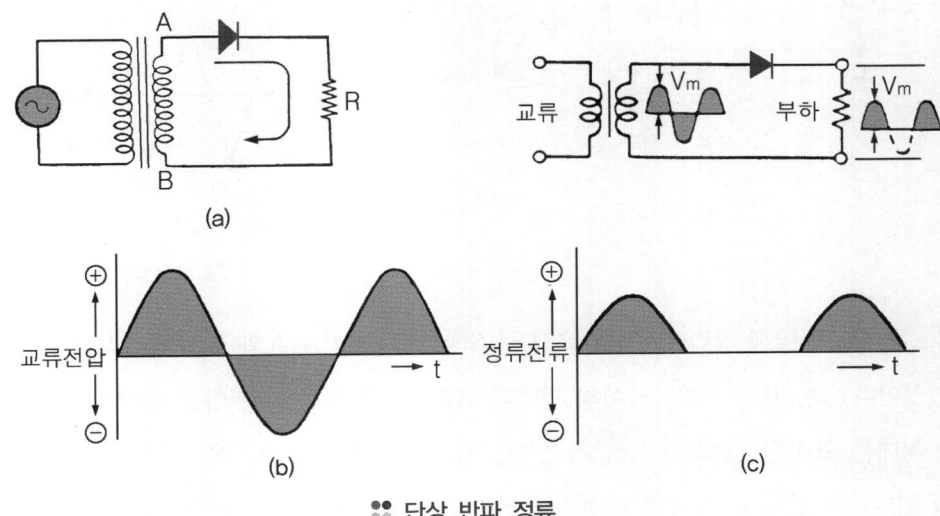

:: 단상 반파 정류

② **단상 전파 정류** : 이 정류 방법은 회로 중에 4개의 다이오드를 브리지(bridge)접속하여 교류 전류가 (⊕) 파형일 경우에는 그림의 실선으로 표시한 방향으로 흐르고, (⊖)파형에서는 점선으로 표시한 방향으로 흐른다. 따라서 교류 전류가 (⊕)파형 또는 (⊖)파형에 관계없이 저항에는 항상 일정한 방향으로 전류가 흐르므로 직류로 사용할 수 있다.

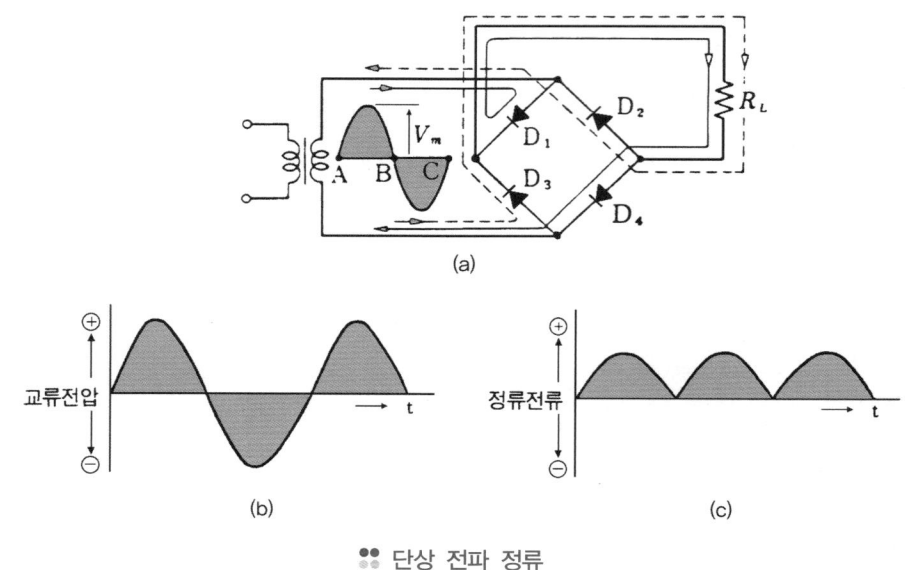

∵ 단상 전파 정류

③ **3상 전파 정류** : 이 정류 방법은 현재 자동차의 교류 발전기에서 사용되고 있으며, 그림은 6개의 다이오드를 이용한 3상 교류 전파 정류 회로이다.

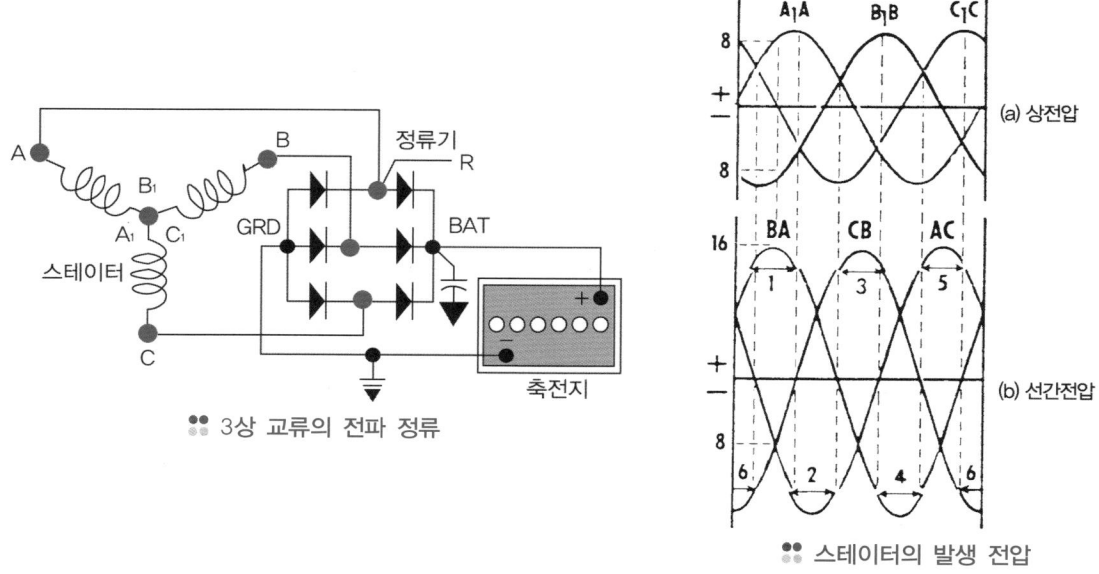

∵ 3상 교류의 전파 정류

∵ 스테이터의 발생 전압

그림 스테이터의 발생 전압에서 BA 곡선은 스테이터 코일 A_1A와 B_1B에서 발생한 전압의 합에 의해 얻어진 것이다. 즉, B에서 B_1 사이의 전압과 A_1에서 A 사이의 전압을 합하여 얻은 것이 됨으로 BA 곡선이 최대를 표시할 때 최대 전압이 된다. 또 이때 B_1B의 전압은 −8V(B에서 B_1 사이의 전압은 +8V)가 된다. 이 값을 A_1A의 코일의 발생전압 8V를 더하면 BA 곡선의 최댓값 16V가 얻어지며, 마찬가지로 하여 BA, CB, 및 AC의 전체 곡선이 얻어진다.

다음에 교류의 정류 작용 그림에서 (a)∼(f)의 정류 과정을 설명하도록 한다. 그림 (a)는 스테이터 코일 단자 BA에 최대 전압이 걸렸을 때의 정류 과정을 보인다. 이때 전류는 B에서 A로 흘러 다이오드를 통과하며, B와 A의 선간 전압은 16V를 표시하고 있다.

이것은 B의 전압은 0V이고 A의 전압은 16V임을 뜻한다. 같은 방법으로 하여 이 순간의 CB의 선간 전압은 −8V가 된다(이것은 C의 전압이 8V임을 의미한다. 그러나 C에서 B로, 또는 8V에서 0V로 흐르기 때문에 (−)로 표시된다.). 또 이때 AC의 선간 전압도 −8V이다. 이 전압이 각각 다이오드에 걸려 정류 작용이 이루어진다.

교류의 정류 작용 그림에서 1단계 정류 과정을 보이며, 오른쪽 다이오드 부분에 표시된 숫자는 각 다이오드에 가해지는 전압을 표시한다(이 숫자는 전선의 전압 강하는 무시하고, 다이오드를 통과할 때 1V의 전압 강하가 생겼다고 가정한 것이다.).

따라서 전류를 통과시킬 수 있는 다이오드는 2개뿐이고 다른 것은 역방향이 되기 때문에 전류를 통과시키지 못한다(예를 들면, 오른쪽 밑의 다이오드에는 7V의 역방향 전압(15−8=7)이 걸리고, 오른쪽 중앙의 다이오드에는 15V의 역방향 전압(15−0=15)이 걸리기 때문에 전류가 흐르지 못한다.).

이에 따라 1단계 정류 과정에서는 그림 (a)에 표시된 대로 전류가 흐르게 된다. 이때 각 부분의 전압은 수시로 바뀌나 이 변화가 다이오드의 순방향과 역방향으로 바꿀 정도의 것은 못된다. 마찬가지로 하여 각 상에 유기된 전류가 다이오드를 거쳐 정류되며, 그림의 (b), (c), (d), (e), (f)는 그 과정을 보인다.

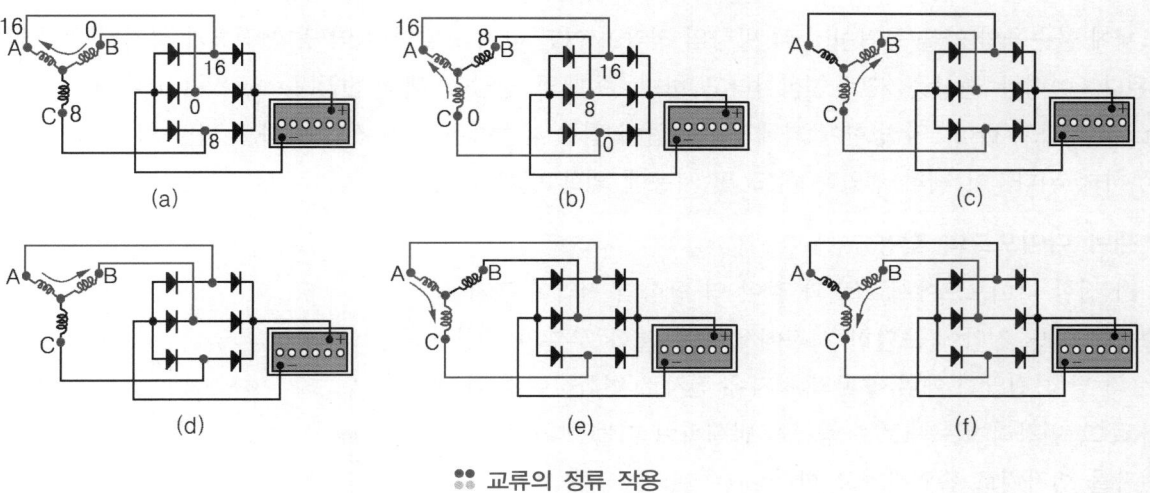

∷ 교류의 정류 작용

위의 정류 방식에 의해 얻어지는 정류 전압의 곡선은 완전한 직선상의 것은 되지 못한다. 그러나 실제에 있어서 직류 발전기의 출력 전압과 다름없이 사용할 수 있다. 정류 곡선을 그림으로 나타낸 것으로 이것은 선간 전압의 곡선에서 얻어진 것이다.

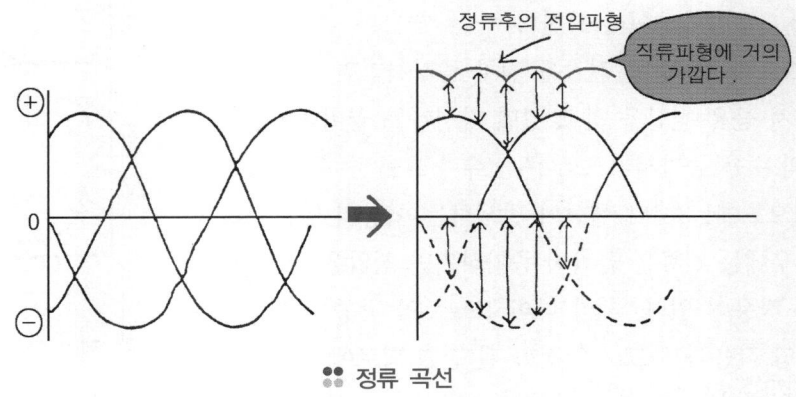

∷ 정류 곡선

4) 다이오드의 성질

정류용 다이오드는 전압의 한쪽 방향에 대해서는 낮은 저항으로 되어 전류를 흐르도록 하고, 반대 방향으로는 높은 저항으로 되어 전류의 흐름을 저지하는 성질을 이용한 것이다. 즉, 순 방향(forward bias)의 전류 특성은 정격 전류를 얻기 위한 전압은 약 1.0~2.5V 정도이나 역 방향(reverse bias)의 전류 특성은 그 전압을 어떤 값까지 점차 상승시키더라도 적은 전류밖에는 흐르지 못한다. 그러나 어떤 값에 도달하면 전류의 흐름이 급격히 증가한다. 이 급격히 큰 전류가 흐르기 시작할 때를 **항복 전압**(brake down voltage) 또는 **역 내압**이라 한다. 다이오드를 사용할 때에는 순 방향으로는 정격 전류, 역 방향으로는 역내압 등에 주의하여야 한다. 다이오드 규격 표의 값은 특수한 것을 제외하고는 주위의 온도를 25℃로 하고 있다.

2 제너 다이오드 Zener Diode - 정 전압 다이오드

이 다이오드는 실리콘 다이오드의 일종이며, 다이오드의 역 방향 특성을 이용하기 위하여 P형 반도체와 N형 반도체에 불순물의 양을 증가시켜 역 방향의 전압이 어떤 값에 도달하면 역 방향 전류가 급격히 증가하여 흐르게 된다. 이러한 현상을 **제너 현상**이라고 하며, 이때의 전압을 **제너 전압**(Zener Voltage or Brake down Voltage)이라고 한다. 역 방향에 가해지는 전압이 점차 감소하여 제너 전압 이하로 되면 역 방향 전류가 흐르지 못하게 된다. 이 제너 전압은 온도 및 사용에 의한 변화가 적다.

1) 제너 다이오드의 작용

PN접합 다이오드에서 그림과 같이 역 방향의 전압이 점차 상승하여 어느 전압에 도달한 시점에서 공유 결합 부분의 가전자는 역 방향 전압의 에너지에 의해 자유 전자로 변화하여 튀어 나가고 그 빈자리에는 새로운 정공이 발생하여 떠돌아다니는 자유 전자를 빈자리로 흡인하려고 한다.

이로 인하여 접합 부분을 넘어서 가전자로 변화한 자유 전자와 새롭게 발생한 정공이 캐리어로 되어 전류가 흐르기 시작한다. 또 제너 전압보다 높은 역 방향 전압을 제너 다이오드에 가하면 급격히 큰 전류가 흐르기 시작하는데 이를 **브레이크다운 전압**(brake down voltage)이라고 한다.

제너 다이오드에 역 방향 전압을 점차 증가시키면 자유 전자의 힘이 강해져 공유 결합을 하고 있던 가전자를 끌어내어 자유 전자와 정공의 수를 증가시키므로 큰 전류가 흐를 수 있다. 그러나 제너 다이오드에는 제너 현상이 발생하는 이상의 높은 전압을 가했을 경우에는 전류는 급격히 증가하지만 전압은 일정하게 되는 정 전압 작용이 있다. 제너 다이오드는 역 방향 전압을 가했을 때 정전압 작용을 하므로 안정화 된 전원 회로에서 널리 사용된다. 자동차에서는 트랜지스터식 점화장치, AC 발전기의 전압 조정기 등에서 사용된다.

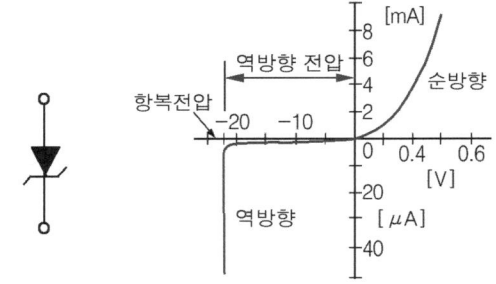

:: 제너 다이오드의 기호와 특성

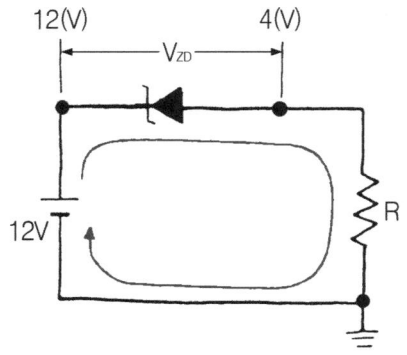

:: 제너 다이오드의 정 전압 회로

2) 제너 다이오드의 특성

그림 (a)에서 제너 다이오드에 가하는 역 방향 전압이 제너 전압보다 낮을 경우에는 전류가 흐르지 않는다. 그림(b)에서는 제너 다이오드에 가하는 역 방향 전압이 제너 전압보다 크므로 역 방향 전류가 흐른다. 그러나 순방향의 경우와는 다르게 제너 다이오드의 양끝에는 제너 전압이 발생한다. 이와 같이 역 방향 전압이 제너 전압보다 클 때 제너 다이오드 양끝의 전압 차이는 항상 일정한 값이 되므로 **정전압 다이오드**라 한다.

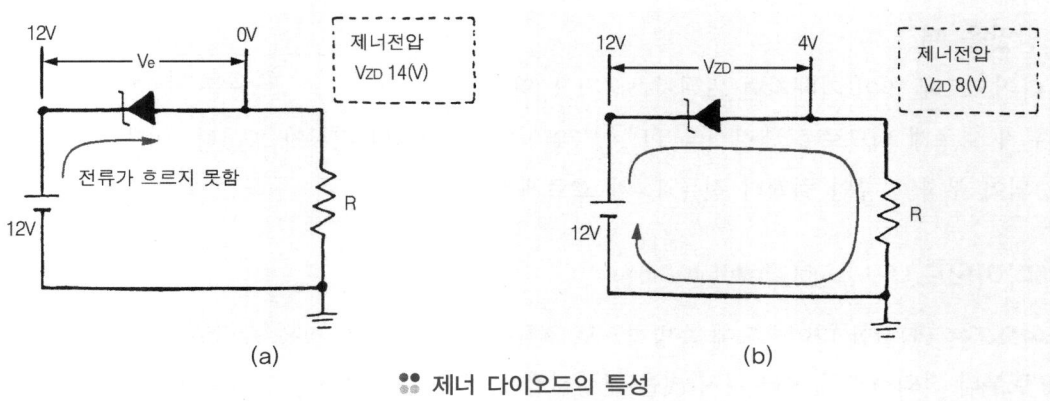

(a)　　　　　　　(b)

❖ 제너 다이오드의 특성

3 포토 다이오드 Photo Diode

포토 다이오드는 빛을 전기 흐름으로 변환하는 것이며 그림과 같이 역 방향으로 전압을 가한 상태에서 PN 접합면에 빛을 받으면 전류가 흐르게 되고, 빛의 양을 변환시키면 회로에 흐르는 전류는 빛의 양에 비례하여 변화한다.

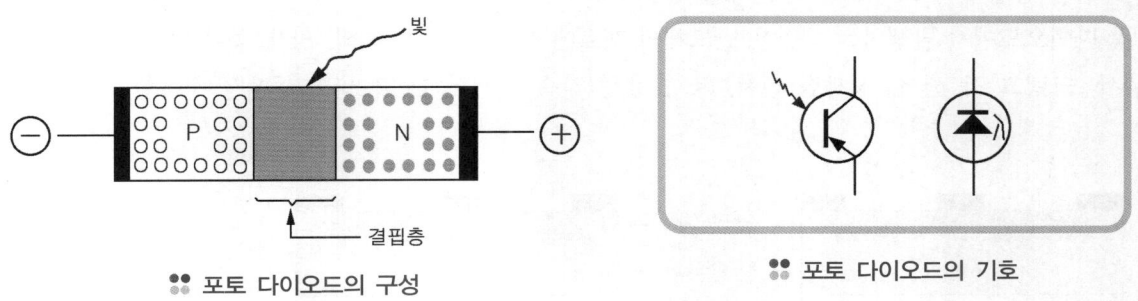

❖ 포토 다이오드의 구성　　　　　　❖ 포토 다이오드의 기호

즉, 입사광선을 접합부에 쪼이면 빛에 의해 결핍층의 전자가 궤도를 이탈하여 전류가 흐른다. 이러한 원리를 이용하여 자동차에서는 크랭크 각 센서, 상사점 센서, 조향 휠 각속도 센서, 에어컨의 일사 센서 등에서 사용되며, 작동은 다음과 같다.

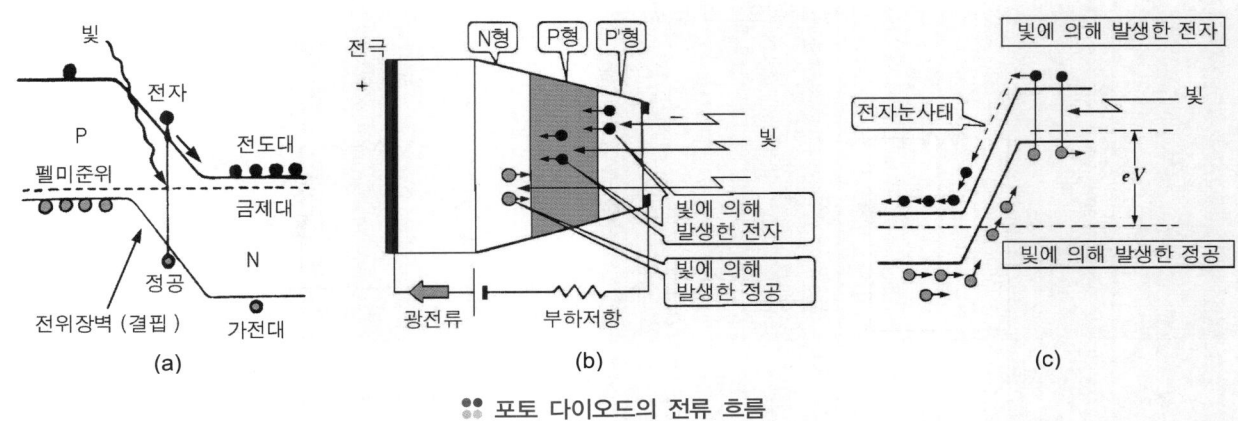

(a)　　　　　　　(b)　　　　　　　(c)

❖ 포토 다이오드의 전류 흐름

1) 빛을 받지 않았을 때

빛을 받지 않은 포토 다이오드의 상태는 저항값이 크기 때문에 그림의 회로에서는 트랜지스터 TR_1의 베이스에 전류가 흐르지 못하므로 OFF 상태가 된다. 따라서 트랜지스터 TR_2도 OFF되어 부하 전류인 컬렉터 전류 I_{c2}가 흐르지 못한다.

2) 빛을 받았을 때

포토 다이오드에 빛이 가해지면 트랜지스터 TR_1의 베이스에 전류가 흐르게 되므로 트랜지스터 TR_1이 ON이 되어 컬렉터 전류가 흐른다. 이때 트랜지스터 TR_2도 ON으로 되어 부하 전류인 컬렉터 전류 I_{c2}가 흐르게 된다.

:: 포토 다이오드의 응용회로

4 발광 다이오드 LED; Light Emitting Diode

발광 다이오드는 PN접합 다이오드에 순방향으로 전류를 흐르게 하면 빛을 발생하는 것이다. 발생되는 빛은 가시광선으로부터 적외선까지 여러 가지 빛을 발생시킨다. 발광 다이오드는 전기적 에너지를 빛으로 변환시키는 것으로 특징은 다음과 같다.

① 수명이 백열전구의 10배 이상으로 반영구적이다.
② 낮은 전압(2~3V)에서도 발광 작용을 한다.
③ 소비 전력이 0.05W정도이고, 전류는 10mA정도이다.
④ 점멸 응답성이 10^{-6}초(sec)단위로 매우 빠르다.

발광 다이오드에서 발생하는 색깔은 반도체의 재료에 따라서 적색, 녹색, 황색 등이 있으며 자동차에서는 차속 센서, 크랭크 각 센서, 상사점 센서, 조향 핸들 각속도 센서, 차고 센서 등에서 사용한다.

:: 발광 다이오드의 구조

:: 발광 다이오드의 기호

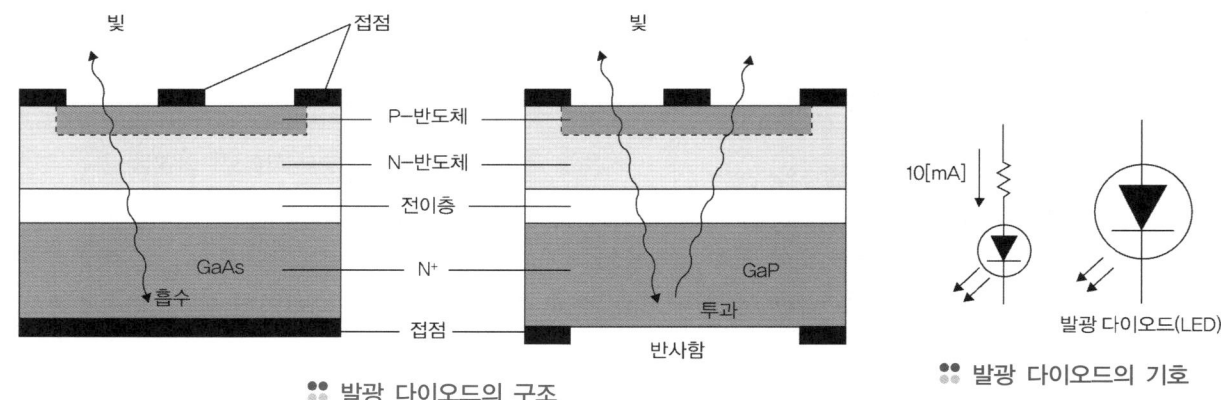

:: 발광 다이오드의 점등 회로

1 트랜지스터의 개요

PN형 다이오드의 N형 쪽에 또 하나의 P형을 접합시키거나(PNP형), P형 쪽에 또 하나의 N형을 접합한 것 (NPN형)이 있다. 3개의 부분에는 각각 인출선이 부착되어 있으며 중앙 부분을 베이스(base ; B), 트랜지스터의 형식에 관계없이 각각의 전극에서 끌어낸 리드선 단자를 이미터(emitter ; E), 그리고 나머지 단자를 컬렉터 (collector ; C)라고 한다.

PNP형은 이미터에서 베이스로의 전류 흐름이 순 방향 흐름이며, NPN형은 베이스에서 이미터로의 전류 흐름이 순 방향 흐름이다. 그리고 트랜지스터는 작은 신호 전류로 큰 전류를 단속(ON-OFF)하는 스위칭 (switching)작용과 증폭 작용 및 발진 작용을 한다.

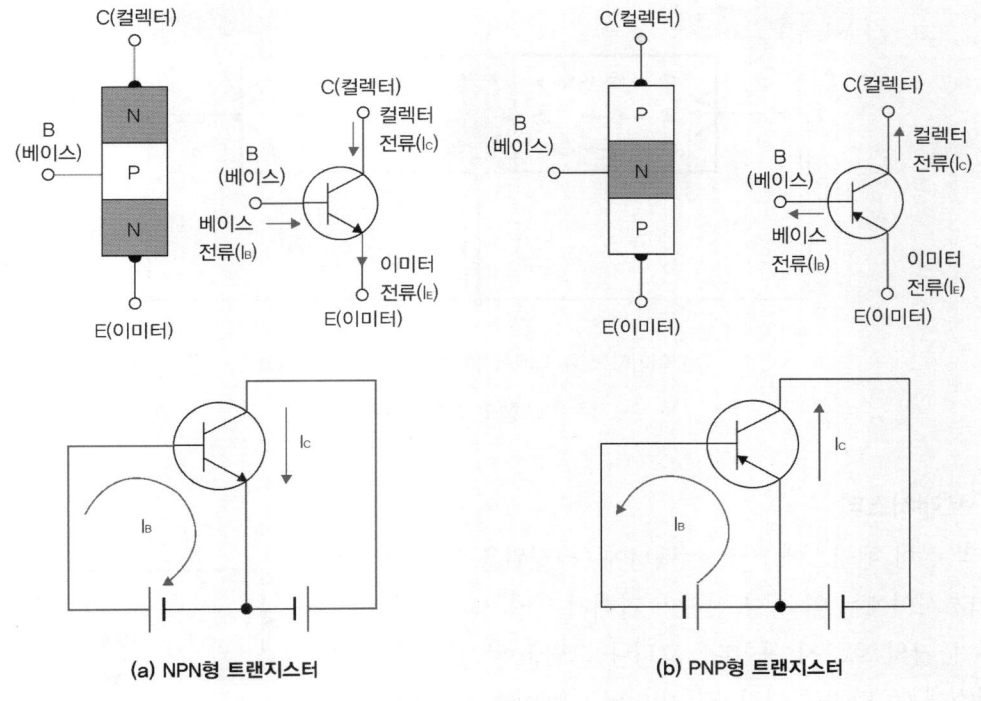

(a) NPN형 트랜지스터   (b) PNP형 트랜지스터

:: 트랜지스터의 구조

2 트랜지스터에서 전류가 흐르는 경우

1) PNP형 트랜지스터

PNP형에서 그림의 (a)와 같이 베이스(B)에 (+)를, 컬렉터에 (−)전원을 연결하면 베이스와 컬렉터에는 역 방향 전압이 가해져 있으므로 외부 전원에 의한 흡인 작용으로 전류가 흐르지 못한다. 그러나 그림의 (b)와 같이 이미터(E)에 (+)를, 베이스에 (−) 전원을 연결하면 이미터와 베이스 사이에는 순 방향 전압이 가해져 있으므로 외부에서 공급되는 전원의 극성에 반발하여 전류가 흐른다.

이때 이미터의 P형 쪽에서는 불순물 농도를 증가시켰으므로 정공이 많이 발생하고, 베이스의 N형 쪽은 두께가 매우 얇기 때문에 불순물의 농도는 더욱 희박해 지므로 전자가 매우 적다. 이에 따라 이미터 내의 정공은 베이스로 흘러 들어가 그 일부분의 베이스 전자와 결합하여 소멸되므로 약간의 베이스 전류가 된다.

또 그림(c)와 같이 이미터에 (+), 베이스에 (−), 컬렉터에 (−)전원을 각각 연결하면 이미터에서 나온 정공은 베이스의 전자와 결합하지 못한 정공이 컬렉터 전압에 의해 컬렉터 쪽으로 이동하여 컬렉터 전류로 되며 이미터의 정공은 전원의 (+)에서 점차 공급되어 이것이 이미터 전류로 된다. 따라서 이미터 전류의 대부분은 컬렉터 전류로 되며 베이스 전류는 매우 적다.

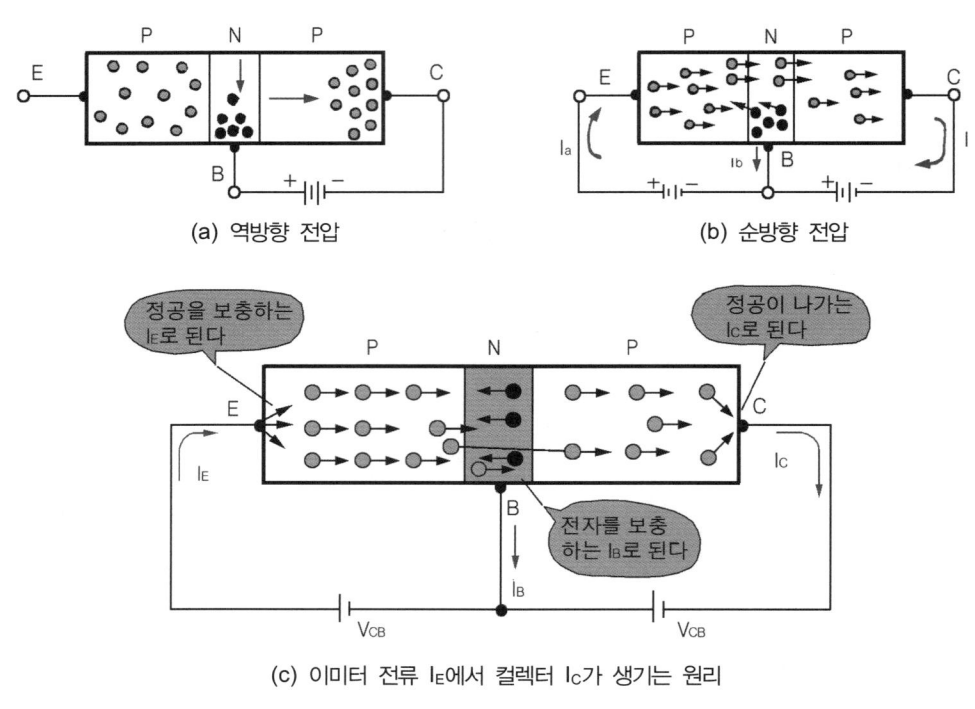

(a) 역방향 전압   (b) 순방향 전압

(c) 이미터 전류 I_E에서 컬렉터 I_C가 생기는 원리

•• PNP형의 기본 작동

2) NPN형 트랜지스터

그림(a)와 같이 베이스에 (−), 컬렉터에 (+)전원을 연결하면 베이스와 컬렉터 사이에는 역 방향 전압이 가해져 있으므로 전위 장벽이 높아 전류가 거의 흐르지 못한다. 그러나 그림(b)와 같이 이미터에 (−), 베이스에 (+)전원을 연결하면 이미터와 베이스 사이에는 순 방향 전압이 가해지므로 전류가 흐른다. 이때 이미터의 N형 쪽에는 불순물의 농도를 증가시켰으므로 전자가 많이 발생하고, 베이스 P형 쪽은 두께가 매우 얇고 불순물의 농도를 낮추었으므로 정공의 발생이 적다. 또 그림(c)와 같이 이미터에 (−), 베이스에 (+), 컬렉터에 (+)전원을 연결하면 이미터 내의 전자는 베이스 쪽으로 흘러 들어가서 그 일부분의 정공과 결합하여 소멸되며 적은 수의 정공은 전원의 (+)극에 의해 계속 공급되므로 이것이 약간의 베이스 전류로 된다. 또 베이스 전류와 결합하지 못한 이미터의 전자는 컬렉터 쪽의 전압에 의해 컬렉터 쪽으로 이동하여 컬렉터 전류가 된다. 일반적으로 이미터 전류 중의 95~98%가 컬렉터 전류로 되고 나머지 2~5%는 베이스 전류가 된다.

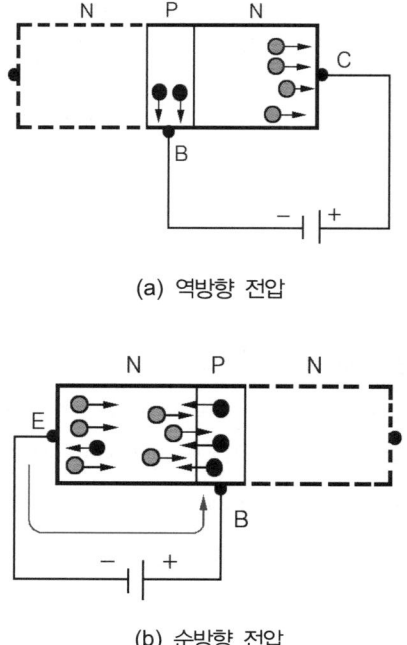

(a) 역방향 전압

(b) 순방향 전압

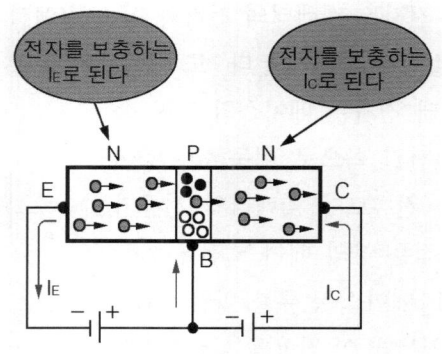

(c) 이미터 전류 I_E에서 컬렉터 I_C가 생기는 원리

❖❖ NPN형의 기본 작동

3 트랜지스터에서 전류가 흐르지 않을 때

1) PNP형 트랜지스터

그림과 같이 이미터에 (−), 베이스에(+), 컬렉터에 (−)전원을 연결하면 이미터 쪽의 정공은 전원의 (−)극에 의하여 흡인되고, 베이스 내의 전자는 전원의 (+)극에 흡인되어 경계 부분은 빈 공간(결핍층)이 되므로 베이스 전류는 거의 흐르지 못하게 되어 이미터에서 컬렉터로 전류가 흐르지 못하게 된다. 이와 같이 베이스 전류를 단속(ON−OFF)함에 따라 컬렉터 전류를 제어할 수 있다.

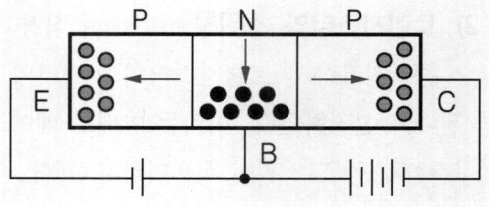

❖❖ PNP형에서 전류가 흐르지 못할 때

2) NPN형 트랜지스터

그림과 같이 이미터에 (+), 베이스에 (−), 컬렉터에 (+)전원을 연결하면 이미터 쪽의 전자는 전원의 (+)극에 흡인되고, 베이스 내의 정공은 전원의 (−)극으로 흡인되어 경계 부분은 빈 공간(결핍층)으로 되어 베이스 전류가 흐르지 않아 컬렉터에서 이미터로 전류가 거의 흐르지 못한다. 이와 같이 베이스 전류를 단속하면 컬렉터 전류를 제어할 수 있다.

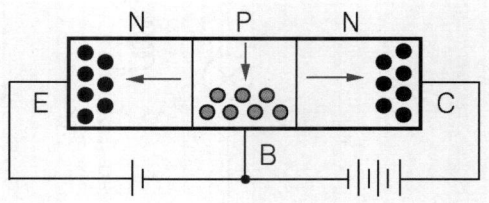

❖❖ NPN형에서 전류가 흐르지 못할 때

4 트랜지스터의 작용

트랜지스터의 작용에는 증폭작용과 스위칭 작용이 있다.

1) 트랜지스터의 증폭 작용

그림과 같이 베이스에 저항 Rb를 통하여 (+)전원을 접속하면 이미터의 전자는 베이스의 (+)전원에 의해 흡인되므로 베이스 전류가 흐른다. 그러나 베이스는 두께를

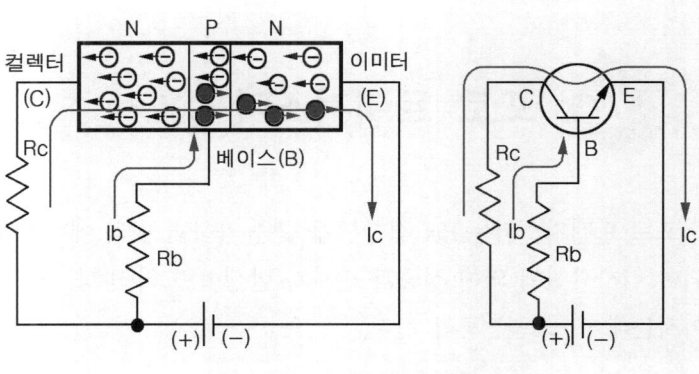

❖❖ 트랜지스터의 증폭작용

매우 얇게 만들었으므로 이미터의 전자는 컬렉터의 전자와 함께 컬렉터의(+)전원으로 흡인되므로 이미터와 컬렉터 사이가 통전 상태로 되어 컬렉터 전류가 된다. 또 베이스의 두께가 매우 얇기 때문에 베이스 내에 존재하는 정공 수가 매우 작아 이미터 전자는 베이스의 정공 쪽으로 이동하는 양보다 컬렉터 (+)전원 쪽으로 이동하는 양이 압도적으로 많아진다. 즉, 베이스 전류보다 컬렉터의 전류가 약 10~200배 정도 많이 흐른다. 적은 양의 베이스 전류로 큰 컬렉터 전류를 얻을 수 있으며, 또 베이스 전류를 바꿈으로써 컬렉터 전류의 양을 증가시킬 수 있는데 이 작용을 트랜지스터의 증폭작용이라고 하며 증폭률은 다음과 같이 나타낸다.

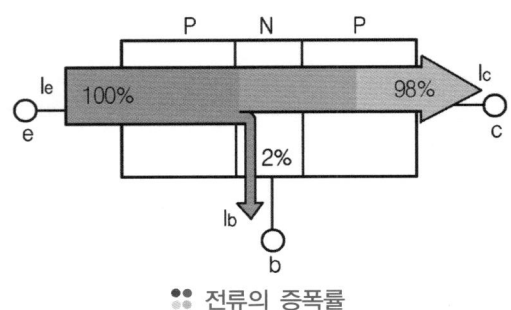

:: 전류의 증폭률

$$증폭률 = \frac{컬렉터\ 전류}{베이스\ 전류}$$

2) 트랜지스터의 스위칭 switching 작용

증폭작용에서 트랜지스터의 이미터와 컬렉터 사이를 통전 상태로 하려면 베이스에 전류가 흐르도록 하면 된다고 설명하였다. 이와는 반대로 베이스 전류를 단속하면 이미터와 컬렉터 사이를 단속할 수 있다. 이것을 트랜지스터의 스위칭 작용이라고 하며, 이 트랜지스터의 스위칭 작용을 이용하면 릴레이와 같은 작용을 할 수 있다.

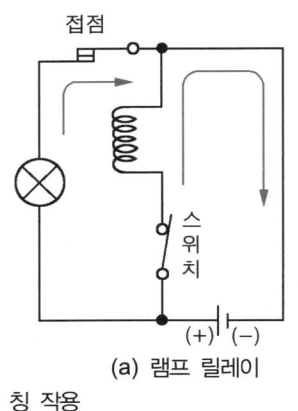

(a) 램프 릴레이 칭 작용

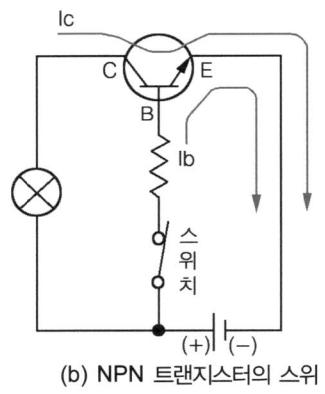

(b) NPN 트랜지스터의 스위

:: 트랜지스터의 스위칭 작용

6 포토 트랜지스터 Photo TR

포토 트랜지스터는 PN 접합부에 빛을 가하면 빛의 에너지에 의해 발생된 정공과 전자가 외부 회로에 흐르게 되며 입사광선에 의해 정공과 전자가 발생하면 역 방향 전류가 증가하여 입사광선에 대응하는 출력 전류가 얻어지는데 이를 광전류라 한다.

이 트랜지스터는 베이스 전극은 끌어냈으나 빛이 베이스 전류의 대용이므로 전극이 없다. 주로 NPN 접합의 3극 소자형이 사용되며, 자동차에서는 조향 핸들 각속도 센서, 차고 센서 등에서 이용된다. 포토 트랜지스터의 특징은 광 출력 전류가 크고, 내구성 및 신호 성능이 풍부하며 소형이고 취급이 편리하다.

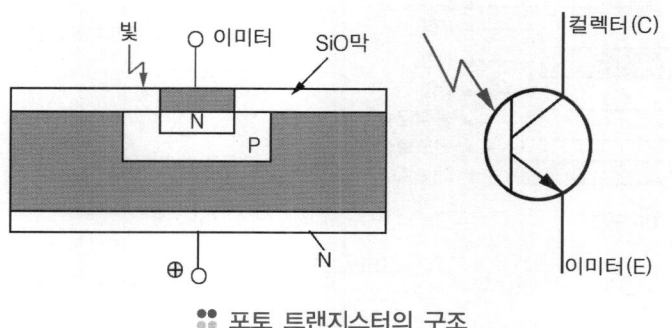

∷ 포토 트랜지스터의 구조

7 다링톤 트랜지스터 Darlington TR

다링톤 트랜지스터는 높은 컬렉터 전류를 얻기 위하여 2개의 트랜지스터를 1개의 반도체 결정에 집적하고 이것을 1개의 하우징에 밀봉한 것이다. 이 트랜지스터도 1개의 트랜지스터와 마찬가지로 이미터, 베이스, 컬렉터의 3개 단자를 가지고 있다.

자동차에서는 높은 출력 회로와 높은 전압에 대한 내구성이 요구되는 회로에서 사용된다. 다링톤 트랜지스터의 특징은 1개의 트랜지스터로 2개의 증폭 효과를 발휘할 수 있으므로 매우 적은 베이스 전류로 큰 전류를 제어할 수 있는 능력을 지니고 있다.

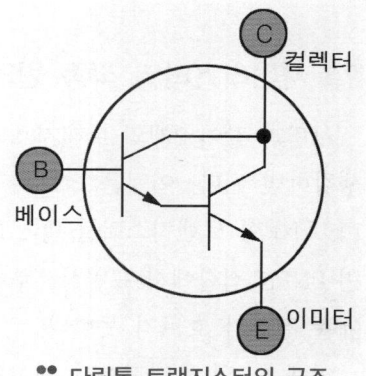

∷ 다링톤 트랜지스터의 구조

8 사이리스터 Thylistor

1 사이리스터의 개요

사이리스터는 SCR(Silicon Controlled Rectifier)이라고도 부르며, PNPN 접합 또는 NPNP 접합의 4층 또는 그 이상의 여러 층 구조로 되어 있다. ON 상태와 OFF 상태의 2가지 형태를 지닌 스위칭 작용의 소자이다. 구조는 그림과 같이 PN형 다이오드 2개를 합하여 P형이나 N형의 한쪽에 제어 단자인 게이트(G ; gate)단자를 부착하고, (+)쪽을 애노드(A ; anode) 단자, (−)쪽을 캐소드(C ; cathode) 단자라고 부른다. 그리고 게이트의 위치에 따라서 캐소드−게이트형과 애노드−게이트형의 2가지가 있다. 애노드에 (−), 캐소드에 (+)전원을 가하였을 때 역 방향의 특성은 일반 다이오드의 역방향 특성과 같다.

애노드에 (+), 캐소드에 (−)전원의 순 방향 전압을 가하여 점차 상승시키면 처음에는 역 방향 특성과 마찬가지로 전류가 흐르지 못하지만, 일정 값 이상의 전압으로 되면 전류가 급격히 흐르기 시작하여 통전이 된다.

사이리스터는 발전기의 여자 장치, 조광 장치, 통신용 전원 등의 각종 정류 장치에서 사용되고 있다.

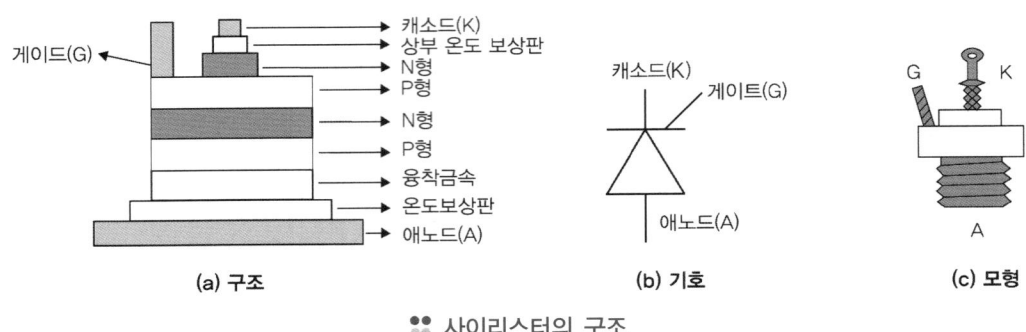

(a) 구조   (b) 기호   (c) 모형

:: 사이리스터의 구조

사이리스터는 애노드에서 캐소드로 전류가 흐를 때가 순 방향 흐름이고, 캐소드에서 애노드로 전류가 흐르는 방향을 역 방향 흐름이라 한다. 순 방향 흐름은 전류가 흐르지 못하는 상태이지만 이 상태에서 게이트에 (+)를, 캐소드에는 (-)전원을 연결하면 애노드와 캐소드 사이가 순간적으로 통전되어 릴레이와 같은 작용을 한다. 이후에는 게이트 전류를 차단하여도 계속 통전 상태가 되므로 애노드의 전압을 0으로 하여야만 통전이 중단된다.

2 사이리스터의 작동 원리

그림과 같이 2개의 트랜지스터로 보면 이해가 쉬우며 PNP형의 컬렉터와 NPN형의 베이스가 접합된 상태로 생각하면 된다. 이것은 PNP의 컬렉터 전류가 NPN형의 베이스로 작용하는 (+)의 피드 백(feed back)회로이며, PNP형 트랜지스터를 Q_1, NPN형 트랜지스터를 Q_2 라고 하고 애노드에 (+), 캐소드에 (−)전원을 연결하면 PNPN 접합에서 표면상으로는 순 방향 특성이지만 각 트랜지스터는 작동 조건이 되지 못하므로 사이리스터에는 전류가 흐르지 못한다.

이때 Q_2의 트랜지스터 게이트 단자에 (+), 캐소드 단자에 (−)전원을 연결하면 트랜지스터Q_2가 작동하여 컬렉터와 이미터 사이에 흐르는 전류는 트랜지스터 Q_1의 베이스 전류로 되어 트랜지스터 Q_1에 전류가 흐른다. 이때 트랜지스터 Q_1의 컬렉터와 이미터 사이에 흐르는 전류는 다시 트랜지스터 Q_2의 베이스 전류로 되어 이때부터 외부에서 공급되는 게이트 신호가 없어도 사이리스터에는 전류가 흐른다.

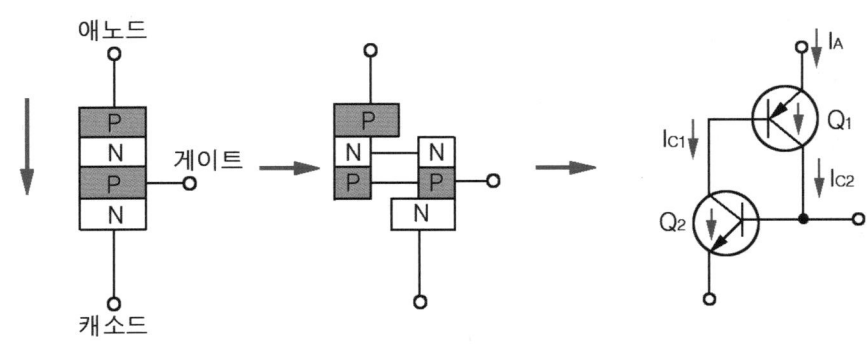

:: 사이리스터의 작동 원리

8. 전계효과 트랜지스터 FET ; Field Effect Transistor

1 전계효과 트랜지스터의 구조

전계효과 트랜지스터는 전자 또는 정공의 한쪽 캐리어(scarrer)만이 전류의 흐름에 기여하는 단극성 트랜지스터(unipolar transistor)이다. 전계효과 트랜지스터에는 트랜지스터의 이미터, 베이스, 컬렉터에 해당하는 **게이트**(gate), **드레인**(drain), **소스**(source)의 3단자가 있다.

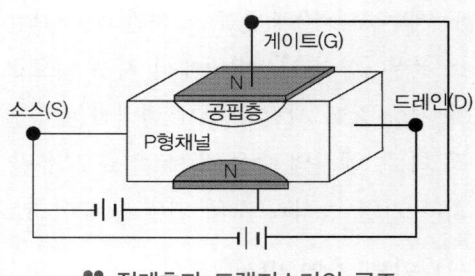

❖ 전계효과 트랜지스터의 구조

드레인과 소스 사이에 흐르는 전류가 게이트와 소스 사이의 전압에 의해 형성되는 전류와 직각방향의 전계(field)에 의하여 제어되므로 전계효과 트랜지스터라 한다. 일반적인 트랜지스터는 베이스 쪽에 전류를 공급하여야만 컬렉터에서 이미터로 전류가 흐른다. 그러나 전계효과 트랜지스터는 게이트(gate) 전압에 의해 드레인 전류가 제어된다.

전계효과 트랜지스터는 게이트 전압이 0V가 아니더라도 소스에서 드레인으로 전류가 흐른다. 전계효과 트랜지스터의 종류에는 접합형(junction type)과 MOS (Metal Oxide Semiconduction)형이 있으며, MOS형에는 공핍형과 증가형이 있다. 자동차에서 스위치로 사용되는 것은 MOS형 중에서 N채널형이다.

2 MOS 전계효과 트랜지스터를 이용한 스위칭 작용

작은 신호의 증폭에는 접합형을 주로 사용하고, 전동기나 램프를 스위칭 하는 용도에는 MOS형을 사용하며, 그림은 스위칭 작용에 대한 한 예이다. 자동차에서 12V−60W인 램프를 ON, OFF 하려고 할 때 회로에 흐르는 전류는 5A이다. 그러나 컴퓨터는 5A라는 큰 전류를 구동할 능력이 없기 때문에 0V 또는 5V를 출력하여 램프를 ON, OFF 시킨다. 이와 같은 회로를 예전에는 릴레이를 사용하였으나 최근에는 MOS형 전계효과 트랜지스터를 사용한다. 전계효과 트랜지스터의 작동은 다음과 같다. 게이트의 전압이 0V이면 드레인에 전류가 흐르지 않으므로 램프는 소등(OFF)되고, 게이트 전압이 5V이면 드레인으로 전류가 흘러 램프가 점등(ON)된다. 이때 전계효과 트랜지스터는 스위치와 같이 작동하므로 스위칭 작용을 한다고 말한다.

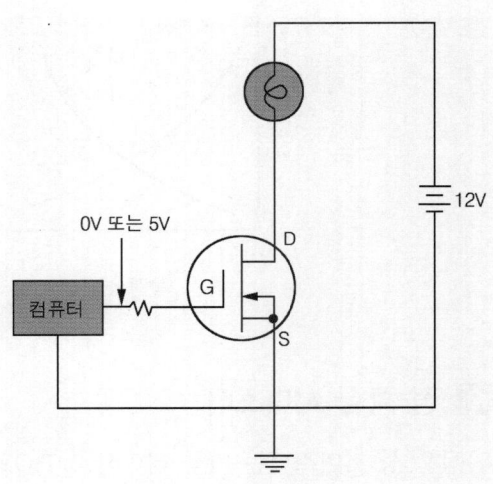

❖ MOS형을 이용한 스위칭 회로

9. 서미스터 Thermistor

서미스터에는 온도가 상승하면 그 저항 값이 감소하는 부 특성(NTC ; Negative Temperature Coefficient) 서미스터와 온도가 상승하면 그 저항 값도 증가하는 정 특성(PTC ; Positive Temperature Coefficient)서미스터가 있다. 일반적으로 서미스터라 함은 부 특성 서미스터를 의미한다.

1 부 특성 서미스터

부 특성 서미스터는 니켈(Ni), 구리(Cu), 아연(Zn), 마그네슘(Mg) 등의 금속 산화물을 적당히 혼합하여 1,300~1,500℃의 높은 온도에서 소결하여 만든 반도체 온도 감지 소자이다. 이 서미스터는 부(-)의 온도 계수를 지니며 온도 계수는 일반적으로 상온(20℃)에서의 값으로 주어진다. 상온에서의 온도 계수는 금속의 온도 계수보다 10배 정도 크지만 부(-)의 값을 가진다. 그리고 저항 값은 온도 상승에 따라 급격히 감소하며 감소 폭은 0~150℃ 범위에서 지수 적으로 약 100이상이다. 부 특성 서미스터는 전류가 흐르면 자기 가열에 의해 저항 값이 시간과 함께 변화하는 성질을 이용하여 전자 회로의 온도 보상과 증폭기의 정전압 제어, 온도 측정 회로, 엔진의 수온 센서, 연료 보유량 센서, 에어컨의 일사 센서 등으로 사용된다. 또 부 특성 서미스터에는 외부 가열 방식과 자체 가열 방식이 있으며 그 특성은 다음과 같다.

1) 외부 가열 방식

이 형식은 볼(ball)형이나 칩(chip)형이며 자체에 흐르는 전류에 의해서는 거의 감지할 수 없을 정도로 가열되며, 주위와의 열 교환 상태가 변화하면 저항 값도 변화한다. 이 형식은 수온 센서나 정(+)의 온도 계수를 지니는 소자의 온도 보상용으로 사용한다.

2) 자체 가열 방식

이 형식은 원판형(disc type) 또는 막대형(rod type)으로 제작하며 외부 온도의 영향을 받지 않도록 하고 있다. 즉, 자체에 흐르는 전류에 의해 가열되며 전류 흐름이 증가함에 따라 저항 값과 전압이 특정한 크기로 감소한다. 이 방식은 고정 저항을 직결시켜 전압을 안정시키는 곳에서 주로 사용한다.

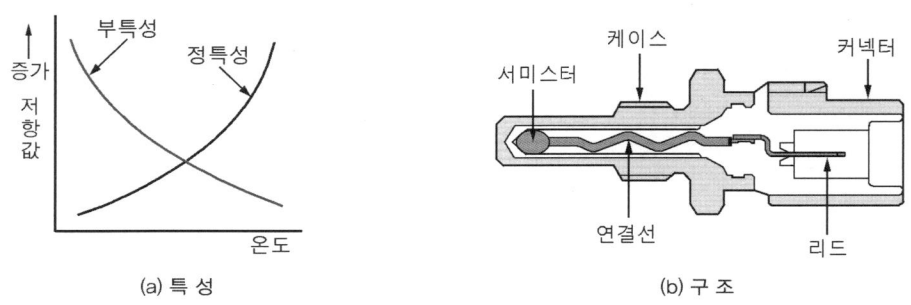

(a) 특성 · (b) 구조

🔹🔹 서미스터의 특성과 구조

2 정 특성 서미스터

정 특성 서미스터는 바륨 티탄산($BrTiO_3$)에 금속 산화물을 혼합하여 소결·성형한 것이며 온도가 상승하면 저항 값이 증가하는 특성을 지니고 있다. 전류가 흐르면 전류에 의한 발열로 인하여 온도가 상승하므로 저항 값이 증가되어 전류 흐름이 급격히 감소한다. 즉, 온도가 상승함에 따라 처음에는 다른 반도체와 마찬가지로 자유 전자 수가 증가하여 저항 값이 감소하지만 특정 온도에서는 저항 값이 급격히 1,000배 이상 증가하는 형식이다.

3 서미스터의 응용회로

1) 연료 보유량 경고등 회로

그림과 같이 점화스위치를 ON으로 하였을 때 서미스터가 연료 면보다 아래쪽에 있으면 연료에 의해 냉각되어 온도가 낮아지므로 서미스터의 저항값이 크기 때문에 경고등이 소등된다. 반대로 연료가 부족하면 서미스터가 공기 중에 노출되므로 서미스터의 발열로 온도가 상승하여 서미스터의 저항값이 작아져 회로에 전류가 흘러 경고등이 점등된다.

2) 도어 로크 액추에이터 회로

그림은 도어 로크(door lock)에서 사용하는 정특성 서미스터 회로이다. 점화스위치를 ON으로 한 후 도어 로크 스위치를 ON으로 하면 전류는 퓨즈를 거쳐 액추에이터(전동기) 쪽으로 흐른다. 만약 센터 로킹(center locking) 스위치를 계속 작동시켜 한계 값 이상의 전류가 공급되면 서미스터가 발열되어 급격히 저항값이 증가하여 액추에이터로 유입되는 전류를 제한한다.

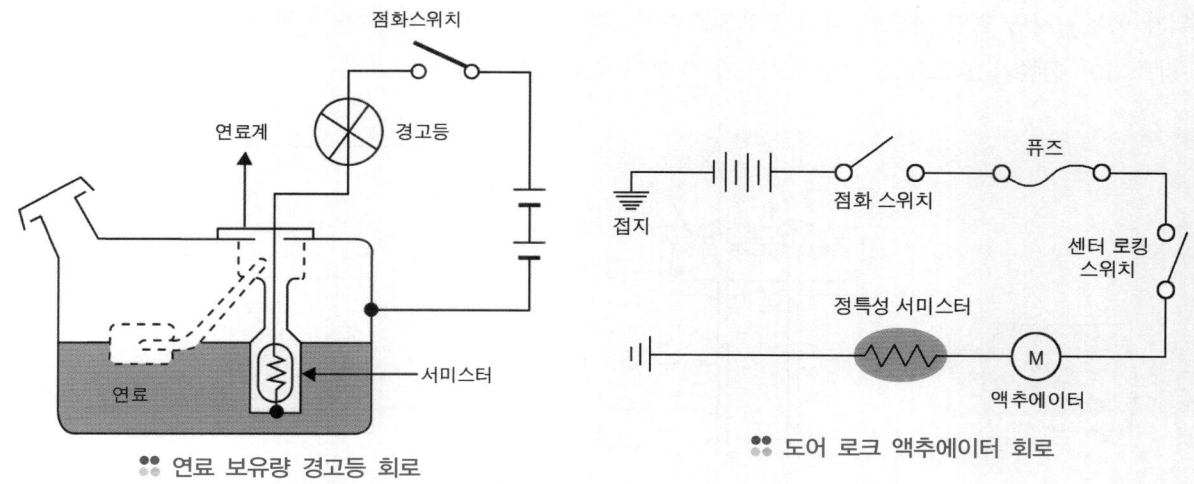

❖ 연료 보유량 경고등 회로   ❖ 도어 로크 액추에이터 회로

3) 수온 센서(WTS)

그림은 엔진의 수온 센서에 사용되는 서미스터 회로를 나타내었다. 그림 (a)와 같이 회로를 직렬로 결선하면 서미스터의 온도가 상승하여도 컴퓨터 내부의 풀업(pull up)저항이 고정되어 있어 서미스터에 가해지는 출력 전압은 온도에 관계없이 출력 전류만 작아질 뿐 항상 일정한 출력이 가해지므로 센서의 출력신호를 얻는 데는 부적합하다. 따라서 그림 (b)와 같이 병렬로 결선하면 서미스터의 온도에 따라 출력 전압값이 변화하므로 센서의 출력신호를 이용할 수 있다.

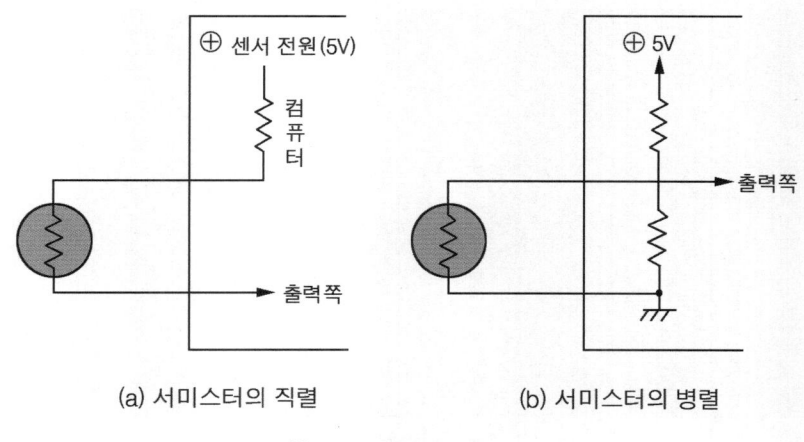

(a) 서미스터의 직렬   (b) 서미스터의 병렬

❖ 수온 센서 회로

광전도 셀은 광전 변환 소자의 대표적인 것이며, 황화카드뮴(CdS)셀이 빛의 강약(强弱)에 따라 그 양끝의 저항 값이 변화하며 빛이 강할 경우에는 저항 값이 감소하고, 빛이 약할 경우에는 저항 값이 증가한다. 그리고 2전극 사이에 전압을 가하여 빛에 의한 저항의 변화를 전류의 변화로 바꾸어 외부 회로로 끌어내는 것이다. 자동차에서는 조명 장치의 광량 검출 회로에서 사용하고 있다. 황화카드뮴의 작동은 다음과 같다. 황화카드뮴의 주위가 어두워지면 절연 상태로 되어 트랜지스터가 ON이 되어 램프(lamp)가 점등되고, 주위가 밝아지면 저항이 감소되어 전류가 흐르므로 트랜지스터가 OFF되어 램프가 소등된다.

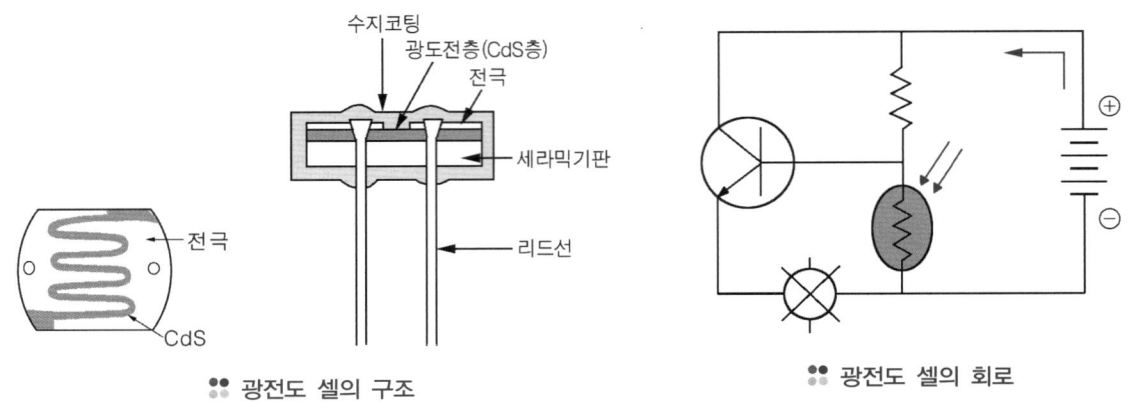

◦◦ 광전도 셀의 구조   ◦◦ 광전도 셀의 회로

4 IC와 마이크로컴퓨터 논리회로

 IC Inter grated Circuit ; 집적 회로

IC란 많은 회로 소자(저항, 축전기, 다이오드, 트랜지스터 등)가 1개의 실리콘 기판 또는 기판 내에 분리할 수 없는 상태로 결합된 것이며, 초 소형화되어 있는 것을 말한다. 이 IC는 각 소자를 만든 후 결합시킨 것이 아니라 회로의 제작 과정에서 여러 개의 소자를 합하여 제작하는 특징을 가지고 있다. 이와 같이 IC는 회로 소자가 일체로 되어 회로를 구성하므로 신뢰도가 높고 회로의 소형·경량화, 대량 생산화, 제작비 경감 등이 가능해진다.

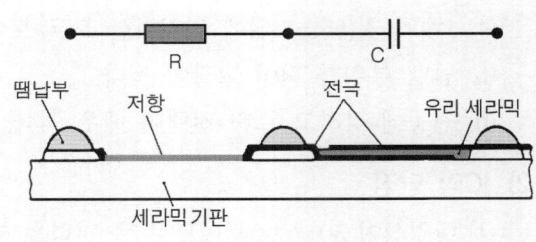

❖ IC를 구성하는 부품

1 IC의 기능

IC는 그 기능에 따라서 디지털 형식과 아날로그 형식이 있다.

1) 디지털 형식 Digital type

디지털 형식은 Hi와 Low의 2가지 신호를 취급하여 이 사이를 스위칭 하는 기능을 가지고 있어 "전압이 발생한다. 또는 발생하지 않는다."의 신호를 이용한다. 즉, 전압이 발생할 때는 1, 발생하지 않을 때는 0으로 표현하므로 신호가 1인 경우와 0인 경우의 차이를 어느 정도 크게 하면 매우 안정된다. 그리고 디지털 신호는 1과 0의 2종류밖에 없으며 이것만으로는 여러 가지 신호를 표현할 수 없어 몇 가지를 조합하여 그 신호를 나타내고 있다.

2) 아날로그 형식 Analog type

아날로그 신호의 입력 파형을 증폭시켜 출력으로 내보내는 기능을 지니고 있어 **리니어**(linear) IC라 부른다. 아날로그 신호란 저항의 온도에 따른 전류의 변화와 같이 연속적으로 변화하는 신호이다.

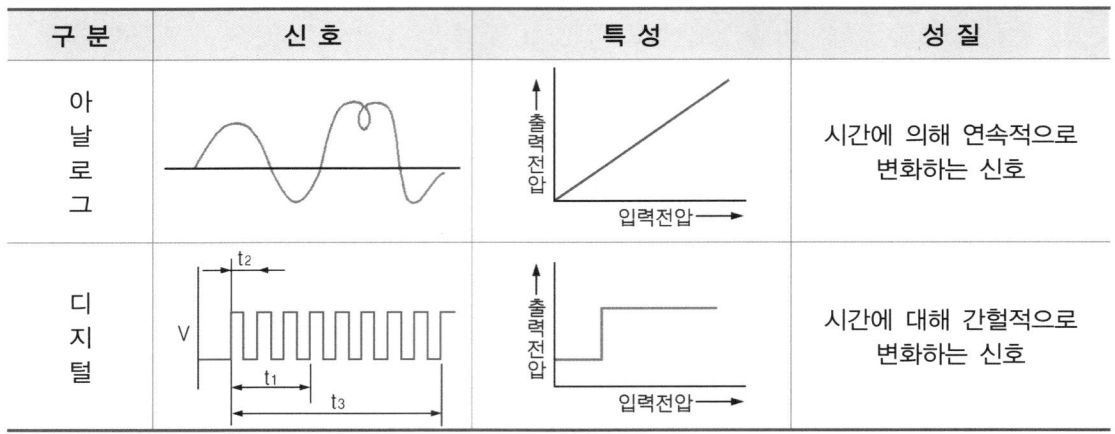

구 분	신 호	특 성	성 질
아날로그			시간에 의해 연속적으로 변화하는 신호
디지털			시간에 대해 간헐적으로 변화하는 신호

:: 디지털 형식과 아날로그 형식의 차이

2 IC의 특징

1) IC의 장점

① 소형·경량이다.
② 대량 생산이 가능하므로 가격이 저렴하다.
③ 특성을 골고루 지닌 트랜지스터가 된다.
④ 1개의 칩(chip) 위에 집적화한 모든 트랜지스터가 동일한 공정에서 생산된다.
⑤ 납땜 부위가 적어 고장이 적다.
⑥ 진동에 강하고 소비 전력이 매우 적다.

2) IC의 단점

① 내열성이 30∼800℃이므로 큰 전력을 사용하는 경우에는 IC에 방열기를 부착하거나 장치 전체에 송풍 장치가 필요하다.
② 대용량의 축전기(condenser)는 IC화가 어렵다.
③ 코일의 경우에는 모노리틱(monolithic type) IC가 어렵다.

3 IC의 종류

1) 반도체 monolithic type IC

① **모노리틱 IC** : 모노리틱 IC란 1개의 실리콘 반도체 기판 내에 모든 부품이 조립 부착되어 적당한 회로를 형성한 것이며 기판과 부품이 일체로 되어 있는 것을 말한다. 또 1개의 케이스에 밀봉되어 외부에 입력 및 출력 단자가 노출되어 있다. 주로 디지털 IC회로 사용되며 초소형으로 출력 손실이 매우 작다.
② **멀티 칩(multi- chip)IC** : 멀티칩 IC는 각 부품을 반도체로 제작하여 절연 기판에 설치하고 배선으로 연결된 회로를 개별적으로 조립하기 때문에 소자의 종류 및 성능을 임의로 선정할 수 있다.

2) 다이어프램 diaphragm IC

① **얇은 막 IC** : 얇은 막(박막) IC는 기판 위에 저항, 축전기, 다이오드, 트랜지스터 등의 회로 소자 및 상호 연결이 진공 속에서 증착 시키거나 스퍼터링(sputtering) 등의 방법으로 얻어진다.

② **두꺼운 막 IC** : 두꺼운 막(후막) IC는 기판 위에 수동 소자와 상호 접속용 배선이 스크린 인쇄와 소성 수단으로 얻어지는 것이다.

③ **혼성 IC** : 혼성 IC는 도자기나 유리 등의 절연 기판에 저항이나 축전기는 인쇄 등으로 증착시킨 후 도중의 필요한 부분에 다이오드나 트랜지스터의 칩을 두고 적당한 도체를 사용하여 회로를 형성한 것이다.

2 마이크로 컴퓨터 micro computer

1 마이크로 컴퓨터의 개요

마이크로 컴퓨터는 중앙 처리 장치(CPU), 기억 장치, 입력 포트 및 출력 포트 등의 4가지로 구성되어 산술 연산, 논리 연산을 하는 데이터 처리장치라고 정의된다. [컴퓨터의 개요도], [컴퓨터 제어회로의 예] 그림에 점선을 둘러 컴퓨터(ECU)를 표시하였다. 컴퓨터의 구성은 다음과 같다.

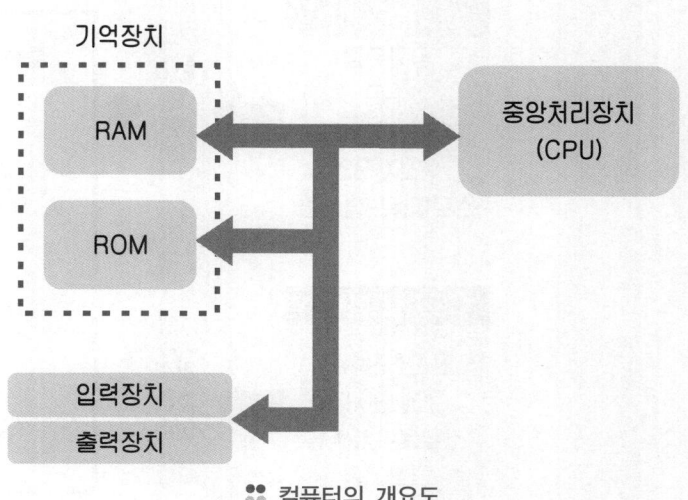

:: 컴퓨터의 개요도

1) 중앙 처리 장치 CPU ; Central Processing Unit

이 장치는 컴퓨터의 두뇌에 해당되는 부분이며, 미리 기억 장치에 기억되어 있는 프로그램(작업 순서를 일정한 순서에 따라서 컴퓨터 언어로 기입된 것)의 내용을 실행하는 것이다. 즉, 프로그램의 순서에 따라 기억장치에서 실행 명령을 불러내어 디코드(중앙 처리 장치 내부에서의 처리에 필요한 제어 신호로 변환함)하고, 오퍼랜드(명령의 실행 대상이 되는 데이터)를 입력 포트나 기억 장치로부터 읽어내는 것으로 중앙 처리 장치는 이들 데이터의 산술 연산과 논리 연산을 하여 그 결과를 기억장치에 저장시키거나 출력 포트를 통해 출력시켜 액추에이터 등을 작동시키기도 한다.

2) 입·출력 장치 I/O ; In put/Out put

이 장치는 중앙 처리 장치의 명령에 의해서 입력 장치(센서)로부터 데이터를 받아들이거나 출력 장치(액추에이터)에 데이터를 출력하는 인터페이스 역할을 한다. 중앙 처리 장치로부터 메모리 및 입·출력 장치는 어드레스 버스(address bus ; 번지명을 전송하는 공통 신호선)를 통하여 필요로 하는 번지를 호출하여 해당하는 기억 장치 또는 입·출력 장치의 데이터 버스(dater bus ; 데이터를 전송하는 공통 신호 선으로 양 방향 통신)에 데이터를 실어 보낸다. 이때 중앙 처리 장치로부터 동시에 제어 신호가 보내지므로 제어 신호가 입력일 때에는 기억 장치 및 입력 장치는 자기의 데이터를 중앙 처리 장치로 출력하고, 반대로 출력일 경우에 기억장치는 중앙 처리 장치에서 보내지는 데이터를 저장하고 출력 장치는 출력 변환 회로에 데이터를 보낸다.

3) 기억 장치

이 장치는 읽기 전용의 ROM과 임의의 회로에서 데이터를 읽어 들이기도 하고 읽어내기도 하는 RAM으로 구성되어 프로그램 및 고정 데이터를 저장하거나 각 센서들로부터 시시각각으로 변화되는 데이터를 읽어 들이는데 사용된다.

① ROM(Read Only Memory) : 이 메모리는 한번 기억하면 그대로 기억을 유지하므로 전원을 차단하더라도 데이터는 지워지지 않는다. 전혀 변경을 필요로 하지 않는 고정 데이터의 기억에 사용되는 것이며 컴퓨터의 작동 프로그램과 계산 결과의 참조 값을 저장해 두는데 사용한다. 즉, 자동차의 정비 제원을 장기적으로 저장하는데 사용된다.

② RAM(Random access Memory) : 이 메모리는 데이터의 변경을 자유롭게 할 수 있으나 전원을 차단하면 기억되었던 데이터가 지워진다. 데이터의 일시적인 기억과 시시각각으로 변화하는 리얼 타임(real time) 데이터 값의 기억용으로 사용된다. 즉, 임의의 회로에서 데이터를 읽어 들이기도 하고 읽어내는 것이 가능하므로 센서로부터 시시각각으로 변화하는 데이터를 읽어 들이는데 사용된다.

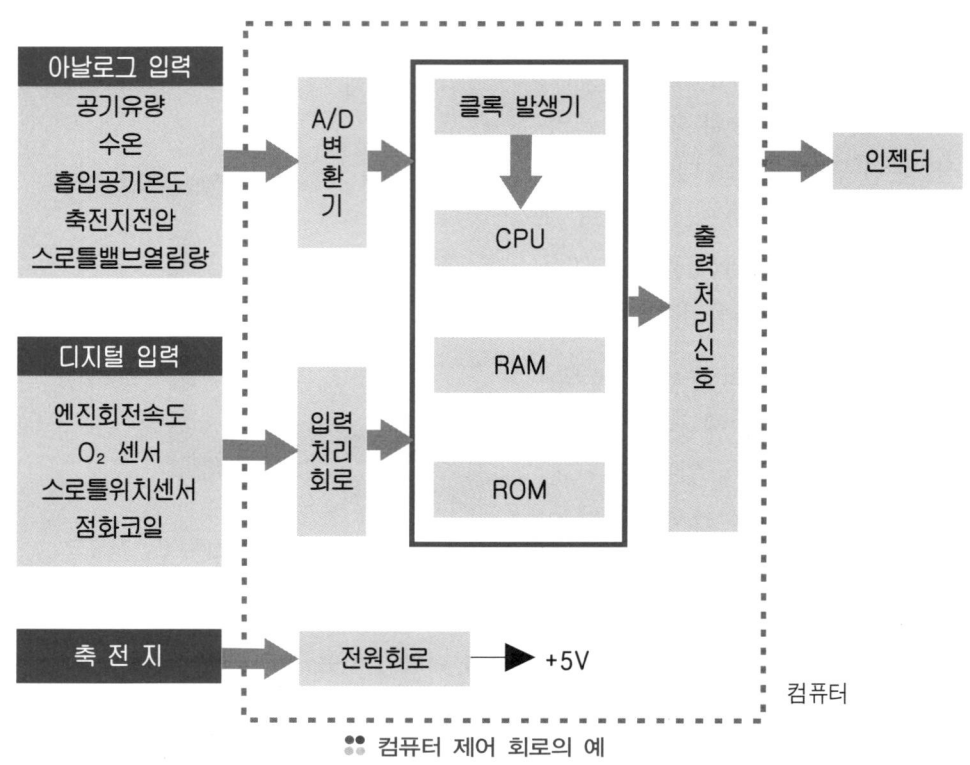

컴퓨터 제어 회로의 예

4) 클록 발생기 Clock Generator - 기준 신호 발생기

이 발생기는 중앙 처리 장치, RAM 및 ROM을 집결시켜 놓은 1개의 패키지(package)이며, 수정 발진기가 접속되어 중앙 처리 장치의 가장 기본이 되는 클록 펄스가 만들어진다. 중앙 처리 장치의 작동에 기준 타이밍을 부여하기 위해 발진기에서 1초 동안에 2,048,000회의 펄스를 발생한다. 발진기의 주파수는 컴퓨터의 제어 대상에 따라서 4~16MHz정도이며, 일반적으로 자동차의 전원은 12V인데 주행 상태에 따라서 이 전압 값은 크게 변동되므로 컴퓨터에 필요한 5V의 전압을 안정되게 얻기 위한 정전압 전원에 설치되어 있다.

5) A/D Analog/Digital 변환기

이 변환기는 아날로그 양을 중앙 처리 장치에 의해 디지털 양으로 변화하는 장치이다. 입력 장치에는 아날로그 값을 출력하는 센서의 신호를 A/D 컨버터를 경유하여 접속되고 또 디지털 값으로 출력하는 센서의 신호는 디지털 입력 버퍼를 경유하여 접속된다. 출력 장치는 출력 버퍼가 접속된다. 따라서 중앙 처리 장치의 연산 결과 디지털 값을 아날로그 값 또는 디지털 값으로 변환하여 액추에이터가 필요로 하는 전력까지 증폭되어 액추에이터를 작동시킨다.

6) 연산부분

이 부분은 중앙 처리 장치(CPU)내에 연산이 중심이 되는 가장 중요한 부분으로써 컴퓨터의 연산은 출력은 하지 않고 오히려 그 출력이 되는 것을 다른 것과 비교하여 결론을 내리는 방식으로 스위치의 ON, OFF를 1 또는 0으로 나타내는 2진법과, 0~9까지의 10진법으로 나타내어 계산한다.

2 마이크로 컴퓨터의 논리회로

컴퓨터의 논리회로는 입력 처리를 출력 처리로 변화하는 기본적인 전기회로를 말하며, 논리 기본 회로(논리적, 논리화, 부정 회로 등)와 논리 복합 회로(부정 논리적, 부정 논리화 등)를 결합하여 데이터의 해독, 데이터의 기억, 데이터의 연산, 액추에이터에 명령을 하는 기능을 지닌다.

1) 기본 회로

① 논리적 회로(AND circuit) : 이 회로는 그림과 같이 회로 중에 2개의 A, B스위치를 직렬로 접속한 회로이며 램프(lamp)를 점등시키려면 입력 쪽의 스위치 A와 B를 동시에 ON시켜야 한다. 만약 1개만 OFF되어도 램프는 소등된다. 따라서 액추에이터를 작동시킬 경우에는 2개의 센서에서 동시에 입력 신호가 컴퓨터로 입력되어야 한다.

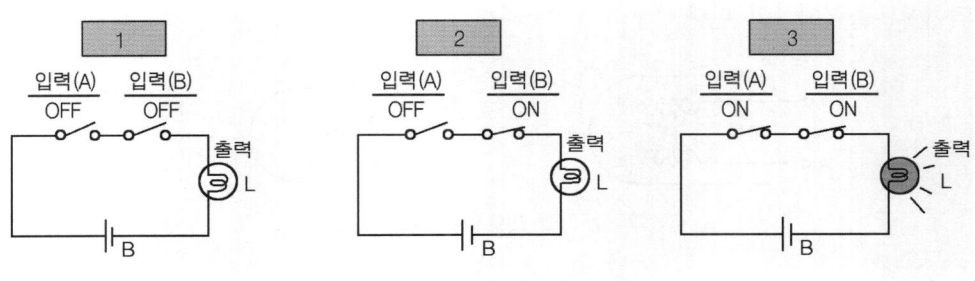

:: 논리적 회로의 원리

그림은 논리적 기호와 작동 원리를 설명하기 위한 내부 구조를 나타낸 것이며, (+)전원을 Q단자에 출력 되도록 하기 위해서는 회로 A와 B에 전류가 흐르도록 하면 전자력에 의해 스위치를 모두 ON시키기 때문에 전류는 (+)단자에서 Q단자로 흐르게 된다. 그리고 〈표 1〉은 논리적 회로의 진리값 표이며 A와 B의 입력에 대한 출력 Q와의 관계를 나타낸 것으로서 숫자 0은 OFF를 나타내고, 숫자 1은 ON을 나타낸 것으로 입력 A, B 모두 1(ON)되어야 출력이 1이 된다.

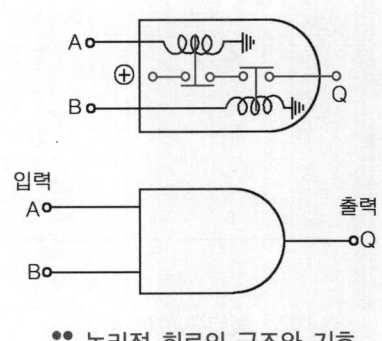

:: 논리적 회로의 구조와 기호

🔵 표1. 논리적 회로의 진리값표

입	력	출 력(Q)
A	B	
0	0	0
1	0	0
0	1	0
1	1	1

[참고] 논리적 회로의 진리값 표를 풀이하면 다음과 같다.
❶ 입력 A가 0이고 입력 B가 0이면 출력 Q는 0이 된다.
❷ 입력 A가 1이고 입력 B가 0이면 출력 Q는 0이 된다.
❸ 입력 A가 0이고 입력 B가 1이면 출력 Q는 0이 된다.
❹ 입력 A가 1이고 입력 B가 1이면 출력 Q는 1이 된다.

② 논리화 회로(OR circuit) : 이 회로는 그림과 같이 회로 중에 A, B 스위치를 병렬로 접속한 회로로서 램프를 점등시키기 위해서는 입력 쪽의 A 스위치나 B 스위치 중 1개만 ON시키면 된다. 또 A나 B 스위치를 동시에 ON시켜도 점등된다. 따라서 액추에이터를 작동시킬 경우에도 1개 또는 2개의 센서에서 입력신호가 컴퓨터로 입력되면 된다.

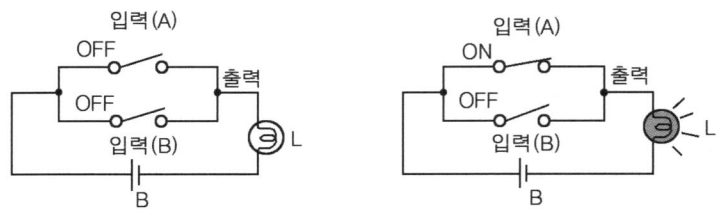

:: 논리화 회로의 원리

그림은 논리화 기호와 작동 원리를 설명하기 위한 내부 구조를 나타낸 것이며, (+)전원을 Q단자에 출력 되도록 하기 위해서는 회로 A 또는 B에 전류가 흐르도록 하거나 회로 A와 B 모두에 전류가 흐르도록 하면 전자력에 의해 스위치를 ON시키기 때문에 전류는 (+)단자에서 Q단자로 흐르게 된다. 그리고 〈표 2〉는 논리화 회로의 진리 값 표이며 A와 B의 입력에 대한 출력 Q와의 관계를 나타낸 것으로서 숫자 0은 OFF를 나타내고, 숫자 1은 ON을 나타낸 것으로 입력 A, B모두 1(ON)되거나 입력 A나 B에 1(ON)되어야 출력이 1이 된다.

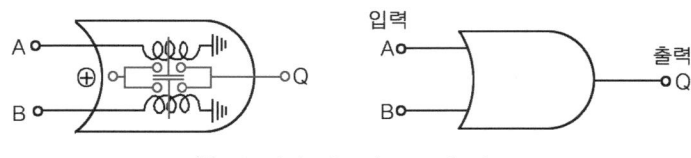

:: 논리화 회로의 구조와 기호

● 표2. 논리화 회로의 진리값표

입	력	출 력(Q)
A	B	
0	0	0
1	0	1
0	1	1
1	1	1

[참고] 논리화 회로의 진리 값 표를 풀이하면 다음과 같다.
❶ 입력 A가 0이고 입력 B가 0이면 출력 Q는 0이 된다.
❷ 입력 A가 1이고 입력 B가 0이면 출력 Q는 1이 된다.
❸ 입력 A가 0이고 입력 B가 1이면 출력 Q는 1이 된다.
❹ 입력 A가 1이고 입력 B가 1이면 출력 Q는 1이 된다.

③ 부정 회로(NOT circuit) : 이 회로는 입력 스위치 A와 출력 램프가 병렬로 접속된 회로이다. 회로 중의 스위치를 ON시키면 출력이 없고 스위치를 OFF시키면 출력이 되는 것으로서 스위치 작용과 출력이 반대로 되는 회로를 말한다. 액추에이터를 작동시키려면 컴퓨터에 입력 신호가 없어야 한다. 즉, 그림과 같이 스위치 A가 ON이 되면 릴레이 코일에 전류가 흐르므로 주 접점은 전자력에 의해 OFF된다. 따라서 Q단자에는 출력이 없게 되지만 스위치 A가 OFF되면 릴레

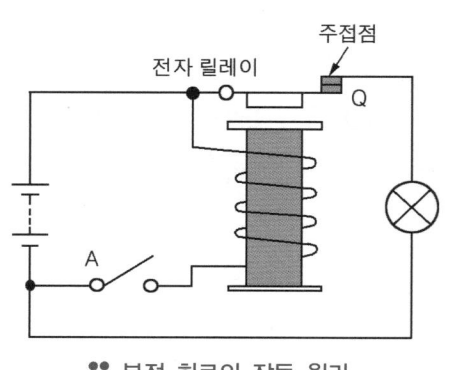

:: 부정 회로의 작동 원리

이 코일에 전류가 흐르지 않기 때문에 전자력이 소멸되어 주 접점이 ON으로 되어 Q단자에 출력이 된다. 입력이 ON일 때에는 출력은 OFF, 입력이 OFF이면 출력이 ON이 되는 회로이다.

그림은 부정 회로의 기호와 작동 원리를 설명하기 위한 내부 회로를 나타낸 것이며, 〈표 3〉은 부정 회로의 진리값 표이며 A와 B의 입력에 대한 출력 Q와의 관계를 나타낸 것으로서 숫자 0은 OFF를 나타내고, 숫자 1은 ON을 나타낸 것으로 입력 A가 0(OFF)이 되어야 출력이 1이 된다.

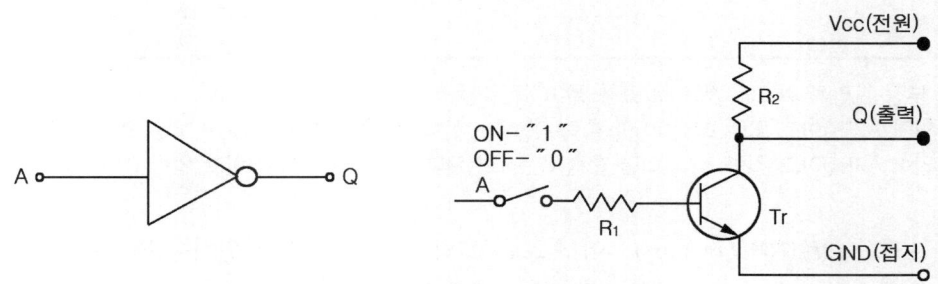

:: 부정 회로의 기호와 회로

● 표3. 부정 회로의 진리값표

입력	출력(Q)
A	
1	0
0	1

[참고] 부정 회로의 진리 값 표를 풀이하면 다음과 같다.
❶ 입력 A가 1이면 출력 Q는 0이 된다.
❷ 입력 A가 0이고 출력 Q는 1이 된다.

2) 복합 회로

① 부정 논리적 회로(NAND circuit) : 이 회로는 그림과 같이 A, B 스위치를 직렬로 연결한 후 회로에 병렬 회로를 접속한 것으로서 스위치 A 또는 B 둘 중의 1개만 OFF되면 램프가 점등되고, 스위치 A, B 모두 ON이 되면 램프가 소등된다. 이와 같이 부정 논리적 회로는 논리적 회로에 부정 회로를 연결한 것이다. 오른쪽 그림은 그 기호를 나타낸 것이다.

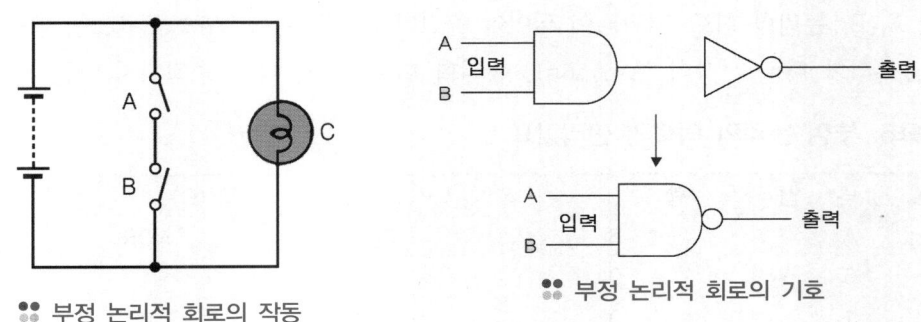

:: 부정 논리적 회로의 작동   :: 부정 논리적 회로의 기호

〈표 4〉는 부정 논리적 회로의 진리값 표이며 A, B 입력에 대한 출력 Q의 논리적(AND)회로와 부정 논리적(NAND)회로의 관계를 나타낸 것으로 숫자 0은 OFF를 나타내고, 숫자 1은 ON을 나타내는 것으로 입력 A, B, 논리적 회로가 0(OFF)이 되어야 출력이 1이 된다. 또, A=1, B=0, 논리적 회로=0 이거나, A=0, B=1, 논리적 회로=0일 때 출력이 1이 된다. 그러나 A=1, B=1, 논리적 회로=1인 경우에는 출력이 되지 않는다.

● 표4. 부정 논리적 회로의 진리값표

입	력	출	력 (Q)
A	B	AND	NAND
0	0	0	1
1	0	0	1
0	1	0	1
1	1	1	0

[참고] 부정 논리적 회로의 진리 값 표를 풀이하면 다음과 같다.
❶ 입력 A가 0이고 입력 B가 0이면 출력 Q는 1이 된다. ❷ 입력 A가 1이고 입력 B가 0이면 출력 Q는 1이 된다.
❸ 입력 A가 0이고 입력 B가 1이면 출력 Q는 1이 된다. ❹ 입력 A가 1이고 입력 B가 1이면 출력 Q는 0이 된다.

② **부정 논리화 회로**(NOR circuit) : 이 회로는 그림과 같이 A, B 스위치를 병렬로 연결한 후 회로에 병렬로 접속한 회로로서 스위치 A, B 모두 OFF되어야 램프가 점등되며 스위치 A 또는 B 둘 중의 1개만 ON이 되면 램프는 소등된다. 이와 같이 부정 논리화 회로는 논리화 회로에 부정 회로를 연결한 것이다. 오른쪽 그림은 그 기호를 나타낸 것이다.

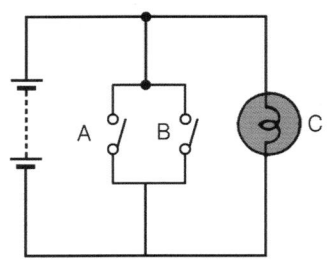

❖❖ 부정 논리화 회로의 작동 원리

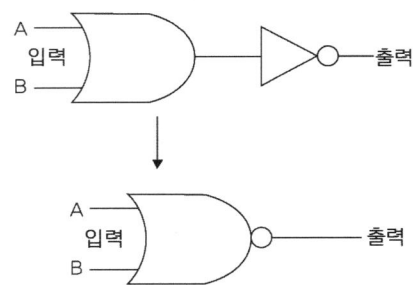

❖❖ 부정 논리화 회로의 기호

〈표 5〉는 부정 논리화 회로의 진리 값 표이며, A, B의 입력에 대한 출력 Q의 논리화(OR)회로와 부정 논리화(NOR)회로의 관계를 나타낸 것으로서 숫자 0은 OFF를 나타내고, 숫자1은 ON을 나타낸 것으로 입력 A, B, 논리화 회로 0(OFF)이 되어야 출력이 1이 된다. 또 A=1, B=0, 논리화 회로=1 상태, A=0, B=1, 논리화 회로 =1상태, A=1, B=1, 논리화 회로 =1 일 때는 출력되지 않는다.

● 표5. 부정 논리화 회로의 진리값표

입	력	출	력 (Q)
A	B	OR	NOR
0	0	0	1
1	0	1	0
0	1	1	0
1	1	1	0

[참고] 부정 논리화 회로의 진리 값 표를 풀이하면 다음과 같다.
❶ 입력 A가 0이고 입력 B가 0이면 출력 Q는 1이 된다. ❷ 입력 A가 1이고 입력 B가 1이면 출력 Q는 0이 된다.
❸ 입력 A가 0이고 입력 B가 1이면 출력 Q는 0이 된다. ❹ 입력 A가 1이고 입력 B가 1이면 출력 Q는 0이 된다.

	Thermistor (서미스터)	외부 온도에 따라 저항값이 변한다. 온도가 올라가면 저항값이 낮아지는 부특성과 그 반대로 저항값이 올라가는 정특성 서미스터가 있다.
	Diode (다이오드)	한 방향으로만 전류를 통할 수 있다.(화살표 방향)화살표 반대 방향으로 흐르지 못한다.
	Zener Diode (제너 다이오드)	제너 다이오드는 역방향으로 한계 이상의 전압이 걸리면 순간적으로 도통 한계 전압을 유지함
	Photo-Diode (포토 다이오드)	빛을 받으면 전기를 흐를 수 있게 한다. 일반적으로 스위칭 회로에 쓰인다.
	LED (발광 다이오드)	전류가 흐르면 빛을 발하는 파일럿 램프(pilot lamp) 등에 쓰인다.
	TR (트랜지스터)	그림의 왼쪽은 NPN형, 오른쪽은 PNP형으로서 스위칭, 증폭, 발진작용을 한다.
	Photo-Transistor (포토트랜지스터)	외부로부터 빛을 받으면 전류를 흐를 수 있게 하는 감광소자이다. CDS 라고도 한다.
	(SCR) Thyristor (사이리스터)	다이오드와 비슷하나 캐소드에 전류를 통하면 그때서야 도통이 되는 릴레이와 같은 역할
	Piezo-Electric Element (압전소자)	힘을 받으면 전기가 발생하며 응력 게이지 등에 주로 사용, 전자 라이터나 수동 진동자를 의미하기도 한다.
	Logic OR (논리합)	논리회로로서 입력부 A, B 중에 어느 하나라도 1이면 출력 C도 1이다. *1이란 전원이 인가된 상태, 0은 전원이 인가되지 않은 상태
	Logic AND (논리 적)	입력 A, B가 동시에 1이 되어야 출력 C도 1이며 하나라도 0이면 출력 C는 0이 된다.
	Logic NOT (논리 부정)	A가 1이면 출력 C는 0이고 입력 A가 0일 때 출력 C는 1이 되는 회로
	Logic Compare (논리 비교기)	B에 기준 전압 1을 가해주고 입력단자 A로부터 B보다 큰 1을 주면 동력 입력 D에서 C로 1신호가 나가고 B전압보다 작은 입력이 오면 0신호가 나감.(비교 회로)
	Logic NOR (논리합 부정)	OR회로의 반대 출력이 나온다. 즉, 둘 중 하나가 1이면 출력 C는 0이며 모두 0이거나 하나만 0이어도 출력 C는 1이 된다.
	Logic NAND (논리적 부정)	AND회로의 반대 출력이 나온다. A, B 모두 1이면 출력 C는 0이며 모두 0이거나 하나만 0이어도 출력 C는 1이 된다.
	Integrated Circuit	IC를 의미하며 A, B는 입력을 C, D는 출력을 나타냄

5 전기회로 판독방법 및 기호의 정의

1 전기 회로의 개요

전기 회로는 퓨즈의 배열 및 릴레이의 배열을 나타낸 퓨즈 및 릴레이 박스, 각 장치에 공급되는 배터리 전원의 배분을 나타내는 전원 배분도, 각 장치 보호 회로의 배분을 나타내는 퓨즈 배분도, 접지 및 접촉 불량 등에 관련된 고장 진단을 쉽게 할 수 있도록 나타낸 접지 배분도, 전장 부품의 설치 위치 별로 나타낸 구성 부품의 위치도 등으로 구성되어 있다. 또한 전장 부품이 설치되는 위치 별 커넥터의 형상을 나타낸 커넥터 식별도 및 전장 부품이 설치되는 위치별 커넥터를 나타낸 전선의 배치도를 나타내어 현장에서 전장 부품의 고장 진단을 쉽게 할 수 있도록 구성되어 있다.

2 기초 지식

전장 부품의 회로도에서 사용되고 있는 기호를 정리하면 다음과 같다.

1 회로의 표시 방법

① **흑색 굵은 선** : 이 선은 전장 부품의 외부 배선을 표시하며, 항상 통전 또는 도통하였을 때의 회로와 접지 회로를 표시한다.

② **흑색 가는 실선** : 이 선은 전장 부품의 작동을 이해하기 쉽도록 전장 부품의 내부 회로를 표시한다. 내부의 접속은 전기적으로 접속되는 부분이지만 실제의 배선은 없다.

③ **물결 무늬 선** : 이 선은 배선은 끊어져 있지만 전장 부품의 회로를 표시하는 이전 또는 다음 페이지로 연결되어 계속되는 회로를 표시한다.

④ **실드 선** : 이 선은 배선에 전파 차단 보호막이 둘러싸여 있는 것을 표시한다.

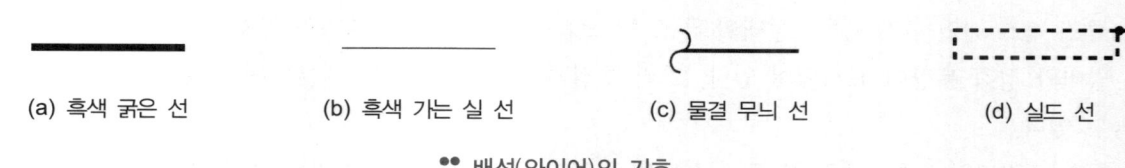

| (a) 흑색 굵은 선 | (b) 흑색 가는 실 선 | (c) 물결 무늬 선 | (d) 실드 선 |

❖ 배선(와이어)의 기호

2 회로의 교차

그림으로 표시하게 되어 있는 교차 회로는 다음과 같은 의미를 표시한다.

① 교차점에 검은 동그라미가 있는 회로 : 이 회로는 교차하고 있는 배선
은 분리할 수 없는 납땜 등으로 접속되어 있다는 것을 표시한다.

② 교차점에 검은 동그라미가 없는 회로 : 이 회로는 교차는 하고 있으나
접속되어 있지 않다는 것을 표시한다.

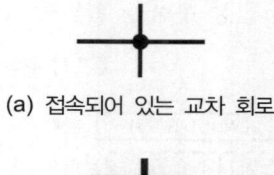

(a) 접속되어 있는 교차 회로

(b) 접속되어 있지 않는 교차 회로

❖ 회로의 교차

3 접지 earth 의 기호

하니스(harness)를 거쳐서 차체에 접지 되는 경우와 하니스를 거치지 않고
전장 부품의 장치 자체가 접지 되어 있는 경우로 구별하고 있다.

> **TIP**
>
> **▌하니스(Harness)란?**
> 하니스란 여러 가지의 길이를 가진 절
> 연 전선의 다발 또는 일반적으로 배선
> 의 다발을 말한다.

① 차체 접지(하니스를 거쳐서 접지 되는 경우) : 이 경우는 기호는 동그라
미 내에 검은 색 원으로 표시되어 있다. 그림의 G08은 접지 점을 표시
한다. G08에 관련되어 있는 부품은 접지 배분도를 참조하면 이해할 수 있으며, 실제 자동차에서의 접지
위치는 구성 부품 위치도를 참조하면 이해할 수 있다.

② 전장 부품 접지(전장 부품의 장치가 접지 되는 경우) : 이 경우는 기호의 동그라미가 검정 색으로 전장 부
품의 기호에 맞물려 있도록 표시한다. 전장 부품의 설치 자체가 접지 되는 것을 표시한다.

③ 컴퓨터(ECU)내의 접지

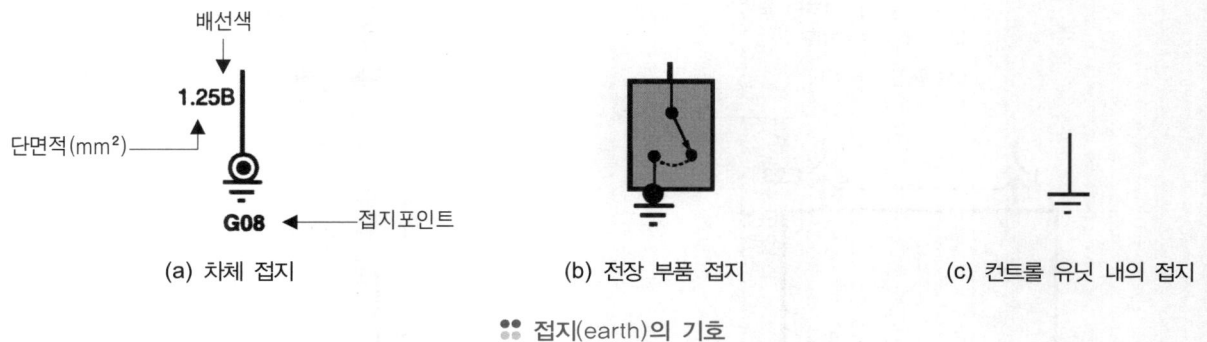

| (a) 차체 접지 | (b) 전장 부품 접지 | (c) 컨트롤 유닛 내의 접지 |

❖ 접지(earth)의 기호

4 퓨즈 및 퓨저블 링크의 기호

회로도 중 퓨즈 기호에는 정격 용량과 퓨즈 넘버(number)가 표시되어 있다. 이 넘버로 회로집의 퓨즈 배분
도에 보호하는 회로를 확인할 수 있다. 또한 퓨저블 링크는 전장 부품의 명칭과 정격 용량이 표시되어 있으며
전기 회로집의 전원 배분도에서 회로를 확인할 수 있다.

① 릴레이 박스 내의 퓨즈 기호 : 엔진 룸(engine room) 또는 실내의 릴레이 박스에 설치되어 있는 퓨즈의
보호 회로를 표시하며, 전장 부품의 명칭과 정격 용량이 표시되어 있다. 그리고 전기 회로집의 전원 배
분도에서 보호하는 전장 부품을 확인할 수 있다.

② **퓨즈 박스 내의 퓨즈 기호** : 실내의 퓨즈 박스에 설치되어 있는 퓨즈의 보호 회로를 표시하며, 퓨즈의 넘버와 정격 용량이 표시되어 있다. 그리고 전기 회로 집의 퓨즈 배분도에서 보호하는 회로를 확인할 수 있다.

③ **퓨저블 링크의 기호** : 엔진 룸 또는 실내의 릴레이 박스에 설치되어 있는 퓨저블 링크를 표시하며, 보호 하는 전장 부품의 명칭과 정격 용량이 표시되어 있다. 그리고 전기 회로집의 전원 배분도에서 보호하는 전장 부품을 확인할 수 있다.

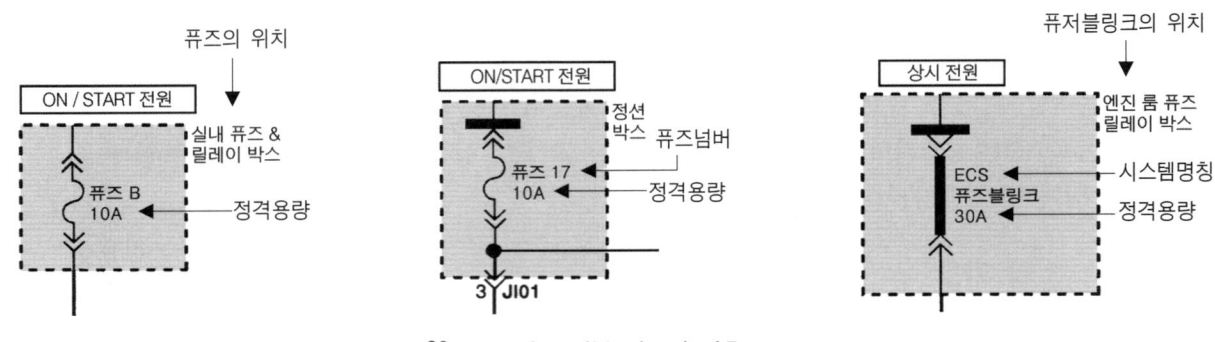

:: 퓨즈 및 퓨저블 링크의 기호

5 커넥터 connecter 의 기호

회로도에서 사용하고 있는 커넥터는 크게 4종류가 있으며, 그 커넥터의 기호를 그림에 나타내었다.

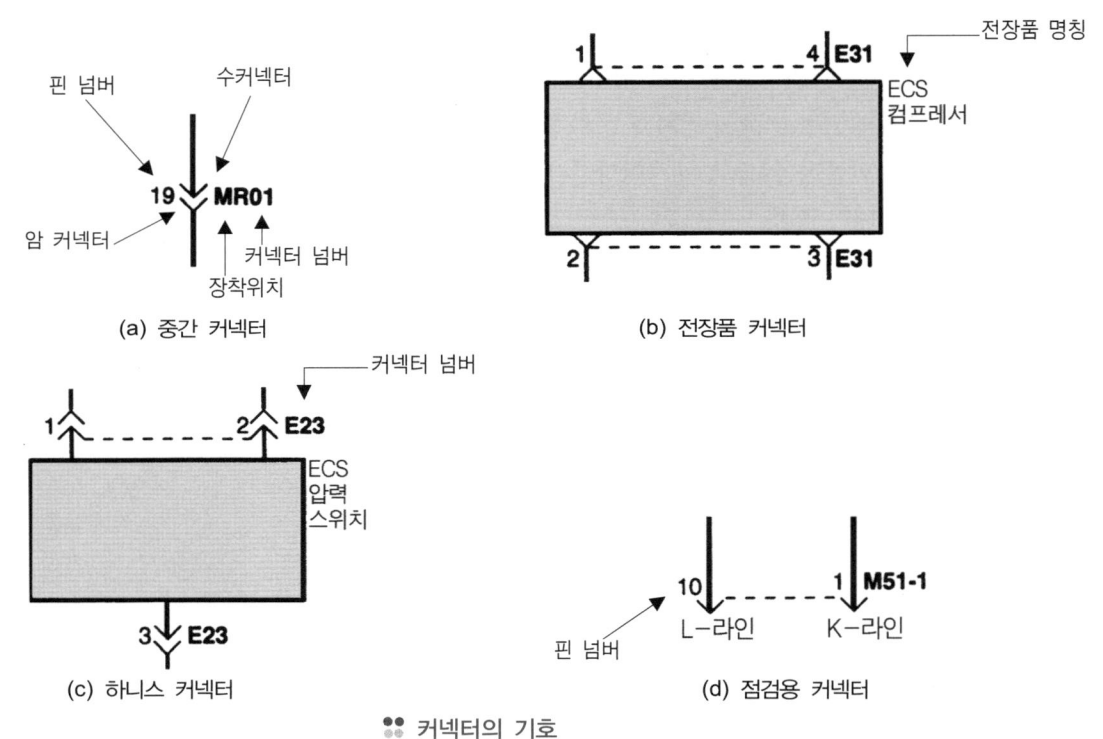

:: 커넥터의 기호

① **중간 커넥터** : 하니스와 하니스를 접속하는 커넥터에는 회로의 왼쪽에 해당 핀 넘버와 회로의 오른쪽에 부착 위치 및 커넥터 넘버가 표시되어 있다. 그림 중 위 화살표가 수(雌) 커넥터 단자, 아래가 암(雄) 커넥터 단자를 나타낸다.

② **전장 부품 커넥터** : 하니스를 이용하지 않고 전장 부품 자체에 직접 단자가 설치되어 있는 커넥터이며, 암(雄) 단자를 연결하는 점선은 같은 커넥터를 표시한다. 1, 2, 3, 4의 숫자는 커넥터 단자의 넘버, E31

은 설치 위치와 커넥터 넘버 및 전장 부품의 명칭이 표시되어 있다.

③ **전장 부품의 하니스 커넥터** : 전장 부품에서 외부로 일정 길이의 하니스에 커넥터가 설치된 것을 표시한다. 수(雌) 단자를 연결하는 점선은 같은 커넥터를 표시하며, 설치 위치와 커넥터 넘버 및 전장 부품의 명칭이 표시되어 있다.

④ **점검용 커넥터** : 전장 부품이 부착되어 있지 않기 때문에 하니스 쪽 커넥터 기호만 표시한다. 수(雌) 단자를 연결하는 점선은 같은 커넥터를 표시하며, 단자 넘버 및 부착 위치와 커넥터 넘버가 표시되어 있다.

6 배선의 색깔

자동차의 전기 회로도(배선도)를 보면 매우 복잡하게 되어 있는 것 같지만 실제로는 배선에 대한 숫자와 배선의 기호를 알고 보면 몇 개가 안되지만 단색과 2색 정도의 보조 색을 추가로 사용하여 수많은 색을 띠고 자동차에 설치되어 있다. 그러면 배선의 색깔 표시 예를 들면 다음과 같다.

1) 배선 색깔 표시

각 배선의 접속 부분과 접속 부분의 중간 부분의 배선 상에 알파벳 대문자 1가지 또는 대문자와 소문자 2가지를 사용한 약호로 표시되어 있다. 1.25L의 경우에는 1.25는 배선의 단면적을 나타내며, L은 배선 색깔의 약호이며, 0.85L/Y의 경우에는 숫자 다음의 L은 바탕색이며, Y는 줄무늬 색을 표시한다.

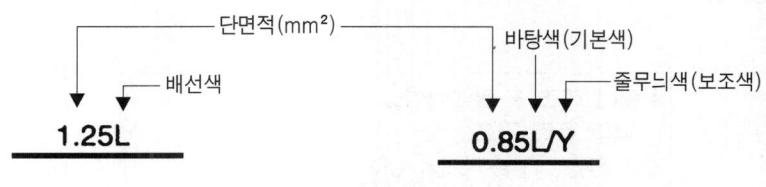

:: 배선의 색깔 표시

3 회로도에 사용하는 기호

앞에서 설명한 기호를 포함하여 배선 회로도 중에 표시하고 있는 기호를 소개한다.

1 구성 부품의 기호

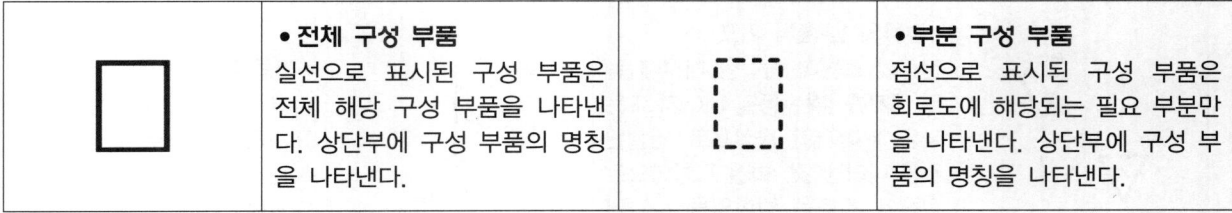

	•**전체 구성 부품** 실선으로 표시된 구성 부품은 전체 해당 구성 부품을 나타낸다. 상단부에 구성 부품의 명칭을 나타낸다.		•**부분 구성 부품** 점선으로 표시된 구성 부품은 회로도에 해당되는 필요 부분만을 나타낸다. 상단부에 구성 부품의 명칭을 나타낸다.

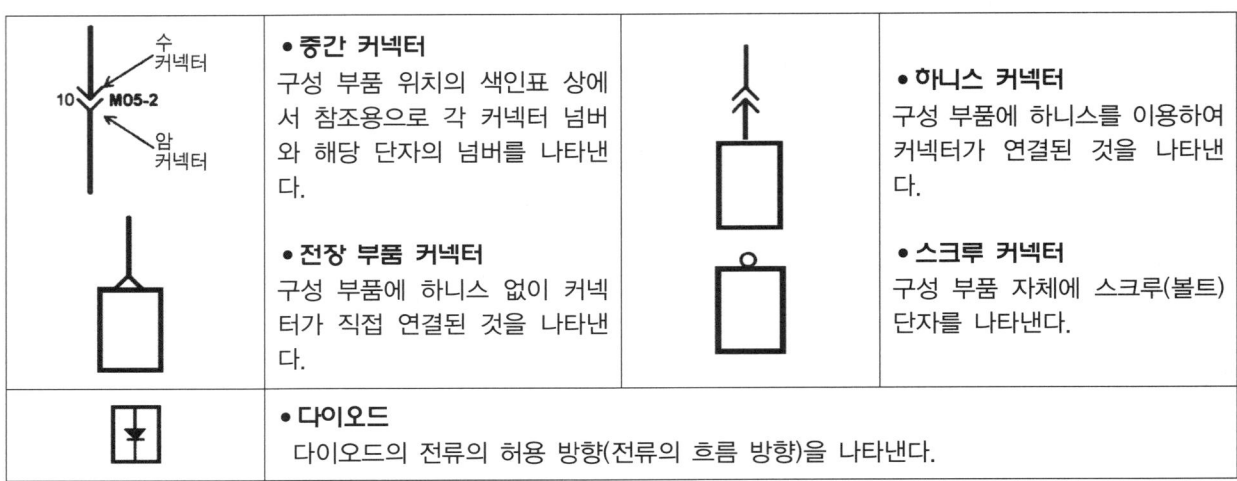

• 중간 커넥터 구성 부품 위치의 색인표 상에서 참조용으로 각 커넥터 넘버와 해당 단자의 넘버를 나타낸다.	**• 하니스 커넥터** 구성 부품에 하니스를 이용하여 커넥터가 연결된 것을 나타낸다.
• 전장 부품 커넥터 구성 부품에 하니스 없이 커넥터가 직접 연결된 것을 나타낸다.	**• 스크루 커넥터** 구성 부품 자체에 스크루(볼트) 단자를 나타낸다.
• 다이오드 다이오드의 전류의 허용 방향(전류의 흐름 방향)을 나타낸다.	

2 퓨즈 및 퓨저블 링크의 기호

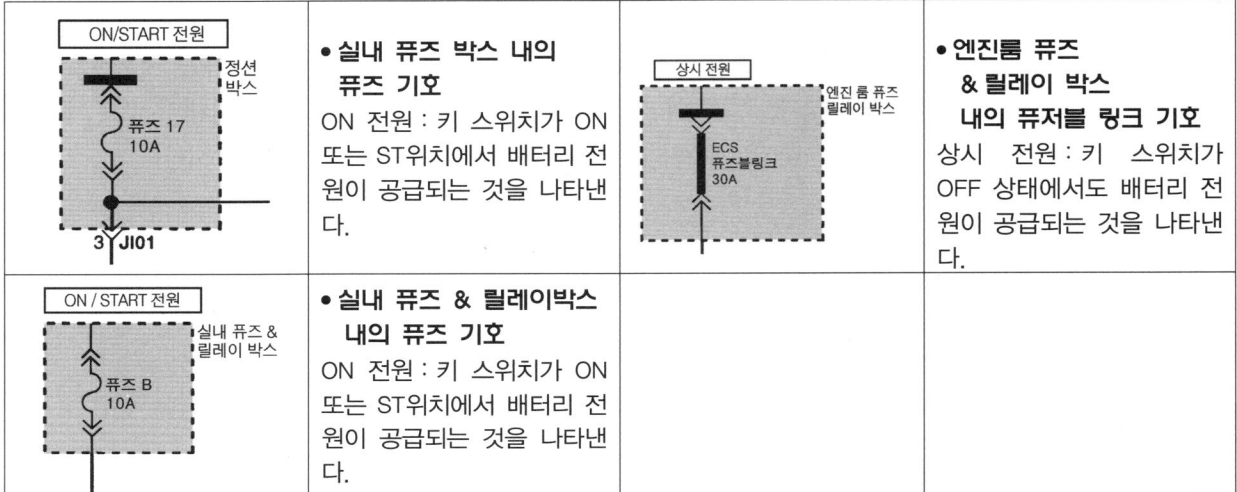

• 실내 퓨즈 박스 내의 퓨즈 기호 ON 전원 : 키 스위치가 ON 또는 ST위치에서 배터리 전원이 공급되는 것을 나타낸다.	**• 엔진룸 퓨즈 & 릴레이 박스 내의 퓨저블 링크 기호** 상시 전원 : 키 스위치가 OFF 상태에서도 배터리 전원이 공급되는 것을 나타낸다.
• 실내 퓨즈 & 릴레이박스 내의 퓨즈 기호 ON 전원 : 키 스위치가 ON 또는 ST위치에서 배터리 전원이 공급되는 것을 나타낸다.	

3 배선의 기호

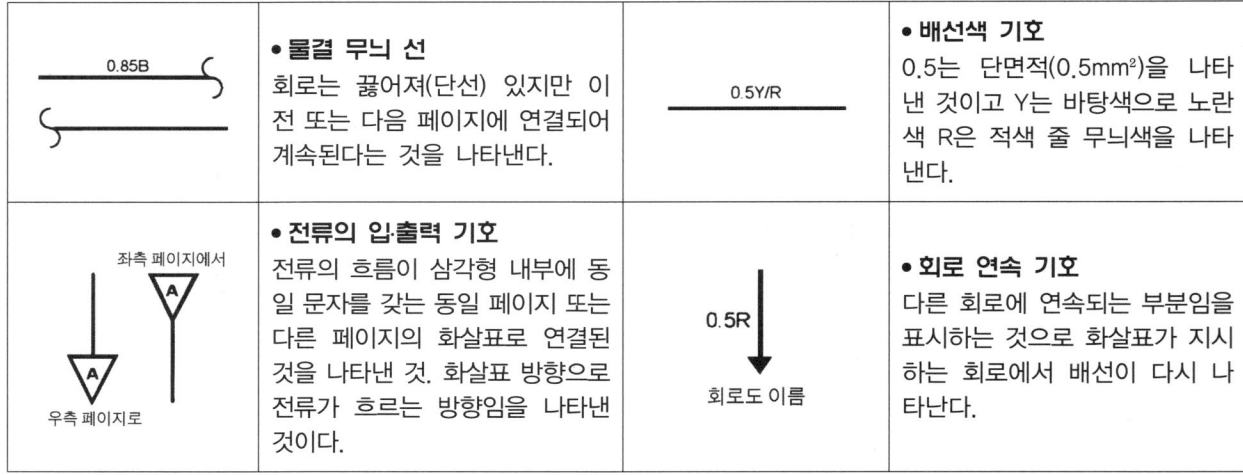

• 물결 무늬 선 회로는 끊어져(단선) 있지만 이전 또는 다음 페이지에 연결되어 계속된다는 것을 나타낸다.	**• 배선색 기호** 0.5는 단면적(0.5mm²)을 나타낸 것이고 Y는 바탕색으로 노란색 R은 적색 줄 무늬색을 나타낸다.
• 전류의 입·출력 기호 전류의 흐름이 삼각형 내부에 동일 문자를 갖는 동일 페이지 또는 다른 페이지의 화살표로 연결된 것을 나타낸 것. 화살표 방향으로 전류가 흐르는 방향임을 나타낸 것이다.	**• 회로 연속 기호** 다른 회로에 연속되는 부분임을 표시하는 것으로 화살표가 지시하는 회로에서 배선이 다시 나타난다.

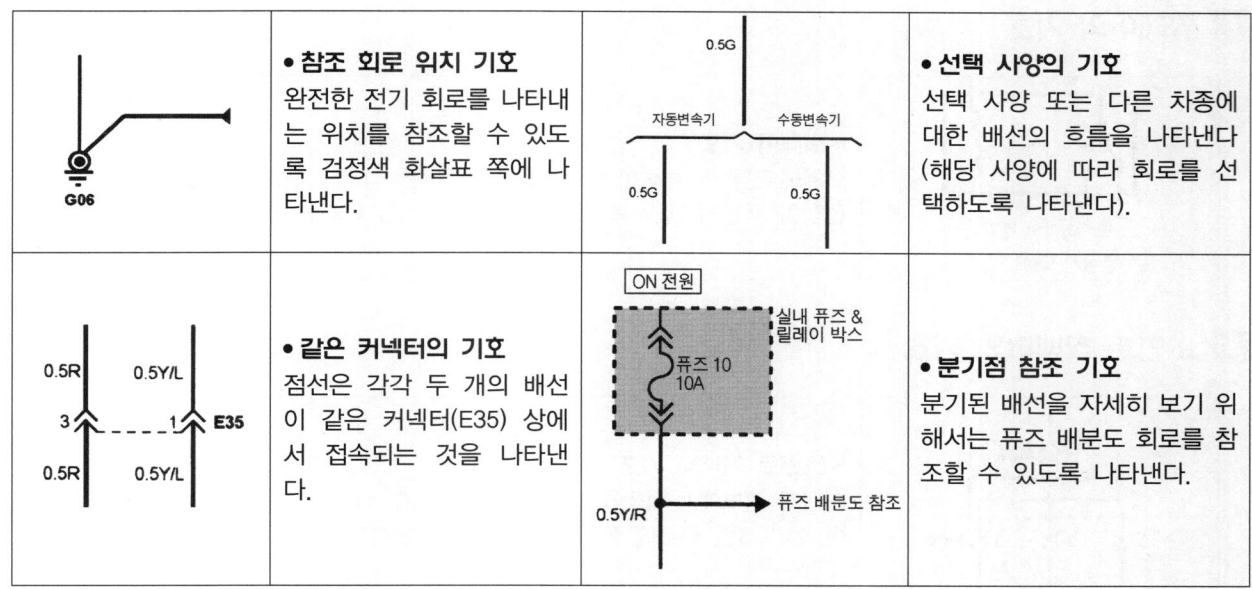

• 참조 회로 위치 기호 완전한 전기 회로를 나타내는 위치를 참조할 수 있도록 검정색 화살표 쪽에 나타낸다.	• 선택 사양의 기호 선택 사양 또는 다른 차종에 대한 배선의 흐름을 나타낸다 (해당 사양에 따라 회로를 선택하도록 나타낸다).
• 같은 커넥터의 기호 점선은 각각 두 개의 배선이 같은 커넥터(E35) 상에서 접속되는 것을 나타낸다.	• 분기점 참조 기호 분기된 배선을 자세히 보기 위해서는 퓨즈 배분도 회로를 참조할 수 있도록 나타낸다.

4 조인트의 기호

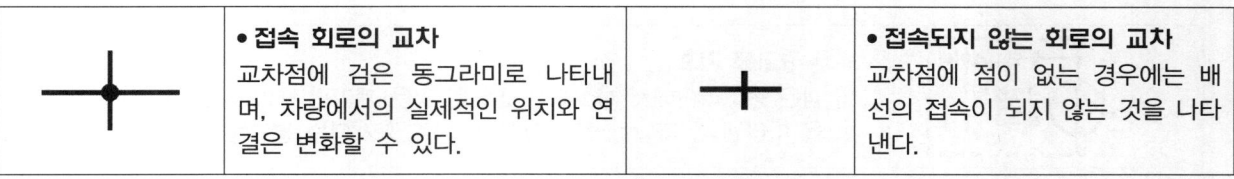

• 접속 회로의 교차 교차점에 검은 동그라미로 나타내며, 차량에서의 실제적인 위치와 연결은 변화할 수 있다.	• 접속되지 않는 회로의 교차 교차점에 점이 없는 경우에는 배선의 접속이 되지 않는 것을 나타낸다.

5 접지의 기호

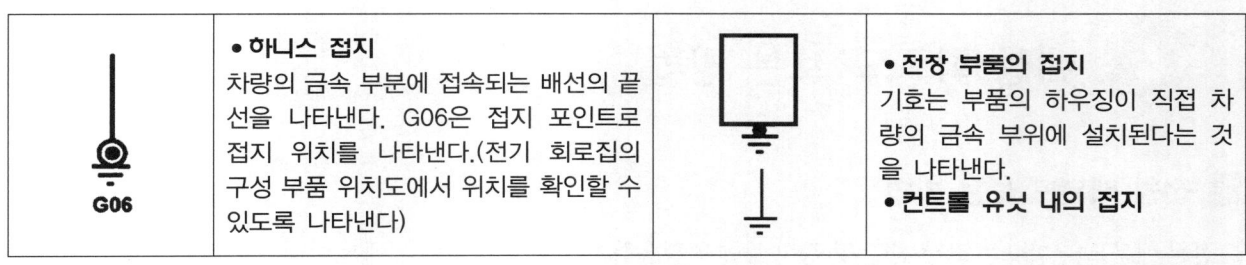

• 하니스 접지 차량의 금속 부분에 접속되는 배선의 끝선을 나타낸다. G06은 접지 포인트로 접지 위치를 나타낸다.(전기 회로집의 구성 부품 위치도에서 위치를 확인할 수 있도록 나타낸다)	• 전장 부품의 접지 기호는 부품의 하우징이 직접 차량의 금속 부위에 설치된다는 것을 나타낸다. • 컨트롤 유닛 내의 접지

6 실드 하니스의 기호

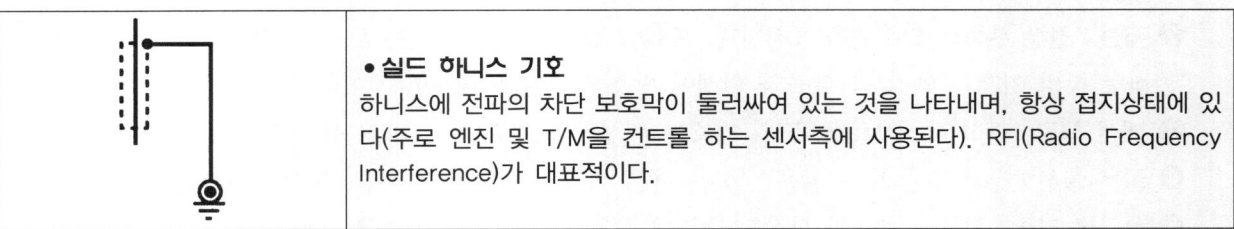

	• 실드 하니스 기호 하니스에 전파의 차단 보호막이 둘러싸여 있는 것을 나타내며, 항상 접지상태에 있다(주로 엔진 및 T/M을 컨트롤 하는 센서측에 사용된다). RFI(Radio Frequency Interference)가 대표적이다.

7 스위치의 기호

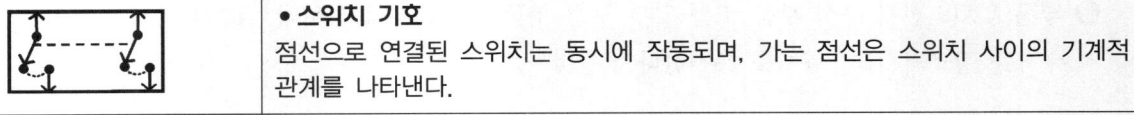

	• 스위치 기호 점선으로 연결된 스위치는 동시에 작동되며, 가는 점선은 스위치 사이의 기계적 관계를 나타낸다.

8 릴레이의 기호

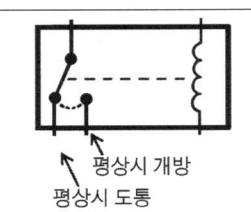

평상시 개방
평상시 도통

● **릴레이 기호**
코일에 전류의 흐름이 없을 때의 릴레이를 나타낸 것으로 코일에 전류가 흐르면 접점이 평상시 개방 쪽으로 접속된다는 것을 나타낸다.

9 조인트 커넥터의 기호

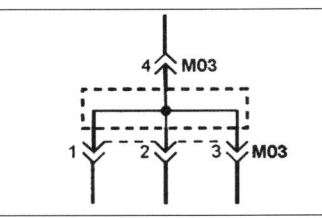

● **조인트 커넥터 기호**
커넥터 내부에서 배선이 접속되는 커넥터를 나타낸다. 즉 4번 핀에서의 전원이 1번, 2번, 3번 회로에 동시 공급됨을 나타낸다.

10 지시등(경고등)의 기호

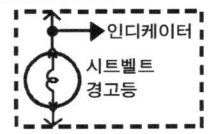

인디케이터
시트벨트
경고등

● **경고등 기호**
검은 동그라미에서 화살표로 연결된 것은 계기판 내에 다른 경고등이 연결된 것을 나타낸다. 파일럿 램프(꼬마 전구)로 표시되는 경고등을 나타낸다.

4 배선 회로도 보는 방법

Electricity

1 전원 배분도 보는 방법

전원 배분도의 회로는 고장 진단 및 정비 등에서 활용하기 쉽도록 전기는 위에서 아래로 흐르도록 표시되어 있다.

❶ **굵은 실선** : 전장 부품의 외부 배선을 표시하며, 항상 통전 또는 도통하였을 때의 회로와 접지 회로를 표시한다.

❷ **점선** : 전장 부품의 일부분을 표시한다. 또한 전장 부품은 해당되는 필요 부분만 표시되어 있다. 그림의 회로 상의 기호는 엔진 룸 퓨즈와 릴레이 박스 일부분을 표시한 것이다.

❸ **배선 색깔** : 단선 배선으로 0.8R의 기호는 배선의 단면적이 0.8㎟인 붉은색 배선을 표시한다.

❹ **굵은 실선** : 전장 부품 내의 굵은 실선은 다른 퓨저블 링크 또는 다른 퓨즈와 연결된 상태를 표시한다.

❺ **삼각형 기호** : 전류의 흐름이 삼각형 내부에 같은 문자를 지니는 같은 페이지 또는 다른 페이지의 화살표로 연결된 것을 표시한다. 화살표 방향이 전류 흐름 방향이다. 즉 −▷의 기호는 전류가 나가는 방향이며, −◁의 기호는 전류가 들어오는 방향을 표시한다.

❻ **부품 위치** : 전체 구성 부품 또는 일부 구성 부품의 위쪽에 표시하며, AC 발전기 퓨저블 링크 및 전원 퓨저블 링크의 설치 위치를 표시한다.

전원 배분도
전원 배분도 (1)

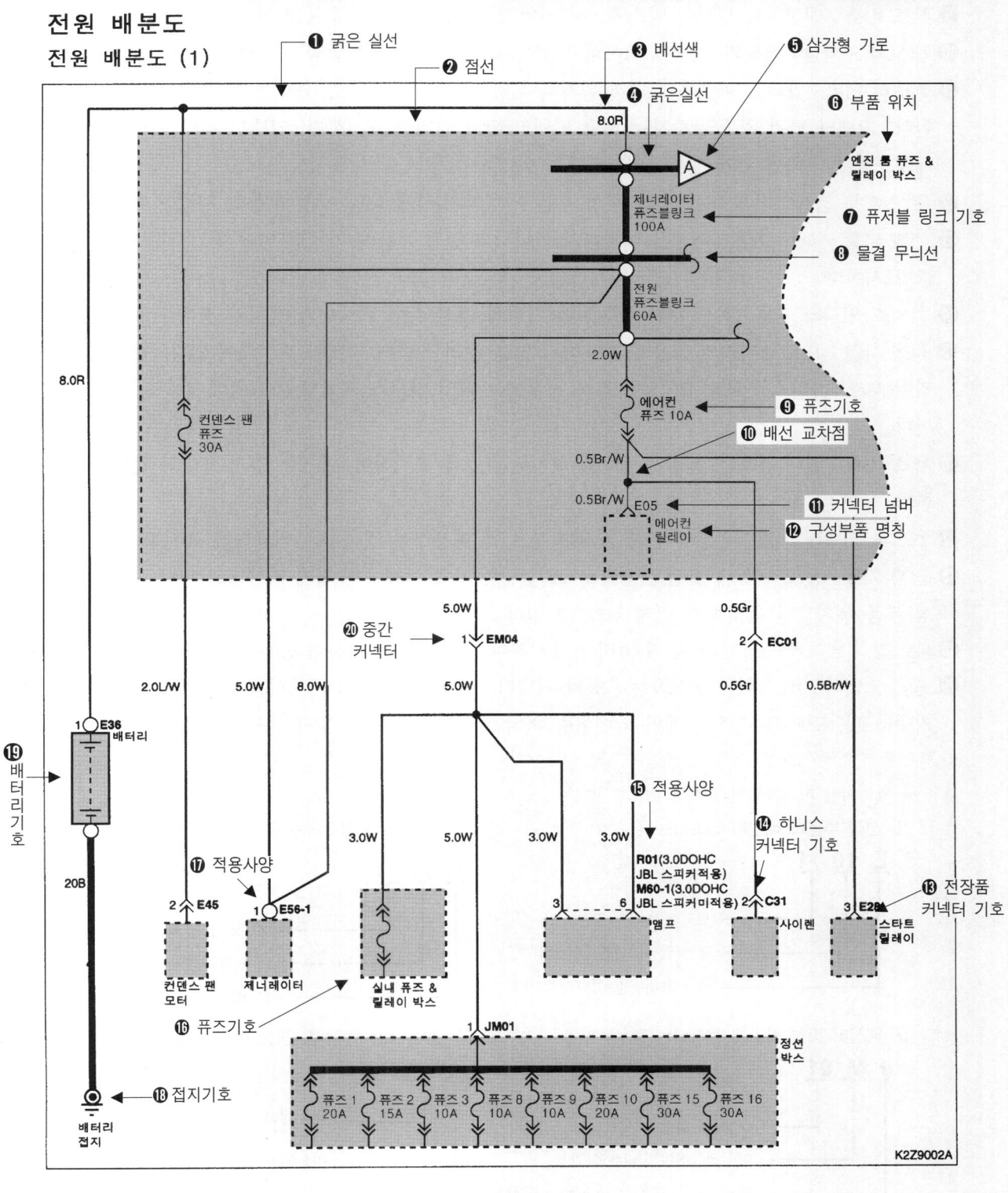

❶ 굵은 실선
❷ 점선
❸ 배선색
❹ 굵은실선
❺ 삼각형 가로
❻ 부품 위치

8.0R

엔진 룸 퓨즈 &
릴레이 박스

제너레이터
퓨즈블링크
100A
❼ 퓨저블 링크 기호

❽ 물결 무늬선

전원
퓨즈블링크
60A

2.0W

8.0R

에어컨
퓨즈 10A
❾ 퓨즈기호
❿ 배선 교차점

컨덴스 팬
퓨즈
30A

0.5Br/W

0.5Br/W   E05
⓫ 커넥터 넘버
에어컨
릴레이
⓬ 구성부품 명칭

5.0W   0.5Gr

⓴ 중간
커넥터   1 EM04   2 EC01

2.0L/W   5.0W   8.0W   5.0W   0.5Gr   0.5Br/W

1 E36
배터리

⓲
배
터
리
기
호

20B

⓳ 적용사양   3.0W   5.0W   3.0W   3.0W

⓯ 적용사양

R01(3.0DOHC
JBL 스피커적용)
M60-1(3.0DOHC
JBL 스피커미적용)
⓮ 하니스
커넥터 기호

⓭ 전장품
커넥터 기호

2 E45   1 E56-1   3 6   2 C31   3 E28

컨덴스 팬   제너레이터   앰프   사이렌   스타트
모터   릴레이

⓰ 퓨즈기호   실내 퓨즈 &
릴레이 박스

1 JM01
정션
박스

⓲ 접지기호

배터리
접지

퓨즈 1   퓨즈 2   퓨즈 3   퓨즈 8   퓨즈 9   퓨즈 10   퓨즈 15   퓨즈 16
20A   15A   10A   10A   10A   20A   30A   30A

K2Z9002A

∷ 전원 배분도의 예

❼ 퓨저블 링크 기호 : 백색 동그라미의 단자와 단자 사이에 굵은 검은 색 선으로 표시하며, 전장 부품의
명칭과 정격 용량을 표시한다.

❽ 물결 무늬선 : 배선은 끊어져 있으나 전원 배분도를 나타내는 이전 또는 다음 페이지에 연결되어 계속되

는 회로를 표시한다.

❾ 퓨즈 기호 : 엔진룸과 릴레이 박스에 설치되어 있는 퓨즈는 전장 부품의 명칭과 정격 용량을 표시한다.

❿ 배선의 교차점 : 배선의 중간에 접속되어 있는 검은 동그라미는 납땜 등으로 접속된 것을 표시한다.

⓫ 커넥터 넘버 : 앞의 알파벳은 커넥터 위치의 식별 기호를 표시하며, 숫자는 커넥터의 일련 넘버를 표시한다. 커넥터 넘버 왼쪽의 숫자는 해당 커넥터 핀의 넘버를 표시하며, 커넥터 위치는 와이어링 하니스 배치도를 참고하면 쉽게 알 수 있다.

⓬ 구성 부품 명칭 : 전체 또는 일부 구성 부품 기호의 위쪽에 해당 구성 부품의 명칭이 표시된다.

⓭ 전장 부품 커넥터 기호 : 배선을 이용하지 아니하고 전장 부품에 커넥터 핀이 직접 설치되어 있는 경우를 표시한다.

⓮ 하니스 커넥터 기호 : 전장 부품에서 일정 거리의 배선 끝에 커넥터가 설치된 경우를 표시한다.

⓯ 적용 사양 : JBL 스피커의 적용과 적용하지 않을 때의 커넥터 넘버가 표시되어 있다. 적용된 경우에는 리어(rear) 하니스 커넥터 R01, 미 적용 경우에는 메인 하니스 커넥터 M60-1에 접속되는 것으로 표시한다.

⓰ 퓨즈 기호 : 실내 퓨즈와 릴레이 박스에 설치된 퓨즈를 표시하며, 퓨즈는 정격 용량과 알파벳으로 표시한다.

⓱ 스크루 커넥터 기호 : 전장 부품에 스크루(볼트)를 이용하여 접속하는 커넥터를 표시한다.

⓲ 접지 기호 : 동그라미 내에 검은 점으로 표시하며, 기호 아래에는 접지 점이 표시된다. 접지 위치는 구성 부품 위치도를 참고하면 쉽게 찾을 수 있다.

⓳ 배터리 기호 : 커넥터 넘버 및 핀 넘버를 표시하며, 실선으로 표시하여 전체 해당 구성 부품을 표시한다.

⓴ 중간 커넥터 기호 : 위쪽 화살표는 수(雌) 커넥터, 아래쪽은 암(雄) 커넥터를 표시하며 왼쪽의 1은 해당 커넥터 핀, EM 04는 엔진 메인 와이어링 하니스 커넥터 넘버를 표시한다.

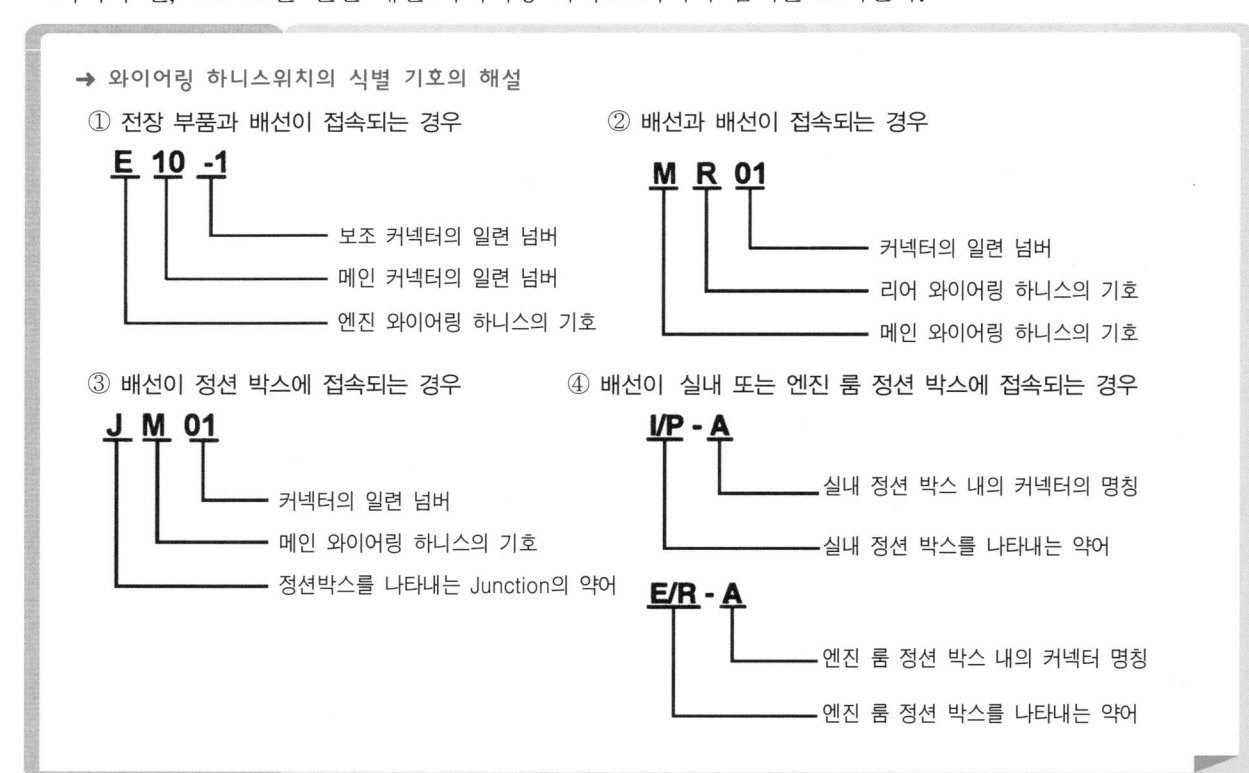

➔ 와이어링 하니스위치의 식별 기호의 해설

① 전장 부품과 배선이 접속되는 경우

E 10 -1
- 보조 커넥터의 일련 넘버
- 메인 커넥터의 일련 넘버
- 엔진 와이어링 하니스의 기호

② 배선과 배선이 접속되는 경우

M R 01
- 커넥터의 일련 넘버
- 리어 와이어링 하니스의 기호
- 메인 와이어링 하니스의 기호

③ 배선이 정선 박스에 접속되는 경우

J M 01
- 커넥터의 일련 넘버
- 메인 와이어링 하니스의 기호
- 정선박스를 나타내는 Junction의 약어

④ 배선이 실내 또는 엔진 룸 정선 박스에 접속되는 경우

I/P - A
- 실내 정선 박스 내의 커넥터의 명칭
- 실내 정선 박스를 나타내는 약어

E/R - A
- 엔진 룸 정선 박스 내의 커넥터 명칭
- 엔진 룸 정선 박스를 나타내는 약어

→ 와이어링 하니스의 식별 기호

기호	와이어링 하니스 명칭	위　　치
A	에어백, 에어컨 하니스	실내 블로워 유닛 부위
C	컨트롤 하니스	엔진 룸 & 크래시 패드
D	도어(프런트, 리어) 하니스	도어
E	엔진 & 배터리 하니스	엔진 룸
I	인스트루먼트(계기판) 패널 하니스	크래시 패드
M	메인(좌우), 콘솔, 연료 펌프 하니스	플로어, 우측 엔진 룸
R	리어(뒤) & 루프 하니스	루프, 트렁크 부위, 차량 후미
S	시트 하니스	시트
J&I/P	실내 정션 박스	크래시 패드 좌측 하단부
E/R	엔진 룸 정션 박스	좌측 엔진 룸

2 퓨즈 배분도 보는 방법

퓨즈 배분도의 회로는 고장 진단 및 정비 등에서 활용하기 쉽도록 보호 회로의 전기는 위에서 아래로 흐르도록 표시되어 있다.

❶ 전원 배분 기호
　① 상시 전원 : 점화(키) 스위치와 관계없이 배터리 전원이 공급되는 것을 표시한다.
　② ON 전원 : 점화(키) 스위치 ON 위치에서 배터리 전원이 공급되는 것을 표시한다.
　③ ACC/ON 전원 : 점화(키) 스위치 ACC 또는 ON 위치에서 배터리 전원이 공급되는 것을 표시한다.
　④ ON/START 전원 : 점화(키) 스위치 ON 또는 START 위치에서 배터리 전원이 공급되는 것을 표시한다.

❷ 퓨즈 넘버 : 정션 박스(junction box, 접속 박스)에 설치되어 있는 퓨즈의 넘버와 정격 용량이 표시된다. 퓨즈 및 릴레이에서 퓨즈 넘버의 색인표를 참고하면 연결 회로를 찾을 수 있다.

❸ 굵은 실선 : 굵은 실선으로 표시된 경우에는 다른 퓨즈와 연결된 상태를 표시한다. 끝 부분에 물결 무늬 선은 끊어져 있으나 이전 또는 다음 페이지에 연결되어 계속되는 것을 표시한다.

❹ 점선 : 같은 커넥터를 표시한다. 4개의 배선이 같은 커넥터(JM08)상에 접속되는 것을 표시한다.

❺ 커넥터 넘버 : JM08은 정션 박스 커넥터로 명칭은 와이어링 하니스 배치도의 메인 와이어링 하니스 색인표를 참고하면 찾을 수 있다. 형상은 커넥터 식별도 정션 박스 항을 참고하면 18핀의 커넥터라는 것을 알 수 있으며, 구성 부품의 위치도를 참고하면 설치 위치를 찾을 수 있다.

❻ 퓨즈 2의 보호 회로 : 보호 회로는 단면적 0.85mm²의 붉은 색 바탕에 검정 색 줄무늬 선으로 오른쪽 아웃사이드 미러 컨트롤 유닛, 오른쪽 앞 도어 램프, 왼쪽 앞 도어 유닛 등의 회로가 보호된다. 따라서 단선 유무를 점검할 때 퓨즈 배분도를 참고하면 쉽게 점검 부분을 찾을 수 있다.

❼ 퓨즈 1의 보호 회로 : 보호 회로는 ECS 릴레이를 표시한다. 중간 커넥터의 명칭과 위치를 파악하려면 하니스 배치도와 커넥터 식별도 및 부품 위치도를 참고하면 된다.

❽ 시스템 회로 참조 표기 : 단선 또는 접지 불량이나 세부적인 퓨즈 1의 보호 회로를 찾기 쉽도록 시스템 회로의 명칭을 표시한다.

퓨즈 배분도
퓨즈 배분도 (1)

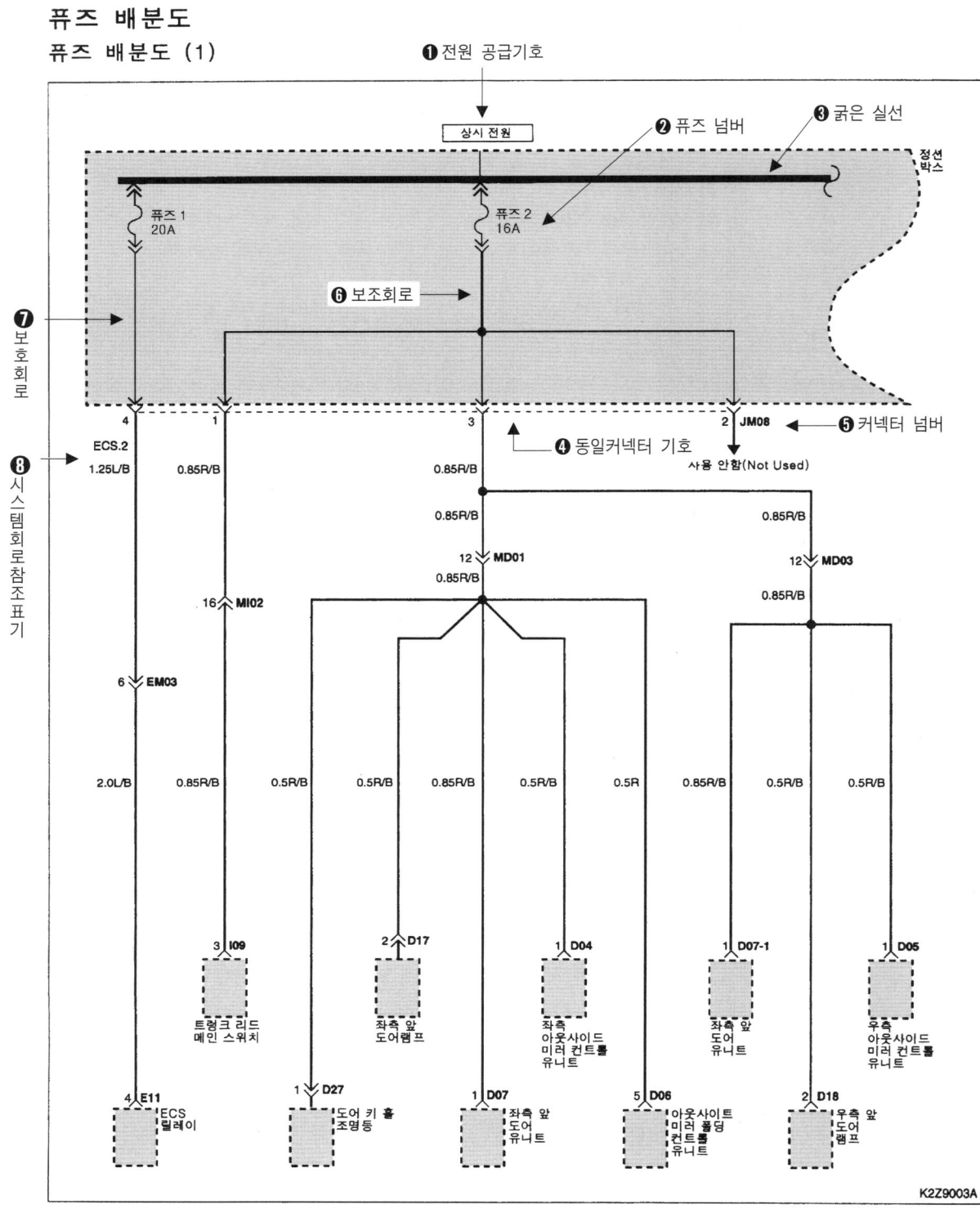

❶ 전원 공급기호

❷ 퓨즈 넘버

❸ 굵은 실선

상시 전원

정선박스

퓨즈 1
20A

퓨즈 2
16A

❻ 보조회로

❼ 보호회로

4

1

3

2 JM08

❺ 커넥터 넘버

ECS.2

❹ 동일커넥터 기호

사용 안함(Not Used)

❽ 시스템회로참조표기

1.25L/B

0.85R/B

0.85R/B

0.85R/B

0.85R/B

0.85R/B

12 MD01

12 MD03

0.85R/B

0.85R/B

16 MI02

6 EM03

2.0L/B

0.85R/B

0.5R/B

0.5R/B

0.85R/B

0.5R/B

0.5R

0.85R/B

0.5R/B

0.5R/B

3 I09

2 D17

1 D04

1 D07-1

1 D05

트렁크 리드
메인 스위치

좌측 앞
도어램프

좌측
아웃사이드
미러 컨트롤
유니트

좌측 앞
도어
유니트

우측
아웃사이드
미러 컨트롤
유니트

4 E11

1 D27

1 D07

5 D06

2 D18

ECS
릴레이

도어 키 홀
조명등

좌측 앞
도어
유니트

아웃사이드
미러 폴딩
컨트롤
유니트

우측 앞
도어
램프

K2Z9003A

⠿ 퓨즈 배분도의 해설

③ 접지 배분도 보는 방법

접지 배분도는 고장 진단 및 정비 등에서 활용하기 쉽도록 전기는 위에서 아래로 흐르도록 표시되어 있으며, 접지 점에 관련되는 모든 회로의 접속점을 나타내어 고장 진단이 원활하게 이루어지도록 한다.

접지 배분도
접지 배분도 (1)

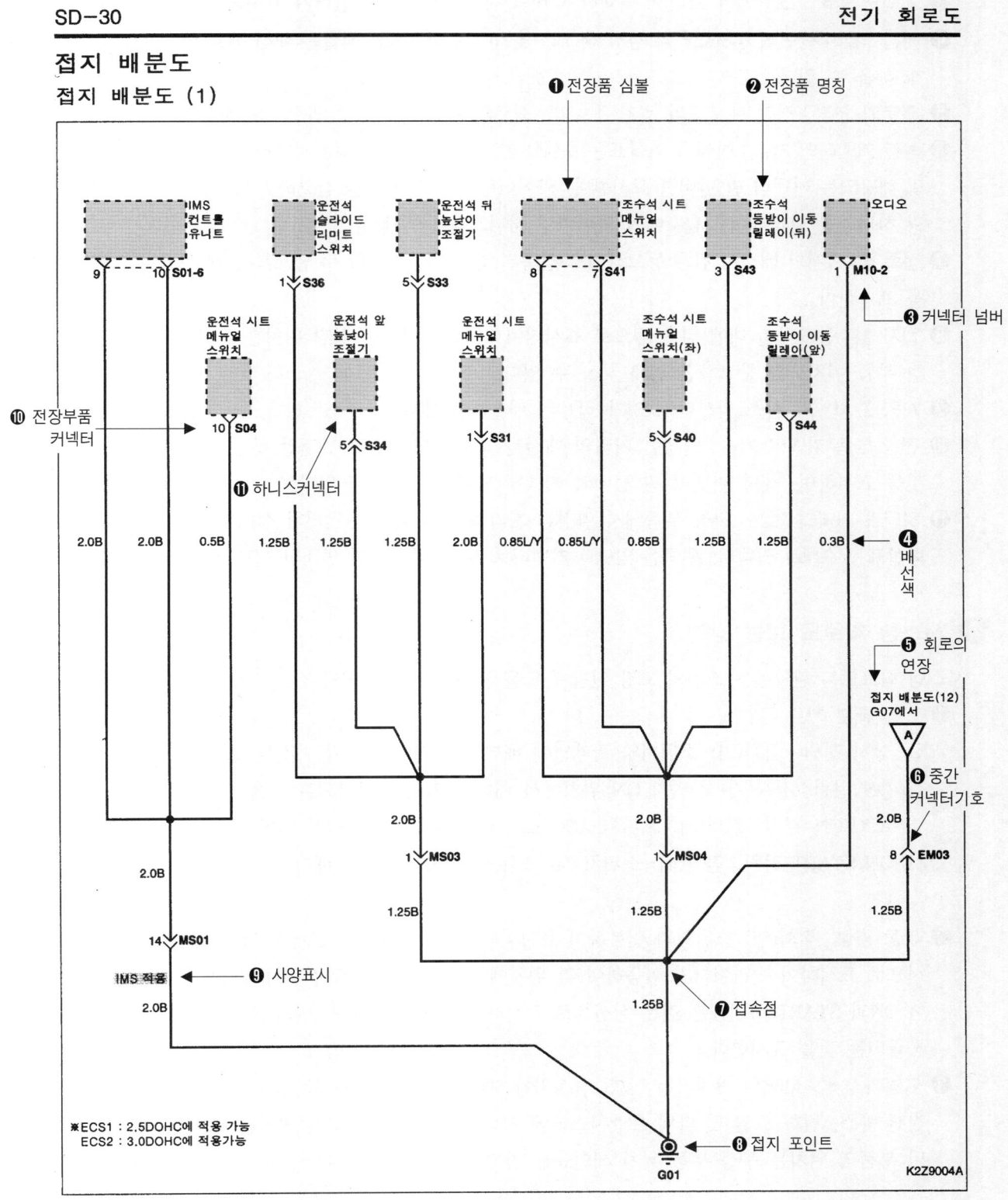

❶ 전장품 심볼
❷ 전장품 명칭
❸ 커넥터 넘버
❹ 배선색
❺ 회로의 연장
❻ 중간 커넥터기호
❼ 접속점
❽ 접지 포인트
❾ 사양표시
❿ 전장부품 커넥터
⑪ 하니스커넥터

※ECS1 : 2.5DOHC에 적용 가능
   ECS2 : 3.0DOHC에 적용가능

K2Z9004A

∵ 접지 배분도의 예

❶ 전장 부품의 기호 : 점선으로 표시된 구성 부품은 해당되는 필요 부분만을 표시한 구성 부품의 일부만을 표시한다.

❷ 전장 부품의 명칭 : 기호 위쪽에 표시한다.

❸ 커넥터 넘버 : 그림에서 오디오 커넥터 넘버와 해당 커넥터 핀 넘버가 표시되어 있다.

❹ 배선 색깔 : 단면적 0.3mm² 의 검정 색 배선을 표시한다. 배선 색깔은 배선 색깔 약어표를 참조하면 쉽게 찾을 수 있다.

❺ 회로의 연장 : 접지 배분도의 접지 점 G07 회로의 같은 기호에서 연결되는 것을 표시한다.

❻ 중간 커넥터의 기호 : 아래쪽 화살표는 수(雌) 커넥터, 위쪽은 암(雄) 커넥터를 표시하며, 커넥터의 넘버 및 해당되는 커넥터 핀 넘버를 표시한다. 와이어링 하니스 기호를 참고하면 EM03에서 E는 엔진 와이어링 하니스를 나타내며, M은 메인 와이어링 하니스를 나타낸다.

❼ 접속 점 : 4개의 배선이 검은 동그라미로 접속된 경우에는 분리할 수 없도록 납땜 등으로 접속되어 있음을 표시한다.

❽ 접지 점 : 동그라미 내에 검은 점으로 표시되어 있으며, 넘버는 접지 위치를 표시한다. 접지 위치는 구성 부품 위치도를 참고하면 쉽게 찾을 수 있다.

❾ 사양 표시 : 키 리스 리시버(IMS)가 적용된 것을 나타낸다.

❿ 전장 부품 커넥터 기호 : 일정한 거리의 배선을 사용하지 아니하고 전장 부품 자체에 커넥터가 설치된 것을 표시하며, 해당 커넥터 핀 넘버와 커넥터 넘버가 표시되어 있다.

⓫ 하니스 커넥터 기호 : 전장 부품에서 일정한 거리의 배선 끝에 커넥터가 설치된 것을 표시하며, 아래쪽 화살표는 수(雌) 커넥터, 위쪽은 암(雄) 커넥터로 해당 커넥터 핀 넘버와 커넥터 넘버가 표시되어 있다.

4 시스템 회로도 보는 방법

시스템 회로도는 원활한 시스템의 고장 진단에 도움을 주기 위하여 해당 전장 부품만을 표시하는 회로이다.

❶ 전원 배분 기호
① 상시 전원 : 점화(키) 스위치와 관계없이 배터리 전원이 공급되는 것을 표시한다.
② ON 전원 : 점화(키) 스위치 ON 위치에서 배터리 전원이 공급되는 것을 표시한다.
③ ACC/ON 전원 : 점화(키) 스위치 ACC 또는 ON 위치에서 배터리 전원이 공급되는 것을 표시한다.
④ ON/START 전원 : 점화(키) 스위치 ON 또는 START 위치에서 배터리 전원이 공급되는 것을 표시한다.

❷ 부품 명칭 : 점화(키) 스위치의 일부분이 표시되어 있으며, 내부 구조에서 LOCK, ACC, ON 사이를 점선으로 표시하여 슬라이더가 이동하여 각 위치에 접속되는 경우에 전원이 공급되는 것을 의미한다. 또한 ON과 START 사이에는 검은 실선으로 표시하여 배터리 전원이 ON과 START사이에서 점화 회로에 공급되는 것을 표시한다.

❸ 커넥터 넘버 : M56의 커넥터는 점화(키)스위치 하니스 커넥터를 표시하였으며, 4는 커넥터 핀의 넘버로 정선 박스, 점화 코일 및 파워 트랜지스터에 배터리 전원을 공급하는 역할을 표시한다. 커넥터의 명칭 및 부품의 위치는 구성 부품 위치 색인표를 참고하면 쉽게 찾을 수 있다.

이그니션 회로 ◀━━ ⑭시스템 명칭

❶전원 배분 기호

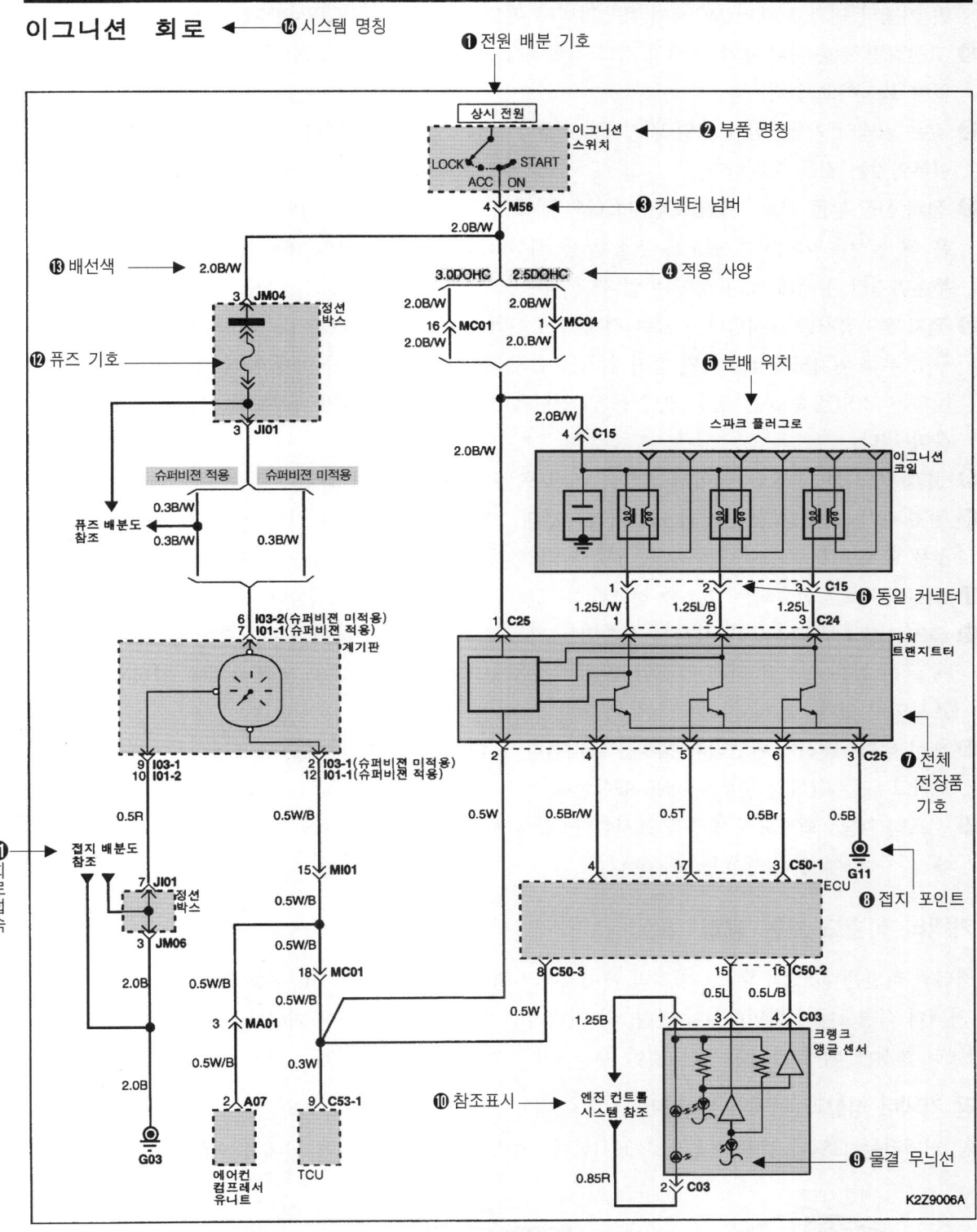

❷부품 명칭

❸커넥터 넘버

❹적용 사양

❺분배 위치

❻동일 커넥터

❼전체 전장품 기호

❽접지 포인트

❾물결 무늬선

❿참조표시

⓫회로접속

⓬퓨즈 기호

⓭배선색

상시 전원

이그니션 스위치

LOCK START ACC ON

M56

2.0B/W

3.0DOHC 2.5DOHC

JM04 정선박스

JI01

슈퍼비전 적용 슈퍼비전 미적용

스파크 플러그로

이그니션 코일

파워 트랜지스터

K2Z9006A

:: 시스템 회로(점화 회로)의 예

❹ **적용 사양** : 3.0DOHC 엔진의 경우에는 점화 스위치 커넥터 M56의 4번 커넥터 핀과 커넥터 MC01의 16번 커넥터 핀이 연결되어 있음을 나타내었고 2.4DOHC 엔진의 경우에는 점화 스위치 커넥터 M56의 4번 커넥터 핀과 커넥터 MC04의 1번 커넥터 핀으로 연결된 것을 표시한다.

❺ **고전압의 분배 위치 표기** : 6개의 점화 코일에서 고전압의 분배가 점화 플러그로 이루어지는 것을 선도 없이 표시하고 있다.

❻ **같은 커넥터 기호** : 점화 코일의 커넥터 C15의 1번, 2번, 3번 커넥터 핀이 같은 커넥터 상에서 접속이 이루어지는 것을 표시한다.

❼ **전체 전장 부품 기호** : 파워 트랜지스터의 전체 구성 부품을 직사각형의 실선으로 표시한다. 내부의 검은 색 실선은 이해하기 쉽도록 전장 부품 내부의 회로를 표시하며, 내부 접속은 전기적으로 접속되는 부분이지만 실제의 배선 상에는 없다.

❽ **접지 점** : 접지를 표시한다. G11은 접지 기호 G와 넘버로 접지 점(earth point)을 표시한다. 접지 점은 구성 부품 위치도를 참고하면 접지 위치를 쉽게 찾을 수 있으며, 한 번에 여러 개의 전장 부품에 영향을 미치는 고장(접속 또는 접촉 불량 등)의 진단을 하는 경우에는 접지 배분도를 참고하면 고장 진단에 도움이 된다.

❾ **물결 무늬 선** : 회로는 끊어져 있으나 이전 또는 다음 페이지의 회로와 연속되는 것을 표시한다.

❿ **참조 표기** : 크랭크 각 센서의 커넥터 핀 1번과 2번의 회로 사이에 표시한 엔진 컨트롤 시스템을 참조할 것을 표시한다. 회로는 끊어져 있으나 커넥터 핀 1번과 2번의 회로가 자세하게 표시되어 있다.

⓫ **회로의 접속** : 접속되는 회로를 참고할 수 있도록 참조 위치를 표시한다.

⓬ **퓨즈 기호** : 부분 부품의 상하에 접속되는 커넥터 핀과 커넥터 넘버가 표시되어 있다. 퓨즈 기호 위쪽에 굵은 검은 실선은 다른 퓨즈와 접속된 것을 표시하며, 퓨즈 기호 옆쪽에 퓨즈 넘버와 정격 용량이 표시되어 있다.

⓭ **배선 색깔** : 배선의 단면적과 색깔을 표시한다. 2.0B/W는 단면적 2.0mm², B는 검정 색의 바탕색을 표시하고 W는 흰색의 줄무늬 색을 표시한다.

⓮ **시스템 명칭** : 회로도의 명칭을 표시한다. 같은 시스템의 회로가 여러 개인 경우에는 시스템 명칭 다음에 (   )안에 일련 번호를 표시한다.

5 커넥터 식별도 보는 방법

커넥터의 식별은 시스템 회로도 마지막 페이지에서 명칭과 커넥터 넘버 및 구성 부품 위치도 페이지를 찾은 다음 커넥터 식별도에서 확인하여야 한다. 암 커넥터와 수 커넥터의 구분은 커넥터 핀 넘버의 배열로 구분하거나 커넥터 형상에 외곽 라인이 있는 것이 수 커넥터이며, 외곽 라인이 없는 것이 암 커넥터이다.

1) 암 커넥터 형상과 커넥터 핀 넘버

암 커넥터는 그림과 같은 형상으로 표시한다. 커넥터 핀 넘버는 왼쪽 위에서 오른쪽 밑으로 표시한다.

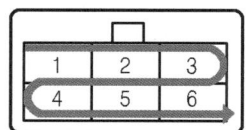

∷ 암 커넥터의 형상과 커넥터 핀 넘버

2) 수 커넥터 형상과 커넥터 핀 넘버

수 커넥터는 그림과 같은 형상으로 표시한다. 커넥터 핀 넘버는 오른쪽 위에서 왼쪽 밑으로 표시한다.

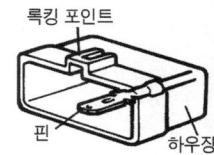
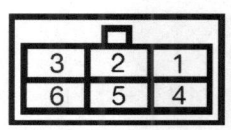
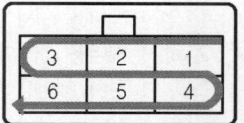

* 수 커넥터의 형상과 커넥터 핀 넘버

---

5 회로도의 실례

Electricity

그림은 실제 자동차의 ECU 회로인데 앞에서 설명한 내용을 참고하여 그림 속의 기호를 복습하여 보도록 하자.

ECU 회로 (1)

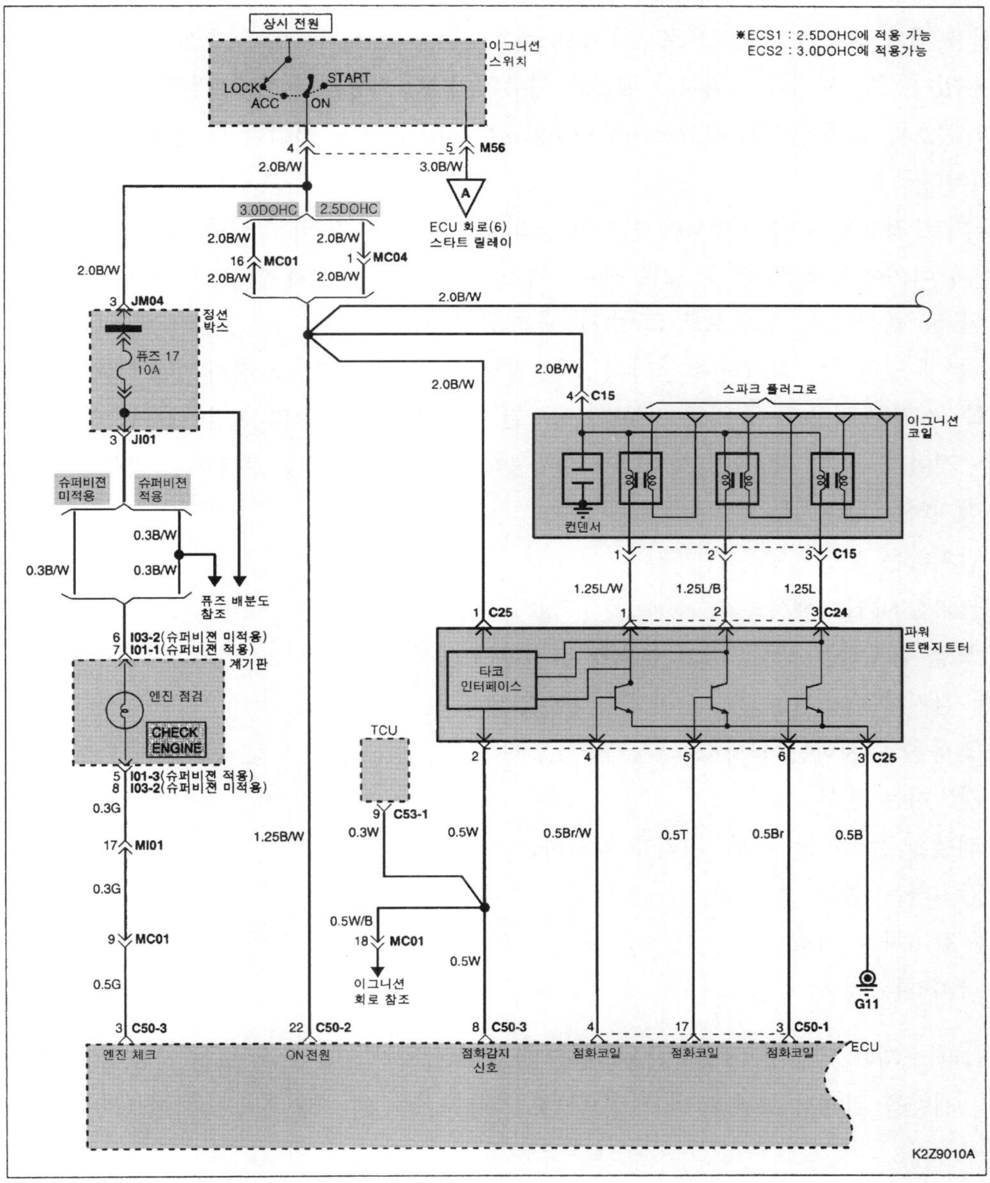

[회로도: ECU 회로 (1) - 상시 전원, 이그니션 스위치, 스파크 플러그로, 이그니션 코일, 파워 트랜지스터, 타코 인터페이스, 엔진 점검 CHECK ENGINE, 컨덴서 등의 회로도]

※ECS1 : 2.5DOHC에 적용 가능
※ECS2 : 3.0DOHC에 적용가능

K2Z9010A

6 자동차에서 사용되는 센서

자동차의 전자 제어 계통은 일반적으로 **센서**(sensor), **컴퓨터**(computer), **액추에이터**(actuator)의 3개의 요소로 구성되어 있다. 즉, 센서나 스위치를 매개로 외부의 정보, 자동차의 상태, 운전자의 지시를 전기 신호로 받아들이고 그 신호를 컴퓨터(ECU ; Electronic Control unit)로 연산 처리한 후 필요한 제어를 액추에이터로 실행하는 장치이다.

여기서 컴퓨터로 정보를 보내는 센서란 인간의 감각 기관과 같은 것이다. 센서에는 기본적인 광 센서, 온도 센서, 자기 센서 이외에도 압력 센서, 습도 센서, 가스 센서 등의 센서가 있다. 이중에서 자동차에 사용되고 있는 센서는 약 50 종류이며, 앞으로도 그 수가 계속 증가하고 있다.

따라서 센서는 무엇인가를 감지하여 전기 신호를 발생시키는 것이며, 그 전기 신호의 발생은 전압의 변화, 저항 값의 변화, 스위치 작용 등에 의한 것이다. 이러한 전기 신호를 컴퓨터가 받아들여 판단한 후 액추에이터를 작동시키는 것이다. 또한 각 제어 시스템에서 사용하고 있는 센서들을 분류하면 다음과 같다.

① 온도를 감지하는 센서
② 압력을 감지하는 센서
③ 공기유량을 감지하는 센서
④ 위치·각도를 감지하는 센서, 가스 농도를 감지하는 센서
⑤ 회전수를 감지하는 센서
⑥ 가속도·진동을 감지하는 센서
⑦ 광량을 감지하는 센서
⑧ 액체의 레벨을 감지하는 센서, 거리를 감지하는 센서
⑨ 전류를 감지하는 센서
⑩ 각속도를 감지하는 센서
⑪ 하중을 감지하는 센서

이 뿐만 아니라 소재나 특성에 따라서 사용되는 시스템이 달라지기도 한다. 또한 정밀도의 향상을 위해 제조 업체가 센서의 개량을 위해서 노력을 하고 있으므로 자동차 센서의 기술은 급속하게 발전해오고 있다.

1 온도 검출용 센서

엔진 제어에 사용되는 온도 검출용 센서에는 수온 센서(WTS ; Water Temperature Sensor)와 흡기 온도 센서(ATS ; Air Temperature Sensor)가 대표적이며, 그밖에 서모 센서, 배기가스 온도 센서, EGR 가스 온도 센서, 페라이트형 서모 스위치 등이 있다. 여기서 수온 센서와 흡기 온도 센서는 주로 부특성(NTC ; Negative Temperature Coefficient) 서미스터(thermistor)를 사용한다. 부특성 서미스터의 출력 특성은 온도가 증가함에 따라 저항값이 감소하는 경향을 나타내며, 서미스터를 구성하는 물질에 따라 측정 가능한 온도 범위와 특성이 변화한다.

수온 센서는 냉각수가 흐르는 실린더 헤드의 물 재킷에 서미스터 부분이 냉각수와 접촉할 수 있도록 설치되며, 흡기 온도 센서는 서미스터가 흡입 공기와 접촉할 수 있도록 설치된다.

1) 수온 센서 water temperature sensor

수온 센서는 온도에 따라 저항값이 변하는 NTC (Negative Temperature Coefficient) 서미스터 방식이다. 엔진의 냉각수 통로에 설치되어 냉각수의 온도를 검출하는 역할을 하며, 가솔린 엔진의 경우 냉각수 온도를 검출하여 시동시 기본 연료량 및 점화시기 결정, 시동시 기본 아이들 제어 듀티량 결정, 대시포트 연료 보정, 냉각 팬 제어, 트랙션 제어에 필요한 배기가스 온도 모델링에 사용한다. 히터의 경우 실내의 히터 유닛부에 설치되어 히터 코

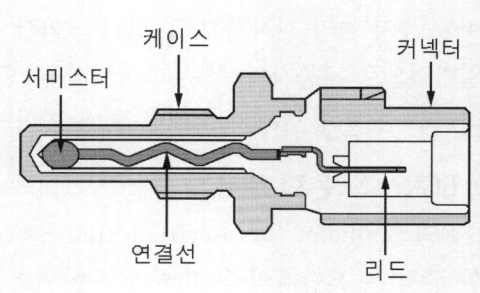

❖ 수온 센서의 구조

어를 순환하는 냉각수의 온도를 감지하여 냉각수 온도가 29℃ 이하인 경우에는 난방·기동 제어를 한다. 커먼레일 엔진의 경우 연소실의 온도에 따라 연료의 무화 및 입자의 밀도가 변화되기 때문에 냉간 시동시 기본 연료량 및 분사시기 결정, 시동시 기본 아이들 제어 듀티량 결정, 대시포트시 연료 보정, 냉각팬 제어, 배기가스 온도 모델링, 엔진 과열시 연료량의 감량 등 연소실 온도에 따르는 연료량 보정 제어 신호로 이용된다.

2) 흡기 온도 센서 air temperature sensor

흡입 공기의 온도를 검출하는 역할을 하며, 가솔린 엔진의 경우 흡입 공기 온도에 알맞은 연료 분사량 및 점화시기 보정, 아이들 제어시 공기 온도 보정 등을 하는 신호로 이용되며, 전자제어 디젤 엔진의 경우 실린더에 공급되는 흡입 공기 또는 과급 공기 온도를 전기적인 신호로 컴퓨터에 입력하여 흡입 공기 온도에 따르는 연료 분사량 및 분사시기를 보정하여 매연을 허용범위 내로 유지하기 위한 EGR 제어 보정의 신호로 이용된다.

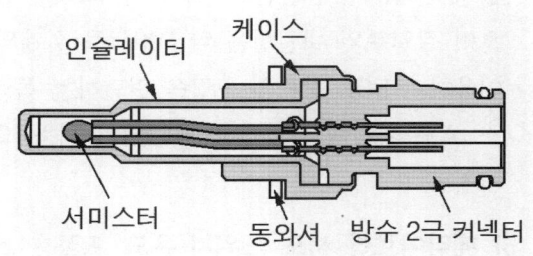

❖ 흡기 온도 센서의 구조

3) 서모 센서 thermo Sensor

서모 센서는 전자제어 연료 분사장치에서 사용되며 흡입 공기 온도를 검출하는 역할을 하며, 검출 소자로

서는 서미스터를 사용한다. 이 센서는 에어 클리너 케이스에 고무 그로밋(grommet)을 사이에 두고 설치되며, 최근의 자동차의 흡기 온도 센서는 대부분 이런 형식으로 되어있다.

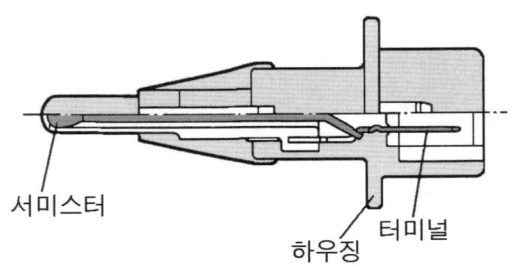

서모 센서의 구조

4) 배기가스 온도 센서

배기가스 온도 센서는 검출 소자로 서미스터를 사용한다. 온도의 변화를 저항 값의 변화로서 검출하는데 저항 값이 온도의 상승에 의해 내려가고, 온도가 내려가면 높아지는 특성을 이용하고 있다. 배기가스 온도 센서는 자동차의 배기 촉매 컨버터에 설치되어 배기가스 온도를 검출한다. 배기 온도 센서에서 보내지는 온도 신호를 컴퓨터(ECU)가 판단하여 이상이 있다고 판단하면 배기 온도 경고등을 점등 시켜 운전자에게 이상이 있음을 알려주는 경보 장치로 사용되고 있다.

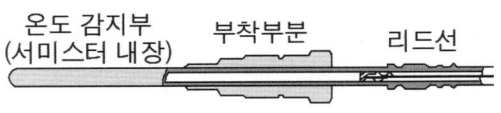

배기가스 온도 센서의 구조

촉매 컨버터는 약 250℃부터 촉매 작용을 시작해서 400~800℃에서 촉매 작용이 가장 활발하게 일어나며 이 온도 범위에서 촉매 컨버터의 수명도 최대로 유지된다. 또한 800~1000℃가 되면 촉매 층과 산화알루미늄 층이 녹기 시작하는 등 열적 노화가 증대되며 1000℃ 이상이 되면 촉매 기능을 완전히 상실하게 된다. 일반적으로 자동차가 무 부하 급가속을 할 때 촉매 컨버터 내의 온도는 약 1400℃까지 상승하기도 하므로 이러한 조건이 오래 지속되면 촉매 컨버터가 파괴되므로 배기 온도 이상 고온 경보장치가 필요하다.

5) EGR가스 온도 센서

EGR(Exhaust Gas Recirculation System, 배기가스 재순환 장치)은 혼합기의 약 15% 정도를 연소실에 재공급하여 배기가스 연소온도를 낮추어 질소산화물(NOx)의 발생량을 감소시키기 위한 목적으로 사용한다. EGR은 질소산화물의 발생이 적을 때, 큰 출력이 필요한 경우에는 사용하지 않으며 이론 공연비(14.7:1)의 경우 중속에서 주로 사용된다.

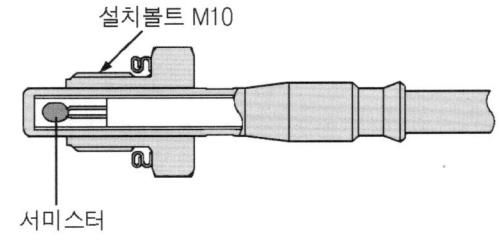

EGR 가스 온도 센서의 구조

EGR 가스 온도 센서는 EGR 밸브 흡입 포트에 설치되어 EGR 가스의 온도를 검출하는 센서이다. 이 센서도 검출 소자로서 서미스터를 사용하며 온도 변화를 저항 값의 변화로서 검출한다. 육각 나사로 EGR밸브의 흡입 포트에 설치되며 끝 부분에 서미스터가 삽입되어 있으며 감열부의 내열성은 약 500℃로 설계되어 있다. 이 센서는 EGR의 작동과 비 작동에서의 온도 차이를 이용하여 EGR 장치의 고장을 판단하는 목적으로 사용하며, 컴퓨터에서는 EGR 밸브가 작동할 때, EGR 가스 온도 센서에서 검출한 온도(t)가 최소 작동 온도(T)보다 적으면 고장으로 판단하고 크게 되면 정상으로 판정한다.

6) 페라이트형 서모 스위치-온도 조절용 스위치

서모 페라이트는 리드 스위치 및 영구 자석으로 구성되어 있다. 설정 온도 이상이 되면 서모 페라이트의 투자율이 급속하게 저하되어 리드 스위치를 ON, OFF시키게 된다.

전동 냉각 팬의 작동용으로 사용되는 것으로 냉각수의 온도를 검출하여 저온에서는 리드 스위치를 ON시키고 냉각 팬

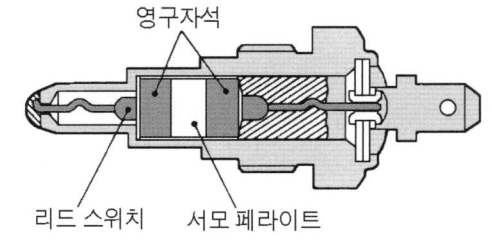

서모 페라이트형 서모 센서의 구조도

작동용 릴레이를 OFF시키기 때문에 냉각 팬 전동기는 작동하지 않는다. 그밖에 엔진 오일 경고등을 점등시키는데 이용되기도 한다.

아래 그림은 서모 페라이트 스위치의 동작을 나타낸 것이다. 왼쪽 그림은 설정 온도 이하의 상태로 서모 페라이트는 강자성체가 되어 리드 스위치 접점에 자력선이 직렬로 통과하기 때문에 흡인력이 발생하여 접점이 접촉되어 리드 스위치는 ON으로 된다. 또한, 오른쪽 그림은 설정 온도 이상의 상태로 리드 스위치의 접점에는 자력선이 평행으로 통과하기 때문에 반발력이 발생하여 접점은 OFF로 된다.

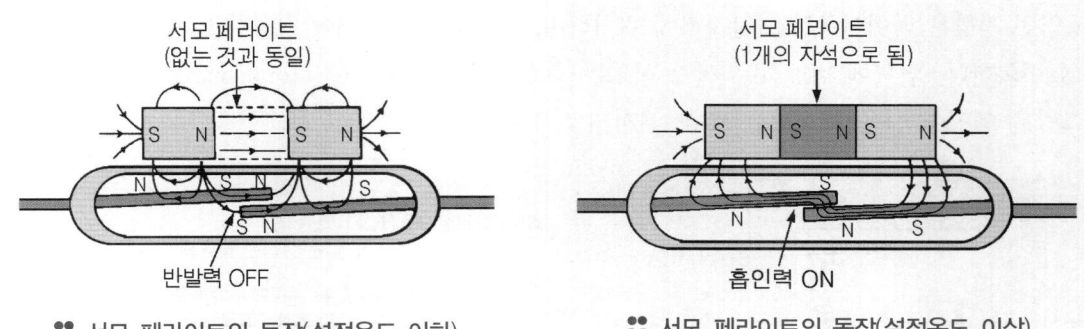

:: 서모 페라이트의 동작(설정온도 이하)   :: 서모 페라이트의 동작(설정온도 이상)

서모 페라이트는 상시 닫힘형(normal closed type), 상시 열림형(normal open type) 및 대역형(band type)으로 나눠지며 0~130℃의 사이에서 광범위하게 설정 온도를 선택할 수 있다.

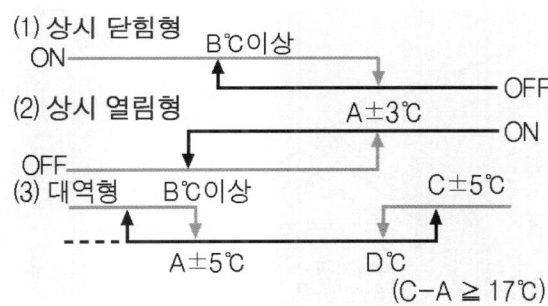

:: 서모 페라이트형 서모 스위치의 동작 모드

7) 바이메탈형 온도 조절 스위치

이 스위치는 엔진의 냉각수 온도를 검출하여 전동 냉각 팬을 작동시키기 위해 사용된다.

바이메탈이라는 것은 2장의 열 팽창률이 서로 다른 금속을 맞대어 붙여서 만든 소자로 온도 변화에 의한 두 금속의 열팽창에 차이가 생겨 열팽창이 작은 금속편으로 휘어지는 현상을 이용하는 장치로서 주로 인바(invar)와 청동의 조합으로 된 것이 사용되고 있다. 온도 조절 스위치에는 디스크형의 바이메탈이 사용되며 순간 동작으로 전기 신호를 단속한다.

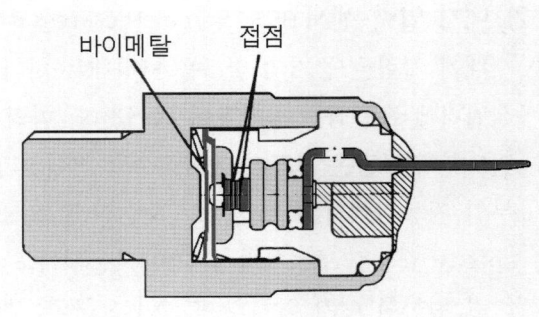

:: 바이메탈형 서모 스위치의 구조도

2 압력 검출용 센서

1) 압력 검출용 센서의 구조

일반적으로 압력 측정용 센서로 사용되고 있는 압전 저항 스트레인 게이지(piezoresistive strain gauge)의 반도체 압력 센서이다. 이 센서는 약 3mm²의 실리콘 칩(silicon chip)을 사용하고 있으며, 이 칩의 가장자리 두께는 약 250μm이고 중앙의 두께는 25μm 정도이며, 이 부분이 압력을 검출하는 다이어프램(diaphragm, 막)이다. 또한 칩의 아래 부분은 내열 유리판으로 밀봉되어 있으며, 내부는 진공 상태로 되어 있다. 압전 저항은 다이어프램 가장자리에 위치하며, 다이어프램 표면에 작용한 압력에 따라 각 저항값은 비례하여 변화한다. 압력에 비례하는 전기 신호는 휘스톤 브리지(wheat stone bridge)회로를 이용하여 얻는다. 그림은 엔진에 사용되고 있는 MAP 센서의 외형이다.

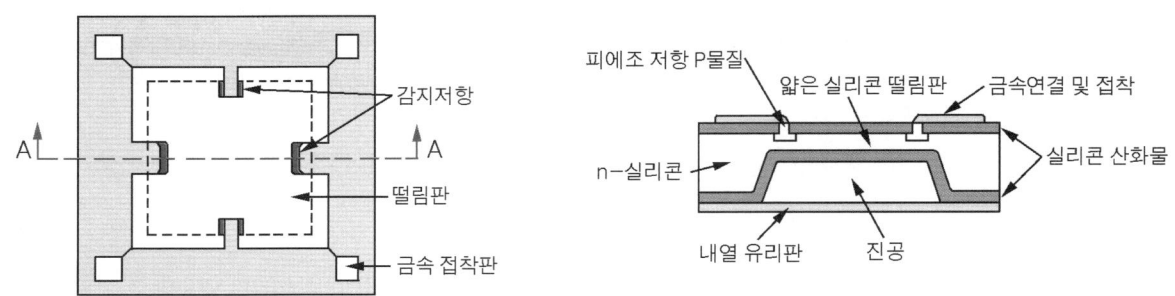

:: 압전 저항 스트레인 게이지형 압력 센서의 구조

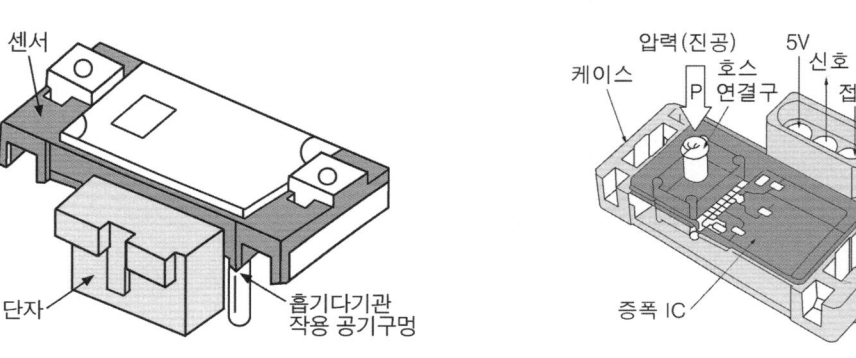

:: MAP 센서의 외형

2) 대기 압력 센서 BPS ; Barometric Pressure Sensor

대기 압력은 공기의 밀도를 나타내는 하나의 지표이다. 고도가 높아짐에 따라 공기의 밀도가 낮아지므로 실린더에 흡입되는 공기량이 적어진다. 따라서 일정한 공연비(Air/Fuel ratio ; 혼합비)를 유지하기 위하여 필요한 연료량은 고도가 높아질수록 적어진다. 이와 함께 점화시기도 공기 밀도에 따라 조정이 필요하며, 일부의 자동차에서는 배기가스 재순환(EGR ; Exhaust Gas Recirculation) 밸브의 작동 및 공전 속도(idle speed) 조정을 보정하기 위하여 사용되기도 한다. 또 고도 또는 기후에 따라 변화하는 공기의 밀도를 보정하기 위하여 대기 압력의 측정이 요구되는데, 이를 위한 장치가 대기 압력 센서이다.

대기 압력 센서는 대기 압력을 계측하기 위한 것으로 흡입 공기의 대기 압력 변화에 따른 밀도 보정 및 연료 분사량과 점화시기 보정에 사용된다. 설치 위치는 공기 유량 센서에 함께 부착되거나 컴퓨터 내에 설치되기도 한다.

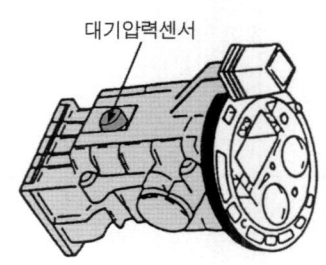

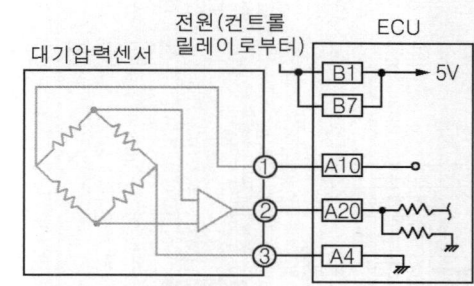

:: 대기 압력 센서 부착 위치와 회로도

3) MAP 센서

MAP 센서(Manifold Absolute Pressure Sensor ; 흡기다기관 절대 압력 센서)는 흡기다기관 내의 절대 압력을 측정하여 실린더에 흡입되는 공기량을 간접적으로 검출하는 역할을 하며, MAP 센서는 절대 압력에 비례하는 아날로그 출력 신호를 컴퓨터로 전달하고, 이 출력 신호는 컴퓨터 내의 기억 장치(memory) 내에 미리 저장된 데이터에 따라 실린더에 흡입되는 공기량으로 환산하여 흡입 공기량에 대응하는 인젝터 구동 시간의 제어에 이용된다.

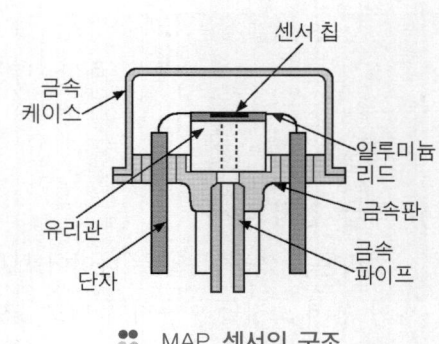

:: MAP 센서의 구조

① MAP 센서의 검출 원리 : 압력 측정은 MAP 센서 내부에 설치된 센서 칩에 의해 이루어진다. 센서 칩의 압력 도입 포트로 인가된 압력은 저항 값이 압력에 따라 변화하는 실리콘 다이어프램 뒤쪽에 작용한다. 실리콘 다이어프램 상에는 4개의 저항으로 구성된 휘스톤 브리지가 형성되어 압력이 인가되면 다이어프램에 변형이 발생한다. 이때 피에조 저항 효과에 의해 4개의 저항 값들에 변화가 발생되어 압력에 비례하는 선형적인 출력 전압을 얻는다. 이 출력 전압은 실리콘 다이어프램의 주위 회로 부분에서 증폭 작용 및 특성 조정을 거친 후 출력 단자를 통하여 컴퓨터로 전달된다.

컴퓨터로 전달된 출력 전압은 다시 압력으로 환산된 후 미리 내장되어 있는 엔진 회전속도(rpm)와 압력에 따른 공기량 환산 방식에 따라 흡입 공기량으로 환산하고, 컴퓨터는 이 흡입 공기량에 대응하는 연료 분사를 위해 인젝터 구동 시간을 제어한다. 즉, MAP 센서는 흡기다기관의 압력 변화에 따라 흡입 공기량을 간접적으로 검출하여 연료의 기본 분사량과 분사 시간 및 점화시기를 결정하는데 사용된다.

MAP 센서와 서지 탱크 사이를 진공 호스로 연결하여 흡기다기관 내의 절대 압력을 계측하며, 엔진이 작동되고 있을 때 흡기다기관 내의 압력은 엔진 상태에 따라 변화한다. 스로틀 밸브가 열려 엔진 부하 및 회전속도가 증가하면 흡기다기관 내의 절대 압력은 증가하고(부압은 작아짐), 스로틀 밸브가 닫혀 엔진 부하 및 회전속도가 낮아지면 흡기다기관 내의 절대 압력도 작아진다(부압이 커진다). 일부 차량에서는 MAP 센서를 대기 압력을 측정하는데도 사용하므로 고도의 변화에 따른 제어 요소로 이용하기도 한다.

② MAP 센서의 특징

㉮ 흡입 계통의 손실이 없다.

㉯ 흡입 공기 통로의 설계(lay out)가 자유롭다.

㉰ 가격이 싸다.

⒭ 공기 밀도 등에 대한 고려가 필요하다.

⒨ 고장이 발생하면 엔진 부조 또는 작동이 정지된다.

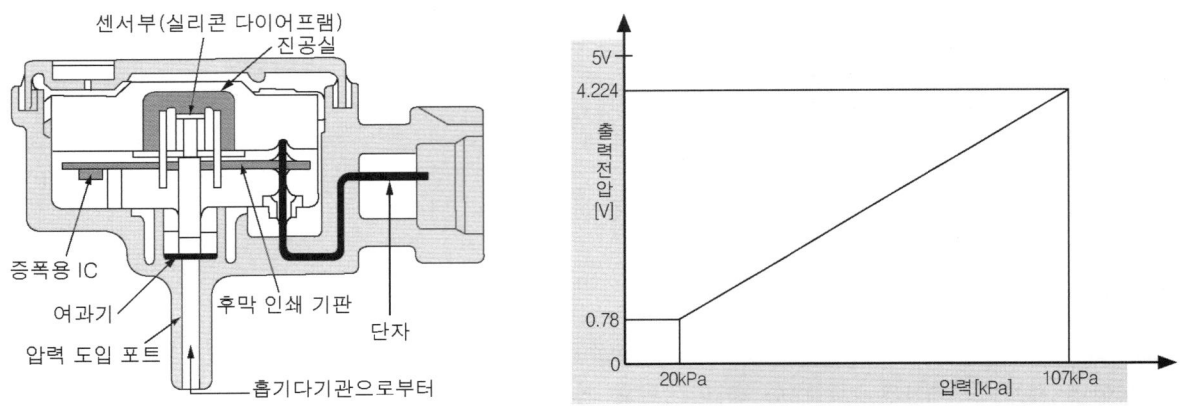

:: MAP 센서의 구조와 출력 곡선

4) 과급 압력 센서

실리콘을 가공한 얇은 다이어프램에 확산 저항을 형성한 센서 소자를 이용하여 터보차저(turbo charger)의 과급 압력(supercharging pressure)을 검출하여 분사 순간 파동(pulse)의 보정이나 과급 압력 제어에 이용되고 있다. 아래 그림은 과급 압력 제어 장치의 예로 엔진이 공전할 때, 보통 가솔린을 사용할 때, 냉각수 온도 약 115℃ 이상일 때, 수온 센서에 이상이 있을 경우에는 과급 압력 제어 솔레노이드를 OFF시킨다. 이때 웨이스트 게이트 밸브 액추에이터의 다이어프램에 실제로 과급

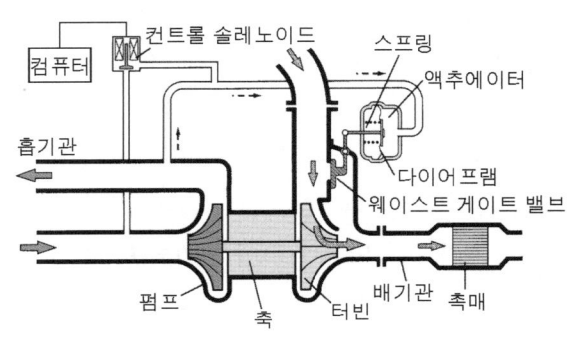

:: 과급 압력 제어 장치

압력이 걸리고 배기가스의 바이패스(by-pass)량이 증가되어 과급 압력이 낮아진다.

한편 과급 압력 솔레노이드를 ON시키면 웨이스트 게이트 밸브 액추에이터의 다이어프램에 걸리는 과급 압력에 대기를 입력시켜서 배기가스의 바이패스량을 감소되고 과급 압력이 상승된다. 과급 압력이 과도하게 상승하여 과급 압력 센서의 출력 전압이 일정 값 이상이 되었을 경우는 연료를 공급을 중지시킨다.

3 유량 검출용 센서

1) 공기 유량 센서의 개요

유량은 단위 시간 당 흐르는 공기의 양으로 정의되며, 공기의 양이 체적인 경우에는 체적 유량이고, 질량인 경우에는 질량 유량이 된다. 따라서 유량의 단위는 체적 유량의 경우는 [L/s] 또는 [m³/s]이고, 질량 유량인 경우에는 [kgf/s]이다. 엔진 제어 장치에서 흡입 공기의 유량은 엔진의 성능, 운전 성능, 연료 소비율 등에 직접적인 영향을 미치는 요소이다. 특히 연료 분사 장치에서는 기화기와 달리 흡입 공기량을 계측하여야만 이에 알맞은 연료량을 공급할 수 있으므로 흡입 공기량을 정확하고, 빠르게 측정하는 것이 매우 중요하다.

2) 엔진 제어에서의 유량 측정

　엔진 제어에서 측정되는 유량은 흡입 공기의 질량 유량이며, 측정 범위는 대략 10~1000kgf/h 정도이다. 유량 측정 방법에는 간접 계측 방식과 직접 계측 방식의 2가지로 나눌 수 있다.

　간접 계측 방식은 스피드-덴시티(speed-density)방식과 스로틀-스피드(throttle-speed)방식이 있으며, 스피드-덴시티 방식은 흡기다기관 내의 압력(MAP 센서 사용)과 엔진 회전속도로부터 유량을 간접적으로 계측하는 방식이며 D-제트로닉에서 사용하는 흡입 공기량 계측 방법이다. 따라서 엔진 회전속도와 흡기다기관 내의 압력을 알면 흡입 공기의 질량 유량을 알 수 있다. 스로틀-스피드 방식은 스로틀 밸브의 열림량과 엔진 회전속도로부터 흡입 공기량을 간접 계측하는 방법이며 많이 사용되지는 않는다. 직접 계측 방법은 유량계를 이용하여 질량 유량을 직접 계측하는 방법이며, 매스 플로(mass flow) 방식이라고도 하며, L-제트로닉에서 사용한다.

　직접 계측 방식에서는 흡기다기관에 흐르는 공기의 속도와 단면적으로부터 체적 유량을 구하고, 온도와 압력을 보상하여 질량 유량을 구하는 방법과 직접 질량 유량을 구하는 방법이다. 흡입 공기의 체적 유량을 측정하는 방법은 베인 방식(vane type), 칼만 와류 방식(karman type) 등이 있고, 질량 유량을 검출하는 방식에는 열선 및 열막 방식(hot wire type 또는 hot film type) 등이 있다.

3) 공기 유량 센서의 종류

　① **칼만 와류 방식(Karman Vortex Type)** : 칼만 와류 방식 공기 유량계의 계측 원리는 균일하게 흐르는 유동 부분에 와류(vortex) 발생 장치를 놓으면 칼만 와류라는 와류 열(vortex street)이 발생하는데 이 칼만 와류의 발생 주파수와 흐름 속도와의 관계로부터 유량을 계측한다. 따라서 칼만 와류의 발생 주파수를 측정하려면 흐름 속도(w)를 알 수 있고, 흐름 속도와 공기 통로의 유효 단면적의 곱으로부터 체적 유량을 구할 수 있다.

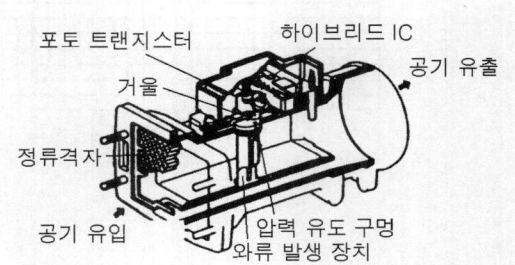

∷ 칼만 와류 방식(거울 검출 방식)

　칼만 와류 방식에는 발생 주파수를 검출하는 방식에 따라 거울(mirror) 검출 방식, 초음파 검출 방식, 압력 검출 방식 등이 있다. 그림은 거울 검출 방식으로 와류 발생 장치 양쪽의 압력 변화를 얇은 금속제의 거울 표면에 압력 유도 구멍을 통하여 유도하여 거울을 진동시킨다. 이 진동하는 거울에 한 쌍의 수광·발광 소자를 근접시켜 그 반사광을 신호로 와류를 검출한다.

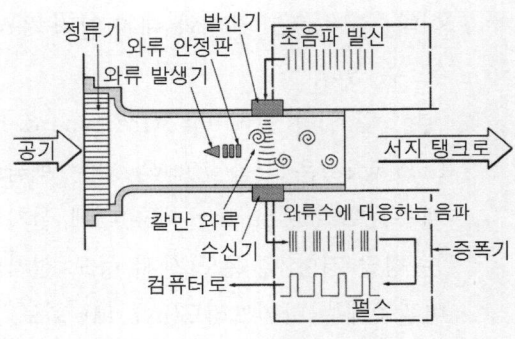

∷ 칼만 와류 방식(초음파 검출 방식)

　아래 그림은 압력에 의한 검출 방식이다. 이 방식은 칼만 와류가 발생할 때 공기량에 따라 발생하는 압력 진동을 압력 센서로 감지하여 칼만 와류와의 발생 주파수를 측정하는 것이다. 다음 그림은 초음파 검출 방식으로 와류에 의한 공기의 밀도 변화를 이용하여 관로 내에 연속적으로 발신되는 일정한 초음파를 수신할 때 밀도 변화에 의해 수신 신호가 와류의 수만큼 흩어지는 것으로 와류의 발생 주파수를 검출한다.

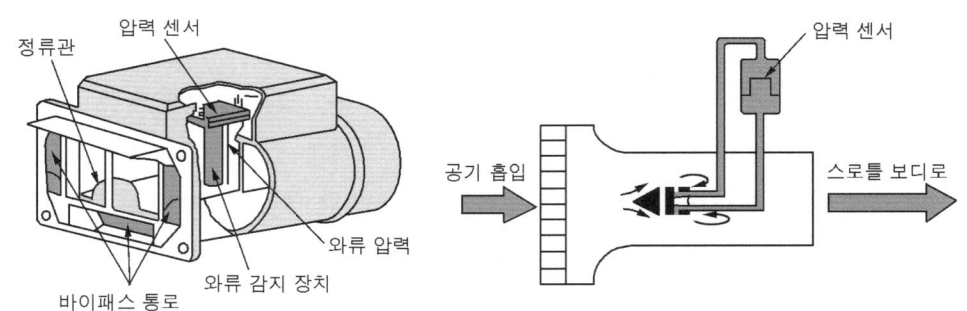

:: 칼만 와류 방식(압력 검출 방식)

아래 그림은 칼만 와류 방식 공기 유량계의 출력 신호이다. 그림에서와 같이 출력 신호는 디지털 (digital)신호이기 때문에 마이크로 프로세서(micro processer)에서 처리하기에 매우 유리한 장점을 지니고 있다. 또한 출력 신호는 흡입 공기량에 비례하는 주파수 신호를 나타낸다. 즉, 공기량이 적을 경우는 주파수가 낮고, 공기량이 증가하면 주파수가 높아지는 특성이 있다.

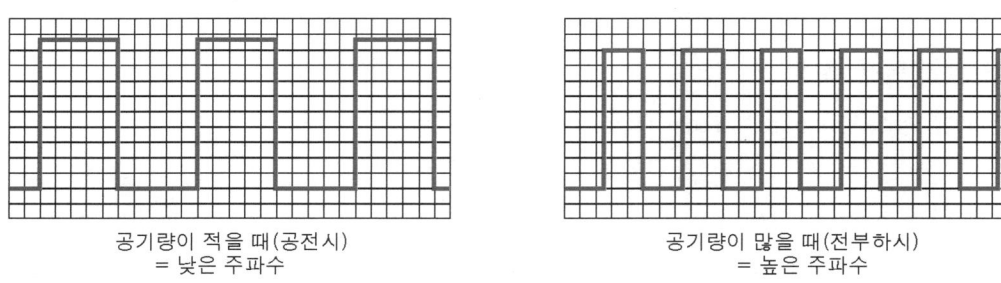

공기량이 적을 때(공전시)
= 낮은 주파수

공기량이 많을 때(전부하시)
= 높은 주파수

:: 칼만 와류 방식의 출력 신호

그러나 측정하는 유량이 체적 유량이므로 질량 유량으로 변환하기 위하여 흡입 공기 온도 및 대기 압력에 따른 보정이 필요하다. 아래 그림은 칼만 와류 방식 공기 유량계의 형상이며, 흡기 온도 센서와 대기 압력 센서가 함께 설치된 것을 볼 수 있다.

② **열선 및 열막 방식**(hot wire type & hot film type) : 열선 (hot wire)은 지름 70μm의 가는 백금(Pt)선이며, 원통형의 계측 튜브(measuring tube)내에 설치된다. 계측 튜브 내에는 정밀 저항기, 온도 센서 등도 설치되어 있다. 계측 튜브 바깥쪽에는 하이브리드(hybrid) 회로, 출력 트랜지스터, 공전 전위차계(idle potentio meter) 등이 설치된다.

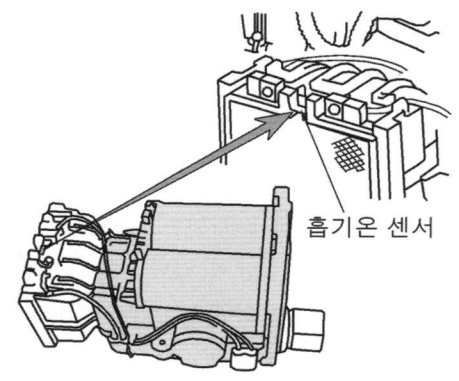

흡기온 센서

:: 칼만 와류 방식 공기 유량계의 형상

하이브리드 회로는 몇 개의 브리지 회로 저항을 포함하고 있으며, 제어 회로와 클린 버닝(clean burning) 기능을 한다. 공전 전위차계는 공전할 때 공연비를 조정하기 위해 사용되며, 온도 센서는 흡입 공기의 온도를 보상하기 위해 사용한다.

즉, 같은 유량의 공기가 공급되더라도 공기가 차가울 때에는 따뜻할 때보다 열선의 발열량이 커지게 되므로 전류가 많이 공급되어 오류가 발생할 수 있다. 따라서 온도 센서를 이용하여 흡입 공기의 온도가 변화하더라도 정확하게 계측하기 위하여 사용된다. 그리고 공기의 흐름 중에 발열체를 놓으면 공기에 열을 빼앗기게 되므로 발열체는 냉각되고, 발열체 주위를 통과하는 공기량이 많으면 그 만큼 빼앗기는 열량도 증가한다. 열선 방식 공기 유량계는 이와 같이 발열체와 공기와의 사이에서 일어나는 열전달 현상을 이용한 것이다. 아래 그림은 열선 방식 공기 유량계의 계측 원리를 나타낸 것이다.

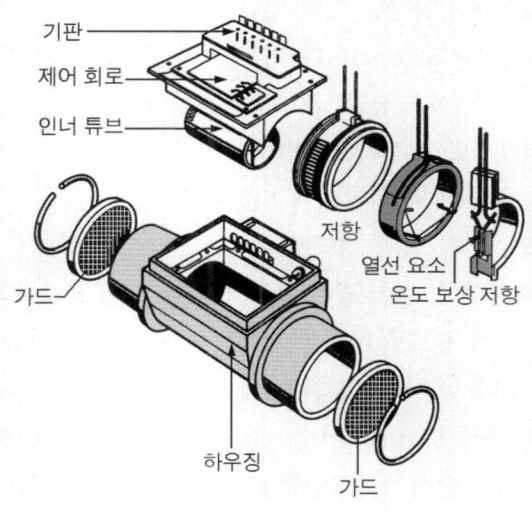

:: 열선 방식 공기 유량계의 구조

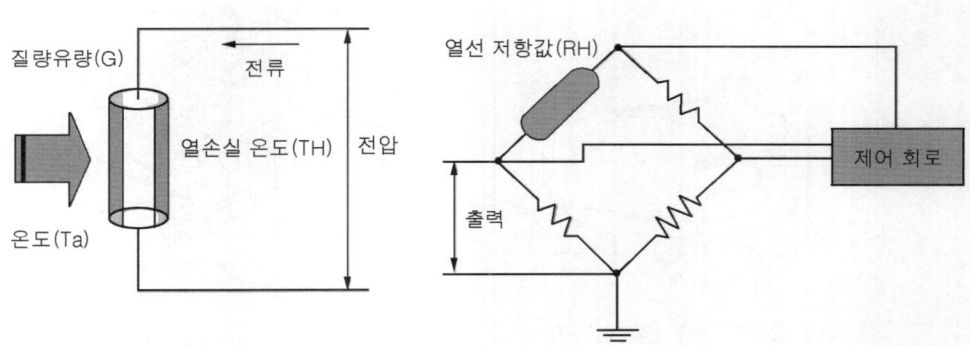

:: 열선 방식의 계측 원리

열선 방식 공기 유량계에서 열선은 브리지 회로의 일부를 구성하며, 제어 회로는 흡입 공기의 온도와 열선의 온도 차이를 일정하게 유지할 수 있도록 제어한다. 즉, 공기 유량이 증가하면 열선은 냉각되고 저항은 감소한다.

이에 따라 브리지 회로의 전압 관계가 변화하며, 제어 회로는 전류를 증가시켜 열선의 온도가 원래의 설정 온도가 되도록 한다. 출력 전압은 질량 유량의 함수이므로 공기 밀도의 변화에 따른 보정이 필요 없다. 또한 출력 신호는 아날로그 신호이며, 그림과 같다.

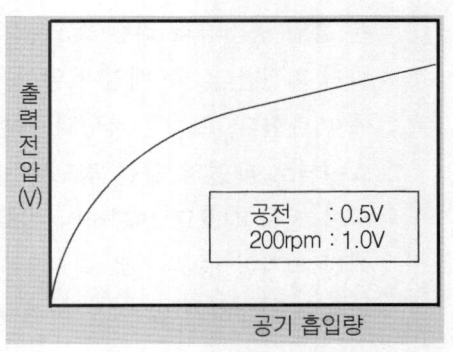

:: 열선 방식의 출력 특성

열선 방식 공기 유량계의 특성은 흡입 공기의 질량 유량을 직접 정확하게 계측할 수 있으며, 응답 성능이 빠르고 고도의 변화나 흡입 공기의 변화에 대한 보정이 필요 없는 장점이 있다. 그러나 열선에 오염 물질이 부착되면 측정 오차가 발생할 수 있는 단점이 있다. 이를 방지하기 위하여 엔진의 작동이 정지될 때마다 일정 시간 동안 높은 온도로 가열하여 청소를 하며 이를 **클린 버닝**(clean burning)이라 한다.

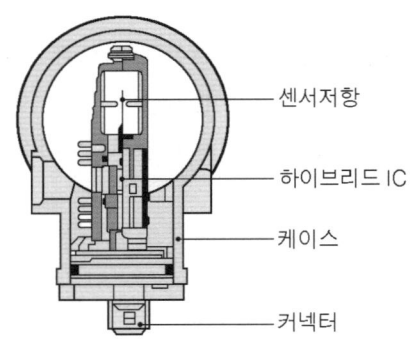

：：열막 방식 공기 유량계의 구조

열선 방식의 단점을 보완하여 등장한 것이 열막 방식 공기 유량계(Hot Film type Air Flow Sensor)이다. 열막 방식은 열선 방식의 백금 열선, 온도 센서, 정밀 저항기 등을 세라믹 (ceramic) 기판에 층 저항으로 집적시킨 것이며, 계측 원리는 열선 방식과 같다. 열막 방식은 열선 방식에 비하여 열 손실이 적기 때문에 작게 하여도 되며, 오염 정도가 낮다.

③ **베인 방식 공기 유량 센서** : 베인 방식 공기 유량 센서는 에어 클리너와 스로틀 밸브의 사이에 설치되며 흡입 공기량을 계측하여 전기 신호로 바꾸어 컴퓨터에 보내고 컴퓨터가 연료의 분사량을 결정하는 방식으로 되어 있다.(L 제트로닉) 이 센서를 흔히 에어 플로 미터(air flow meter)라 부른다.

이 센서는 베인(메저링 플레이트(majoring plate라고도 함)과 포텐쇼미터(potentiometer)로 구성되어 있다. 왼쪽의 그림은 베인 방식 센서의 베인 부분을 절단한 모델과 구조도이다. 또한 오른쪽 그림은 베인 방식 센서의 포텐쇼미터의 절단 모델과 구조도이다.

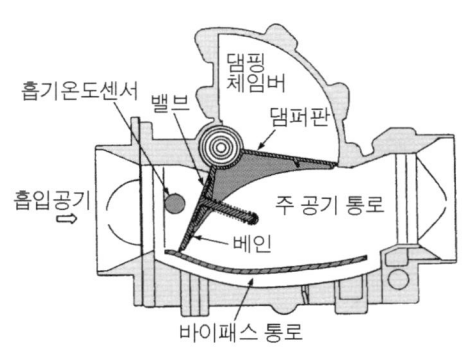

：：베인 방식의 베인 부분의 구조

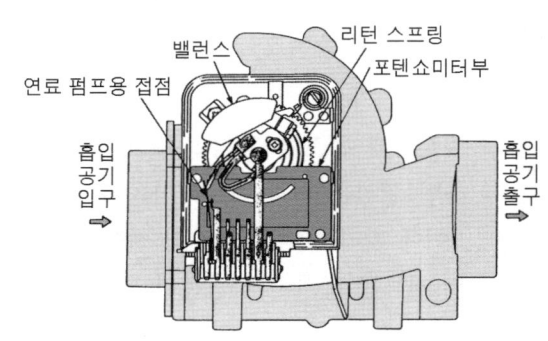

：：베인 방식의 포텐쇼미터의 구조

에어 클리너를 통과한 공기가 베인을 눌러 열고 베인은 흡입 공기량과 리턴 스프링이 균형을 유지한 각도까지 회전한다. 즉 베인이 열리는 각도는 흡입 공기량에 비례한다. 그림은 베인과 같은 축으로 연결된 포텐쇼미터로 베인의 열림 정도를 슬라이딩 저항을 사용하여 전기 신호로 변환하여 컴퓨터에 보낸다. 그리고 엔진 정지한 경우 연료 펌프용 접점은 떨어져서 연료 펌프는 작동하지 않는다. 한편 엔진이 시동되어 베인이 어느 정도의 각도에 다다르면 접점은 닫히게 되고 연료 펌프는 작동한다.

：：포텐쇼미터 정면도

그림은 포텐쇼미터의 내부 회로를 나타낸 것이다. 포텐쇼미터는 공기 흐름의 중간에 베인(vane)을 설치하고 이 베인의 위치 변화 상태를 포텐쇼미터로 검출하여 전압으로 변환하는 장치이다. 이 경우 전압 비는 흡입 공기량에 역 비례하여 변화한다.

초기의 EGI나 EFI는 이 전압 비에 의한 제어를 수행하였으나 그 후 전압 값 검출에 의한 제어로 변경되고 있다. 전압 값의 검출은 [전압비와 전압의 검출] 그림에서 V_B에 배터리 전압이 걸려 있기 때문에 V_C를 설치하여 $V_B - E_2$사이와 $V_C - V_S$사이의 전압 비로 검출하고 있다.

즉, 아래 식과 같다.

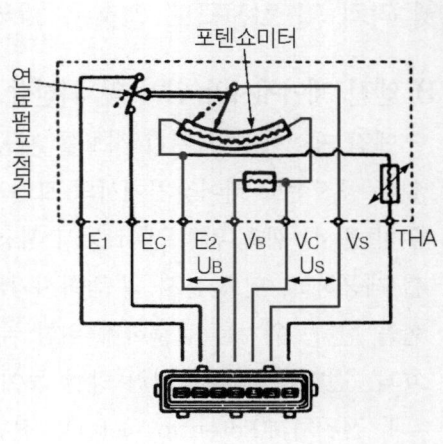

** 포텐쇼미터의 내부 회로

$$흡입\ 공기량 = U_S(V_C - V_S)/U_B(V_B - E_2)$$

또한 포텐쇼미터의 움직임에 의해 변화하는 전압을 흡입 공기량으로서 검출하고 있는 것이 전압 값 검출이다. 그림에서 V_C에 일정한 전압 (+ 5V)을 가하면 흡입 공기량의 변동에 의해 슬라이더가 움직여 $V_S - E_2$사이의 전압 변화가 직접 흡입 공기량 값이 되고 슬라이더 전압은 컴퓨터에서 AD변환되어 디지털 신호로서 검출된다. 슬라이더 전압과 흡입 공기량은 비례하고 있기 때문에 직선적으로 검출되는 것이 이 검출법의 특징이다. 아래 그림에 전압 비례 검출과 전압 값 검출을 비교하고 있다.

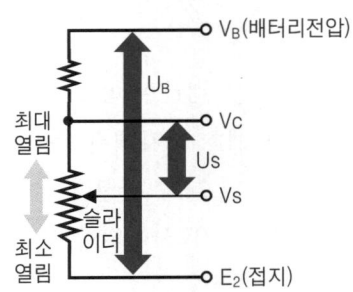 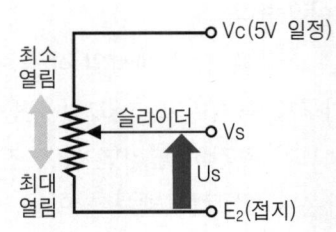

** 전압비와 전압의 검출

④ **공기 유량 센서의 특성 비교** : 그림은 공기 유량 센서의 출력 신호를 비교한 것이다. 베인 방식(vane type)은 출력 전압이 흡입 공기 체적에 반비례하며 아날로그 신호이다. 칼만 와류 방식은 출력 신호가 흡입 공기 체적에 비례하는 주파수 신호이며 디지털 신호이다. 또한 열선 방식은 흡입 공기 질량의 4승 근에 비례하는 아날로그 신호이다.

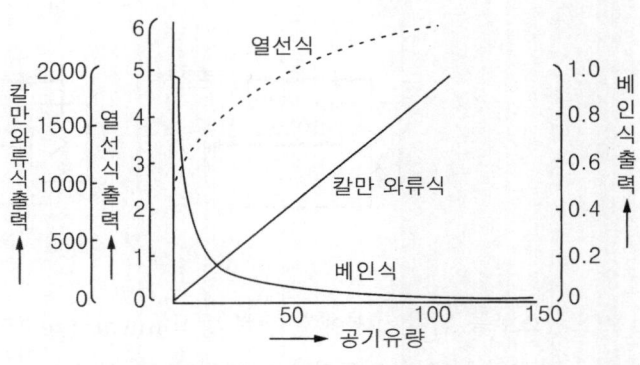

** 공기 유량 센서의 출력 신호 비교

4 위치 및 회전각도 검출용 센서

1) 엔진 제어에서의 위치 및 회전각 센서

엔진 제어에서의 위치 정보를 제공하는 센서는 스로틀 밸브의 열림 정도를 나타내는 스로틀 위치 센서, 일부 공전속도 제어장치에서의 모터 위치 센서, 배기가스 재순환 장치에서 EGR 밸브 위치 센서, 크랭크각 위치 센서, 캠축 위치 센서 등이 사용된다. 이와 같은 센서는 엔진 제어에서 엔진의 부하 상태에 대한 정보를 제공하고, 연료 분사 및 점화시기의 결정, 공전속도 조정과 배기가스 재순환 제어 등에서 매우 중요한 역할을 한다. 위치를 검출하기 위한 계측 원리는 일반적으로 전위차계(potentio meter), 자기 저항 홀(hall) 효과, 전자유도, 광학적인 방법 등이 사용된다.

① **전위차계**(Potentio meter) : 전위차계는 저항선이나 저항 물질로 만든 일종의 가변 저항기이며, 그림은 전위차계의 구조를 나타낸 것이다. 전원 공급 단자와 접지 단자, 미끄럼 운동을 하는 가동 와이퍼에 연결된 신호 단자로 구성되어 있다.

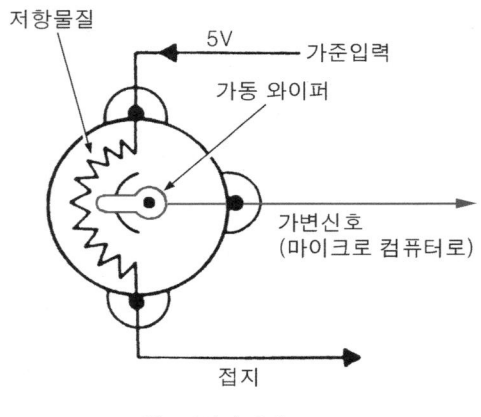

❖ 전위차계의 구조

전원 공급 단자와 접지 단자 사이의 저항은 전위차계 전체의 저항이 되며 변화지 않는다. 그러나 신호 단자와 접지 단자 사이의 저항은 미끄럼 운동하는 가동 와이퍼의 움직임에 따라 변화되며, 이것은 공급된 일정한 전압을 분압된 형태로 신호를 발생한다. 이러한 전위차계를 이용한 센서는 스로틀 위치 센서, 모터 위치 센서, EGR 밸브 위치 센서 등이 있으며, 베인 방식 공기 유량계도 전위차계를 이용한다.

다음 그림은 스로틀 위치 센서의 작동 예를 나타낸 것이다. 스로틀 밸브의 열림 정도는 전위차계의 미끄럼 운동 기구를 움직이고, 미끄럼 운동 기구의 움직임에 따라 신호 단자에서 출력 전압이 발생한다. 즉 스로틀 밸브가 완전히 열리면 높은 전압(공급 전압 가까이)이 나오고, 완전히 닫히면 낮은 전압(0V 가까이)이 나온다. 스로틀 밸브가 이들 사이에 있으면 공급 전압과 0V사이의 값을 출력한다.

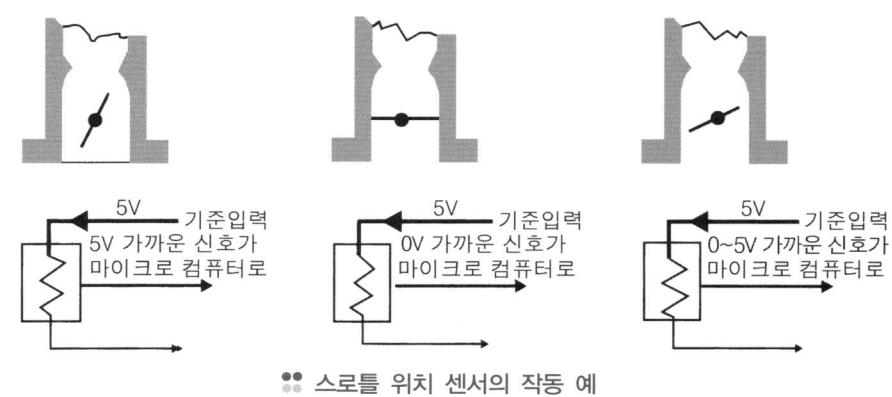

❖ 스로틀 위치 센서의 작동 예

스로틀 위치 센서에는 선형 방식(linear type)과 스위치 방식(switch type)이 있다. 아래 그림에 선형 방식의 구조와 회로를 나타내었다. 이 방식은 스로틀 밸브와 연동하여 움직이는 2개의 브러시가 있고, 1개의 접점이 저항 물체 위를 미끄럼 운동하여 움직이는데 따라 스로틀 밸브의 열림 정도 대응하는 선형적인 출력 전압을 얻을 수 있다.

또한 스로틀 밸브의 완전 닫힘 상태를 검출하기 위한 공전 접점이 있다. 오른쪽 그림은 선형 방식 스로틀 위치 센서의 출력 특성을 나타낸 것이다.

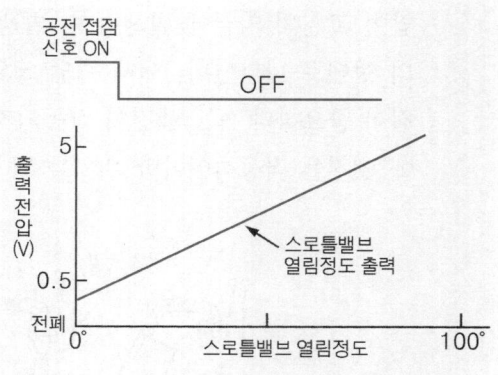

:: 선형 방식 스로틀 위치 센서의 출력 특성

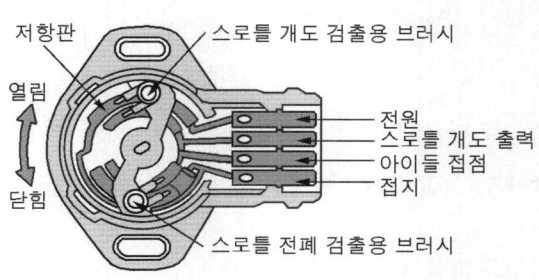

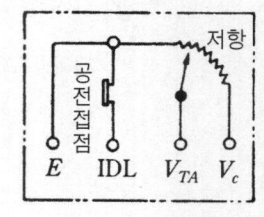

:: 선형 방식 스로틀 위치 센서의 구조

아래 그림은 배기가스 재 순환 장치에서 EGR 밸브의 위치를 검출하는 EGR 밸브 위치 센서의 작동 예를 나타내었다.

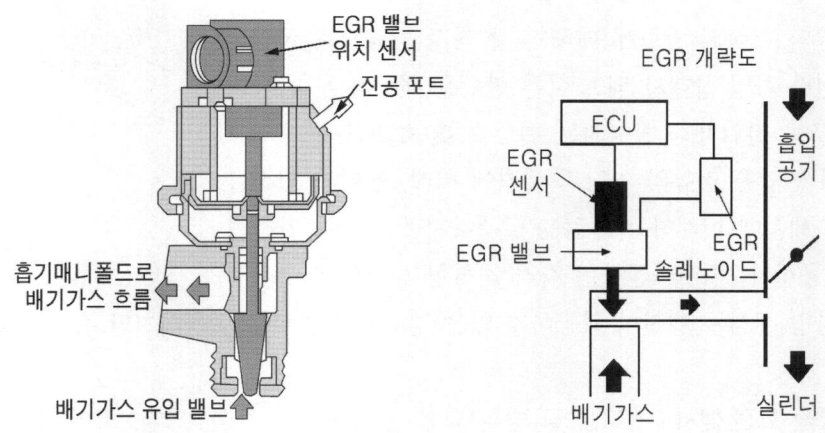

:: EGR 밸브 위치 센서의 작동 예

② **자기 저항형 센서(Reluctance Sensor)** : 그림은 자기 저항형 회전 센서의 구조를 나타낸 것이며, 타이밍 로터(timing rotor)와 로터의 바깥쪽에 설치된 픽업 코일(pick up coil), 자석 등으로 구성되어 있다.

아래 그림에서와 같이 자석의 자속은 타이밍 로터를 거친 후 픽업 코일을 통과하고 있으며, 타이밍 로터가 회전하면 로터 돌기 부분의 간극이 변화하기 때문에 픽업 코일을 통과하는 자속량이 변하게 된다. 이때 자속량의 변화에 상응하여 전

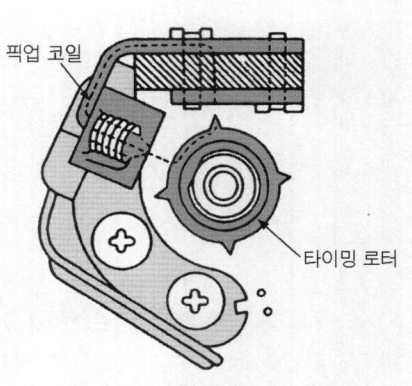

:: 자기 저항형 센서의 구조

압이 코일의 양끝에 발생하며, 발생 전압은 자속의 변화를 방해하는 방향으로 발생하므로 교류 전압의 형태로 나타난다. 이때 픽업 코일에서 전압이 유기되기 위해서는 자속이 변화하고 있어야 한다는 점이 중요하다. 즉, 엔진이 작동되지 않을 때에는 자속의 변화가 없으므로 출력 전압이 0이 되기 때문에 엔진을 작동하여야만 위치를 알 수 있고 타이밍을 맞출 수 있다.

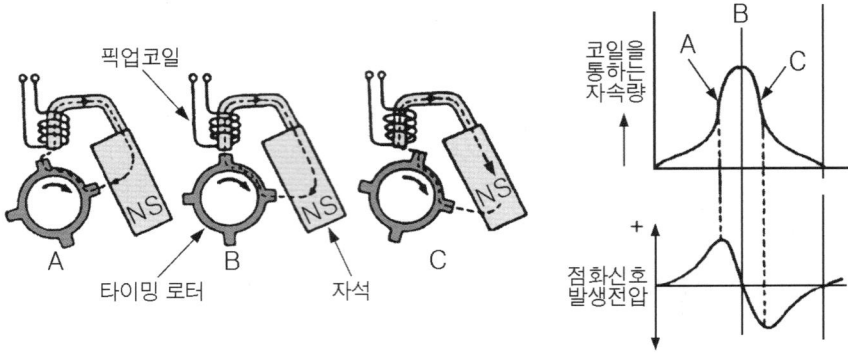

:: 픽업 코일의 전압 발생

③ **홀 센서**(Hall Sensor) : 홀 센서는 홀 효과(hall effect)를 이용한 것으로 캠축의 위치를 검출하는 경우에 많이 사용된다.

그림은 홀 효과를 나타낸 것이며, 홀 소자는 작고 얇으며, 평평한 반도체 물질로 만들어진다. 2개의 영구 자석 사이에 도체를 직각으로 설치하고 도체에 전류를 공급하면 도체 내의 전자는 공급 전류와 자속의 방향에 대해 각각 직각 방향으로 굴절되어 한쪽은 전자 과잉 상태가 되고 다른 한쪽은 전자가 부족 상태가 되어 양끝에 전위차가 발생되는 현상을 **홀 효과**라 한다.

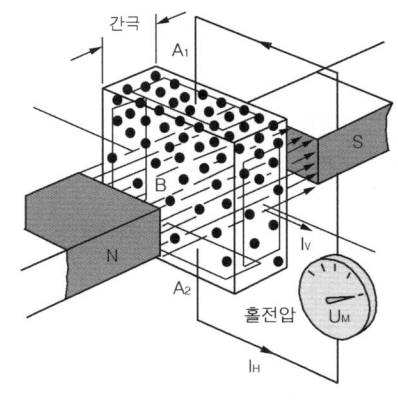

:: 홀 효과

이때 발생 전압은 전류와 자장의 세기에 비례, 전류가 일정할 경우 자장의 세기에 비례하는 출력을 발생하지만 전압이 약하여 증폭하여 사용한다. 이 홀 센서는 자기 저항형 센서와 비슷하지만 자기 저항형 센서는 엔진이 작동하지 않을 경우에도 출력을 발생하지만 홀 센서는 이러한 점을 해결하였다.

④ **전자 유도 방식 회전 센서** : 전자 유도 방식 회전 센서는 영구 자석, 코일, 코어 등으로 구성되어 있으며, 아래 그림은 크랭크 각 위치 센서의 구조와 출력 신호를 나타내고 있다.

:: 전자 유도 방식 크랭크 각 센서의 구조와 출력 특성

⑤ **광학 방식 회전 센서** : 그림은 광학 방식 크랭크 각 센서를 나타낸 것이며, 발광 다이오드(LED ; Light Emission Diode)와 포토 다이오드(Photo Diode) 및 틈새(slit) 등으로 구성되어 있다. 발광 다이오드를 통하여 나온 빛은 슬릿을 통하여 포토 다이오드로 감지된다. 이때 슬릿이 회전하면 빛이 차단되어 포토 다이오드는 출력을 발생하지 못하게 된다. 센서의 특성은 그림과 같으며, 디지털 신호를 출력한다.

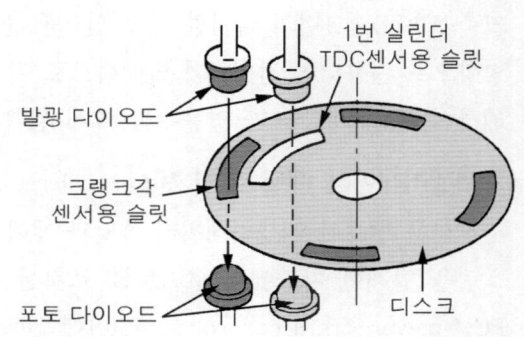

:: 광학 방식 크랭크 각 센서

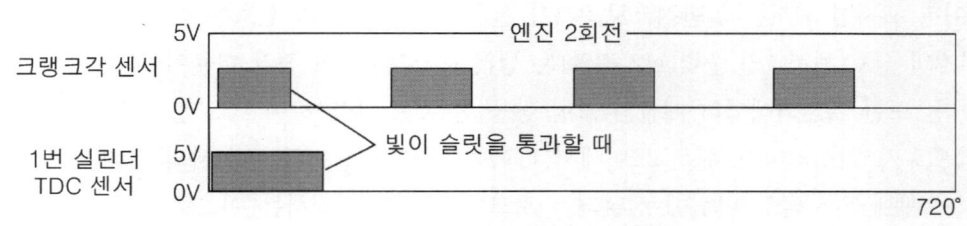

:: 광학 방식 크랭크 각 센서의 출력 특성

2) 크랭크 각 센서 Crank Angle Sensor

크랭크 각 센서는 엔진 회전속도 및 크랭크 각의 위치를 감지하여 연료 분사 시기 및 연료 분사 시간과 점화 시기 등의 기준 신호를 제공한다. 크랭크 각의 위치를 검출하는 방법에는 여러 가지 방법이 있지만 현재 주로 사용되는 방식은 마그네틱 픽업(magnetic pick up)과 톤 휠(tone wheel) 등을 이용한 전자 유도 방식 크랭크 각 센서와 발광 다이오드(LED) 및 포토 다이오드 등으로 구성된 광학 방식 등이 사용된다.

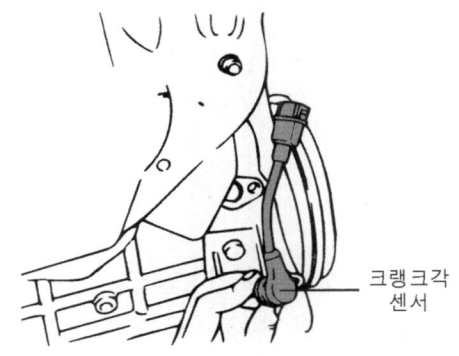

:: 전자 유도 방식 크랭크 각 센서의 설치 예

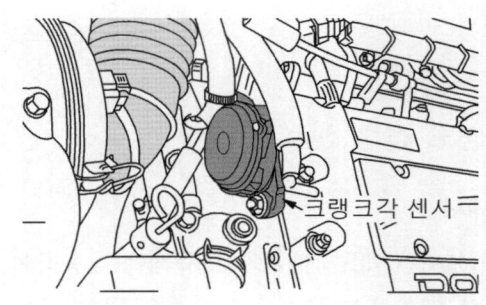

:: 광학 방식 크랭크 각 센서의 설치 예

3) 캠축 위치 센서 Cam Shaft Position Sensor

캠축 위치 센서는 1번 실린더의 압축 행정 상사점을 감지하는 것으로 각 실린더를 판별하여 연료 분사 및 점화 순서를 결정하는데 사용한다. 따라서 제조 회사에 따라서 1번 실린더 상사점 센서 또는 페이스 센서(phase sensor) 등으로 부르며, 일부는 홀 효과(hall effect)를 이용하는 센서의 경우는 홀 센서라 부르기도 한다. 크랭크 각 센서와 같은 측정 원리를 사용하며, 홀 효과를 이용하는 것과 광학 방식 센서의 경우는 크랭크 각 센서와 함께 설치되기도 한다. 캠축 위치 센서는 캠축에 설치된 돌기가 캠축과 같이 회전하면서 홀 센서의 감지 부분과의 간극이 변화하여 기전력(起電力)을 발생하는 원리를 이용한 것으로, 캠축 1회전(크랭크축 2회전)에 1번의 디지털 펄스 신호를 출력한다. 즉, 홀 소자에 전류가 흐르면 소자 내부의 전자가 한쪽 방향으로 편향되어 전위차가 발생하므로 이 전압을 검출하는 것이다. 출력 전압은 전류와 자계의 세기에 비례하며, 소자의 두께가 얇을수록 크게 된다.

4) 액셀러레이터 페달 위치 센서 Accelerator Position Sensor

스로틀 밸브가 액셀러레이터 페달과 케이블로 연결되지 않는 ETC(electronic throttle valve control) 시스템을 탑재한 차량에서는 스로틀 포지션 센서와 동일한 원리의 가변저항에 의해 운전자의 가속 의지를 PCM(power-train control module)에 전송하여 현재 가속 상태에 따른 연료 분사량을 결정하는 신호로 이용된다.

액셀러레이터 포지션 센서는 일반적으로 2개가 설치된다. 센서 1의 신호는 연료 분사량과 분사시기를 결정하고 센서 2의 신호(센서 1의 출력 1/2 전압)는 센서 1을 감시하여 전압 비율이 일정 이상 벗어날 경우 에러로 판정한다. 또한 액셀러레이터 페달의 밟힘 량을 전압으로 변환하여 TCS 컴퓨터에 입력하여 엔진의 출력을 제어함으로써 미끄러지기 쉬운 노면에서 타이어의 슬립 방지와 선회시의 조향 성능을 향상시킨다. ITM 4WD 시스템에서는 앞뒤 바퀴에 전달되는 토크 분배량을 결정하는 신호로 이용된다.

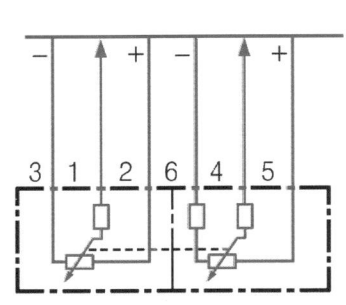 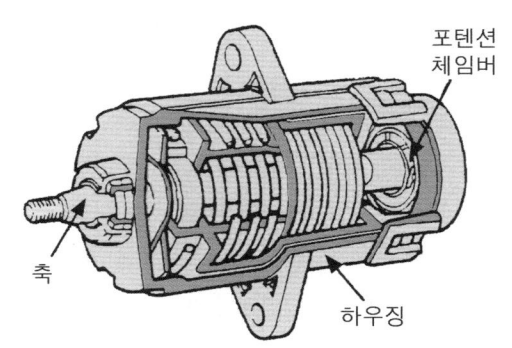

포텐션 체임버

축

하우징

❖❖ 액셀러레이터 페달 포지션 센서의 구조

5 가스 농도 검출 센서

1) 산소 센서

① 산소 센서의 개요 : 배기가스 규제에 대응하여 다양한 기술을 개발하고 있지만 그 중에서도 3원 촉매를 이용한 배기가스의 후처리 기술을 가장 많이 사용하고 있다. 3원 촉매는 일산화탄소(CO)와 탄화수소(HC)의 산화와 질소 산화물(NOx)의 환원 작용을 동시에 하여 유해 배기가스의 발생을 억제시키는 장치이다. 그림은 공연비 변화에 따른 3원 촉매의 정화 효율을 나타낸 것이다.

3원 촉매는 이론 공연비 부근에서 일산화탄소, 탄화수소, 질소 산화물의 정화 효율이 가장 높음을 알 수 있다. 즉, 이론 공연비 보다 농후하면 일산화탄소와 탄화수소의 배출량이 증가하고, 이론 공연비 보다 희박하면 질소 산화물의 배출량이 증가한다. 따라서 3원 촉매가 효율적으로 작동하기 위해서는 이론 공연비에서 연소될 수 있도록 제어하는 것이 필요하다. 이를 공연비 제어 또는 람다 제어(λ-control)라 한다.

공연비 제어에서는 연소가 이론 공연비에서 발생하였는지를 점검하는 것이 필요하며, 이 기능을 하는 것이 산소 센서이다. 산소 센서는 배기가스 중의 산소 농도에 따라 전압을 발생하는 일종의 화학적 전압 발생 장치이다. 즉, 배기가스 중의 산소 농도가 높아(희박한 연소의 경우) 대기 중의 산소와 농도 차이가 적으면 발생 전압은 낮고, 반대로 배기가스 중의 산소 농도가 낮으면(농후한 연소의 경우)대기 중의 산소와 농도 차이가 커져 발생 전압도 높다. 특히 위와 같은 변화가 이론 공연비를 중심으로 급격하게 나타나므로 산소 센서는 공연비 제어에 매우 유리한 점을 지니고 있다. 일반적으로 엔진 제어장치에서 산소 센서가 갖추어야할 조건은 다음과 같다.

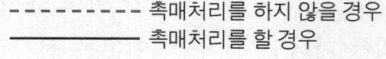

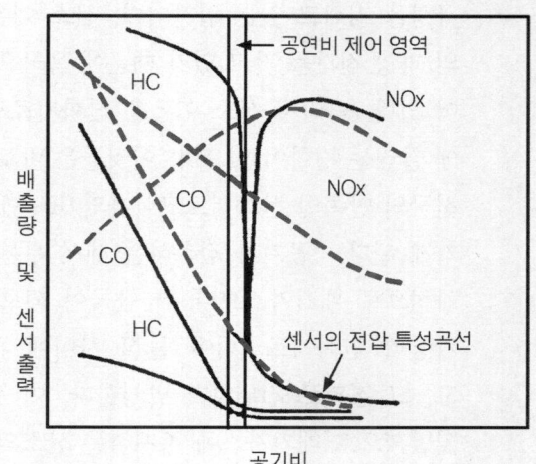

- 이론 공연비에서 전압의 급격한 변화가 있을 것
- 배기가스 내 산소의 변화에 따른 신속한 출력 전압의 변화가 있을 것
- 농후·희박 사이의 큰 차이가 있을 것
- 배기가스의 온도 변화에 대하여 안정된 전압을 유지할 것

※ 공연비에 따른 3원 촉매의 정화 효율

산소 센서는 사용하는 소자의 재료에 따라 산화지르코니아(ZrO_2)를 사용하는 경우와 산화티탄(TiO_2)을 사용하는 2종류로 분류된다. 산화지르코니아 산소 센서는 산소 농도 차이에 따라 발생하는 기전력을 이용하며, 산화티탄 산소 센서는 산소의 농도 차이에 따라 저항 값의 변화로 측정하는 것이 차이점이다.

② **산화지르코니아 산소 센서**

㉮ **산소 센서의 구조** : 그림은 산화지르코니아 산소 센서의 구조를 나타낸 것이다. 산화 르코니아 산소 센서는 산화지르코니아에 적은 양의 이트륨(yttrium ; Y_2O_3)을 혼합하여 시험관 형상으로 소성한 소자의 양면에 백금을 도금하여 만든 것이다. 센서 안쪽은 대기, 바깥쪽은 배기가스가 접촉하도록 되어 있다. 산화지르코니아 산소 센서는 저온에서는 매우 저항이 크고 전류가 통하지 않지만, 고온에서 안쪽과 바깥쪽의 산소 농도 차이가 크면 산소 이온만 통과하여 기전력을 발생시키는 특성을 지니고 있다.

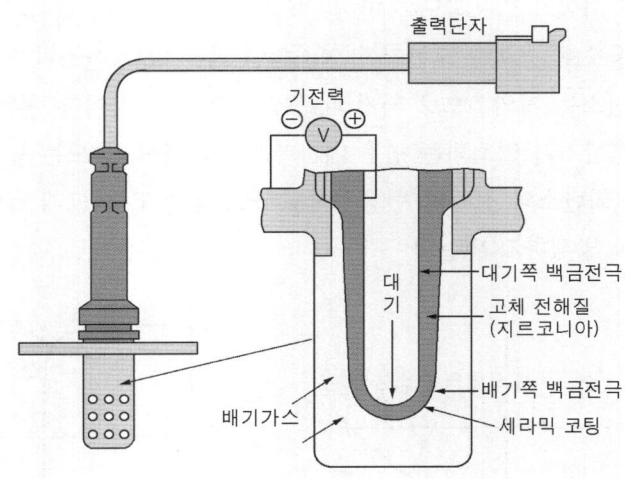

※ 산화 지르코니아 산소 센서

다음 그림은 산화지르코니아 산소 센서의 작동 원리를 나타낸 것이다. 이온은 전기적으로 극성을 지니고 있는 입자이며, 산소 이온 2개의 과잉 전자를 갖고 있기 때문에 음극으로 되어 있다. 따라서 산소 이온은 산화지르코니아에 끌리는 경향이 있으며, 이것들은 바로 백금 전극의 안쪽인 산화지르코니아의 표면에 끌려가게 된다. 공기가 접촉하는 센서 부분은 전기적으로 배기가스보다 더 음극이 되므로 전기장이 산화지르코니아 물질 사이에 존재하

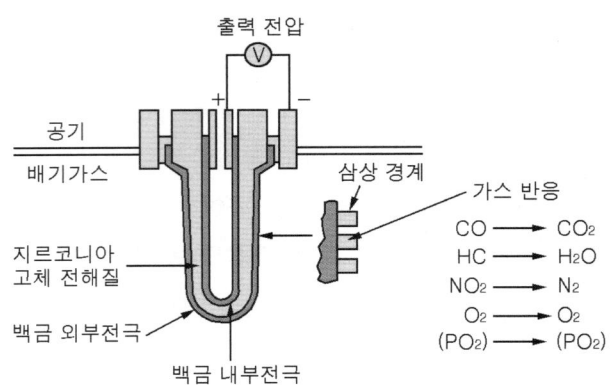

❀ 산화지르코니아 산소 센서의 작동 원리

고, 그 결과로 전위차가 발생한다. 이 전위차는 배기가스 내의 산소 농도와 센서의 온도에 비례한다. 일반적으로 배기가스에 존재하는 산소의 양은 산소의 부분 압력으로 표시되는데, 이 부분 압력은 산소의 압력 대 총 배기가스의 압력의 비율로 나타낸다. 배기가스가 농후한 혼합기의 경우 산소의 부분 압력은 공기 압력의 $10^{-16} \sim 10^{-32}$의 범위이며, 희박한 혼합기의 경우에는 약 10^{-2} 정도이다.

㉯ 산소 센서의 출력 특성 : 오른쪽 그림은 공연비에 따른 산소 센서의 출력 특성을 나타낸 것이다. 공연비가 농후한 경우에는 배기가스 중의 산소 농도가 적으므로 농도 차이가 커져 전위차가 크고, 희박한 경우는 배기가스 중의 산소 농도가 많으므로 농도 차이가 작아 전위차가 적다. 이러한 변화가 이론 공연비를 중심으로 나타나므로 스위치 특성이라 부르기도 한다. 그러나 실제의 연소 과정에서는 이론 공연비를 중심으로 이러한 차

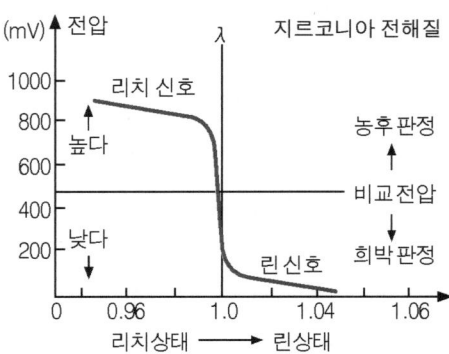

❀ 산화 지르코니아 센서의 공연비에 따른 출력 특성

이가 크지 않으므로 소자의 표면에 다공성의 백금을 도금하여 충분한 농도 차이가 발생하도록 한다. 백금에 의한 반응은 다음과 같다.

이 백금의 촉매 작용으로 농후한 혼합기가 연소하면 적은 양의 산소가 일산화탄소와 거의 완전히 반응하여 백금 표면의 산소는 거의 0으로 되기 때문에 산소 농도 차이가 매우 크게 되어 약 1V의 기전력이 발생한다. 희박한 혼합기가 연소되는 경우 배기가스 중의 산소 농도는 높은 농도이며, 일산화탄소는 낮은 농도이므로 일산화탄소와 산소가 반응하여도 산소의 농도는 크게 낮아지지 않으므로 농도 차이가 작아 기전력이 거의 발생하지 않는다.

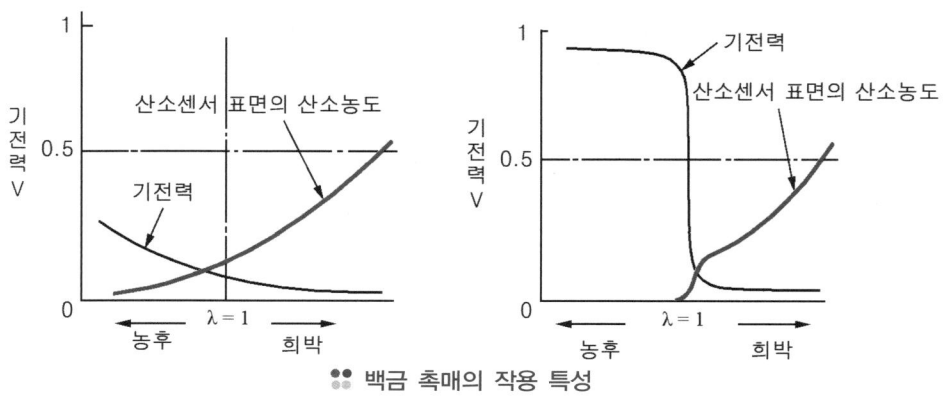

❀ 백금 촉매의 작용 특성

[백금 촉매의 작용 특성]그림은 산소 센서에서 백금 촉매를 사용하지 않은 경우와 사용한 경우의 차이점을 나타낸 것이다. 또한 공연비가 농후에서 희박 쪽으로 변화할 때와 희박에서 농후한 쪽으로 변화할 때 히스테리시스(hysteresis)현상이 나타난다. 이것으로 인하여 산소 센서의 응답 특성에 차이점이 발생한다. 즉, 농후에서 희박으로 변화할 때 소요되는 시간과 희박에서 농후로 변화할 때의 시간이 다르게 나타난다.

다음 그림은 온도에 따른 전압의 변화를 나타내고 있으며, 온도는 센서의 출력 특성에 많은 영향을 미치고 있다. 온도가 300℃이하에서는 센서의 출력 값이 온도에 따라 급격히 변화하므로 엔진 제어에서 사용하기가 어렵다. 300℃이상에서 농후한 경우는 약 900mV 정도로, 희박한 경우는 약 100mV 정도에서 안정된 값을 나타낸다. 또한 온도는 스위칭(switching) 시간에도 영향을 미치며, 다음 그림은 이와 같은 특성을 나타낸 것이다. 농후에서 희박으로 또는 희박에서 농후로 변화되는데 소요되는 시간이 350℃에서 약 200mS 정도인데 800℃에서는 약 100mS이다. 따라서 온도 변화 때문에 스위칭 시간이 약 2 : 1이 됨을 알 수 있다.

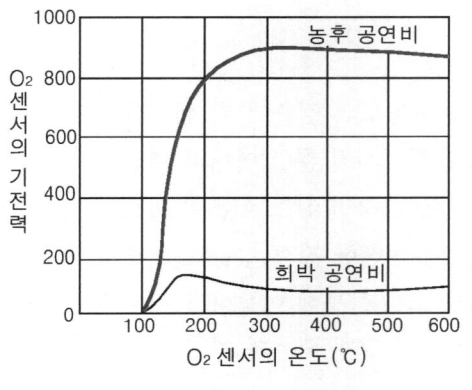

:: 온도에 따른 산소 센서의 출력 변화

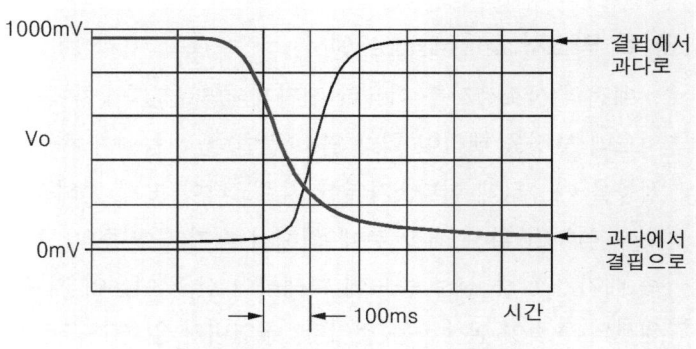

:: 온도에 따른 스위칭 시간의 변화

③ **산화티탄 산소 센서** : 아래 그림은 산화티탄 산소 센서의 구조와 출력 특성을 나타낸 것이다. 산화티탄 산소 센서는 세라믹 절연체의 끝에 산화티탄 소자를 설치한 것이다. 또한 낮은 배기 온도에서 센서의 성능을 향상시키기 위해 백금과 로듐 촉매로 구성되어 있다. 산화티탄 산소 센서는 전자 전도체인 산화티탄이 주위의 산소 분압에 대응하여 전기 저항이 변화하는 것을 이용한 것이다. 이 센서는 이론 공연비를 경계로 하여 저항 값이 급격히 변화하는 특성을 지니고 있다.

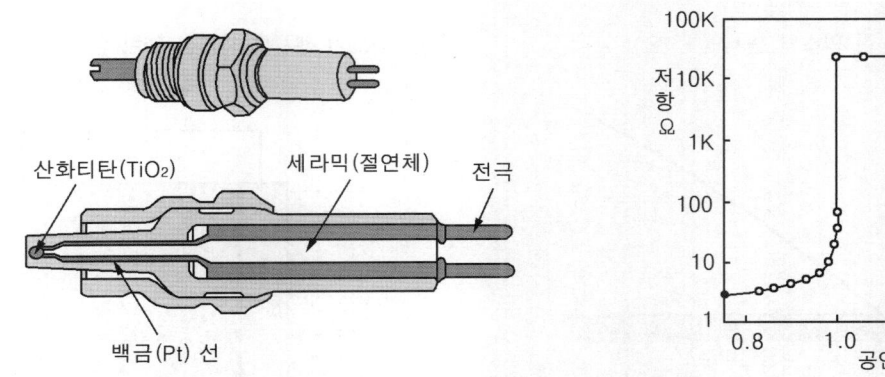

:: 산화티탄 산소 센서의 구조와 출력 특성

산화티탄 산소 센서와 산화지르코니아 산소 센서의 특성은 다음 표와 같다.

종류 항 목	산화지르코니아 산소 센서	산화티탄 산소 센서
원 리	이온 전도성을 이용한다.	전자 전도성을 이용한다.
출 력	기전력이 변화한다.	저항 값이 변화한다.
감 지	산화지르코니아 표면	산화티탄 내부
특 징	배기가스와 표준 가스 분리	배기가스 중 소자 삽입
첨가물	안정화용 이트륨 첨가	–
공연비	조정이 쉽다.	조정이 어렵다.
내구성	작다.	크다.
응답성	불리하다.	유리하다.
가 격	유리하다.	불리하다.

산소센서의 특성 비교

2) 린 믹스처 lean mixture 센서

예전의 산소센서를 이용한 전자제어연료분사장치에서 산소(O₂)농도의 검출에 이 센서를 사용하면 공연비 피드백 보정을 행하여 희박 연소(린번)를 가능하게 하여 연비를 향상시킬 뿐만 아니라 예전과 다름없는 운전 성능을 가능하게 한다. 가열한 지르코니아 고체 전해질에 전압을 가하면 산소 이온이 발생한다. 이 때 배기 측에 설치된 확산 저항 층에 의해서 배기가스 중의 산소 농도에 비례한 전류 값을 출력으로 얻을 수 있다. 즉 배기가스 중 산소 농도에 비례하여 산소 이온이 지르코니아 소자를 통해 이동하고 이 이동량에 비례하여 센서의 출력이 발생하는 것이다. 공연비가 엷을수록 센서의 출력이 크게 되는데 이것은 일반 산소센서와 정반대 현상이다.

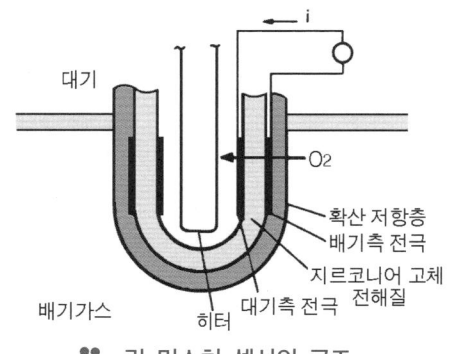

:: 린 믹스처 센서의 구조

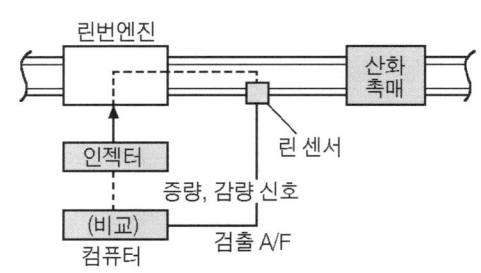

:: 린 믹스처 센서를 사용한 희박 연소 장치의 구성도

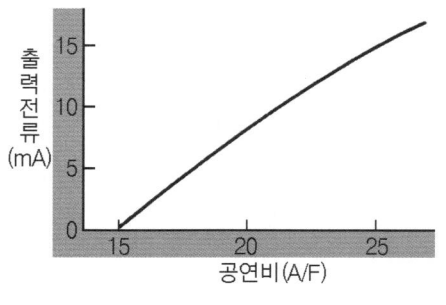

:: 린 믹스처 센서의 특성도

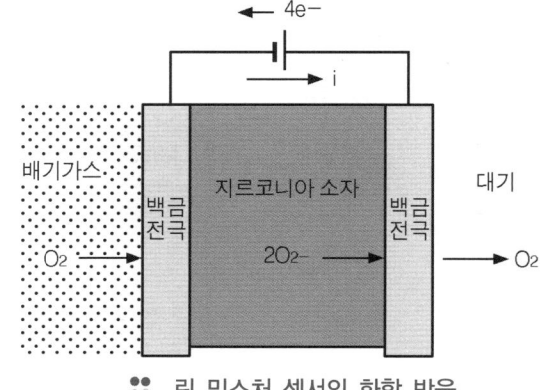

:: 린 믹스처 센서의 화학 반응

3) 공기-연료 A/F, Air/Fuel 센서

자동차 배기가스 중의 산소 농도와 불 연소 가스 농도로부터 엔진 내의 연소 공연비를 높은 영역에서 낮은 영역까지의 전체 영역에 걸쳐 검출하여 컴퓨터에 피드백 하는 것으로 운동 상황에 맞춘 최적인 연소 상태로 제어하는 센서이다. 아래 그림은 구조도와 시스템 구성도이며 린 믹스처 센서와 매우 비슷하다. 또한 공기-연료 센서의 특성도를 나타내고 있다.

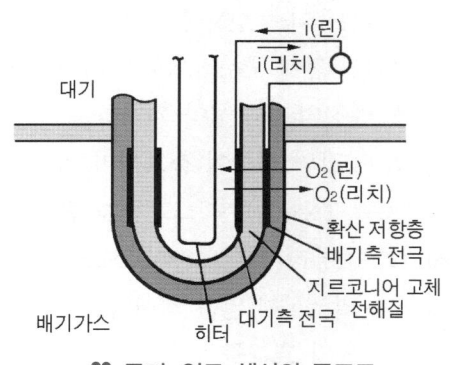

:: 공기-연료 센서의 구조도

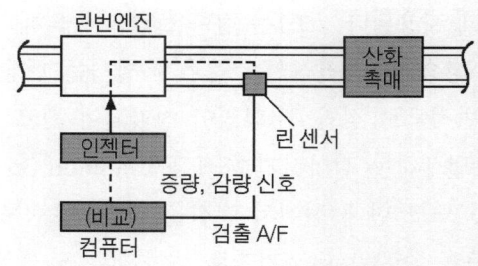

:: 공기-연료 센서를 사용한 장치의 구성도

가열한 지르코니아 고체 전해질에 전압을 가하면 공연비 희박한 경우(A/F > 15)에는 배기가스 중의 산소 농도, 또한 공연비가 농후한 경우(A/F < 15)에는 미연가스 농도에 따른 산소 이온 전류가 발생한다. 이 때 배기가스 측에 설치된 확산 저항층에 의해 배기가스 중의 산소 가스 농도, 불 연소가스 농도에 맞는 전류 값을 출력으로 얻을 수 있는 것이다.

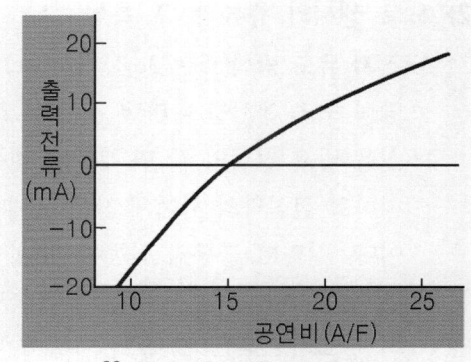

:: 공기-연료 센서의 특성도

6 노크 센서 Knock Sensor

1) 노크 센서의 개요

엔진의 효율을 향상시키기 위하여 높은 압축비의 엔진 개발이 요구된다. 그러나 압축비가 상승하면 연소 최대 압력이 증가하여 엔진의 효율은 향상되지만 그 만큼 노크 발생의 가능성이 커진다. 엔진의 정상적인 연소는 점화 불꽃에 의해 혼합기에 점화되고 점화된 화염 면(flame front)이 전파되면서 이루어진다. 그런데 화염 면이 정상적으로 도달되기 전에 부분적으로 자기착화(auto ignition)에 의해 급격하게 연소가 이루어지는 경우가 있다. 이 비정상적인 연소에 의해 발생하는 급격한 압력 상승 때문에 실린더 내의 가스가 진동하여 충격적인 타격 음을 발생시키게 되며, 이 현상을 노크 또는 노킹(knock or knocking)이라 한다.

노크 발생 원인은 다음과 같다.
① 연소실의 형상
② 연소실에 퇴적물이 쌓였을 때
③ 혼합기가 희박할 때
④ 흡기다기관의 형상
⑤ 연료의 질이 떨어질 때
⑥ 공기 밀도가 높을 때
⑦ 엔진의 온도가 높을 때

이외에 엔진의 점화시기와도 밀접한 관계가 있으며, 점화시기가 빠르면 노크가 발생한다. 그리고 노크가 발생하면 엔진에 미치는 영향은 다음과 같다.

① 점화 플러그가 손상된다.　　　　② 피스톤이 손상된다.

③ 실린더 헤드 개스킷이 파손된다.　　④ 엔진 베어링이 손상된다.

등의 문제를 일으키게 되므로 엔진 제어에서는 반드시 방지하여야 할 현상이다. 이러한 노크의 발생을 방지하는 방법으로 사용되는 것이 엔진 노크 제어이다. 노크 제어는 엔진에서 노크 발생 여부를 감지하여 점화시기를 늦추어서 가능하며, 이때 노크 발생을 감지하기 위해 사용되는 것이 노크 센서이다. 노크 센서는 실린더 블록에 설치되어 엔진에서 노크가 발생될 때 일어나는 진동을 감지하여 컴퓨터로 신호를 보내어 점화시기를 제어하는데 사용된다. 노크는 점화 플러그에 의해 발생된 화염이 도달하기 전에 국부적으로 자기착화하여 급격한 압력 상승 및 충격적인 소음을 유발하는 현상으로 출력 감소 및 엔진의 내구성이 저하하는 원인이 된다.

　일반적으로 점화 후 화염이 전파되어 최고 압력이 될 때까지는 약간의 시간이 소요되며, 엔진의 최대 토크가 발생하는 점화시기(MBT ; Mimimum Spark advance for Best Torque)는 노크 한계 전후방에 있는데 그 중 노크 한계 전에서 엔진을 최적으로 작동하도록 점화시기를 컴퓨터가 제어하며, 노크 발생시 패스트(fast)와 슬로(slow) 2가지로 제어한다. 노크 센서를 통하여 노크가 발생하지 않는 최대한도의 점화시기까지 진각시킬 수 있어 엔진의 토크와 출력 증대 및 연료 소비율 향상 등의 효과를 얻을 수 있다.

2) 노크 센서의 종류와 그 특성

① **전자 유도 방식**(또는 Jerk Sensor) : 그림은 전자 유도 방식 노크 센서를 나타낸 것이다. 코일 속에 자석의 철심을 넣고 철심의 끝 면 부근에 진동자(vibrator)를 설치하고 철심과의 사이에 작은 틈새(air gap)를 둔 구조이다. 실린더 블록의 진동에 의해 진동자가 진동을 하면 진동자와 철심 사이의 간극이 변화하여 자기 저항이 변화하므로 코일 속의 자속이 변화되기 때문에 전

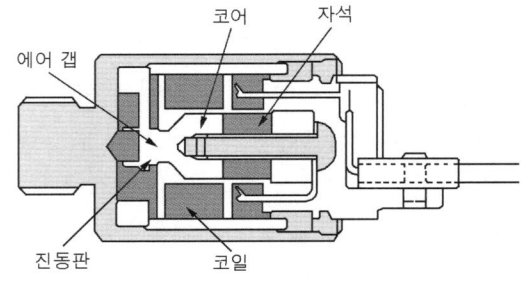

∷ 노크 센서의 구조

자 유도의 원리에 의해 코일에 기전력이 발생하게 된다. 이때 진동자의 고유 진동수를 엔진에서 노크가 발생되어 실린더 블록의 진동수와 일치시키면 노크가 발생될 때 최고도의 진동자가 공진하여 코일에 커다란 교류가 발생한다.

② **압전 방식 노크 센서** : 압전 방식 노크 센서는 힘(압력)이나 기계적 진동을 받으면 전압을 발생하는 압전 소자(피에조 반도체형 소자)를 이용한 것이며, 공진형과 비공진형이 있다. 공진형 노크 센서는 센서 본체와 진동자 사이에 압전 소자를 끼워놓고 진동자의 진동이 압전 소자에 가해져 진동을 전압으로 변화시키는 것이다. 진동자는 노크 진동과 거의 같은 공진 주파수를 가짐으로써 노크가 발생될 때 큰 전압을 발생시키는 특징이 있다.

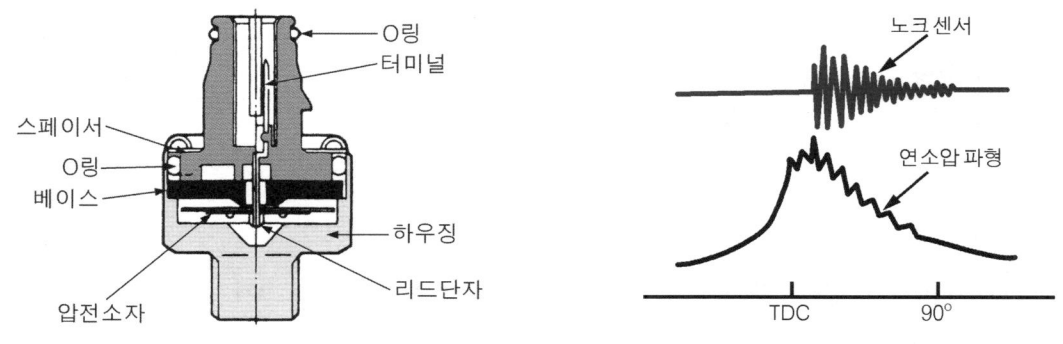

∷ **공진형 노크 센서의 구조와 출력 특성**

7 전자 제어 엔진 컴퓨터(ECU)

1) 엔진 컴퓨터(ECU)의 개요

　각종 센서들의 측정값은 엔진 컴퓨터에 입력되고, 입력된 측정값은 각종 연산 및 처리를 통하여 제어를 한다. 따라서 여기서는 엔진 컴퓨터가 어떤 제어 및 기능이 있는지를 상세히 설명하도록 한다.

　컴퓨터(micro computer)는 엔진 제어에서 연료 분사 제어, 공연비 제어, 점화시기 제어, 공전속도 제어, 배기가스 제어, 연료 펌프 제어, 페일 세이프(fail safe), 자기 진단, 통신 등 다양한 제어 기능을 수행한다.

　엔진 제어에 사용되는 컴퓨터도 일반적인 컴퓨터의 구성과 같다. 즉, 입력 및 출력 장치, 연산 및 제어 기능을 하는 프로세서(processer), 기억 장치(memory) 등으로 구성된다. 컴퓨터는 입력 장치로부터 전압 신호(입력 신호)를 받는데 입력 장치는 계기판의 버튼, 스위치 또는 엔진에 설치된 각종의 센서가 된다. 엔진에는 다양한 형태의 기계, 전기, 자기적으로 가동되는 센서가 부착되며, 센서는 주행속도, 엔진 회전속도, 대기 압력, 배기가스 중의 산소 농도, 흡입 공기 유량, 냉각수 및 흡입 공기의 온도 등을 전압의 형태로 컴퓨터에 보낸다.

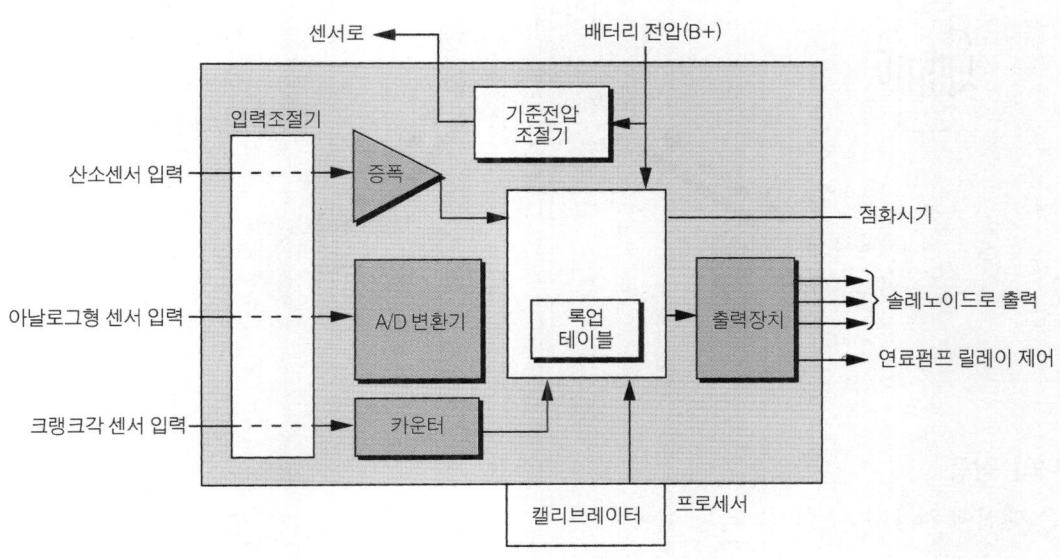

∷ 엔진 컴퓨터의 내부 구성

아래 그림은 컴퓨터에 입력되는 기본적인 입력 신호의 예를 나타낸 것이다.

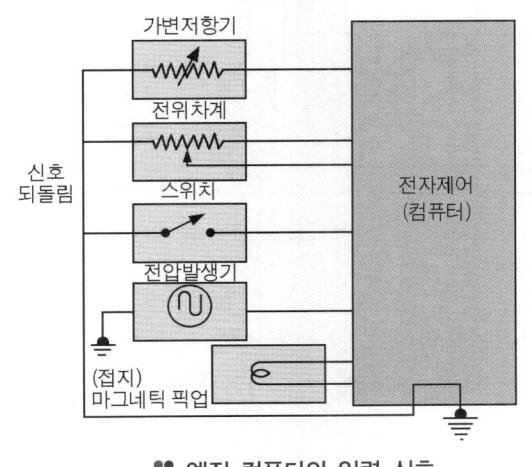

∷ 엔진 컴퓨터의 입력 신호

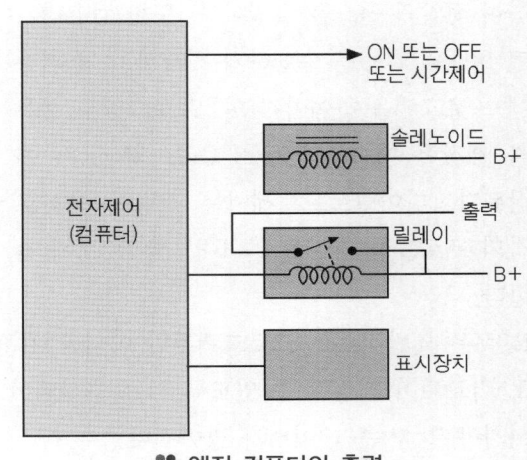

∷ 엔진 컴퓨터의 출력

컴퓨터는 이 신호를 사용하기 전에 입력 신호를 적절히 조절하게 된다. 즉, 미약한 신호의 증폭, A/D(Analog/Digital) 변환, 노이즈(noise) 제거, 전압 수준 조정 등의 처리 과정을 거쳐 입력 데이터를 만든다. 프로세서에 입력된 데이터는 기억 장치에 저장된 프로그램의 명령에 따라 다양한 산술 및 논리 연산 과정을 거치고, 일부는 기억 장치에 저장되며, 최종 출력은 오른쪽 그림과 같은 형태로 출력 장치로 보내어 액추에이터를 구동한다.

컴퓨터는 제어 및 입·출력 과정을 통하여 주위의 다른 컴퓨터와 통신 기능을 수행한다. 그림은 차체 제어 컴퓨터(Body control Module)와 주위의 다른 전자제어 컴퓨터 사이의 신호를 공유하는 통신 기능의 예를 나타낸 것이다.

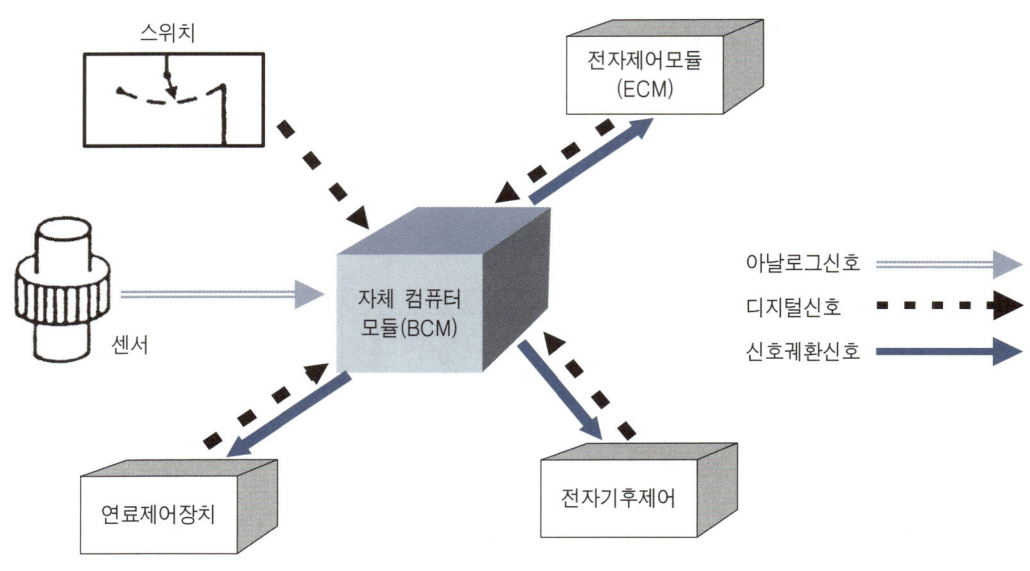

:: 컴퓨터의 통신 기능의 예

2) 컴퓨터의 작동

그림은 엔진에 사용된 컴퓨터의 작동 예이다. 컴퓨터가 가동되는 동안 마이크로프로세서가 모든 것을 제어하며, 마이크로프로세서의 클럭은 모든 컴퓨터의 작동 시간에 맞도록 수행하기 위하여 전압의 펄스를 발생한다. 또한 컴퓨터가 어떤 형태의 기능을 수행하기 위해서는 그 컴퓨터에 프로그램을 하여야 하며, 프로그램은 컴퓨터를 제작할 때 ROM(Read Only Memory)에 저장된다. 마이크로프로세서는 적당한 순서로 각각의 프로그램 명령을 읽어내도록 ROM에 지시한다.

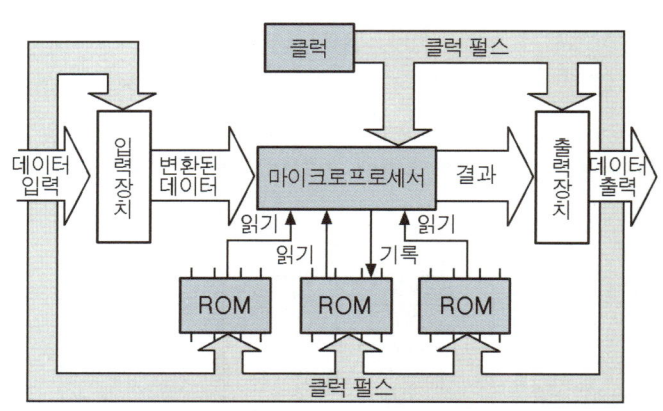

:: 컴퓨터의 작동 예

ROM은 일반적으로 프로그램뿐만 아니라 기준 데이터도 포함하고 있으며, 이들 데이터는 측정된 양들이 서로 비교되어 결정될 수 있도록 서로 구성되어 있다. 컴퓨터는 제어할 기능이 많으면 많을수록 ROM에 포함시켜야 할 기준 데이터가 많아진다.

센서로부터 받아들인 정보는 입력장치에 의하여 컴퓨터가 처리할 수 있는 형태로 변환되고, 마이크로프로세서에 공급된다. 마이크로프로세서는 입력 신호를 표준화하고 계산을 수행하여 기준 데이터와 비교하며, ROM에 저장된 프로그램을 기초로 하여 최종 결과를 결정한다. 이 때 RAM(Random Access Memory)은 데이터를 일시적으로 저장하기 위하여 사용된다.

프로그램의 최종 결과는 출력장치로 보내지며, 출력장치는 액추에이터를 가동할 수 있도록 신호 변환을 한다. 그림은 엔진 제어의 플로차트(flow chart)이다. 실제로 사용되는 것은 매우 복잡하게 되어 있지만, 기본적인 기능을 개념적으로 간단히 나타낸 것이다. 센서의 신호와 스위치의 신호가 입력되면서 시작하여 엔진을 시동할 때의 제어, 공회전할 때의 제어를 하며, 연료 분사량과 점화시기 등을 연산하여 적절한 시기에 각각의 액추에이터에 출력 신호를 보낸다. 또한 센서의 아날로그 신호를 처리하기 위하여 A/D 변환 처리를 한다.

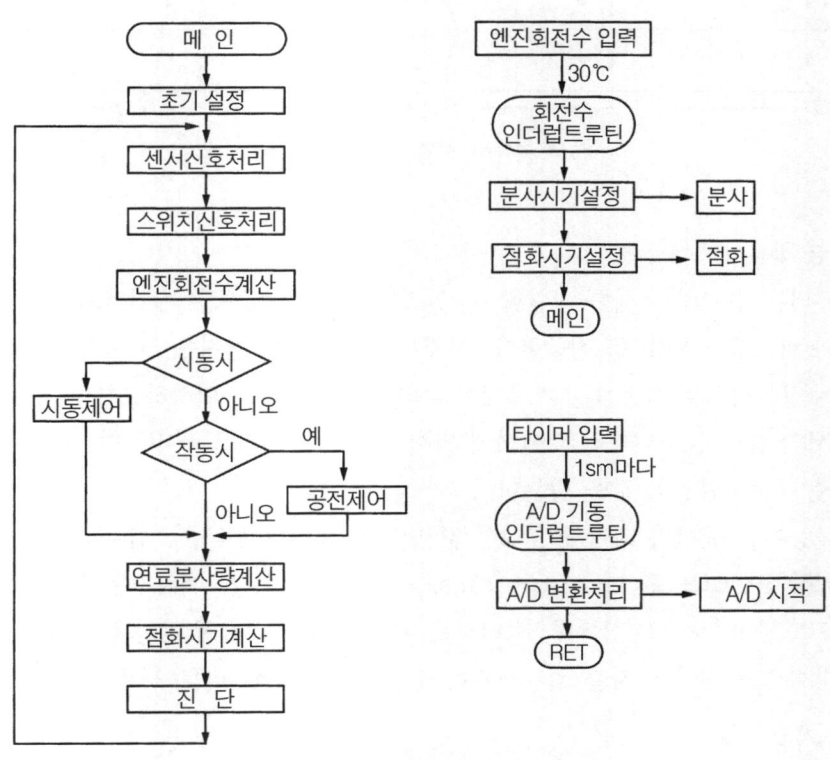

❈ 엔진 제어 플로차트

3) 적응 학습 제어 Adaptive Learning

적응 학습 제어는 엔진의 작동 상태를 모니터(monitor)하고 있는 센서 등의 신호에 의해 엔진의 상태, 부품의 성상, 흐트러짐, 열화 상태, 사용 연료, 기상 조건 등과 같은 엔진의 제어 성능에 관계되는 변수를 기억하고, 그 기억 값에 따른 최적의 제어 상수를 설정하는 것이다. 적응 학습 제어는 공연비 보정, 노크 제어, 공전속도 제어 등에서 사용되고 있으며, 컴퓨터는 룩업 테이블(look-up table)에 있는 정보를 조금씩 조정하여 적응 학습 제어를 실행한다.

예를 들어 연료 분사 장치의 인젝터가 부분적으로 막힌 경우 컴퓨터는 인젝터로 보내는 신호의 펄스폭을 조정한다. 즉, 인젝터 열림 시간을 길게 하여 감소된 연료 분사량을 보상한다. 다음 그림은 공연비 룩업 테이블에 의한 적응 학습 수정 계수를 나타낸 것이다. 테이블은 흡기다기관의 압력과 엔진의 회전속도를 기초로 하여 만들어지며, 수정은 테이블에 있는 수에 대한 승수이다. 만약, 엔진이 설계된 대로 정확하게 가동을 하고 있다면 룩업 테이블은 변화가 없을 것이다. 그러나 변화가 필요하다고 판단되면 그림에서처럼 필요한 영역에서 승수가 조정된다. 따라서 어떤 영역에서는 공연비가 증가할 것이며, 어떤 영역에서는 감소될 것이다. 적응 학습 값은 KAM(Keep Alive Memory)에 저장된다. 이것은 배터리 단자의 케이블을 분리하면 학습한 정보가 손실되기 때문에 적당한 기능을 회복하기 위해서는 배터리 단자의 케이블을 연결한 후 얼마 동안의 주행으로 다시 학습시켜야 한다.

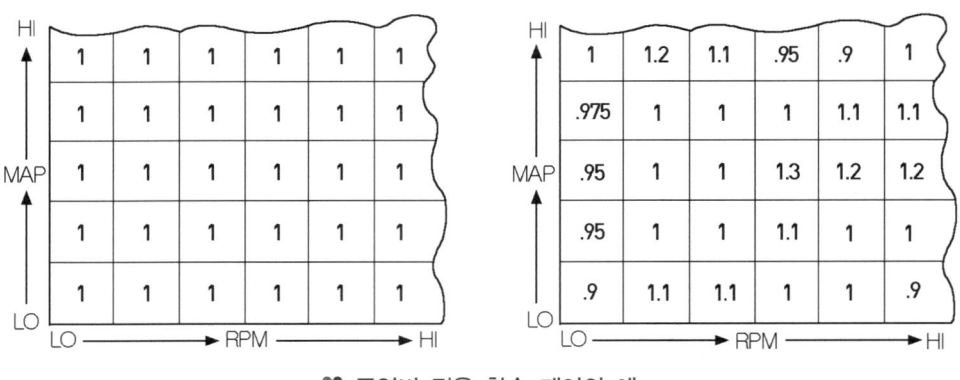

∷ 공연비 적응 학습 제어의 예

4) 고장 진단 기능 Diagnostics

엔진 제어 컴퓨터는 장치의 문제를 진단할 수 있으며, 문제가 있으면 계기판의 결함 지시등이나 체크 엔진 램프(CHECK ENGINE LAMP)를 점등한다. 이것은 운전자에게 엔진을 정비하여야 된다는 것을 경고하는 것이다. 컴퓨터는 정상적으로 작동하는 차량에서 나타나는 데이터를 인식하도록 프로그램 된다. 즉, 컴퓨터는 여러 가지 센서의 출력을 모니터하고 센서에 의해 산출된 데이터를 처리하며, 각 센서로부터의 데이터는 컴퓨터가 인식하는 어떤 범위의 값을 갖는다.

만약 센서가 불량이면 센서의 데이터가 정상 값 범위를 벗어나게 되고, 컴퓨터는 이 값을 인식하도록 프로그램 되어 기억장치에 코드 된 메시지(message)를 기억시켜 둔다. 메시지는 고장 코드라고 부르는 수의 형태이다. 고장 코드는 KAM에 저장되며, 정비사는 이 코드를 검색하여 엔진을 정비한다. 고장 코드를 검색하는 방법은 일반적으로 진단 단자를 접지시키는 경우와 진단 테스터를 사용한다.

5) 백업 Back Up 기능

엔진 제어장치에서 어떤 결함이 발견되면 체크 엔진 램프를 점등하고, 서비스 코드를 세팅하게 되며, 컴퓨터는 백업이나 페일 세이프 모드(fail safe mode)를 실행하게 된다. 이 모드는 다양한 이름으로 표현되며, 제한된 작동 전략, 림프 인 모드(limp-in mode), FMEM(Failure Mode Effects Management) 전략 등이 있다. 백업 모드에서 컴퓨터는 일반적으로 고정된 점화시기와 연료 분사 시간을 제공한다. 따라서 구동 성능에는 어느 정도 영향을 미치지만 차량을 정비하기 위하여 가까운 정비 업소까지는 운행할 수 있다.

6) 직렬 데이터 전송 Serial dater Transmission

직렬 데이터는 한 비트의 데이터가 다른 한 비트의 데이터 후에 보내지는 것을 의미하며, 이것은 컴퓨터 사이 또는 컴퓨터 장치에서 각 장치들 사이에서 데이터를 주고받을 때 사용한다. 이때 데이터가 전송되는 비율을 **보드 레이트**(baud rate)라 한다.

7) 전압 조정기 voltage Regulator 및 컴퓨터 접지 회로

컴퓨터 회로가 정상적으로 작동하기 위해 일정한 전압의 공급이 요구되며, 컴퓨터가 센서에 보내는 기준 전압도 항상 일정하게 유지하는 것이 중요하다. 그러나 자동차 배터리의 전압은 배터리의 부하와 충전 상태, 주위의 환경에 따라 변화한다. 따라서 컴퓨터에 의해 공급된 기준 전압을 항상 일정하게 유지하기 위해 대부분의 컴퓨터는 전압 조정기를 내장하고 있으며, 컴퓨터가 적절히 작동하기 위해서는 접지 회로에서 전압 강하가 없어야 한다. 즉 접지는 일정하게 0V가 되어야 하며, 이것을 확실하게 하는 방법은 절연 접지를 하는 것이다. 이것은 접지선을 배터리 (-)단자에 바로 연결하며, 다른 장치와 접지선을 공유하지 않는다는 것을 의미한다.

8) 점화 스위치를 OFF시켰을 때 컴퓨터의 작동

자동차에서 컴퓨터는 점화 스위치를 OFF시켰을 때 KAM을 위하여 배터리로부터 전류를 공급받으며, KAM을 제외한 컴퓨터 회로는 점화 스위치를 OFF시켰을 때에는 작동하지 않는다. 이 전류는 배터리의 방전을 방지할 수 있을 정도로 충분히 적지만, 자동차를 장시간 가동하지 않을 경우에는 배터리를 방전시킬 수도 있다. 일부의 자동차에서는 점화 스위치가 OFF되었을 경우에도 컴퓨터가 작동되어야만 하는 경우도 있다. 예를 들어 도어가 열릴 때에는 컴퓨터가 작동되어 커티시 라이트(courtesy light)가 점등된다. 따라서 점화 스위치가 OFF된 경우에도 컴퓨터 회로가 계속 작동하면 배터리가 지나치게 소모될 가능성이 있다.

따라서 이러한 장치는 배터리 방전을 방지하기 위해 웨이크 업(wake up)기능을 가지고 있다. 즉, 컴퓨터 회로가 꺼져 있으면 전류는 흐르지 않으나, 컴퓨터가 웨이크 업 신호를 받으면 마이크로프로세서는 기억된 프로그램을 가동하기 시작한다.

2 섀시 제어용 센서

1 압력 검출용 센서

1) 오일 압력 센서

유압 배력 장치인 유압 부스터(booster)를 설치한 브레이크 계통의 유압 제어에서 사용하는 센서이며 어큐뮬레이터(축압기 ; accumulator)의 오일일 압력을 검출하여 펌프의 ON/OFF 또는 이상 저압을 스위치 신호로 출력한다. 그림에 오일 압력 센서의 구조를 나타내었다. 반도체 변형 게이지와 금속 다이어프램으로 구성되어 있으며 압력을 다이어프램에 설치된 반도체 변형 게이지로 감지하여 전기 신호로 변환시킨 후 출력한다.

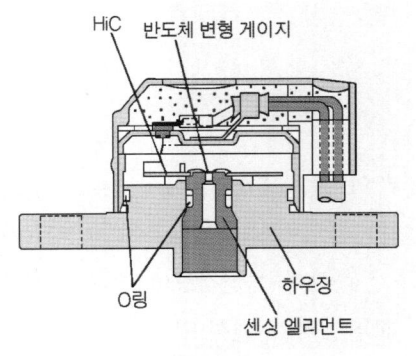

:: 오일 압력 센서의 구조

2) 절대 압력형 고압 센서

절대 압력형 고압 센서는 액티브 현가장치의 유압의 검출에 사용되고 있다. 증폭 회로와 온도 보상 회로를 내장하고 있으며 압력 매체에 접하고 있는 부분에는 스테인리스 다이어프램을 사용하여 높은 압력에도 견딜 수 있는 구조를 하고 있다. 그림에 절대 압력형 고압 센서의 구조를 나타내었다. 이 센서는 실리콘을 가공한 얇은 다이어프램에 확산 저항을 붙인 센서 소자를 사용하고 있다.

3) 마스터 실린더 압력 센서

이 센서는 아래 그림에 나타낸 바와 같이 마스터 실린더 하부에 설치되어 있어 마스터 실린더의 출력 유압을 검출한다. 오른쪽 그림은 그 구조도이며 피에조 저항 효과를 이용한 반도체 압력 센서로서 다이어프램과 스트레인 게이지가 일체화되어 있다.

유압이 가해지면 다이어프램이 변형하고 그 변화에 의해 스트레인 게이지의 저항이 변화하여 브리지 회로에서 압력에 비례한 전기 신호가 검출된다. 이 전기 신호를 회로 기판에서 전압으로 변화하여 ECU로 신호를 보낸다.

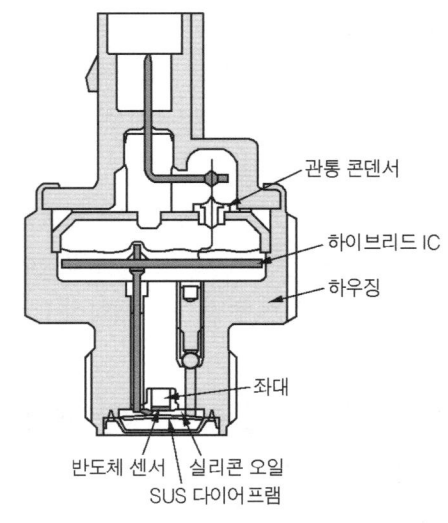

관통 콘덴서
하이브리드 IC
하우징
좌대
반도체 센서 / 실리콘 오일
SUS 다이어프램

•• 절대 압력형 고압 센서의 구조

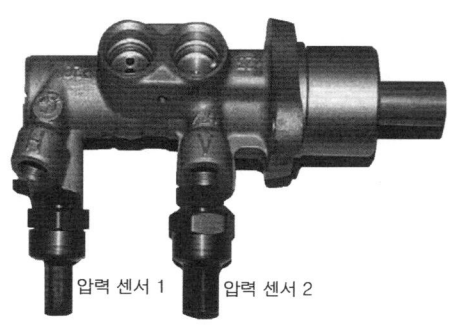

압력 센서 1   압력 센서 2

•• 마스터 실린더 압력 센서의 설치 위치

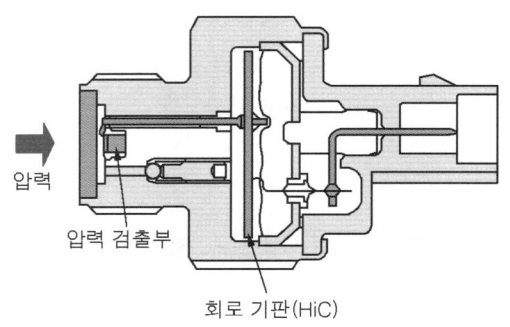

압력
압력 검출부
회로 기판(HiC)

•• 마스터 실린더 압력 센서의 구조

4) 어큐뮬레이터 축압기, accumulator 압력 센서

이 센서는 오른쪽 그림과 같이 유압 유닛 상부에 설치되어 있으며, 어큐뮬레이터의 압력을 검출한다. 센서의 기본 구조는 마스터 실린더 압력 센서와 동일하다.

2 각도 검출용 센서

1) 홀 소자 방식 차고 센서

홀 소자 방식 차고 센서는 회전축의 회전각에 따른 아날로그 전압을 90℃ 범위에서 출력하는 장치이다. 홀 소자가 회전축에 고정된 자석의 회전에 의해 변화하는 자속을 검출하여 회전각도에 따른 전압을 사인 함수로 출력하는 자기 전기 교환방식의 센서이다.

자동차에서는 주행상태에 따른 자동차의 자세나 승차감을 자동적

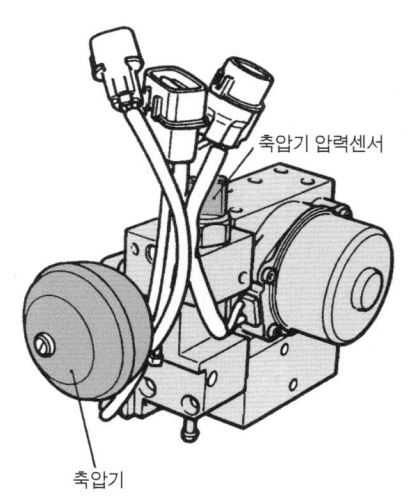

축압기 압력센서

축압기

•• 어큐뮬레이터 압력 센서 설치 위치

으로 조정하는 액티브 현가장치의 차고센서로 사용된다. 이 경우는 차고를 링크 기구에 의해 회전각으로 변환하고 있다. 또한 승차 인원수나 적재량의 증감에 의해 차고의 변동을 자동적으로 조정하는 차고 제어 장치에서도 사용되고 있다.

홀 소자의 개념도를 그림에 나타내었다. 홀 효과는 반도체에 전류가 흐르는 방향의 수직 방향으로 자계를 가하면 자계의 작용에 의해 반도체 내의 전기 전도를 행하는 전하(-전자)가 휘어지고 반도체 내의 수직 방향으로 전하의 밀도가 치우침이 생겨 전위차가 발생하는 현상이다.

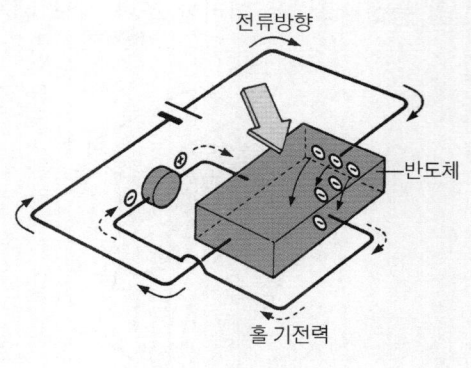

:: 홀 소자의 개념도

2) 광학식 차고 센서

차고 센서는 자동차의 현가장치의 위치 변화량을 센서 회전축의 회전으로 변환하여 그 회전각을 검출하는 광학식 센서이다. 그림과 같이 디스크 원주 상에 회전 각도를 디지털 코드화 한 슬릿에 의해 포토 인터럽트(발광 다이오드와 포토 트랜지스터로 구성됨)의 빛을 단속시켜 회전 각도를 검출하는 구조로 되어 있다.

센서 내부에는 링크의 회전을 전달하는 회전축이 있고 회전축에는 슬릿이 설치된 디스크가 있다. 이 디스크를 감싸듯이 센서의 포토트랜지스터가 4쌍이 설치되어 있다. 링크가 회전하면 포토트랜지스터가 디스크에 의해 빛이 단속되므로 ON 상태 또는 OFF 상태로 되며, 이 변화하는 상태를 컴퓨터에 보내는 것이다. 이 센서는 승차 인원이나 적재량의 증감에 의해 차고의 변동을 자동적으로 조정하는 차고 제어 장치의 차고 센서로 사용되고 있다. 또한 노면 상태에 따른 현가장치의 특성을 바꿔주는 전자제어 현가장치에서 험한 도로의 검출에도 사용되고 있다.

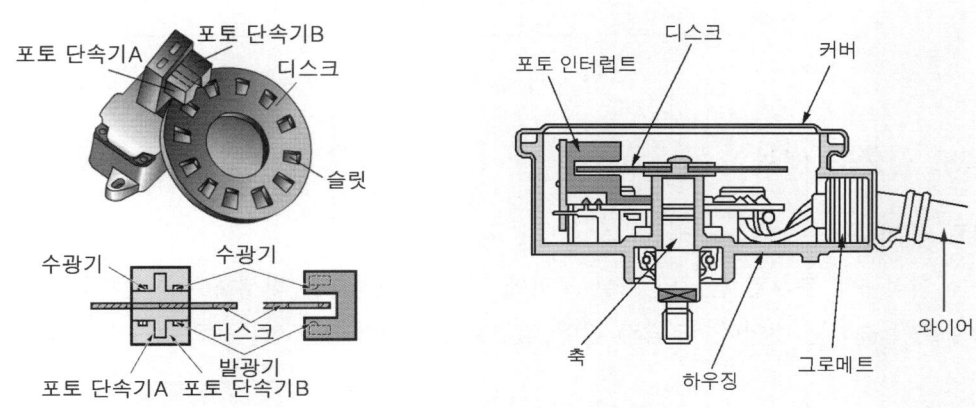

:: 광학식 차고 센서의 구조

3) 조향 각도 센서

조향 각도 센서는 **광전식 변화율 센서**라고도 하며 회전축의 회전각 및 방향을 검출한다. 회전축에 설치된 디스크와 디스크의 회전각을 검출하는 센서 본체 부분으로 구성되어 있다. 그림에 나타냈듯이 조향 축에 압입된 디스크의 중앙에는 슬릿 판이 설치되어 있으며, 이 슬릿 판 주위에 90° 위상을 가진 포토 인터럽트가 컬럼(column) 튜브에 2개가 설치되어 있다. 그림과 같이 조향 축에 의해 포토 인터럽트의 빛을 단속시켜 회전 각도를 검출하고 있다. [조향각 센서

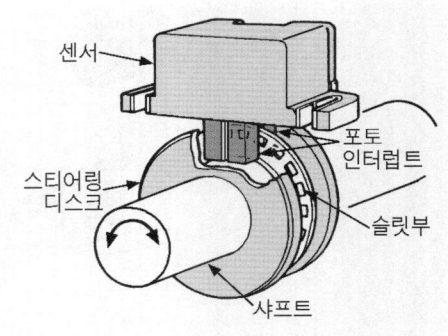

:: 조향 각도 센서의 설치 상태

의 특성] 그림은 이러한 조향 각도 센서의 좌, 우 회전을 판단하는 원리를 나타낸 그림이다.

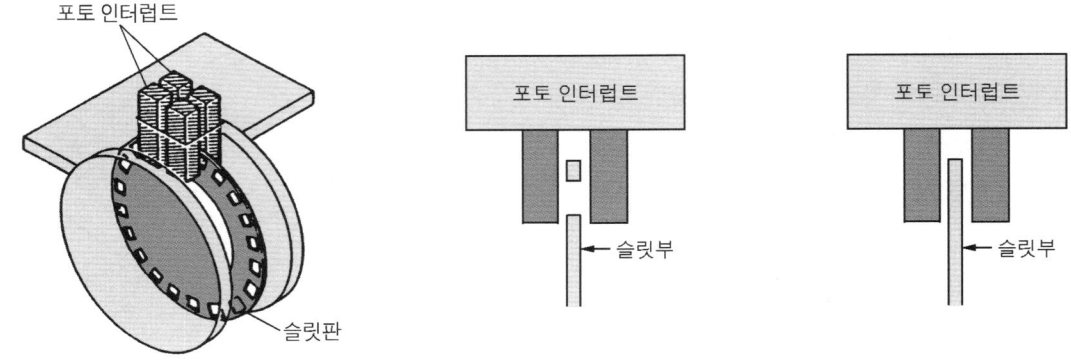

포토 인터럽트

슬릿판

포토 인터럽트

슬릿부

포토 인터럽트

슬릿부

∷ 조향 각도 센서의 동작 설명도

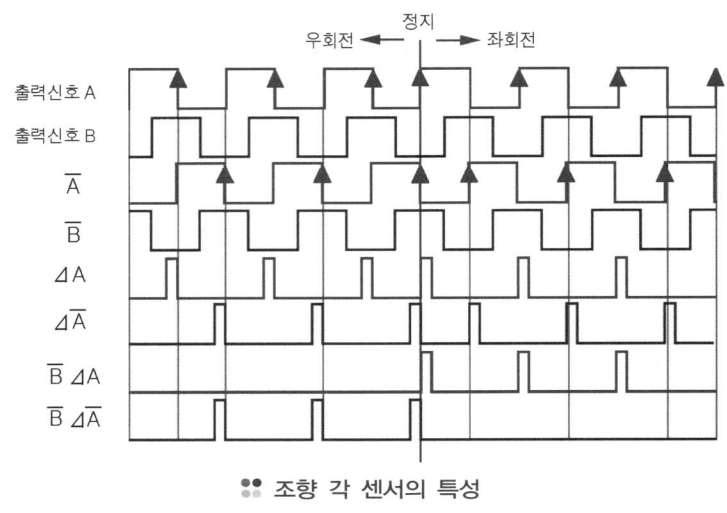

정지
우회전 ← → 좌회전

출력신호 A
출력신호 B
$\overline{A}$
$\overline{B}$
ΔA
$\Delta \overline{A}$
$\overline{B} \Delta A$
$\overline{B} \Delta \overline{A}$

∷ 조향 각 센서의 특성

3 회전 속도 검출용 센서

1) 휠 스피드 센서 wheel speed sensor

이 센서는 회전체에 부착된 톱니의 이빨 모양에 따른 출력신호를 발생하여 회전체의 회전수, 회전속도, 가감속 상태를 검출하는 것이다. 그림과 같이 영구자석과 코어 및 코일 등으로 구성되어 있다.

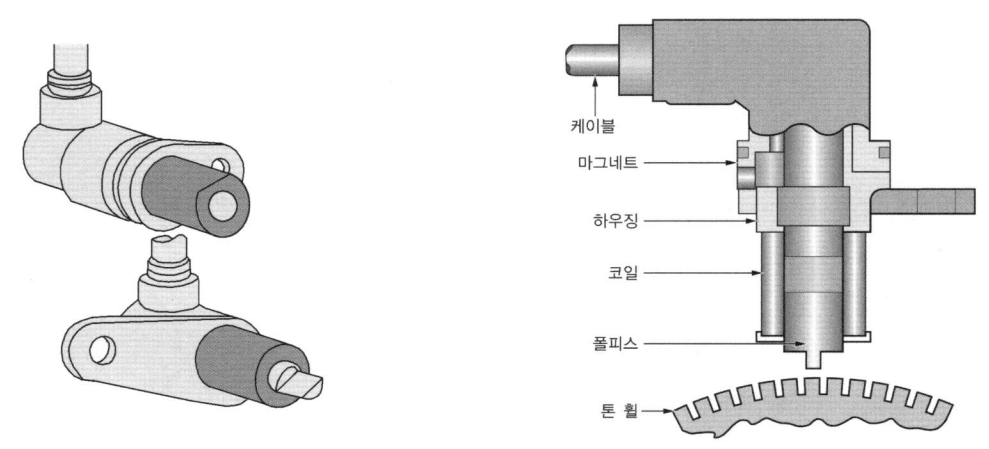

케이블
마그네트
하우징
코일
폴피스
톤 휠

∷ 휠 스피드 센서의 외형과 구조

센서의 끝 부분에 톱니가 달린 회전체에 근접되어 있기 때문에 톱니가 달린 회전체가 회전하면 센서의 영구 자석에서 발생하는 자속의 통과량이 변화하여 코일에 교류 전류가 발생한다.   .

2) 리드 스위치형 차속 센서

리드 스위치는 작은 유리관의 중간에 강자성체의 가늘고 긴 판형 상태의 리드를 2장 넣은 구조로 되어 있다. 그리고 바깥쪽 자석의 자극 위치에 따라 가운데의 리드가 서로 ON-OFF되는 스위치 작용을 하고 있다. 그림은 리드 스위치형 차속 센서의 구조이다. 차속 센서 내의 회전체에 근접하여 리드 스위치가 놓여 있고 차속 센서의 케이블이 회전하면 자석도 회전하며 N·S의 자극이 리드 스위치 접점 위치에 접촉되거나 떨어진다.

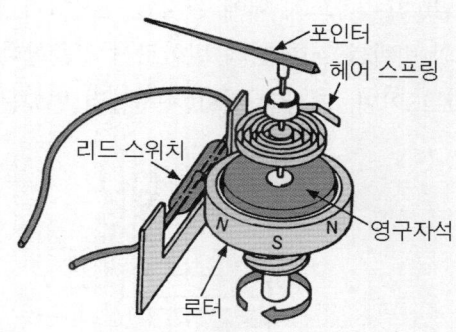

:: 리드 스위치형 차속 센서의 구조

그림 A는 리드 스위치가 흡인된 상태이고 그림 B는 리드 스위치가 반발한 상태를 나타낸 것이다. 즉 근접 위치로부터 N·S극이 떨어져 있으면 상하 접점에는 다른 종류의 자극이 다가오며 접점이 서로 당겨져 스위치는 ON이 된다. 한편 접점 위치에 N극 또는 S극이 다가가고 있을 때는 접점에서 같은 종류의 자극이 되어 서로 반발하여 스위치는 OFF가 된다. 제어 부분에는 접속하는 것에 따라 센서 케이블 1회전으로 4펄스의 출력이 발생한다.

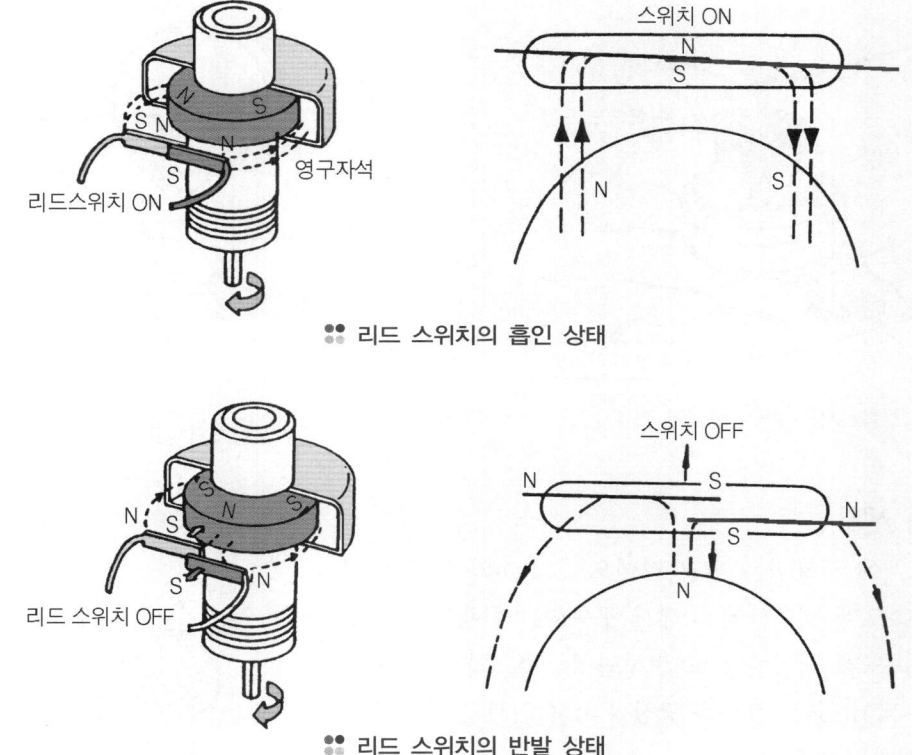

:: 리드 스위치의 흡인 상태

:: 리드 스위치의 반발 상태

3) 자기 저항 소자형 회로 센서

이 센서는 자기에 의해 저항이 변화하는 자기 저항 소자(MRE)를 사용하여 주행속도를 검출하는 장치이다. 속도계나 변속기 등의 회전속도를 검출하기 위해 변속기에 직접 설치하여 센서의 케이블리스(cable-less)화가 가능하다.

아래 그림 (A)는 구조를 나타낸 것으로 자석의 링과 하이브리드(hybrid) IC에 MRE를 내장한 구조로 되어 있다. 구동축이 기어에 의해 구동되면 이것에 연결된 링크 다극 자석이 회전한다. 이 자석의 회전으로 발생하는 자속 변화에 의해 IC내에 있는 MRE의 저항이 변화한다. 그림 (B)는 이 센서의 작동 원리를 나타내었다. 그림(C)는 속도계 내에 설치된 센서이며 지시용 자석의 근처에 자기 저항 소자를 놓고 자석의 회전에 의해 자속의 변화를 저항 값의 변화로서 검출한다. 이 때 자속의 변화는 자석의 회전에 비례한다. 또한 그림(D)는 그 회로도이며, 저항의 변화는 전압의 변화를 비교기에서 비교하여 트랜지스터의 ON, OFF신호를 출력하고 있다.

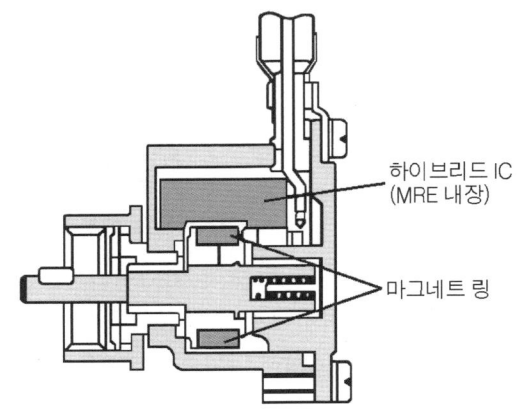

‥ 자기 저항 소자식 회전 센서의 구조(A)

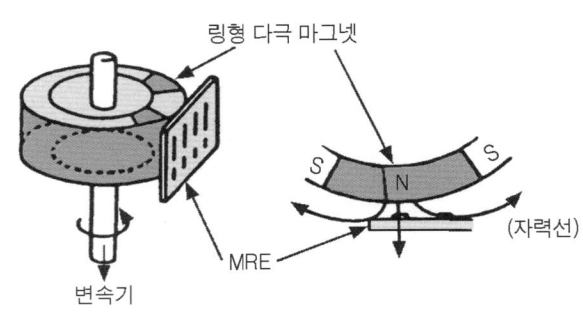

‥ 자기저항 소자식 회전 센서의 원리 (B)

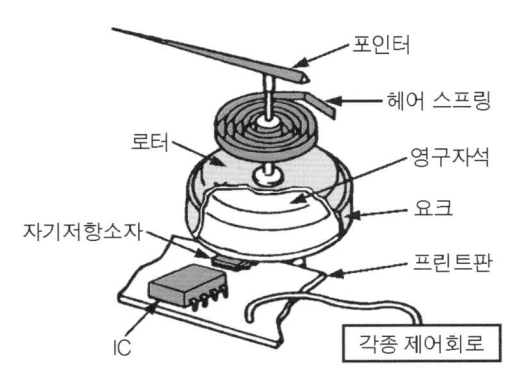

‥ 자기저항소자와 차속 센서의 관계 (C)

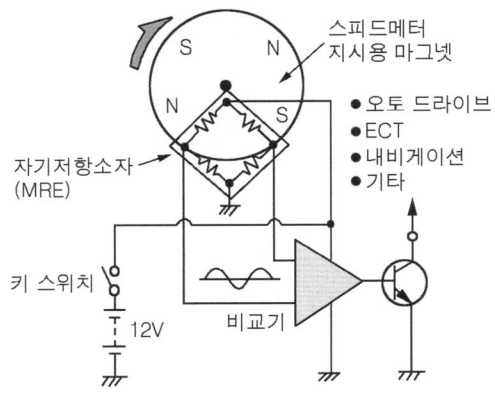

‥ 자기저항소자 차속 센서의 회로(D)

4) 광전식 차속 센서

디지털 속도계에 사용되는 발광 다이오드(LED)와 포토 인터럽트, 그리고 속도계 케이블에 의해서 구동되는 차광판으로 구성되어 있다. 속도계 케이블이 1회전하면 20 펄스의 출력이 발생하는 구조로 되어 있다. 그림은 광전식 차속 센서의 구조이며, 계기판 내에 설치되어 있다.

차광판이 없을 때는 포토트랜지스터에 발광 다이오드의 빛이 부딪혀 전류가 흐르기 때문에 포토트랜지스터가 ON이 되어 출력하는데, 약 5V의 전압이 발생한다. 이 동작은 속도계 케이블 1회전으로 20회 행해지며 속도계 케이블은 60km/h에서 637회 전한다. 디지털 속도계는 형광 표시관, 마이크로컴퓨터, IC 등

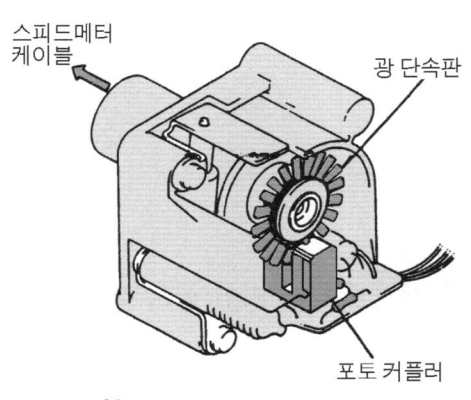

‥ 광전식 차속 센서의 구조

으로 구성되며, 차속 센서로부터의 펄스 신호에 맞는 차속을 형광 표시관에 표시하며, 그 외의 신호를 회전계, 연료 게이지, 온도계 등의 유닛으로 보낸다.

5) 요레이트 Yaw rate 센서

차체의 선회 각속도를 검출하는 센서이며 최근 바퀴 주변에 관계된 신기술(VSC, VSA, VDC, ASC 등)에는 반드시 필요한 센서이다. 요레이트 센서는 진동하고 있는 금속판에 회전이 가하여 졌을 때 그 회전 속도에 반응하여 발생하는 코리올리 힘을 검출하는 형식의 진동형 각속도 센서이다.

아래 그림은 센서의 작동 원리를 나타낸 것이다. 진동형 각속도 센서는 구동과 검출을 겸한 압전 소자 2장을 4각 기둥의 인접한 2면에 설치하여 진동의 접점을 지지한 것이다. 압전체의 입력 신호에 대해 위상과 서로 다른 출력 신호를 검출하는 것으로 회전 각속도의 크기에 따른 출력 신호를 구하는 것이다.

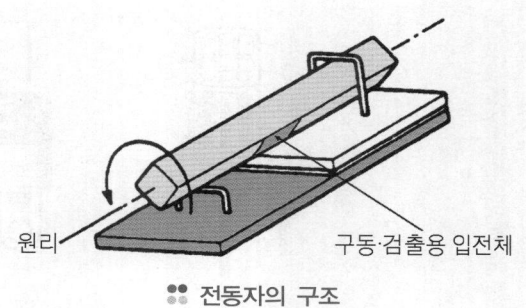

:: 전동자의 구조

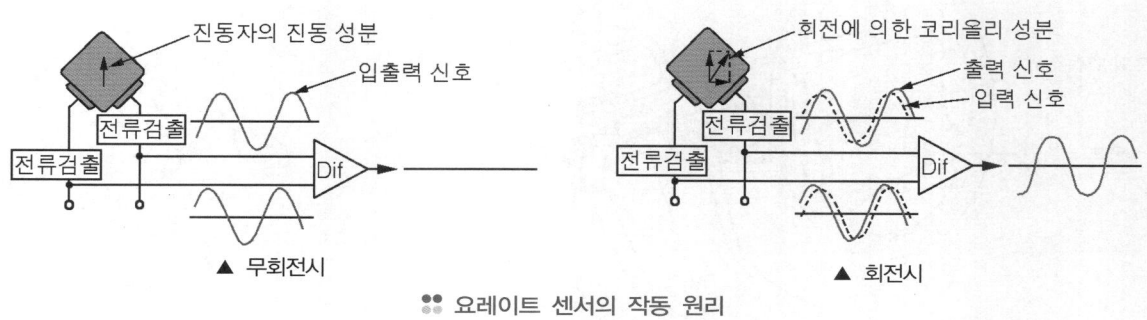

:: 요레이트 센서의 작동 원리

4 마이크로컴퓨터 프리 세트 조향 각용 센서

틸트(tilt) 기구와 텔레스코픽(telescopic) 기구에 모터를 설치하여 컴퓨터로 어웨이 제어(away control)와 오토 세트 제어(auto set control)를 하는 마이크로컴퓨터 프리 세트 조향 각 장치에는 틸트 위치 센서와 텔레스코픽 위치 센서가 사용되고 있다. 틸트 위치 센서는 리니어 형식으로 틸트 조향 각 하우징 지지대에 부착되어 있다. 센서는 조향 각 위 튜브의 위치(틸트 위치)를 검출하여 컴퓨터에 전기 신호로 보낸다.

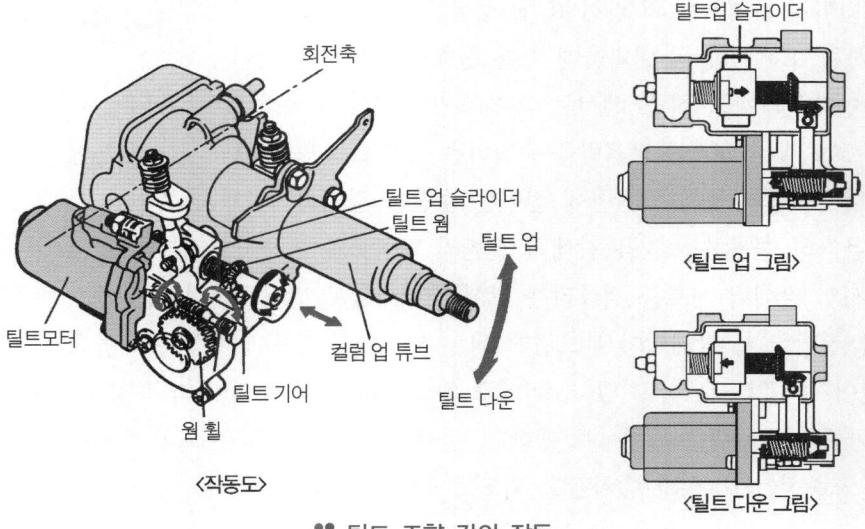

:: 틸트 조향 각의 작동

텔레스코픽 조향 위치 센서는 리니어 형식(linear type)으로 브레이크 어웨이 브래킷에 부착되어 있다. 이 센서는 조향 각 위 튜브의 위치(텔레스코픽 위치)를 검출하여 컴퓨터에 전기 신호로서 보내는 것도 틸트 위치 센서와 같다. 그림 D는 텔레스코픽 조향 위치 센서의 작동이다.

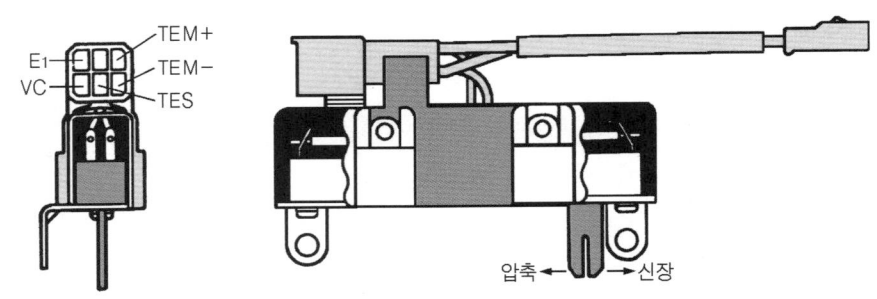

•• 텔레스코픽 조향 위치 센서의 구조

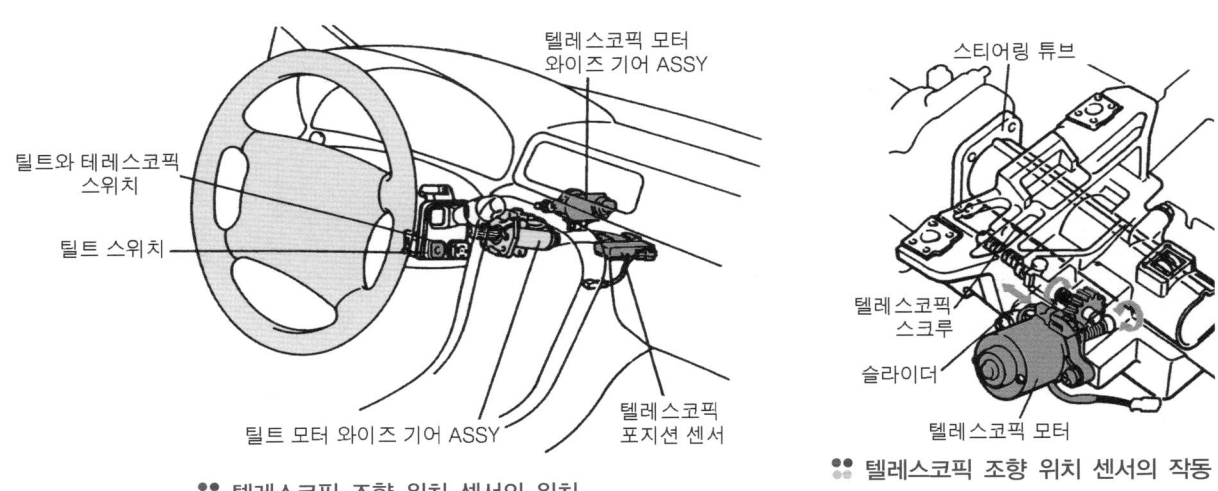

•• 텔레스코픽 조향 위치 센서의 위치

•• 텔레스코픽 조향 위치 센서의 작동

5 피에조 하중 검출용 센서

피에조 소자는 납(Pb), 지르코니아(Zr), 티탄(Ti)을 주성분으로 한 압전 세라믹으로 소자에 힘을 가하면 전하를 발생하며(압전 효과), 반대로 전압을 가하면 위치 변화가 발생하는(역 압전 효과) 성질을 가지고 있다. 이 성질을 이용하여 하중 또는 하중의 변화율에 따른 신호를 출력하는 것이 피에조 하중 센서이다. 피에조 하중 센서는 피에조 TEMS의 쇽업소버 (shock absorber) 로드에 내장되어 감쇄력을 측정하는 것으로 노면의 요 철 상태를 검출한다. 노면의 돌기나 단차에 접어든 순간을 감지하여 그

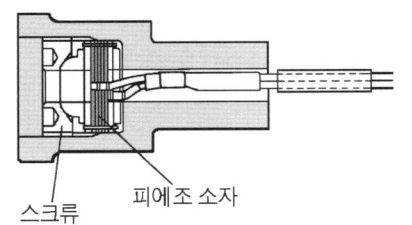

•• 피에조 하중 센서의 구조

순간에 감쇄력이 급격히 증가하는 것을 감쇄력 절환의 판정으로 이용하고 있다.

피에조 하중 센서의 감쇄력 신호를 컴퓨터는 감쇄력 변화율로 받아들이며 이것이 기준치를 넘었을 때에는 감쇄력을 부드럽게 전환한다. 감쇄력이 부드럽게 되는 시간은 충격을 억제하는데 필요 최소한의 시간으로 조종성, 안정성이 떨어지지 않도록 하고 있다. 피에조 하중 센서에 의한 노면의 측정은 4바퀴 독립으로 행하고 감쇄력 변환은 앞바퀴와 뒷바퀴를 독립으로 행한다. 감쇄력 변환의 측정은 노면 상태에 따라 변화시키는데 모든 노면 상태에서 조종성, 안정성과 승차감을 최고로 만들어 준다.

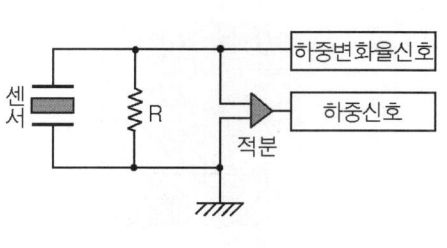

:: 피에조 하중 센서의 기본 회로

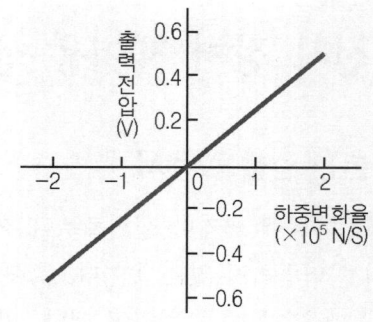

:: 피에조 하중 센서의 특성

6 브레이크 패드 마모량 검출 센서

이 센서로는 검출 부분의 마모가 한계를 넘은 지점에서 센서 자신을 마모시키는 방법과 센서를 접촉시키는 방법이 있다.

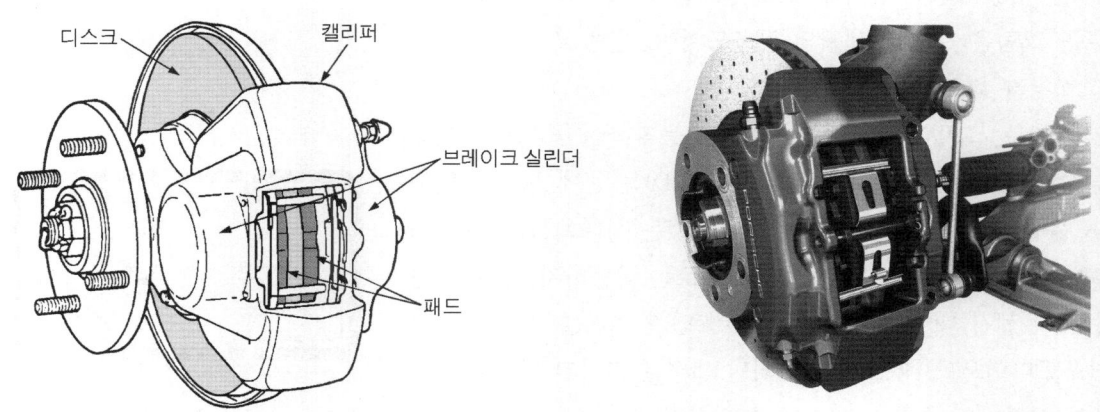

:: 디스크 브레이크 패드의 마모 검출용 센서가 붙어 있음

아래 그림은 브레이크 패드 내에 설치된 센서의 상태를 표시했다. 브레이크 패드의 마모 한계로 패드 센서의 U자형의 선단이 위치하도록 설치하면 패드가 마모되어 한계점이 되면 U자 부분이 마모 절단되어 전기 회로를 열고 컴퓨터에 이상 신호를 보낸다. 그리고 운전자에게 경고등을 점등하여 알리는 구조로 되어 있다.

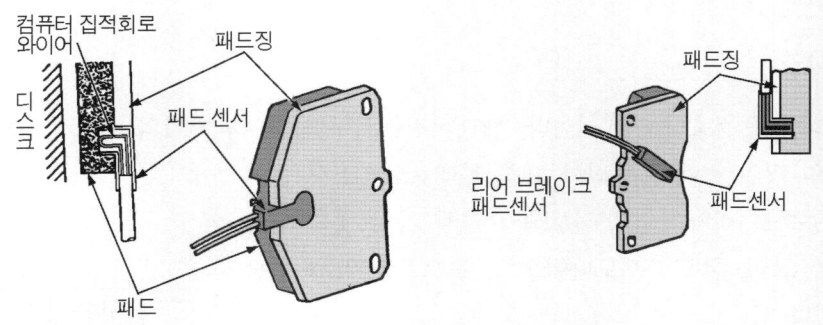

:: 마모 검출용 센서의 설치 위치와 구조

3 전기 장치 제어용 센서

1 연기 및 분진 검출용 센서

자동차의 실내는 담배 연기나 실외로부터 침입하는 티끌이나 먼지 등으로 의외로 더럽혀져 있는 곳이다. 그대로 방치해 두면 사람의 눈이나 목에 매우 안 좋은 원인이 된다. 따라서 티끌이나 먼지 등을 공기로부터 제거하여 정화시킬 필요가 있다. 이러한 공기 정화기에 사용되고 있는 것이 스모그 센서이다.

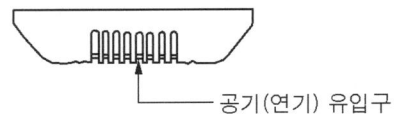

담배를 1~2개피 흡연한 정도의 작은 양의 연기나 티끌, 또는 먼지를 감지하면 자동적으로 공기 정화기는 작동을 시작하며 연기 등이 없어지면 자동적으로 정지해 항상 실내를 쾌적한 상태로 보전한다. 오른쪽 그림은 스모그 센서의 구조도이며, 발광 소자, 수광 소자 및 신호처리 회로도가 내장되어 있다.

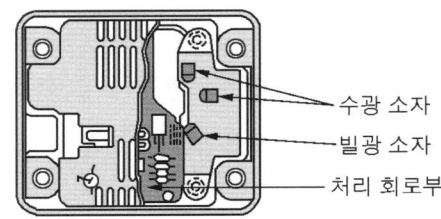

:: 스모그 센서의 구조도

스모그 센서는 그림과 같이 슬릿(slit)을 통과하여 공기가 자유롭게 흐를 수 있도록 되어 있다. 발광 소자(LED)는 눈에 보이지 않는 적외선을 틈틈이 발광하고 있으며, 연기가 없는 상태에서는 이 적외선은 수광 소자에는 들어가지 않으므로 회로는 작동하지 않는다. 담배 연기 등이 센서 내에 들어가면 틈틈이 연기 입자를 반사하여 수광 소자(포토다이오드)에 들어가게 되면 센서는 연기가 있다고 판단하여 공기 정화기의 송풍기 모터를 회전시킨다.

스모그 센서의 내부 회로는 외란에 의한 오작동을 방지하기 위해 펄스 발진 방식을 사용하고 있으며, 똑같은 파장의 적외선이 들어와도 펄스와 같지 않는 이상 스모그 센서는 연기가 있다고 판단하지

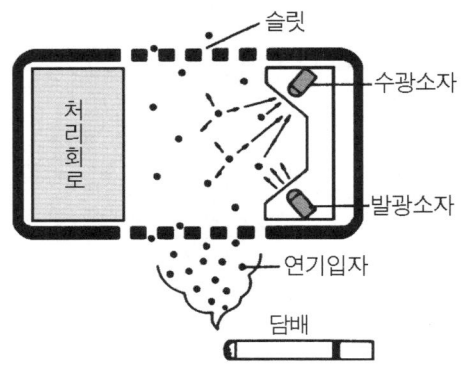

:: 스모그 센서의 원리

않는다. 또한 한 번 연기를 감지하면 연기가 없어져도 2분간은 송풍기 모터가 계속하여 회전하는 방식의 연장 타이머 회로가 부착되어 있다.

2 광 검출용 센서

이것은 광학적 에너지를 검출하는 센서이다. 텔레비전에서 시작된 AV 기기의 리모컨, 카메라의 오토 포커스 기능, CD 플레이어의 픽업 등에 응용되어 각종 일렉트로닉스 제품이 소형, 경량화, 고기능화로 비약적으로 진보해 오면서 가장 널리 보급되어 있는 센서이다. 그 종류에는 포토다이오드, 포토트랜지스터, 광학 IC, CdS 등이 있다.

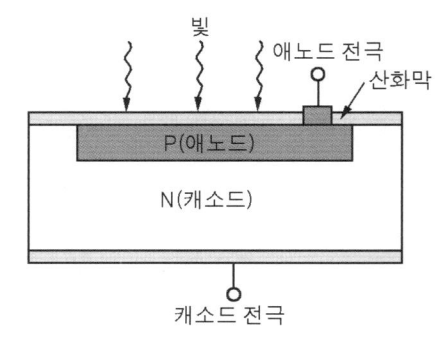

1) 광 센서의 종류

① 포토 다이오드 : 실리콘의 P-N 접합의 광기전력을 이용한 것으로 기본적으로는 일반적인 P-N접합 다이오드와 같은 구조를 가지고 있는 광 센서이다.

:: 포토 다이오드의 구조

② **포토 트랜지스터** : 실리콘의 P-N 접합의 광기전력을 응용한 광센서로서 기본적으로는 일반적인 NPN 트랜지스터와 같은 구조를 가지고 있다. 베이스(base)와 컬렉터 (collector) 사이의 포토다이오드에 의한 광전류를 NPN 트랜지스터로 증폭할 수 있도록 되어 있다. 포토트랜지스터는 크게 나누어 싱글형과 증폭용 트랜지스터를 다링턴에 접속한 다링턴 형이 있다. 이것은 이미 소개한 발광 소자 (LED)와 수광 소자(포토트랜지스터)를 서로 향하게 한 포토커플러나 포토 인터럽트로서 사용되는 경우가 많다.

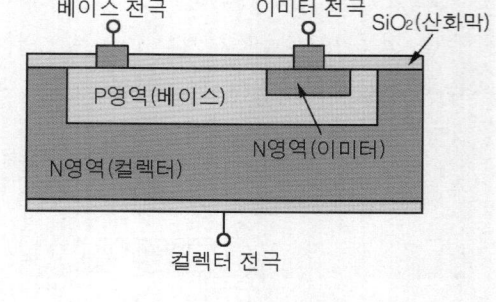

⁂ 포토트랜지스터의 구조

③ **광학 IC** : 이것은 포토다이오드와 신호 처리 회로를 1칩으로 집적한 광센서이다. 이 중에는 디지털 출력형, 리니어 출력형, 광변조형 등이 있다.

④ **CdS(황화 카드뮴) 광도전 셀** : 밝기에 의해 저항 값이 변화하는 성질을 이용하여 전류가 통하기 쉬워지는 광도전효과를 응용한 광센서이다.

2) 주위 광센서(제어기 내장 형식)

전조등(Head light)이나 미등의 자동 점등 및 소등 장치에서 사용되고 있는 센서이다. 사용 온도 범위가 −30~ 85℃로 넓고 온도 변화의 영향에도 강하므로 신뢰성이 높은 센서이다. 낮이나 밤 등의 조도의 차이를 검출한다. 그림은 구조도 인데 광전기 변환 효과를 가진 포토다이오드의 출력을 IC로서 증폭시켜 전기적인 ON · OFF 신호를 출력한다.

3) 일사량 센서

자동 에어컨 장치에 부착되어 일사량을 검출하며, 에어컨의 흡입이나 출력을 할 때 온도나 풍량을 조정하는 것이다. 즉 일사량의 변화를 포토다이오드로 감지하여 이것을 전류로 바꿔주어 검출하는 장치이다. 그림은 일사량 센서의 구조도이며 포토다이오드는 일사량에 대하여 뛰어나게 반응하는 특성이 있으며 주위 온도의 영향을 받지 않기 때문에 정확한 일사량을 알 수 있다.

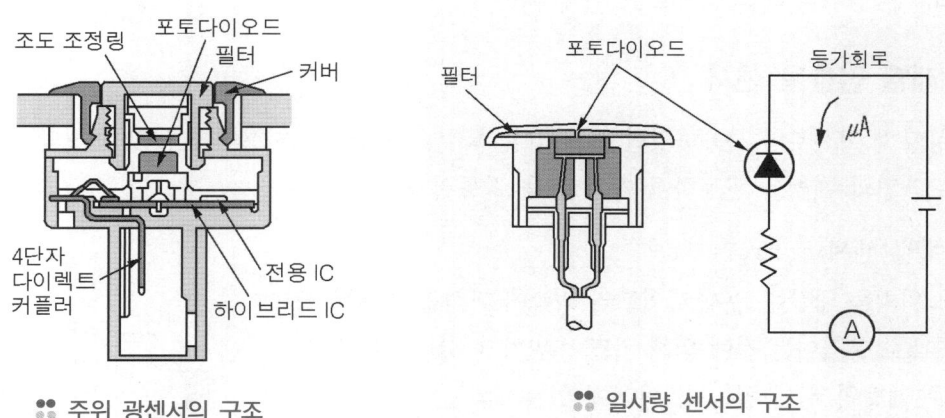

⁂ 주위 광센서의 구조　　　　　**⁂ 일사량 센서의 구조**

4) 라이트 제어 센서

자동 전조등과 미등 점등 장치에 사용되고 있는 것으로 자동차 주위의 조도를 스캐너 부분(집적화 광센서)에 의해 검지되며, 주파수 신호로서 MPX 보디 컴퓨터 No.2로 출력한다.

MPX 보디 컴퓨터 No.2란 이 센서로부터 조도를 주파수 신호로서 입력되어 자동적으로 미등 및 헤드라이트를 점등 또는 소등시키는 라이트 스위치로서 AUTO의 위치에서 작동한다. 단, 하향등과 상향등의 교환은 수동으로 이루어진다. 그림B에 라이트 제어 센서의 설치 위치를 나타내었다.

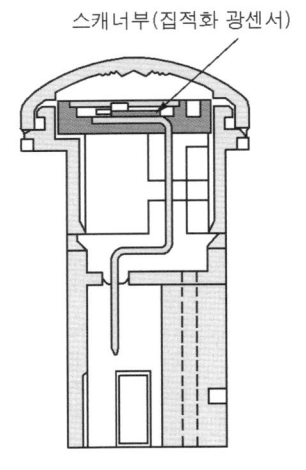

스캐너부(집적화 광센서)

:: 라이트 제어 센서의 구조

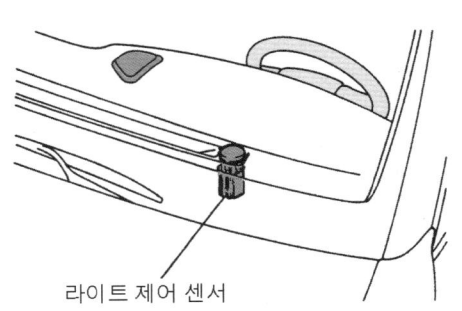

라이트 제어 센서

:: 라이트 제어 센서의 설치 위치

5) 광 도전식 광량 센서

빛이 들면 저항 값이 변화하는 CdS(황화카드뮴)을 사용한 반도체 소자이며 주위 밝음의 변화를 저항값의 변화로 바꿔주어 검출하는 센서이다 즉 어두울 때는 저항 값이 커지고, 밝을 때는 저항 값이 작아진다. 아래 그림에 이 센서의 구조를 나타내었으며, 필터의 안쪽에 CdS를 설치하였다.

CdS는 다결정의 소자로 뱀이 기어가는 것과 같은 패턴으로 배치함으로써 전극과의 접촉 면적을 크게 하여 높은 감도의 광센서로서 사용할 수 있다. 이것도 라이트 장치의 초기형에 사용되었었는데 가격이 비싸므로 최근에는 사용되고 있지 않다.

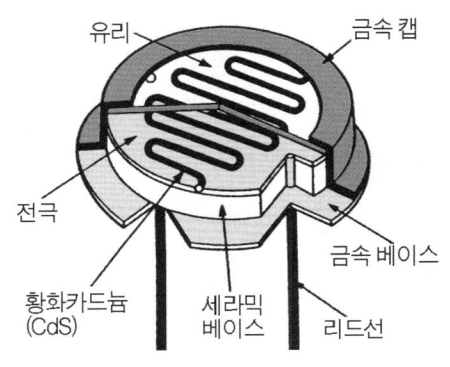

유리   금속 캡
전극
황화카드뮴   세라믹   금속 베이스
(CdS)   베이스   리드선

:: CdS 광량 센서의 구조

3 액면 레벨 검출용 센서

이것은 상당히 이전부터 사용하였던 센서이다. 특수한 반도체를 사용하지 않고 뜨개와 링크 등을 사용하여 기계적으로 액면의 레벨을 판정하여 계기 등을 작동시켜 왔다.

1) 오일 레벨 센서 oil level sensor

리드 스위치를 내장한 수지 파이프의 외측에 자석을 넣어둔 뜨개가 위, 아래로 움직이는 것에 의해 리드 스위치가 ON·OFF 되며 액면이 기준 레벨의 위에 있는지, 아래에 있는지를 판정하는 센서이다. 오른쪽 그림은 구조도이며, 엔진 오일 양 검출에도 이용되고 있다. 액면의 레벨에 이상이 있으면 레벨 센서는 ON이 되고 표시기 램프를 점등시킨다.

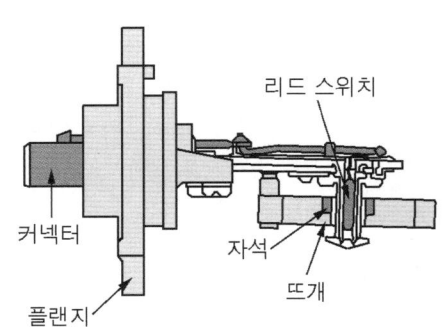

리드 스위치
커넥터
자석
플랜지   뜨개

:: 리드 스위치형 레벨 센서의 구조

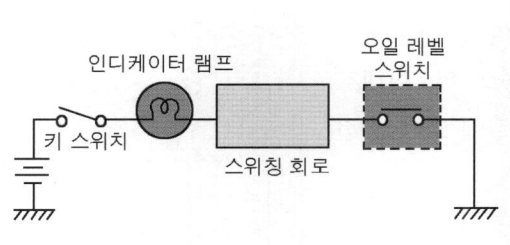

❖ 오일 레벨 경보 장치의 구성

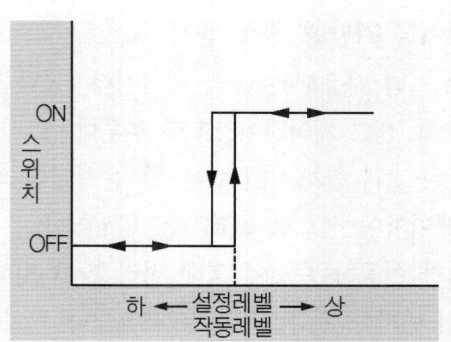

❖ 리드 스위치형 액체 레벨 센서의 특성

2) 서미스터형 연료 센서

이 센서는 연료의 보유량 검출에 이용되고 있다. 서미스터가 민감하게 액면을 감지하고 확실하게 잔유량을 경고한다. 서미스터에 전압을 가하면 약간의 전류가 흐르고 그 전류에 의해 자기 발열하는 성질을 이용하고 있다. 즉, 서미스터가 연료 중에 있을 때는 냉각이 잘되므로 서미스터의 온도가 올라가지 않고 저항 값이 높아진다. 한편, 연료가 감소하여 서미스터가 공기 중으로 노출되면 냉각이 나빠져 온도가 상승하여 저항 값이 내려간다. 이것을 표시기 램프의 회로에 연결하여 전류의 크고 작음에 따라 램프를 점멸시켜 잔유량을 판정하는 센서이다. 오른쪽 그림은 연료 레벨 지시 장치의 구성도이다. 아래 그림은 특성도와 이 센서의 사용 예로

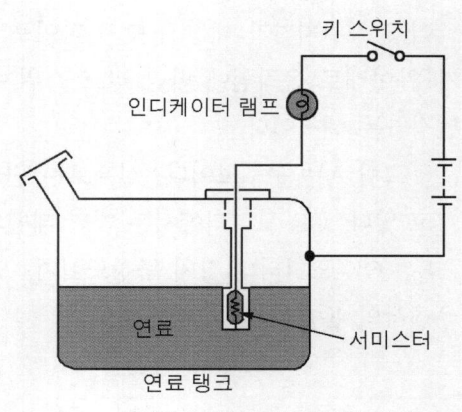

❖ 연료 레벨 지시 장치

센서가 연료로 잠겨있을 때는 온도가 높아지지 않기 때문에 경고등은 점등하지 않는다. 연료가 적어지면 센서는 공기에 접촉하여 자기 발열 현상에 의해 온도가 내려가 저항 값이 작아지고 전류가 흘러 경고등이 점등된다.

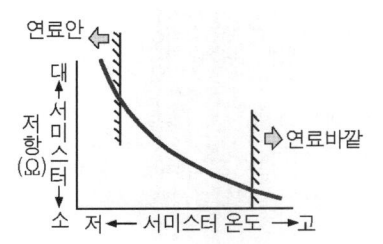

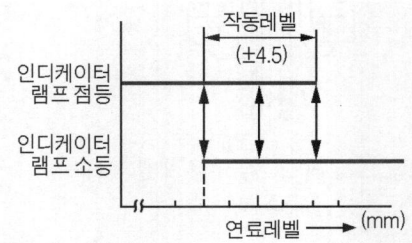

❖ 서미스터형 연료 센서의 특성

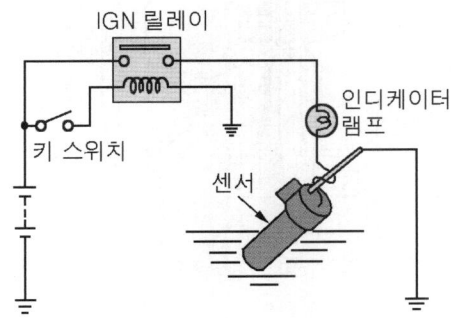

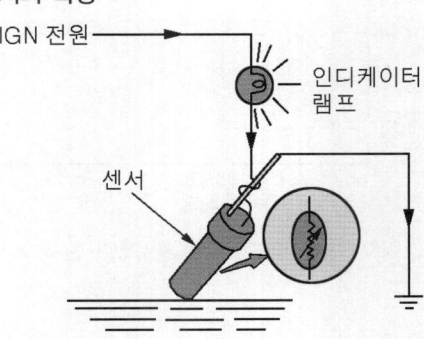

❖ 연료 센서의 사용 예와 작동

3) 슬라이딩 저항형 연료 센서

가장 널리 사용되는 레벨 센서이다. 연료 잔유량의 검출에 사용되고 **연료 샌드 게이지**이라고도 부른다. 뜨개가 액면의 위, 아래로 움직이는 것과 함께 이동하며, 그 움직임에 의해 회로에 흐르는 전류를 제어하여 신호로 변환하는 센서이다.

뜨개가 이동하는 것에 의해 접점 판이 저항의 위를 미끄러져 저항 값이 변화하는 성질을 이용하고 있다. 가솔린, 경유 연료의 유량 판정으로 사용되어 유량이 적어지면 뜨개가 낮아져 지침은 E를 표시한다. 또한 많을 때는 그 반대로 F를 표시한다.

4) 뜨개 리드 스위치형 액면 레벨 센서

리드 스위치가가 내장된 수지 파이프의 바깥쪽에 자석을 넣은 뜨개가 위·아래로 움직임에 따라 리드 스위치가 ON·OFF 되며 액면이 기준 레벨의 위에 있는지, 아래에 있는지를 판정하는 센서이다.

그림 A는 구조도이다. 실제로는 윈드 실드 워셔액, 라디에이터 내의 냉각수 양 등의 액량 검출에 사용되고 있다. OK 모니터에서는 액면 레벨의 이상 시에 레벨 센서는 ON이 되고 표시기 램프를 점등시킨다. 그림 B는 OK 모니터의 장치 구성도이며, 그림 C는 이 센서의 특성도이다. 또한 그림 D에는 윈드 실드 워셔 액량 센서의 동작 예를 나타냈다.

:: 연료 샌 게이지 장치의 구성

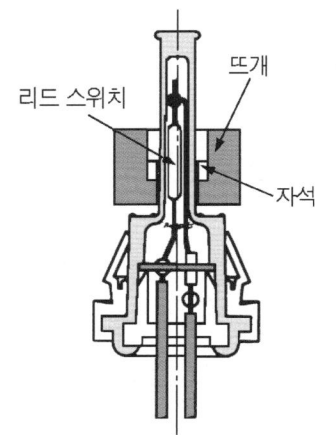

:: 그림A. 뜨개 리드 스위치형 레벨 센서의
구조도

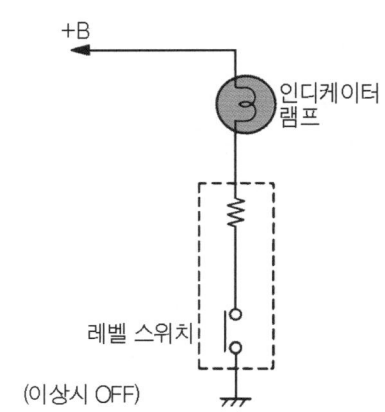

:: 그림B. OK 모니터에 사용되고 있는
뜨개 리드 스위치형 레벨 센서의 회로

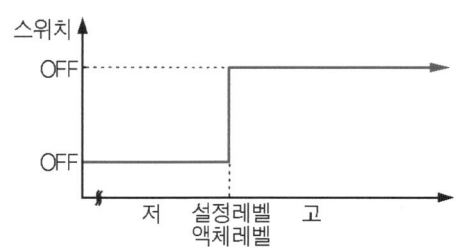

:: 그림C. 뜨개 리드 스위치형 레벨 센서 특성도

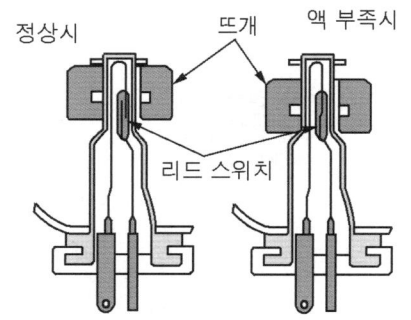

:: 그림D. 윈드 실드 워셔 액 센서의 동작

그리고 같은 원리를 이용한 레벨 센서는 브레이크의 마스터 실린더에도 사용되고 있다. 아래 그림에 마스터 실린더 내에 설치된 액면 레벨 센서의 구조를 나타냈으며 이것은 검출 위치가 다르고 뜨개의 위치가 상하 반대로 되어 있다.

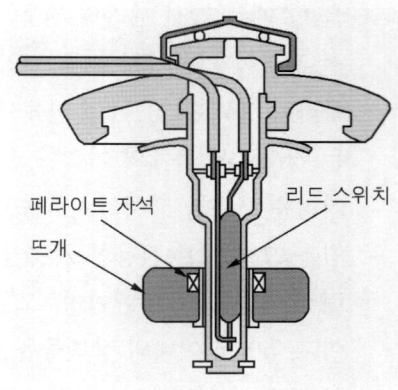

브레이크 액량 센서의 구조도

5) 전극식 액면 레벨 센서

배터리 상판에 전극이 되는 납봉을 설치한 것으로 배터리 전해액이 규정량 이하로 되면 경고등을 점등하여 전해액이 부족하다는 것을 운전자에게 알린다. 배터리는 음극에 납, 양극에 과산화납을 사용하고 있기 때문에 극판과는 별도로 이 전극식 액면 레벨 센서를 배터리의 전해액에 담그면 그 셀 안에서 음극과 같은 작용을 하여 기전력이 생기게 된다. 전극식 센서의 길이를 전해액 양의 최소값에 맞춰 놓으면 그 이상에서는 기전력이 생기고 전해액 양이 규정 값 이하가 되면 기전력은 발생하지 않다. 오른쪽 그림은 전극식 액면 레벨 센서의 구조이다. 또한 아래 그림에 전해액 양 센서의 회로를 표시하였다. 센서가 전해액 내에 잠겨있을 때는 기전력이 발생하여 트랜지스터 Tr$_1$은 ON이 되며 배터리의 (+)극에서 전류는 화살표와 같이 IG 스위치를 통해 트랜지스터 Tr$_1$으로부터 배터리의 (−)극으로 흐르며 A점의 전위는 제로에 가깝게 되므로 트랜지스터 Tr$_2$는 OFF가 된다. 이 때 A점의 전위는 상승하므로 트랜지스터 Tr$_2$의 베이스에 화살표와 같이 전류가 흘러 ON이 되어 경고등이 점등하는 것이다.

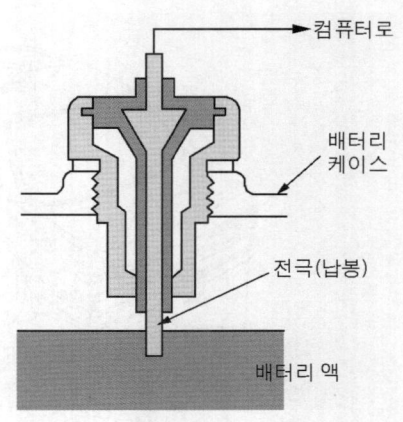

전극식 액체 레벨 센서의 구조

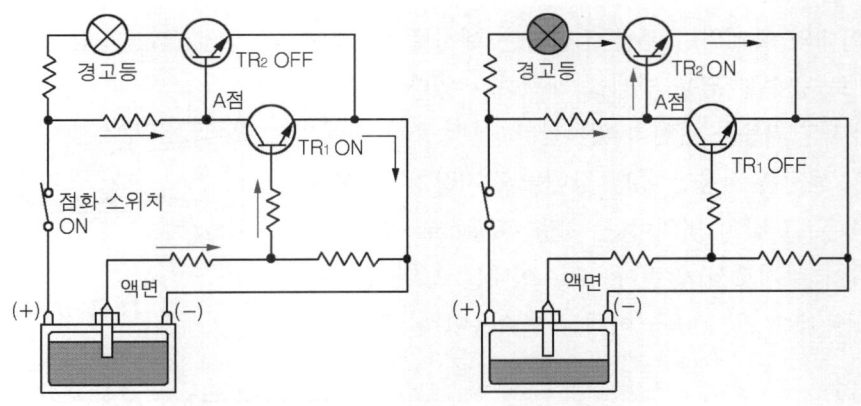

배터리 전해액 양 센서의 회로도와 동작원리

4 거리 검출용 센서

거리를 검출하는 센서에는 광학식으로 3각을 이용하여 거리를 측정하는 것과 초음파를 이용하는 것이 있다. 자동차용으로서는 초음파 센서가 이용되고 있다.

1) 단거리용 초음파 센서

이것은 50cm 이내의 물체 유무를 검출하는 센서이며 송수신 겸용방식을 채택하고 있다. 송신을 할 때에는 압전 세라믹 진동자에 교류 전압을 가하여 기계적 진동을 발생시켜 초음파를 방출한다. 이와 반대로 수신을 할 때는 압전 세라믹 진동자에 물체로부터의 반사파에 의해 기계적 진동이 가하여져 교류 전압이 발생하고 그것을 프리앰프에서 증폭하여 출력한다. 이 송신에서 수신까지의 시간을 컴퓨터가 계측하는 것으로서 물체의 거리를 산출할 수 있는 것이다. 아래 그림은 단거리용 초음파 센서의 구조도이다. [클리어런스 소나장치의 구성]그림은 그 센서를 사용한 차량 4곳의 구석에 있는 장해물 감지(클리어런스 소나)장치의 예이며, 오른쪽 그림은 그 감지 범위를 표시한 것

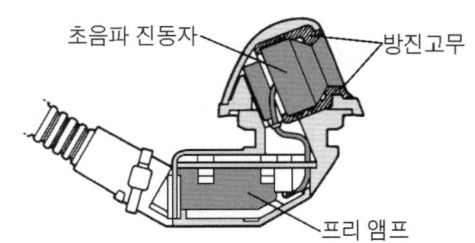

:: 단거리용 초음파 센서의 구조도

이다. 50cm 이내의 장해물을 감지하여 LED와 부저에 의해 운전자에게 알리며, 50cm 이내에서 부저는 단속음, 20cm 이내에서는 연속음이 울린다.

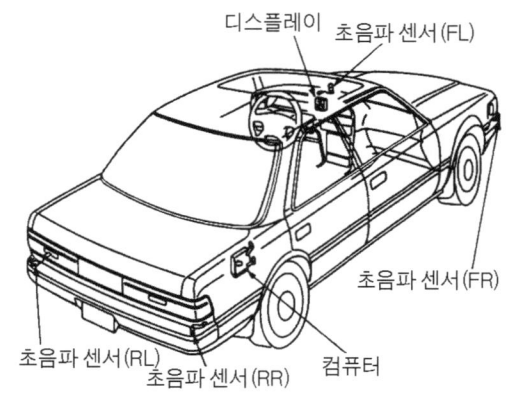

:: 클리어런스 소나 장치의 구성

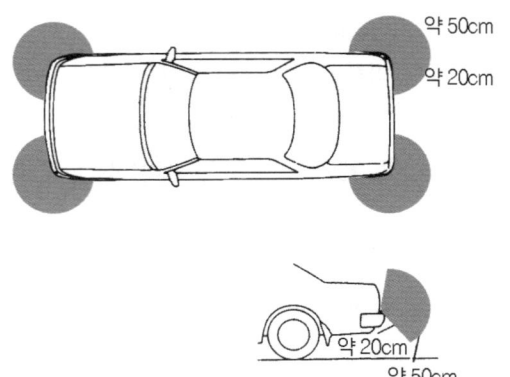

:: 단거리용 초음파 센서의 감지 범위

2) 중거리용 초음파 센서

이것은 2m이내의 물체의 유무를 검출하는 센서로서 단거리용과 마찬가지로 송수신 겸용 방식을 채택하고 있다. 작동 원리는 앞에서의 단거리용과 완전히 일치한다. [백 소나 장치의 구성]그림은 이 센서를 사용한 후방 장해물 감지장치 구성도이며, 그 옆 그림은 그 감지 범위이다. 차량 후방 2m 이내의 장해물을 감지하여 부저로서 알린다. 2m 이내는 느린 단속음, 1m 이내는 빠른 계속 음, 0.5m 이내는 연속음이 된다.

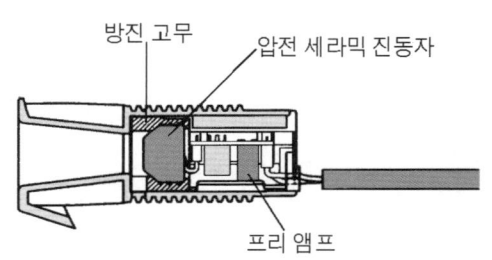

:: 중거리용 초음파 센서

:: 백 소나 장치의 구성

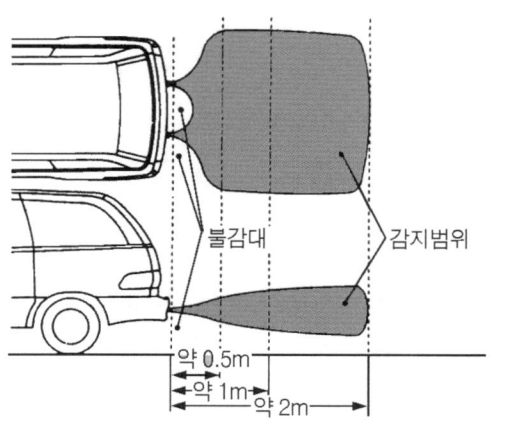

:: 중거리용 초음파 센서의 감지범위

5 전압·전류 검출용 센서

1) 트랜지스터형 센서

센서 내부에는 전류 검출용 저항을 가지고 있다. 이 저항에 부하 전류를 통전하여 그 전압 강하의 값과 기준 전압의 값을 OP 앰프에서 비교한다. 기준 전압 레벨에 대하여 전류 검출용 저항의 전압 강하가 작은 경우에는 표시등을 점등한다.

실제로는 정지등, 미등 등의 램프 점등회로로 사용되고 전등이 2개~4개 사용하는 램프 회로에서 1개 이상 단선되었을 때에 경고등(표시등)을 점등시킨다. 아래 그림은 전류 센서의 특성도이며, 램프 전류에 따른 전압 보상 특성을 가지고 있다.

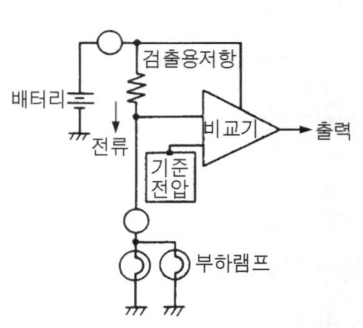

❖ 트랜지스터형 전류 센서의 회로도

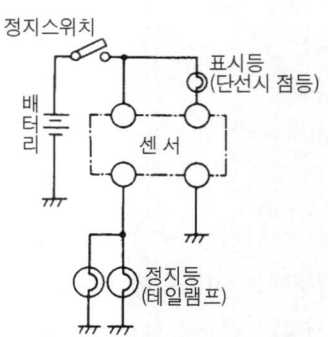

❖ 정지등 단선 검출 장치 구성도

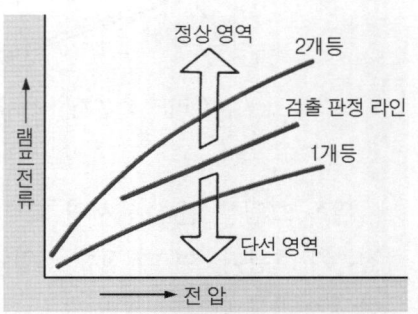

❖ 트랜지스터형 전류 센서의 특성도

2) IC형 램프 단선 검출 센서

이것도 램프(전조등, 미등, 제동등, 라이센스 램프)의 단선 검출로 이용되고 있다. 램프의 전체 등의 점등 전류와 한 개의 램프가 단선되었을 때 전류의 변화량을 검출하여 운전자에게 경고하는 센서이다.

IC형 단선 검출 센서는 검출을 IC 컴퍼레이터에 의해 실행한다. 아래 그림에는 전체 램프가 점등되었을 때 전류의 특성(a)에서 한 개의 램프가 단선 되었을 때 전류의 특성(b)으로 변화하는 영역 내에 반전기준 레벨(c)을 설정하면 램프 단선의 유무를 감지할 수 있다는 것이다.

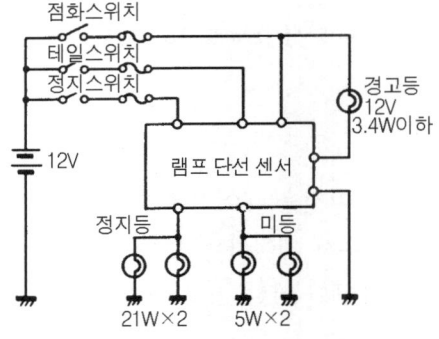

❖ 정지 등 및 미등 단선 검출 장치

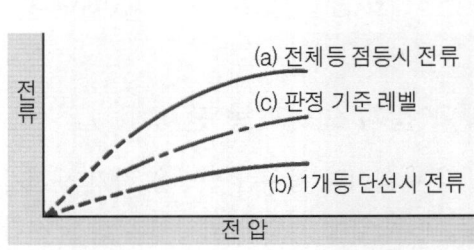

❖ IC형 단선 검출 센서의 특성도

3) 리드 스위치형 전류 센서

이것도 실내에서 램프의 단선을 확인할 수 없는 점화 회로의 단선을 검출하는데 사용되는 센서이다. 왼쪽 그림에 그 외관을, 오른쪽 그림에 구조를 나타내었다. 전류 코일의 주변에 전압 변동에 의한 오동작을 방지하기 위한 전압 보상 코일이 감겨져 그 축의 가운데에 리드 스위치를 부착한 상태로 되어 있다.

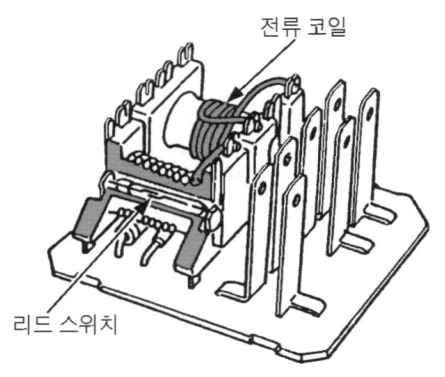

:: 리드 스위치형 전류 센서의 외관

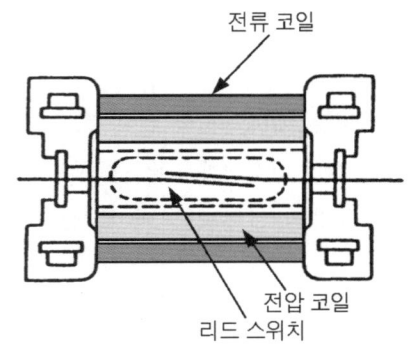

:: 리드 스위치형 전류 센서의 구조

왼쪽 그림은 전류 센서의 회로이며, 스위치를 닫았을 경우 램프가 모두 정상이면 전류 코일에는 규정의 전류가 흐른다. 이 때 전류 코일에 발생되는 전자력에 의해 리드 스위치는 닫혀서 ON이 된다. 만약 램프가 한 등이라도 단선이 되면 그 만큼의 전류가 감소하므로 전자력이 약하여 리드 스위치가 열리기 때문에 OFF가 되어 이상 상태를 알린다. 이와 같이 리드 스위치가 닫히면 정상, 열리면 이상이라고 판단하는 릴레이의 한 예이며 정지등, 미등의 단선 검출용 센서로서 사용되고 있다. 오른쪽 그림은 램프 단선 표시 릴레이의 예로서 정지등, 미등 단선 검출용 센서로서 사용한다.

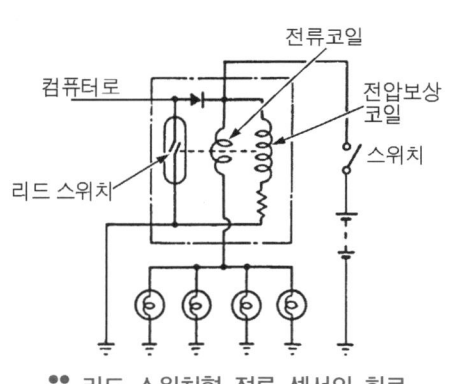

:: 리드 스위치형 전류 센서의 회로

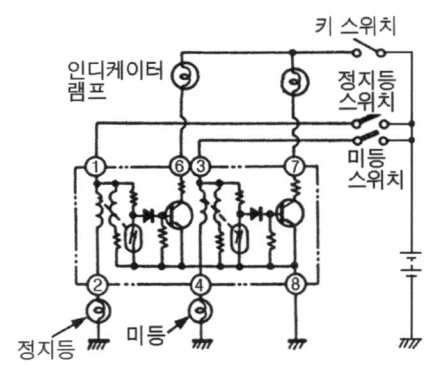

:: 램프 단선 표시 릴레이 회로

6 빗방울 감지 와이퍼용 센서

빗방울 감지 와이퍼 장치란 빗방울 감지 센서가 비의 양을 검출하여 이것을 제어기에 의해 신호로 변환하여 자동적으로 비의 양에 적합한 와이퍼의 순간 시간을 설정하여 모터를 수시 제어하는 센서이다. 빗방울 센서에는 빗방울의 충돌 에너지의 변화, 물의 비유전율을 이용하여 정전기 용량의 변화, 또한 빛의 빗방울에 의한 광량 변화를 이용한 것 등이 있다.

아래 그림은 빗방울의 충돌 에너지 변화를 이용한 센서의 작동 원리이다. 압전 진동자의 피에조 효과로서 센서의 표면에 빗방울이 맞으면 빗방울의 세기와 빈도에 의해 표면이 진동한다. 그 진동에 의해 피에조 소자의 단자에 전압이 발생한다. 비가 약할 경우는 진동이 작아지고 비가 강하면 진동이 커지게 되므로 진폭의 변화를 나타내는 파형으로 변환하여 와이퍼 제어기에 입력하여 간결 와이퍼의 작동 시간을 설정한다.

정전기 용량의 변화를 이용한 센서의 경우 물과 공기의 비유전율이 다름으로 전극 간에 부착되어 있는 비의 양에 의해 정전기 용량이 달라진다. 이 정전기 용량의 변화를 이용하여 발진회로를 만들면 발진 주파수가 비의 양의 변화에 맞춰 변화한다. 이 주파수 신호를 제어기에 입력하여 와이퍼 작동 시간을 설정한다. 또한 광량의 변화를 이용한 센서의 경우 발광소자로부터 발광 파형이 발광되었을 경우 비가 내리지 않고 있으면 수광 파형은 발광 파형과 같다. 비가 오게 되면 빗방울에 의해 빛이 교란되어 진동의 변화를 발생한 수광 파형이 된다. 진폭의 변화는 빗방울의 크기, 비의 양에 의해 비례적으로 감쇄하므로 진폭 변화의 피크를 검출하여 제어기에 입력하여 피크 치에 비례한 순간 와이퍼 작동 시간을 설정한다.

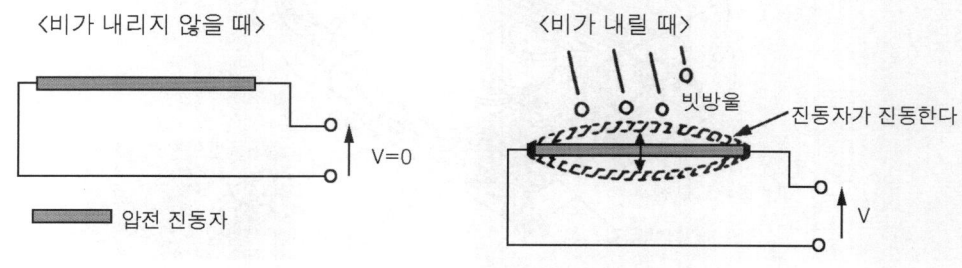

<비가 내리지 않을 때> V=0 압전 진동자

<비가 내릴 때> 빗방울 진동자가 진동한다 V

:: 압전 진동자를 이용한 빗방울 센서

7 기억 센서 memory sensor

1) 마이크로컴퓨터 파워 시트용 센서

사전에 기억시켜 놓은 시트 위치(슬라이드 위치, 전후 버티컬(수직) 위치, 래크 라이닝 각도)의 재설정이 한 번에 이루어질 수 있는 마이크로컴퓨터 시트에 사용되고 있는 센서이다. 아래 그림에 위치 센서(4종)의 외관과 구조를 나타냈다.

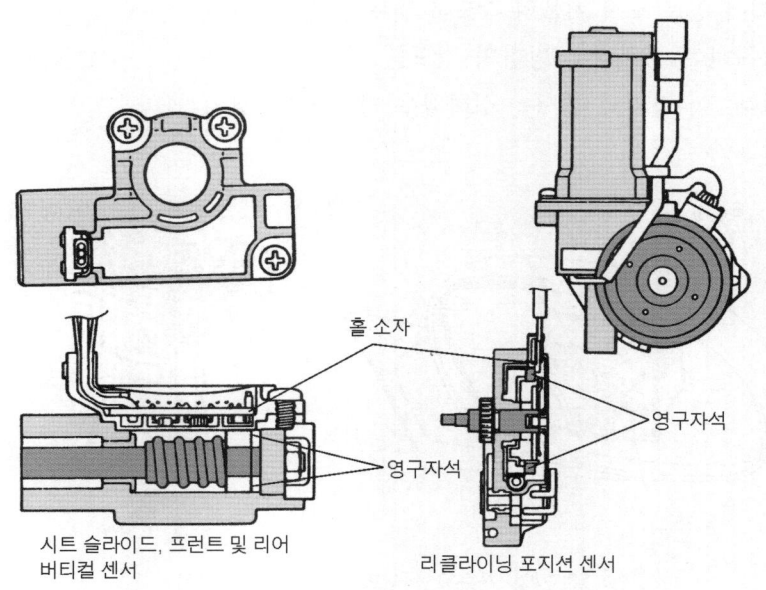

홀 소자
영구자석
영구자석
시트 슬라이드, 프런트 및 리어 버티컬 센서
리클라이닝 포지션 센서

:: 마이크로컴퓨터 파워 시트용 위치센서의 외관과 구조도

위치 센서의 시트 슬라이드 센서, 앞 버티컬 센서 및 뒤 버티컬 센서는 하우징 내의 웜 기어에 부착되어 영구 자석과 홀 소자로 구성되어 있다. 또한 래크 라이닝 센서는 래크 라이닝 모터의 하우징 내에 있는 헬리컬 기어에 부착되어 이것도 영구자석과 홀 소자로 구성되어 있다.

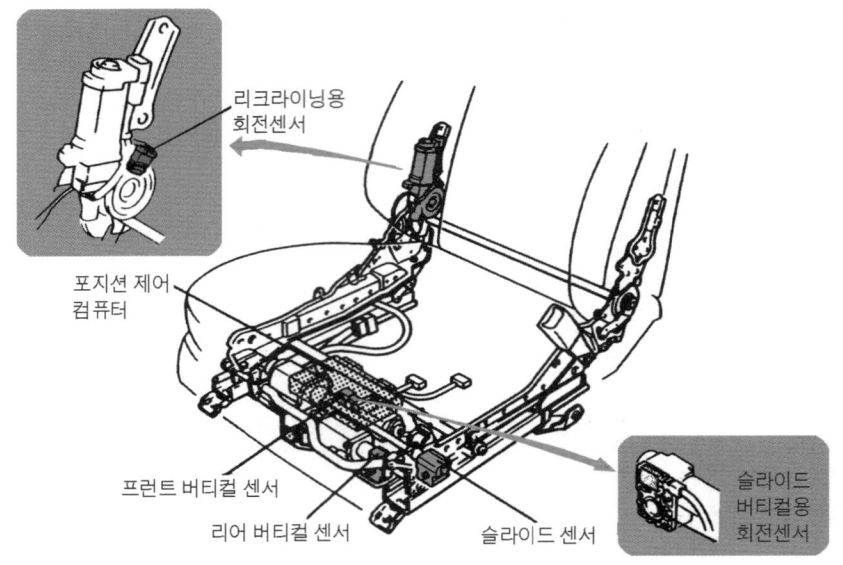

:: 마이크로 컴퓨터 파워 시트용 위치 센서의 설치 위치

위치 센서는 회전하는 자석의 위치에 의해 변화하는 자속 밀도를 홀 소자로 검출하여 전압으로 변환한 후 펄스 신호로서 제어 컴퓨터로 보낸다. 그림은 그 회로도이다.

컴퓨터는 그 신호를 받아 각 모터를 제어한다.

2) 기억 거울 센서

자동적으로 부착되어 있는 도어 거울의 각도를 틸트와 텔레스코픽 각도와 연결되어 동작하여 상하좌우 방향의 각도를 기억하고 있는 대로 조정하는 것이다. 이 장치의 센서는 상하좌우 방향용의 2쌍의 위치 센서이다.

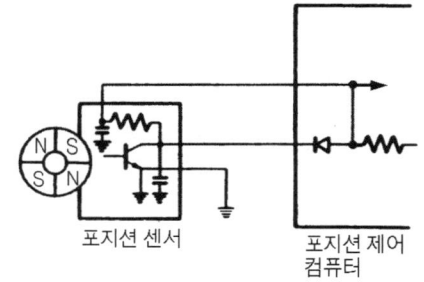

:: 위치 센서와 컴퓨터 회로

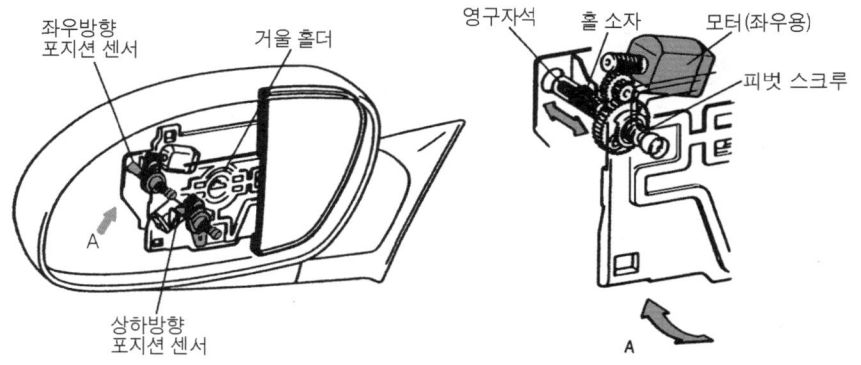

:: 기억 거울용 센서의 구조와 설치 위치

거울 홀더에 부착한 홀 소자와 거울 구동용 피봇 스크루 후두부에 넣어져 있는 영구 자석으로 구성되어 있다. 홀 소자의 자속 밀도의 세기에 비례하여 출력 전압이 변화하는 특성을 이용하여 거울 각도의 변화를 출력 전압의 변화로 전환하여 거울 제어 컴퓨터로 출력한다.

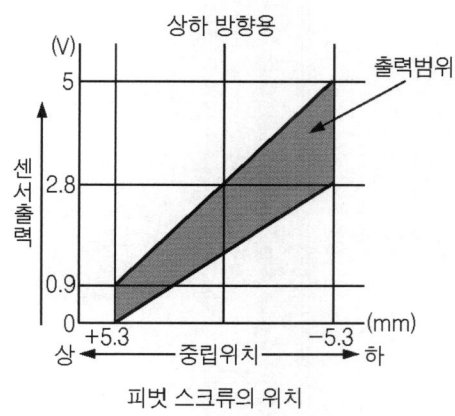

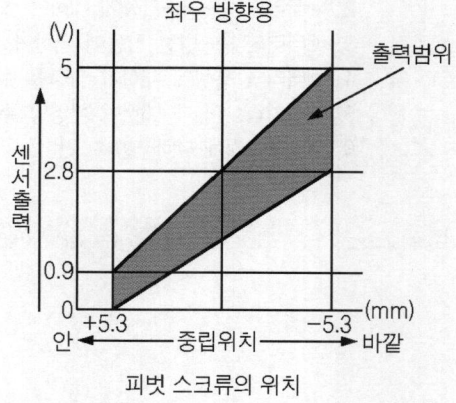

기억 거울 위치 센서의 출력 특성

7 배터리 Battery

학/습/목/표

1. 전지의 원리에 대해 설명할 수 있다.
2. 배터리의 구조와 기능에 대하여 설명할 수 있다.
3. 배터리의 충·방전 작용에 대하여 설명할 수 있다.
4. 배터리의 특성에 대하여 설명할 수 있다.
5. 배터리의 충전에 대하여 설명할 수 있다.
6. MF 배터리에 대해 알 수 있다.

1 전지의 원리

전지는 전류의 화학적 작용을 이용하는 것이며, 화학적 에너지를 전기적 에너지로 사용할 수 있도록 한 것이다. 1차 전지와 2차 전지로 크게 구별된다.

1 1차 전지 Primary cell

묽은 황산에 구리판과 아연판을 넣으면 아연이 황산에 녹아서 양(+)전기를 띠고 있는 아연 이온(Zn^{++})이 되기 때문에 아연판은 음(-)전하를 띠게 된다. 또 황산 속의 수소 이온(H^+)은 아연 이온에 반발되어 구리판 쪽으로 이동하게 된다. 따라서 구리판과 아연판 사이의 외부에 저항을 접속하면 전류가 구리판에서 저항을 거쳐 아연판으로 흐르게 된다. 이 장치에 의해 화학적 에너지가 전기적 에너지로 바꾸어 진다. 그러나 1차 전지는 방전되면 재충전이 어렵다.

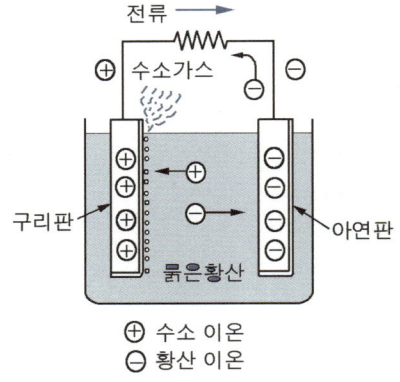

수소가스
전류
구리판
아연판
묽은황산
⊕ 수소 이온
⊖ 황산 이온

:: 1차 전지

2 2차 전지 Secondary cell

2차 전지는 주로 배터리라고 부르며, 방전되었을 경우 충전을 하면 다시 전지로서의 기능을 회복할 수 있다. 자동차용으로는 주로 2차 전지가 사용되며, 전지 단자에 부하를 접속하면 전지 내의 극판과 전해액이 화학 반응을 일으켜 전압을 발생한다. 배터리는 전해액으로 묽은 황산을 양(+)극판에는 과산화납, 음(-)극판은 순수한 납을 사용하는 납산 전지이다.

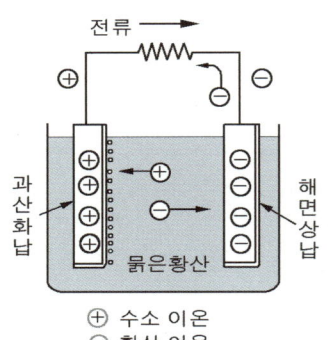

전류
과산화납
해면상납
묽은황산
⊕ 수소 이온
⊖ 황산 이온

:: 납산 전지의 원리

1 배터리의 개요

배터리는 각 극판의 작용물질과 전해액이 지니는 화학적 에너지를 전기적 에너지로 꺼낼 수 있고(이를 방전이라 한다.) 또 전기적 에너지를 공급하여 주면 화학적 에너지로 저장(이를 충전이라 한다.)할 수 있다. 자동차에서의 배터리 기능은 다음과 같다.

① 시동 장치의 전기적 부하를 부담한다(엔진에서 배터리의 가장 중요한 기능이다.).
② 발전기가 고장일 때 주행을 확보하기 위한 전원으로 작동한다.
③ 주행 상태에 따른 발전기의 출력과 부하와의 불균형을 조정한다.

자동차의 각종 전기·전자장치를 작동시키는 전원은 배터리와 충전장치의 두 가지 계통이 있는데 엔진이 작동되는 중에는 충전장치가 전장품에 전기 에너지를 공급하고 엔진이 정지되어 있거나 엔진의 시동 중에는 배터리의 전기 에너지를 이용하게 된다. 배터리에는 납산 배터리, 알칼리 배터리 등이 있으나 자동차에는 납산 배터리를 많이 사용하고 있으며, 배터리의 구비 조건은 다음과 같다.

① 배터리의 용량이 클 것.
② 가급적 소형이고 운반이 편리할 것.
③ 중량이 가벼울 것.
④ 전해액의 누설 방지가 완전할 것.
⑤ 충전 또는 검사에 편리한 구조일 것.
⑥ 전기적 절연이 완전할 것.
⑦ 진동에 견딜 것.

1 배터리의 구조

배터리의 기본 구성은 이온화 경향이 서로 다른 2종류의 금속을 전극(극판)으로 하여 케이스 내에 전해액과 함께 넣은 것이다. 이와 같이 하면 양(+)극과 음(−)극의 양쪽 전극 사이에 전위차가 발생된다. 여기에 전극 사이에 부하를 접속하면 전극과 전해액 사이에서 화학반응이 발생하여 전위가 높은 쪽(양극)에서 전위가 낮은 쪽(음극)으로 전류가 흐른다.

자동차에서 사용하고 있는 납산 배터리는 양(+)극판이 과산화납(PbO_2), 음극판은 해면상납(Pb), 전해액으로는 묽은 황산(H_2SO_4)을 사용하며, 플라스틱 케이스 내에 넣은 것이

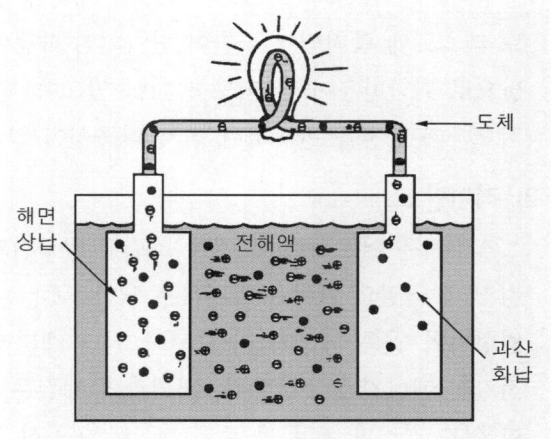

해면상납

전해액

도체

과산화납

:: 배터리의 기본 구성도

다. 그러나 실제의 배터리에서는 작은 체적에서 가능한 큰 전기적 에너지를 인출하기 위해 화학반응을 일으키는 극판과 전해액의 접촉 면적을 크게 하여야 한다. 따라서 극판은 얇은 판으로 여러 장을 병렬로 접속하여 극판군을 형성하며, 양극판과 음극판의 극판군을 서로 마주보도록 배치하고 있다.

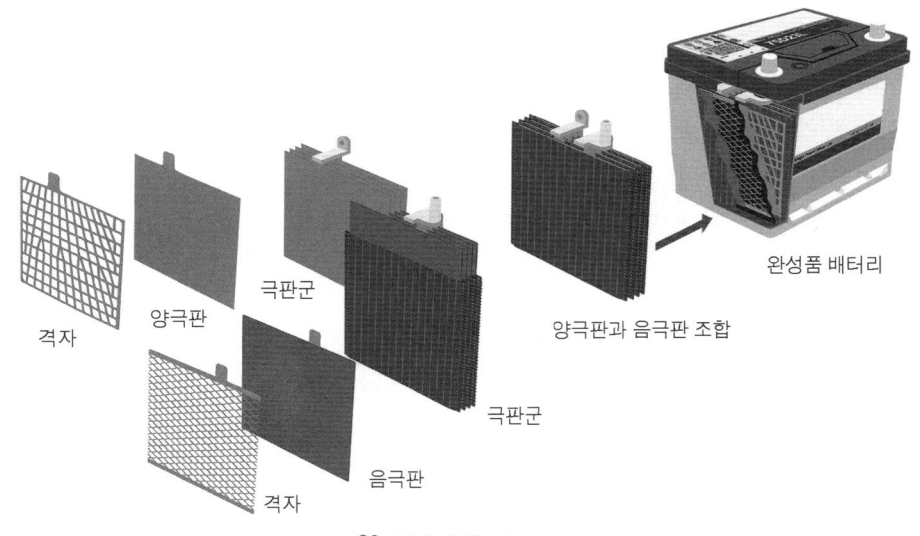

격자
양극판
극판군
극판군
음극판
격자
완성품 배터리
양극판과 음극판 조합

∷ 배터리의 구조

1) 극판

극판에는 양극판과 음극판이 있으며, 모두 합금 격자(grid)에 납 가루나 산화납 가루를 묽은 황산으로 개어서 반죽(paste)하여 바른 후 건조, 화성 등의 공정을 거쳐서 양극판은 과산화납으로, 음극판은 해면상납으로 한 것이다. 그리고 양극판이 음극판보다 더 활성적이므로 양극판을 보호하고 용량을 증대시킬 목적으로 음극판을 1장 더 두고 있다. 격자는 극판의 뼈대로서 가공성이 양호하고 전기 전도성은 물론 기계적 강도가 크다. 또한 극판 작용물질과의 친화력 및 내산성이 커야 하며, 작용물질을 보호 및 지지하여 탈락을 방지

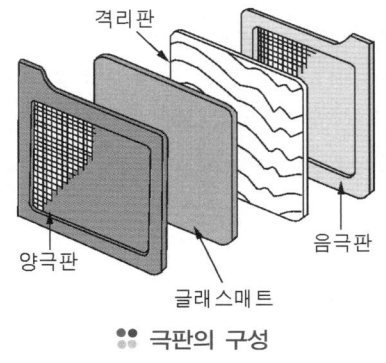

격리판
음극판
양극판
글래스매트

∷ 극판의 구성

하고 외부의 작용물질과의 전기 전도 작용을 한다. 그리고 극판은 여러 장을 1쌍으로 하여 격자의 한쪽이 스트랩으로 접속되어 있으며, 극판의 수를 증가시키면 배터리의 용량이 증가한다.

양극판은 과산화납으로 되어 있기 때문에 결합력이 약하므로 장기간 사용하면 격자에서 탈락되어 엘리먼트 레스트에 축적되어 극판이 단락되기 때문에 배터리의 성능이 저하된다. 음극판은 해면 모양의 다공성인 납으로 화학반응이 잘 되도록 되어 있으며, 결합력이 양극판보다 강하기 때문에 격자로부터 탈락되는 양은 적으나 충방전을 반복하면 점차 다공성이 상실되어 용량이 저하된다.

2) 격리판 Separator

격리판은 서로 번갈아 가며 조립된 양극판과 음극판 사이에 끼워져 양쪽 극판의 단락을 방지하는 역할을 한다. 격리판이 파손되거나 변형되어 양쪽 극판이 서로 단락 되면 배터리 내에 충전되어 있던 전기적 에너지가 소멸된다. 격리판의 재질은 합성수지로 가공한 강화 섬유 격리판, 고무를 주재료로 한 미공성 고무 격리판 및 플라스틱 격리판 등이 사용되고 있다.

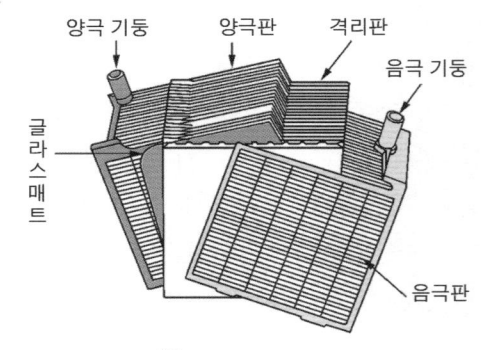

양극 기둥
양극판
격리판
음극 기둥
글래스매트
음극판

∷ 격리판의 배치

격리판은 홈이 있는 면이 양극판 쪽으로 향하도록 설치되어 과산화납에 의한 산화부식 방지와 전해액의 확산을 도모하며, 구비 조건으로는 다음과 같다.

① 전해액의 확산이 잘되도록 다공성이어야 한다.

② 비전도성일 것.

③ 내진성과 내산성이 커야 한다.

④ 전해액의 확산이 잘 되어야 한다.

⑤ 기계적인 강도가 커야 한다.

⑥ 극판에 좋지 않은 물질을 내뿜지 않을 것.

3) 극판군(Cell, 셀, 단전지)

극판군은 여러 장의 극판과 격리판을 조립하고 접속편에 용접하여 양극판은 (+)단자 기둥에 음극판은 (−)단자 기둥과 연결한 것이다. 이와 같이 하여 제작한 1개의 극판군을 1셀(Cell ; 단전지)이라고 한다.

12V 배터리의 경우에는 케이스 속에 6개의 셀이 있으며, 이것을 접속편(connector)에 의해서 직렬로 접속되어 있다. 셀 마다 약 2.1~2.3V의 기전력을 발생시키며, 극판의 수를 늘리면 극판이 전해액과 대항하는 면적이 증가하므로 배터리의 용량이 증가하여 이용 전류가 많아진다.

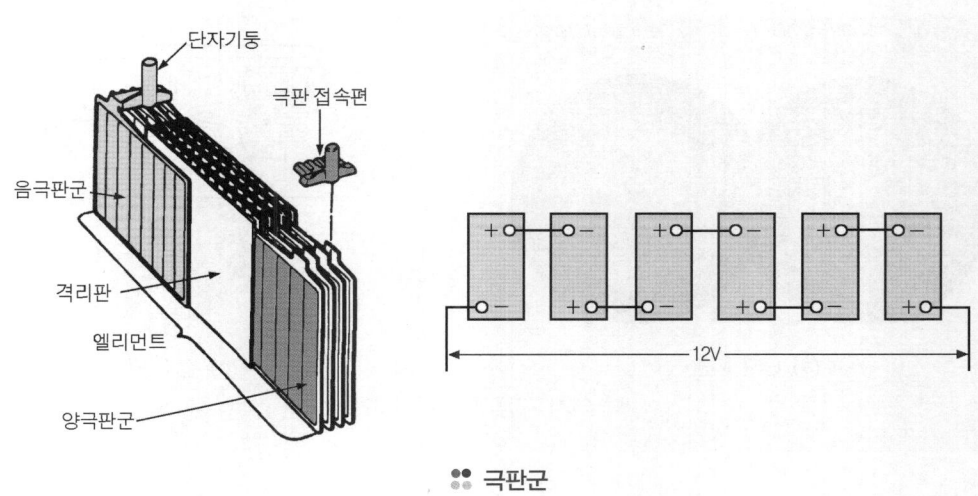

:: 극판군

4) 배터리 케이스 Case

케이스는 주로 플라스틱으로 제작하며, 12V 배터리용은 6칸으로 분리되어 있다. 각 셀의 밑 부분에는 극판에서 작용물질의 탈락이나 침전물의 축적으로 인한 단락을 방지하기 위하여 엘리먼트 레스트(element rest)가 마련되어 있다. 배터리 케이스와 커버의 청소는 탄산나트륨(소다)과 물 또는 암모니아수로 한다.

5) 배터리 커버와 벤트 플러그 Cover & Vent plug

커버도 플라스틱으로 제작하며, 케이스와는 접착제로 접착되어 있어 기밀과 수밀을 유지하고 있다. 또 커버의 중앙에는 전해액이나 증류수를 주입하거나 비중계용 스포이드(spoid)나 온도계를 넣기 위한 구멍과 이 구멍을 막아두기 위한 벤트 플러그가 있다. 이 벤트 플러그의 중앙이나 옆에는 작은 구멍이 있어 배터리 내부에서 발생한 산소와 수소가스를 방출한다.

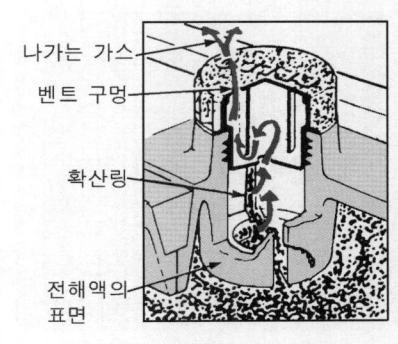

:: 벤트 플러그의 구조

6) 단자 기둥 terminal post

단자 기둥은 납 합금이며, 외부 회로와 확실하게 접속되도록 하기 위하여 테이퍼(taper)되어 있다. 그리고 양극과 음극 단자 기둥에는 문자, 색깔 및 크기 등으로 표시하여 잘못 접속되는 것을 방지하고 있으며, 단자 기둥의 식별 방법은 다음과 같다.

① 양극은 (+), 음극은 (−)의 부호로 표시 되어있다.

② 양극은 적색, 음극은 흑색으로 표시하기도 한다.

③ 양극은 지름이 굵고, 음극은 가늘다.

④ 양극은 POS, 음극은 NEG의 문자로 표시하기도 한다.

⑤ 부식물이 많은 단자 기둥이 양(+) 극이다.

그리고 양극 단자 기둥은 과산화납과 연결되어 있기 때문에 산화되기 쉬워 부식이 발생한다. 이 부식을 제거하지 않고 방치해 두면 충·방전 작용이 원활히 이루어지지 않아 배터리의 수명이 단축된다. 만약 부식이 발생하였을 때는 부식물을 깨끗이 제거한 다음 그리스(greese)를 얇게 발라주어야 한다. 또 배터리 단자 기둥에서 케이블을 분리할 경우에는 반드시 접지 단자의 케이블을 먼저 분리하도록 하고, 설치할 경우에는 나중에 설치하여야 한다.

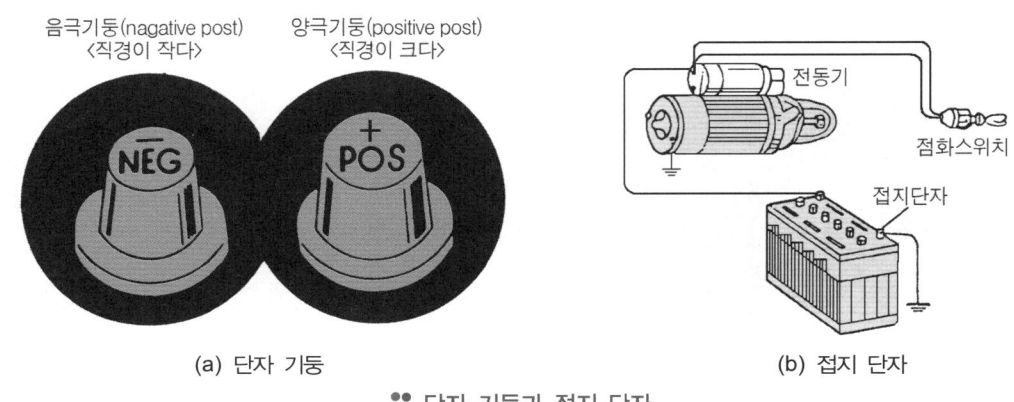

(a) 단자 기둥   (b) 접지 단자

단자 기둥과 접지 단자

7) 전해액 electrolyte

전해액은 증류수에 황산을 섞어 제조한 높은 순도의 묽은 황산을 사용한다. 전해액은 극판과 접촉하여 충전할 때에는 전류를 저장하고, 방전될 때에는 전류를 발생시켜 주며, 셀 내부에서 전류를 전도하는 작용도 한다. 전해액의 비중은 20℃에서 완전 충전되었을 때 1.260~1.280이며, 이를 **표준 상태의 비중**이라 한다.

① 전해액의 비중

전해액의 비중은 보통 1.260~1.280을 표준으로 하고 있으나 고유 저항은 비중이 1.220일 때가 최소이다. 실제로는 표준보다 약간 높은 비중의 것을 사용하여 기전력을 높이고 방전시에 생기는 내부 저항의 증가를 적게 하고 있다.

② 전해액의 비중과 온도

배터리 전해액의 온도 변화에 따라 묽은 황산의 체적이 팽창 또는 수축하여 단위 체적당의 중량이 변화되기 때문에 배터리 비중은 온도 변화에 달라진다. 전해액의 온도가 높아지면 배터리 비중은 분자 운동이 활발하여 낮아지고 전해액의 온도가 낮아지면 비중은 분자 운동이 둔화되어 배터리의 비중은 높아지는데 그 변화량은 온도 1℃ 마다 0.00074이다.

따라서 측정한 비중에 의하여 배터리의 충·방전 상태를 판단한 경우 표준 온도(20℃)일 때의 비중으로 환산하여야 하며, 환산하는 식은 다음과 같다.

$$S_{20} = S_t + 0.0007(t - 20)$$

S_{20} : 표준 온도(20℃)로 환산한 비중 S_t : t℃에서 실제 측정한 비중
0.0007 : 온도 1℃ 변환에 따른 비중 변화량 t : 실제 측정한 전해액의 온도(℃)

③ 비중의 측정

배터리 전해액의 비중 측정에는 일반적으로 흡입식 비중계와 광학식 비중계를 사용하며, 흡입식 비중계는 유리관 안에 전해액을 빨아들이면 플로트(비중계)가 뜨게 되는데 이때의 액면과 닿는 비중계의 눈금을 읽으면 된다. 액면과 닿는 곳은 표면 장력 때문에 액면이 약간 올라가게 되므로 가장 높은 곳의 눈금을 읽어야 한다. 또한 광학식 비중계는 측정 유리면에 전해액을 바르고 광선 굴절 덮개를 덮은 다음 빛에 비추고 렌즈를 통하여 보았을 때 측정면에 나타나는 음양의 경계선 좌측의 눈금을 읽어야 한다. 우측의 눈금은 부동액 비중의 눈금을 나타낸 것이다.

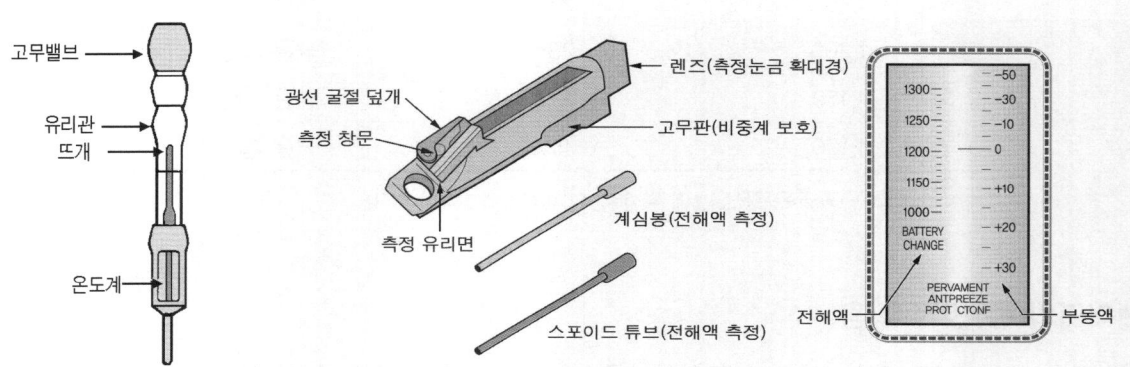

:: 흡입식 비중계와 광학식 비중계

배터리 전해액은 완전 충전된 상태(비중 1.280)에서는 −60~−70℃ 정도에서 빙결되지만 완전 방전된 상태(비중 1.200 이하)에서는 −10℃ 정도에서 빙결되기 때문에 동절기에는 배터리 전해액의 비중이 1.200 이하가 되지 않도록 주의하여야 한다. 즉, 배터리의 방전 상태에서는 비중의 저하에 비례해서 빙결 온도가 올라가기 때문에 전해액이 동결되지 않도록 하여야 하며, 배터리가 동결되면 극판의 작용물질이 탈락되어 사용하지 못하게 된다. 또한 배터리는 오랫동안 방전 상태로 방치하게 되면 양·음극판이 영구 황산납이 되어 사용하지 못하게 됨으로 배터리 비중이 1.200(20℃) 정도로 저하되면 보충전을 하여야 한다. 1Ah의 방전량에 대해 배터리 전해액 중의 황산은 3.66g이 소비되며, 0.67g이 생성된다는 패러데이 법칙에 의해 전해액의 비중으로 방전량을 추정할 수 있으며, 측정한 전해액의 비중으로부터 방전량을 구하는 식은 다음과 같다.

$$방전량(\%) = \frac{완전\ 충전시의\ 비중 - 측정\ 비중}{완전\ 충전시의\ 비중 - 완전\ 방전시의\ 비중} \times 100$$

비중에 의한 충전상태의 판정	
전해액 비중	충전된 양(%)
1.260	100
1.210	75
1.150	50
1.100	25
1.050	거의 0 이다

비중에 따른 황산 함유량		
비중(20℃)	황산 함유량	비　　고
1.840	95%	진한 황산
1.500	60%	진한 황산
1.400	50%	묽은 황산
1.300	40%	묽은 황산
1.250	33%	묽은 황산
1.200	28%	묽은 황산
1.150	21%	묽은 황산
1.100	15%	묽은 황산

※ 1.260(20℃)의 묽은 황산 1ℓ에 약 35％의 황산이 포함되어 있다.

2 배터리의 충·방전 작용

배터리의 (+), (−)양 단자 기둥 사이에 부하를 접속하고 배터리로부터 전류를 흐르게 하는 것을 **방전**(discharge)이라고 하며, 반대로 충전기나 발전기 등의 직류 전원을 접속하여 배터리에 전류를 공급하는 것을 **충전**(charge)이라고 한다.

배터리를 충·방전시키면 배터리 내부에서는 양(+)극판과 음(−)극판이 전해액과 화학 반응을 일으킨다. 즉, 배터리의 충·방전 작용은 양극판의 작용물질인 과산화납과 음극판의 작용물질인 해면상납 및 전해액인 묽은 황산에 의하여 형성된다. 방전 또는 충전을 하면 배터리 내부에서는 양극판과 음극판, 전해액 사이에는 다음과 같은 화학 반응이 일어난다.

① **방전시 화학반응**

$$PbO_2(과산화납) + 2H_2SO_4(묽은황산) + Pb(납) \rightarrow PbSO_4(황산납) + 2H_2O(물) + PbSO_4(황산납)$$

② **충전시 화학반응**

$$PbSO_4(황산납) + 2H_2O(물) + PbSO_4(황산납) \rightarrow PbO_2(과산화납) + 2H_2SO_4(묽은황산) + Pb(납)$$

1) 배터리의 방전

방전이 되면 양극판과 음극판은 모두 황산납이 형성되므로 전해액 중의 황산이 감소하며, 과산화납 중의 산소가 수소와 결합하여 생성된 물에 의해 묽어진다. 따라서 방전이 진행됨에 따라 전해액의 비중은 저하하고 배터리의 내부 저항이 증가하여 전류는 점차 흐르기 어렵게 된다.

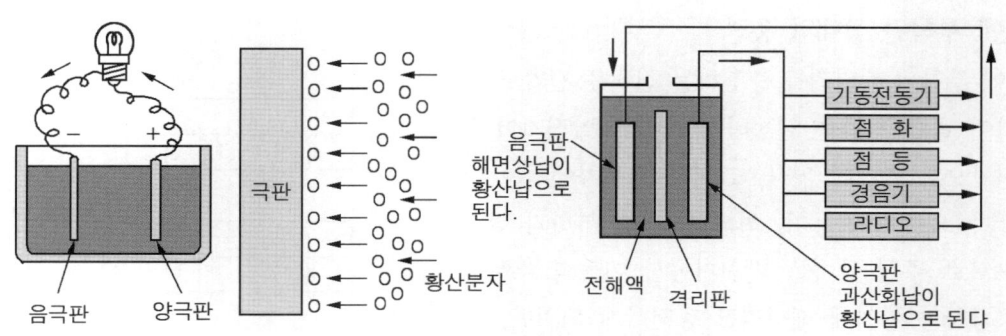

:: 방전 중의 화학작용

2) 방전할 때 전압 변화

납산 배터리의 1셀당 기전력은 그 크기에 관계없이 2.1~2.3V이고, 12V용 배터리는 6개의 셀이 직렬로 연결되어 있기 때문에 12.6~13.8V를 나타내며, 이것은 일반적으로 무 부하 상태의 양극판과 음극판 사이의 전압으로 표시한다. 배터리에 부하를 접속하고 방전을 하면 배터리 단자 기둥 사이의 전압은 내부 저항과 방전 전류에 의해 전압이 강하되기 때문에 셀당 기전력 보다 항상 낮은 값을 나타낸다. 이것을 배터리의 단자 전압(또는 부하 전압)이라고 한다. 방전이 진행되면 내부 저항은 증가하고 단자 전압은 점차 감소된다. 배터리는 어느 한계까지 방전을 하면 단자 전압은 급격히 낮아지기 시작한다.

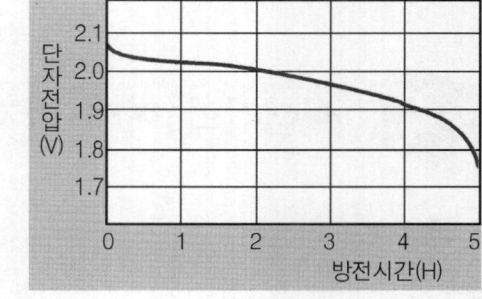

:: 방전 특성 곡선

$$E_t = E_o - I_d \times r$$

E_t : 배터리 단자 전압(V) E_o : 기전력(V)

I_d : 방전 전류(A) r : 내부 저항(Ω)

3) 배터리의 충전

방전된 배터리에 외부의 직류 전원(충전기 또는 발전기)으로부터 충전 전류를 흐르게 하면 방전에 의해 황산납으로 변화되었던 양극판은 과산화납으로, 음극판은 해면상납이 된다. 따라서 황산납의 양극판과 음극판의 작용물질은 황산기와 납으로 분해되기 때문에 전해액도 산소와 수소로 분해되며, 분해된 황산기와 수소가 결합하여 황산을 만들어 전해액의 농도가 증가하여 비중이 높아진다. 일정 충전전류로 충전이 진행됨에 따라 전압은 상승하며, 처음에는 전압의 상승이 완만하지만 충전이 완료될 무렵에는 급격히 셀당 전압이 2.1V로 상승되며, 이 때의 배터리 비중은 1.260이 되어 충전이 완료된다.

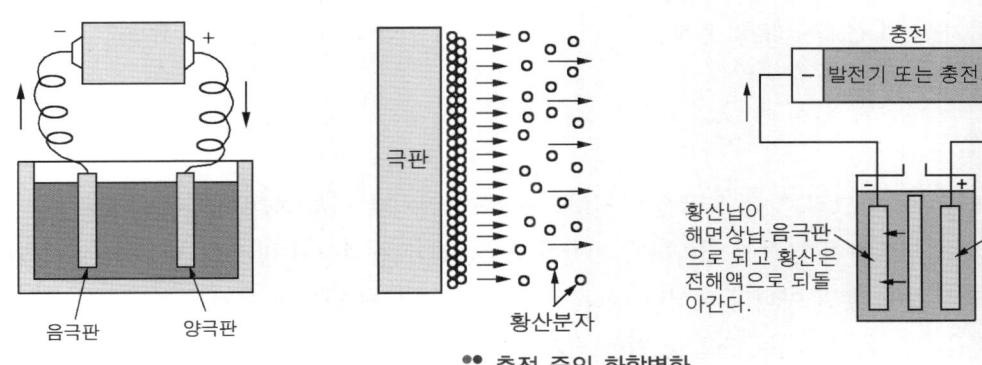

:: 충전 중의 화학변화

4) 자동차에 부착된 상태의 충전

자동차에 부착된 배터리를 충전하는 전원은 전압 조정기에 의하여 출력 전압을 일정하게 조절한 발전기이며, 일정한 전압으로 충전이 된다. 그러나 자동차에서는 각종 등화장치, 와이퍼 전동기, 히터 등 각종 부하가 접속되어 있으므로 주행 중에는 발전기에서 이들의 부하에 전력을 공급함과 동시에 배터리도 충전하게 되지만, 자동차의 일시 정지 등으로 엔진이 공회전 상태가 되면 발전기 출력은 감소되어 부하가 클 경우에는 배터리에서도 부하에 전류를 공급하기 때문에 방전하게 된다.

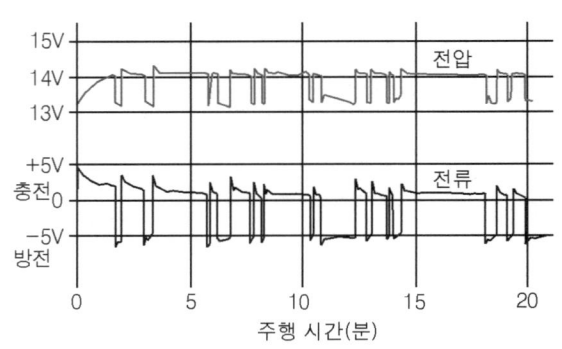

:: 실제 주행에서의 충·방전 상태

이 상태에서의 충·방전 전류의 크기는 그때의 배터리 방전 상태(남아 있는 용량)와 전압 조정기의 설정 전압, 부하의 종류, 주행 상태, 외기의 온도 등 각종 조건에 따라서 달라진다. 그러나 충전 장치가 정상적으로 작동하고 과부하가 아닐 경우에는 주행을 계속함에 따라 배터리는 점차 충전되어 평균 충전 전류는 감소한다. 그림은 일반 승용자동차를 이용하여 시내를 주행하였을 경우의 배터리 충·방전 상태를 기록한 일례이다.

4 배터리의 여러 가지 특성

1 배터리의 기전력

배터리의 기전력은 1셀당 2.1~2.3V이며, 기전력은 전해액의 비중, 전해액의 온도 및 방전 정도에 따라서 조금씩 달라진다. 기전력은 전해액의 온도 저하에 따라서 낮아지는데 이것은 전해액의 온도가 저하하면 배터리 내부의 화학작용이 완만해지고 또 전해액의 저항이 증가하기 때문이다.

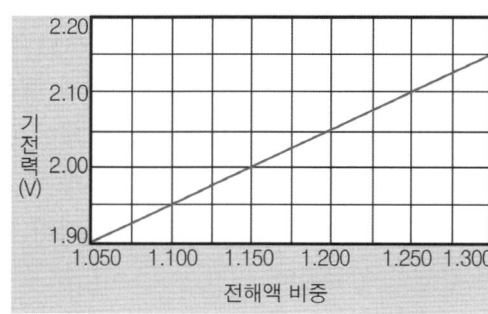

:: 기전력과 전해액 비중의 관계

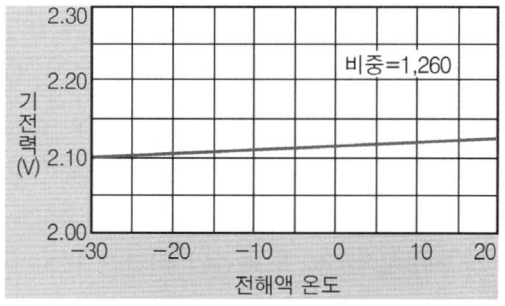

:: 기전력과 전해액 온도의 관계

2 방전 종지 전압

배터리의 단자 전압은 아래 그림과 같이 방전이 진행됨에 따라 점차로 내부 저항이 증가하고, 단자 전압은 내려가다가 어느 한계에 도달하면 급격히 저하하기 시작한다. 이 한계를 넘어서 방전을 지속시키면 전압은 지나치게 낮아져 실용되지 못할 뿐만 아니라 배터리 성능의 열화를 초래하게 되는데 여기서 어느 한계 이하의 전압이 될 때까지 방전을 해서는 안 되는 전압을 **방전 종지 전압**(final discharge voltage)이라고 한다.

방전 종지 전압은 배터리에 따라서 조금씩 다르기는 하지만 1셀당 1.7~1.8(1.75)V, 12V용 배터리에서는 10.5V(1.75V × 6)이다.

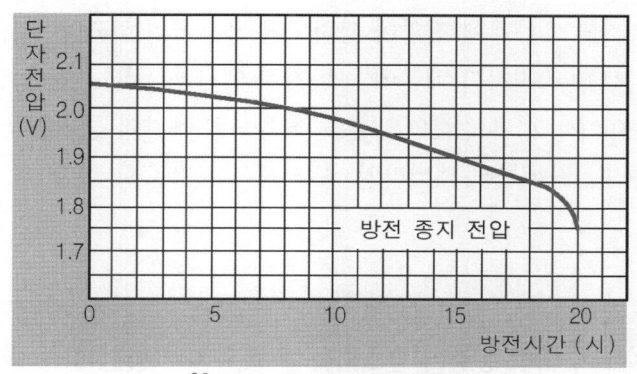

:: 납산 배터리의 방전 곡선

3 배터리 용량

배터리 용량이란 완전 충전된 배터리를 일정한 전류로 연속 방전하여 방전 중의 단자 전압이 규정의 방전 종지 전압이 될 때까지 방전시킬 수 있는 전기량을 말한다. 용량의 크기를 결정하는 요소에는 극판의 크기(또는 면적), 극판의 두께, 극판의 수 및 전해액의 양 등이 있다. 배터리 용량의 단위는 암페어시 용량(AH ; Ampere Hour rate)으로 표시하며, 배터리의 용량은 다음의 식으로 구할 수 있다.

$$Ah = A \times h$$

Ah : 배터리의 용량(AH)　　　　A : 방전 전류(A)　　　　h : 방전 시간(h)

배터리의 용량은 동일한 배터리라도 방전 전류의 크기에 따라 그 값이 달라지며, 방전 전류가 크면 용량은 작아지고 방전 전류가 작으면 용량은 많아진다. 또한 배터리의 용량을 방전 시간으로 표시하는 시간율이란 용어를 사용하며, 방전율은 다음과 같이 분류한다.

방전비율과 방전전류의 비율					
방전비율	20시간	10시간	5시간	3시간	1시간
용량(AH)	100	92	80	75	68
방전전류의 크기(A)	5	9.2	16.0	25.0	68.0
방전전류의 비율	1.0	1.84	3.2	5.0	13.6

① **20 시간율** : 완전 충전한 상태에서 일정한 전류로 연속 방전하여 셀당 전압이 1.75 V 로 강하됨이 없이 20 시간 방전할 수 있는 전류의 총량을 말한다.

② **25 A율** : 완전 충전된 상태의 배터리를 26.6℃(80℉)에서 25 A 의 전류로 연속 방전하여 셀당 전압이 1.75 V에 이를 때까지 방전하는 소요 시간으로 표시한다.

③ **냉간율** : 완전 충전된 상태의 배터리를 −17.7℃(0℉)에서 300 A 로 방전하여 셀당 전압이 1V 강하하기까지 몇 분이 소요되는가로 표시한다.

④ **10 시간율** : 완전 충전된 상태에서 일정한 전류로 연속 방전하여 방전 종지 전압에 이를 때까지 10시간 방전할 수 있는 전류의 총량으로서 2륜 자동차의 배터리에 해당된다.

4 온도와 용량

배터리 전해액의 온도에 따라 용량도 변화된다. 이것은 황산의 분자 또는 이온 등의 이동이 온도가 낮으면 둔화되어 황산의 비저항이 증가되기 때문에 전압이 강하되어 용량이 저하된다. 저온에서 배터리 용량의 저하는 엔진을 시동할 때 전압 강하를 촉진하기 때문에 동절기에 엔진 시동의 곤란을 초래하게 된다. 즉, 배터리 전해액의 온도가 낮으면 용량이 감소하고 전해액의 온도가 높으면 용량이 증대된다. 따라서 용량을 표시할 경우에는 온도를 명시하여야 하며, 자동차용 배터리의 용량 표시는 25℃로 한다.

5 자기 방전

충전된 배터리는 무부하 상태에서도 자연적으로 방전이 이루어진다. 즉, 배터리가 외부의 전기 부하가 없는 상태에서 전기 에너지가 소멸되어 용량이 감소되는 현상을 **자기 방전** 또는 **내부 방전**이라 하며, 자기 방전량은 그 때의 환경에 따라 달라지지만 일반적으로 24시간(1일) 동안 자기 방전량은 배터리의 실용량의 0.3~1.5%이다.

1) 자기 방전의 원인

① 배터리의 구조상 부득이 하다.
② 전해액 중에 불순물이 혼입되어 국부 전지가 형성되었을 때 방전된다.
③ 탈락한 작용물질이 극판의 아래 부분이나 측면에 퇴적 되었을 때 방전된다.
④ 배터리 케이스의 표면에 전기 회로가 형성되어 누설에 의해 방전된다.

2) 자기 방전량

자기 방전량은 각 원인의 정도에 따라 다르지만 전해액의 비중이 높을수록, 주위의 온도나 습도가 높을수록 방전량은 많아지지만 일반적으로 24시간(1일) 동안 배터리 실용량의 0.3~1.5% 정도이다. 자기 방전량은 날자가 경과할수록 많아지나 충전 후 시간의 경과에 따라 점차 작아진다.

자기 방전의 증가를 피하기 위해서는 되도록 배터리를 어둡고 통풍이 잘되는 장소에 보관하는 것이 좋으며, 여름철에는 직사광선에 노출되지 않는 서늘한 장소에 보관하여야 한다.

온 도	1일 방전량	1일 비중 저하량
전해액 온도 30℃	배터리 용량의 1.0%	0.0020
전해액 온도 20℃	배터리 용량의 0.5%	0.0010
전해액 온도 0℃	배터리 용량의 0.25%	0.0005

6 배터리 연결에 따른 용량과 전압의 변화

1) 직렬 연결의 경우

직렬 연결이란 전압과 용량이 동일한 배터리 2개 이상을 (+)단자 기둥과 다른 배터리의 (−)단자 기둥에 서로 연결하는 방식이며, 이때의 전압은 연결한 개수만큼 증가하지만 용량은 1개일 때와 같다.

2) 병렬 연결의 경우

병렬 연결이란 전압과 용량이 동일한 배터리 2개 이상을 (+)단자 기둥은 다른 배터리의 (+)단자 기둥에,

(−)단자 기둥은 (−)단자 기둥으로 연결하는 방식이며, 이때의 용량은 연결한 개수만큼 증가하지만 전압은 1개일 때와 같다.

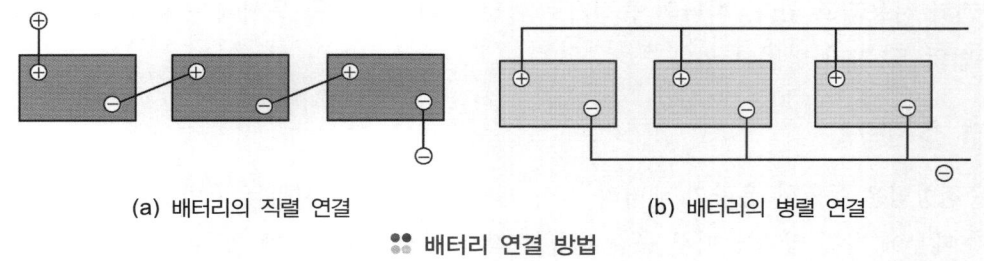

(a) 배터리의 직렬 연결   (b) 배터리의 병렬 연결

배터리 연결 방법

MF 배터리(무정비 배터리)도 납산 배터리이며, 일반 배터리에서 자기 방전이나 화학반응을 할 때 발생하는 가스로 인한 전해액의 감소를 방지하고, 점검·정비를 줄이기 위해 개발된 것으로 특징은 다음과 같다.

① 증류수를 점검하거나 보충하지 않아도 된다.
② 자기 방전 비율이 매우 낮다.
③ 장기간 보관이 가능하다.

MF 배터리가 일반 배터리와 다른 점은 격자의 재질과 제작 방법 및 모양이며 격자의 재질은 안티몬(Sb) 함량이 낮은 납-저 안티몬 합금이나 납-칼슘 합금이다. 일반 배터리의 격자로 사용되는 안티몬은 격자의 기계적 강도를 높이고, 주조성을 쉽게 하지만 배터리 사용 중에 극판 표면에서 서서히 석출되어 국부 전지를 형성함으로써 자기 방전을 촉진하고, 충전 전압을 저하시키므로 자동차와 같이 정전압으로 충전을 실시하는 경우에는 점차 충전 전류가 증대되어 증류수의 전기 분해량을 증가시킨다. 이를 방지하기 위해 MF 배터리는 안티몬 함

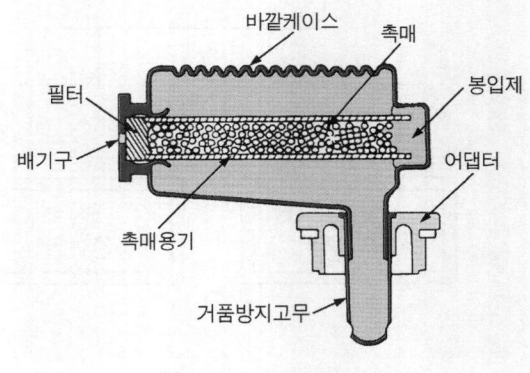
촉매 마개의 구조

유량을 감소시킨 저 안티몬 합금이나 납-칼슘 합금을 사용하면 전해액의 감소 및 자기 방전량을 감소시킬 수 있다. 그리고 격자의 제조 방법은 철망 모양의 격자를 펀칭(punching)방식 등 기계적인 가공법을 채택하여 품질과 생산성을 향상시키고 있다. 또 전해액의 증류수를 보충하지 않아도 되는 방법으로는 전기 분해될 때 발생하는 산소와 수소가스는 촉매를 사용하여 다시 증류수로 환원시키는 촉매 마개를 사용한다.

6 배터리의 충전   Electricity

배터리의 충전은 초충전과 보충전으로 구분되는데 초충전은 미충전된 배터리를 제조한 후 처음으로 사용할 경우 전해액을 넣고 극판을 활성화시키는 것이고 보충전은 자기 방전에 의하거나 사용 중에 소비된 전기 에너지를 보충하기 위한 충전이다. 그러나 근래에는 충전제 극판을 사용하여 제조한 후 전해액 주입구 플러그를

밀봉시켜 외기를 차단하며, 사용시에는 배터리의 전해액을 주입하면 보충전 없이 즉시 사용할 수 있는 배터리도 있다. 배터리는 직류 전원으로 충전을 시켜야 하는데 일반적으로 교류 전원을 직류로 정류하여 충전 전류를 얻는 충전기가 사용되고 있다. 하나의 충전기로 여러 개의 배터리를 동시에 충전시키는 데는 직렬 접속법과 병렬 접속법의 두 가지 방법이 있다.

1 직렬연결 충전방법

직렬연결 충전방법은 동일한 용량의 배터리 여러 개를 동시에 충전시키는 방법으로 각 배터리에는 동일한 전류가 흐르기 때문에 방전 상태에 따른 충전 전류를 각각 조정하여 흐르게 할 수는 없다. 직렬연결 충전방법에서 연결이 가능한 배터리의 수는 충전기의 최대 정격 전압에 의하여 결정되며, 최대 정격 전압이 75V인 충전기에는 12V 배터리 4개까지 연결할 수 있다. 이 때 직렬연결이 가능한 배터리의 수는 다음 식에 의해 산출할 수 있다.

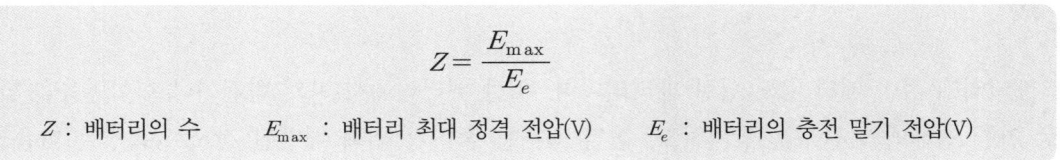

$$Z = \frac{E_{max}}{E_e}$$

Z : 배터리의 수　　E_{max} : 배터리 최대 정격 전압(V)　　E_e : 배터리의 충전 말기 전압(V)

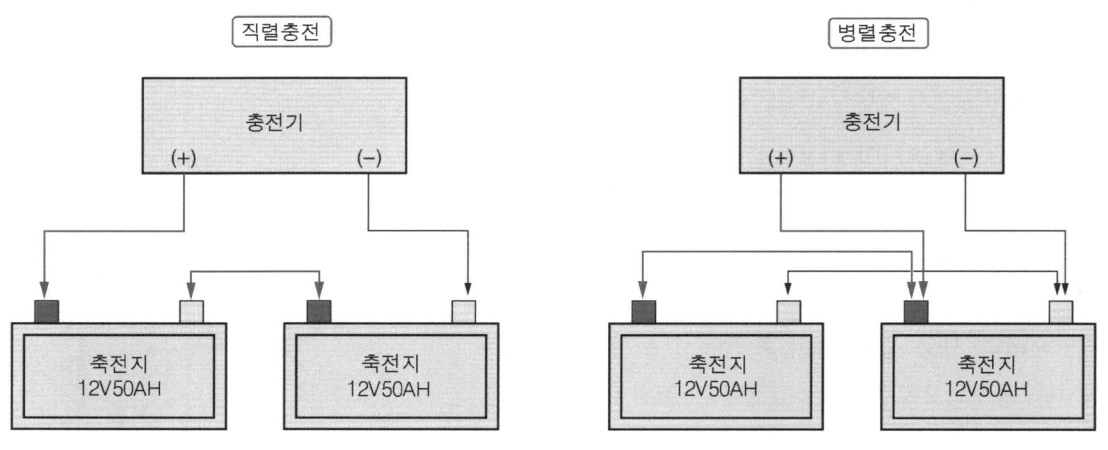

●● 충전시 배터리 연결 방법

2 병렬연결 충전방법

병렬연결 충전방법은 용량이 다른 배터리나 방전량이 다른 배터리 여러 개를 동시에 충전시킬 수 있는 방법으로 각 배터리에는 동일한 충전 전압이 가해지기 때문에 가변 저항기를 이용하여 각 배터리에 맞는 충전 전류가 흐르도록 하고 있다. 병렬연결 충전방법에서의 출력 전압은 배터리 1개의 전압으로 되지만 충전 전류는 각 배터리의 충전 전류를 합한 것이 됨으로 충전기의 정격 전류에 의하여 동시에 충전이 가능한 배터리의 수를 결정하게 되며, 이때의 기준은 용량이 제일 적은 것으로 한다.

3 배터리의 초충전

배터리의 초충전은 제조회사에서 실시하는 것과 판매점에서 또는 사용자가 실시하는 방법이 있으며, 제조회사에서 실시하는 초충전은 배터리를 제조한 후 전해액을 주입하고 극판의 활성화를 위하여 최초로 충전하는 것으로 활성 충전이라고도 한다. 판매점이나 사용자가 실시하는 충전은 새로 구입한 배터리의 극판과 전해액의 친화력을 높이기 위한 충전으로 정전류 충전법에 의하여 20시간율의 전류 또는 20시간율의 50% 전류로 약 60~70시간 정도의 장시간 충전을 한다. 현재 건식 배터리(충전제 극판을 사용한 배터리)는 완전 충전한 후 전해액을 빼고 극판을 건조시켜 외기의 출입이 없도록 밀폐시켜 출고한 것으로 사용자는 규정된 전해액을 주입하여 바로 사용할 수 있다. 그러나 배터리의 수명을 연장시키기 위하여 배터리 용량의 50% 정도 전류로 2~3시간 정도 초충전하여 사용하는 것이 좋다.

4 배터리의 보충전

배터리의 보충전은 사용 도중 또는 자기 방전에 의하여 부족한 전기 에너지의 용량을 보충하기 위한 충전으로 다음과 같은 충전법이 있다.

1) 정전류 충전법

정전류 충전은 배터리의 충전 초기에서부터 충전이 완료될 때까지 일정한 전류로 충전하는 방법으로서 충전 초기에는 전압을 낮게 하였다가 점차로 높여서 배터리와 충전기의 전위차를 일정하게 하는 방법으로 충전 전류는 일반적으로 배터리 용량의 10% 정도로 한다.

충전 시간의 경과에 따라 셀당 전압은 충전 초기에는 서서히 증가하다가 2.4V 부근에서 급격히 상승하여 2.6~2.7V에 이르면 일정한 전압을 유지하여 충전이 완료된다. 충전이 완료되었을 때 전해액의 온도 20℃로 환산한 비중이 1.280보다 높을 경우에는 증류수를 넣어 비중을 조정하여야 하며, 배터리의 정전류 충전 전류는 다음과 같다.

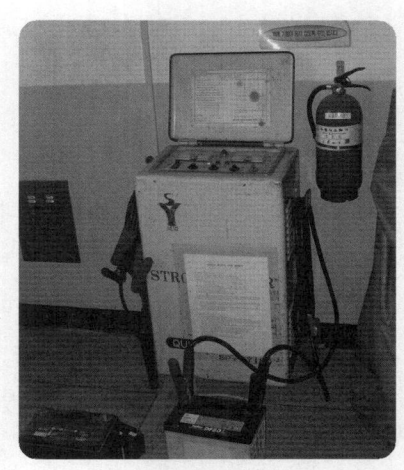

❖ 충전기 외형

① 표준 충전 전류 : 배터리 용량의 10%

② 최대 충전 전류 : 배터리 용량의 20%

③ 최소 충전 전류 : 배터리 용량의 5%

2) 정전압 충전법

정전압 충전은 배터리의 충전 초기에서부터 충전이 완료될 때까지 일정한 전압으로 충전하는 방법으로 엔진의 작동 중에 충전장치에서 배터리에 전기 에너지를 공급하는 충전 방식이다. 정전압 충전기를 이용하여 충전하는 경우 충전 말기의 단자 전압을 초기에서부터 가하여 충전하기 때문에 충전 초기에 큰 전류가 흐르는 단점이 있다. 그러나 충전 시간이 경과됨에

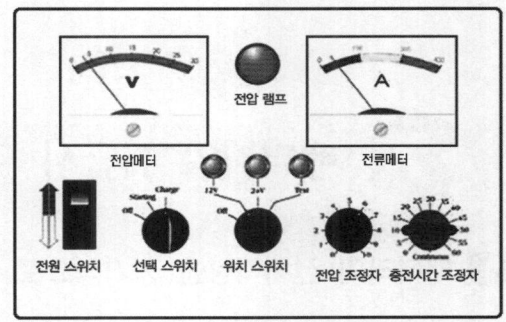

❖ 충전기 패널

따라 점차 적은 전류가 흐르며, 충전 말기에는 거의 전류가 흐르지 않게 됨으로 가스의 발생이 거의 없고 충전 능률도 우수하지만 충전 초기에 큰 전류가 흘러 배터리의 수명에 영향이 크기 때문에 충전기를 이용한 보충전 방법으로는 별로 사용하지 않는다.

3) 단별 전류 충전법

단별 전류 충전은 배터리의 충전 초기에는 큰 전류로 충전하고 충전 시간의 경과에 따라 전류를 2~3시간씩 단계적으로 내려서 충전시키는 방법으로서 충전 효율을 높이고 전해액의 온도 상승을 완만하게 한다. 단별 전류 충전은 배터리의 충전 말기에 전류를 감소시키기 때문에 가스 발생시의 전력 손실을 방지하고 가스에 의한 위험도 방지한다.

은 충전할 시간적인 여유가 없을 경우 급속 충전기를 이용하여 짧은 시간에 충전하는 방법으로 배
량의 50% 전류로 충전하기 때문에 과대 전류가 흘러 배터리 극판의 손상 및 배터리의 수명을 단축시킬
려가 있다. 급속 충전기는 이동할 수 있도록 운반용의 바퀴가 부착되어 있기 때문에 배터리를 자동차에 설치
한 상태에서 충전할 수 있는 장점이 있다. 급속 충전시 주의 사항은 다음과 같다.

① 급속 충전 전류는 배터리 용량의 50% 전류로 충전한다.
② 급속 충전 시간은 가급적 짧은 시간으로 할 것.
③ 급속 충전시 전해액의 온도가 45℃ 이상이 되지 않도록 할 것.
④ 급속 충전중인 배터리에 충격을 가하지 말 것.
⑤ 급속 충전시 전해액의 온도가 45℃ 이상일 경우에는 충전을 일시 중지하거나 충전 전류를 감소시킬 것.
⑥ 발전기의 실리콘 다이오드가 파손되는 것을 방지하기 위하여 차에 장착된 배터리의 ⊕, ⊖ 케이블을
떼어낸 다음 충전을 실시할 것.

5 배터리의 회복충전

배터리의 회복 충전은 방전 상태로 방치한 배터리 극판은 불활성 물질로 덮여 있기 때문에 일반적인 충전법
으로는 회복되지 않는다. 따라서 배터리의 극판을 원상태로 회복시키기 위하여 정전류 충전법에 의하여 미소
전류로 약 40~50시간 충전시킨 다음 방전시키고 다시 충전한다. 이와 같이 여러 번 반복하면 극판은 본래의
상태로 회복되는데 이러한 충전을 **회복 충전**이라 한다. 배터리를 보존하기 위하여 미소 전류 충전기의 충전 전
류는 다음의 식에 의해 구할 수 있다.

$$충전\ 전류 = \frac{축전지\ 용량 \times 1일\ 자기\ 방전율}{24\ h}$$

7 배터리의 취급시 주의사항

1 배터리의 전해액량을 정기적으로 점검할 것

전해액량은 15~30일 마다 각 셀의 전해
액량을 점검하여야 하며, 배터리 케이스에
표시된 최고선(upper)과 최저선(lower) 중
간 부분에 있으면 정상이다. 또한 벤트 플
러그 내의 확산 링을 점검하여 검은 색과
투명한 색이 그림과 같이 보이면 정상이다.
전해액량이 부족한 경우에는 소형(70AH
이하)의 경우 극판 위 10~13mm, 대형
(70AH 이상)의 경우 극판 위 13~20mm가
규정량이다.

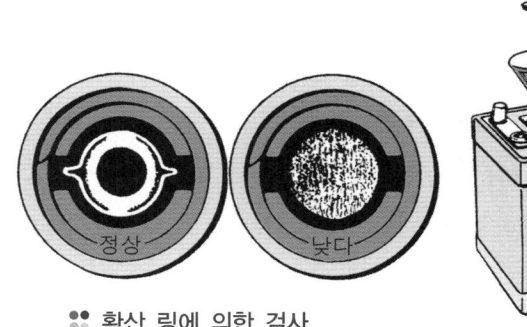

⁑ 확산 링에 의한 검사

⁑ 증류수의 보충

2 전해액의 비중을 정기적으로 점검할 것.

전해액량을 점검할 경우에 비중도 점검하여야 하며, 전해액량이 부족하여 비중계로 점검할 수 없는 경우에는 증류수를 보충하고 수십 분 충전하여 증류수가 전해액과 충분히 혼합되도록 한 다음 측정한다. 이때 전해액의 비중이 1.200 이하이면 즉시 보충전을 하고 충전계통을 점검한다.

3 배터리 케이스의 설치 상태와 양 케이블의 설치 상태를 정기적으로 점검할 것

배터리 케이스의 설치 상태가 불량하면 진동에 의해 양(+)극판의 작용물질의 탈락이 촉진되며, 심한 경우 배터리 케이스의 균열이 발생되므로 배터리 고정 클램프 볼트를 확실하게 죄어 두어야 한다. 또한 케이블의 조임이 헐거우면 접촉 저항의 증가에 의해 전압 강하가 심하여 기동 전동기의 작동 불량 및 각 전장 부품의 기능이 저하되므로 터미널 클램프 볼트를 확실하게 죄어 두어야 한다.

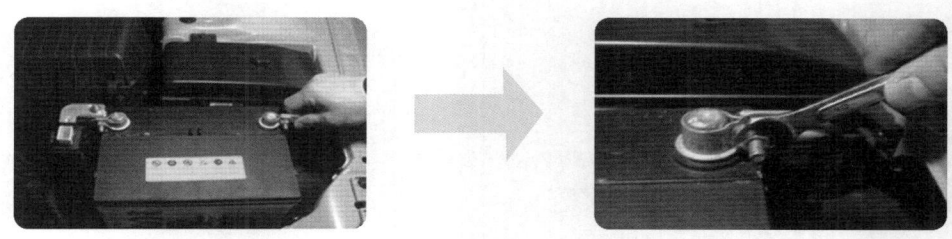

:: 케이블 설치 상태 점검

4 배터리 터미널 포스트와 커버 윗면을 깨끗하게 유지할 것

배터리의 ⊕ 터미널 포스트는 부식되기 쉬우므로 깨끗이 닦고 광물질(mineral) 그리스로 접속부에 도포하여 부식을 방지하여야 한다. 또한 배터리 커버 윗면에 전해액의 누출이 있으면 암모니아 또는 베이킹 소다를 묻힌 헝겊으로 닦아 내어 누전에 의한 자기 방전을 방지하여야 한다.

5 연속적으로 큰 전류를 방전시키지 않을 것

엔진을 시동하기 위하여 기동 전동기를 10초 이상 연속하여 사용해서는 안된다. 특히 한냉시에는 5초 이상 연속하여 사용해서는 안되며, 이러한 경우 10초 이상의 사이를 두고 사용하여야 한다.

8 기동장치 starting System

학/습/목/표

1. 직류 전동기의 원리와 종류에 대하여 설명할 수 있다.
2. 기동 전동기의 성능 특성에 대하여 설명할 수 있다.
3. 기동 전동기의 구조와 작동에 대하여 설명할 수 있다.
4. 기동 전동기의 동력전달 기구에 대하여 설명할 수 있다.
5. 기동 전동기의 성능에 대하여 설명할 수 있다.

1 기동 장치 Starting system

1 개 요

자동차용 엔진은 흡입, 압축, 동력, 배기의 4행정으로 작동되고 있다. 그러나 이 행정 중 에너지의 발생은 동력 행정뿐이며, 동력 행정에서 발생한 에너지를 엔진의 플라이 휠이 저장 한 다음 플라이 휠의 관성을 이용하여 연속적인 작동이 이루어진다. 그러나 엔진을 시동하려고 할 때 최초의 흡입과 압축 행정에 필요한 힘을 외부에서 제공하여 크랭크축을 회전시켜야 한다. 이때 필요한 장치는 배터리, 기동 전동기, 점화 스위치, 배선 등이다.

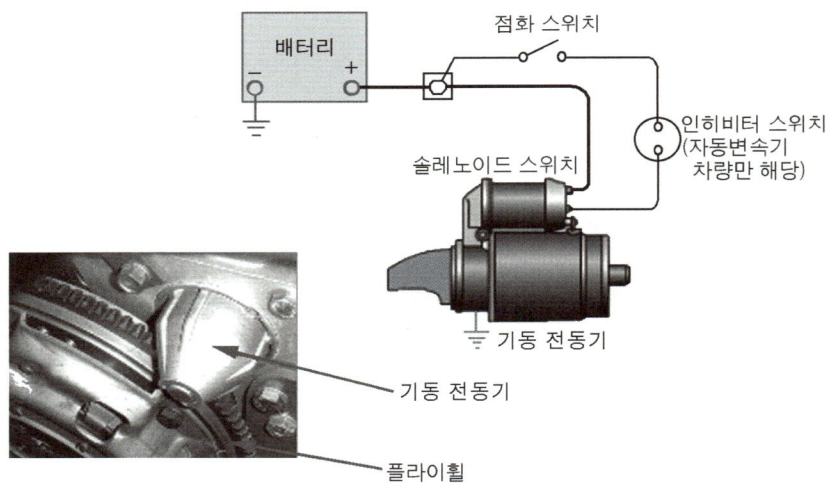

:: 기동 전동기 회로도

2 전동기의 원리

자계 내에서 자유롭게 회전할 수 있는 도체인 전기자를 설치하고 전류를 공급하기 위하여 정류자를 두고, 정류자와 항상 접촉하여 도체에 전류를 공급하는 브러시(brush)를 부착한 다음 전류를 공급하면 플레밍의 왼손법칙에 따르는 방향의 힘을 받는다.

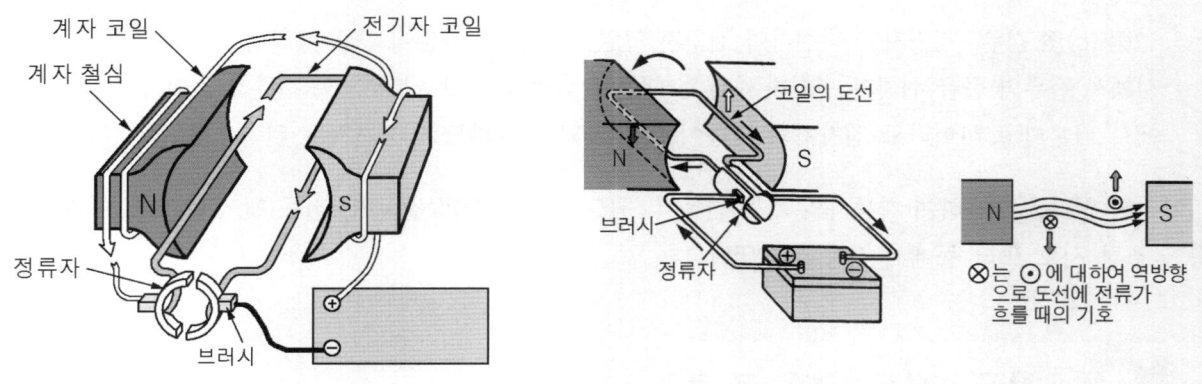

:: 전동기의 원리(1)

이때 전류는 도체 A에서 B로 흐른다. 이에 따라 N극에 가까이 있는 도체 A는 아래쪽 방향으로 힘을 받고, S극 가까이 있는 도체 B는 위쪽 방향으로 힘을 받아서 왼쪽으로 회전을 하게 되며, 발생하는 회전력은 자계의 세기와 도체를 흐르는 전류와의 곱에 비례한다.

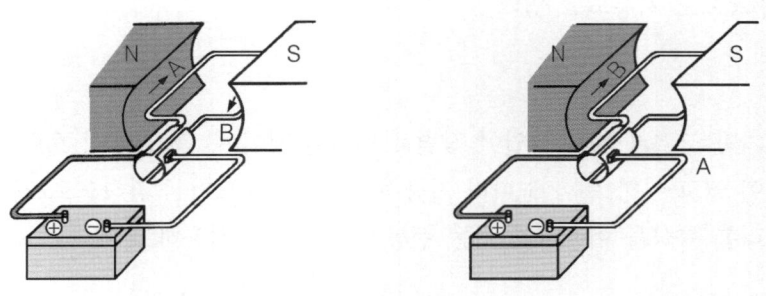

:: 전동기의 원리 (2)

그러나 도체가 회전하여 위치가 바뀐 경우를 고려하면 도체 A와 B의 위치가 반대로 되었으므로 회전 방향이 역회전 위치로 되어 전동기로 사용을 할 수 없다. 이를 방지하기 위하여 전류의 공급이 항상 자계에 대하여 일정한 방향으로 흐르도록 직류를 공급하여 회전 방향이 변화되지 않고 한쪽 방향으로만 회전하도록 한다. 자계 속에서 전기자(도체)를 배치하고 직류를 브러시와 정류자를 통하여 흐르게 하였을 때 전기자에 작용하는 전자력을 그림의 (a), (b), (c)에서 설명하면 다음과 같다.

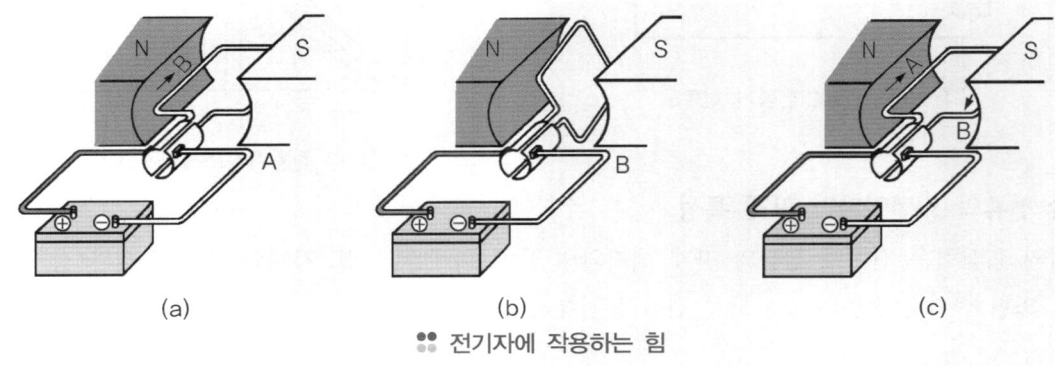

| (a) | (b) | (c) |

:: 전기자에 작용하는 힘

① **그림(a)의 경우** : 전기자 코일 B부분에 전류가 들어가고, A부분으로 나오도록 하였을 경우 플레밍의 왼손 법칙을 적용하면 코일 A부분에는 전자력(힘)이 위쪽 방향으로 작용하고, 코일 B부분에는 아래쪽 방향으로 작용하여 전기자는 왼쪽으로 회전한다.

② **그림 (b)의 경우** : 전기자 코일이 중앙에 도달하면 전류는 흐르지 않으나 전기자는 관성에 의하여 회전한다.

③ **그림 (c)의 경우** : 전기자가 회전하여 전기자 코일 A부분과 B부분이 그림(a)의 반대 위치로 되지만 브러시에서 전류의 공급 위치가 변화하지 않기 때문에 전기자 코일 A부분으로 전류가 들어가고 코일 B부분에서 나온다고 하더라도 전자력의 방향이 그림(a)와 동일하므로 전기자는 왼쪽으로 회전한다.

이러한 원리를 이용하여 자동차의 기동 전동기, 윈드 실드 와이퍼 전동기, 전동 팬, 전자제어 엔진의 공전 속도 조절 서보 모터 등에서 사용되고 있다.

2 기동 전동기의 종류

직류 전동기에는 전기자 코일과 계자 코일의 연결 방법에 따라 직권식 전동기, 분권식 전동기, 복권식 전동기 등이 있으며, 전기자 코일, 계자코일, 정류자와 브러시 등의 주요 부품으로 구성되어 있다. 그리고 최근에는 페라이트 자석식 전동기도 사용되고 있다.

1 직권식 전동기

직권식 전동기는 전기자 코일과 계자 코일이 직렬로 연결된 것이며, 각 코일에 흐르는 전류는 일정하다. 이 형식의 특징은 회전력이 크고 부하 변화에 따라 자동적으로 회전속도가 증감하므로 고 부하에서는 과대 전류가 흐르지 않는다. 이러한 특성을 이용하여 기동 전동기에서 주로 사용하고 있다.

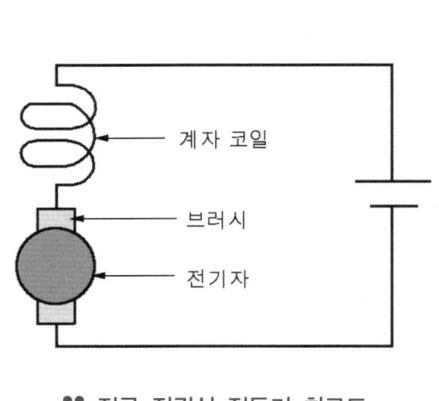

❖❖ 직류 직권식 전동기 회로도

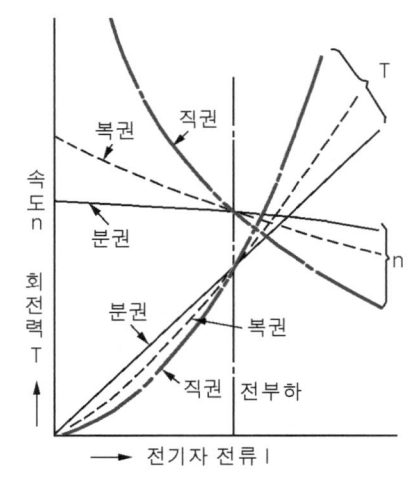

❖❖ 각 전동기의 특성 곡선

1) 전기자 전류와 회전력과의 관계 특성

전동기의 회전력은 전기자 전류와 자계 세기와의 곱에 비례한다. 또 자계의 세기는 계자 전류에 의하여 결정되고 또한 전기자 전류와 같으므로 전기자 전류의 2승에 비례한다. 즉, 전기자의 전류가 클수록 발생되는 회전력도 크다.

2) 전기자 전류와 속도의 관계 특성

전기자 전류는 전동기에 발생하는 역 기전력에 반비례하고, 역 기전력은 속도에 비례한다. 따라서 전기자 전류는 속도에 반비례하여 증감한다. 이와 같이 직권 전동기는 회전 속도가 낮을 때, 즉 부하가 클 때는 전기자 전류가 증가하여 큰 회전력을 발생하기 때문에 기동 전동기로 적합하다.

2 분권식 전동기

분권식 전동기는 전기자 코일과 계자 코일이 병렬로 연결된 것이며, 각 코일에는 전원 전압이 가해져 있다. 이 형식은 부하의 변화에 대하여 회전속도의 변화가 적으나 계자 코일에 흐르는 전류를 변화시키면 회전속도를 넓은 범위로 쉽게 바꿀 수 있어 부하가 변화하더라도 회전속도가 변하지 않는 일정 속도 작동용 전동기 또는 계자 전류를 변화시켜 회전속도를 변환시키는 가·감속용으로 이용된다. 이 전동기는 주로 냉각 팬 전동기, 파워 윈도(power window) 전동기 등에서 사용되고 있다.

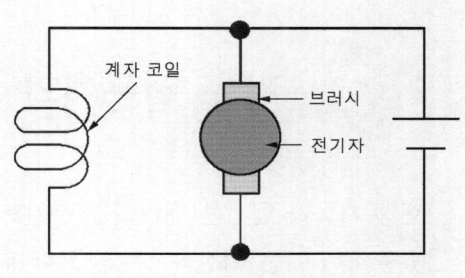

:: 직류 분권식 전동기 회로도

1) 전기자 전류와 회전력 관계 특성

분권 전동기도 직권 전동기와 마찬가지로 회전력은 전기자 전류와 자계 세기의 곱에 비례한다. 그러나 자계의 세기가 변화하지 않으므로 전기자 전류에 비례한다. 즉, 전기자 전류가 클수록(부하가 클수록) 발생 회전력이 크게 되기는 하지만 직권식 전동기보다는 그 증가율이 낮다.

2) 전기자 전류와 속도와의 관계 특성

전동기 회전속도는 전압에 비례하고 자계의 세기에 반비례한다. 따라서 전원이 배터리일 경우에는 가하는 전압은 일정하고 또한 자계의 세기는 분권식이므로 변화가 없기 때문에 전기자의 전류가 증가하면 배터리 전압이 약간 낮아지나 회전속도는 거의 일정하게 되어 일정 속도의 특성을 나타낸다.

3 복권식 전동기

복권식 전동기는 전기자 코일과 계자 코일이 직렬과 병렬로 연결된 것이며, 계자 코일의 자극의 방향이 같으며, 직권과 분권의 중간적인 특성을 나타낸다. 즉, 기동할 때에 직권 전동기와 같이 회전력이 크고, 기동 후에는 분권 전동기와 같이 일정 속도 특성을 나타낸다. 그리고 직권 전동기에 비해 그 구조가 약간 복합한 결점이 있다. 이 전동기는 윈드 실드 와이퍼 전동기(wind shield wiper motor)에서 사용되고 있다.

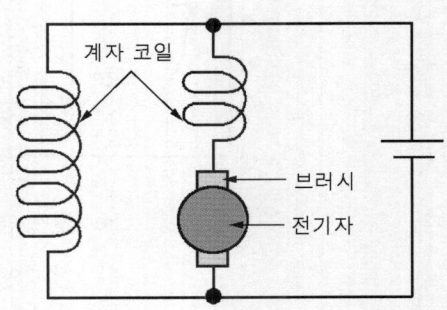

:: 복권 전동기의 회로도

4 페라이트 자석식 전동기

페라이트 자석이란 바륨과 철 등의 산화 분말을 압축 성형하여 고온에서 소결시킨 자석(영구 자석)이며 특징은 가볍고 자력을 유지하는 힘이 매우 크다. 이 자석은 전동기의 계자 코일과 계자 철심의 대용으로 사용한다. 즉, 전기자 코일에만 전류를 공급하여 회전시키므로 전원 전류의 공급 방향이 바뀌게 되면 회전 방향도 바뀌게 된다. 여기서 회전 방향이 바뀌는 이유는 페라이트 자석은 극성이 바뀌지 않지만 전기자는 인공 자석이므로 전류의 공급 방향이 바뀌면 극성도 바뀌게 되어 회전 방향이 바뀌게 된다. 이 형식은 윈드 실드 와이퍼 전동기, 전자제어 엔진의 공전속도 조절 서보 모터, 스텝 모터, 연료 펌프 모터 등에서 사용된다.

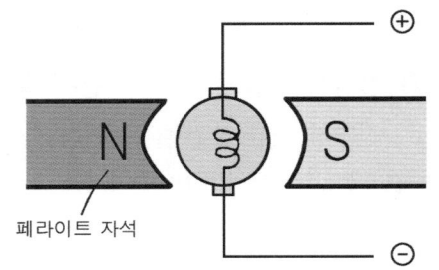

:: 페라이트 자석식 전동기 회로도

3 기동 전동기의 성능 특성

현재 자동차 엔진은 배터리를 전원으로 하는 직류 직권식 전동기를 사용하고 있다. 직권식 전동기는 부하가 걸렸을 경우에는 회전속도는 낮으나 회전력이 크고, 부하가 작아지면 회전력은 감소하나 회전속도는 점차로 빨라진다. 즉, 회전속도가 부하에 따라 현저하게 변환된다. 기동 전동기는 엔진 실린더의 압축 압력이나 각부의 마찰력을 이기고 시동이 가능한 회전속도로 구동하여야 하므로 기동 회전력 커야 한다. 이 요구에 가장 적합한 것이 직류 직권식 전동기이며, 기동 전동기의 구비 조건은 다음과 같다.

① 기동 회전력이 클 것　　　② 소형·경량이고 출력이 클 것
③ 전원 용량이 적어도 될 것　　④ 진동에 잘 견딜 것
⑤ 기계적 충격에 잘 견딜 것

그리고 기동 전동기는 짧은 시간(약 15초 이내)에 정격 출력으로 구동될 수 있도록 설계가 되어 있기 때문에 일반 전동기의 출력에 비해 소형이므로 무리한 연속 작동이 불가능하다. 그림은 4행정 사이클 4실린더 엔진을 기동 전동기로 시동할 때의 기동 전동기의 전류와 전압을 오실로스코프로 점검한 일례이다.

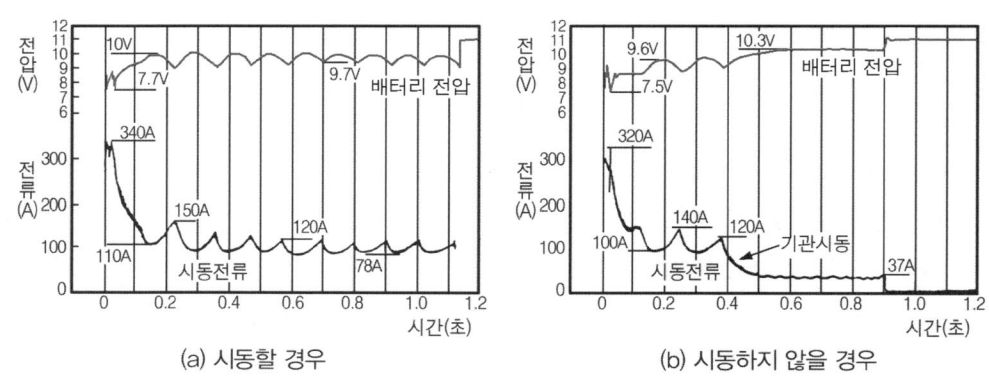

:: 기동전동기의 전류와 전압의 오실로스코프 파형

1 시동 소요 회전력

기동 전동기로 엔진을 시동하기 위하여 필요한 회전속도 및 회전력은 엔진의 종류(실린더 체적, 압축비, 점화 방식 등)나 온도(외부 온도, 윤활유 온도 등)에 따라 다르다. 한편 시동 성능은 전원인 배터리의 상태에 따라 큰 영향을 받기 때문에 시동 성능을 고려할 경우 엔진의 요구 및 기동 전동기의 특성 그리고 배터리의 능력

을 모두 검토하여야 한다. 그리고 엔진의 회전 저항은 실린더 내에 흡입된 혼합기나 공기를 압축하는데 필요한 힘과 실린더와 피스톤 링 및 각 베어링, 기어(gear)의 마찰력 등으로 결정된다.

엔진을 시동하려고 할 때 이 회전 저항을 이겨내고 기동 전동기로 크랭크축을 회전시키는데 필요한 회전력을 시동 소요 회전력이라고 한다. 기동 전동기 소요 회전력은 엔진 플라이 휠 링 기어와 기동 전동기 피니언의 기어 비(약 10~15 : 1)를 크게 하여 증대시키며 다음의 식으로 산출한다.

$$소요회전력 = \frac{엔진의\ 회전\ 저항 \times 기동\ 전동기\ 피니언의\ 잇수}{플라이\ 휠\ 링기어\ 잇수}$$

또 이 시동 소요 회전력은 실린더 체적이나 압축비가 큰 엔진일수록 커지지만 외부의 온도에 따라 현격한 영향을 받는다. 윤활유의 점도는 온도가 저하되면 급격히 높아져 엔진 각 부분의 마찰력도 증가한다.

2 최소 엔진 시동 회전속도

엔진을 시동하는 크랭크축을 회전시킬 수 만 있으면 되는 것이 아니라 어느 정도 이상의 회전속도가 필요하다. 회전속도가 낮으면 실린더와 피스톤 링 사이에서 압축가스가 누출되어 시동에 필요한 압축 압력을 얻지 못하게 된다. 또 가솔린 엔진에서는 점화 코일에 공급되는 전압의 저하 때문에 점화 불량의 원인이 된다.

디젤 엔진의 경우에는 충분한 단열 압축이 이루어지지 않으면 연료의 착화에 필요한 온도를 얻지 못하여 시동이 되지 않는다. 엔진의 시동에 필요한 최저 한계의 회전속도를 최소 시동 회전속도라 한다. 이 회전속도는 가솔린 엔진보다 디젤 엔진 쪽이 높으며, 기온이 높을수록 높지만 이외에 실린더 수, 사이클 수, 연소실 형상, 점화 방식 등에 따라 달라진다.

최소 시동 회전속도는 -15℃에서 2행정 사이클 엔진은 150~200rpm, 4행정 사이클 엔진의 경우에는 가솔린 엔진은 100rpm이상, 디젤 엔진은 180rpm이상이다.

3 엔진의 시동 성능

기동 전동기의 출력은 전원인 배터리의 용량이나 온도 차이에 따라 영향을 받아 크게 변화한다. 배터리 용량 변화에 따른 기동 전동기의 특성 변화 그림은 동일한 기동 전동기를 용량이 다른 배터리로 작동시킬 경우 특성 변화의 일례를 나타낸 것이다.

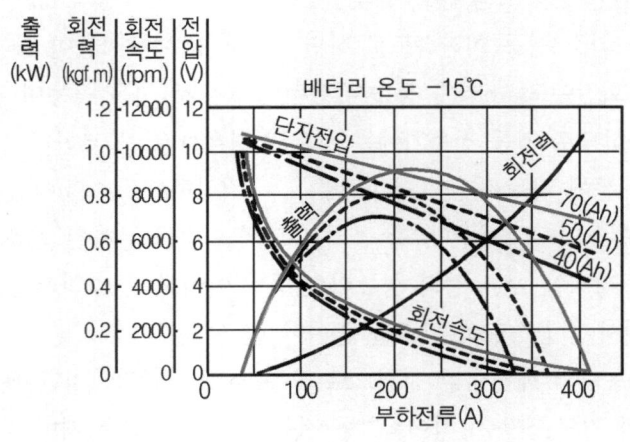

:: 배터리 용량 변화에 따른 기동 전동기의 특성 변화

배터리의 용량이 작으면 엔진을 시동할 때 단자 전압의 저하가 심하고 회전속도도 낮아지기 때문에 출력이 감소한다. 또 온도 변화에 따른 기동 전동기의 특성 변화 그림에 나타낸 것과 같이 실제의 용량이 저하하므로 기동 전동기의 출력은 감소한다. 즉, 어느 쪽의 경우에도 시동 성능은 저하되는 것이 된다.

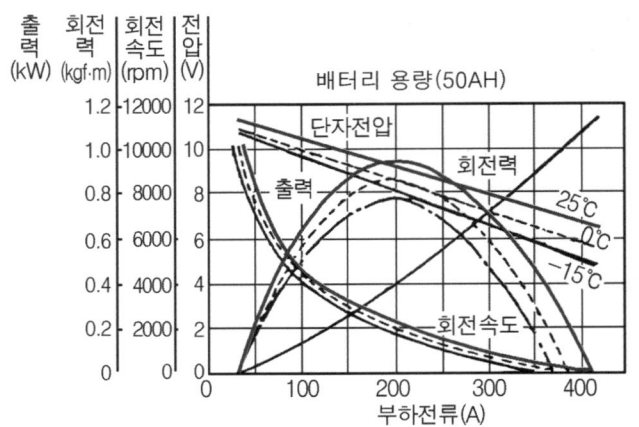

∷ 온도 변화에 따른 기동 전동기의 특성 변화

엔진 시동 특성의 그림은 기동 전동기에서 구동된 엔진의 회전속도와 엔진 회전 저항 및 기동 전동기 피니언 기어에서 플라이 휠 링 기어를 거쳐 엔진에 작동하는 구동 회전력의 관계를 나타낸 것이다. 온도가 저하되면 윤활유의 점도가 상승하기 때문에 엔진의 회전 저항이 증가하는 한편 배터리의 용량 저하에 의해 기동 전동기의 구동 회전력은 감소한다.

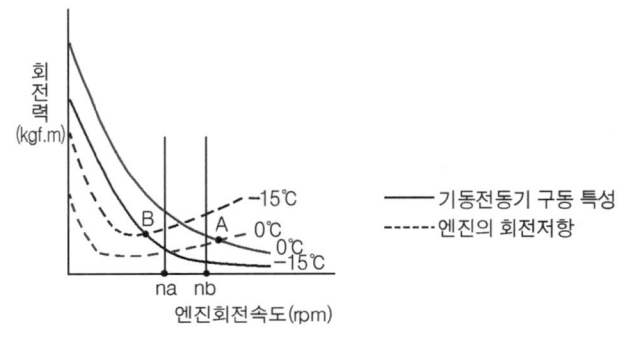

∷ 엔진 시동 특성

엔진 시동 특성 그림의 예에서 엔진이 요구하는 시동 회전력보다 기동 전동기의 구동 회전력 쪽이 크기 때문에 기동 전동기가 회전하여 엔진을 구동하고 0℃의 경우에는 A점까지 회전속도는 상승한다. 그러나 −15℃의 경우에는 엔진의 회전 저항이 증가하고 기동 전동기의 회전력이 감소하고 있으므로 B점까지 밖에는 상승하지 않는다.

엔진을 시동하는데 필요한 회전속도는 온도가 낮을수록 커지지만 그림의 na를 0℃에서, nb를 −15℃일 때는 엔진 회전속도가 필요한 최소 시동 회전속도로 하면 0℃의 경우는 시동이 가능하지만 −15℃일 때는 엔진 회전속도가 필요한 최소한 회전속도 nb까지 상승시킬 수 없으므로 시동 불능이 된다. 온도가 낮을 경우 엔진 쪽에서는 회전 저항이 증가하므로 기동 전동기에는 상온의 경우보다 큰 부하가 걸리게 된다. 한편, 배터리 용량의 저하와 부하의 증가 때문에 기동 전동기의 회전속도는 저하하므로 이것이 원인이 되어 엔진의 압축 압력의 저하를 초래한다. 디젤 엔진의 경우에는 압축 공기 온도의 저하나 분사된 연료의 무화가 불량하게 되며, 또 가솔린 엔진은 배터리 전압 강하에 따른 점화 성능의 저하로 이어진다. 따라서 기동 전동기의 시동 성능을 향상시키는 데는 낮은 온도에서 회전속도의 감소를 줄여야 한다.

이를 위해 가능한 한 큰 용량의 배터리를 전원으로 하는 것도 바람직하지만 동일한 용량의 배터리일지라도 충전 부족의 해소, 배터리와 기동 전동기 사이, 기동 전동기 내부의 접촉 저항 감소, 적절한 윤활유를 사용하여 엔진의 회전 저항을 감소시키는 노력도 필요하다.

4 기동 전동기의 구조와 작동

기동 전동기는 작동 상 다음의 3주요 부분으로 구분한다.
① 회전력을 발생하는 부분
② 회전력을 엔진 플라이 휠 링 기어로 전달하는 부분
③ 피니언 기어를 미끄럼 운동시켜 플라이 휠 링 기어에 물리게 하는 부분

이들 3주요 부분은 전원 전압이나 출력에 따라 그 크기, 극수, 브러시 수 등이 다르나 일반적인 구조와 동은 마찬가지이다.

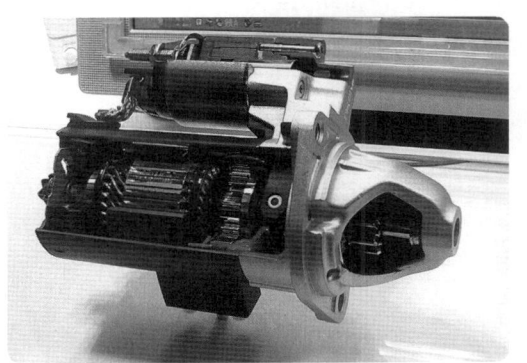

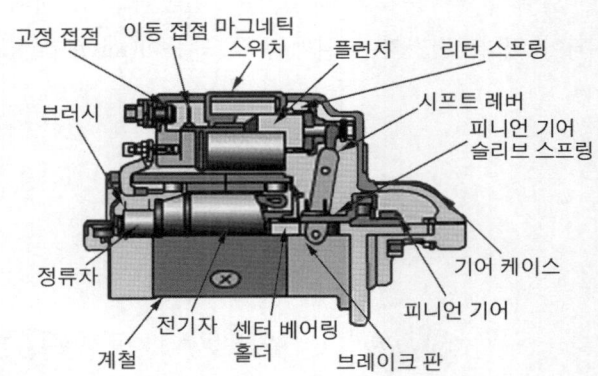

🟤 기동 전동기 구조

기동 전동기의 전기자가 회전하면 전기자 철심에는 플레밍의 왼손 법칙에 의한 방향으로 기전력이 유기 되어 전류가 흐르게 되는데 이때 맴돌이 전류가 발생한다. 이 맴돌이 전류가 전기자 철심에 흐름에 따라 철심에는 열이 발생하여 기동 전동기의 효율을 저하시킨다. 이 맴돌이 전류에 따른 손실을 방지하기 위하여 철심을 얇은 규소 강판으로 절연하고 성층 철심으로 하고 있다. 전기자 철심을 성층 철심으로 하면 맴돌이 전류의 분할이 이루어져 기전력이 작아진다. 이론적으로는 강판 두께의 2승에 비례하여 감소한다.

1 전동기 회전 운동 부분

전동기 부분은 회전 운동을 하는 부분(전기자, 정류자 등)과 고정되어 있는 부분(계자 코일, 계자 철심, 브러시 등)으로 구성되어 있다.

1) 전기자 armature

전기자는 축, 철심, 그리고 여기에 각각 절연되어 감겨져 있는 전기자 코일, 정류자 등으로 구성되어 있으며, 축의 양 끝은 베어링으로 지지되어 계자 철심 내에서 회전한다. 전기자 축은 큰 힘을 받기 때문에 파손·변형 및 휨 등이 일어나지 않도록 특수강을 사용한다. 또한 축에는 피니언 기어가 미끄럼 운동할 수 있도록 스플라인(spline)이 파져 있으며, 마멸을 방지하기 위해 담금질되어 있

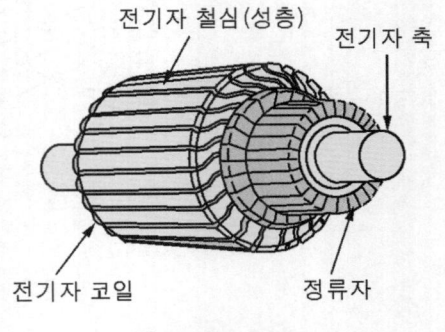

🟤 전기자의 구조

다. 전기자 철심은 자력선을 잘 통과시키고 동시에 맴돌이 전류를 감소시키기 위해 얇은 철판을 각각 절연하여 겹쳐 제작하였으며, 재질은 투자율이 큰 철, 니켈, 코발트, 규소 등을 사용한다. 바깥 둘레에는 전기자 코일이 들어가는 홈(slot)이 파져 있고 사용 중 철심이 발열하지 않도록 하고 있다. 또한 전기자 철심은 계자 철심에서 발생한 자계의 자기 회로가 되며, 계자 철심의 자력과 전기자 코일의 자력과의 사이에서 발생한 전자력을 회전력으로 변환시키는 작용을 하므로 전기자 철심의 지름이 클수록 회전력이 커지게 된다.

전기자 코일은 특성상 큰 전류가 흘러야 하므로 단면적이 큰 평각선이 파권으로 감겨져 있으며, 코일의 한 쪽은 N극 쪽에, 다른 한 쪽은 S극이 되도록 전기자 철심의 홈에 절연되어 끼워져 있다. 또한 코일의 양끝은 각각 정류자에 납땜되어 있다. 따라서 동시에 모든 코일에 전류가 흘러 각각에 발생하는 회전력이 합해져 전기자를 회전시킨다.

철심의 형상은 그림과 같으며, 일반적으로 1개의 홈에 2개의 코일이 들어가므로 그 단면은 아래 그림처럼 되어 있다. 전기자 코일에는 운모 종이(mica paper), 파이버(fiber), 플라스틱 등이 사용된다.

(a) 오픈 슬롯 (b) 세미 오픈 슬롯 (c) 인클로스 슬롯
∷ 전기자 철심의 홈 모양

∷ 전기자 코일의 구조

→ 맴돌이 전류(와전류)

아래 그림(a)와 같이 도체에 자속이 통과할 때 또는 그림(b)와 같이 도체와 자속이 상대 운동을 할 때 그 도체 내에 전자 유도 작용에 의한 기전력이 유기 된다. 이 기전력에 의해 도체에 흐르는 유도 전류는 도체 중에서 저항이 가장 적은 곳으로 회로를 형성하여 흐른다. 이와 같은 전류를 맴돌이 전류(eddy current)라고 한다. 맴돌이 전류는 도체의 저항에 의해 전력 손실이 발생되고 발열하여 도체의 온도를 상승시킨다. 이와 같은 전력의 손실을 맴돌이 전류 손실이라고 한다. 이 손실을 감소시키기 위해 기동 전동기의 전기자 철심이나 AC 발전기의 스테이터 철심은 서로 절연된 철심을 겹쳐서 성층 철심으로 하고 있다.

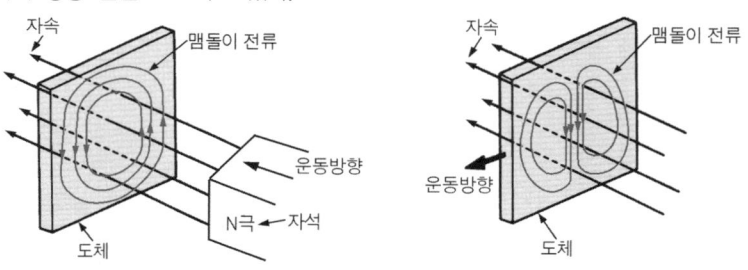

→ **파권**(wave winding)

아래 그림에 나타낸 바와 같이 1개의 정류자 편에 접속된 코일의 다른 한쪽 끝을 처음의 정류자 편보다 먼 곳의 정류자 편에 접속되어 파도 모양으로 감는 방법이다. 파권은 계자의 자극 수에 관계없이 브러시와 전기자 코일의 접속을 그림과 같이 2개의 코일 회로가 브러시와 접속된다. 이것 때문에 파권 또는 직렬권이라고 한다.

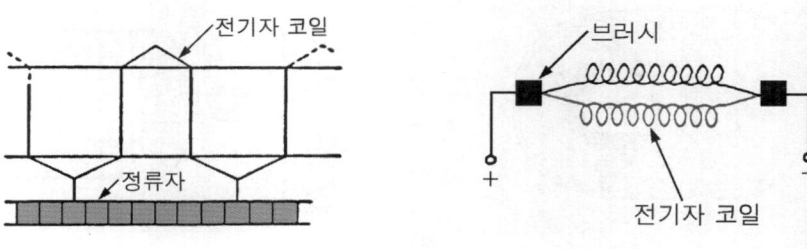

2) 정류자 commutator

정류자는 경동으로 제작한 정류자 편을 절연체(운모)로 싸서 둥글게 제작한 것이며, 전기자 코일이 각각의 정류자 편에 납땜되어 있다. 정류자는 브러시에서 공급되는 전류를 전기자 코일에 일정한 방향으로만 흐르도록 한다. 정류자 편의 아래 부분은 얇고 윗부분은 두껍게 되어 있으며, 회전 중 원심력으로 이탈되지 않도록 V형 운모와 V형의 클램프 링으로 조여져 있다.

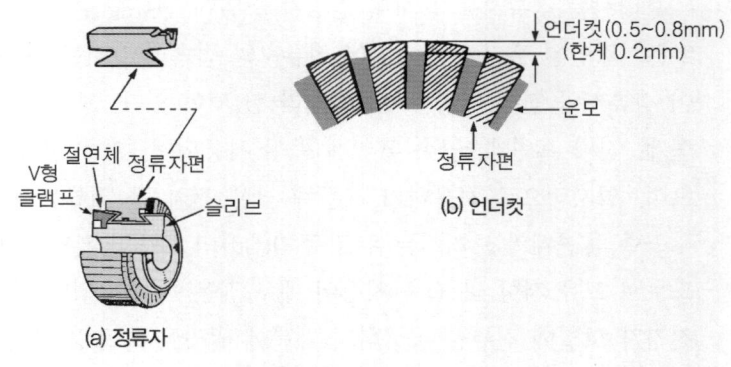

정류자와 언더 컷

또 정류자 편 사이에는 약 1mm정도의 운모로 절연되어 있고 정류자 면보다 0.5~0.8(한계 0.2)mm 낮게 파져 있는데 이것을 **언더 컷**(under cut)이라고 한다. 이 언더컷은 브러시의 심한 진동에 따른 접촉 불량, 정류 불량, 브러시와 정류자가 손상되는 것을 방지하는 역할을 한다. 정류자 편은 회전 중 항상 브러시와 접촉하여 마찰을 일으키므로 브러시와의 사이에는 불꽃이나 큰 전류가 흐르기 때문에 고온이 된다. 따라서 손상 및 오손이 발생하기 쉬워 기동 전동기의 수명을 결정하는 중요한 부분이다.

2 전동기 고정 부분

기동 전동기에서 고정되어 있는 부분은 전기자를 회전시키기 위해 자장을 형성하는 계철, 계자 철심, 계자 코일, 계자 코일에서의 전류를 정류자를 통하여 전기자 코일로 보내는 브러시, 브러시 홀더, 전기자 축을 지지하는 앞·뒤 엔드 프레임 등으로 구성되어 있다.

1) 계철과 계자 철심 yoke & pole core

계철은 자력선의 통로와 기동 전동기의 틀이 되는 부분이다. 안쪽 면에는 계자 코일을 지지하여 자극이 되는 계자 철심이 스크루(screw)로 고정되어 있다. 계자 철심은 계자 코일이 감겨져 있어 전류가 흐르면 전자석이 되는데 계자 철심에 따라 전자석의 수가 결정이 되며, 4개이면 **4극**이라고 한다.

2) 계자 코일 field coil

계자 철심에 감겨져 자력을 발생시키는 코일이며, 큰 전류가 흐르므로 평각 구리선을 사용한다. 코일의 바깥쪽은 테이프를 감거나 합성수지 등에 담가 막을 만든다.

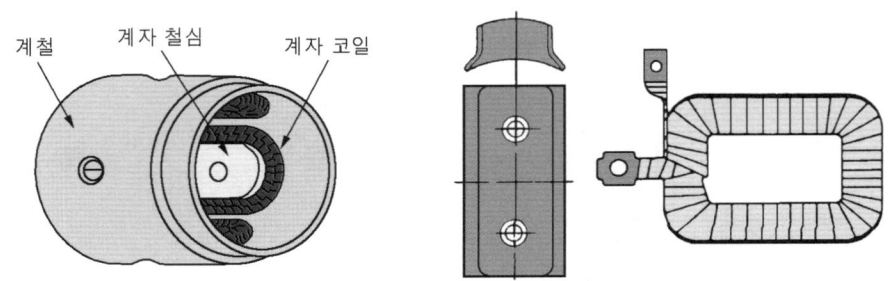

∷ 계자 철심과 계자 코일

3) 브러시와 브러시 홀더 brush & brush holder

브러시는 정류자를 통하여 전기자 코일에 전류를 출입시키는 역할을 하며, 일반적으로 4개가 설치되는데 2개는 절연된 홀더에 지지되어 정류자와 접속되고(이를 (+)브러시라 함), 다른 2개는 접지된 홀더에 지지되어 정류자와 접속(이를 (−)브러시라 함)되어 있다. 브러시에는 윤활 성능과 통전 성능이 우수한 탄소계, 흑연계, 전기 흑연계, 금속 흑연계 등이 사용되며, 기동 전동기에서는 큰 전류가 흐르고 또한 작동 시간이 짧으며, 일시적으로 사용하기 때문에 낮은 전압 큰 전류용의 금속 흑연계가 사용된다.

금속 흑연계의 브러시는 주로 구리(Cu)의 미세한 분말과 흑연을 원료로 하고 있으며, 구리가 50~90% 정도로서 고유 저항 및 접촉 저항이 매우 적은 특징이 있다. 이미 설명한 바와 같이 브러시는 정류자를 통하여 전기자 코일에 전류를 공급하기 때문에 알맞은 스프링 장력에 의하여 정류자에 압착되어 홀더 내에서 상하로 미끄럼 운동을 한다. 브러시 스프링 장력은 스프링 저울로 측정하며, 0.5~1.0kgf/cm²정도이며, 또 브러시는 표준 길이의 ⅓이상 마멸되면 교환하여야 한다.

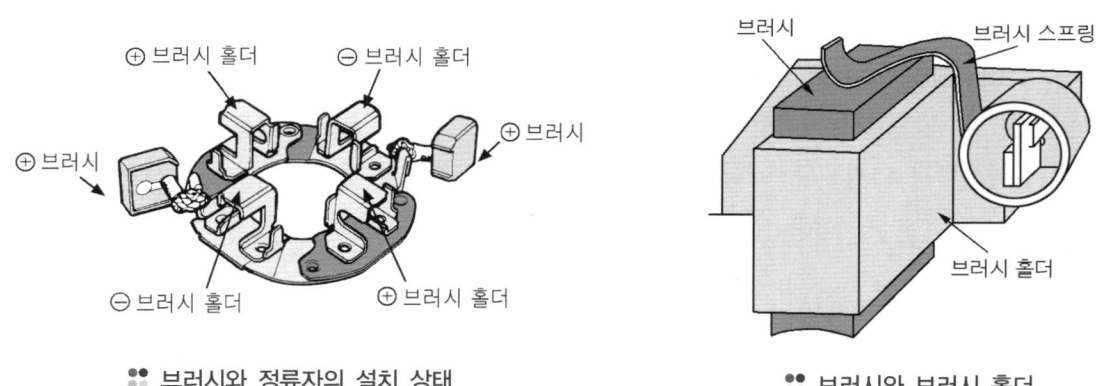

∷ 브러시와 정류자의 설치 상태   ∷ 브러시와 브러시 홀더

4) 베어링 bearing

기동 전동기는 하중이 크고 사용할 때 시간이 짧기 때문에 주로 부싱(bushing)형의 베어링을 사용한다. 베어링에는 윤활이 잘되도록 홈이 파져 있으며 대부분 오일 리스(oilless ; 함유 베어링)베어링을 사용한다.

3 솔레노이드 스위치 solenoid switch

이 스위치는 마그네틱(magnetic) 스위치라고도 부르며, 배터리에서 기동 전동기로 흐르는 큰 전류를 단속(ON-OFF)하는 스위치 작용과 기동 전동기 피니언 기어와 엔진 플라이 휠 링 기어가 맞물리도록 하는 역할을 한다.

구조는 오른쪽 그림과 같이 가운데가 비어 있는 철심(hollow core), 플런저(plunger), 접촉 판(contact disk), 2개의 접점 [접촉 판이 닫혔을 때 배터리 (+)단자 기둥과 연결되는 접점과 기동 전동기 몸체로 전류를 공급하는 접점] 및 철심 위에 감겨져 있는 2개의 여자 코일로 구성되어 있다.

2개의 여자 코일은 풀인(pull-in ; 흡인력) 코일과 홀드 인(hold-in ; 유지력)

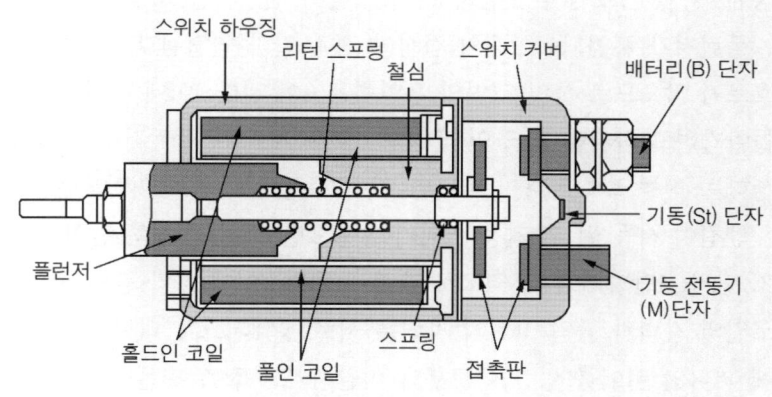

❖ 솔레노이드 스위치 구조(1)

코일로 되어 있으며, 각각 그 감기 시작은 기동 전동기 스위치 단자(S단자 또는 St단자라 함)에 접속되어 풀인 코일은 기동 전동기 단자(M단자 또는 F단자라고도 함)에, 홀드인 코일은 솔레노이드 스위치 하우징 내에 접지되어 있다.

풀인 코일은 기동 전동기 피니언 기어와 엔진 플라이 휠 링 기어의 맞물림을 용이하게 하고 기동 전동기를 회전시키는 작용과 플런저의 작용이 원활하도록 하기 위해 비교적 큰 전류가 흐를 수 있도록 굵은 코일이 감겨져 있으며, 배터리와 직렬로 접속되어 있다. 그리고 홀드인 코일은 풀인 코일보다 가는 코일로 되어 있어 작은 전류가 흐르며, 배터리와 병렬로 접속되어 있기 때문에 2개 접점의 개폐에 관계없이 항상 자력을 발생한다.

여자 코일의 작용은 운전석 내의 기동 스위치(또는 점화 스위치 ; key)가 닫힘에 따라 배터리 전류가 흘러 자력이 발생하고 플런저를 흡인한다. 플런저의 이동에 의하여 접촉 판을 작동시켜 2개의 접점을 접속함과 동시에 시프트 레버를 잡아당겨 피니언 기어를 미끄럼 운동시켜 엔진의 플라이 휠 링 기어에 물리도록 한다. 솔레노이드의 작동은 다음과 같다.

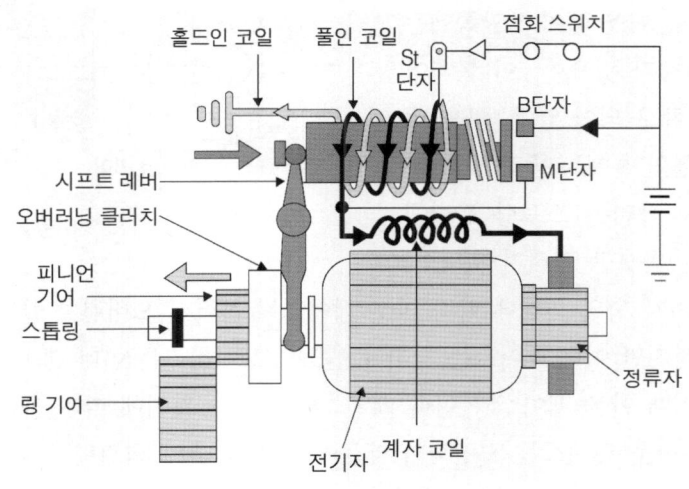

❖ 솔레노이드 스위치 구조(2)

기동 스위치가 닫혀 기동 스위치에서의 전류가 풀인 코일에 흐르면 플런저는 급격히 흡인되어 접촉 판이 2개의 접점에 닿으며, 동시에 플런저를 잡아당겨 피니언 기어를 링 기어 쪽으로 밀어낸다. 이때 배터리의 (+)단자 기둥으로부터 큰 전류가 솔레노이드 스위치의 배터리 단자(B단자)를 통하여 접촉 판을 거쳐 기동 전동기 단자(M단자)로 흐른다. 기동 전동기 단자로 들어온 전류는 계자 코일 → (+)브러시 → 정류자 → 전기자 코일 → 정류자 → (−)브러시 → 접지 순서로 흘러 전기자를 회전시켜 엔진을 크랭킹 한다.

플런저가 흡인되어 2개의 접점이 접촉 판과 연결됨과 동시에 풀인 코일은 접촉 판에 의해 단락되어 전류가 흐르지 않으므로 풀인 코일의 흡인력은 0이 된다. 이에 따라 플런저는 리턴 스프링의 장력에 의하여 제자리로 돌아가려고 하지만 홀드 인 코일의 전자력에 의해 플런저가 복귀되는 것을 방지하고 또 엔진의 크랭킹 중에 발생하는 진동으로 인하여 피니언 기어가 링 기어에서 이탈되는 것을 방지한다.

엔진이 시동 된 후 기동 스위치를 놓으면 그 순간 접촉 판이 닫혀져 있으므로 풀인 코일의 전류는 기동 전동기 단자(M단자)로부터 역으로 흐르게 된다. 이에 따라 풀인 코일의 자계 방향도 반대 방향으로 되어 홀드 인 코일의 자력과 풀인 코일의 자력은 서로 상쇄되므로 리턴 스프링의 장력에 의하여 플런저는 복귀되어 신속하게 피니언 기어를 링 기어로부터 이탈시키고 접촉 판은 열린다. 풀인 코일은 배터리와 기동 전동기에 직렬로 연결되어 있으므로 직렬 코일 또는 전류 코일이라고 부르며, 홀드 인 코일은 병렬로 연결되므로 션트 코일(shunt cole) 또는 전압 코일이라고 부르기도 한다.

4 오버런닝 클러치 overrunning clutch

오버 런닝 클러치는 엔진이 시동되면 기동 전동기의 피니언 기어와 플라이 휠 링 기어가 물린 상태이므로 기동 전동기가 플라이 휠에 의해 고속으로 구동되어 전기자, 베어링 및 정류자와 브러시 등이 손상된다. 이를 방지하기 위하여 엔진이 기동된 후 피니언이 공전하여 기동 전동기가 엔진의 플라이 휠에 의해 강제로 구동되는 것을 방지하는 기구이며, 롤러식, 다판 클러치식, 스프래그식 등이 있다.

1) 롤러식 오버런닝 클러치 roller type

이 형식은 전기자 축의 스플라인에 설치된 슬리브(스플라인 튜브)가 아웃 레이스(out race)와 일체로 되어 있으며, 아웃 레이스에는 쐐기형의 홈이 파져있다. 아웃 레이스 안쪽에는 이너 레이스(inner race)가 있으며, 이너 레이스는 피니언 기어와 일체로 되어 있다. 아웃 레이스에 만들어진 쐐기형의 홈에는 롤러 및 스프링이 배치되어 있으며, 롤러는 스프링 장력에 의하여 항상 홈의 좁은 쪽으로 밀려져 있다.

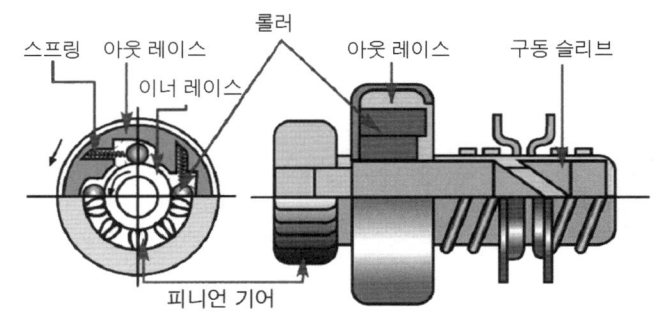

:: 롤러식 오버런닝 클러치의 구조

롤러식의 작동은 전기자 축의 회전에 따라 아웃 레이스는 롤러식 오버런닝 클러치의 구조 그림에 나타낸 화살표 방향으로 회전하지만 이너 레이스는 정지하고 있으므로 롤러는 이너 레이스의 바깥둘레를 따라 회전하면서 이동을 한다. 이때 아웃 레이스와 이너 레이스의 회전수 차이에 따라 롤러는 쐐기형의 좁은 쪽으로 밀려져 이너 레이스와 아웃 레이스는 고정되기 때문에 전기자 축의 회전력이 피니언으로 전달되어 엔진을 크랭킹 한다.

엔진이 시동되면 솔레노이드 스위치가 작동하고 있는 동안 피니언과 링 기어는 맞물린 상태를 유지하므로 플라이 휠에 의해 피니언이 회전하게 된다. 이때 아웃 레이스 보다 이너 레이스 회전수가 빠르므로 롤러의 회전은 역 방향으로 되기 때문에 쐐기형 홈의 넓은 쪽으로 나오게 되어 이너 레이스와 아웃 레이스 사이에 간극이 커지므로 서로 미끄럼이 발생하여 피니언 기어로 들어오는 플라이 휠의 회전력을 차단한다.

롤러식은 4~5개 정도의 롤러를 사용하며, 소형·경량이고 양 기어가 서로 맞물릴 때 관성이 작으며, 피니언 기어나 링 기어의 파손이 적은 장점이 있다. 그러나 동력을 전달할 때 롤러의 접촉 면적이 작아 부분적인 마멸이 발생하여 큰 회전력을 전달할 경우에는 미끄럼 등의 고장이 발생하기 쉬운 결점이 있다.

2) 다판 클러치식 오버런닝 클러치 multi- plate type

이 형식은 전기자 섭동식 기동 전동기에서 사용하며, 구조는 아래 그림과 같다. 전기자 축에는 스플라인이 파져있고 어드밴스 슬리브(advance sleeve) 안쪽의 스플라인과 결합되어 미끄럼 운동을 한다. 구동쪽 클러치 판은 어드밴스 슬리브의 홈에 결합되어 있다. 피니언 기어는 바깥쪽 케이스와 일체로 되어 있고 이 케이스 안쪽 홈에 피동 쪽 클러치 판이 설치되어 있으며, 다판 클러치식의 작동은 다음과 같다.

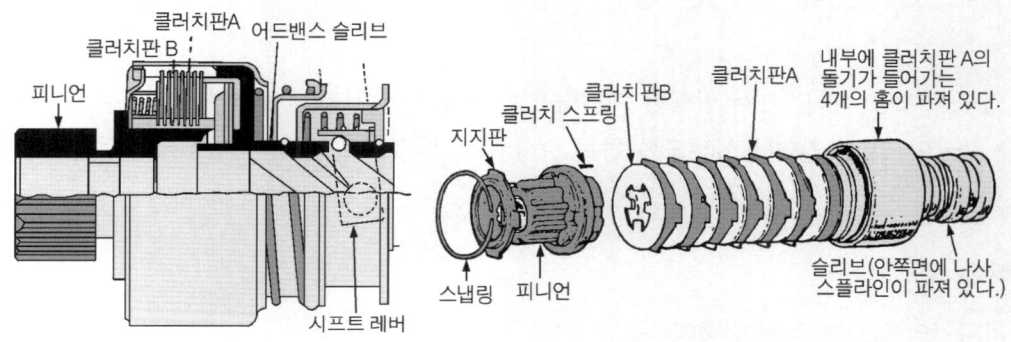

🔹 다판 클러치식 오버런닝 클러치의 구조

기동 전동기 피니언 기어는 시프트 레버에 의해 밀려져 플라이 휠 링 기어에 맞물리게 된다. 이 상태로 피니언 기어 쪽이 정지하고 있으면 전기자 축의 회전력은 어드밴스 슬리브로 전달되어 스플라인에 의해 어드밴스 슬리브가 피니언 기어 쪽으로 밀리게 된다. 이때 밀어낸 힘은 어드밴스 슬리브에서 클러치 판을 통하여 구동 스프링에도 전달되어 휨을 일으키게 된다. 이 구동 스프링의 휨은 힘과 스플라인의 축 방향 추진력에 의해 양쪽 클러치 사이에 면압을 발생시키고 마찰력으로 회전력을 전달한다.

엔진 시동 후에는 피니언에서의 회전력은 피니언 기어 쪽이 전기자 축보다 회전속도가 빨라지므로 역으로 어드밴스 슬리브가 회전한다. 이에 따라 스플라인의 작용에 의해 어드밴스 슬리브는 피니언 기어 쪽과는 반대의 축 방향으로 되돌려져 서로의 클러치 판 사이에 미끄럼이 발생하여 엔진의 회전력을 차단한다.

클러치 판의 재질은 구동판 쪽은 강철판을 피동판 쪽에는 인청동을 사용하며, 구동력을 전달하는데 필요한 최대 회전력은 조정 판의 매수로 조정된다. 회전력의 조정은 일반적으로 기동 전동기가 정지된 상태일 때 회전력의 3~4배 정도로 하고 그 이상의 충격력이 가해져도 미끄럼이 발생하여 링 기어나 피니언 기어에 무리한 힘이 작동되지 않도록 하여 파손 등을 방지하도록 하고 있다.

3) 스프래그식 오버런닝 클러치 sprag type

이 형식은 주로 중량급 엔진에 사용하며, 작동은 다음과 같다. 아웃 레이스는 기동 전동기에 의해 구동되며, 엔진을 시동할 때 아웃 레이스와 이너 레이스는 고정되어 일체가 된다. 엔진이 시동되어 플라이 휠이 피니언 기어를 구동하게 되면 이너 레이스가 아웃 레이스보다 빨리 회전하게 되어 아웃 레이스와 이너 레이스의 고정이 풀려 플라이 휠이 기동 전동기를 구동할 수 없게 된다.

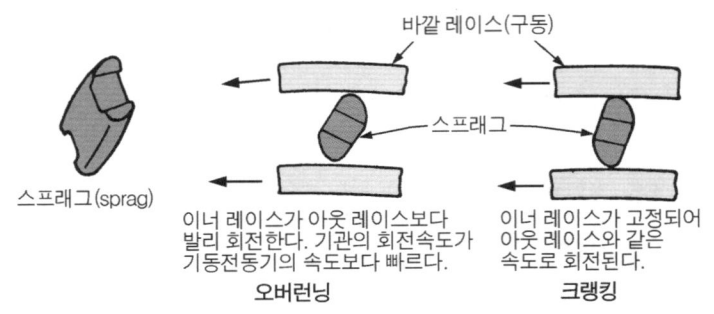

바깥 레이스(구동)

스프래그

스프래그(sprag)

이너 레이스가 아웃 레이스보다
발리 회전한다. 기관의 회전속도가
기동전동기의 속도보다 빠르다.
오버런닝

이너 레이스가 고정되어
아웃 레이스와 같은
속도로 회전된다.
크랭킹

∷ 스프래그식 오버런닝 클러치의 구조

5 동력 전달 기구

동력 전달 기구란 기동 전동기에서 발생한 회전력을 엔진의 플라이 휠에 전달하는 기구로서 기동 전동기의
피니언 기어를 플라이 휠 링 기어에 물리도록 하는 방식으로 벤딕스식, 피니언 섭동식(수동식, 전자식), 전기
자 섭동식이 있다.

1 벤딕스식 Bendix type

이 형식은 피니언의 관성과 직권 전동기
가 무부하에서 고속 회전을 하는 성질을
이용한 것으로 작동은 다음과 같다.

기동 전동기에 전류가 흐르면 기동 전동
기는 고속 회전한다. 그러나 피니언 기어
는 관성 때문에 전기자 축과 함께 회전하
지 못하고 스플라인 위에서 회전하면서 플
라이 휠 링 기어 쪽으로 이동하여 링 기어
와 맞물린다. 피니언 기어가 스플라인의
끝 부분에 도달하여 링 기어와 완전히 맞

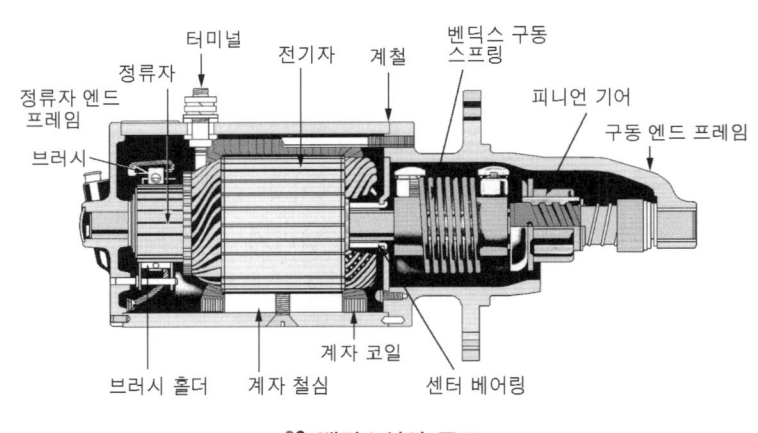

정류자 엔드
프레임

정류자

브러시

터미널

전기자

계철

벤딕스 구동
스프링

피니언 기어

구동 엔드 프레임

브러시 홀더

계자 철심

계자 코일

센터 베어링

∷ 벤딕스식의 구조

물리면 전기자의 회전력이 구동 스프링, 스플라인을 거쳐 피니언 기어로 전달되면 피니언 기어는 큰 회전력으
로 플라이 휠을 구동한다.

전기자의 회전력은 구동 스프링을 거쳐 피니언 기어로 전달되므로 양 기어 물림의 충격이 완화되며, 이에 따
라 전기자와 피니언 기어의 파손이 방지된다. 또 피니언 기어의 이와 링 기어의 이에는 공간(chamber)을 두어
쉽게 물리도록 하고 있다. 엔진이 시동되면 피니언 기어가 링 기어에 의해 회전하므로 스플라인 위를 반대 방
향으로 미끄럼 운동을 하여 양 기어의 물림이 풀려 제자리로 복귀한다.

따라서 엔진 시동 후 기동 전동기가 플라이 휠 링 기어에 의해 고속으로 회전하는 경우가 없기 때문에 오버
런닝 클러치를 설치하지 않아도 된다. 또한 피니언 기어에는 작은 스프링이 걸려있는 드리프트 핀(drift pin)
이 있으며, 이 드리프트 핀은 스플라인에 알맞은 마찰력을 발생시켜 엔진 크랭킹 중에 피니언 기어가 이탈되지

앉도록 하는 역할을 한다. 벤딕스식은 구조가 매우 간단하지만 피니언 기어와 링 기어의 물림에 약간의 문제점이 있다.

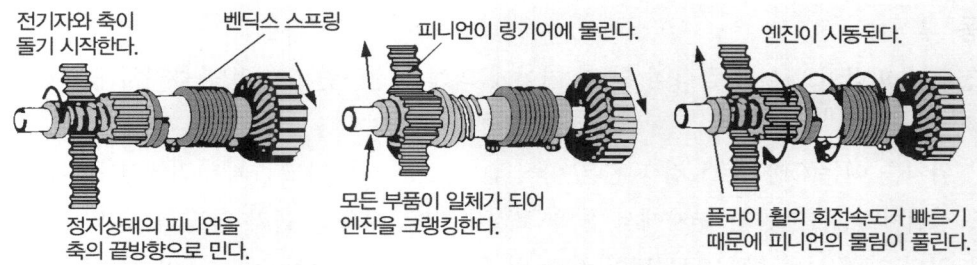

피니언 기어와 링 기어의 물림

2 피니언 섭동식

이 형식은 수동식과 전자식이 있으며, 현재는 전자식만 사용하므로 여기에서는 전자식만 설명하도록 한다. 전자식은 솔레노이드 스위치를 사용하는 것이며, 작동은 다음과 같다.

1) 기동 전동기가 회전할 때

① 기동 스위치를 ON 시킨다.(키 스위치 START위치)

② 솔레노이드 스위치의 기동 전동기 스위치 단자(S단자)로부터 풀인 코일과 홀드 인 코일에 전류가 흐른다.

③ 풀인 코일에 흐르는 전류는 솔레노이드 스위치의 기동 전동기 단자(M단자)를 거쳐 기동 전동기의 계자 코일, 브러시, 정류자, 전기자 코일로 흘러 전기자는 천천히 회전하기 시작한다.

④ 솔레노이드 스위치의 플런저는 흡인되어 시프트 레버를 잡아당기고, 시프트 레버에 의해 기동 전동기의 피니언 기어가 밀려나가 링 기어에 맞물리게 된다.

⑤ 플런저의 흡인에 의해 솔레노이드 스위치의 접촉 판이 2개의 접점에 닫힌다.

⑥ 배터리에서 케이블을 통하여 계자 코일과 전기자 코일로 흘러 기동 전동기는 강력한 회전을 시작하여 엔진을 크랭킹 한다.

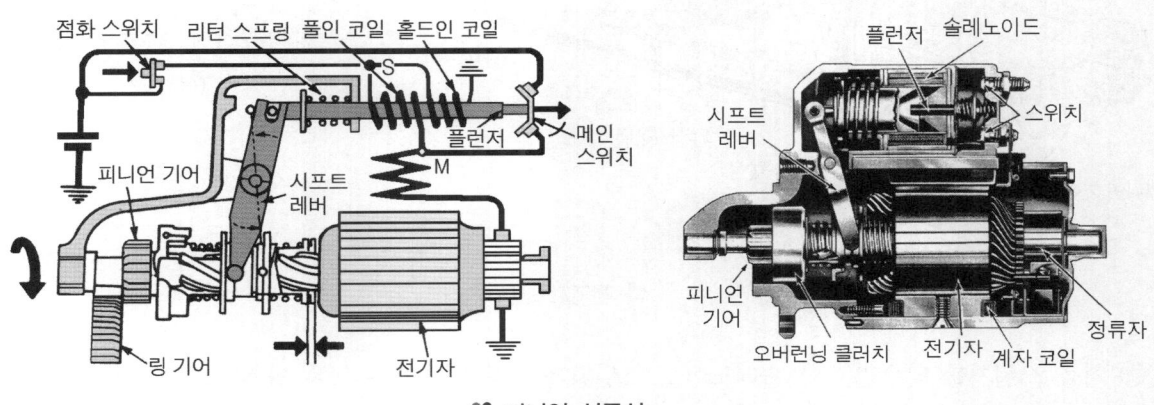

피니언 섭동식

2) 엔진을 크랭킹 할 때

① 풀인 코일에 흐르던 전류는 접촉 판이 2개의 접점에 닫히면 단락되어 플런저에 작용하는 자력은 감소하게 된다.

② 이 때 피니언이 리턴 스프링의 장력에 의하여 본래의 위치로 복귀하지 못하도록 하여 피니언 기어와 링 기어의 맞물림이 풀리는 것을 방지해 주는 것이 홀드 인 코일에 발생하는 자력이다.

3) 엔진 시동 후

① 기동 전동기 피니언 기어가 플라이 휠 링 기어에 의해 회전하면 오버런닝 클러치에 의해 전기자가 보호된다.

② 기동 스위치를 여는(OFF)순간 접촉 판은 아직 닫혀 있는 상태이므로 배터리에서 공급되는 전류는 솔레노이드 스위치 기동 전동기 단자에서 풀인 코일에 역 방향으로 흘러 홀드 인 코일로 흐르게 한다.

③ 풀인 코일의 자력은 역 방향으로 되어 홀드 인 코일의 자력은 상쇄되어 흡인력은 감소한다. 이에 따라 플런저와 피니언 기어는 리턴 스프링의 장력에 의하여 복귀하여 링 기어로부터 이탈되고 접촉 판이 열려 배터리에서 기동 전동기로 흐르는 전류가 차단되므로 기동 전동기의 작동이 정지된다.

3 전기자 섭동식

이 기동 전동기는 주로 디젤 엔진에서 사용되었다. 아래 그림(a)에 보인 바와 같이 전기자 앞 끝에 피니언이 설치되며, 전기자 철심의 중심과 계자 철심의 중심이 서로 오프셋(off-set ; 편심)되어 있다. 솔레노이드 스위치는 기동 전동기 몸체의 위쪽에 설치되어 기동 스위치와 전기자의 이동에 의해 작동한다. 계자 코일은 전기자를 이동시키기 위한 보조 계자 코일과 회전력을 발생시키는 주 계자 코일의 2개로 구성되어 있다.

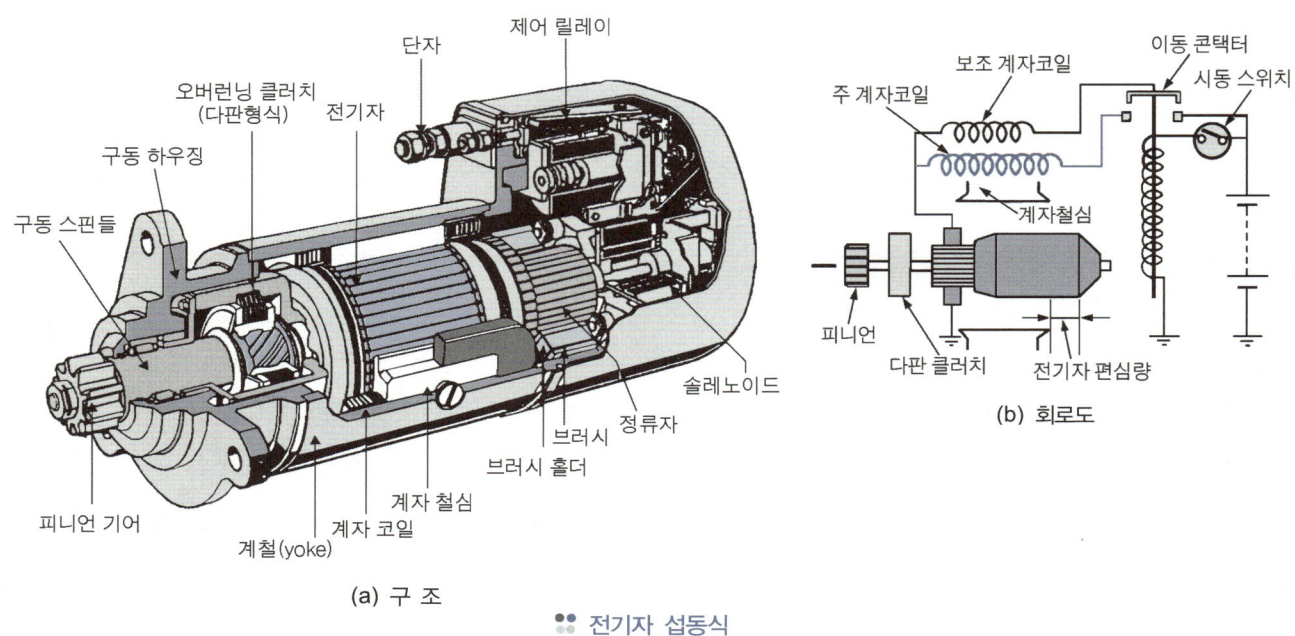

(a) 구 조

:: 전기자 섭동식

① 기동 스위치를 닫으면(ON) 솔레노이드 스위치가 작동하여 가동 접촉 판의 상부 접점이 닫힌다.

② 상부 접점에서 보조 계자 코일에 전류가 흘러 계자 철심은 자화되므로 전기자 철심이 자력에 의해 계자 철심의 중심으로 흡인된다.

③ 이때 전기자 코일에도 전류가 흐르므로 전기자는 천천히 회전하면서 이동하여 피니언 기어와 링 기어가 맞물린다.

④ 전기자는 이동이 완료된 지점에서 솔레노이드 스위치의 하부 접점과 가동 접촉 판이 닫힌다.

⑤ 가동 접촉 판에 의해 닫힌 회로에는 배터리에서 주 계자 코일과 전기자 코일로 흘러 엔진을 크랭킹 한다.

⑥ 엔진이 시동되면 링 기어에 의해 피니언 기어가 회전되며, 이때 다판 클러치식 오버런닝 클러치에 의하여 엔진의 회전력이 차단된다.

⑦ 엔진의 회전력이 차단되어 기동 전동기의 부하가 가벼워지면 계자 전류가 감소하고 추진력도 약해져 리턴 스프링의 장력으로 전기자가 본래의 위치로 복귀되어 피니언 기어와 링 기어가 이탈된다.

이 형식의 기동 전동기는 피니언 기어와 전기자가 일체로 되어 튀어나오므로 플라이 휠 링 기어 가해지는 충격이 크기 때문에 양 기어가 파손되기 쉽다. 이를 방지하기 위해 피니언 기어의 재질은 연질로 하여 링 기어를 보호하도록 하고, 피니언 기어는 교환할 수 있도록 되어 있다.

4 감속 기어식 reduction gear type

이 형식은 고출력·경량화의 요구에 따라 최근에 개발된 것이며, 전자 압입식과 유성 기어 감속식이 있으며, 유성 기어 감속식은 2륜 차량 등에서 사용되고 있다. 최근에는 소형·경량화에 따라 전자 압입식이 주로 사용되고 있으므로 이 형식에 대해 설명하기로 한다. 전자 압입식은 예전의 1kW정도의 동일 출력의 기동 전동기와 비교하여 무게가 35%, 전체 길이가 약 30%정도로 소형·경량화 되었다. 이것은 고속 회전 및 낮은 회전력의 전동기에 감속 기어를 설치하여 회전력의 증대를 도모하고 있다. 이에 따라 베어링은 볼 베어링을 사용하며, 전기자 코일 전체를 플라스틱으로 고정하여 기계적 강도를 증대시키고, 내열성이 좋은 재질 등을 사용하는 등의 대책을 세워 고속 회전에 견딜 수 있도록 하였다.

그림 (a)는 전자 압입식의 구조이며, 전동기 부분은 피니언 섭동식과 같지만 동력 전달 기구는 감속 기어와 피니언 기어를 밀어내고 주 전류를 단속하기 위한 솔레노이드 스위치로 구성되어 있다. 전기자 축의 앞 끝에는 구동 피니언 기어가 스플라인에 설치되어 있어 구동 피니언 기어와 공전 기어, 공전 기어와 클러치 기어는 항상 맞물려 있다.

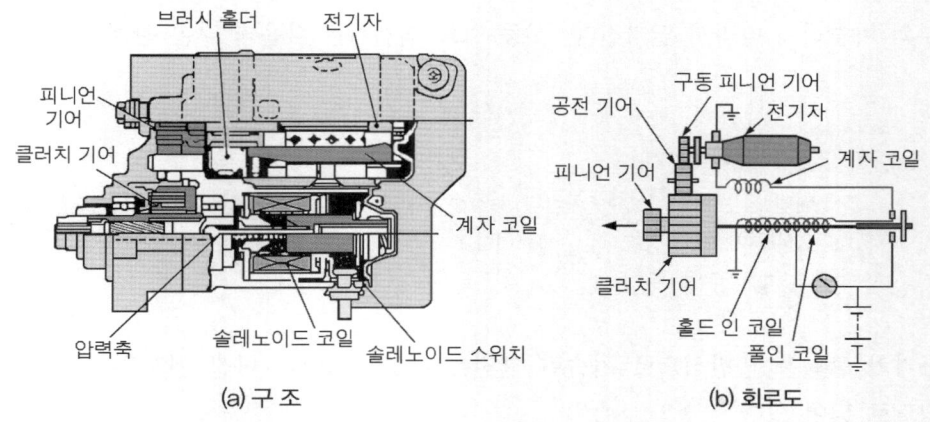

(a) 구 조　　　　(b) 회로도

🔧 전자 압입 감속기어식 기동 전동기

이들의 기어에 의해 전기자 회전수는 약 ⅓로 감속되어 피니언 기어로 전달된다. 다시 설명하면 이들 기어에 의해 회전력이 3배로 증대되어 피니언 기어에 전달된다는 것이다. 그림 (b)는 전자 압입 감속 기어식 기동 전동기의 회로도이며, 이를 기준으로 작동을 설명하면 다음과 같다.

① 기동 스위치를 닫으면 솔레노이드 스위치의 풀인 코일과 홀드 인 코일에 전류가 흘러 전기자가 천천히 회전을 시작함과 동시에 플런저가 흡인된다.

② 플런저의 작동에 의해 플런저 축이 밀리면 피니언 기어가 밀려나가 링 기어와 맞물린다.

③ 이때 오버런닝 클러치는 클러치 기어와 일체로 되어 있어 피니언 기어만이 피니언 축의 스플라인을 이동한다.

④ 피니언 기어와 링 기어가 맞물리면 솔레노이드 스위치의 접촉 판이 닫히고 주 전류가 전동기로 흘러 강력한 회전을 하여 엔진을 크랭킹 한다.

⑤ 솔레노이드 스위치의 접촉 판이 닫히면 풀인 코일에는 전류가 단락되어 홀드인 코일의 자력으로 플런저가 유지된다.

⑥ 엔진이 시동되면 피니언 기어는 링 기어에 의해 회전되지만 전기자로 들어오는 회전력은 오버런닝 클러치에 의해 차단된다.

⑦ 기동 스위치가 열렸을 때 솔레노이드 스위치의 작동은 피니언 이동식과 같다. 다만, 이 형식은 고속형 전동기이므로 작은 회전 저항으로도 제동되므로 브러시와 정류자의 마찰 등으로 브레이크 효과를 얻을 수 있어 브레이크 기구를 두지 않고 있다.

 5 기동 전동기의 성능

기동전동기의 출력은 전원인 축전지의 용량 및 온도에 따라서 큰 영향을 받는다. 따라서 기동전동기의 성능은 엔진의 요구조건 및 전동기의 특성, 축전지의 용량 등을 종합적으로 검토하여야 한다.

1 기동 전동기 시동 소요 회전력

시동 소요 회전력이란 엔진을 시동할 때 엔진의 회전 저항을 이기고 크랭크축을 회전시키는데 필요한 회전력을 말한다. 이 회전력은 실린더 체적, 압축비가 클수록 증가하여 피스톤과 실린더, 축과 베어링 또는 그 밖에 엔진 각 부분의 마찰력에 따라서 달라진다. 시동 소요 회전력은 다음과 같은 관계공식으로 표시한다.

$$T_E = C \cdot Vs$$

여기서, T_E : 시동 소요 회전력[kg·m]

C : 엔진 정수(엔진 정수는 실린더 수, 압축비 등에 따라서 다르나 4실린더 엔진은 3.0~3.5, 6실린더 엔진은 3.5~4.0 정도이다.)

Vs : 실린더 체적[L]

또 기동 전동기의 출력은 일반적으로 가솔린 엔진은 0.37~1.1kW, 디젤 엔진은 압축비가 높기 때문에 2.2~7.36kW 정도로 되어 있다.

2 기동 전동기의 출력

엔진 시동에 필요로 하는 힘을 얻기 위해서는 앞에서 설명한 직류 직권 전동기를 사용한다. 이 전동기는 부하가 클 경우에는 발생 회전력이 크고, 부하가 감소하면 회전속도가 증가하는 특성이 있어서 엔진 시동용으로 적합한 특성을 지니고 있다.

1) 기동 전동기의 발생 회전력

자계 속에 놓여진 전류가 흐르는 전선에 작용하는 전자력은 자속과 전류의 크기에 비례하므로 전동기의 발생 회전력은 다음 공식으로 표시한다.

$$T_s = K_1 \times \Phi \times I_a \text{ ---} ①$$

여기서, T_s : 기동전동기 회전력 K_1 : 정수 Φ : 자속 I_a : 전기자 전류

위 공식에 나타낸 바와 같이, 자속과 전기자 전류의 어느 쪽이 증가하여도 전동기의 회전력이 증가하는 것을 알 수 있다. 직권 전동기는 계자 코일과 전기자 코일이 직렬로 접속되어 있으므로, 자극이 포화 상태가 되지 않는 범위 내에서는 전기자 전류의 증가와 더불어 자속도 증가한다.

또, 계자 코일의 전류를 I_f라 하면 자극이 포화 상태에 도달할 때까지는 $\Phi \propto I_f$의 관계가 성립되고, 직류 직권 전동기에서는 $I_f = I_a$이므로 공식 ①은 다음의 공식으로 표시된다.

$$T_s = K_2 \times I_a^2 \text{ --} ②$$

여기서, K_2 : 정수

즉, 직권 전동기의 회전력은 전기자의 전류의 제곱에 비례하므로, 엔진을 시동할 때와 같이 전기자에 큰 전류가 흐르면 강력한 회전력을 낼 수 있다.

2) 기동 전동기 회전속도

기동 전동기의 회전속도 N_s는 다음 공식으로 표시된다.

$$N_s = K_3 \frac{V - I_a \times R_s}{\Phi} \text{ ---} ③$$

여기서, K_3 : 정수 V : 기동 전동기 단자 전압 R_s : 기동 전동기 내부 저항

이 공식에서 전기자 전류 I_a가 증가하나 분모의 자속 Φ가 커지면 회전속도 N_s는 급격히 저하됨을 알 수 있다. 직류 직권 전동기에서 $I_f = I_a$이므로 공식 ③은 다음의 공식으로 표시된다.

$$N_s = K_4 \frac{V - I_a \times R_s}{I_a} \text{ ---} ④$$

여기서, K_2 : 정수

3) 기동 전동기의 출력

기동 전동기의 출력은 그 회전속도와 회전력의 곱으로 표시된다.

$$H_{PS} = \frac{TN}{716}[\text{PS}] \text{ --} ⑤$$

여기서, H_{PS} : 기동 전동기의 출력[PS] T : 기동 전동기 발생 회전력[kgf·m] N : 기동 전동기 회전속도[rpm]

또, 1[PS] = 736[W]이므로 공식 ⑤는 다음과 같이 나타낼 수 있다.

$$H_{KW} = 1.03 \, TN[\text{W}] \text{ --} ⑥$$

엔진의 시동에 필요한 최소 시동 회전력 P_D[W], 최소 엔진 회전속도를 N_D[rpm], 최소 시동 회전력을 T_D [kgf·m]라 하면 전동기 출력 H_{KW}[W]는 다음과 같이 표시된다.

$$H_{KW} = 1.03\,TN = \frac{P_D}{\eta_G} \ \text{--} \ ⑦$$

$$T_D = T \times i \times \eta_G = T \times \frac{N}{N_D} \times \eta_G \ \text{----------------------------------} \ ⑧$$

$$P_D = 1.03 N_D \times T_D[\text{W}]\,[\text{W}] \ \text{----------------------------------} \ ⑨$$

여기서, i : 감속비$\left(\dfrac{N}{N_D}\right)$

η_G : 기동 전동기 피니언 기어에서 플라이휠 링 기어로 동력을 전달할 때의 기어전달 효율(약 90%)

4) 기동 전동기 효율

전동기에서 주어지는 전력 P[W]는 가해지는 전압 E[V]와 전류 I(A)의 곱으로 표시되므로

$$P = EI[\text{W}] \ \text{---} \ ⑩$$

가 된다. 따라서 전동기 효율 η는

$$\eta = \frac{PS}{P} \ \text{---} \ ⑪$$

가 된다. 전동기의 출력은 일반적으로 입력의 50~60% 정도이고 나머지는 마찰에 의한 기계 손실이나 배선의 저항, 브러시의 접촉저항 등에 의한 전기적 손실이 된다.

9 디젤엔진의 예열장치

학/습/목/표

1. 예열장치의 필요성을 설명할 수 있다.
2. 코일형 예열 플러그의 구조 및 작동에 대하여 설명할 수 있다.
3. 실드형 예열 플러그의 구조 및 작동에 대하여 설명할 수 있다.
4. 예열 플러그 파일럿 및 예열장치의 작동에 대하여 설명할 수 있다.
5. 흡기 히터와 히트 레인지의 작동에 대하여 설명할 수 있다.
6. 커먼레일 엔진 예열장치에 대하여 설명할 수 있다.
7. 커먼레일 연료 필터 히터 및 보조 히터의 작동에 대하여 설명할 수 있다.

 ## 예열장치의 개요

디젤 엔진은 압축 착화 방식이므로 한랭한 경우 경유가 잘 착화되지 않기 때문에 시동이 어렵다. 따라서 예열 장치는 흡기다기관이나 연소실 내의 공기를 미리 가열하여 시동이 쉽게 이루어질 수 있도록 하는 장치이다. 그 종류에는 흡기 가열 방식과 예열 플러그 방식이 있다.

 ## 예열 플러그 방식의 구성품 및 작동

예열 플러그 방식은 연소실 내의 압축 공기를 직접 예열하는 형식이며, 예열 플러그, 예열 플러그 파일럿, 예열 플러그 저항기, 히트 릴레이 등으로 구성되어 있으며, 주로 예연소실식과 와류실식 엔진에서 사용한다. 예열 플러그에는 코일형 예열 플러그와 실드형 예열 플러그가 있으며, 현재는 내구성과 열용량이 큰 실드형을 주로 사용한다.

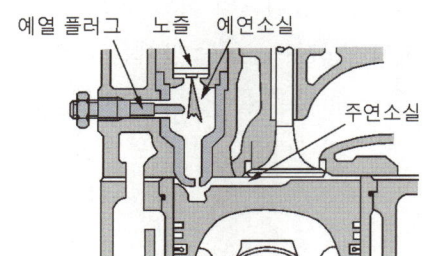
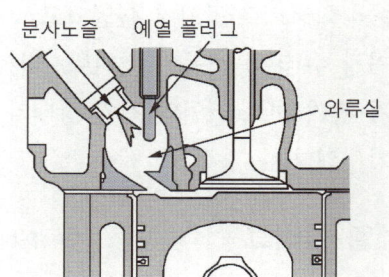

:: 예열플러그 설치상태

1 코일형 예열 플러그 coil type glow plug

1) 코일형 예열 플러그의 구조

이 형식은 히트 코일(heat coil)이 노출 된 형식으로 히트 코일, 커넥팅 하우징(connecting housing), 홀딩 핀(holding pin), 예열 플러그 하우징 등으로 구성되어 있다. 홀딩 핀과 커넥팅 하우징 및 커넥팅 하우징과 예열 플러그 하우징 사이에는 각각 절연물로 절연되어 있다. 또 히트 코일이 노출되어 있으므로 적열될 때까지의 시간이 짧

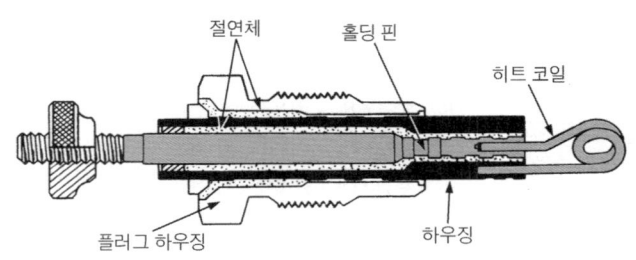

∷ 코일형 예열 플러그의 구조

다. 그러나 연소 가스와 직접 접촉하기 때문에 기계적 강도(내진성), 가스에 의한 부식에 약하다. 그리고 히트 코일은 자기 자신에 의해 그 형상을 유지하여야 하므로 굵은 열선으로 제작된다. 이로 인하여 예열 플러그 1개가 지니는 저항 값이 매우 적어 직렬로 연결된다. 예열 플러그 전체의 저항 값이 작아 배터리에 직접 연결하면 히트 코일에 과대 전류가 흘러 손상되므로 회로 내에 예열 플러그 저항기를 두고 있다.

2) 코일형 예열 플러그의 작동

예열 회로의 그림에서 시동 스위치(key)를 『예열』위치로 하면 배터리로부터의 전류는 기동 전동기 스위치, 예열 플러그 파일럿, 예열 플러그 저항 R_1, R_2및 예열 플러그를 거쳐 접지로 흘러 예열 플러그 파일럿과 예열 플러그를 가열한다. 예열 플러그의 적열로 예열 플러그의 가열 상태가 확인된 다음 시동 스위치를 『시동』위치로 돌리면 배터리로부터의 전류는 예열 플러그 저항기의 저항 R_2거쳐 예열 플

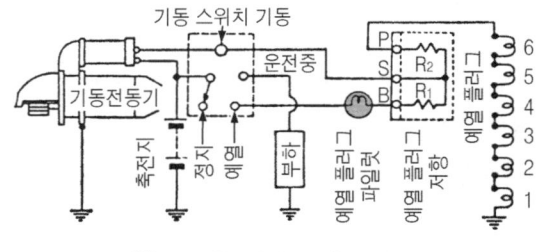

∷ 코일형 예열 플러그 회로

러그로 흘러 가열을 계속함과 동시에 기동 전동기에도 흘러 엔진을 시동한다.

엔진이 시동된 다음 시동 스위치를 ON으로 하면 예열 플러그의 기능이 정지된다. 또 시동 스위치를『예열』위치로부터『시동』의 위치로 하였을 때 예열 플러그로의 전류 경로가 예열 플러그 저항기의 B단자에서 S단자로 바뀌어 저항 R_1이 제외된다. 그 이유는 다음과 같다.

① 기동 전동기를 사용하면 배터리 전압이 낮아지므로 이 저항 값으로는 예열 플러그 가열에 필요한 전류를 유지할 수 없다. 따라서 저항기의 저항을 감소시켜 예열 플러그로 흐르는 전류의 감소를 방지한다.

② 크랭크축의 회전으로 공기가 흡입되고, 그 흡입에 의해 예열 플러그의 히트 코일이 냉각되므로 적열 상태가 유지될 수 없어 시동이 어려워진다. 이를 방지하기 위하여 시동할 때에는 예열할 때보다 조금 많은 전류가 흘러 히트 코일의 적열 상태가 유지될 수 있도록 예열 플러그 저항기의 저항을 감소시켜 전류를 증가시킨다.

2 실드형 예열 플러그 shield type glow plug

1) 실드형 예열 플러그의 구조

이 형식은 열선 코일을 보호 금속 튜브 속에 넣은 것으로 열선 코일, 시스, 홀딩 핀, 예열 플러그 하우징 등으로 구성되어 있다. 열선 코일과 시스 사이에는 내열성의 절연 분말이 충전되어 있으며, 이것은 절연과

열선 코일을 지지하는 역할을 한다. 따라서 이 형식에서는 전류가 흐르면 보호 금속 튜브 전체가 적열되어 예열 작용을 하게 되며, 병렬로 연결되어 있다.

실드형에서는 구조상 적열까지의 시간이 코일형에 비해 조금 길다. 그러나 1개 당의 발열량이 크고, 열용량도 크

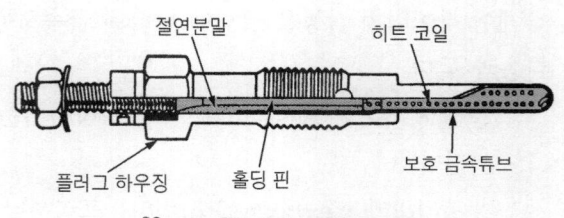

❀ 실드형 예열 플러그 구조

므로 시동 성능이 향상된다. 또 히트 코일이 연소열의 영향을 덜 받기 때문에 예열 플러그 자체의 내구성도 향상되고, 병렬로 연결되기 때문에 어느 1개가 단선되어도 다른 것들은 작용을 계속한다. 그리고 히트 코일이 가는 선으로 되어 있어 예열 플러그 자체의 저항이 크므로 코일형과 같이 과대 전류를 방지하기 위한 예열 플러그 저항기를 두지 않아도 된다.

2) 실드형 예열 플러그의 작동

그림에서 시동 스위치를 『예열』위치로 하면 배터리에서의 전류는 기동 스위치, 예열 플러그 파일럿, 예열 플러그를 거쳐 접지되어 예열 플러그 파일럿과 예열 플러그를 가열한다. 다음 시동 스위치를 『시동』위치로 하면 배터리로부터의 전류는 예열 플러그 파일럿을 거치지 않고 직접 예열 플러그와 기동 전동기로 흘러 기동 전동기를 회전시킨다. 이때 예열 플러그를 예열 할 때보다 더 많은 전류가

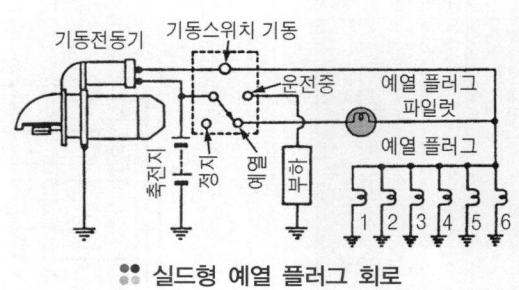

❀ 실드형 예열 플러그 회로

흐른다. 엔진이 시동된 후 시동 스위치를 ON 위치로 하면 예열 플러그 기능이 정지된다.

③ 예열 플러그 파일럿

예열 플러그 파일럿은 예열 플러그의 적열상태를 운전석에서 확인할 수 있는 장치이며, 주로 표시등 형식을 사용한다. 표시등 형식은 예열 플러그의 가열이 완료됨과 동시에 소등된다.

④ 예열 장치의 작동

예열 장치의 회로도는 그림에 나타낸 바와 같으며, 시동 스위치를 ON으로 하면 제어 타이머가 작동되어 예열 플러그 릴레이가 ON이 되면 예열 플러그 및 예열 지시등(파일럿 램프)에 전류가 흐른다. 예열 시간은 냉각수 온도에 따라 제어 타이머가 조절하며, 예열이 완료되면 예열 지시등이 소등되어 시동하라는 표시를 해준다. 예열 지시등이 소등된 후 시동 스위치를 시동(ST)위치로 하면 엔진이 시동된다.

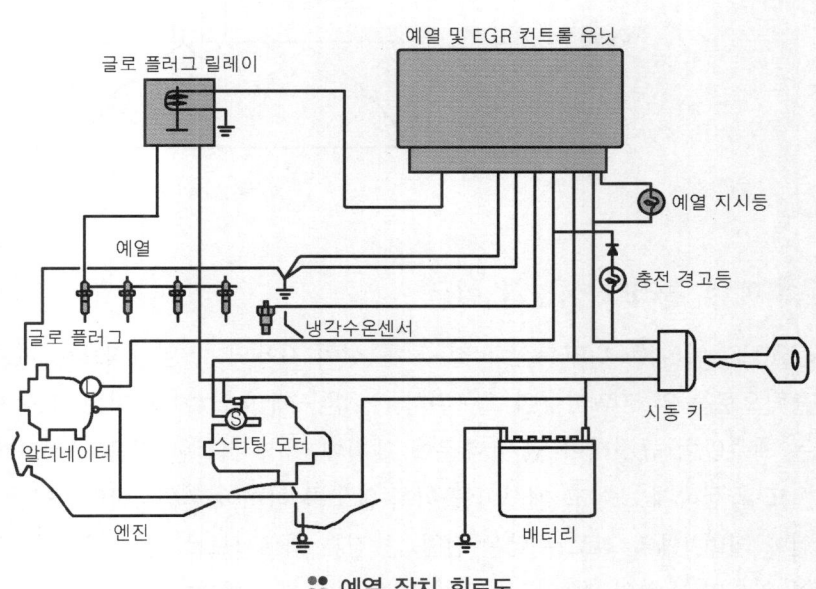

❀ 예열 장치 회로도

제어 타이머의 작동을 그림에 나타낸 급속시동 장치(quick starting system)의 작동에서 구분하여 설명하면 다음과 같다.

① **램프 타이머(lamp timer)** : 램프 타이머는 시동 스위치 ON 상태에서 약 5초 동안 예열 지시등을 점등시킨다.

② **프리히터(Pre-heater) 타이머** : 프리히터 타이머는 시동 스위치 ON 상태에서 작동하며, 예열 플러그를 급속 예열시키기 위하여 약 6~7초 동안 예열 플러그 릴레이에 전류를 공급한다.

③ **초핑(Chopping) 타이머** : 초핑 타이머는 시동 스위치 ON 상태에서는 프리히터를 통해 예열 플러그 릴레이를 ON-OFF 상태로 유지시키며, 시동 스위치를 시동(ST)위치로 하면 프리히터를 통해 예열 플러그의 예열 온도를 유지하기 위해 시동 스위치가 시동위치에 있는 동안 작동한다.

④ **애프터 글로(after glow) 타이머** : 애프터 글로 타이머는 엔진이 시동된 후 공전 안정성의 향상 및 냉간 상태에서 백연을 감소시키기 위하여 약 15초 동안 예열 플러그 릴레이를 ON-OFF시킨다.

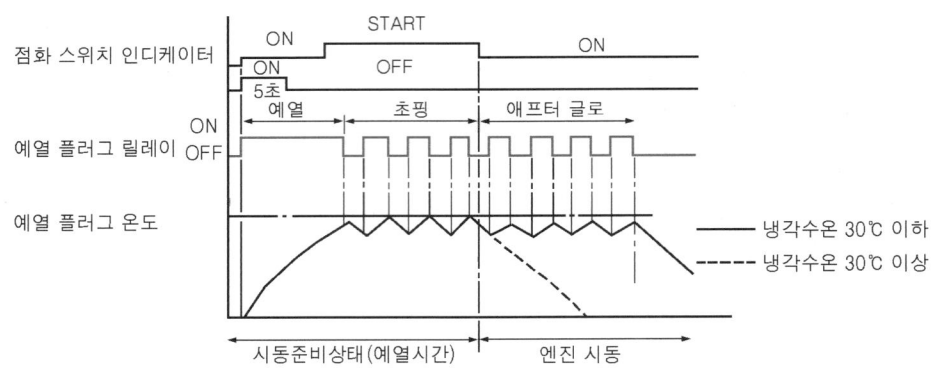

점화 스위치 ON 위치일 때

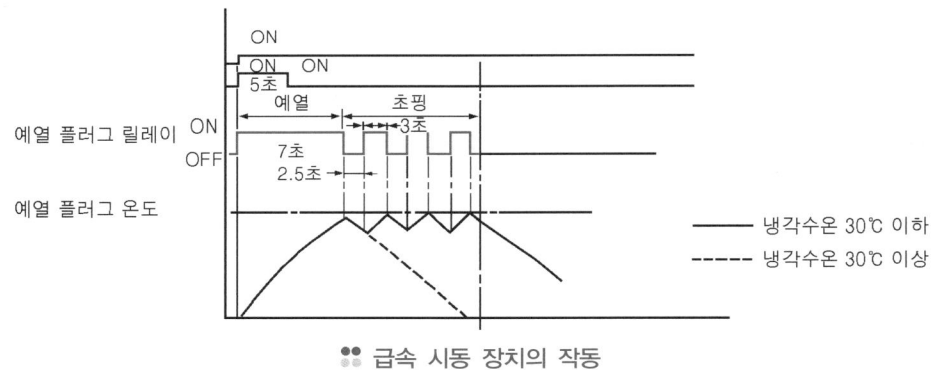

∷ 급속 시동 장치의 작동

5 예열 플러그 성능과 취급

히트 코일에는 니크롬선과 철-크롬 선이 사용되며, 일반적으로 겨울철의 엔진 시동에는 온도 1,000℃, 열 출력으로는 약 50W이상이 요구된다. 이 온도에 도달하기까지는 30초 이상 소요된다. 예열 플러그의 규격으로는 치수만이 규정되어 있기 때문에 엔진에 가장 적합한 것을 선정하여야 하며,

또 확실하게 조이고 배선이 틀리지 않도록 하여야 한다. 만약 배선이 틀리거나 단선이 되면 시동 불능의 원인이 되며, 예열 회로는 낮은 전압 큰 전류 회로이므로 접촉 저항의 영향이 크다. 따라서 접속 부분에 헐거움이 있으면 소정의 전류가 흐르지 못해 온도가 낮아진다.

또 사용에 있어 예열 플러그 파일럿이 급격히 적열되면 전류가 과대한 상태이고, 반대일 때에는 부족한 것을 의미한다. 전혀 적열되지 못하면 회로에 단선이 있는 것이므로 예열 플러그 히터 부분을 점검한다. 그리고 운전 중에 절대로 예열을 하여서는 안된다.

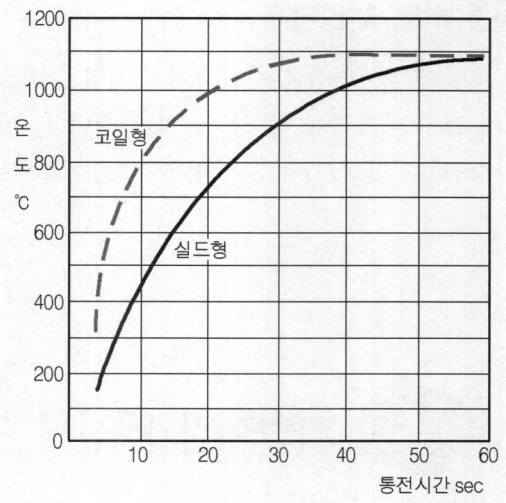

:: 예열 플러그의 온도 상승

3 흡기 가열 방식

흡기 가열 방식은 실린더 내로 흡입되는 공기를 흡기 다기관에서 가열하는 방식이며, 흡기 히터와 히트 레인지가 있다.

1 흡기 히터 intake heater

이 방식은 연료 탱크와 흡기 히터로 구성되어 있으며, 연료 탱크는 흡기 다기관의 위쪽에, 흡기 히터는 흡기 다기관 안에 설치되어 있다. 그림은 흡기 히터의 배관 및 배선 상태와 그 작동 상태를 나타냈다. 작동은 기동 스위치를 ON으로 하면 흡기 히터에 전류가 공급되어 보디가 가열되면 보디와 밸브 스템의 열팽창의 차이로 볼 밸브(ball valve)가 열린다.

볼 밸브가 열려 보디 내에 연료가 유입되면 흡기 히터의 열 때문에 기화되어 이그나이터(ignitor) 부분에 유출된다. 유출된 연료는 실드(shield)에 마련된 구멍으로부터 들어오는 공기와 혼합되고 이그나이터에 의해 착화되어 연소를 일으킨다. 이 연소열이 흡기 다기관 내의 흡입 공기를 가열한다. 기동 스위치를 닫고 난 후 10~15초 후에 엔진을 시동시킨다. 엔진이 시동된 후 기동 스위치를 열면 흡기다기관 내의 흡입 공기에 의해 흡기 히터가 냉각되므로 볼 밸브가 닫혀 연료의 유입이 중지된다.

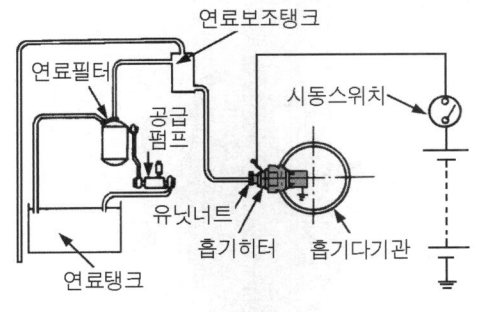

:: 흡기 히터의 구조

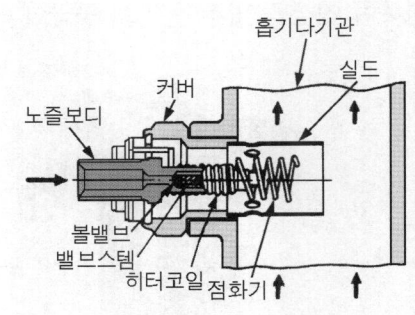

:: 흡기 히터의 구조

2 히트 레인지 heat range

이 방식은 직접 분사실식에서 예열 플러그를 설치할 적당한 곳이 없기 때문에 흡기 다기관에 히터를 설치한 것이다. 이 히터의 용량은 400~600W이며, 배터리 전압이 가해지는 매우 간단한 회로로 되어 있다.

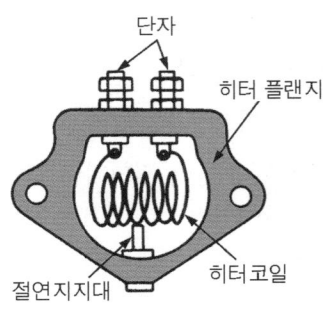

:: 히트 레인지의 구조

4 커먼레일 엔진의 예열 장치

1 엔진 시동 예열 장치

예열 장치는 냉간 시동이 원활하게 이루어지도록 하기 위한 장치이다. 또한 유해 배기가스를 저감시키는데 매우 밀접한 관계가 있다. 즉 워밍업 시간을 단축시킴으로써 유해 배기가스를 저감시킬 수 있는 것이다. 예열장치는 냉각수온과 엔진의 회전수 신호에 의해 제어된다.

:: 급속 시동 장치의 작동

① Pre-글로우 : 시동 스위치 ON과 동시에 작동을 시작하며, 엔진의 회전수가 45rpm을 초과하면 작동을 중지한다. 또한 냉각수온 센서의 출력값에 따라 Pre-글로우 시간이 변경된다.

② Start-글로우 : 냉각수온이 60℃ 이하의 경우 매번 실시하는데 엔진의 회전수가 45rpm을 초과되면 실시하며, 예열시작 후 15초가 경과하거나 냉각수온이 60℃ 이상으로 상승한 경우에도 중지된다.

③ Post-글로우 : Post-글로우 시간 또한 냉각수온에 따라 결정되는데 엔진의 회전수 3,500rpm 이상이거나 연료 분사량이 75mm³ 초과 시 작동을 중지한다.

2 연료 필터 히터

겨울철 및 추운지역에서 냉각 된 엔진을 시동할 때 시동성능을 높이기 위하여 배치한 것이며, 연료 필터 중간에 설치되어 연료를 직접 가열한다. 경유는 특성상 온도가 낮을 때 연료의 성분(파라핀)의 점도가 증가하여 연료 여과기 내부에 부착되어 연료의 흐름을 방해하기 때문에 시동성능이 떨어진다. 이것을 방지하기 위해 연료를 가열하여 점성을 낮추어 연료 공급이 원활하게 이루어지도록 한다.

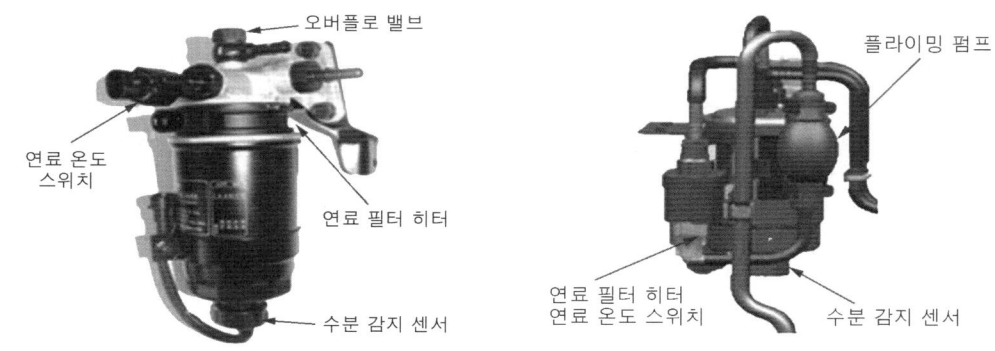

:: 연료 필터 히터

연료 필터 히터는 ECU의 제어와는 관계없이 연료 온도 스위치의 ON, OFF에 따라 작동하게 된다. 연료 필터에 장착되어 있는 온도 스위치가 영하 3℃에서 접점이 닫혀 릴레이가 ON이 되면 히터가 작동하여 가열되는 방식으로 모든 커먼레일 엔진에 동일하게 적용된다.

3 보조 히터 장치

전자제어 디젤 연료분사 장치 엔진에 사용하는 보조 히터 장치는 가열 플러그 방식 히터, 열선을 이용하는 정특성(PTC : Positive Temperature Coefficient) 히터, 직접 경유를 연소시켜 냉각수를 가열하는 연소방식 히터 등이 있다. 3가지 방식 중 가열 플러그 방식과 정특성 히터는 엔진 컴퓨터에서 제어하지만 연소 방식 히터는 독립적으로 제어되므로 여기서는 연소 방식의 히터에 대한 설명은 생략한다. 그리고 예열 플러그의 제어가 완료되어야만 보조 히터 장치가 작동한다.

1) 가열 플러그 방식 히터

가열 플러그 방식 히터는 추운 날씨에 전류의 공급에 의한 발열로 엔진의 냉각수를 가열한다. 실내용 히터 라디에이터로 유입되는 냉각계통에 직접 설치되어 있으며, 3개의 가열 플러그가 냉각수와 직접 접촉한다. 냉각수는 가열 플러그를 거쳐 라디에이터로 공급되면서 온도가 상승한다. 가열 플러그의 소비전력은 900W 정도이고 엔진 컴퓨터에 의해 자동으로 제어된다.

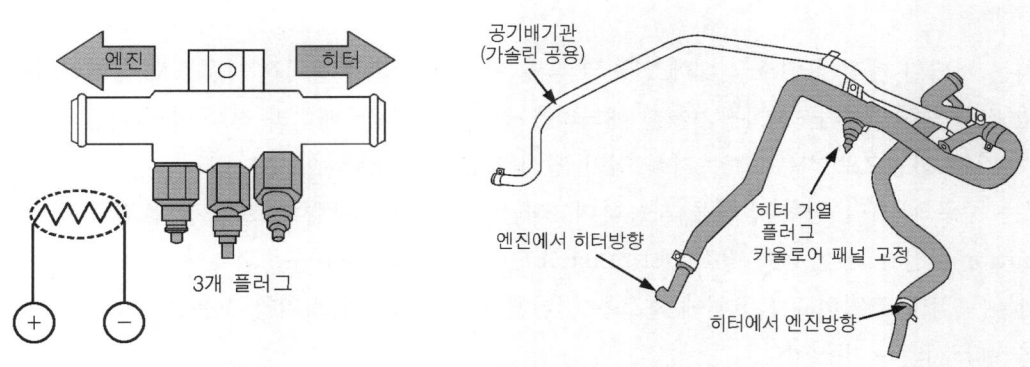

가열 플러그의 설치위치

2) 정특성 히터

정특성 히터는 엔진에서 발생하는 예열 성능의 부족을 해소하기 위한 보조 히터이며, 3개의 열선을 축전지 전압에 따라 순차적으로 작동시켜 초기의 난방을 극대화한다. 히터 라디에이터 뒤쪽에 설치되어 있어 공기를 직접 가열하여 엔진의 예열을 향상시킨다.

10 점화장치

 점화 장치의 개요

점화 장치는 가솔린 엔진의 연소실 내에 압축된 혼합 가스에 고압의 전기적 불꽃으로 점화하여 연소를 일으키는 일련의 장치들을 말한다. 점화장치에는 배터리를 전원으로 하는 배터리 점화 방식(직류 전원 사용)과 고압 자석 발전기를 전원으로 하는 고압 자석 점화 방식(교류 전원 사용)이 있다.

자동차에는 주로 배터리 점화 방식을 사용하며, 최근에는 반도체의 발달로 고강력 점화 방식(HEI ; High Energy Ignition), 전자 배전 점화 방식(DLI ; Distributor less Ignition) 등 컴퓨터 제어 점화 방식을 사용한다. 이 방식들은 점화 코일의 1차 코일에 흐르는 전류를 트랜지스터의 스위칭 작용으로 차단하여 2차 코일에 높은 전압을 유도시키는 방식이다.

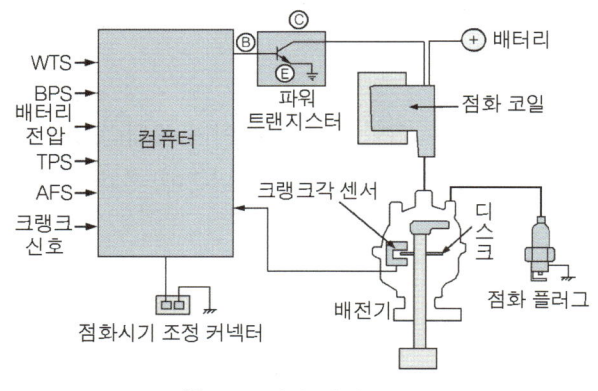

❖ HEI 점화 방식   ❖ DLI 방식

컴퓨터 제어 점화방식에서는 1차 전류를 파워 트랜지스터에 의하여 전기적으로 단속하기 때문에 저속 운전영역에서도 전류의 단속(ON/OFF) 작용이 확실하여 2차 코일에 안정된 높은 전압을 얻을 수 있다.

최근에는 배기가스 대책 상으로도 저속 운전영역에서 고속 운전영역까지 실화가 없는 확실한 점화가 형성되도록 하기 위해 점화 플러그의 불꽃 에너지를 증대시키는 것이 요구되어 왔으며, 여기에는 1차 전류의 증대가 필요하다. 따라서 컴퓨터 제어 점화방식에서는 1차 전류의 대폭적인 증대가 가능하다. 1차 코일의 인덕턴스가 적고, 권수 비율이 큰 점화 코일을 사용할 수 있어 우수한 고속 운전 성능을 얻을 수 있다.

 컴퓨터 제어 방식의 점화 장치

 ### 2-1. 컴퓨터 제어 방식 점화 장치의 개요

이 방식은 엔진의 작동 상태(회전속도·부하 및 온도 등)를 각종 센서로 검출하여 컴퓨터(ECU)에 입력시키면 컴퓨터는 점화시기를 연산하여 1차 전류의 차단 신호를 파워 트랜지스터로 보내어 점화 2차 코일에서 높은 전압을 유기하는 방식이다. 그리고 배전기에 설치되었던 원심 및 진공 진각 장치를 없애고 컴퓨터가 점화시기를 제어하며, 점화 코일도 몰드형(폐자로형)을 사용한다. 여기에는 고 강력 점화 방식(HEI)과 전자 배전 점화 방식(DLI 또는 DIS)이 있으며, 다음과 같은 장점이 있다.

① 저속고속에서 매우 안정된 점화 불꽃을 얻을 수 있다.
② 노크가 발생할 때 점화시기를 자동으로 늦추어 노크 발생을 억제한다.
③ 엔진의 작동 상태를 각종 센서로 감지하여 최적의 점화시기로 제어한다.
④ 높은 출력의 점화 코일을 사용하므로 완벽한 연소가 가능하다.

각 점화장치의 구조 비교

단속기 접점 방식	전 트랜지스터 방식	컴퓨터 제어 방식
단속기 접점으로 1차 전류를 단속한다.	트랜지스터의 스위칭 작용으로 1차 전류를 단속한다.	컴퓨터의 신호로 파워 트랜지스터의 1차 전류를 단속한다.
축전기가 필요하다.	축전기가 필요 없다.	축전기가 필요 없다.
개자로형 점화 코일을 사용한다.	개자로형 점화 코일을 사용한다.	몰드형 점화 코일을 사용한다.
단속기 접점의 개폐를 배전기 축에 고정된 캠으로 한다.	1차 전류의 단속은 배전기 축에 고정된 시그널 로터의 회전에 의한다.	발광 다이오드와 포토 다이오드사이에 배전기 축에 디스크로 빛을 단속한다.

각 점화장치의 성능 비교

단속기 접점 방식	전 트랜지스터 방식	컴퓨터 제어 방식
고속 운전 영역에서 단속기 접점의 채터링 현상으로 인해 엔진에 부조 현상이 발생한다.	저속 및 고속 운전성능이 안정된다.	저속 및 고속 운전성능이 매우 우수하다.
단속기 접점에서 불꽃이 발생하므로 정기적으로 점검 및 교환을 하여야 한다.	단속기 접점이 없어 점검 및 조정을 하지 않아도 된다.	단속기 접점이 없어 점검 및 조정을 하지 않아도 된다.
원심 및 진공 진각 장치의 비정상적인 작동으로 인해 엔진에 부조 현상이 일어난다.	단속기 접점 방식과 동일한 증상이 발생한다.	컴퓨터가 점화시기를 제어함으로 가장 이상적이다.

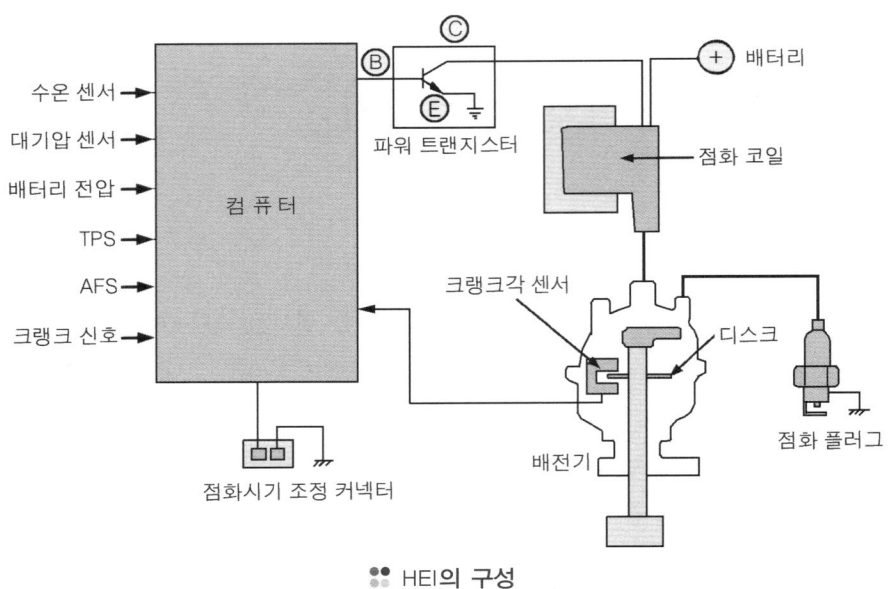

수온 센서
대기압 센서
배터리 전압
TPS
AFS
크랭크 신호

컴 퓨 터

파워 트랜지스터

크랭크각 센서

점화시기 조정 커넥터

배전기

ⓒ
ⓑ
ⓔ

+ 배터리

점화 코일

디스크

점화 플러그

•• HEI의 구성

1 점화 스위치 IG switch

자동차에서 사용하는 점화 스위치는 배터리로부터의 (+)전원을 여러 조건에 만족할 수 있도록 상황에 따라 전원을 분배하여 여러 전장 부품들이 특별한 조건에서 작동될 수 있도록 하는 일을 한다. 점화 스위치 전원의 특성에 대한 내용으로 현재의 자동차는 대부분 다음과 같은 구조로 되어 있다.

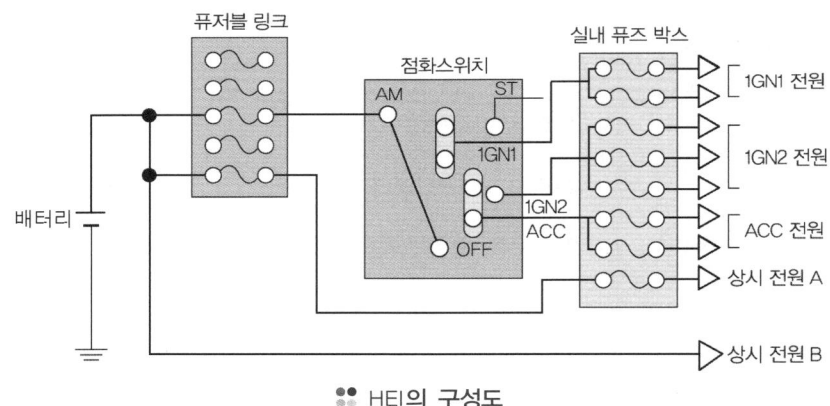

퓨저블 링크
점화스위치
실내 퓨즈 박스

AM
ST
1GN1
1GN2
ACC
OFF

배터리

1GN1 전원
1GN2 전원
ACC 전원
상시 전원 A
상시 전원 B

•• HEI의 구성도

1) AM(상시) 전원

AM 단자는 배터리 (+)전원과 연결되어 있으며, 점화 스위치의 위치에 따라 전원을 분배하기 위한 상시 전원이다. 즉 점화 스위치 없어도 항상 작동되어야 할 비상등, 제동등, 실내등, 경음기, 도어 잠금 제어 릴레이 등의 부하 전원이다.

2) ACC 전원

ACC 전원은 기본적으로는 자동차에 사용되는 액세서리 부품의 작동에 필요한 전원을 공급한다. 그 대표적인 예로 라디오, 카세트, 담배 라이터 등을 들 수 있으며, 최근의 자동차에는 다양한 기능의 전장부품(오디오/비디오 장치, 내비게이션)이 사용되므로 ACC 전원이 증가되고 있다.

3) IG₁ 전원

IG₁ 전원은 엔진 컴퓨터, 연료 펌프 릴레이, 점화 코일 등 주로 엔진 구동에 관계된다. 엔진을 시동할 때 대부분의 배터리 전류는 기동 전동기를 구동하는데 사용되어야만 원활한 시동이 가능하므로 기동 전동기 이외의 전장부품에는 배터리 전류를 소비하지 않는 것이 좋다. 그러나 엔진이 시동되기 위해서는 기동 전동기를 포함한 최소한의 부품과 또 장치의 특성상 크랭킹 중에도 작동되어야만 하는 부품에 대해서는 크랭킹 중에도 전원이 공급되어야 한다. 따라서 IG₁ 전원은 이러한 장치들에 대한 작동 전원을 공급한다. 이외에도 많은 전장 부품에 전원을 공급하는데 아래 표에서 보듯이 IG₁전원은 점화 스위치 ON 상태에서 AM 단자와 연결되지만, 크랭킹 상태에서도 AM 단자와 연결되기 때문에 IG₁ 전원과 연결된 장치는 크랭킹 중에도 작동된다.

점화 스위치 조건별 작동 특성					
조건 ＼ 단자	AM	ACC	IG1	IG2	START
OFF	●				
ACC	●――――●				
ON	●―――●――――●――――●				
START	●――――――――――●			●

4) IG₂ 전원

IG₂ 전원은 계기판, 전조등, 에어컨, 윈드 실드 와이퍼, 에탁스(ETACS) 등 주로 자동차 주행에 관계된다. IG₂ 전원은 점화 스위치 ON상태에서는 AM 단자 전원과 연결되지만 크랭킹 상태에서는 차단되며, 일반적인 전장 부품에 사용된다.

5) ST start 전원

ST 전원은 엔진을 크랭킹할 때 기동 전동기를 작동시키기 위한 것이다.

2 파워 트랜지스터 Power TR

파워 트랜지스터는 컴퓨터로부터 제어 신호를 받아 점화 코일에 흐르는 1차 전류를 단속하는 역할을 하며, 구조는 컴퓨터에 의해 제어되는 베이스, 점화 코일 1차 코일의 (−)단자와 연결되는 컬렉터, 그리고 접지되는 이미터로 구성된 NPN형이다.

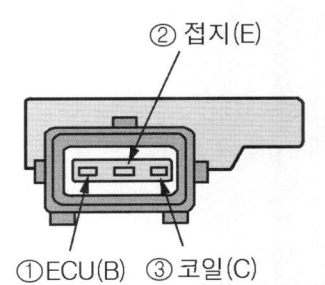

② 접지(E)

①ECU(B) ③ 코일(C)

(a) 파워 트랜지스터의 단자 구조

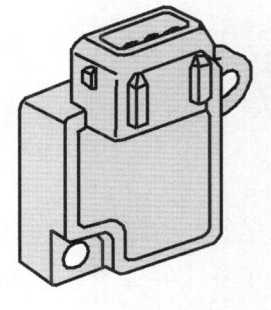

(b) 파워 트랜지스터의 외형

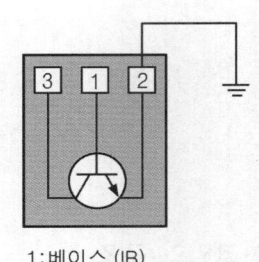

3 1 2

1 : 베이스 (IB)
2 : 이미터 (GND)
3 : 컬렉터 (OC)

(c) 파워 트랜지스터의 배선도

❖ 파워 트랜지스터의 외관과 배선

파워 트랜지스터의 작동은 다음과 같다.

① 점화 스위치를 ON으로 하면 배터리 전압이 점화 1차 코일에 흐른다.

② 배전기 내의 디스크가 회전함에 따라 크랭크 각 센서의 점화 신호가 컴퓨터에서 파워 트랜지스터를 통하여 단락과 접지를 반복한다.

③ 점화 신호는 파워 트랜지스터를 단속시켜 점화 1차 코일에 흐르는 파워 트랜지스터를 통하여 단락과 접지를 반복한다.

④ 점화시기는 컴퓨터가 연산하며 파워 트랜지스터 베이스의 전류 흐름이 차단되면 점화1차 전류가 차단되며 이 작동으로 점화 코일의 2차 코일에 높은 전압이 유기되며, 이 높은 전압은 배전기 로터에 의해 점화 플러그로 보내진다.

3 몰드형 점화 코일 Ignition Coil

점화 코일은 점화 플러그에 불꽃 방전을 일으킬 수 있는 높은 전압(약 20,000∼25,000V)의 전류를 발생시키는 승압 변압기이다.

1) 점화 코일의 원리

점화 코일의 원리는 자기 유도 작용과 상호 유도 작용을 이용한 것이다. 그림은 그 원리를 보이며, 철심에 감겨져 있는 2개의 코일에서 입력 쪽을 1차 코일, 출력 쪽을 2차 코일이라 부른다. 1차 코일은 배터리로부터 저압의 전류가 흘러서 자화되지만 직류(DC)이므로 유도 전압에 의한 전압은 발생하지 못한다.

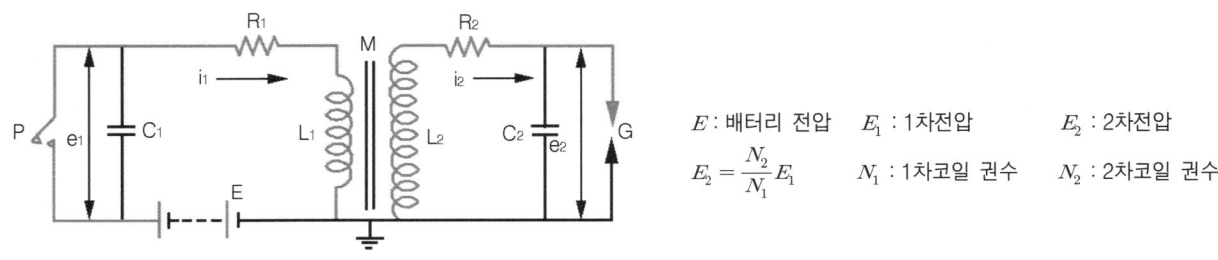

E : 배터리 전압 E_1 : 1차전압 E_2 : 2차전압

$E_2 = \dfrac{N_2}{N_1} E_1$ N_1 : 1차코일 권수 N_2 : 2차코일 권수

❖❖ 점화 코일의 원리

그러나 파워 트랜지스터로 저압의 전류를 차단하면 자기 유도 작용으로 1차 코일에 배터리 전압보다 높은 전압 E_1이 발생된다. 이 1차 쪽에 발생한 전압 E_1은 1차 코일의 권수, 전류의 크기, 전류의 변화 속도 및 철심의 재질에 따라 달라진다. 또 2차 코일에는 상호 유도 작용으로 거의 권수비에 비례하는 전압 E_2가 발생한다.

$$E_2 = \frac{N_2}{N_1} \times E_1$$

여기서 N_1 : 1차 코일 권수 N_2 : 2차 코일 권수

2) 점화 코일의 구조

몰드형 점화 코일은 철심을 이용하여 자기 유도 작용에 의하여 생성되는 자속이 외부로 방출되는 것을 방지하기 위해 철심을 통하여 자속이 흐르도록 하였으며, 1차 코일의 지름을 굵게 하여 저항을 감소시키고 큰 자속이 형성될 수 있도록 하여 높은 전압을 발생시킬 수 있다. 그리고 구조가 간단하고 내열성이 우수하므로

성능 저하가 없다.

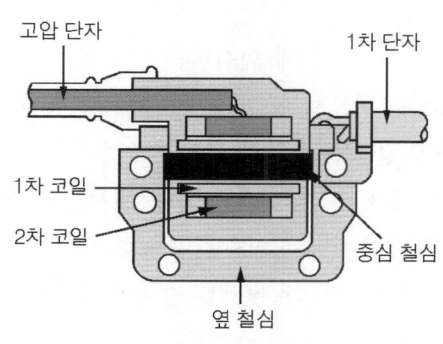

(a) 몰드형 저압 철심형 코일의 단면도

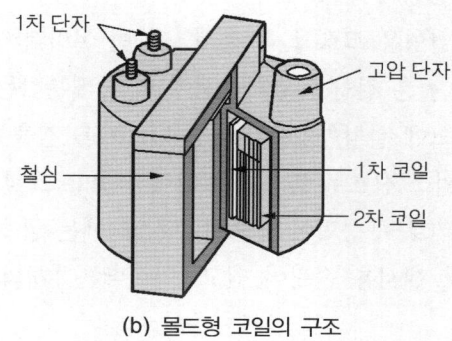

(b) 몰드형 코일의 구조

:: 몰드형 점화 코일의 구조

3) 점화 코일의 성능

점화 코일의 성능 상 중요한 것은 속도 특성, 온도 특성, 절연 특성 등이다.

① **속도 특성** : 점화 코일 불꽃 시험에서 배전기 축을 1,800rpm으로 회전시켰을 때 방전 간극은 6mm이상
되어야 한다.

② **온도 특성** : 엔진 작동 중 전류로 인해 열이 발생하여 온도가 상승하게 된다. 온도가 상승하면 1차 코일
의 저항이 증대되어 1차 차단 전류가 감소한다. 이에 따라 2차 쪽의 방전 간극이 작게 되므로 80℃에서
의 성능을 규정하고 있다.

③ **절연 특성** : 절연 저항과 내압은 온도 상승에 따라서 저하되나 80℃에서 10MΩ이상 상온(20℃)에서
50MΩ이상이어야 한다.

4 배전기 | Distributor

1) 배전기 캡과 로터

배전기 캡(cap)과 로터(rotor)는 점화 코일에서 유도된 고전압을 점화 순서에 따라 각 점화 플러그에 보내
는 작용을 한다.

① **배전기 캡** : 배전기 캡에는 점화 코일과 접속되는 중심
단자가 있고, 그 주위에 엔진 실린더 수와 같은 수의 점
화 플러그 단자가 같은 간격을 두고 배치되어 있다. 중
심 단자 내에는 로터 헤드와 접촉하는 카본 피스가 스프
링을 두고 설치되어 있다. 배전기 캡은 합성수지로 제작
하며, 내전압이 2,500V이상이고, 내열 및 내자성이 크
고 기계적 강도가 높아야 한다.

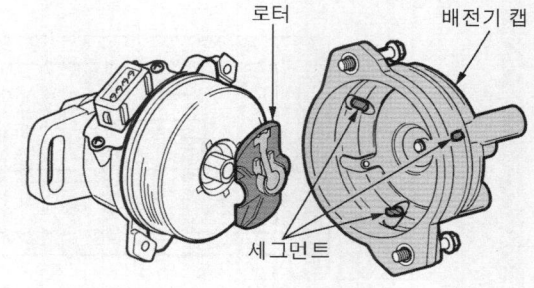

:: 배전기 캡과 로터

② **로터(rotor : 회전자)** : 로터는 배전기 축의 맨 위쪽에 꽂
혀 있으며, 배전기 캡 중심단자로부터 받은 고전압을 각 점화플러그 단자로 분배하는 일을 한다. 로터
는 배전기 축에 대해 한쪽 방향으로만 끼워지며, 로터 앞 끝과 캡 안의 점화 플러그(세그먼트) 단자 사
이에는 0.3~0.4mm정도의 간극이 있다.

2) 옵티컬형 Optical type

① 옵티컬형의 구조

옵티컬형은 크랭크 각 센서, 제1번 실린더 상사점 센서, 축과 함께 회전하는 디스크, 점화 코일에서 유도된 높은 전압을 점화순서에 따라 배분하는 로터(rotor) 등으로 구성되어 있다. 또 유닛 어셈블리에는 디스크에 설치한 2종류의 슬릿(slit)을 검출하기 위한 발광 다이오드와 포토 다이오드가 2개씩 들어있으며, 펄스 신호로 컴퓨터에 입력시킨다. 크랭크 각 센서와 제1번 실린더 상사점 센서는 디스크와 유닛 어셈블리로 구성되어 있으며, 디스크에는 금속제 원판으로 주위에는 90° 간격으로 4개의 빛 통과용 크랭크 각 센서용 슬릿이 있고, 안쪽에는 1개의 제1번 실린더 상사점 센서용 슬릿이 있다.

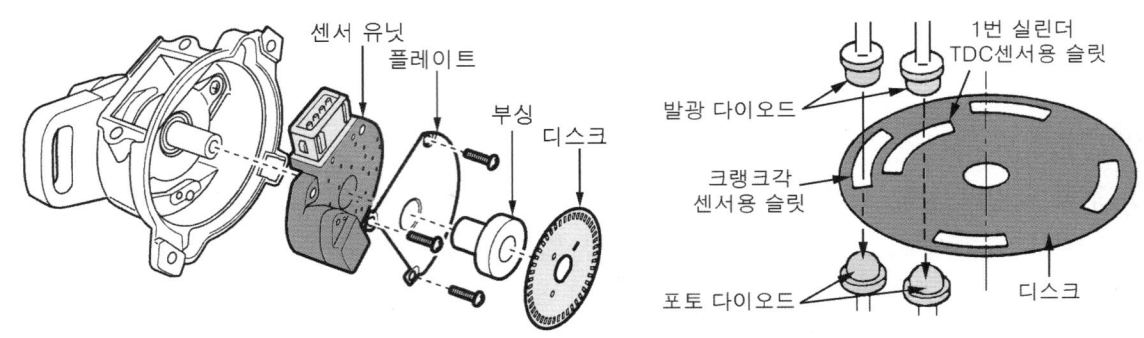

∵ 유닛 어셈블리의 구성

② 옵티컬형의 작동

발광 다이오드와 포토 다이오드 사이에서 디스크가 회전하면 발광 다이오드에서 방출된 빛은 디스크의 슬릿을 통하여 포토 다이오드에 전달되거나 차단된다. 이때 포토 다이오드가 빛을 받으면 역방향으로 통전이 되며, 이 전류는 비교기(comparator)에 약 5V의 전압이 들어가 검출되며, 그림의 ②번 단자에서 컴퓨터로 5V가 입력된다. 이 상태에서 디스크가 더 회전하여 포토 다이오드로 들어가는 빛이 차단되면 ②번 단자에 인가되는 전압이 0V가 된다. 이 작용을 반복하여 유닛 어셈블리에서 펄스신호로 컴퓨터에 입력시킨다. 4개의 크랭크 각 센서용 슬릿에서 얻어지는 신호는 엔진의 회전속도를 연산하는 기준 신호이며, 각 실린더의 피스톤이 압축 상사점의 정 위치에 있는지를 검출하여 제1번 실린더 상사점 센서용 슬릿에서 얻어지는 신호에 의해 제1번 실린더에 대한 기초 신호를 식별하여 컴퓨터가 분사 순서를 결정하는데 사용한다.

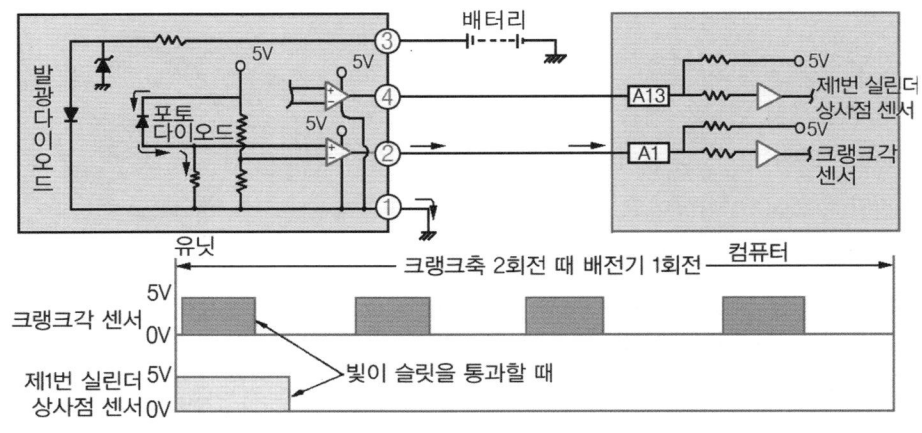

∵ 크랭크 각 센서와 제1번 실린더 상사점 센서의 작동

그리고 점화시기 진각 조정은 크랭크 각 센서의 신호에 의하여 엔진 회전속도를 측정하고, 공기 유량 센서(AFS)를 이용하여 흡입 공기량을 계측한 후 공기량과 엔진 회전속도 사이의 비율 즉, 엔진의 부하를 연산한 다음 그 결과에 따라 최적의 점화시기를 결정한다.

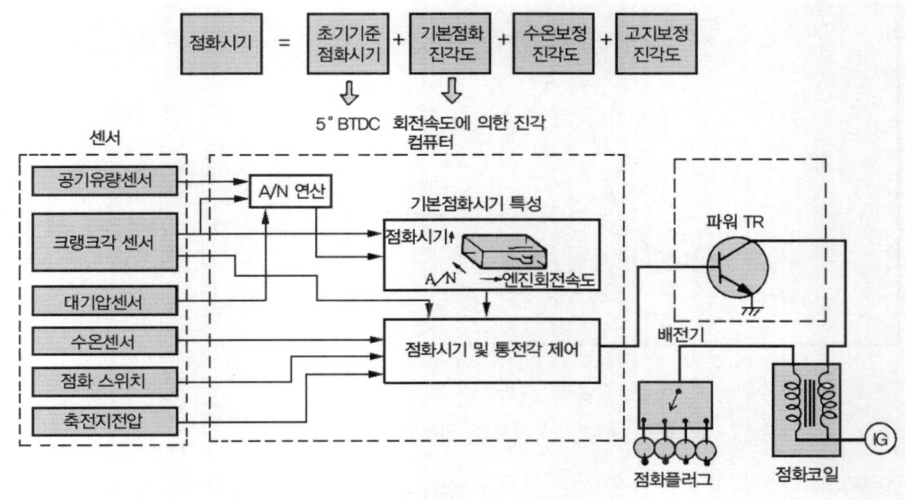

🞊 점화 시기 진각 조절

3) 인덕션 방식 Induction type

인덕션 방식은 톤 휠(ton wheel)과 영구 자석을 이용하는 것이다. 이 방식은 제1번 실린더 상사점 센서 및 크랭크 각 센서의 톤 휠을 크랭크축 풀리 뒤에 설치하고 크랭크축이 회전하면 엔진 회전속도 및 제1번 실린더 상사점의 위치를 검출하여 컴퓨터로 입력시키면 컴퓨터는 제1번 실린더에 대한 기초 신호를 식별하여 연료 분사순서를 결정한다. 제1번 실린더 및 크랭크 각 센서의 구조는 영구 자석 주위에 코일을 감아 톤 휠이 회전하면 에어 갭(air gap)의 변화에 따라서 유도된 펄스 신호를 컴퓨터로 입력시키면 제1번 실린더 상사점과 엔진의 회전속도를 검출한다.

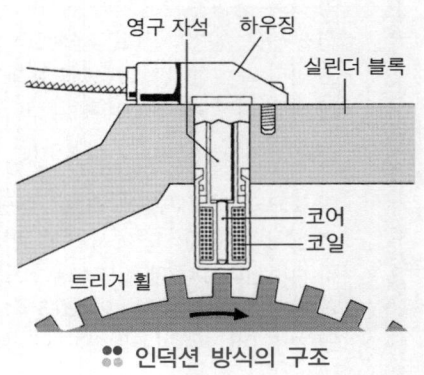

🞊 인덕션 방식의 구조

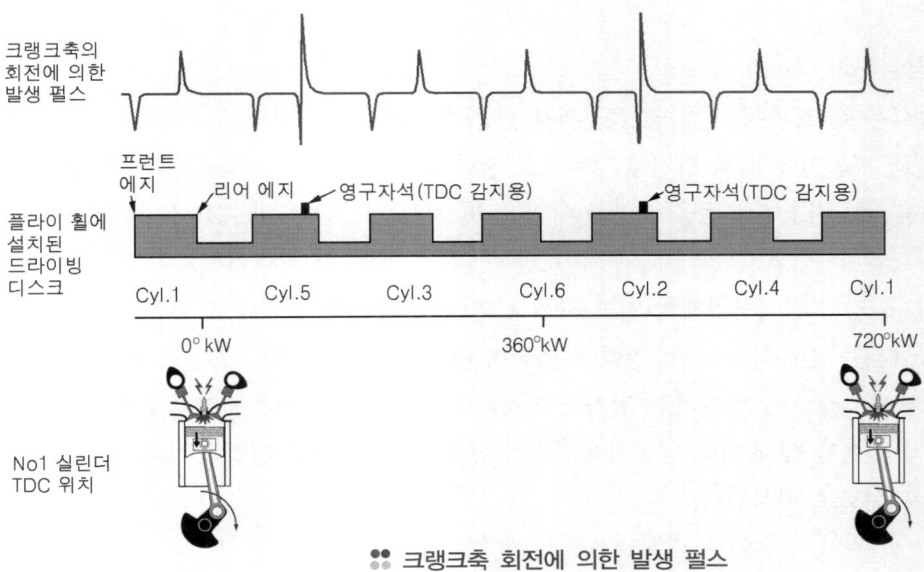

🞊 크랭크축 회전에 의한 발생 펄스

→ 점화시기를 조정하는 목적

★ 모든 엔진 회전속도에서 효율이 가장 높게 되는 최고 폭발압력을 상사점 후 10~12°에서 얻기 위함이다. 엔진의 회전속도의 증가에 따라 점화시기를 빠르게 하여야 하는 이유는 가솔린 엔진의 연소과정 그림에서 알 수 있다.

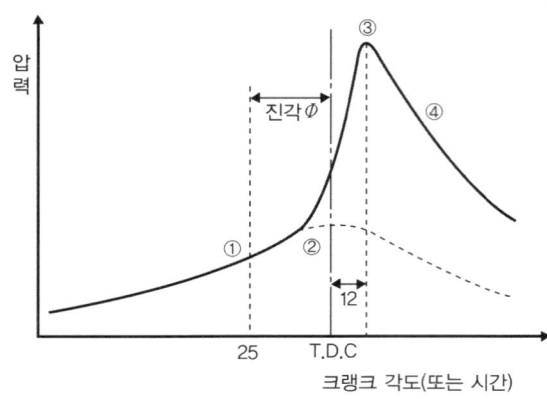

① 점화(부근의 온도 상승)
② 연소 시작되다
③ 최대 연소압력 발생
④ 연소 완료
①~② 피스톤이 압축행정에 의한 압력상승
②~③ 가스 연소에 의한 압력 급상승

〈가솔린 엔진의 연소 과정〉

그림은 1,800rpm일 때의 어느 엔진의 지압 선도($P-v$ 선도)이며, 점선은 점화가 발생하지 않았을 때의 곡선이다. 이 곡선에 의하면 상사전 전 25°에서 점화하였는데도 점화 후 약 $18°\left(\dfrac{1}{600}\right)$초 동안은 뚜렷한 압력 상승이 없다. 이 것은 연소 늦음이 있기 때문이며, 휘발성 연료에서는 흔히 있는 현상으로 불꽃을 발생시킨 시기와는 관계가 없다. 그러나 직접적인 영향이 없는 것은 아니다. 예를 들어 점화시기가 늦으면 연소실의 체적이 작아지므로 압력과 온도 가 모두 상승된 혼합기에 점화하게 되므로 연소 늦음이 약간 짧아지는 것을 볼 수 있다.

연소 늦음 기간이 끝나면 급속히 연소가 이루어진다. 연소가 이루어지는 정도는 혼합기 맴돌이의 존재 비율에 비례 한다. 따라서 엔진의 회전속도가 빠르면 연소 늦음에 이어서 일어나는 연소가 신속하게 진행된다. 실용상 연소 기간 은 엔진 회전속도에 반비례한다고 생각해도 되나 연소 개시에서 최대 압력에 도달할 때까지의 크랭크축 회전각도는 대체로 일정하며, 약 $\dfrac{1}{1,000}$초 정도가 소요된다. 따라서 점화 후 최고 압력에 도달할 때까지는 $\dfrac{1}{600}+\dfrac{1}{1,000}$초의 시간 이 소요되며, 이 시간은 엔진의 어떤 회전속도에서든지 확보되어야 한다. 그런데 엔진을 가장 좋은 효율로 운전하려 면 상사점 후 10~12°에서 최고 압력이 표시되도록 하여야 하므로 점화시기를 빠르게 하여야 하며, 이 시간을 확보 하여야 한다. 그림에서 연소에 소요되는 크랭크축의 각도를 15°라 하면 상사점 전 3°, 상사점 후 12°가 된다. 그리고 이때 연소 늦음이 18°이면 18+3=21°전에 점화를 하여야 한다. 진각 기구에는 원심력식, 진공식, 원심 진공 병용식이 있으며, 어느 것이나 단속기 접점의 개폐시기를 조정하게 되어 있다.

4) 홀 센서 방식 Hall sensor type

홀 센서 방식은 홀 효과에 의해 발생된 전압 변동이 컴퓨터로 입력되고, 컴퓨터는 이 펄스 신호를 아날로 그/디지털(A/D) 변환기에 의해 디지털 파형으로 변화시켜 크랭크 각을 검출한다. 홀 센서는 홀 소자인 게르마늄(Ge), 칼륨(K), 비소(As) 등을 사용하여 얇은 판 모양으로 만든 반도체 소자이며, 그 구조는 그림에 나 타낸 바와 같다.

[홀 센서의 구조] 그림에서 2개의 영구 자석 사이에 홀 소자를 설치하고 전류(I_V)를 공급하면 홀 소자 내 의 전자는 공급되는 전류와 자속의 방향에 대하여 각각 직각 방향으로 굴절이 된다. 이에 따라 단면 A_1은 전자 과잉 상태로 되고, 단면 A_2에는 전자가 부족하여 A_1과 A_2 사이에는 전위차가 생겨 전압(U_H)이 발생한 다. 전류(I_V)가 일정할 때 전압(U_H)은 자속의 밀도에 비례하며, 출력 전압이 매우 작으므로 OP AMP를 이용 하여 증폭시켜 신호로 사용한다.

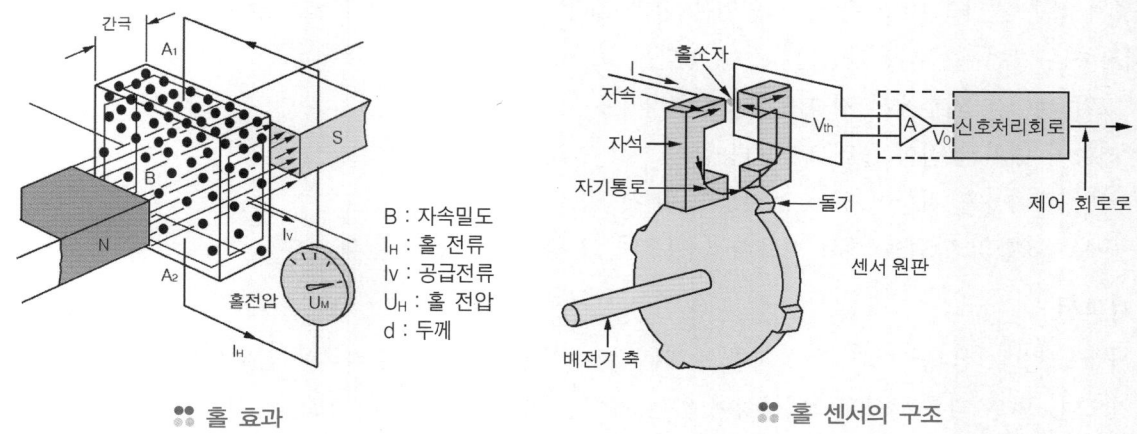

B : 자속밀도
I_H : 홀 전류
I_V : 공급전류
U_H : 홀 전압
d : 두께

:: 홀 효과

:: 홀 센서의 구조

5 고압 케이블High tension cord

고압 케이블은 HEI 방식에서는 점화 코일의 2차 단자와 배전기 캡의 중심 단자를, 배전기의 점화 플러그 단자와 점화 플러그를 연결하며, DLI 방식에서는 점화 코일의 2차 단자와 점화 플러그를 연결하는 고압의 절연 전선이다. 고압 케이블의 한 쪽 끝은 황동제의 태그(tag)를 통하여 점화 플러그 단자에 끼워지고 다른 한 쪽은 배전기 캡의 점화 플러그 단자(DLI 방식은 점화 코일의 2차 단자)에 끼워진 후 수분이 들어가지 못하도록 고무제의 캡이 씌워져 있다.

구조는 아래 그림에 보인 것과 같이 중심부의 도체를 고무로 절연하고 다시 그 표면을 비닐 등으로 보호하고 있다. 중심 도체에는 구리선을 몇 가닥 합친 것과 섬유에 탄소를 침투시켜 균일한 저항을 둔 것을 TVRS(Television Radio Suppression) 케이블이라고 한다. 이것은 점화 회로에서의 고주파 발생에 따른 잡음을 방지하기 위해 케이블 전체에 약 10kΩ정도의 저항을 두고 있다.

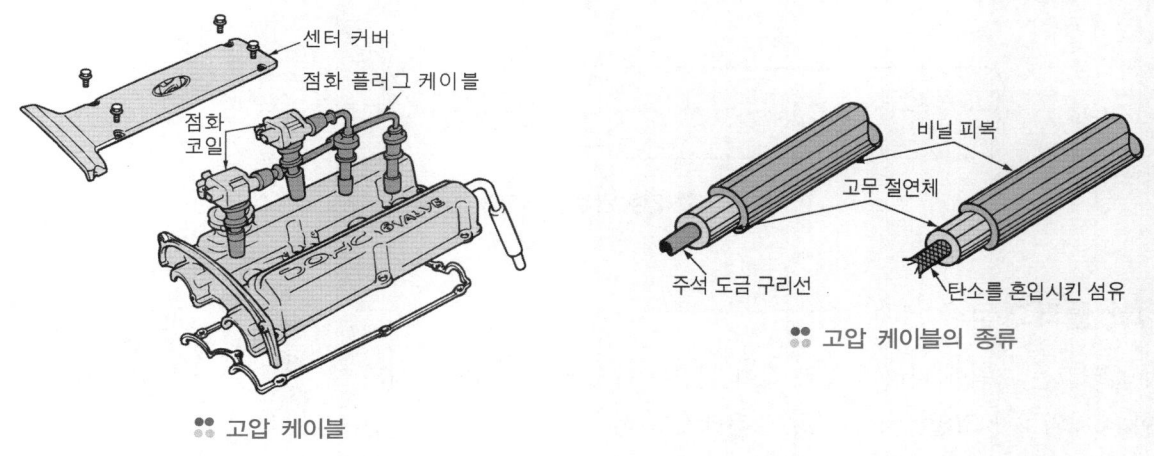

:: 고압 케이블

:: 고압 케이블의 종류

또 고압 케이블을 구조상으로 분류하면 다음과 같다.
① 잡음 방지용 저항이 들어 있는 것
② 구리 심선인 것
③ 구리 심선을 밀봉 한 것
등이 있으며, 전파 잡음을 방지하는 관점에서 ①의 잡음 방지용 고압 케이블이 일반적으로 사용되고 있다.

자동차 잡음 전파의 가장 큰 발생 원인은 점화 플러그 등의 고전압과 불꽃을 발생하는 점화 계통이다. 이것을 제거하는 방법에는 다음과 같은 것이 있다.

① 고압 케이블 외부에서 저항기를 부착한다.

② 저항이 배치된 점화 플러그를 사용한다.

③ 고압 케이블을 저항이 있는 전선으로 한다.

최근에는 ③항의 방법을 주로 사용하고 있으며 그 종류는 다음과 같다.

1) 카본선

아래 그림에 나타낸 것과 같이 저항 도체는 유리 섬유이고 이것에 카본을 침투시켜 균일한 저항을 갖도록 하였으며, 외부 피복은 내열, 내한성이 있는 에틸렌 프로필렌 고무(EPDM)를 사용한다.

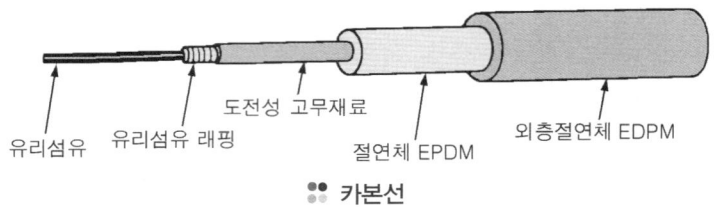

유리섬유 유리섬유 래핑 도전성 고무재료 절연체 EPDM 외층절연체 EDPM

:: **카본선**

2) 2중 권선형 저항 케이블

그림에 나타낸 것과 같이 저항체는 금속 저항의 가는 선을 심선으로 하고, 그 위에 테트론을 일정한 간격의 나선형으로 감은 후 굵어진 심선에 절연체를 부착하고 튼튼하게 감은 2중 나선형 구조로 피복되어 있다. 외부 피복은 엔진 실(engine room) 안의 상태를 고려하여 특수 내열 비닐을 사용하였다. 또 저항 값은 약 16KΩ/m로 되어 있다.

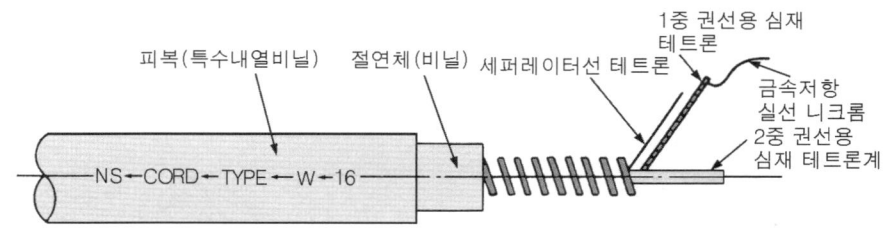

피복(특수내열비닐) 절연체(비닐) 세퍼레이터선 테트론 1중 권선용 심재 테트론 금속저항 실선 니크롬 2중 권선용 심재 테트론계

NS←CORD←TYPE←W←16

:: **2중 권선형 케이블**

8 **점화 플러그** Spark Plug

점화 플러그는 그림에 나타낸 것과 같이 실린더 헤드의 연소실에 설치되어 점화 코일의 2차 코일에서 발생한 고전압에 의해 중심 전극과 접지 전극 사이에서 전기 불꽃을 발생시켜 실린더 내의 혼합 가스에 점화하는 역할을 한다.

1) 점화 플러그의 구조

점화 플러그는 그림에 나타낸 것과 같이 **전극 부분**(electrode), **절연체**(insulator) 및 **셸**(shell)의 3 주요 부분으로 구성되어 있다.

① **전극 부분** : 전극 부분은 중심 전극과 접지 전극으로 구성되어 있으

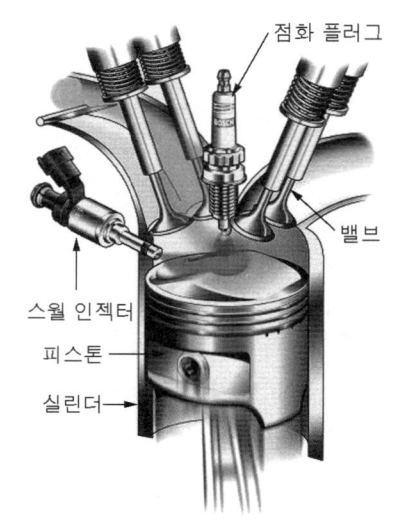

점화 플러그

밸브

스월 인젝터

피스톤

실린더

:: **점화 플러그 설치 위치**

며, 점화 코일에서 유도된 높은 전압이 중심 축을 통하여 중심 전극에 도달하여 바깥쪽의 접지 전극과의 간극에서 불꽃이 발생하며, 이들 사이에 0.7~1.1mm의 간극이 있다. 전극의 재료는 불꽃에 의한 손상이 적고, 내열 성능 및 내 부식 성능이 우수한 것이 필요하므로 일반적으로 니켈 합금이나 백금을 사용하

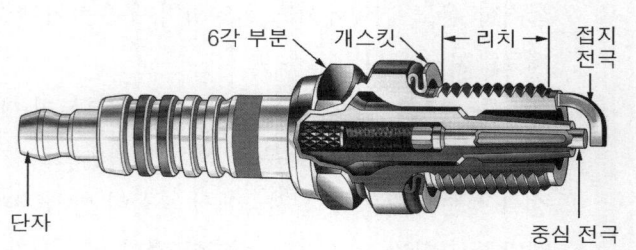

점화 플러그의 구조

는 경우도 있다. 그리고 중심 전극은 방열 성능 등을 고려하여 구리를 주입한 것도 있다. 중심 전극의 지름은 일반적으로 2.5mm정도이지만 최근에는 불꽃 발생 전압의 저하 방지 및 점화 성능의 향상을 목적으로 중심 전극의 지름을 1mm정도까지 가늘게 하거나 접지 전극의 안쪽 면에 U자형의 홈을 둔 것도 있다.

② **절연체** : 절연체는 중심 축 및 중심 전극을 둘러싸서 높은 전압의 누전을 방지하는 것이며, 점화 플러그의 성능을 좌우하는 중요한 부분이다. 따라서 전기 절연이 우수하고, 열전도 성능 및 내열 성능이 우수하며, 화학적으로 안정되고 기계적 강도가 커야한다. 절연체는 절연성이 높은 세라믹(ceramic)으로 되어 있고 윗부분에는 고압 전류의 플래시 오버(flashover)를 방지하기 위한 리브(rib)가 있다.

③ **셀(shell)** : 셀은 절연체를 에워싸고 있는 금속 부분이며, 실린더 헤드에 설치하기 위한 나사 부분이 있고, 나사의 끝 부분에 접지 전극이 용접되어 있다. 나사의 지름은 10mm, 12mm, 14mm, 18mm의 4종류가 있으며, 나사 부분의 길이(리치)는 나사의 지름에 따라 다르나 지름 14mm의 점화 플러그는 9.5mm, 12.7mm, 19mm의 3종류가 있다. 그리고 절연체와 중심 축 및 셀 사이의 기밀은 특수 실런트의 충전이나 글라스 실**에 의한 녹여 붙임, 스파크(spark)열에 의한 코킹 등의 방법으로 유지되고 있다.

> **TIP**
> **■글라스 실(glass seal**
> 특수 유리 분말과 구리 분말을 혼합한 것을 중심축과 중심 전극의 결합 부분에 채우고 이것을 고온에서 녹여 절연체와 금속을 녹여 붙이는 방법

2) 점화 플러그의 구비 조건

점화 회로에서 점화 플러그는 방전을 위한 전극을 마주보게 한 것뿐이나 사용되는 주위의 조건이 매우 가혹하여 다음과 같은 조건을 만족시키는 성능이 필요하다.

① **내열 성능이 클 것** : 점화 플러그는 2,000℃에 도달하는 연소 가스에 노출되고 흡입 행정에서는 흡입 가스에 의해 급속히 냉각되므로 고온 및 급격한 온도 변화에 견딜 수 있어야 한다.

② **기계적 강도가 클 것** : 점화 플러그는 흡입 행정에서의 부압과 동력 행정에서의 35~45kgf/cm² 정도의 압력 변화에 따른 큰 진동이 생기므로 이에 견딜 수 있어야 한다.

③ **내 부식 성능이 클 것** : 점화 플러그는 연소 가스에 전극 부분이 노출되므로 카본 등에 화학적 침식을 받기 쉬우므로 부식에 견디는 것이 요구된다. 따라서 전극의 재료는 니켈-크롬 합금 등을 사용한다.

④ **기밀 유지 성능이 양호할 것** : 압축 행정과 동력 행정에서 받는 압력에 견딜 수 있도록 기밀이 유지되어야 하며, 특히 고온 상태에서도 가스의 누출이 없어야 한다.

⑤ **자기 청정 온도를 유지할 것** : 전극 부분의 온도가 지나치게 상승하면 조기 점화의 발생 원인이 되고, 너무 낮으면 카본의 부착에 의해 누전이 일어나므로 실화의 원인이 된다. 따라서 엔진 가동 중에는 전극 부분의 온도가 500~600℃ 정도의 온도를 유지하는 것이 필요하다.

⑥ **전기적 절연 성능이 양호할 것** : 점화 플러그는 엔진 작동 중 25,000~30,000V의 높은 전압에 견디고

급격한 온도 변화에서도 절연성이 우수하여야 하므로 절연성이 우수한 알루미나(Al_2O_3)를 자기의 절연 재료로 사용된다.

⑦ **강력한 불꽃이 발생할 것** : 전극의 끝 부분이 예리할수록 불꽃은 잘 발생하지만 너무 예리하면 전극의 소모가 심하므로 끝 부분을 적절한 형상으로 하여 불꽃이 잘 발생하도록 하여야 한다.

⑧ **점화 성능이 좋을 것** : 전극에서 불꽃이 발생하여도 에너지가 충분하지 못하면 점화되기 어렵다. 따라서 희박한 혼합기 일지라도 충분한 점화 에너지가 발생하도록 전극의 형상이 고려되어야 한다.

⑨ **열전도 성능이 클 것** : 연소 가스로부터 받는 많은 열을 빨리 냉각시키지 않으면 전극이 녹거나 급격한 산화로 인하여 전극의 소모가 커진다. 따라서 전극 부분의 온도가 950℃ 이상이 되지 않도록 열전도 성능이 좋아야 하며 특히 높은 온도에서 열전도율이 커야 한다.

3) 점화 플러그의 자기 청정 온도와 열값

엔진 작동중 점화 플러그는 혼합 가스의 연소에 의해 고온에 노출되므로 전극 부분은 항상 적정 온도를 유지하는 것이 필요하다. 점화 플러그 전극 부분의 작동 온도가 400℃이하로 되면 연소에서 생성되는 카본이 부착되어 절연 성능을 저하시켜 불꽃 방전이 약해져 실화를 일으키게 되며, 전극 부분의 온도가 800~950℃이상 되면 조기 점화를 일으켜 엔진의 출력이 저하된다. 이에 따라 엔진이 작동되는 동안 전극 부분의 온도는 500~600℃를 유지하여야 한다. 이 온도를 점화 플러그의 **자기 청정 온도**(self cleaning temperature)라고 한다.

자기 청정 온도는 가해진 열량과 열 방산량으로 결정되지만, 가해지는 열량은 엔진의 형식 및 운전 상태에 따라 변화하고 또 열 방산량은 점화 플러그의 구조에 따라 달라진다. 따라서 점화 플러그는 열방산 성능이 다르므로 엔진에 적합한 것을 선택하여야 한다. 점화 플러그의 열방산 정도를 수치로 나타낸 것을 **열값**(heat value)이라고 하며 일반적으로 절연체 아랫부분의 끝에서부터 아래 실(lower seal)까지의 길이에 따라 정해진다.

점화 플러그의 소요 열값은 사용상 매우 중요하며 엔진의 연소실 형식, 흡·배기 밸브의 위치, 압축비, 회전속도 등에 따라 달라지나 원칙적으로 재질이 동일 할 경우 연소 가스에 노출되어 열을 받는 면적이 넓고 방열 경로(절연체 각부의 길이)가 길수록 열 방산이 나쁘며 온도가 상승하기 쉽다.

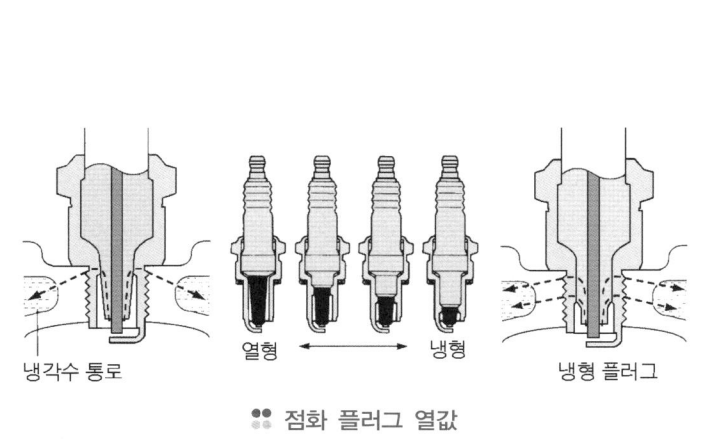

열형 ← → 냉형

냉각수 통로

냉형 플러그

:: 점화 플러그 열값

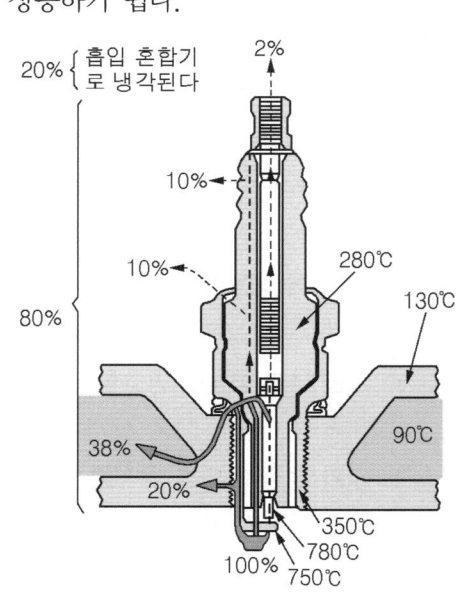

:: 점화 플러그의 방열 관계

이 형식을 **열형**(hot type)이라고 하며, 이 열형 점화 플러그의 특징은 오손에 대한 저항력은 매우 크나, 조기 점화에 대한 저항력이 낮으므로 저속저부하 엔진에 적합하다. 그리고 열방산 성능이 높고 온도 상승이 적은 형식을 **냉형**(cold type)이라고 하며, 이 냉형 점화 플러그의 특징은 조기 점화에 대한 저항력은 매우 크나 오손에 대한 저항력은 낮으므로 고속고부하용 엔진에 적합하다.

최근에는 넓은 범위의 운전 조건에서도 한 종류의 점화 플러그로 자기 청정 온도를 유지할 수 있는 와이드 레인지(wide range)의 점화 플러그도 사용되고 있다. 일반적으로 열값은 점화 플러그의 형식 및 크기 등을 나타내는 기호의 일부로서 숫자로 표시되고 있다. 아래 표는 그 일례이며 열값을 나타내는 숫자는 점화 플러그 제작 회사에 따라 다르며 숫자가 크면 냉형, 숫자가 적으면 열형을 나타낸다.

점화 플러그 표시 방법 (1)

B	P 또는(R)	6	E	S또는 R	11
나사 부분 지름		열값	나사 부분의 길이	구조	점화 플러그 전극 부분 간극
A=18mm B=14mm (표준 6각, 대변치수 20.6mm) C=10mm D=12mm	• P : 자기 돌출형 (Projected core nose plug) • R : 저항 삽입형	크면 : 냉형 적으면 : 열형	•E=19mm •H=12.7mm •무기호 : 표준형	• S : 구리심이 든 중심전극 • R : 실드형 저항 삽입형	11=1.1mm 13=1.3mm

점화 플러그 표시 방법 (2)

W	16	E	X-UR	11
나사 부분 지름	열값	나사의 길이	전극 형상 표시	점화 플러그 전극 부분 간극
W=14mm	(9, 14, 16, 20, 22) 열형 ↔ 냉형	• E=19mm • H=12.7mm	• X-U : Ugha 접지 전극이며, 풀 프로젝티드형 • T : 접지전극이 2극 대항형 • R : 저항 삽입형	11=1.1mm 13=1.3mm

점화 플러그 표시 방법 (3)

R	L	4	6	P	W	11
특수 설계	나사 길이	나사 바깥지름	열값	특수 설계	특수 설계	점화 플러그 전극 부분 간극
R=저항 삽입형	L : 긴 리치 M : 중간 리치	4 : 14mm 8 : 18mm	(7, 6, 5, 4, 3, 2) 열형 ↔ 냉형	P : 자기 돌출형	• W : 구리심이 든 전극 • X : 중심전극에 크로스 컷 (cross cut) 결합	11=1.1mm 13=1.3mm

4) 점화 플러그의 종류

점화 플러그는 엔진의 용도 및 특성에 맞추어 선정되기 때문에 그 종류가 다종다양하며, 크게 분류하면 다음과 같다.

① **치수에 의한 분류** : 치수에 의한 분류는 자동차용 점화 플러그의 부착 나사 지름과 그 길이(reach)에는 일반적으로 다음 그림에 표시한 종류의 것이 있다.

나사의 길이(리치)
9.5mm
11.2mm
12.0mm
12.7mm
19.0mm   자동차용으로서 가장 많이 사용된다.

나사의 지름
10mm
12mm   2륜차용 엔진에 가장 많이 사용된다.
14mm
18mm   자동차용으로서 가장 많이 사용된다.

∷ 치수에 의한 분류의 예

② **성능 상의 특성 값(열값)에 의한 분류**

③ **구조적(발화의 형상, 재질)인 차이에 의한 분류**

● **홈 붙이형 점화 플러그** : 이 형식은 그림에 나타낸 것과 같이 접지 전극 또는 중심 전극에 U 또는 V자형의 홈을 두거나 중심 전극을 가늘게 하는 것에 의해, 소염** 작용을 완화하여 화염 핵이 퍼지기 쉽도록 하여 점화 성능을 향상시킨 것이다.

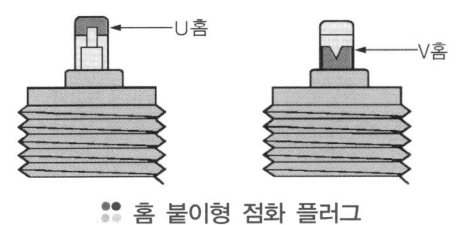

∷ 홈 붙이형 점화 플러그

> **TIP**
>
> **■ 소염이란**
>
> 소염이란 화염이 확산되지 못하도록 방해하는 것을 의미하며, 연소실 내의 혼합기가 연소하기 어려운 조건 즉 가속 상태에서 잔류 가스가 많거나 희박한 공연비일 경우 부분 연소 등에서 소염층이 발생된다. 압축된 혼합기 중에 노출된 점화 플러그 전극 사이에 불꽃이 발생되면 불꽃 중에서 작은 화염핵이 형성된다. 이 화염핵은 주위의 혼합기나 점화 플러그의 전극에 의해 냉각되어 화염핵의 열량이 적어지면 화염이 확산되지 못하고 소멸되어 점화가 발생되지 못하는 작용을 소염 작용이라 한다.

● **돌출형 점화 플러그**(P형 플러그형 ; Projected core nose plug) : 이 형식은 그림에 나타난 것과 같이 절연체와 전극이 셀의 끝 부분보다 더 노출되어 있다. 따라서 엔진의 저속 회전에서는 열이 쉽게 축적되고, 고속 회전에서는 새로운 혼합 가스에 의해 냉각이 촉진되므로 저속이나 고속의 어느 회전에서든지 자기 청정 온도를 알맞게 유지할 수 있는 특징이 있다. 또 불꽃 위치를 연소실의 중앙에 위치하도록 하여 화염 전파 거리를 짧게 하고, 희박한 혼합 가스에의 점화 성능을 향상시키고 있다. 다만, 이 점화 플러그의 사용은 지정된 엔진에 한정이 되며, 지정 이외의 것에 사용하면 밸브 및 피스톤 등과 충돌 또는 접촉될 염려가 있다.

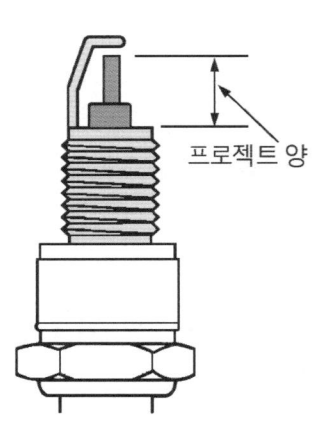

프로젝트 양

∷ 돌출형 점화 플러그

● 백금 전극 점화 플러그 : 일반적인 점화 플러그의 전극은 니켈 합금을 사용하고 있는데 이것은 고온에서의 부식성 및 불꽃에 의한 전극의 마멸 등 내구성이 불충분하므로 장기적으로 안정된 불꽃을 얻기가 어렵다. 이를 개선하기 위해 아래 그림에 나타낸 것과 같이 중심 전극 및 접지 전극에 백금 팁을 용접하여 내구성을 크게 향상시킨 것이다.

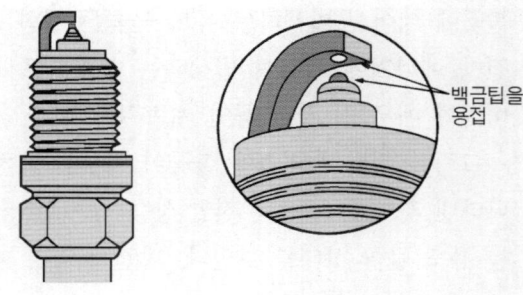

백금팁을 용접

❖ 백금 전극 점화 플러그

● 저항 삽입 점화 플러그(resistor spark plug) : 점화 플러그 불꽃은 용량 불꽃과 유도 불꽃으로 구성되어 있다. 유도 불꽃은 용량 불꽃에 이어서 발생하며 용량 불꽃 기간 보다 길고 또한 라디오 전파를 간섭한다. 저항 삽입 플러그는 그림에 나타낸 것과 같이 유도 불꽃 기간을 짧게 하여 라디오 전파 간섭을 억제하기 위한 것으로 중심 전극에 $10K\Omega$정도의 저항이 들어 있다.

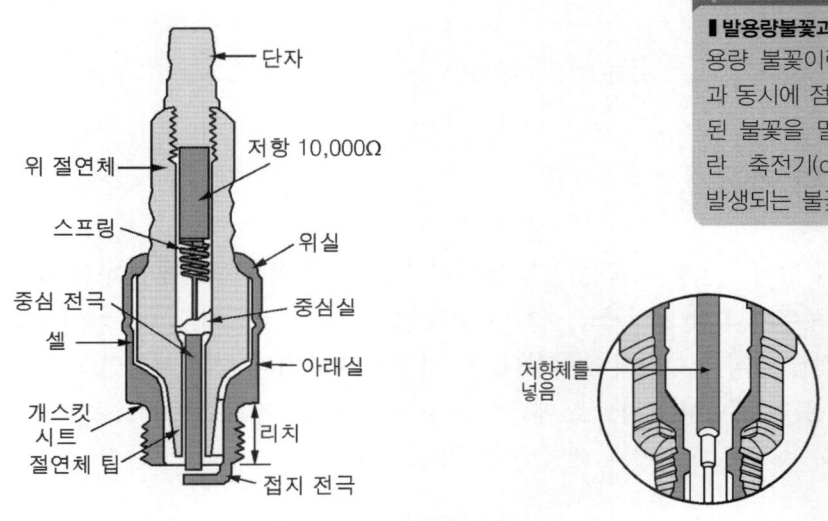

단자

위 절연체

저항 10,000Ω

스프링

위실

중심 전극

중심실

셀

아래실

개스킷 시트

리치

절연체 팁

접지 전극

저항체를 넣음

❖ 저항 삽입 점화 플러그

TIP

용량불꽃과 유도 불꽃
용량 불꽃이란 1차 전류의 차단과 동시에 점화 플러그에서 발생된 불꽃을 말하며, 유도 불꽃이란 축전기(condenser)방전으로 발생되는 불꽃이다.

● 보조 간극 점화 플러그 : 이 형식은 그림에 나타낸 것과 같이 중심 전극의 위쪽과 단자 사이에 보조 간극이 있는 것이다. 이 간극이 더욱 높은 전압과 전류를 유지하도록 하여 오손된 점화 플러그에서라도 실화가 발생하지 않도록 하며, 단자에서는 간극에서 불꽃 방전으로 발생한 오존(O_3)을 환기시키도록 되어 있다.

5) 방전 전압에 미치는 여러 가지 요건

점화 플러그에 가해지는 전압은 점화 코일에서 발생하여 (+)전극과 (−)전극 사이의 절연을 파괴하고, 전류가 흘러 불꽃(arc)이 생기도록 한다.

이 때 발생하는 불꽃은 [방전 전류와 전압] 그림에 나타낸 것과 같이 용량 불꽃과 유도 불꽃으로 나누어 볼 수 있다. 용량 불꽃은 점화 2차 회로가 가지고 있는 정전 용량에 충전되었던 전압에 의하여 발생하는 불꽃이며 짧은 시간 동안 방전되므로 용량 불꽃만으로는 혼합 가스에 점화시키기가 어렵다. 용량

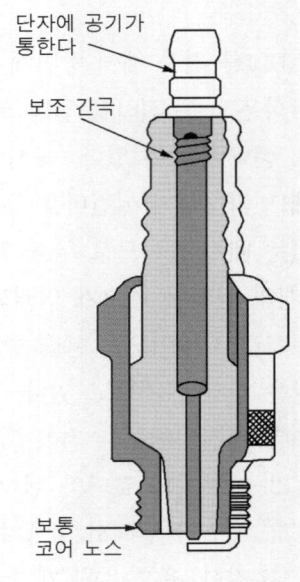

단자에 공기가 통한다

보조 간극

보통 코어 노스

❖ 보조 간극 점화 플러그

불꽃에 이어서 발생하는 유도 불꽃은 점화 코일에 축적된 전자 에너지에 의하여 발생되는 불꽃으로서 용량 불꽃에 비하여 매우 긴 시간 동안 지속된다.

그림은 점화 플러그에 불꽃이 발생할 때의 전압 변화를 나타낸 것으로, a~b는 전압 상승, b~c는 용량 불꽃, c~d 는 유도 불꽃 상태를 보인다. 방전 전압은 여러 가지 조건 에 따라 변화하는데 중요한 요인을 들면 다음과 같다.

① 점화 플러그 전극 부분의 간극, 형상, 온도 및 극성

② 혼합 가스의 온도, 압축 및 혼합비

③ 흡입 공기의 습도와 온도

④ 엔진의 가속 상태

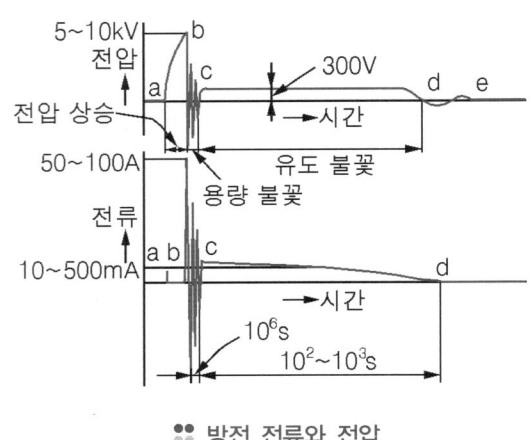

❖❖ 방전 전류와 전압

3 DLI Distributor less Ignition ; 전자 배전 점화 장치

 3-1. DLI의 개요

컴퓨터 제어 점화 방식을 포함한 모든 점화 방식에서는 1개의 점화 코일에 의하여 높은 전압을 유도시켜 배 전기 축에 설치한 로터와 고압 케이블을 통하여 점화 플러그로 공급한다. 그러나 이 높은 전압을 기계적으로 배분하기 때문에 전압 강하와 누전이 발생한다. 또 배전기의 로터와 캡의 세그먼트 사이의 에어 갭(air gap ; 0.3~0.4mm정도)을 뛰어 넘어야 하므로 에너지 손실이 발생하고 전파 잡음의 원인이 되기도 한다. 이와 같은 결점을 보완한 점화 방식이 DLI(전자 배전 점화) 방식이다.

3-2. DLI의 종류와 특징

DLI를 전자 제어 방법에 따라 분류하면 점화 코일 분배 방식과 다이오드 분배 방식이 있다. 점화 코일 분배 방식은 높은 전압을 점화 코일에서 점화 플러그로 직접 배전하는 방식이며, 그 종류에는 **동시 점화 방식**과 **독 립 점화 방식**이 있다. 동시 점화 방식이란 1개의 점화 코일로 2개의 실린더에 동시에 배분하는 방식이다. 즉 제1번과 제4번 실린더를 동시에 점화시킬 경우 제1번 실린더가 압축 상사점인 경우에는 점화되고, 제4번 실린 더는 배기 중이므로 무효 방전이 되도록 한 것이다. 또 독립 점화 방식이란 각 실린더마다 1개의 점화 코일과 1개의 점화 플러그가 연결되어 직접 점화시키는 방식이다.

그리고 다이오드 분배 방식은 높은 전압의 방향을 다이오드로 제어하는 동시 점화 방식이다. DLI는 다음과 같은 장점을 지니고 있다.

① 배전기에서 누전이 없다.

② 배전기의 로터와 캡 사이의 고전압 에너지 손실이 없다.

③ 배전기 캡에서 발생하는 전파 잡음이 없다.

④ 점화 진각 폭에 제한이 없다.

⑤ 높은 전압의 출력이 감소되어도 방전 유효에너지의 감소가 없다.

⑥ 내구성이 크다.

⑦ 전파 방해가 없어 다른 전자 제어장치에도 유리하다.

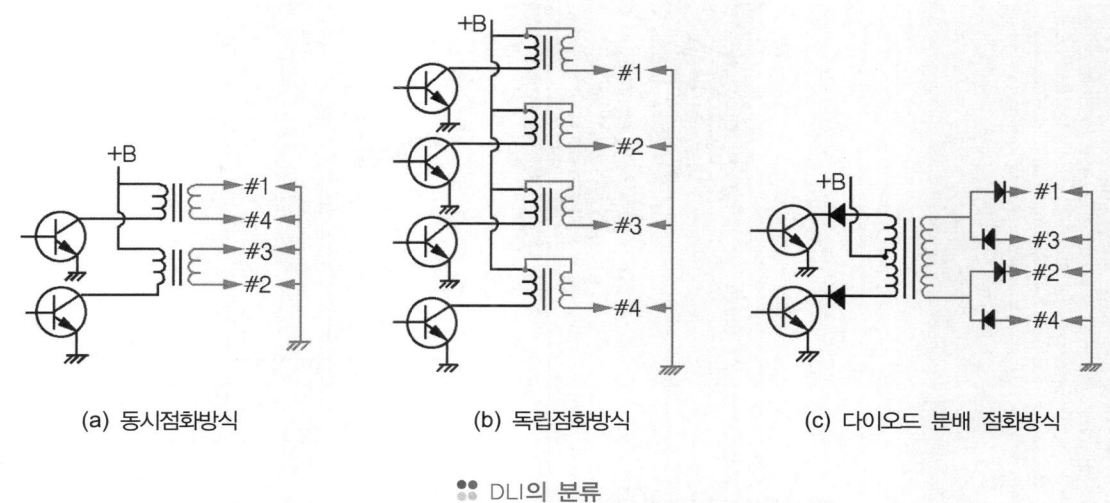

(a) 동시점화방식   (b) 독립점화방식   (c) 다이오드 분배 점화방식

∷ DLI의 분류

3-3. DLI의 구성 부품과 그 작동

DLI의 구성은 점화시기를 제어하는 컴퓨터(ECU)로부터의 신호에 의해 작동하는 파워 트랜지스터, 파워 트랜지스터의 단속 작용에 따라 고전압을 유도하는 점화 코일, 점화 코일에서 유기된 고전압은 각각의 고압 케이블을 통하여 점화 플러그로 보내져 불꽃 방전을 일으켜 연소실에 압축된 혼합 가스에 점화한다.

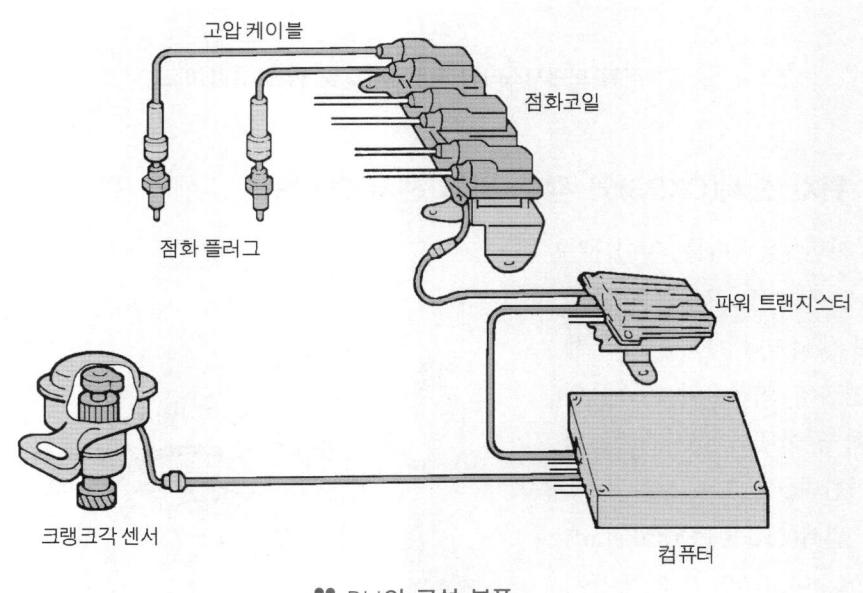

∷ DLI의 구성 부품

1 점화 코일과 파워 트랜지스터

점화 코일은 2개의 몰드형을 1개로 결합하여 실린더 헤드에 부착하였으며, 이 점화 코일은 1개의 점화 코일에서 2개의 실린더로 고전압을 공급할 수 있도록 각각의 단자가 마련되어 있다. 점화 코일의 1차 전류 제어는

파워 트랜지스터로 제어하며, 이 파워 트랜지스터는 컴퓨터의 신호에 의해 단속 작용을 한다.

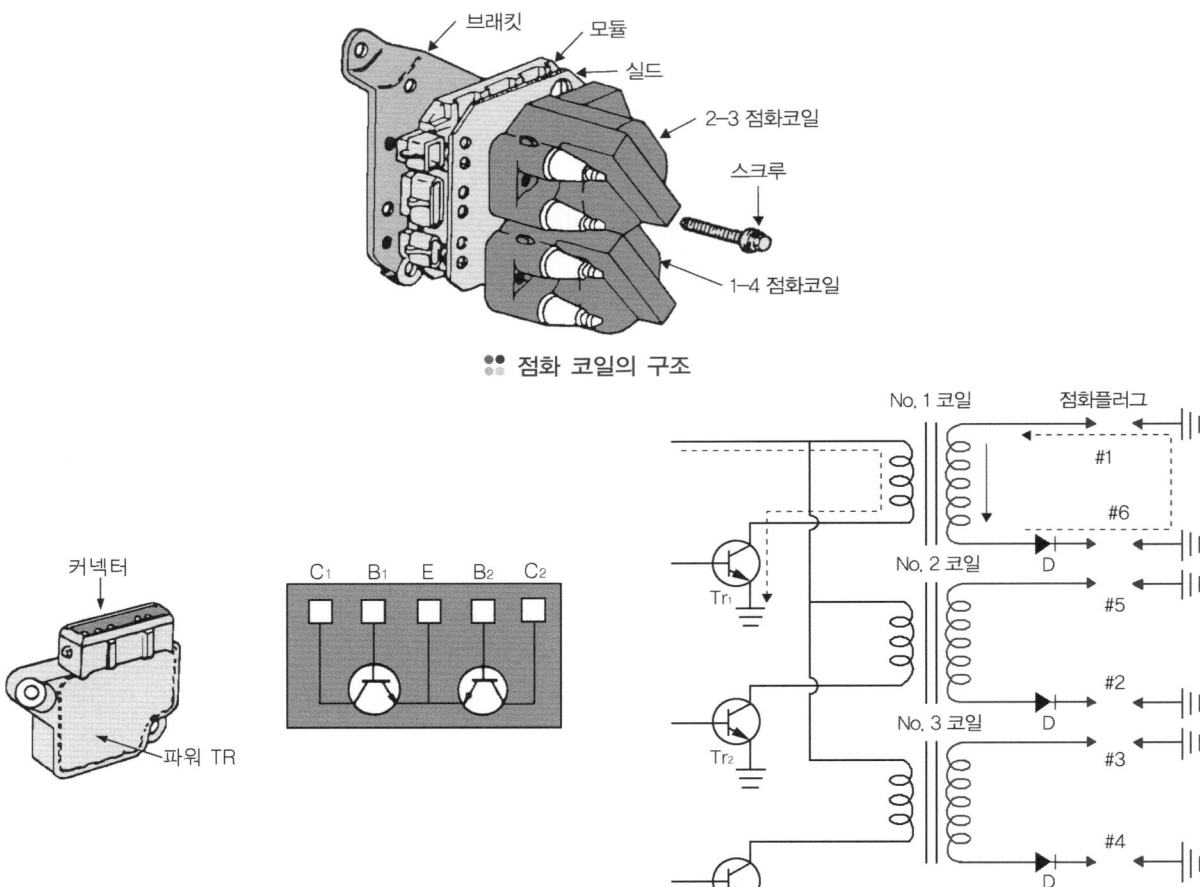

∷ 점화 코일의 구조

∷ 파워 트랜지스터의 기본 회로 및 점화 코일 회로

2 크랭크 축 위치 센서(CKPS)와 캠축 위치 센서(CMPS)

컴퓨터에서 분사할 실린더를 알아내는 방법으로 사용되는 센서가 크랭크축 위치 센서와 캠축 위치 센서이다. 이 두 개의 센서를 이용하여 엔진의 회전수와 피스톤의 위치 등을 정확히 알아내어 분사시기, 점화시기 등을 제어한다.

크랭크축 위치 센서(CKPS ; Crankshaft Position Sensor)는 마그네틱 방식의 센서를 사용하며, 변속기 하우징에 설치되어 댐퍼 플레이트 측에 결합된 톤 휠에 의해 현재의 피스톤 위치를 검출한다. 톤 휠은 크랭크축 360°에 58개의 슬롯과 2개의 빈 슬롯(총 60개)으로 구성되어 있으며, 톤

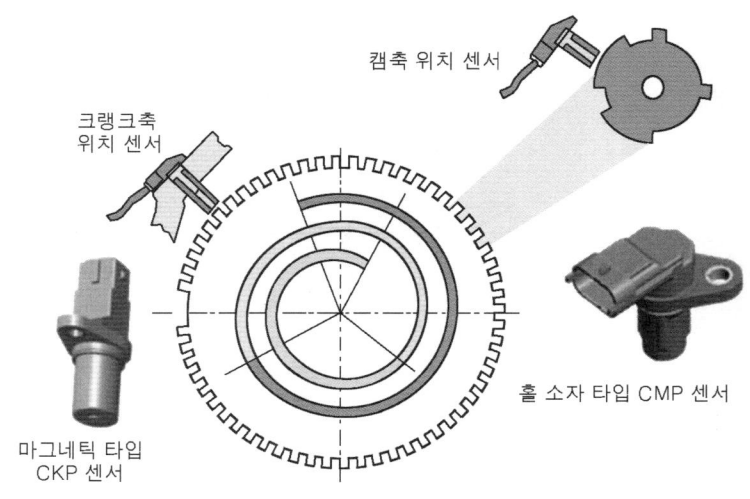

∷ 크랭크축 위치 센서와 캠축 위치 센서

휠이 센서의 코일에 교차하는 수에 따라 그리고 통과하는 시간에 따라 출력 전압이 변화된다.

캠축 위치 센서(Camshaft Position Sensor)는 홀 소자 방식의 센서를 사용하며, 흡배기 캠축 끝 부분에 설치되어 크랭크축 위치 센서와 함께 1번 실린더의 위치를 검출한다. 크랭크축 위치 센서는 1회전당 1회의 신호를 출력하는 반면에 캠축 위치 센서는 크랭크축 2회전당 1회의 신호를 출력한다.

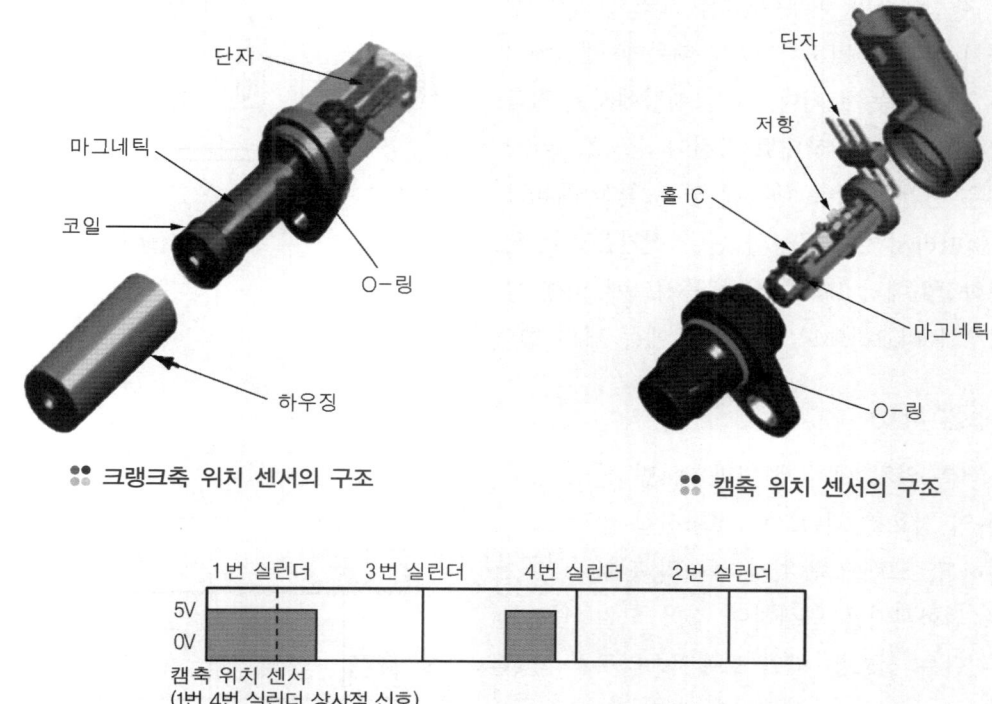

‧‧ 크랭크축 위치 센서의 구조   ‧‧ 캠축 위치 센서의 구조

‧‧ 크랭크 위치 센서와 캠축 위치 센서의 작동

🌸 3-4. DLI의 점화 시기 제어

DLI의 점화시기 제어는 엔진의 작동 상태를 검출하는 각종 센서로부터의 신호를 받은 컴퓨터는 컴퓨터 자체에 미리 설정된 데이터(data)와 비교한 후 최적의 점화시기 진각 값을 연산하여 2개의 파워 트랜지스터로 보내준다. 파워 트랜지스터의 스위칭 작용에 따라 2개의 점화 코일에 흐르는 1차 전류가 단속되며, 2차 코일에 유도된 높은 전압은 1(4)-3(2)-4(1)-2(3)점화 순서 순으로 배분되어 동시에 점화하게 된다(여기서, 괄호 속의 숫자는 동시에 점화되는 실린더이다.).

컴퓨터의 신호에 따라 파워 트랜지스터 Ⓐ가 통전(ON)이 되면 점화 코일 Ⓐ의 1차 코일에 전류가 흐르고, 파워 트랜지스터 Ⓐ에 전류 흐름이 차단되면 점화 코일 Ⓐ의 2차 코일에서 (+)와 (−) 양극성의 높은 전압이 유기된다. 이때 점화 코일에서 유기된 높은 전압은 2개의 단자를 통하여 제1번과 제4번 실린더로 공급되며, 제1번 실린더용에는 (−)극성의 높은 전압이, 제4번 실린더용에는 (+)극성의 높은 전압이 공급된다.

이에 따라 제1번 실린더가 압축 행정을 하면 제4번 실린더는 배기 행정을 하게 되고, 반대로 제4번 실린더가 압축 행정을 하면 제1번 실린더는 배기 행정을 함으로서 실질적인 점화는 2개의 실린더 중에서 1개 실린더의 압축 행정에서만 이루어진다. 그리고 압축 행정에서는 공기 분자의 밀도가 크기 때문에 엔진에서 필요로 하는 전압은 높게 되며, 배기 행정에서는 압축 행정에 비해 거의 무저항 상태로 방전이 되므로 2극성 대부분의 높은 전압이 압축 행정에 있는 점화 플러그로 공급된다. 따라서 이 2극성의 높은 전압은 예전의 일반적인 점화장치에서 1개의 점화 플러그에 의해 방전시키는 경우와 비교하여도 방전 전압에는 거의 변화가 없다.

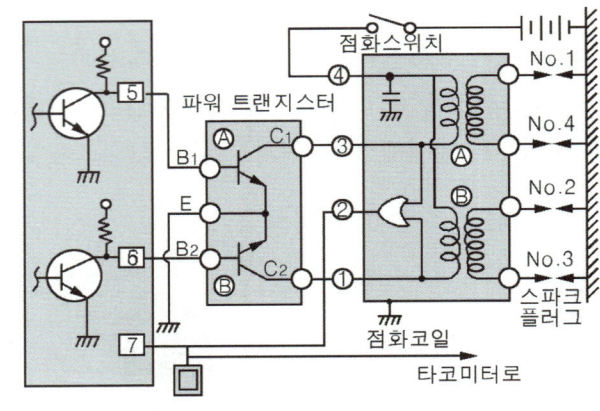

❖ DLI 점화 회로도

1 점화 배전 제어

컴퓨터는 캠축 위치 센서(제1번과 제4번 실린더 상사점)의 신호를 기준으로 점화시킬 실린더를 결정하고, 크랭크축 위치 센서의 신호를 기준으로 점화시기를 연산하여 점화 코일의 1차 전류 단속 신호를 파워 트랜지스터로 보낸다.

크랭크축 위치 센서의 High 신호가 컴퓨터에 입력되고, 캠축 위치 센서의 High(논리 1) 신호가 입력되면 컴퓨터는 제1번 실린더가 압축 행정임을 판단하여 파워 트랜지스터 Ⓐ에 흐르는 전류를 차단시켜 제1번 실린더와 제4번 실린더로 높은 전압이 공급되도록 한다. 또 크랭크축 위치 센서의 High 신호가 입력되고, 캠축 위치 센서의 Low(논리 0) 신호가 입력되면 제3번 실린더가 압축 행정(이때 제2번 실린더는 배기 행정)임을 판단하고 파워 트랜지스터 Ⓑ의 전류를 차단시켜 제3번 실린더와 제2번 실린더로 높은 전압이 공급되도록 한다. 이와 같이 컴퓨터는 크랭크축 위치 센서와 캠축 위치 센서의 신호에 따라서 파워 트랜지스터 Ⓐ와 Ⓑ를 번갈아 선택하면서 전류의 흐름을 차단시켜 점화 배전을 한다.

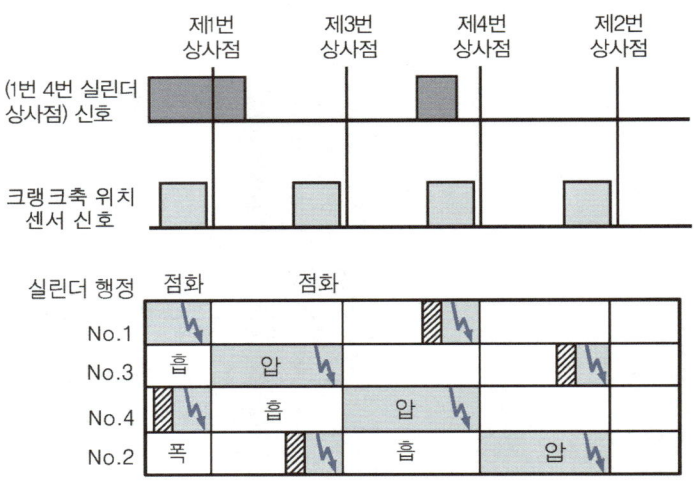

❖ 각 실린더의 점화 배전

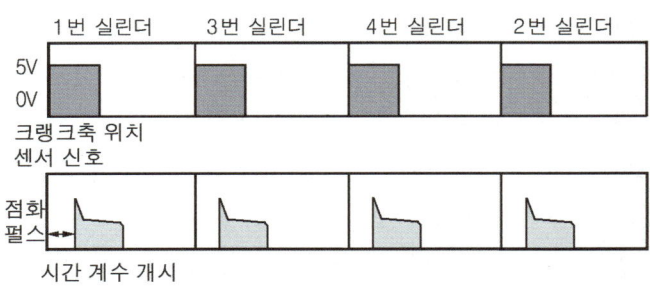

❖ 크랭크축 위치 센서의 점화시기 검출

2 점화시기 제어

엔진 컴퓨터에 기억된 점화시기 데이터는 일반적으로 운전 조건에 따라 시동할 때, 공전 운전, 주행할 때 등으로 구분되며, 실제점화 시기는 초기 점화시기에 각종 보정요소가 추가되어 결정된다.

> 점화시기=초기 점화시기 + 기본 점화 진각도 + 보정 진각도

점화 시기는 크랭크축 포지션 센서의 신호를 근거로 제어한다. 크랭크축 위치 센서의 파형을 분석해 보면 피스톤의 위치가 상사점 전(BTDC) 75°에서 출력 신호는 High에서 Low로 하강하고, 상사점 전 5°에서 출력신호가 Low에서 High로 상승한다.

이러한 크랭크축 위치 센서의 출력 신호를 기준으로 점화 코일에 공급되는 전류를 제어하며, 저속 운전영역에서는 크랭크축 회전 각도로 상사점 전 75°를 기준으로 제어하고, 고속 운전영역에서는 크랭크축 회전 각도로 상사점 전 125°를 기준으로 제어한다. 초기 점화시기는 엔진에 따라 조금씩 다르지만 일반적으로 상사점 전 5~10° 사이의 값이 되며, 다음과 같은 조건일 때 작동한다.

① 엔진을 크랭킹 할 때
② 점화시기 조정단자(EST 단자)를 접지 시킬 때
③ 공전스위치가 ON일 때
④ 백업(back up)기능이 작동할 때

그리고 점화 진각의 정도는 실제 점화시기를 산출하기 위한 기본이 되는 특정 값이며, 컴퓨터의 기억장치에 입력되어 있다. 최적의 점화시기 기본 값은 엔진의 회전속도와 흡입공기량으로 결정된다.

1) MBT Minimum spark advance for Best Torque

연소실 내에서 혼합가스의 점화시기가 너무 빠르면 엔진 내부에서 피스톤이 상사점에 도달하기 전에 연소하게 되어 출력의 손실과 심한 충격에 의해 엔진의 내구성을 저하시키며, 반대로 점화시기가 너무 늦으면 폭발 압력이 낮아져 역시 출력의 손실과 연료 소비량의 과다와 함께 배기가스의 온도를 높이기 때문에 배기계통의 열 손상을 준다. 따라서 적당한 시기에 점화가 될 수 있도록(최대 회전력이 발생할 수 있도록) 점화시기를 결정하게 되는데 이를 MBT(엔진에서 최대 회전력이 발생하는 점화시기)라 한다.

2) 공전 운전영역에서의 점화시기 보정

공전 운전영역에서의 점화 시기는 공전 운전영역의 정숙성을 고려하여 냉각수 온도 별로 기준 점화시기를 결정하는데 엔진이 난기운전이 되었을 때를 기준으로 우선 점화시기를 선택한다. 이 값은 진동 및 엔진 회전속도의 안정성이며, 그밖에 배기가스 배출량과 배기가스 온도 등을 고려하여 최적의 점화시기를 결정한다.

3) 유해 배기가스 감소를 위한 점화시기 보정

엔진을 시동할 때 유해 배기가스의 배출량을 감소시키기 위한 방법의 한 가지로 점화시기를 늦추면 배기가스의 온도가 높아진다. 이에 따라 촉매 컨버터와 산소 센서를 가열하는데 도움을 준다. 이것은 연소실에서 혼합가스가 폭발하면서 발생하는 운동 에너지가 열에너지로 변화되는 것으로 일반적인 공전 운전영역에서 점화시기를 10° 늦추면 배기가스 온도가 40~60℃ 정도 높아진다.

늦어진 점화시기 때문에 출력의 손실이 매우 커 가속성능이 불량해지므로 냉각수 온도를 20~40℃ 영역에서만 사용하며, 점화시기를 늦추는 양은 냉각수 온도와 엔진으로 흡입되는 공기량 별로 다르게 제어한다.

4) 운전성능의 향상을 위한 점화시기 보정

엔진을 가속할 때 급격한 회전력의 변화에 의하여 충격이 올 수 있으며, 감속할 때 연료의 공급을 차단하는 경우에는 급격한 회전력의 감소에 의하여 역시 충격이 발생한다. 이러한 운전을 할 때 승차감을 향상시키기 위하여 점화시기를 제어하는데 연료의 보정과 공전속도 조절(ISC) 서보의 보정을 함께 조합하여 가장 좋은 느낌을 주는 값으로 입력시킨다.

따라서 점화시기 제어는 변속기어의 단수, 냉각수 온도, 주행속도, 액셀러레이터 페달을 밟는 양, 액셀러레이터 페달을 밟는 속도, 엔진의 회전속도, 흡입 공기량 별로 제어하는 방법과 제어량이 달라진다.

5) 흡입 공기의 온도에 따른 점화시기 보정

흡입 공기의 온도에 따른 점화시기 보정은 연소실에서 화염전파가 다르게 되는 것에 대한 보정이다. 즉 흡입 공기의 온도가 높으면 점화할 때 연소속도가 빨라져 점화시기를 빠르게 한 효과가 나오므로 높은 온도에서만 사용한다. 흡입 공기의 온도가 80℃일 때 점화시기를 3~5°, 100℃일 때에는 5~7° 정도 점화시기를 늦춘다.

6) 냉각수 온도에 따른 점화시기 보정

냉각수 온도에 따른 점화시기의 보정은 흡입 공기의 온도 보정과 반대의 개념으로 생각할 수 있다. 즉 냉각수 온도가 너무 낮으면 엔진이 냉각된 상태이므로 연소할 때 온도가 낮아 화연전파의 속도가 늦어진다. 따라서 늦어지는 만큼 점화시기를 빠르게 하는 보정으로 대부분 낮은 온도(20℃ 이하)에서 사용하는데 0℃에서 약 2~4°이며, −20℃에서는 4~6° 정도 점화시기를 빠르게 한다.

7) 자동변속 auto shift 을 할 때의 점화시기 보정

자동변속기의 내구성능을 높이고 변속의 충격을 줄이기 위하여 자동변속기의 기어를 변속할 때 자동변속기 컴퓨터(TCU, Transmission Control Unit)의 회전력 감소요구가 입력되면 점화시기를 보정한다. 보정방법은 가속할 때의 보정과 같으나 사용되는 보정 값은 다르다. 대부분 엔진 컴퓨터(ECU)에서 항상 자동변속기 컴퓨터로 현재 얼마만큼의 회전력이 발생하고 있는지의 신호를 보내준다. 이에 따라 자동변속기 컴퓨터는 변속을 하기 전에 엔진의 회전력을 검출하고, 얼마의 회전력을 감소하라고 요청하면 엔진 컴퓨터는 감소할 회전력 별로 입력된 점화시기를 늦춘다.

8) 엔진을 시동할 때 점화시기 보정

엔진을 시동할 때 가장 빨리 시동이 되는 점화시기를 사용하는 것으로 냉각수의 온도에 따라 입력할 수 있도록 되어 있다. 점화 스위치를 St위치로 하여 크랭크축 포지션 센서의 신호가 발생하기 시작하면 시동으로 판정하여 입력된 점화시기 값이 사용된다. 그러다가 어느 기준 회전속도(일반적으로 500rpm)에 도달하면 시동이 끝난 것으로 판정하여 일정한 값으로 증가시켜 공전 운전영역의 기준 점화시기에 도달하도록 한다. 이 값에 도달하면 시동영역이 완전히 끝난 것으로 판정하고 공전 운전영역의 보정을 하며, 액셀러레이터 페달을 밟으면 가속 보정의 점화시기 값이 사용되어 MBT가 적용된다.

3 점화시기 진각 제어

컴퓨터에는 1실린더 1사이클 당의 흡입 공기량과 엔진 회전속도에 대응한 최적의 기본 점화시기 진각 값이 기억되어 있으며, 각 센서에서의 입력 신호에 따라서 이 기본 점화시기 진각 값은 추가로 보정이 이루어진다. 또 엔진을 시동할 때 및 점화시기 조정에는 이미 설정해 놓은 점화시기로 고정된다.

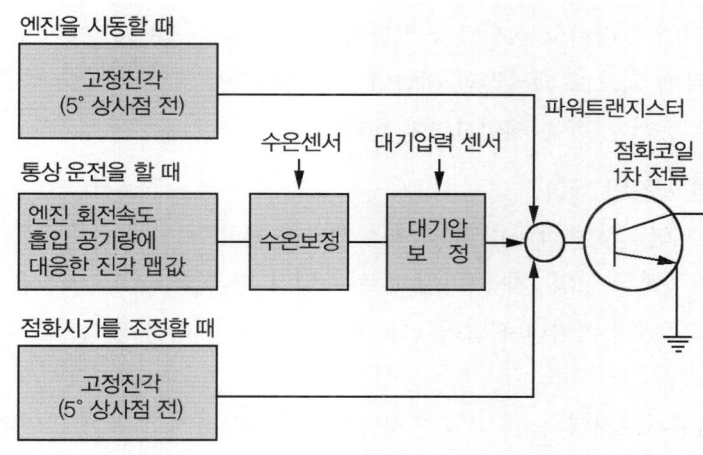

점화시기 진각 제어

① 정상 작동에서의 점화 진각
- 기본 점화시기 진각 : 이 때는 1실린더 1사이클 당의 흡입 공기량과 엔진의 회전속도에 따라 이미 설정해 놓은 map값이 기본 점화시기의 진각량이 된다. 여기서 map값이란 컴퓨터 내에 있는 ROM (Read Only Memory)에 저장되어 있는 예정 값을 말한다.
- 엔진의 온도 보정 : 이 때는 냉각수온 센서의 신호에 따라 엔진의 냉각수 온도가 낮을 때에는 점화시기를 일정량 진각시켜 운전 성능을 향상시킨다.
- 대기 압력 보정 : 이 때는 대기 압력 센서의 신호에 따라서 대기 압력이 낮을 때에는 점화시기를 일정량 진각시켜 높은 지대에서의 운전 성능을 안정시킨다.

② 엔진을 크랭킹할 때의 점화 진각

엔진을 크랭킹 중일 때에는 크랭크축 위치 센서의 신호에 동기하여 고정 점화시기(상사점 전 5°)가 형성된다.

③ 점화시기를 조정할 때의 제어

이때는 크랭크축 위치 센서의 조정용 단자를 접지시키면 크랭크축 위치 센서의 신호에 동기 한 점화시기(상사점 전 5°)가 형성된다. 점화시기를 조정할 필요성이 있을 때에는 크랭크축 위치 센서의 고정너트를 풀로 좌우로 회전시켜 조정하며, 크랭크축 위치 센서의 신호를 기본 점화시기와 일치하도록 조정하여야 한다. 그러나 엔진의 회전속도가 1,200rpm 이상일 때에는 정상운전을 할 때와 동일한 진각을 하므로 점화시기를 조정해서는 안 된다.

4 통전 시간 제어

통전 시간의 제어는 파워 트랜지스터의 통전에 의한다. 점화 1차 코일에 흐르는 전류 시간의 제어는 점화 코일에 1차 전류가 흐르면 전류의 변화를 방해하는 방향으로 역기전력이 발생하므로(인덕턴스가 발생함) 파워 트랜지스터가 통전이 되어도 곧바로 전류가 흐르지 않기 때문에 어느 정도의 시간을 두고 일정 전류까지 상승한다. 이에 따라 엔진을 저속 운전영역으로 작동시킬 때에는 점화 1차 코일에 흐르는 전류의 통전 시간이 충분하지만, 고속 운전영역(약 6,000rpm)에서는 저속 운전영역의 작동에 비하여 약 60% 정도의 전류가 저하되기 때문에 고속 운전영역에서 안정된 점화 2차 전압을 얻기 위해 파워 트랜지스터의 통전 시간을 제어하여야 한다. 그리고 배터리의 전압 차이에 따라서도 점화 1차 코일에 일정 전류까지 상승하는 시간이 다르게 되므로 배터리의 전압이 높고 낮음에 따라서도 점화 1차 전류의 통전 시간을 제어하여야 한다.

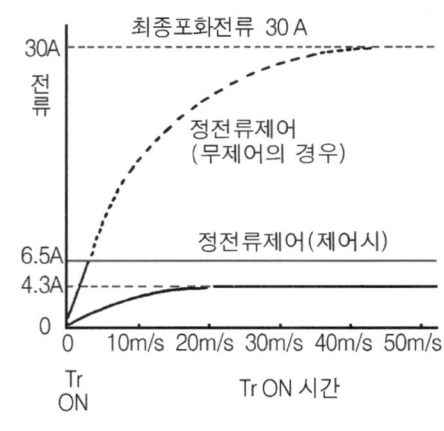

통전 시간과 1차 전류

① 정상 작동에서 통전 시간의 제어
- 기본 통전 시간의 제어 : 정상 작동을 할 때에는 배터리 전압의 변화에 따라서 점화 코일의 1차 코일에 흐르는 일정 전류(약 6A)의 시간을 제어한다. 즉, 1차 전류가 일정하도록 하기 위해 배터리 전압이 높을 때에는 통전 시간을 단축시켜 기본 통전 시간을 제어한다.
- 폐로율 제어 : DLI에서 2개의 점화 코일을 사용한 경우에는 1개의 점화 코일을 사용한 방식에 비해 2배의 폐로율을 설정할 수 있기 때문에 고속 운전영역에서도 충분한 통전 시간을 확보할 수 있어 고속 운전영역에서 안정된 점화 에너지를 확보할 수 있다.

② 엔진을 크랭킹할 때 통전 시간의 제어
엔진을 크랭킹 할 때에는 크랭크축 위치 센서의 신호에 동기하여 점화 코일의 통전 시간을 제어한다.

4 점화장치의 성능

점화장치의 목적은 점화 플러그에서 가장 적절한 시기에 정확히 전기 불꽃을 발생시켜 혼합기에 화염 핵을 형성하는 것이다. 특히 최근에는 배기가스 정화장치의 채택으로 모든 운전 조건에서 실화가 없이 확실하게 연소시킬 수 있는 성능이 요구되고 있다. 이에 따라 점화장치의 2차 전압은 저속 운전영역에서 고속 운전영역까지 높은 값을 유지하고 점화 플러그에서 방출되는 불꽃 에너지는 보다 큰 값이 요구된다. 여기서는 주로 점화장치에서 고압회로의 작동을 중심으로 하여 점화 성능에 영향을 주는 조건에 대하여 설명하기로 한다.

4-1. 점화 불꽃 전압

점화 코일의 2차 쪽에서 발생하는 전압이 상승하는 도중에 불꽃 전압(방전시작 전압)에 도달하면 점화 플러그 전극 사이에서 불꽃 방전이 발생한다. 이 불꽃 전압은 전극에서 불꽃이 발생하기 쉬운 조건일 경우에는 낮으며, 불꽃을 발생하기 어려운 조건일 때에는 높아진다.

점화 코일에서 발생하여 얻는 전압에는 한계가 있기 때문에 모든 운전 조건에서 실화가 없는 확실한 점화를 실현하기 위해서 불꽃 전압은 낮은 쪽이 바람직하다. 불꽃 전압의 크기에 영향을 주는 요소에는 점화 플러그 전극의 형상, 극성, 전극의 간극, 전극 주위의 혼합기의 압력, 전극 및 혼합기의 온도, 혼합비, 습도, 가스의 유동 등이 있으나 이 중 특히 점화 플러그 전극의 간극, 혼합기의 압력 및 온도의 영향이 가장 크다.

1 점화 플러그 전극의 형상 및 간극의 영향

다음 그림은 대기 압력에서의 점화 플러그의 전극 간극과 불꽃 전압의 관계이며, 전극의 간극에 비례하여 불꽃 전압이 높아지는 것을 나타낸 것으로 간극이 똑같은 상태에서 ⓐ와 같이 전극의 끝 부분이 둥근 경우에는 방전이 어려우며, ⓑ와 같이 전극이 뾰족하거나 각이 있는 경우에는 방전하기가 쉽다. 이에 따라 실제의 점화 플러그에 있어서도 전극의 단면에 각이 있는 신품의 점화 플러그에서는 방전하기 쉬우나 연속적인 방전에 의해서 서서히 전극이 마멸되어 둥근 형상을 띄게 되면 방전이 어려워져 불꽃 전압이 상승하게 된다.

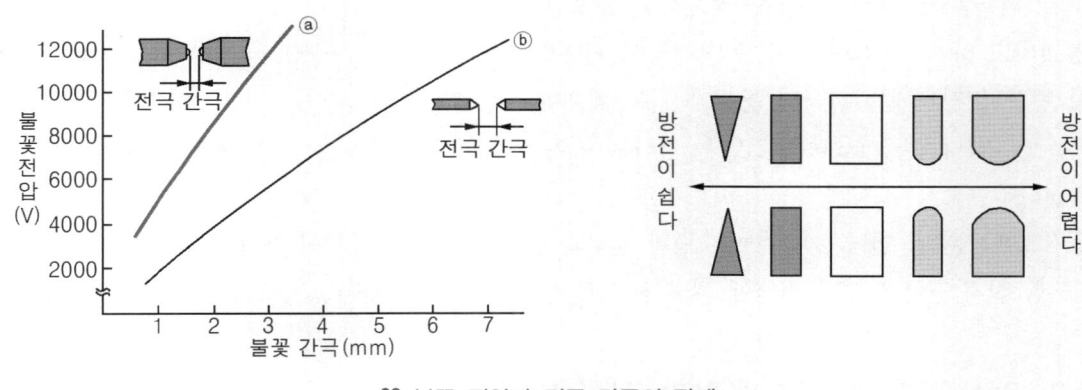

불꽃 전압과 전극 간극의 관계

2 혼합기의 압력과 온도의 영향

아래 그림은 전극 주위의 혼합기의 압력과 불꽃 전압의 관계를 나타낸 것으로 혼합기의 압력이 상승하면 불꽃 전압이 높아진다. 또 동일한 압력일지라도 혼합기의 온도가 높으면 불꽃 전압은 낮아진다. 아래 오른쪽 그림은 전극의 온도와 불꽃 전압과의 관계이며, 전극의 온도가 높아지면 전극의 표면에서 전자가 방전되기 쉬우므로 불꽃 전압은 급격히 낮아진다.

점화 플러그 전극의 간극은 일반적으로 0.7~1.1mm 정도이며, 대기 압력 중에서는 2~3kV 정도로 방전되지만 실린더 헤드에 부착되었을 때에는 혼합기의 압축에 의해 전극 주위의 혼합기 압력은 약 $10kgf/cm^2$ 정도가 되기 때문에 불꽃 전압은 10kV 이상으로 높아진다. 실린더 내에 흡입된 상온의 혼합기가 압축되면 200℃ 이상으로 되며, 또 엔진이 작동 상태로 들어가면 점화 플러그 전극의 온도는 500℃ 이상이 되므로 그 분량만큼 불꽃 전압은 낮아져 10kV 전후에서 방전되는 경우가 많다.

따라서 한랭한 상태에서 엔진을 시동할 때와 같이 온도가 낮을 경우에는 불꽃 전압은 상승하게 된다. 또 엔진을 가속할 때에는 흡입 효율이 상승하고 혼합기의 압축 압력이 높아지므로 불꽃 전압은 일시적으로 상승한다.

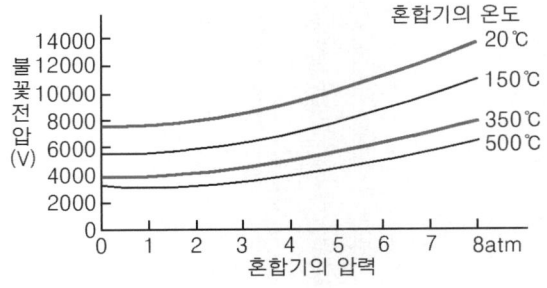

불꽃 전압과 혼합기 압력의 관계

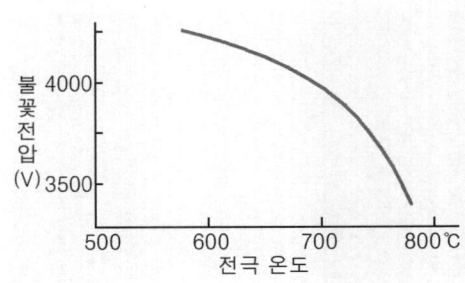

불꽃 전압과 전극의 온도 관계

3 그 밖의 영향

혼합기 중에는 공기의 경우보다 불꽃 전압은 다소 낮아지지만 혼합기가 희박할수록 불꽃 전압이 높아지는 경향이 있다. 또 습도가 높으면 점화 플러그 전극의 온도가 낮아지므로 불꽃 전압은 약간 높아진다.

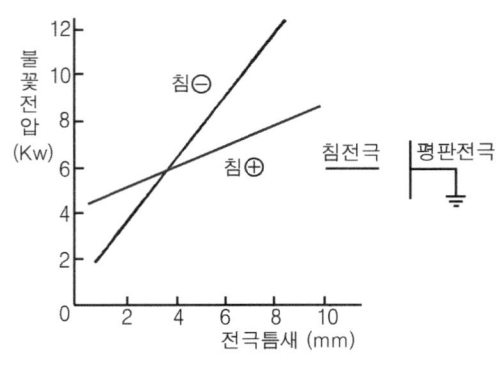

점화 플러그 전극의 형상이 다를 경우 그 극성 즉 어느 쪽의 전극을 (+)로 하는가에 따라 불꽃 전압에 차이가 발생한다. 이것을 **극성 효과**라고 하며, 그림과 같이 중심 전극이 원통형이고 접지 전극이 평판일 경우에는 전극의 틈새가 적은 범위에서는 중심 전극에 (-), 접지 전극에 (+)의 전압을 가하는 쪽이 불꽃 발생이 쉬워진다.

★★ 불꽃 전압과 극성

점화 플러그에서는 침 전극과 마주보는 평판 전극과 같은 극단적인 형상의 차이는 없지만 중심 전극이 그림의 침 전극에, 접지 전극은 평판 전극에 해당하며 또 전극 온도의 면에서 그 구조상 중심 전극이 고온이 된다.

🌸 4-2. 2차 회로의 정전 용량과 절연 저항

점화 장치의 2차 회로에는 정전 용량이 분포되어 있다. 이것은 점화 2차 코일, 파워 트랜지스터, 고압 케이블, 점화 플러그와 접지 쪽 금속과의 사이에 형성되는 부유 용량이며, 일반적인 점화 장치의 경우에는 수십 pF 정도이다. 이 정전 용량의 값이 크면 2차 코일에서 발생하는 전압이 저하한다. 그림은 2차 회로의 정전 용량과 2차 전압과의 간계를 나타낸 것이며, 점화 코일이나 점화 플러그의 정전 용량은 그 구조로 결정이 되지만 고압 케이블의 경우에는 길이나 배선의 방법에 따라 다르며, 케이블이 긴 경우나 엔진이나 차체의 금속 부분에 근접할수록 정전 용량은 커진다.

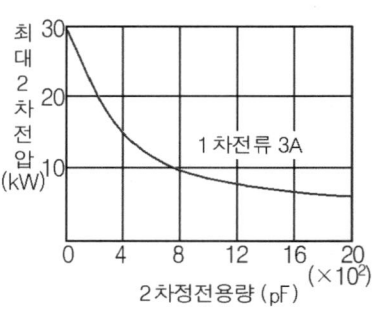

★★ 2차 정전 용량과 2차 전압

따라서 2차 전압의 저하를 낮추는 방법으로는 점화 코일, 배전기, 점화 플러그를 가능한 한 가까운 거리에 설치하고 고압 케이블은 금속 접지 부분에서 떼어놓고 인접한 케이블은 다발로 묶지 않고 배선하는 것이 바람직하다. 그리고 2차 회로의 절연성이 저하하여 절연(누설)저항이 감소하면 누전으로 인한 2차 전압은 낮아진다. 특히 점화 플러그의 절연체 표면이 오손되고 카본 등이 부착되면 절연 저항이 감소하므로 2차 전류의 누전으로 인한 2차 전압이 저하되어 실화의 원인이 된다. 2차 전압의 저하는 점화 코일의 사양에 따라 다르지만 2차 전압의 승압이 빠른 컴퓨터 제어 점화식은 감쇠가 적고 누전에 의한 실화가 적다.

11 충전장치

학/습/목/표

1. 충전 장치의 필요성에 대해서 설명할 수 있다.
2. 단상 교류와 3상 교류에 대하여 설명할 수 있다.
3. AC(교류) 발전기의 특징에 대하여 설명할 수 있다.
4. AC 발전기의 구성 부품의 작동에 대하여 설명할 수 있다.
5. IC 발전기 조정기의 작동에 대하여 설명할 수 있다.
6. 브러시리스 교류 발전기의 특징에 대하여 설명할 수 있다.

1 충전 장치의 개요

자동차에 부착된 모든 전장 부품은 발전기나 배터리로부터 전력을 공급받아서 작동한다. 그러나 배터리는 방전량에 제한이 따르고, 엔진 시동을 위해 항상 완전 충전 상태를 유지하여야 한다.

충전 장치는 그림에 나타낸 것과 같이 엔진의 크랭크축에 의하여 구동되는 발전기, 발생 전압을 규정된 상태로 조정하기 위한 발전기 조정기, 배터리의 충방전 상태를 표시하는 전류계(또는 충전 경고등) 등으로 구성되어 있다.

자동차에 사용되는 발전기에는 직류(DC) 발전기와 교류(AC) 발전기의 2종류가 있으나 어느 방식을 사용하더라도 자동차용 충전 장치는 배터리를 충전하기 위하여 반드시 직류로 출력되는 것이어야 한다. 즉, 직류 발전기는 전기자 코일에서 발생한 교류를 정류자와 브러시에 의하여 직류로 정류되어 출력을 얻는 방식이고, 교류 발전기는 스테이터 코일에서 교류 출력을 얻으며, 이 교류를 실리콘 다이오드에 의하여 정류시켜 직류로 출력하도록 한 것이다.

교류 발전기

발전기 조정기

∷ 충전 장치의 구성

2 단상 교류와 3상 교류

2-1. 단상 교류 single-phase Alternating Current

1 단상 교류의 발생

그림은 자석이 1회전하였을 때 도체에 발생되는 기전력의 크기와 방향을 표시한 것이다. 이와 같이 기전력을 발생하는 도체가 1조의 코일로 구성된 것을 단상 교류(single phase AC)라 하며, 이 형식의 발전기를 단상 교류 발전기라고 한다. 자계 내에서 도체를 회전시켜 전류를 발생시킨다.

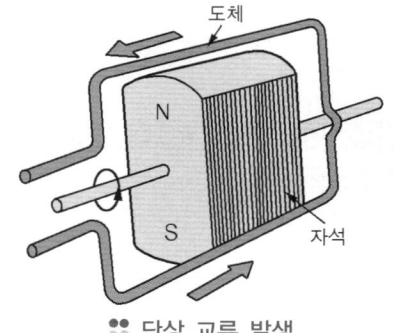

:: 단상 교류 발생

2 회전수와 주파수와의 관계

그림에 나타낸 것과 같이 a에서 a'까지의 기전력 변화를 1사이클이라고 하며, 이 변화를 1초 동안에 반복하는 회수를 주파수라고 한다. [단상 교류 발생]의 그림에서 자석이 1초 동안에 1회전한다고 하면 발생하는 주파수는 1사이클이 된다.

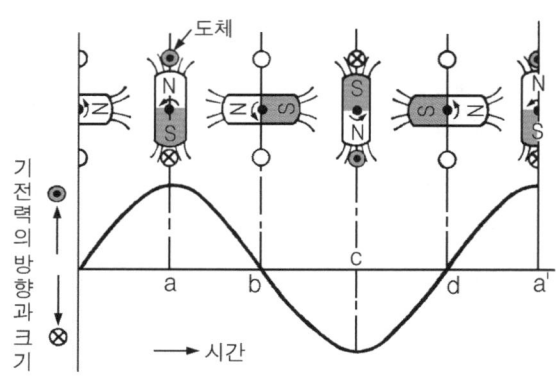

:: 단상 교류의 기전력

그림에서 자석이 2극이지만 4극의 자석을 사용하였을 경우에는 1/2회전마다 같은 변화가 반복되므로 자석의 1회전에 대하여 2사이클의 변화를 하게 된다. 이에 따라 자석의 자극수가 증가할수록 또는 회전속도가 커질수록 발생되는 주파수가 증가하는 것을 알 수 있다. 이것을 관계식으로 나타내면 다음과 같다.

[주파수] ∝ [자극수] × [회전속도]

$$f = \frac{\frac{P}{2} \times N}{60} = \frac{N \times P}{120}$$

f : 주파수(cycle/sec), P : 자극의 수, N : 회전속도(rpm)

2-2. 3상 교류 three-phase Alternating Current

1 3상 교류의 개요

자동차용 발전기는 처음에는 단상 교류 발전기를 사용하였으며, 정류자와 브러시에 의해 직류로 정류하여 사용하였으나 최근에는 높은 성능의 실리콘 다이오드가 개발되어 3상 교류 발전기를 사용하고 있다. 3상 교류 발전기란 단상 교류 발전기를 3개 조합한 것이며, 이것은 단상 교류 발전기보다 저속 회전에서도 발생 전압이 높으므로 배터리를 확실하게 충전할 수 있고 또 고속 회전에서는 매우 안정된 성능을 발휘한다.

2 3상 교류의 발생

[3상 코일의 배치도] 그림에 나타낸 것과 같이 A-A', B-B', C-C'로 된 권수가 같은 3조의 코일을 120°간격으로 철심에 감은 후 자석 NS를 일정한 속도로 회전시키면 [3상 교류 전압]그림에 나타낸 것과 같이 3상 교류 전압이 발생한다. B코일에는 A코일보다 120° 늦게 전압의 변화가 발생하고, C코일에는 B코일보다 120° 늦은 전압의 변화가 발생한다. 이와 같이 A, B, C 3조의 코일에서 발생하는 교류 파형을 **3상 교류**라고 한다.

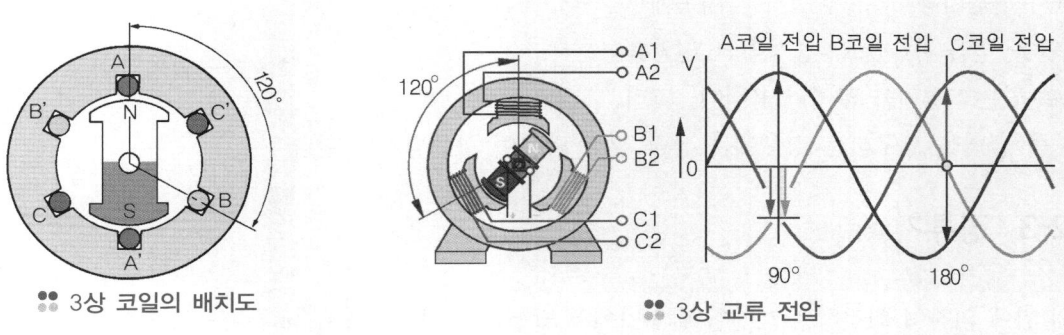

❖ 3상 코일의 배치도   ❖ 3상 교류 전압

3 3상 코일의 결선 방법

실용화 되어있는 3상 교류 발전기에는 3쌍의 코일을 [3상 코일의 결선 방법] 그림과 같이 접속한다. 그림(a)는 코일의 한쪽 끝 A, B, C를 각각 외부 단자로 하고, 다른 한쪽 끝을 한 곳에 묶어 놓은 **Y결선**(또는 스타 결선 ; star connection)방식이며, 그림(b)는 코일의 각 끝과 시작점을 서로 묶어서 각각의 접속점을 외부 단자로 한 **삼각 결선**(또는 델타 결선 ; delta connection)방식이다.

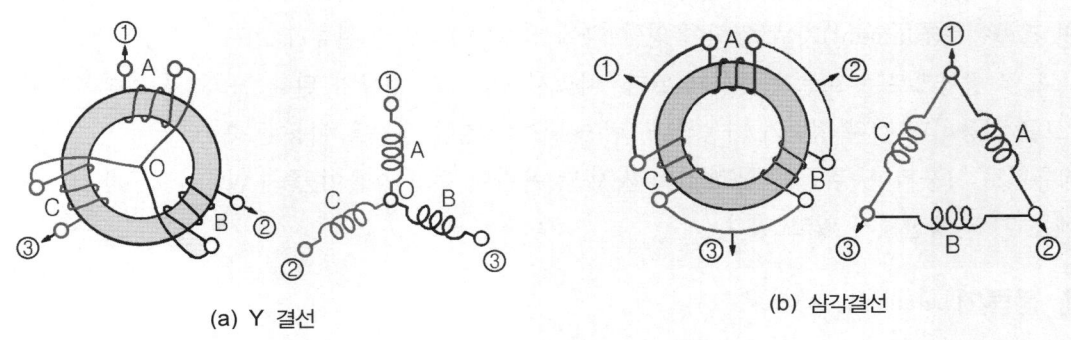

(a) Y 결선   (b) 삼각결선

❖ 3상 코일의 결선 방법

여기서, 각 코일에 발생하는 전압을 **상전압**(phase voltage), 전류를 **상전류**(phase current)라고 하며, 외부 단자 사이의 전압을 **선간 전압**, 외부 단자에 흐르는 전류를 **선간 전류**라고 하며 Y결선과 삼각 결선에서는 각각 다음과 같은 관계가 있다.

- Y결선의 경우 $E_l = \sqrt{3} \times E_p,\ I_l = I_p$
- 삼각 결선의 경우 $E_l = E_p,\ I_l = \sqrt{3} \times I_p,\ E_l = E_p,\ I_l = \sqrt{3} \times I_p$

여기서, E_l : 선간 전압, E_p : 상전압, I_l : 선간 전류, I_p : 상전류

Y 결선의 경우 선간 전압은 상전압의 $\sqrt{3}$ 배이고 삼각 결선의 경우에는 선간 전류는 상전류의 $\sqrt{3}$ 이다. 그러므로 같은 크기의 발전기에서 코일의 권수가 같으면 Y결선 방식이 삼각 결선 방식보다 높은 기전력을 얻을 수 있다. 따라서 자동차용 교류 발전기는 저속에서 높은 전압을 얻을 수 있고, 중성점의 전압을 이용할 수 있는 Y결선을 많이 사용한다. 그러

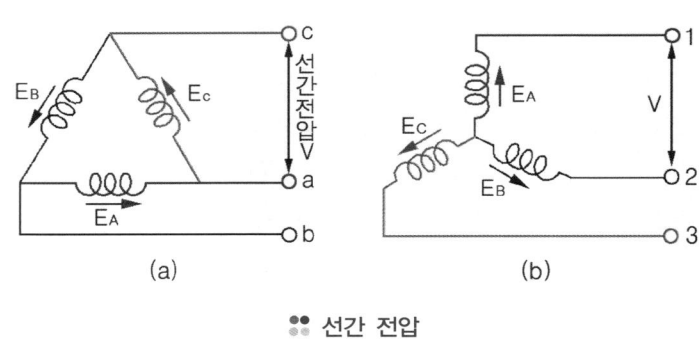

(a)　　　　　　　(b)

:: 선간 전압

나 일부 큰 출력을 요구하는 경우에는 삼각 결선 방식이 사용되기도 한다.

🌸 2-3. 정류기 Rectifier

기계의 힘에 의하여 회전하는 회전형 발전기에서 발생하는 전류는 모두 교류이므로 자동차용 전원으로 하려면 직류로 바꾸어야 한다. 즉 교류를 한 쪽 방향의 흐름(직류)으로 바꾸는 것을 **정류**라고 하며, 정류하는 기구를 **정류기**라고 한다. 정류기에는 광석, 금속, 반도체, 진공관 등이 있으며, 목적에 따라 알맞게 선택되어 사용한다. 자동차용 정류기에는 교류 발전기용으로서 반도체인 실리콘 다이오드, 전압 조정기용으로서의 게르마늄 다이오드 등이 있고, 배터리 충전기용으로는 진공관인 텅거 벌브 정류기, 셀렌 정류기, 실리콘 정류기 등이 있다.

1 텅거 벌브 정류기 tungar bulb rectifier

이 정류기는 그림에 나타낸 것과 같은 구조로 되어 있으며 양쪽 극 사이에 교류를 가하면 필라멘트(filament)가 발열되어 양(+)극에서 음(−)극으로 전류가 흐르게 되나, 그 역 방향으로는 흐르지 못하게 된다. 따라서 반파(1/2)정류가 된다. 또 2개의 벌브를 사용하면 전파 정류가 가능하다. 텅거 벌브의 정류 성능을 이용한 충전기용 정류기로 사용되며, 취급이 쉽고 값이 싸지만, 용량이 적고 효율이 좋지 않아 최근에는 거의 생산되지 않고 있다.

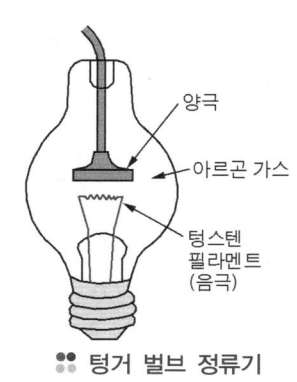

양극
아르곤 가스
텅스텐 필라멘트 (음극)

:: 텅거 벌브 정류기

2 셀렌 정류기 selenium rectifier

철 또는 니켈판 위에 셀렌을 녹여 붙여 금속성의 셀렌 막을 형성하면 그림과 같이 철에서 셀렌 막의 방향으로는 전류가 흐르지만 그 반대 방향에서는 전류가 흐르지 않는 성질을 이용한 것이다. 이 성질을 이용하여 사용 전압과 전류에 따라 셀렌 판의 매수와 크기를 결정한 다음 알맞게 겹쳐서 만든 것이 셀렌 정류기이다.

3 실리콘 다이오드 silicon diode

실리콘 다이오드는 통전 방향에서는 1V이하의 낮은 전압으로도 전류가 흐르지만 그 역 방향으로는 전류가 흐르지 않는 성질이 있다. 그림에 나타낸 것과 같이 통전 방향에 따라 2종류가 있으므로 결선이나 통전 시험을 할 때 혼돈하지 않도록 주의하여야 한다. 실리콘 다이오드의 정류 작용은 반도체 편에 상세히 다루었으니 참조하기 바란다.

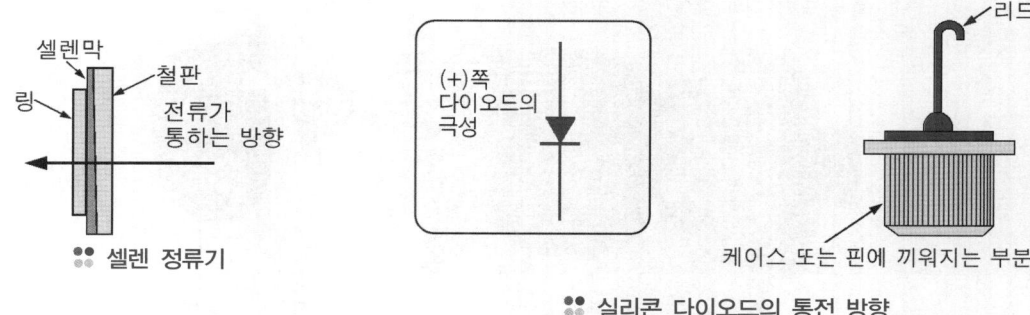

:: 셀렌 정류기

:: 실리콘 다이오드의 통전 방향

3 교류 발전기 Alternat Current Generator

3-1. 교류 발전기의 개요

교류 발전기는 3상 교류 발전기이며, 정류용의 실리콘 다이오드에 의해 직류로 출력을 얻는 방식이다. 고속 및 내구성이 우수하고 저속 충전 성능이 양호하기 때문에 자동차용 충전 장치로 널리 사용되고 있다. 이 발전기도 엔진의 크랭크축 풀리에서 구동 벨트에 의해 구동되며, 그 특징은 다음과 같다.

① 소형·경량이며, 저속에서도 충전이 가능한 출력 전압이 발생된다.
② 회전 부분에 정류자를 두지 않으므로 허용 회전속도 한계가 높다.
③ 실리콘 다이오드로 정류하므로 전기적 용량이 크다.
④ 브러시 수명이 길다.
⑤ 전압 조정기만이 필요하다.

스테이터   로터   정류기 및 전압 조절 IC

:: 교류 발전기의 구성

🌸 3-2. 교류 발전기 구조 및 작용

교류 발전기는 고정 부분인 스테이터(stator), 회전하는 부분인 로터(rotor) 및 로터의 양끝을 지지하는 엔드 프레임(end flame) 등으로 구성되어 있다. 스테이터에 고정된 스테이터 코일은 발전기의 출력 전류를 발생시킨다. 로터와 로터 코일은 스테이터 내에서 회전하여 스테이터 코일에 기전력을 유기시킨다.

:: 교류 발전기의 구조

스테이터 코일에서 발생한 교류는 엔드 프레임에 설치되어 있는 실리콘 다이오드(정류기)에 의해 직류로 정류된 다음 외부로 공급된다. 브러시는 출력 전류를 외부로 공급하기 위한 것이 아니고 배터리에서 로터 코일에 전류를 공급하여 로터 코일을 여자하기 위한 것이다. 실리콘 다이오드는 스테이터 코일에서 발생된 교류 전류를 정류할 뿐만 아니라 배터리에서 발전기로의 역류를 방지하는 역할을 한다. 따라서 직류 발전기에서와 같이 컷 아웃 릴레이를 필요로 하지 않는다. 또 배터리의 단자 전압보다 발전기의 발생 전압이 높아지면 자동적으로 배터리의 충전이 시작된다. 교류 발전기는 회전속도에 대하여 최대 출력 전류가 억제되도록 설계할 수 있으므로 전류 제한기를 필요로 하지 않는다.

교류 발전기는 직류 발전기와 같이 계자 철심의 잔류 자기만으로는 발전이 어렵기 때문에 타려자를 하여야 한다. 그 이유는 실리콘 다이오드의 사용에 있다. 즉 실리콘 다이오드에 인가되는 전압이 매우 낮을 때에는 큰 저항비를 나타내므로 발전기의 회전속도가 크지 않으면 전류가 흐르지 않기 때문이다.

> **→ 교류 발전기에서 전류 제한기가 필요 없는 이유**
> 교류 발전기에서 전류 제한기(전류 조정기)가 필요 없는 이유는 스테이터 코일에는 회전속도가 증가됨에 따라 교류의 주파수가 높아져 전기가 잘 통하지 않는 성질이 있어 전류가 증가하는 것을 제한할 수 있기 때문이다.

1 스테이터 Stator

스테이터는 그림에 나타낸 것과 같이 성층한 철심에 독립된 3개의 코일이 감겨져 있고 이 코일에서 3상 교류가 유기 된다. 스테이터 철심은 철손(철심 주위에 자속의 크기가 변화하는 경우가 많기 때문에 히스테리 손실과 맴돌이 전류 손실이 발생하는 현상)을 감소시키기 위하여 얇은 규소 강판을 몇 장 겹쳐서 고정한 것으로 그 안쪽에 스테이터 코일을 설치하기 위해 몇 개의 슬롯이 절단되어 있으며, 작동 중에는 로터의 자극에서 나온 자속의 통로가 된다. 스테이터 코일은 절연 피복의 구리선을 오른쪽 그림에 나타낸 것과 같이 슬롯에 감아 넣고 이것을 차례차례로 접속한 것을 1조로 한다. 그리고 코일 피치는 자극 간극(폴 피치)으로 동일하게 되어 있다. 이와 같은 코일 군(群)을 서로 120°(자극 간격의 ⅔)씩 겹쳐서 3조로 설치하여 3상 결선으로 한다. 코일 접속 방법에는 이미 앞에서 설명한 바와 같이 Y결선과 삼각 결선이 있으며, 선간 전압이 높은 Y결선을 주로 사용한다.

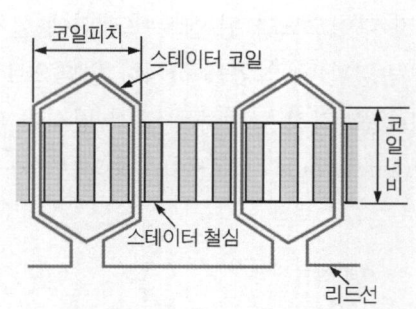

:: 스테이터의 구조

:: 스테이터 코일의 형상

2 로터 Rotor

로터는 교류 발전기에서 자속을 만드는 부분이다. 구조는 로터 철심, 로터 코일, 축, 슬립 링으로 구성되어 있다. 로터의 구조는 그림과 나타낸 바와 같이 축 위에 원통형의 로터 코일 양쪽에서 끼우는 방법으로 4~6개의 철심을 조합한 것이다. 로터 코일을 감기 시작과 끝은 각각 축 위에 절연하여 설치한 2개의 슬립 링(slip ring)에 접속되어 있다. 작동은 슬립 링에 접촉된 브러시를 통하여 로터 코일에 전류가 흐르면 축 방향으로 자계가 형성되어 한쪽 철심에는 N극, 다

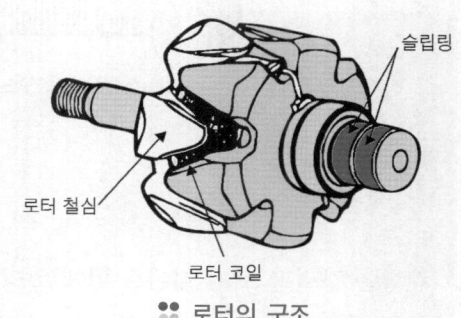

:: 로터의 구조

른 한쪽 철심에는 S극으로 자화되기 때문에 서로 마주보고 결합된 각각 자극 편(pole piece)은 자극이 되어 N극과 S극이 서로 번갈아 배열되어 8~12극이 형성된다. 로터 철심의 재질은 자계의 손실을 방지하기 위하여 저탄소강을 단조 또는 인발하여 사용되며, 슬립 링은 도전성이 좋은 스테인리스 또는 구리를 사용한다.

3 브러시 brush

2개의 브러시는 각각 브래킷에 고정된 브러시 홀더에 끼워져 브러시 스프링 장력에 의해 슬립 링에 접촉되어 있다. 1개의 브러시는 절연된 외부 단자(F단자)에 접속되며, 또 다른 1개의 브러시는 브러시 홀더를 통하여 접지된다. 브러시는 로터가 회전을 하면 연속적으로 슬립 링과 미끄럼 접촉하기 때문에 접촉 저항이 적고 내마멸성이 큰 금속 흑연계를 사용한다.

:: 브러시 설치 상태

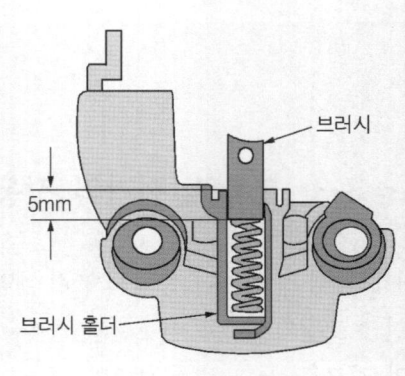

:: 브러시 구성품

교류 발전기에서는 정류기로 실리콘 다이오드를 사용한다. 다이오드는 스테이터 코일에서 발생한 3상 교류를 전파 정류하여 직류 전류로 변환하기 위하여 6개의 정류용 다이오드와 로터 코일에 여자 전류를 공급하기 위한 3개의 여자 다이오드가 뒤 엔드 프레임에 설치되어 있다. 현재 사용하고 있는 실리콘 다이오드는 히트 싱크(heat sink, 방열판)에 압입을 하거나 납땜으로 고정하는 디스크리트(discrete) 방식과 히트 싱크에 다이오드의 펠릿(pellet)을 직접 납땜하는 집적 방식이 있다. 디스크리트 방식에는 교류 발전기가 개발된 초기부터 사용해온 캔형(can type)과 최근에 사용되는 몰드형(mold type)이 있다.

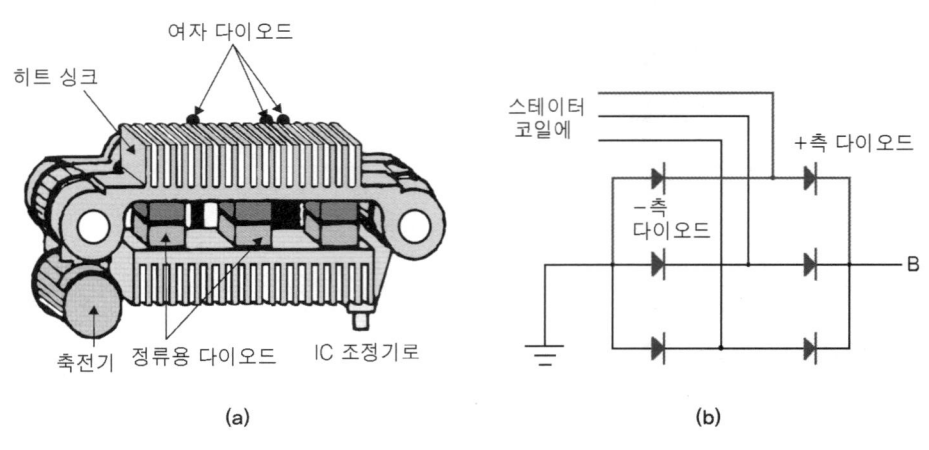

∷ 다이오드 구조와 회로

캔형은 강철판 또는 케이스 위에 실리콘 펠릿을 납땜으로 밀폐하여 펠릿을 보호하는 구조로 되어 있으며, 몰드형은 캔형에 비해 부품 수가 적고 생산성이 우수하기 때문에 최근에 널리 사용하고 있다. 직접방식은 (+)쪽과 (−)쪽의 히트 싱크 위에 각각 3개의 펠릿을 함께 납땜하여 제작하며, 캔형이나 몰드형에 비해 부품 수가 적고 납땜을 한 번만 하면 된다. 정류용 다이오드는 (+)와 (−)측에 각각 3개씩 두어 3상 교류를 전파 정류한다.

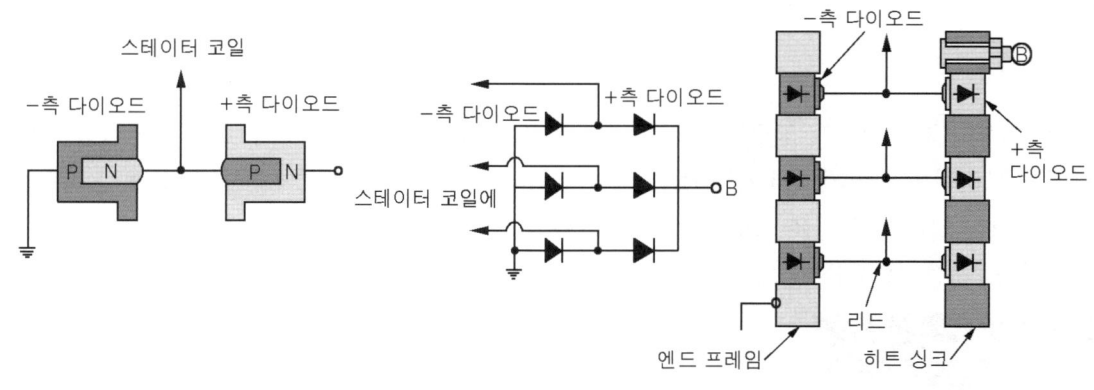

∷ 다이오드의 접속

🌸 3-3. 교류 발전기의 작동

아래 그림에 의하여 총괄적으로 설명하면 다음과 같다. 먼저 점화 스위치를 ON으로 하면 전류는 배터리에서 전압 조정기를 통하여 F단자 → (+)브러시 → 슬립 링 → 로터 코일 → 슬립 링 → (−)브러시 → E단자(접지)의 경로로 약 2~3A 정도의 전류가 흐른다. 이 전류에 의하여 로터 코일은 자화되어 자속이 발생한다.

그리고 교류 발전기는 처음에는 타려자식으로 작동한다. 엔진이 가동되면 구동 벨트에 의하여 로터가 회전하면 스테이터는 로터의 자속을 끊기 때문에 스테이터 코일에는 3상 교류 전압이 발생한다. 이 교류 전압은 6개의 실리콘 다이오드에 의하여 정류되어 직류 전압이 B단자로 출력된다. 로터의 회전속도가 1,000rpm 정도되면 이 교류 전압은 배터리 단자 전압보다 높아지며, 출력 전류는 B단자에서 각 전장 부품 및 배터리 충전 전류로 공급된다. 또 B단자에서 나온 출력 전류의 일부가 로터 코일에 공급된다. 직류 발전기는 처음부터 자려자식으로 작동되지만 교류 발전기는 실리콘 다이오드에 가해지는 전압이 약 0.5V정도에 이르지 않으면 전류가 흐르지 않기 때문에 여자 전류의 흐름 시작이 늦어져 처음부터 자려자식으로 작동시키면 출력 전압으로 발생되는 시간이 지연되기 때문에 타려자식으로 작동된다. N단자에는 B단자 출력 값의 ½ 전압을 나타내지만 이 전압은 조정기를 작동시키기 위해 이용된다.

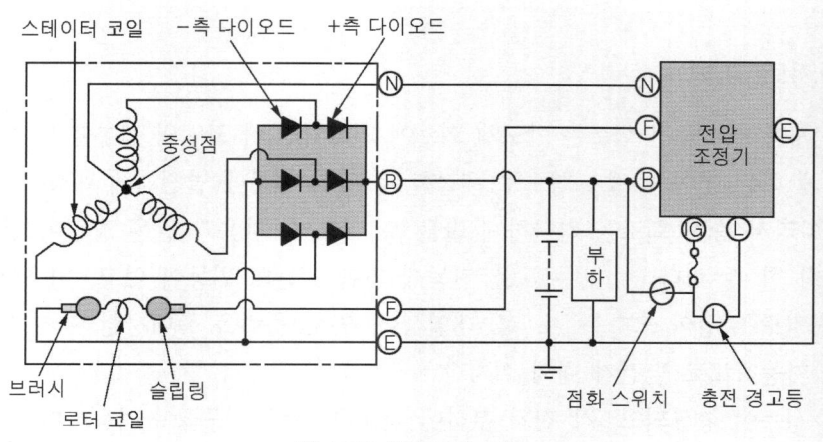

:: 교류 발전기의 작동

4 교류 발전기 조정기 Alternator Regulators

교류 발전기의 출력은 스테이터 코일의 권수, 자계의 세기 및 단위 시간당 자속을 자르는 회수(회전속도)에 따라 결정된다. 따라서 엔진의 회전 속도가 증가하면 발전기의 발생 전압이나 전류가 모두 증가한다. 이에 따라 발전기에서 발생되는 전압·전류를 제어하여 전장 부품과 발전기 자체를 보호하도록 하여야 한다. 발전기 조정기는 위와 역할을 하며, 어느 형식에서나 교류 발전기는 로터 코일에 흐르는 전류의 세기를 조정하여 발생하는 전류를 제어한다.

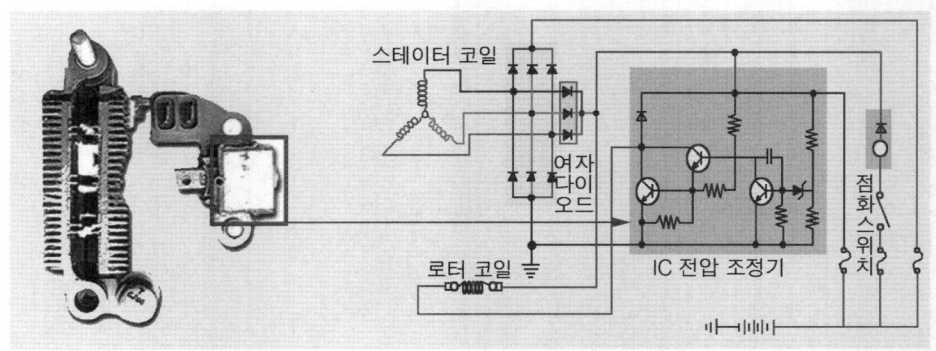

:: 교류 발전기 조정기 회로

🌸 4-1. 교류 발전기 조정기의 개요

교류 발전기는 실리콘 다이오드를 정류기로 사용하므로 배터리로부터의 역류의 염려가 없고 발전기 자체의 전류 제한 작용이 있어 출력 전류도 과대하게 흐르지 않는다. 따라서 교류 발전기 조정기는 직류 발전기 조정기와 같이 컷 아웃 릴레이와 전류 제한기가 필요 없다. 즉, 전압 조정기만 있으면 되며, 충전 경고등을 작동시키기 위한 충전 경고등 릴레이 등을 전압 조정기와 조합하여 사용한다. 여기서는 현재 사용하고 있는 IC 방식에 대해서만 설명하도록 한다.

🌸 4-2. IC 전압 조정기

1 IC 전압 조정기의 개요

IC 전압 조정기를 사용하는 충전 회로는 반도체 회로에 의하여 로터 코일의 전류를 단속하여 교류 발전기의 발생 전압을 일정하게 하는 것이며, 초소형으로 제작할 수 있기 때문에 발전기에 내장시킬 수 있어 외부와의 배선이 필요 없다. 따라서 충전 회로를 간단하게 만들 수 있으며, 다음과 같은 장점이 있다.

① 배선을 간소화 할 수 있다.　　② 진동에 의한 전압의 변동이 없고, 내구성이 크다.
③ 조정 전압 정밀도 향상이 크다.　　④ 내열성이 크며, 출력을 증대시킬 수 있다.
⑤ 초 소형화가 가능하므로 발전기 내에 설치할 수 있다.
⑥ 배터리 충전 성능이 향상되고, 각 전기 부하에 적절한 전력의 공급이 가능하다.

2 IC 전압 조정기의 작동

1) 엔진이 정지된 상태에서 점화 스위치를 ON으로 하였을 때

점화 스위치가 ON일 때 트랜지스터 Tr_2와 Tr_3가 ON(배터리 → 점화 스위치 → R단자 → Tr_2 ON → Tr_3 ON)이 되므로 여자 전류는 배터리 → 점화 스위치 → R단자 → R_6 → L단자 → 로터 코일의 F단자 → Tr_3 → 접지로 흐른다. 이 경우 R_6에서 전압 강하가 일어나 1~3[V] 정도 감소된 전압이 로터 코일에 공급된다. 여기서, 체크 릴레이가 작동되어 충전 경고등이 점등된다.

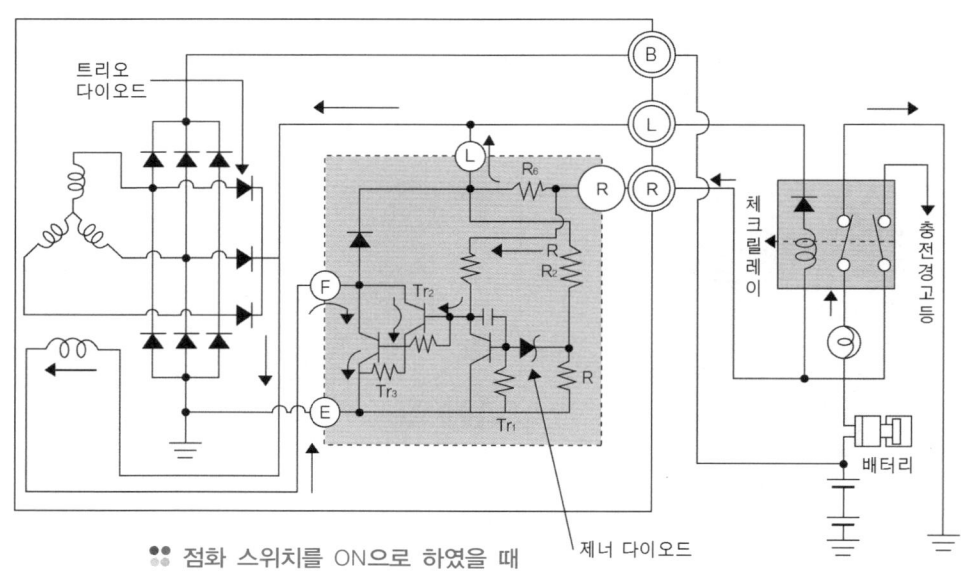

🌸 점화 스위치를 ON으로 하였을 때

2) 엔진이 가동되어 교류 발전기가 발전을 시작할 때

엔진이 가동되면 여자 전류는 교류 발전기 자체에서 공급된다. 전류는 트리오 다이오드에서 로터 코일을 거쳐 F단자와 Tr_3를 거쳐 접지된다. 발전 전압이 높아지면 초크(choke)와 체크 릴레이 코일은 동일한 전압이 되므로 충전 경고등이 소등된다. 발전 전압이 낮을 때는 전류가 트리오 다이오드 L단자 → R_2 → 제너 다이오드로 흐르지만 제너다이오드의 전압보다 낮기 때문에 Tr_1은 OFF 상태가 된다.

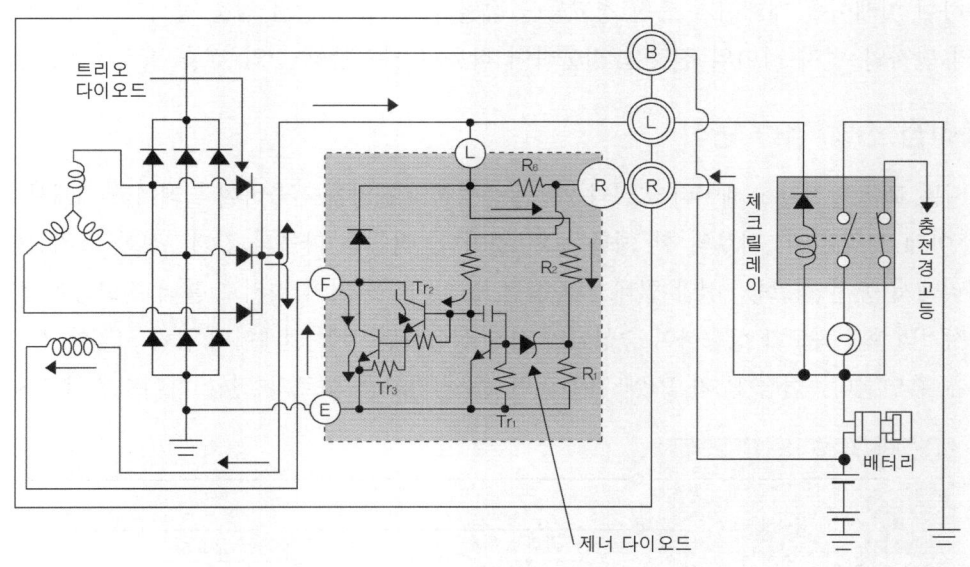

∷ 엔진의 회전속도가 낮을 때의 회로 작동

3) 엔진이 고속으로 회전하여 교류 발전기의 발전 전압이 규정값 이상 되었을 때

엔진의 회전속도가 증가하면 전압은 제너다이오드를 통전시키는 전압까지 상승하여 전류는 제너다이오드를 통하여 Tr_1이 ON되면 Tr_2와 Tr_3은 OFF되어 여자 전류는 급격히 감소한다. 여자 전류가 감소하면 발전 전압도 감소하여 제너다이오드에 가해지는 전압도 감소한다. 따라서 Tr_1은 OFF되고 Tr_2와 Tr_3은 ON이 되어 전압을 다시 상승시킨다. 이러한 작동을 반복하여 발전 전압을 조정한다.

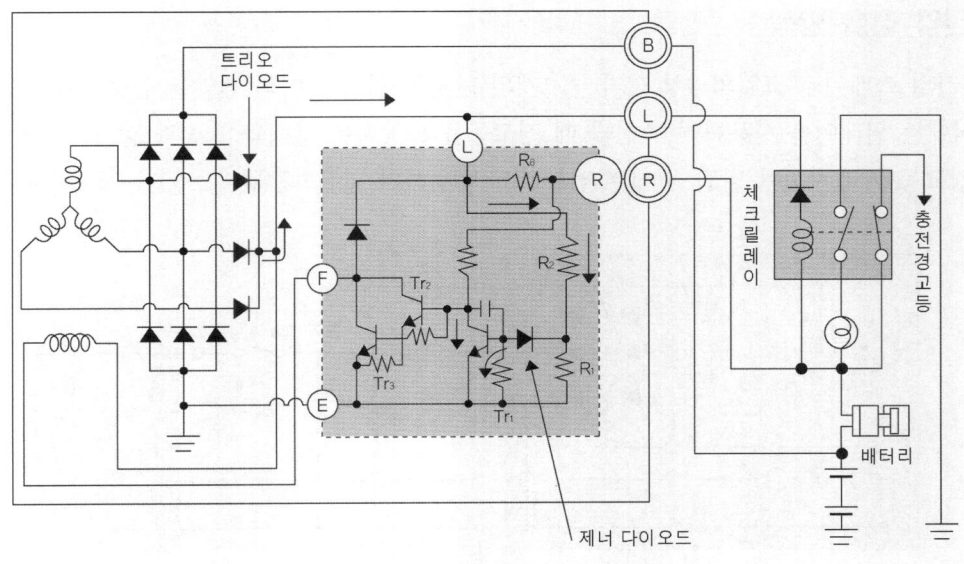

∷ 엔진 회전속도가 증가할 때의 회로 작동

충전 경고등은 경고등의 점멸로 충방전 상태를 표시한다. 즉, 엔진이 정상 작동 중에 배터리를 중심으로 한 충전 계통이 정상이면 소등되고, 이상이 있으면 점등되어 경고한다. 종류에는 스테이터 코일의 결선 중성점의 전압을 검출하여 릴레이를 개폐시켜 충전 경고등을 점멸하는 3상 중성점 검출 방식과 스테이터 코일의 3상 단자 중 하나의 단자와 접지 사이의 전압을 검출하여 작동시키는 단상 전압 검출 방식이 있다.

1 3상 중성점 전압 검출 방식

이 방식에서는 교류 발전기 스테이터 코일의 Y결선 중성점의 전압을 검출하여 릴레이를 개폐시켜 충전 경고등을 점멸시킨다. 아래 그림은 이 회로의 한 예를 보인 것이다. 작동은 다음과 같다. 점화 스위치를 ON으로 하면 전류가 배터리에서 충전 경고등, 전압 릴레이의 접점 P_0 및 P_1을 거쳐 접지로 흘러 경고등이 점등된다. 엔진이 가동되어 발전기의 회전속도가 상승하여 중성점의 전압 상승하면 전압 릴레이의 압력 코일에 전압이 가해져 접점 P_0 가 P_2쪽에 흡인된다. 접점 P_0가 P_2에 흡인되면 충전 경고등 회로의 전압 차이가 0이 되어 소등된다.

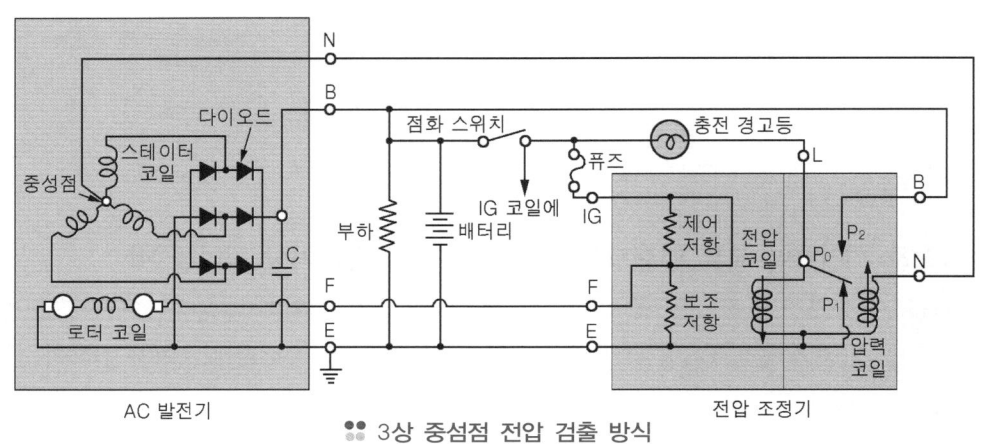

:: 3상 중섬점 전압 검출 방식

2 단상 전압 검출 방식

교류 발전기의 스테이터 코일의 3상 단자 중 1개의 단자와 접지 사이의 전압을 검출하여 작동시킨다. 또 단상 검출 방식에는 릴레이를 사용하여 충전될 때 경고등을 소등하는 방식과 그림과 같이 1개의 단자와 접지 사이에 충전 경고등을 배치하여 발전 중에는 점등하고 발전하지 않을 때에는 소등되도록 하는 방식도 있다.

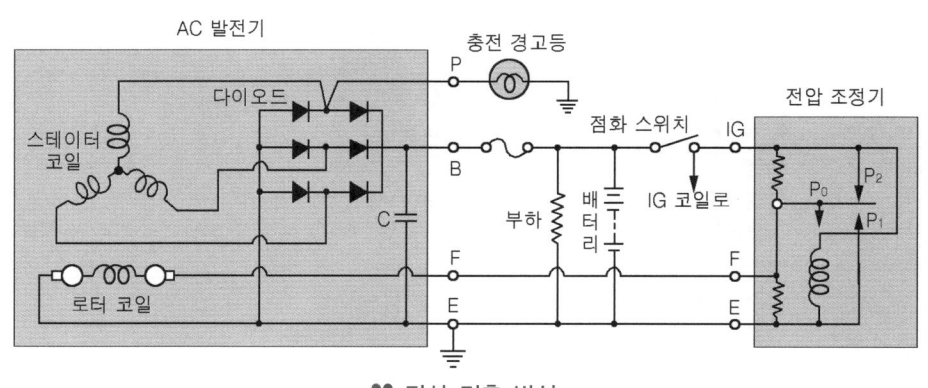

:: 단상 검출 방식

6 브러시리스 교류 발전기

브러시리스 교류 발전기는 일반적인 교류 발전기와 마찬가지로 바깥쪽에 스테이터가 고정되어 있고, 중앙부분에는 브래킷(bracket)으로 고정된 계철(yoke)에 계자 코일이 도넛 모양으로 감겨있다. 그리고 스테이터 코일과 계자 코일사이에는 일반적인 교류 발전기용 로터 철심과 같은 모양의 로터가 회전한다.

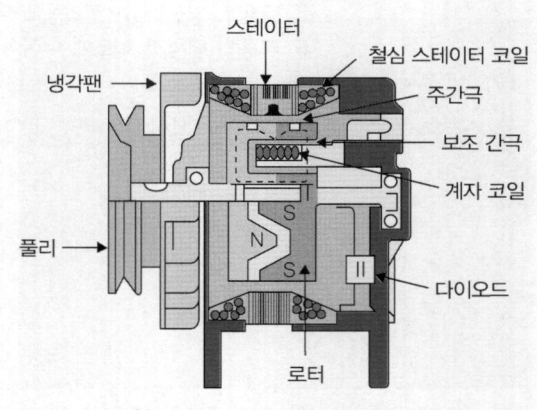

❖❖ 브러시 리스 교류 발전기

계자 코일은 고정되어 있기 때문에 여자 전류를 공급하는 브러시나 슬립링이 필요 없어 점검과 정비가 간단하다. 계자 코일에 여자 전류가 공급되어 발생한 자속이 로터의 회전에 따라 스테이터를 통하여 이동하기 때문에 스테이터 코일이 자속을 끊어 기전력이 유기된다. 그러나 자기 회로에 보조 간극이 있어 전기 저항이 크므로 유효 자속의 감소만큼 코일을 많이 감아야 하지만, 밀폐형으로 제작할 수 있어 먼지나 습기 등의 침입을 방지할 수 있고, 내구성을 높일 수 있으며, 소형화가 가능하다.

12 조명장치

1. 전선 및 하니스에 대하여 설명할 수 있다.
2. 전조등의 형식과 회로에 대하여 설명할 수 있다.
3. 오토라이트 장치에 대하여 설명할 수 있다.
4. 전조등 조사각도 제어장치에 대하여 설명할 수 있다.
5. 고휘도 방전(HID) 전조등에 대하여 설명할 수 있다.
6. 미등의 역할과 회로에 대하여 설명할 수 있다.

1 전 선 wiring

자동차 전기회로에서 사용하는 전선은 피복선과 비피복선이 있다. 비피복선은 접지용으로 일부 사용되며, 대부분 무명(cotton), 명주(silk), 비닐 등의 절연물로 피복 된 피복선을 사용한다. 특히 점화장치에서 사용하는 고압케이블은 내 절연성이 매우 큰 물질로 피복되어 있다.

1 전선의 피복 색깔 표시

전선을 구분하기 위한 전선의 색깔은 전선 피복의 바탕색, 보조 줄무늬 색깔의 순서로 표시한다.

→ 예) 0.5 GR의 경우

0.5 : 전선의 단면적(0.5mm^2),   G : 바탕색(녹색),   R : 줄무늬 색(빨간색)

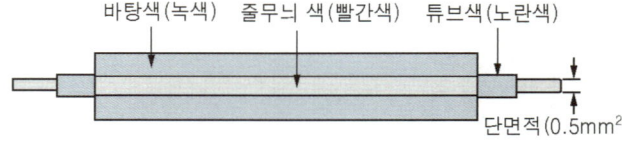

바탕색(녹색)   줄무늬 색(빨간색)   튜브색(노란색)

단면적(0.5mm^2)

기호	영문	색	기호	영문	색
B	BLACK	검정색	O	ORANGE	오렌지색
Be	BEIGE	베이지색	P	PINK	분홍색
Br	BROWN	갈색	Pp	PURPLE	자주색
G	GREEN	녹색	R	RED	빨간색
Gr	GRAY	회색	T	TAWNINESS	황갈색
L	BLUE	청색	W	WHITE	흰색
Lg	LIGHT GREEN	연두색	Y	YELLOW	노란색
Ll	LIGHT BLUE	연청색			

2 하니스의 구분

전선을 배선할 때 한 선씩 처리하는 경우도 있지만 대부분 같은 방향으로 설치될 전선을 다발로 묶어 처리하는 경우가 많다. 이러한 전선 묶음을 전선 하니스(Wiring Harness) 또는 간단히 하니스라 한다. 하니스로 배선을 하면 전선이 간단해지고 작업이 쉬워진다. 자동차용 하니스는 한조 이상으로 구성되며, 일반적으로 하니스를 구분하는 기호는 다음과 같다.

하니스 구분 기호		
구분 기호	하니스 명칭	장착 위치
E	엔진 전선 하니스	엔진 룸
M1	주 전선 하니스	실내 및 대시 패널
C	제어용 전선 하니스	엔진 룸, 실내
I	계기판 전선 하니스	계기판, 대시 패널
R	뒤 트렁크 전선 하니스	트렁크
M7	루프 전선 하니스	루프
D	도어 전선 하니스	도어
T	자동변속기 전선 하니스	자동변속기 제어 구성부품
J	정션박스 전선 하니스	엔진 룸, 실내

3 전선의 배선 방식

배선 방식에는 단선식과 복선식이 있다. 단선식은 부하의 한 끝을 자동차 차체에 접지하는 것이며, 접지 쪽에서 접촉 불량이 발생되거나 큰 전류가 흐르면 전압 강하가 발생하므로 작은 전류가 흐르는 부분에서 사용한다. 복선식은 접지 쪽에도 전선을 사용하는 것으로 주로 전조등과 같이 큰 전류가 흐르는 회로에서 사용된다.

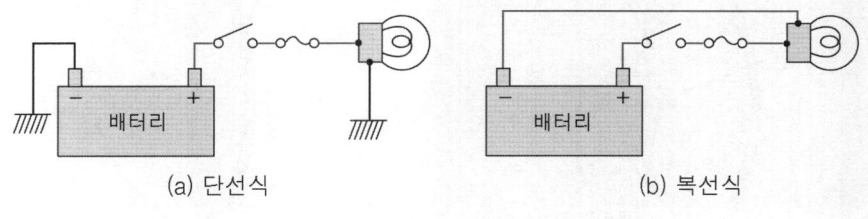

(a) 단선식   (b) 복선식

✜ 전선의 배선 방식

2 조명의 용어

1 광속 Luminous flux

광속이란 광원(light source)에서 나오는 빛의 다발을 말하며, 단위는 루멘(lumen, 기호는 lm)이다.

2 광도 Luminous intensity

광도란 빛의 세기를 말하며, 단위는 칸델라(기호는 cd)이다. 1 칸델라는 광원에서 1m 떨어진 1㎡의 면에 1m

의 광속이 통과하였을 때의 빛의 세기이다.

3 조도 illuminance

조도란 빛을 받는 면의 밝기를 말하며, 단위는 **룩스**(lux, 기호는 Lx)이다. 조도는 광원의 광도에 비례하고 광원으로부터 거리의 2승에 반비례한다. 광원으로부터 r(m)떨어진 빛의 방향에 수직으로 빛을 받는 면의 조도를 E(Lx), 그 방향의 광원의 광도를 I(cd)라고 하면 다음과 같이 표시한다.

$$E = \frac{I}{r^2} \ (\text{Lux})$$

3 전조등 Head light

1 전조등의 개요

전조등은 야간에 안전하게 주행하기 위해 전방을 조명하는 램프로서 렌즈, 반사경, 필라멘트의 3요소로 구성되며, 전조등에는 실드 빔 형식(sealed beam type)과 세미 실드 빔 형식(semi sealed beam type)이 있다.

램프(lamp) 안에는 2개의 필라멘트가 있으며, 1개는 먼 곳을 비추는 하이 빔(high beam)의 역할을 하고, 다른 하나는 시내를 주행할 때나 교외에서 주행할 때 맞은편에서 오는 자동차나 사람이 현혹되지 않도록 광도를 약하게 하고 동시에 빔을 낮추는 로우 빔(low beam)이 있다.

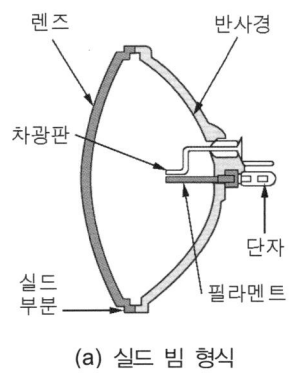

(a) 실드 빔 형식

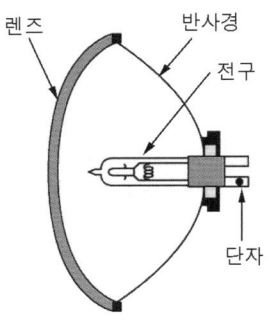

(b) 세미실드 빔 형식

●● 전조등의 형식

1) 실드 빔 형식 전조등

이 형식은 반사경에 필라멘트를 붙이고 여기에 렌즈를 녹여 붙인 후 내부에 불활성 가스를 넣어 그 자체가 1개의 전구가 되도록 한 것이다. 이 형식의 특징은 다음과 같다.

① 대기의 조건에 따라 반사경이 흐려지지 않는다.
② 사용에 따르는 광도의 변화가 적다.

③ 필라멘트가 끊어지면 렌즈나 반사경에 이상이 없어도 전조등 전체를 교환하여야 한다.

2) 세미실드 빔 형식 전조등

이 형식은 렌즈와 반사경은 녹여 붙였으나 전구는 별개로 설치한 것이다. 필라멘트가 끊어지면 전구만 교환하면 된다. 그러나 전구의 설치 부분으로 공기의 유통이 있어 반사경이 흐려지기 쉽다.

3) 할로겐 전조등

이 형식은 할로겐 전구를 사용한 세미실드 빔 형식이며, 할로겐 전구란 전구에 봉입하는 불활성 가스와 함께 작은 양의 할로겐족 원소를 혼합한 것으로 필라멘트에서 증발한 텅스텐 원자와 휘발성의 할로겐 원자가 결합하여 휘발성의 할로겐화 텅스텐을 형성한다.

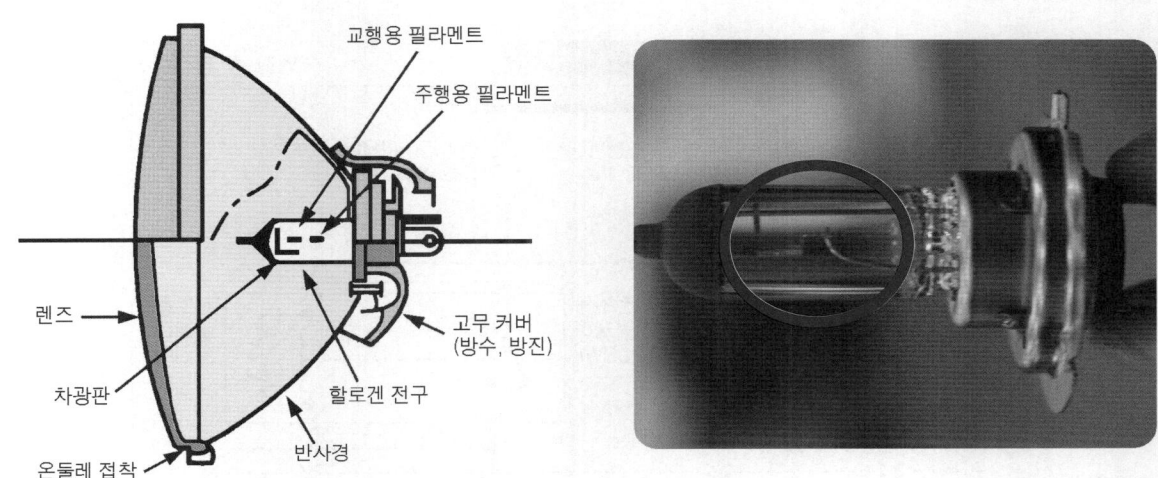

:: 할로겐 전조등의 구조

이 할로겐화 텅스텐은 전구 벽(유리)이 일정 온도 이상일 경우 전구 벽에 부착하지 않고, 전구 안을 이동하다가 필라멘트 부근의 고온 영역 내에 들어오면 다시 텅스텐 원자와 할로겐 원자로 해리(dissociation)된다. 해리된 텅스텐 원자는 필라멘트 또는 그 부근에 부착하고 할로겐 유리로 된 전구 벽을 향하여 확산하는 반응을 반복한다. 따라서 할로겐 전구는 종전의 백열전구에 비하여 다음과 같은 우수한 특징이 있다.

① 할로겐 사이클로 흑화 현상(필라멘트로 사용되고 있는 텅스텐이 증발하여 전구 내부에 부착하는 것)이 없어 수명을 다할 때까지 밝기가 변하지 않는다.

② 색 온도가 높아 밝은 백색의 빛을 얻을 수 있다.

③ 교행용의 필라멘트 아래에 차광판이 있어서 차측 방향으로 반사하는 빛을 없애는 구조로 되어 있어 눈부심이 적다.

④ 전구의 효율이 높아 밝기가 크다.

또 할로겐 전조등과 일반 전조등과의 배광 특성을 비교하면 다음과 같다.

① 좌우로의 확산하는 각도가 크기 때문에 갓길 위의 장애와 도로 표지 등을 보기 쉽다.

② 최고 광도 부근의 빛이 스폿(spot)으로 되지 않기 때문에 노면의 조도가 균일하다.

③ 위 방향으로의 빛이 차단되므로 명암 경계가 명료하여 대향 자동차에 눈부심이 적다.

2 전조등 회로

전조등 회로는 퓨즈, 라이트 스위치, 디머 스위치(dimmer switch) 등으로 구성되어 있으며, 양쪽의 전조등은 하이 빔(high beam)과 로우 빔(low beam)이 각각 병렬로 접속되어 있다. 전조등 스위치는 2단으로 작동하며, 스위치를 움직이면 내부의 접점이 미끄럼 운동하여 전원과 접속하게 되어 있다. 디머 스위치는 라이트 빔을 하이 빔(상향)과 로우 빔(하향)으로 바꾸는 스위치이다.

점화 스위치 ON 전원은 전조등의 하이, 로우 릴레이 코일에 전원을 공급하고, 상시 전원은 릴레이의 접점에 전원을 공급하며, 접지의 경우 전조등의 접지와 다기능 스위치의 전조등 스위치에 접지를 공급한다. 이는 스위치의 작동이 접지를 위해 작동한다는 것이며, 전조등의 작동은 접지가 대기하고 있는 상태에서 전원이 공급되면 전조등이 점등된다는 것을 의미한다.

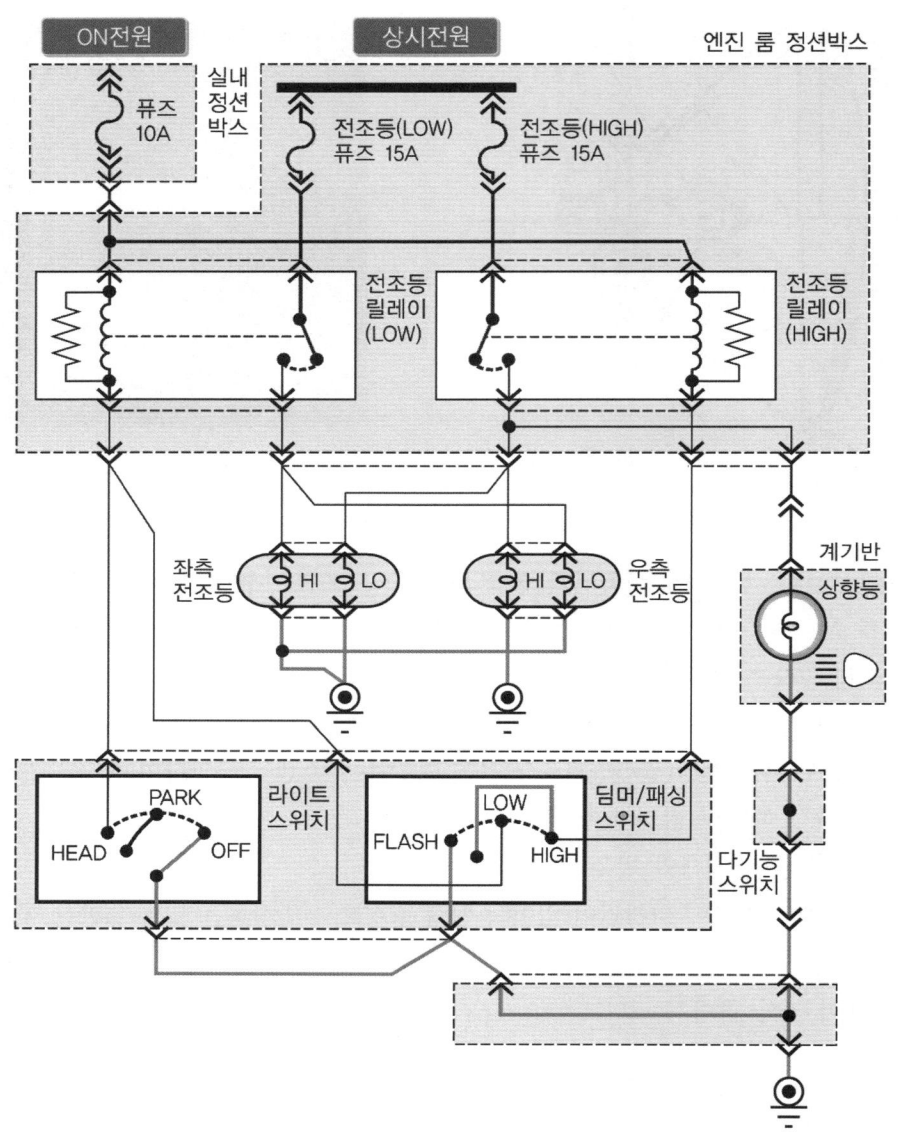

:: 전조등 회로

4 오토 라이트 장치 Auto Light System

1 오토 라이트 장치의 개요

오토 라이트 장치는 조도 센서를 이용하여 주위의 조도 변화에 따라 운전자가 라이트 스위치를 조작하지 않아도 오토 모드(auto mode)에서 자동으로 미등 및 전조등을 점등 또는 소등시켜주는 장치이며, 주행 중 터널을 진·출입할 때, 비·눈 및 안개 등으로 주위의 조도가 변화하면 작동된다. 오토 라이트 장치는 크래시 패드 상단(동승석)에 설치된 조도 센서와 컴퓨터에서 주위의 조도 변화를 검출한다.

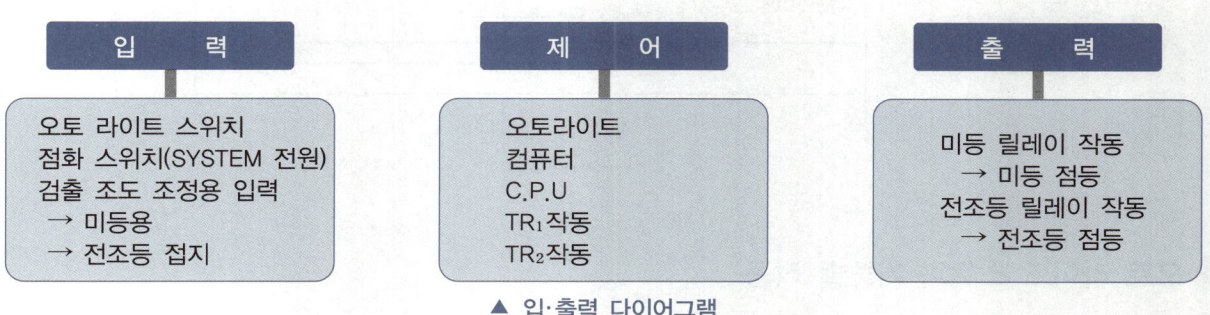

입 력	제 어	출 력
오토 라이트 스위치 점화 스위치(SYSTEM 전원) 검출 조도 조정용 입력 → 미등용 → 전조등 접지	오토라이트 컴퓨터 C.P.U TR₁작동 TR₂작동	미등 릴레이 작동 → 미등 점등 전조등 릴레이 작동 → 전조등 점등

▲ 입·출력 다이어그램

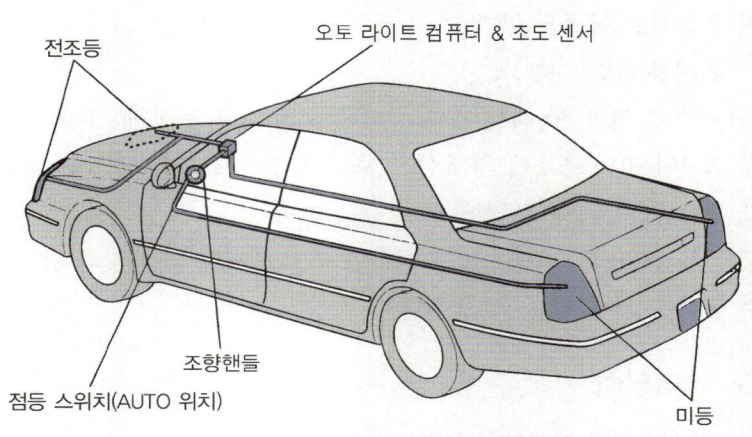

전조등

오토 라이트 컴퓨터 & 조도 센서

조향핸들

점등 스위치(AUTO 위치)

미등

❖ 오토 라이트의 구성도

그리고 오토 라이트 장치를 사용할 경우의 주의 사항은 다음과 같다.

① 오토 라이트 장치 아래 부분에는 다른 장치를 추가해서는 안 된다.

② 안개·우천 및 흐린 날씨에는 반드시 수동으로 전환하여 사용하도록 한다.

③ 조도는 기후, 계절 및 주위의 환경에 따라 점등 및 소등되는 시간이 변화할 수 있다.

④ 오토 라이트 작동은 해가 뜰 때와 해가 질 때 제한적으로 사용하여야 하며, 일반적인 전조등의 점등 및 소등은 수동으로 조작하도록 한다.

⑤ 실내의 밝기에 변화를 줄 수 있는 빛 차단 코팅을 할 경우 오작동할 수 있다.

2 조도의 검출 원리

오토 라이트 내부에 설치된 광전도 셀을 이용하여 빛의 밝기를 검출한다. 광전도 셀은 광전 변환 소자의 대표적인 것으로 광전도 셀이 빛의 강약에 따라 그 양끝의 저항값이 변화하며, 빛이 강할 경우에는 저항값이 감소하고 빛이 약할 경우에는 저항값이 증가하는 특성이 있다. 특히, 광전도 셀(photo conductive Cells)은 황화카드뮴(cds)을 주성분으로 한 광전도 소자이며, 조사되는 빛에 따라서 내부 저항이 변화하는 저항 기구이다. 따라서 포토다이오드에 비해 회로로 사용하기가 쉽고 광(光) 센서이므로 저항과 같은 감각으로 사용할 수 있다.

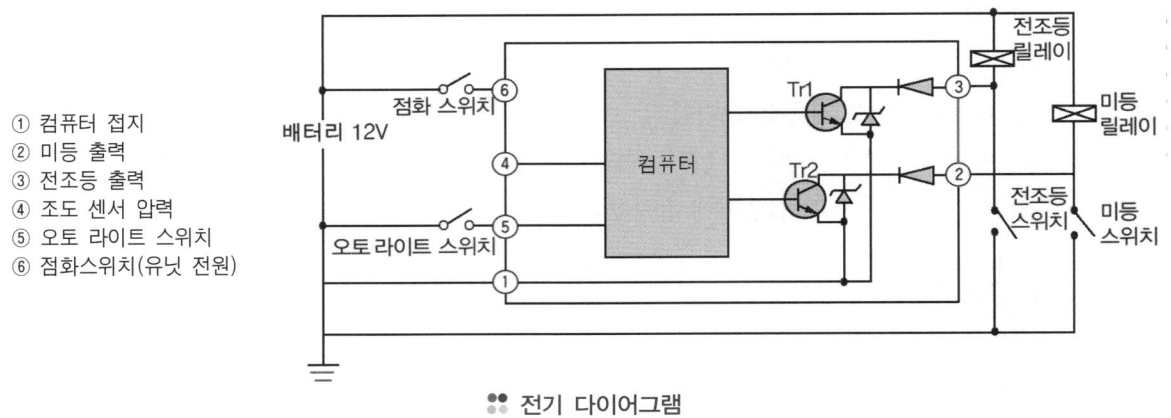

① 컴퓨터 접지
② 미등 출력
③ 전조등 출력
④ 조도 센서 압력
⑤ 오토 라이트 스위치
⑥ 점화스위치(유닛 전원)

∷ 전기 다이어그램

3 오토 라이트 스위치 기능별 작동

① 점화 스위치(IG Key)를 ON으로 한 후 다기능 스위치를 OFF, 미등(TAIL), 전조등(HEAD LIGHT), 오토(AUTO) 스위치 순서로 작동을 한다.
② 미등, 전조등 스위치를 ON, OFF한다.
③ 오토 스위치를 ON으로 한다. 이때는 조도 센서에 의한 빛을 밝기에 따라 오토 라이트 컴퓨터 내부의 포토다이오드에 조사된 빛의 조도에 의해 CPU 내부에 소프트웨어(soft ware)로 이미 설정된 전압과 같은 경우 미등과 전조등을 자동으로 점등과 소등을 한다.
④ 다시 미등 및 전조등 스위치를 수동으로 조작하면 조도 센서에 의한 빛의 밝기에 따라 점등·소등을 하지 않고 스위치 조작에 의해 점등·소등된다.

4 전조등 조사각도 제어장치

전조등 조사각도 제어장치는 **오토 라이트 수평장치**(auto light leveling system)라고도 부르며, 자동차의 주행 환경과 적재상태에 따라 전조등의 조사 방향을 자동으로 조절하여 운전자의 가시거리를 확보하고, 상대방 운전자의 눈부심을 방지하여 운행할 때 안전성의 향상을 목적으로 한다.

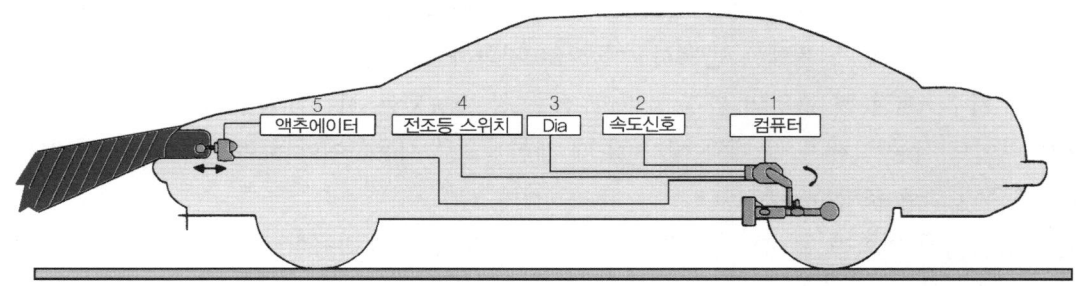

∷ 조사각도 제어장치 블록 다이어그램

앞좌석에 사람이 승차할 경우(운전자 + 승객)에는 작동하지 않으나, 뒷좌석에 사람이 모두 승차하였을 경우 및 여러 가지 조건에서 작동을 한다. 이 제어장치는 자동차 앞쪽보다 뒤쪽에 하중이 많이 가해졌을 때 자동차의 앞쪽이 들리면서 전조등의 눈부심이 발생하기 때문에 자동으로 전조등의 조사각도를 하향으로 제어하여 정상상태로 한다. 자동차의 뒤 현가장치 부분에 오토 라이트 수평장치를 설치하여 자동차의 정상적인 자세 변화에 따른 신호에 대해 전조등에 부착된 액추에이터를 일정한 신호로 구동하여 차체의 변화에 대해 보상이 이루어진다. HID(High Intensity Discharge) 전조등을 설치한 자동차에는 필수적으로 사용되고 있다. 전조등 조사각도 제어장치의 작동순서와 작동조건은 다음과 같다.

1) 오토라이트의 작동순서

① 자동차의 부하 변화에 따른 현가장치의 각도 변화
② 센서 레버의 각도 변화
③ 제어부분은 필요한 전조등의 각도 변화 요구량 계산
④ 적절한 신호를 전조등 수평장치에 전달하거나 액추에이터 구동

2) 오토라이트의 작동조건

① 점화스위치 ON
② 전조등 하향 빔 스위치 ON
③ 정차 중에는 센서 레버가 2° 이상 변화하고, 최대 1.5초 후 전조등을 보정하여 주며, 주행 중에는 주행속도가 4km/h 이상이고 주행속도 변화가 초당 0.8~ 1.6km/h 이상 속도의 변화가 없고 도로조건에 변화가 있을 때 보정한다.

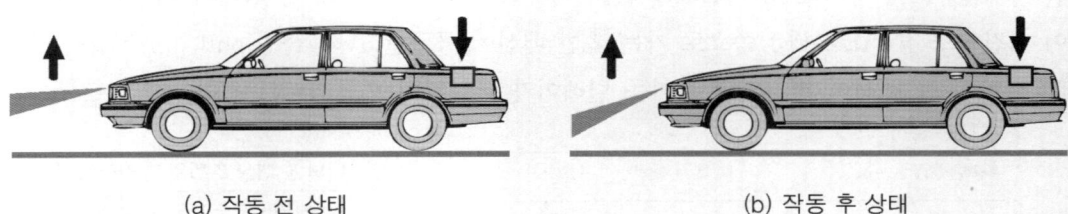

(a) 작동 전 상태   (b) 작동 후 상태

전조등 조사각도 제어장치의 작동

5 오토 라이트 장치의 구성요소

1) 전조등 조사각도 제어장치

전조등 조사각도 제어장치를 이용하여 작동레버 상의 기계적 각도 변화 및 주행속도 신호를 검출하며, 컴퓨터 제어 프로그램에 따라 액추에이터를 제어하는 장치이다. 뒤 센터 암에 설치되어 있다.

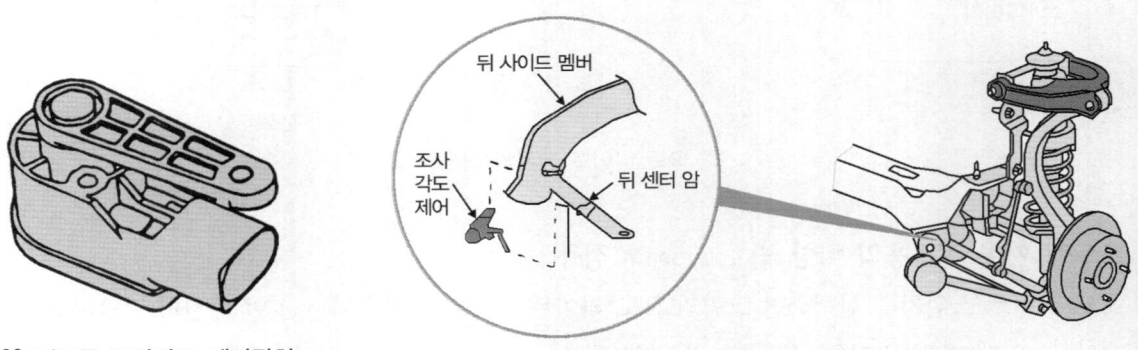

전조등 조사각도 제어장치   전조등 조사각도 제어장치의 설치위치

2) 링키지 Linkage

링키지는 전조등 조사각도 제어장치 레버와 현가장치를 연결하여 자동차의 기울기를 컴퓨터로 전달한다. 현가장치의 형상에 따라 레버의 길이가 다르다.

3) 액추에이터 Actuator

자동차 기울기의 변화에 따라 전조등 조사각도 제어장치가 입력 신호를 보내면 수평 액추에이터가 전조등의 조사각도를 상하로 조절한다.

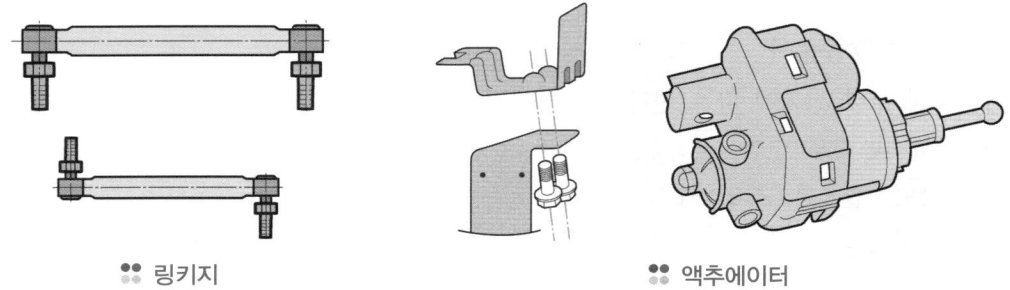

❖ 링키지   ❖ 액추에이터

6 오토 라이트 장치의 작동 및 제어

1) 조도에 따른 미등 tail light 점등

오토 라이트 스위치를 선택하면 그림의 오토 라이트 컴퓨터와 접속되는 ①번 배선의 전압이 5V에서 0V로 변화한다. 이때 오토 라이트 조도 센서의 값이 미등의 점등 조건이 되면, 컴퓨터 내부의 Tr1을 작동시켜 전자제어 시간경보 장치(ETACS) 쪽으로 가는 ②번 배선에 공급된 5V의 풀업(pull up) 전압을 0V로 강하시키면 에탁스의 ③번 배선이 접지되면서 미등 릴레이가 작동하여 미등이 점등된다.

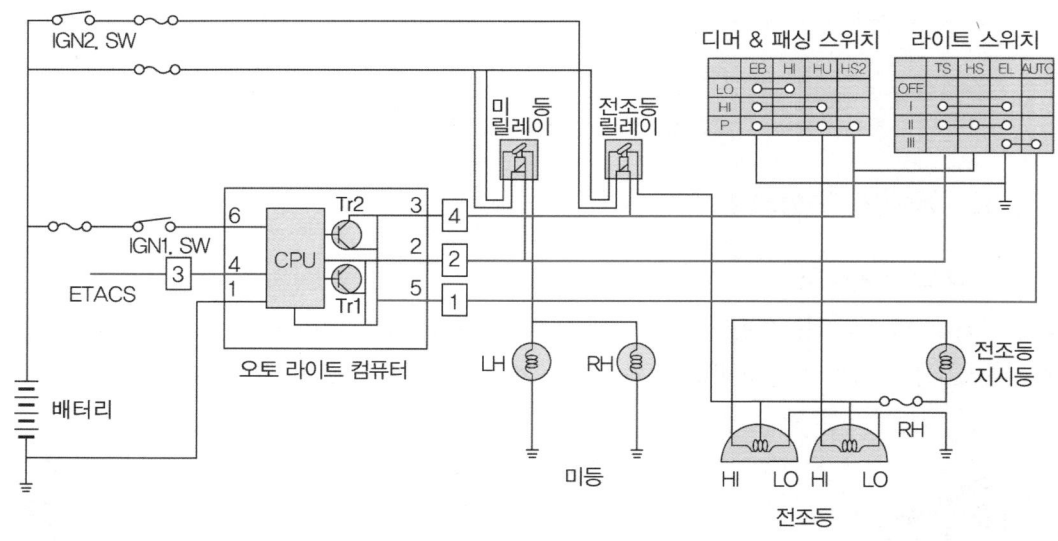

❖ 오토 라이트 장치의 작동 회로도

2) 조도에 따른 전조등의 하향 빔 Low beam 점등

오토 라이트 스위치를 선택하면 그림의 오토 라이트 컴퓨터와 접속되는 ①번 배선의 전압이 5V에서 0V로 변화한다. 이때 오토 라이트 조도센서의 값이 전조등의 점등 조건이 되면, 컴퓨터 내부의 Tr2를 작동시켜

4번 배선이 접지되면서 전조등 릴레이가 작동하여 전조등이 점등된다.

3) 조도에 따른 미등 및 전조등의 소등

오토 라이트 스위치를 선택하면 그림의 오토 라이트 컴퓨터와 접속되는 1번 배선의 전압이 5V에서 0V로 변화한다. 이때 오토라이트 조도 센서의 값이 미등 및 전조등의 소등 조건이 되면 컴퓨터 내부의 Tr1 또는 Tr2의 작동이 해제되어 미등 및 전조등 릴레이의 작동을 중지시켜 미등 및 전조등을 소등한다. 그리고 조도 센서에 의해 미등 및 전조등의 점등·소등 기준 전압에 도달하면 즉시 점등 및 소등되지 않고 약 0.5초의 지연 시간을 두어 점등이나 소등이 된다. 그 이유는 히스테리시스 구간으로 점등 및 소등이 반복되는 것을 방지하기 위함이다.

5 고휘도 방전 HID ; High Intensity Discharge 전조등

1 고휘도 방전 전조등의 개요

자동차의 야간 안전 운행은 운전자가 전방의 시야를 얼마만큼 확보하느냐에 달려있다. 운전자의 시야는 전조등의 밝기, 조사되는 거리, 조사각도 등에 따라 큰 차이가 있다. 기존에 사용하고 있는 할로겐 전구는 조사의 성능을 향상시키는데 한계가 있어 보다 성능이 우수한 전구의 개발이 요구되었다.

고휘도 방전 전조등은 할로겐 전구보다 적은 전력으로 2배 이상의 밝기와 태양 광선에 가까운 색깔의 빛을 발사하며, 수명 또한 2배 이상으로 향상되었다. 또 야간 운행을 할 때 운전자의 시인 성능을 높여 피로감을 줄여준다. 고휘도 방전(HID) 전조등의 장점은 다음과 같다.

① 광도 및 조사거리가 향상된다 : 방출된 빛은 반사경에 의해 조사되기 때문에 광도가 우수하고 조사되는 거리가 길어진다.

② 전구의 수명이 2배 이상 향상된다 : 필라멘트가 없어 차체의 진동에 의한 전극의 손상이 없다. 또 밸러스트(ballast)라 부르는 전자제어 유닛이 있어 항상 안정된 전원이 전구에 공급되어 수명이 길어진다.

③ 점등이 빠르다 : 처음 작동할 때 밸러스트가 높은 전압의 전원을 전극에 공급하여 점등이 빨라지도록 한다.

④ 전력소비가 적다 : 기존 할로겐 전구의 소비 전력은 55W 정도인데, 고휘도 방전 전조등은 35W로 발전기의 부하를 감소시킬 수 있다.

2 고휘도 방전 전조등의 구조

고휘도 방전 전조등은 필라멘트가 없으며, 형광등과 같은 구조로 되어있다. 얇은 캡슐 형태의 방전관 내에 크세논 가스, 수은 가스, 금속 할로겐 성분 등이 들어 있다. 전원이 공급되면 방전관 양쪽 끝에 설치된 몰리브덴 전극에서 플라즈마(plasma)**방전이 발생하면서 에너지화 되어 빛을 방출한다.

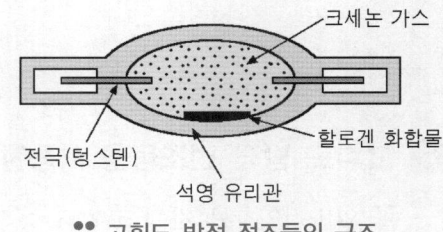

:: 고휘도 방전 전조등의 구조

플라즈마(plasma)란?
기체를 가열하면 기체 원자는 분리되어 (+)이온과 (−)이온으로 나누어진다. 이와 같이 나누어진 (+)이온과 (−)이온이 다시 혼합되어 도전성을 띤 가스체가 되는데 이 가스체를 플라즈마라 한다.

1) 전구 Bulb or Lamp

전구는 초기의 반응을 활성화시켜 점등이 빨리 되도록 하는 크세논 가스, (+)극에서 아크 방전을 발생시키는 몰리브덴 전극, 색깔의 구성 요소인 메탈 헬리드 솔트(metal hailed salts) 등으로 구성되어 있다.

2) 이그나이터 Ignitor

이그나이터는 밸러스트로부터 전류를 공급받아 모든 환경에서 점등시키기 위해 승압시키는 전자기 또는 변압기이다.

3) 밸러스트 Ballast

밸러스트는 이그나이터 전극에 순간적으로 높은 전압의 펄스를 전달하여 방전을 초기화시킨다. 아크 초기화와 아크 정상 상태 동안 전구와 이그나이터에 안정된 전원을 공급하는 부품이다.

메탈 헐리드 솔트
몰리브텐 전극

:: 고휘도 방전 전조등의 전구

3 고휘도 방전 전조등의 작동

고휘도 방전 전조등의 작동은 다음과 같다. 전조등 제어용 컴퓨터가 배터리로부터 12V를 공급받아 승압시켜 텅스텐 전극 사이에 순간적으로 약 20,000V 이상의 펄스를 발생시키면 먼저 크세논 가스가 활성화되면서 청백색의 빛을 발생시킨다. 이 상태에서 전구 내의 온도가 더욱더 상승하면 수은이 증발하여 아크 방전이 발생되며, 더욱 온도가 상승하면 금속 할로겐 성분이 증발하면서 플라즈마가 발생하는데 이 플라즈마가 금속 원자와 충돌하면서 높은 밝기의 빛을 발생시킨다.

고휘도 방전 전조등은 할로겐 전구에 비해 약 2배 이상 밝으며, 태양 광선에 가까운 백색의 자연 광선을 얻을 수 있을 뿐만 아니라 소비 전력은 약 1/2 정도이며, 수명은 필라멘트에 비해 약 2배 정도이나 텅스텐 전극에 높은 전압을 안정적으로 공급하기 위한 컴퓨터가 반드시 필요하다.

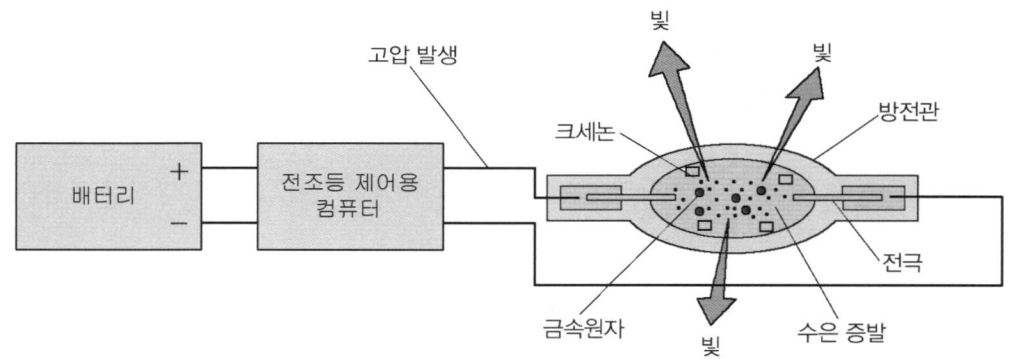

:: 고휘도 방전 전조등의 구성도

4 고휘도 방전 전조등을 사용할 때 주의 사항

① 일반적인 자동차에 고휘도 방전 전조등을 설치하면 화재의 위험이 있어 개조가 불가능하다.

② 고휘도 방전 전조등을 처음 점등할 때 아크 방전에 의한 높은 전압(약 20,000V) 및 높은 전류(12~13A)로 인해 배선 및 퓨즈가 일반 전구용과는 다르므로 개조하면 화재의 위험이 있다.

③ 각 제조회사의 전구 색깔 온도가 다르기 때문에 빛의 이질감이 발생하기 쉬워 전구를 교환할 때에는 같

은 제조회사 제품으로 교환하여야 한다.

④ 고휘도 방전 전조등을 점검할 때에는 전원 공급 부분과 전구사이에 반드시 스위치를 설치하여 전원을 ON·OFF시켜야 한다. 특히 전조등을 점등할 때 높은 전압의 발생에 주의하여야 한다.

⑤ 전구를 교환할 때 전구 홀더와 전구 사이의 고정 상태를 확실히 점검한 다음 더스트 커버(dust cover)를 조립하여야 한다. 전구와 전구 홀더 사이의 조립이 헐거우면 전구의 수명 및 접촉 불량에 의한 높은 열의 발생으로 주변 부품이 녹는다.

⑥ 전구를 교환할 때 전구가 설치되지 않은 상태로 전조등 스위치를 조작하지 말아야 한다. 약 1초 동안 순간 스파크가 발생할 수도 있기 때문이다.

6 램프 직접제어 BCM Body Control Module 전조등 Electricity

램프 직접제어 방식 BCM(Body Control Module) 장착 차량의 전조등 작동은 기존의 전조등 스위치에서 BCM으로 작동 신호를 보내면 릴레이를 제어하여 전조등을 작동시키는 방식에서 릴레이의 기능을 BCM에서 직접 제어하는 방식으로 변경되었다. 이렇게 함으로서 제어 릴레이와 제어 관련 퓨즈를 삭제 할 수 있는 효과를 볼 수 있으며, 고장 진단에서도 스캐너를 통한 입·출력 상태와 액추에이터 테스트, 고장 코드를 형성 할 수 있어 진단 작업이 편리하다

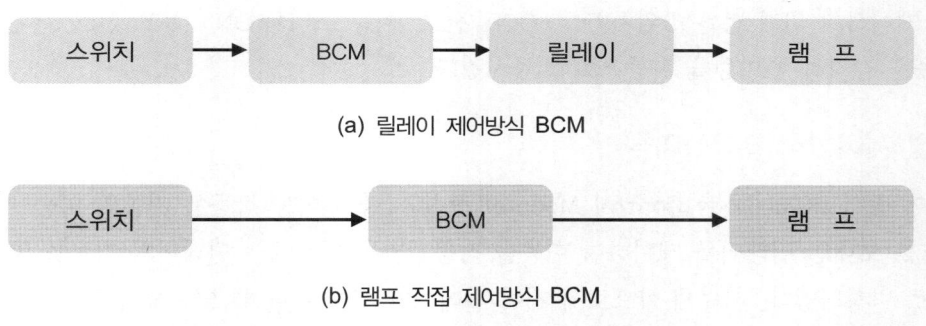

(a) 릴레이 제어방식 BCM

(b) 램프 직접 제어방식 BCM

∷ 릴레이 제어방식과 램프 직접제어 방식

7 미등 Tail Lamp Electricity

1 미등의 개요

미등은 후미등을 말하며, 사용되는 전구는 단동식과 겸용식이 있다. 미등은 자동차의 뒷부분, 자동차의 폭, 자동차의 주차 등을 나타내는 용도로 사용되고 있다.

단동식은 필라멘트가 1개 있는 것을 말하고 겸용식은 필라멘트가 2개 설치되어 있는 것을 말한다. 복동식을 사용하는 전구는 후미등과 제동등의 겸용으로 사용되고 있으며, 후미등의 필라멘트는 5~8W 정도이고 제동등의 필라멘트는 21~27W 정도이다. 또한 미등 회로는 번호판등과 같이 작동한다.

2 미등 자동 소등 시스템

1) 미등의 자동 소등 기능

미등의 자동 소등 기능은 미등이 점등된 상태에서 점화 스위치를 OFF시키고 운전자가 이동하였을 때 배터리의 방전 요인이 되는 현상을 근본적으로 방지하기 위한 시스템으로 미등이 점등되어 있는 상태로 운전자가 시동을 끄고 하차하기 위해 운전석 도어를 열면 그 즉시 미등이 자동으로 소등되는 기능이다

:: 미등의 자동 소등 기능

2) 미등 자동 소등 기능의 작동

미등 자동 소등 기능의 작동은 전기 제어장치(전기 제어장치의 명칭은 제작회사와 그 방식에 따라 명칭이 달라 여기에서는 "전기 제어장치"로 통칭한다.)에 의해 전자적으로 제어되며, 전기 제어장치는 미등의 자동 소등 기능을 제어하기 위해 점화 스위치 ON·OFF 신호, 미등 스위치 ON·OFF 신호, 운전석 도어 열림·닫힘 신호 등을 감지하여 미등을 자동으로 소등시킨다.

3 램프 직접 제어방식 BCM 미등

램프 직접제어 방식 BCM(Body Control Module) 장착 차량의 미등 작동은 기존의 미등 스위치에서 BCM으로 작동 신호를 보내면 릴레이를 제어하여 미등을 작동시키는 방식에서 릴레이의 기능을 BCM에서 직접 제어하는 방식으로 변경되었다. 이렇게 함으로서 제어 릴레이와 제어 관련 퓨즈를 삭제 할 수 있는 효과를 볼 수 있으며, 고장 진단에서도 스캐너를 통한 입·출력 상태와 액추에이터 테스트, 고장 코드를 형성 할 수 있어 진단 작업이 편리하다.

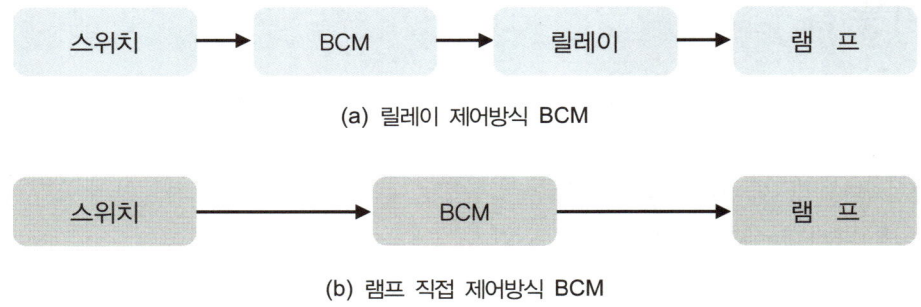

:: 릴레이 제어방식과 램프 직접제어 방식

4 미등 회로

평상시 미등의 경우 점화 스위치 ON과 관계없이 작동되어야 하므로 상시 전원이 미등 릴레이의 코일과 릴레이 접점에 공급되고 있으며, 접지는 다기능 스위치의 라이트 스위치에 의해 이루어진다. 이는 스위치 작동이 접지에 의해 제어된다는 것을 의미하며, 미등의 작동은 접지가 대기하고 있는 상태에서 전원이 공급되면 미등이 점등된다. 이는 미등이 항상 접지되어 있는 상태로 컨트롤 요소에서 전원이 공급되면 미등이 점등된다.

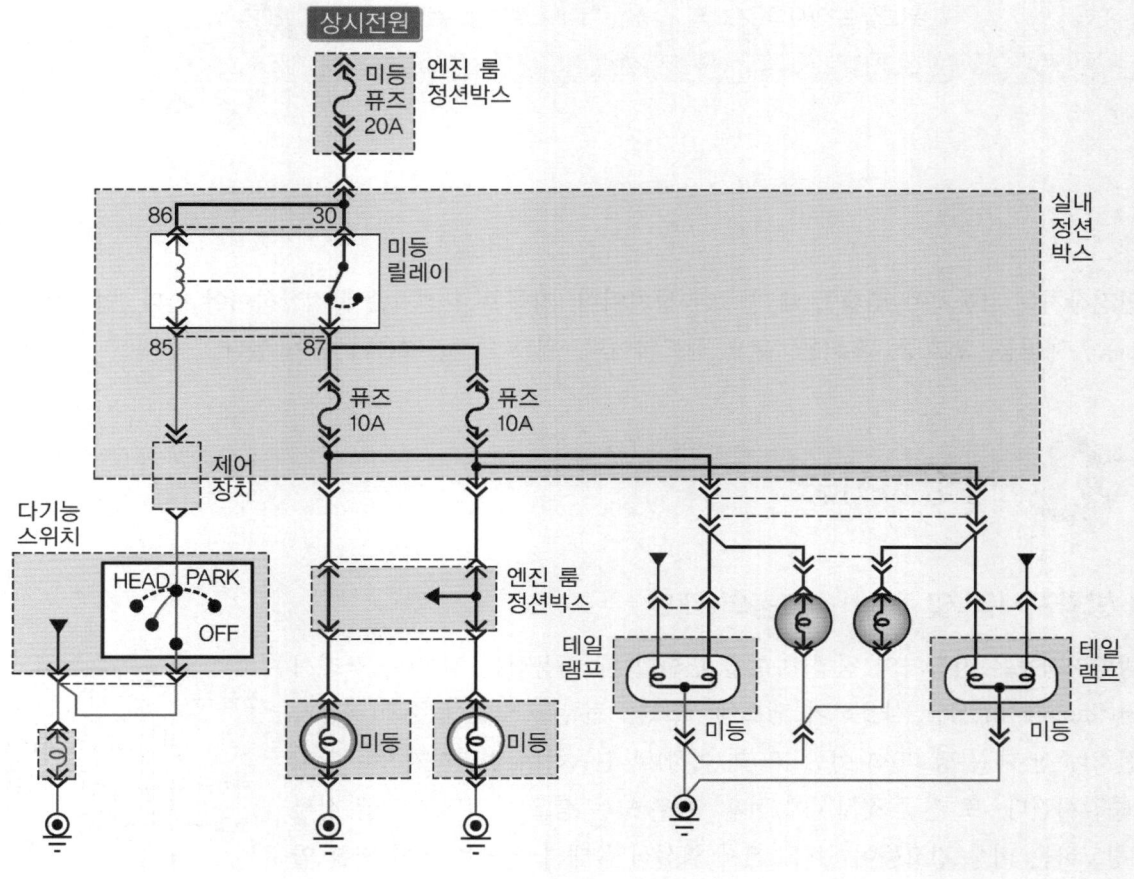

∷ 미등 회로

13 안전장치

학/습/목/표

1. 방향지시등의 구조 및 작동에 대하여 설명할 수 있다.
2. 제동등의 구조 및 작동에 대하여 설명할 수 있다.
3. 후퇴등의 구조 및 작동에 대하여 설명할 수 있다.
4. 경음기의 구조 및 작동에 대하여 설명할 수 있다.
5. 윈드실드 와이퍼의 구조 및 작동에 대해 알 수 있다.
6. 레인 센서 구조 및 작용에 대하여 설명할 수 있다.
7. 윈드실드 와셔의 구조 및 작동에 대하여 설명할 수 있다.

안전장치는 자동차가 주행할 때 필요한 장치이며, 자동차 안전기준에 적합하여야 한다. 안전장치에는 방향지시등, 제동등, 번호등, 후퇴등, 윈드 실드와이퍼, 윈드 와셔, 경음기 등이 있다.

 1 방향지시등 ⟨Electricity⟩

1 방향지시등 및 비상 경고등의 개요

방향지시등은 자동차의 진행 방향을 변환할 때 사용하는 것이며, 플래셔 유닛(flasher unit)을 사용하여 램프에 흐르는 전류를 일정한 주기(자동차 안전 기준상 매 분당 60회 이상 120회 이하)로 단속하여 점멸시키거나 광도를 증감시킨다. 또 긴급 정차시에 전후, 좌우 모든 램프의 점멸로 긴급 상황을 경고하는 비상 경고등이 있다. 전자 열선식 플래셔 유닛은 열에 의한 열선(heat coil)의 신축 작용을 이용한 것이며, 중앙에 있는 전자석과 이 전자석에 의해 끌어 당겨지는 2조의 가동 접점으로 구성되어 있다. 방향지시등 스위치를 좌우 어느 방향으로든 넣으면 접점 P_1은 열선의 장력에 의해 열려지는 힘을 받고 있다. 따라서 열선이 가열되어 늘어나면 닫히고, 냉각되면 다시 열리기 때문에 방향지시등이 점멸하게 되고 접점 P_2는 파일럿 등을 점멸시킨다.

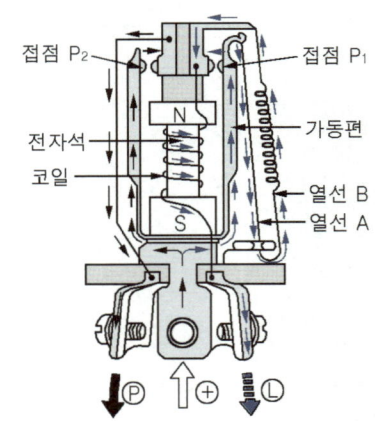

:: **전자 열선식 플래셔 유닛의 구조**

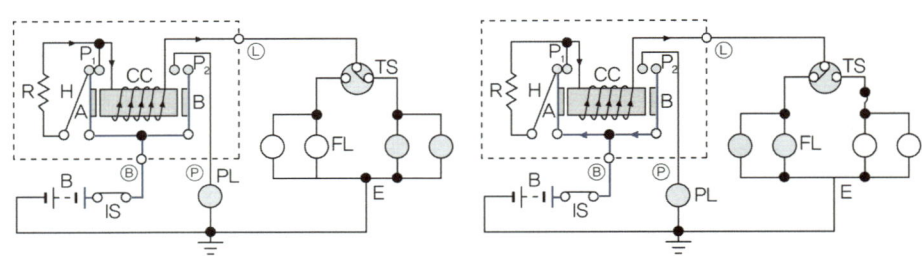

:: **전자 열선식 플래셔 유닛의 작동도**

② 방향지시등 및 비상 경고등 회로

평상시 방향지시등은 점화 스위치 ON에서 작동하여야 하므로 "ON/START 전원"이 방향지시등 스위치를 경유하여 플래셔 유닛으로 작동 전원을 공급한다. 하지만 비상 경고등과 도난 방지 기능에 의해 비상 경고등이 작동할 경우 점화 스위치 ON과 관계없이 작동하여야 하므로 상시 전원이 비상 경고등 스위치에 작동 전원과 도난 방지 릴레이의 코일 전원 및 릴레이 접점 전원을 공급하고 있다. 접지의 경우 플래셔 유닛 작동 접지와 각각의 방향지시등 작동 접지가 전구에 작동을 대기하고 있다.

1) 방향시시등의 작동 원리

방향지시등 스위치가 작동하지 않을 경우 플래셔 유닛의 코일 컨트롤 단자에는 아무런 반응이 없는 상태를 말한다. 이때 방향지시등 스위치에서 좌측 또는 우측으로 스위치를 작동시키면 방향지시등의 필라멘트를 거쳐서 오는 접지가 코일 컨트롤 단자에 접지를 공급하게 된다.

코일 컨트롤 단자에 접지가 공급되면 플래셔 유닛 내부 회로의 작동에 의해 플래셔 유닛 코일을 작동하게 되고 코일의 작동에 의해 접점이 닫히므로 플래셔 유닛에 와 있던 작동 전원이 접점을 거쳐 방향지시등의 램프에 전원이 공급되어 방향지시등 램프가 작동하고 플래셔 유닛에도 코일 컨트롤 단자에 작동 전원이 입력된다. 플래셔 유닛의 코일 컨트롤 단자에 작동 전원이 입력되면 플래셔 유닛 내부 회로의 작동에 의해 플래셔 유닛 코일에 흐르는 전원을 차단하여 코일의 작동이 멈춤으로 닫혀있던 접점이 열리게 된다.

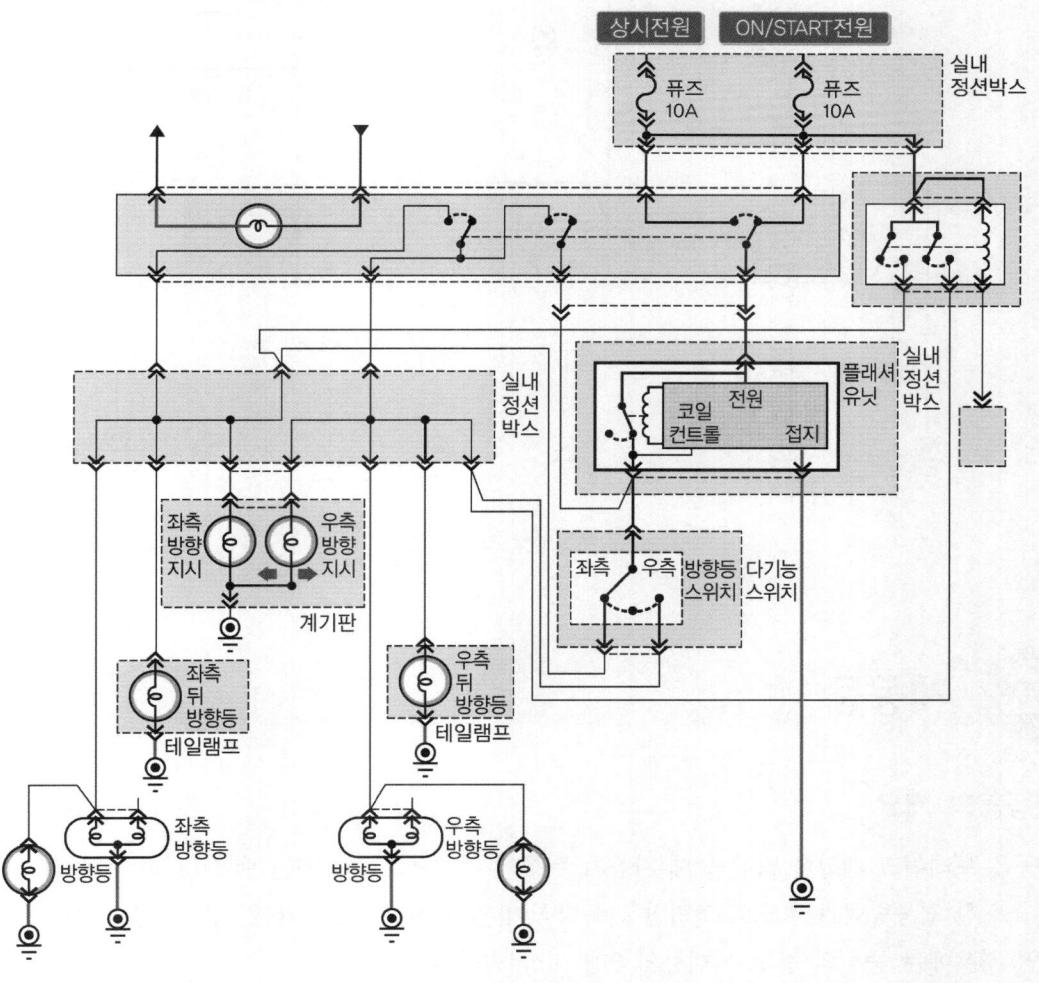

❖ 방향지시등 회로

2) 비상 경고등의 작동 원리

비상 경고등이 작동할 때 플래셔 유닛의 점멸 원리는 방향지시등이 점멸하는 원리와 거의 같지만 비상 경고등의 특성상 점화 스위치 "ON"과 관계없이 작동하여야 한다는 점과 방향지시등이 앞뒤 양쪽 모두 작동하여야 한다는 점이 다르다. 이렇기 때문에 비상등 점멸의 경우 방향지시등과 같은 플래셔 유닛을 사용하면서 앞뒤 양쪽 방향지시등과의 연결을 비상등을 통해서 연결함으로서 비상등 작동시 양쪽이 점멸할 수 있는 구조를 갖는다. 이는 기존의 방향지시등이 작동할 때 방향지시등 스위치에 의해 작동 램프와 플래셔 유닛을 구동해 주는 것을 비상등 스위치가 양쪽 램프의 연결과 플래셔 유닛의 구동을 한다고 보면 된다.

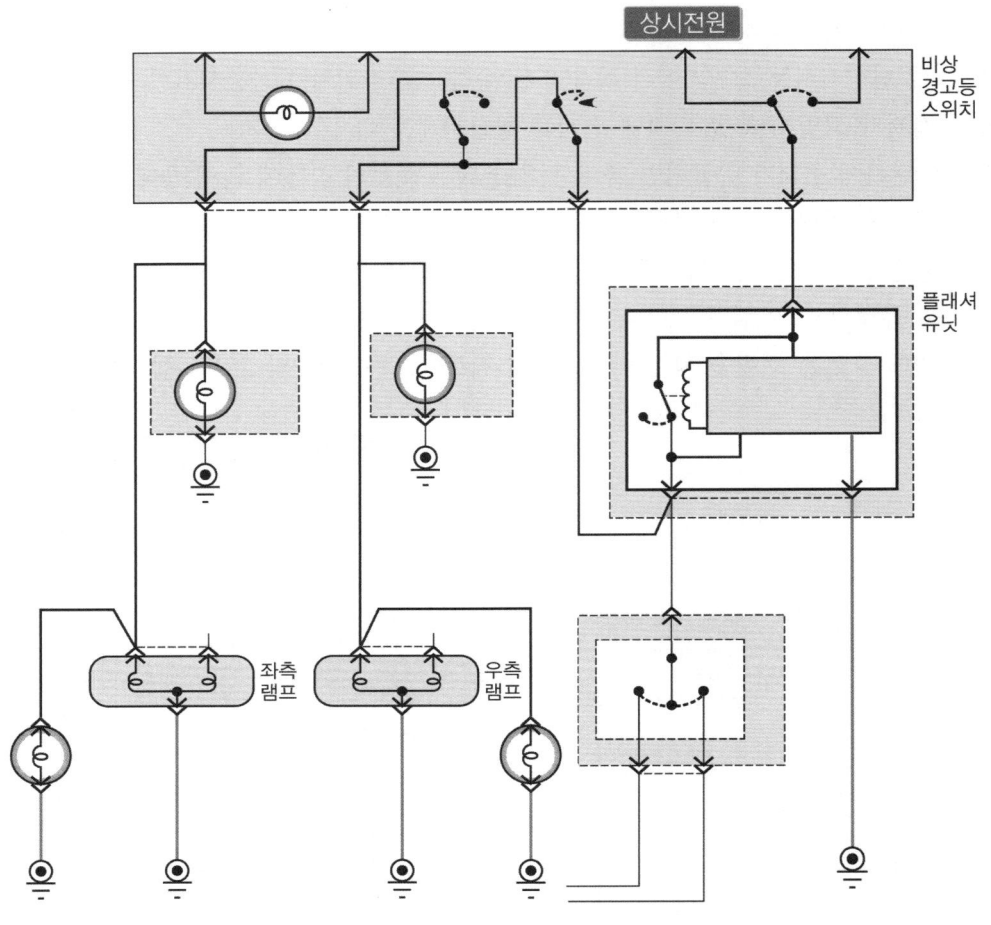

:: 비상 경고등 회로

2 제동등

1 제동등의 개요

제동등은 브레이크 페달을 밟았을 때 자동차 뒤쪽에 적색으로 점등되는 램프(lamp)이며, 미등(tail lamp)의 일부에 조립한 겸용방식과 별도로 조립한 단독방식이 있고 전구는 15~30W 정도를 많이 사용한다. 미등과 겸용방식인 경우에는 중심의 광도가 미등의 3배 이상 되어야 한다.

겸용방식의 경우 1개의 전구 속에 2개의 필라멘트가 있으며, 미등은 5~8W, 제동등은 25W 정도이다. 등화의 색은 적색이어야 한다. 제동등 스위치의 작동방식에는 기계식과 유압식이 있다. 기계식은 브레이크 페달을 밟으면 스위치 접점이 접속되어 점등되며, 유압식은 페달을 밟으면 마스터 실린더 내의 유압이 스위치의 다이어프램을 밀어서 접점이 접속되어 점등된다.

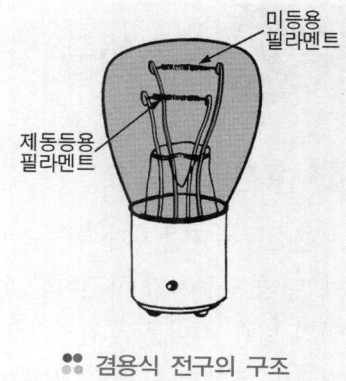

:: 겸용식 전구의 구조

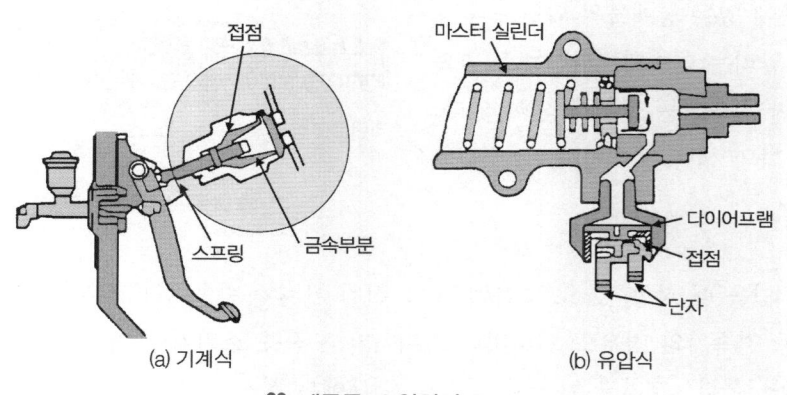

:: 제동등 스위치의 구조

2 제동등 회로

제동등은 점화 스위치 ON과 관계없이 작동하여야 함으로 상시 전원이 정지등 스위치에 작동 전원으로 공급되며, 테일 콤비네이션 램프의 좌우 제동등 램프에 상시 접지가 와 있어 평상시 정지등은 작동 대기를 하고 있다. 정제동의 작동은 평상시에 제동등 스위치에 와있던 작동 전원은 브레이크 페달을 밟아 제동등 스위치가 작동하게 되면 상시 전원이 뒤 좌우 테일 콤비네이션 램프의 제동등에 전원을 공급하게 됨으로써 상시접지와 작동 전원에 의해 점등하게 된다.

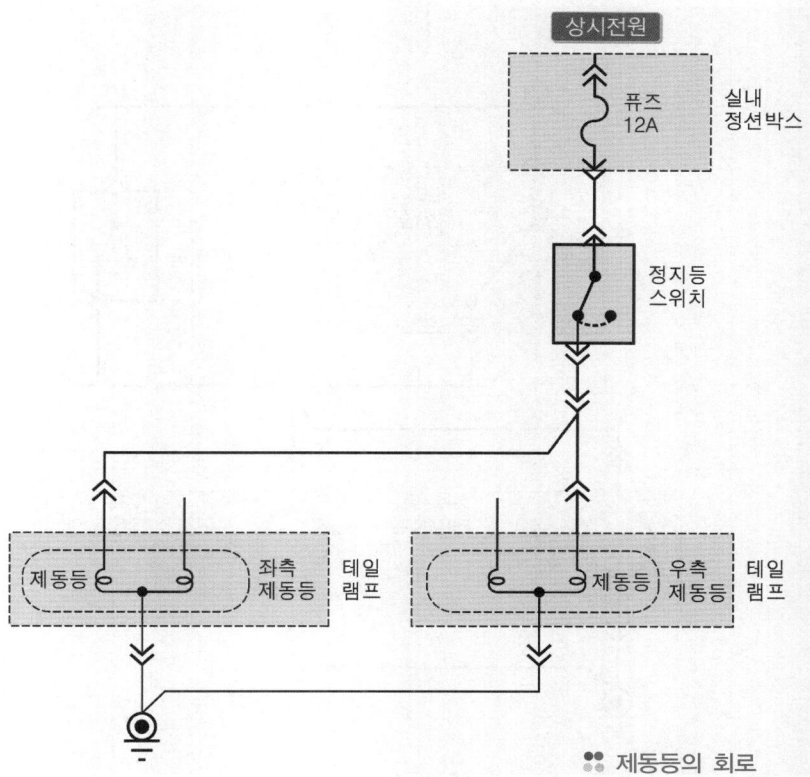

:: 제동등의 회로

 **후퇴등**

1 후진등의 개요

후진등은 자동차가 후진할 때 뒤쪽에 있는 장애물의 확인과 후방에 대해 자동차가 후진하고 있음을 알리는 등이다. 후진등은 변속기의 변속 레버를 후진위치로 넣으면 점등되는 구조로 되어 있다. 전구의 용량은 5~27W 정도이며 등화의 색은 백색이다.

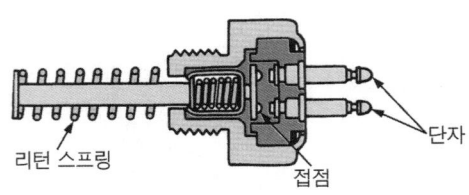

:: 후퇴등 스위치의 구조

2 후진등 회로

후진등의 경우 점화 스위치 ON에 있을 때 작동함으로 "ON/START 전원"이 수동변속기의 경우 후진등 스위치에 작동 전원을 공급을 한다. 자동 변속기의 경우도 인히비터 스위치가 후진등 스위치의 역할을 하여 작동전원을 인히비터 스위치에 전원을 공급한다. 그리고 뒤 좌우 후진등 램프에는 상시 접지가 되어 있어 평상시 후진등은 작동을 대기하고 있는 상태가 된다.

후진등의 작동은 평상시에 후진등 스위치에 와있던 작동 전원이 변속 레버를 후진 위치로 이동시키면 후진등 스위치가 작동하게 되며, 후진등 스위치에 있던 ON 전원이 좌우 테일 콤비네이션 램프의 후진등에 공급되어 상시 접지와 작동 전원에 의해 후진등이 점등된다.

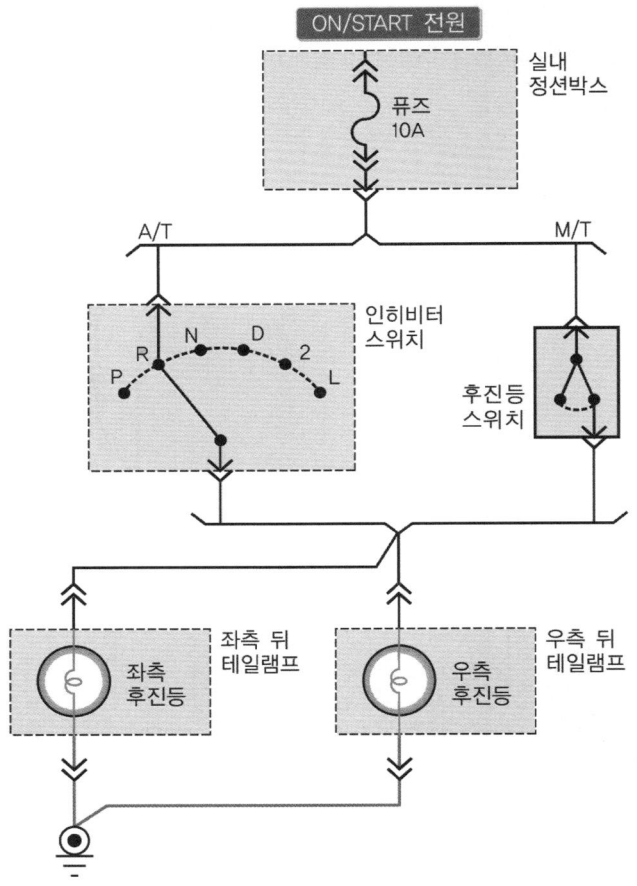

:: 후퇴등 회로

4 경음기

경음기의 종류에는 전자석에 의해 진동 판을 진동시키는 전기식과 압축 공기에 의 하여 진동판을 진동시키는 공기식이 있다. 전기식 경음기는 다이어프램, 접점 및 조정 너트, 진동판 등으로 구성되어 있다. 경음 기 스위치를 ON으로 하면 코일 L_1의 자력 에 의해 경음기 릴레이 접점 P_1이 닫히고 전류는 배터리로부터 H단자를 거쳐 경음기 로 흐른다. 경음기 코일 L_2에 전류가 흐르

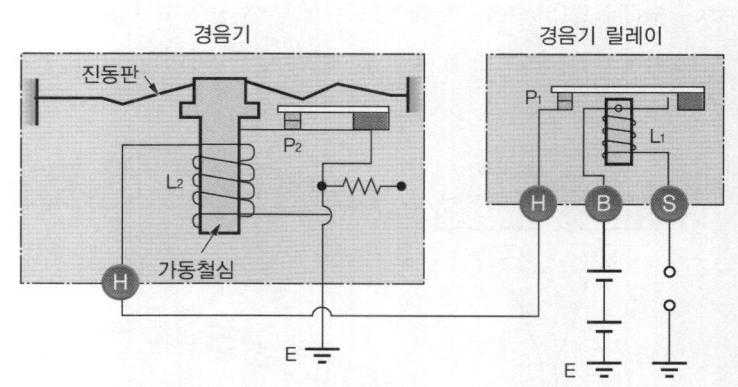

🎗 전기식 경음기의 작동 회로

면 코일에 발생한 자력에 의하여 가동 철심이 흡인된다. 이에 따라 가동 철심의 한쪽 끝으로부터 접점 P_2의 경음기 회로가 열려 코일에 자력이 없어지기 때문에 진동판과 스프링의 탄성에 의하여 가동 철심은 제자리로 복귀하며, 접점 P_2는 다시 닫힌다. 이러한 작동을 200~600회/초의 주기로 진동판을 진동시킨다.

5 윈드 실드 와이퍼

1 윈드 실드 와이퍼의 구조

윈드 실드 와이퍼(Wind Shield Wiper)는 비 또는 눈이 올 때 운전자의 시야가 방해되는 것을 방지하기 위해 앞면 유리를 닦아내는 역할을 한다. 전기식 윈드 실드 와이퍼는 동력을 발생하는 전동기부, 동력을 전달하는 링크부분 및 앞면 유리를 닦는 윈드 실드 와이퍼 블레이드(Wiper Blade) 부분으로 구성되어 있다.

1) 와이퍼 모터 wiper motor

구조는 직류 복권식 전동기(전기 자 코일과 계자 코일이 직·병렬 연 결된 것)를 사용하며, 전기자 축의 회전을 약 1/90~1/100의 회전속도 로 감속하는 기어와 블레이드가 항 상 창유리 아래쪽으로 내려갔을 때 정지되도록 하기 위한 자동 정위치 정지장치 등과 저속에서 블레이드 작동 속도를 조절하는 타이머 등이 함께 조립되어 있다.

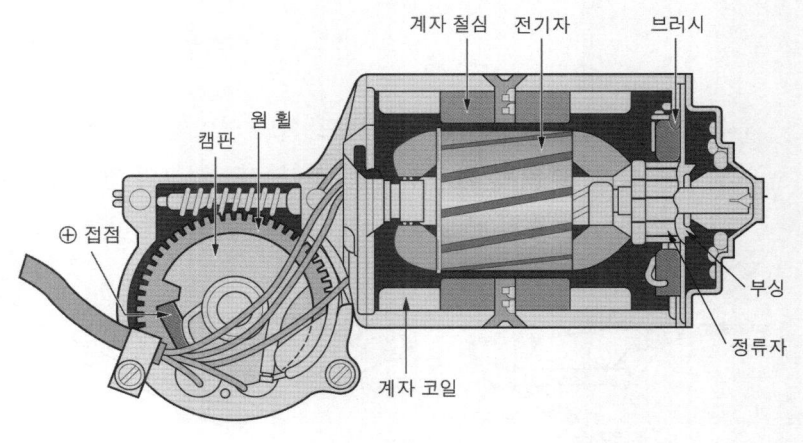

🎗 와이퍼 모터의 구조

2) 와이퍼 암과 블레이드

① **와이퍼 암**(wiper arm) : 와이퍼 암은 그 한쪽 끝에 지지되는 블레이드를 창유리 면에 접촉시키고, 프로텍션 상자(protection box)를 통해 링크나 전동기 구동축에 결합하는 역할도 한다.

② **블레이드**(blade) : 블레이드는 고무 제품이며, 창유리를 닦는 부분이다. 고무의 위 부분을 금속으로 지지하고 금속의 중앙 부분을 윈드 실드 와이퍼 암의 선단으로 받치고 있다.

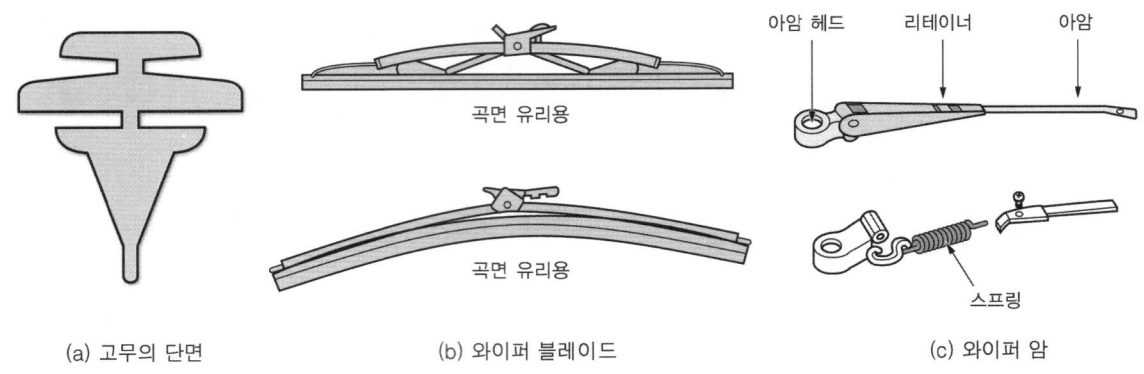

(a) 고무의 단면　　　　(b) 와이퍼 블레이드　　　　(c) 와이퍼 암

∷ 윈드 실드 와이퍼 암과 블레이드

　　윈드 실드 와이퍼 블레이드는 작동 중에 블레이드의 접촉 각도가 너무 크거나 적으면 닦는 상태가 나빠지며, 작동 중 윈드 실드 와이퍼 블레이드의 떨림 현상이 발생할 수 있다. 그러므로 전면 유리와의 접촉 각도는 30~50° 정도를 유지하도록 해야 한다.

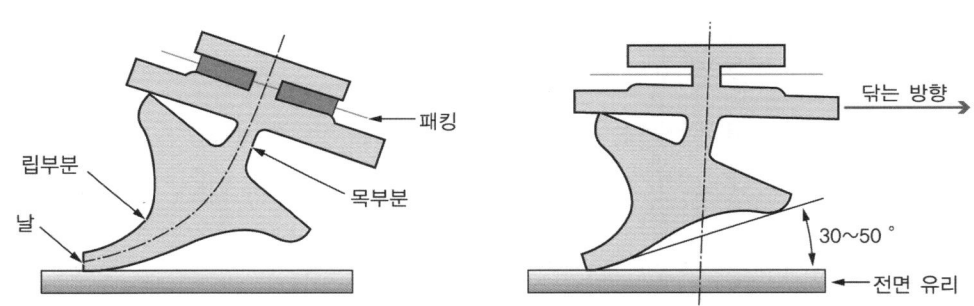

∷ 와이퍼 블레이드의 접촉 각도

③ **링크기구** : 링크 기구는 좌우의 윈드 실드 와이퍼 블레이드를 연동시키는 구조로 되어 있으며, 연동 방법에는 평형, 연동형, 대향형 등이 있다. 또, 링크의 연결 방법은 차량에 따라 다르지만 어느 것이나 강판을 프레스 한 것이 사용되며, 각 연결부에는 쿠션 고무 등을 끼워 마모나 헐거움이 적도록 되어 있다.

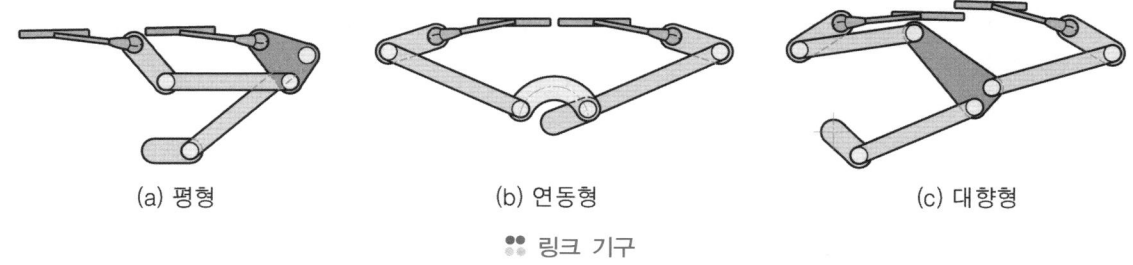

(a) 평형　　　　(b) 연동형　　　　(c) 대향형

∷ 링크 기구

2 윈드 실드 와이퍼의 회로

1) LOW에서의 작동

　LO(저속)로 작동할 때는 그림과 같이 인트, 로, 하이 스위치 세 가지 모두 LO의 접점으로 연결이 된다. 와이퍼 스위치가 연결이 되면 두 번째 스위치의 접점에 의해 와이퍼 모터의 LO 단자로 작동 접지를 공급하게 되어 와이퍼 모터는 저속으로 작동하게 된다. 이때 세 번째 스위치도 LO 접점에 접촉되어 있기 때문에 와이퍼 릴레이에서 오게 되는 전원과는 부딪치지 않게 된다.

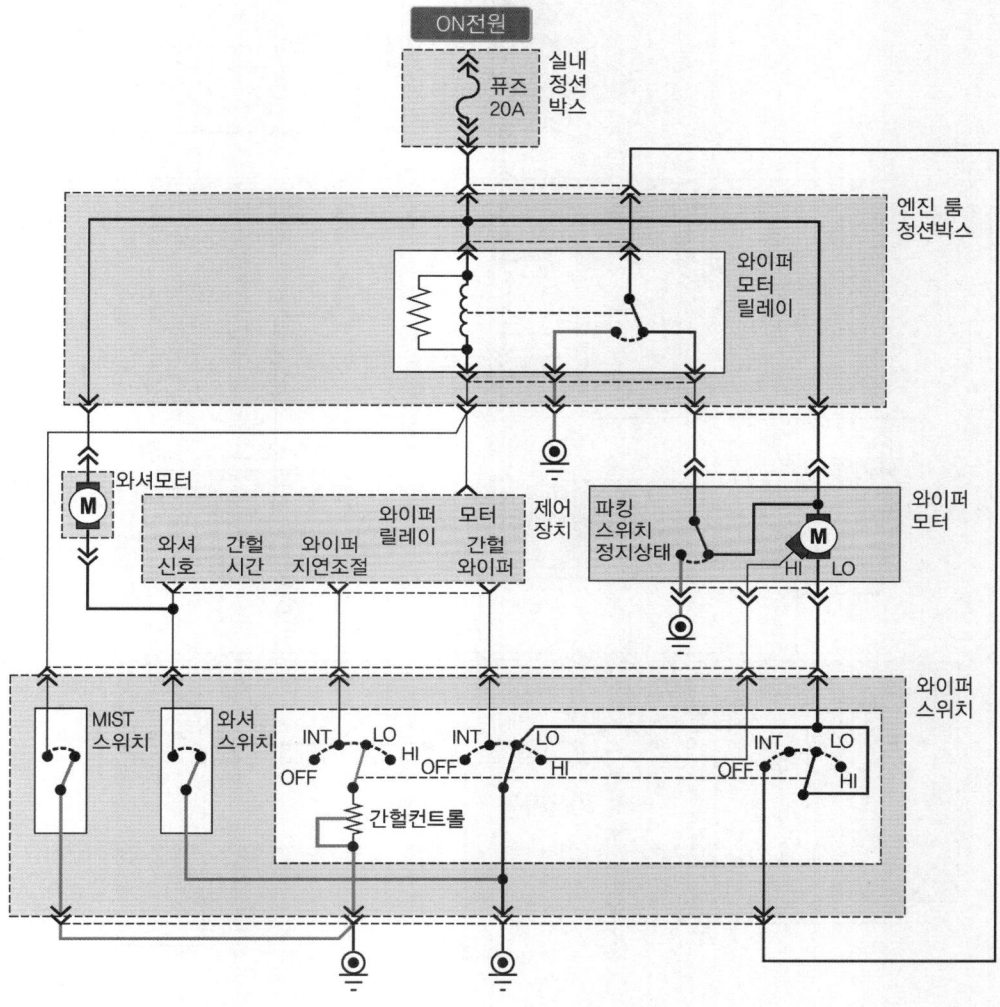

❖❖ LO(저속) 작동 회로도

2) HIGHT에서의 작동

HI(고속)으로 작동할 때의 경우에도 와이퍼 스위치를 작동하면 그림과 같이 인트, 로, 하이 스위치 세 가지 모두 HI 접점으로 연결이 된다. 와이퍼 스위치가 연결이 되면 두 번째 스위치의 접점에 의해 와이퍼 모터의 HI 단자로 작동 접지를 공급하게 되어 와이퍼 모터는 고속으로 작동하게 된다. 이때 LO 작동 시와 마찬가지로 세 번째 스위치가 HI 접점으로 접촉되어 있기 때문에 와이퍼 릴레이에서 오게 되는 전원과는 부딪치지 않게 된다.

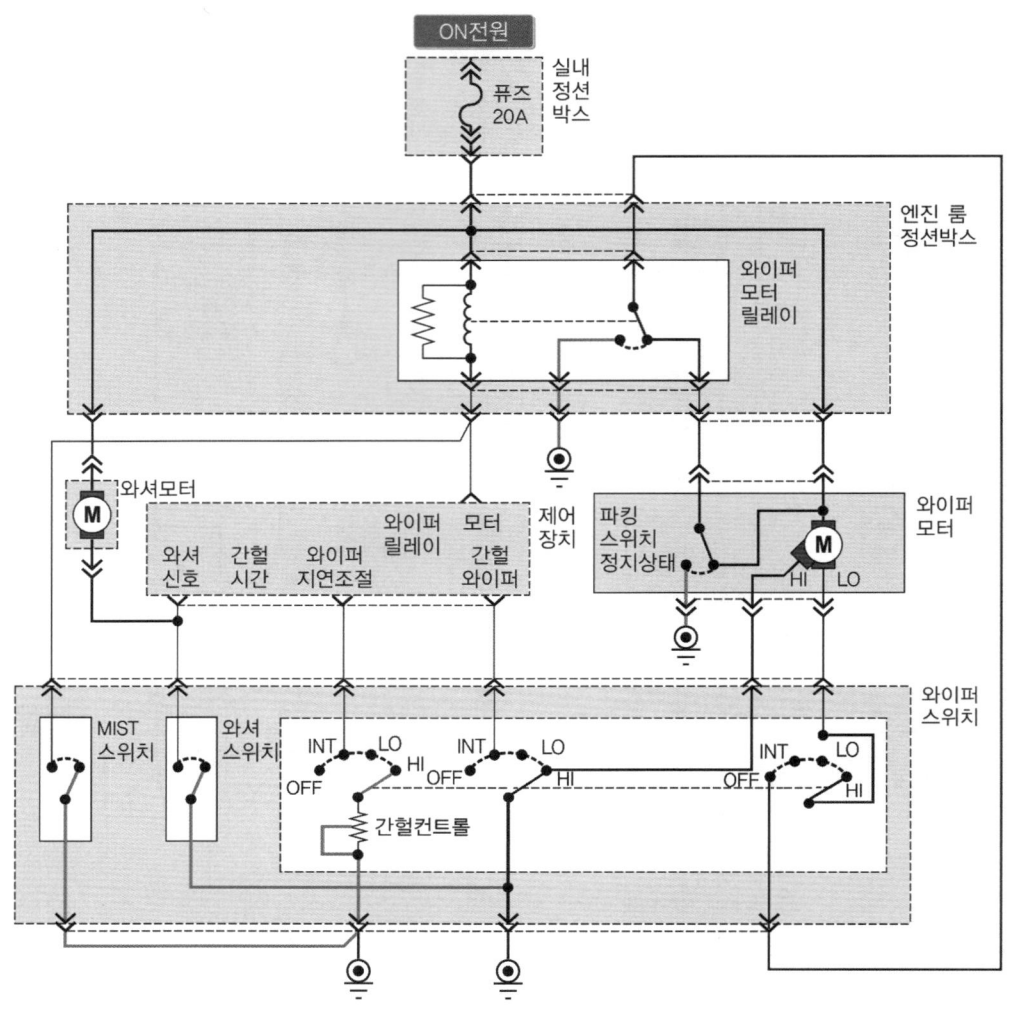

HI(고속) 작동 회로도

3) 인트(INT)에서의 작동

인트(INT) 작동의 경우 와이퍼 스위치를 작동하면 그림과 같이 인트, 로, 하이 스위치 세 가지 모두가 INT의 접점으로 연결되어 있다. 와이퍼 스위치가 연결이 되면 간헐 컨트롤(볼륨 저항 : 와이퍼 스위치의 와이퍼 조정시간 조정 스위치)이 있는 스위치 쪽의 경우 제어장치로 운전자가 선택한 인트 볼륨에 대한 값을 제어장치로 알려 주고 또 한쪽의 스위치가 인트의 작동 유무를 제어장치로 알려 주게 된다. 이 신호를 받은 제어장치는 인트 작동 시간 등을 결정하여 와이퍼 모터 릴레이의 솔레노이드 구동을 위한 접지를 출력하게 된다. 와이퍼 릴레이에서 솔레노이드가 작동하게 되면 접점은 아래쪽의 상시 접지가 있는 접지와 연결이 된다. 와이퍼 모터 릴레이에 연결된 접지는 와이퍼 스위치의 세 번째 스위치의 OFF 단자로 오게 되고 와이퍼 스위치의 OFF 단자는 항상 인트 단자와 연결이 되어 있다. 이 단자는 와이퍼의 LO 단자로 작동 접지를 공급하게 되어 와이퍼 모터는 저속으로 작동하게 된다.

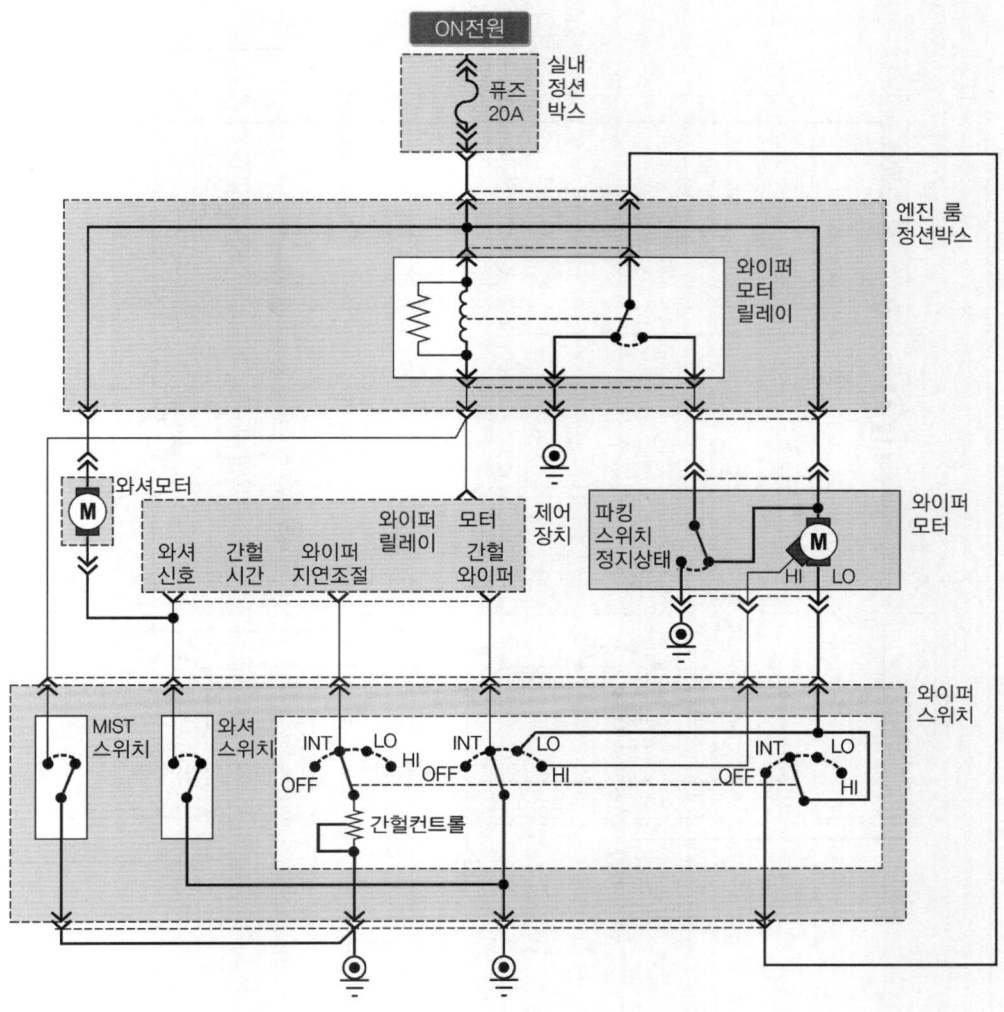

:: INT(간헐) 작동 회로도

4) MIST(미스트T) 작동

미스트(MIST) 기능은 와이퍼 스위치 OFF 위치에서 스위치를 위로(와셔 작동이 아님) 하게 되면 와이퍼만 작동하게 되는 기능을 말한다. 이 기능이 없는 경우가 있으므로 참고 하여야 하며, 미스트 스위치를 위로 올린 상태에서 스위치를 놓으면 다시 리턴을 된다. 미스트의 작동은 미스트 스위치를 위로 하면 그림과 같이 미스트 스위치 접점으로 연결이 된다. 미스트 스위치에는 이미 와있던 접지가 와이퍼 모터 릴레이로 접지를 공급하게 되고 와이퍼 모터 릴레이의 솔레노이드가 작동하게 된다.

와이퍼 모터 릴레이에서 솔레노이드가 작동하게 되면 접점은 아래쪽의 상시 접지와 연결이 되고 와이퍼 모터 릴레이에 연결된 접지는 와이퍼 스위치의 세 번째 스위치의 OFF 단자로 오게 된다. 와이퍼 스위치의 OFF 단자는 항상 와이퍼의 LO 단자와 연결이 되어 있고 이 단자는 와이퍼의 LO 단자로 작동 접지를 공급하게 되어 와이퍼 모터는 저속으로 작동하게 된다.

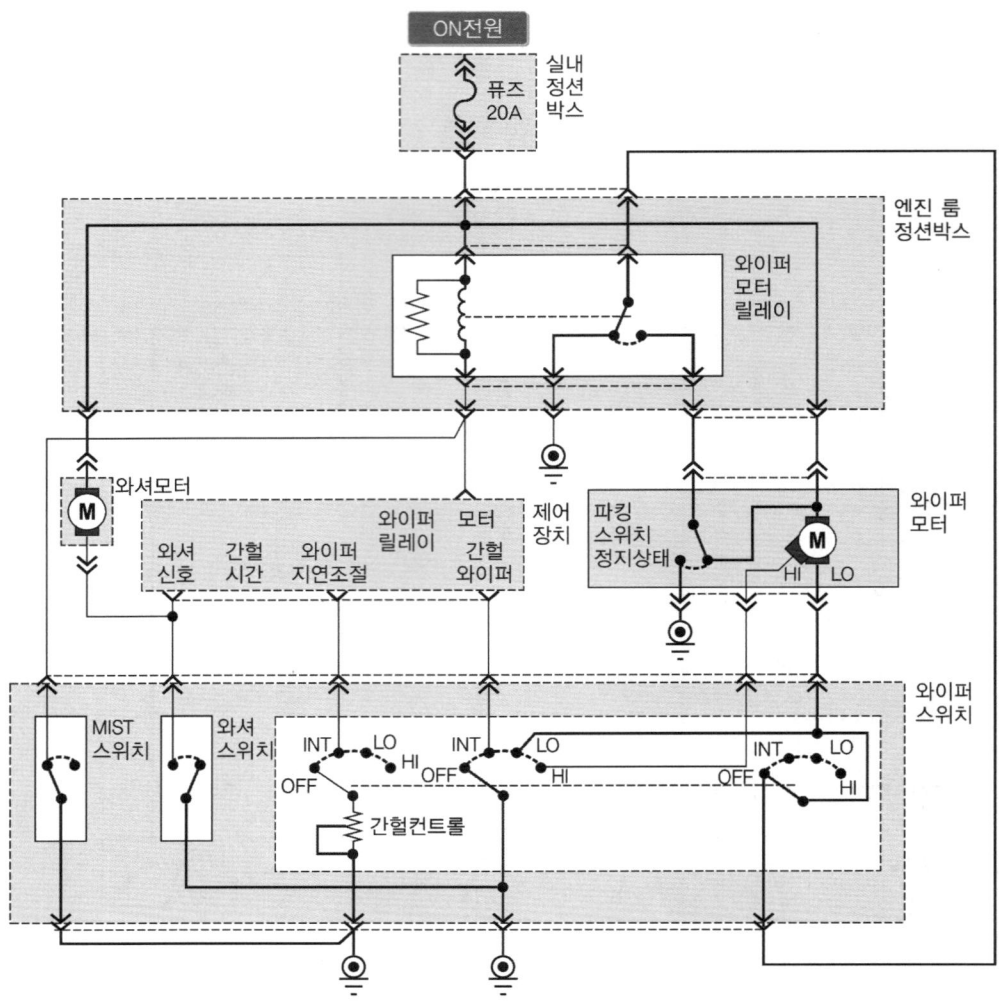

❖ MIST(미스트) 작동 회로도

5) 블레이드 자동정지 장치의 작동 원리

　와이퍼 블레이드가 파킹 위치(블레이드가 밑으로 와있는 상태)로 왔을 때 운전자가 와이퍼 스위치를 OFF 시킬 수 없으므로 와이퍼 작동 회로에 운전자가 와이퍼 스위치를 임의적으로 OFF시키더라도 와이퍼의 정지 지점이 파킹 위치로 올 수 있도록 하여야 한다.

　따라서 와이퍼 회로에서 파킹을 위해 와이퍼 모터 내의 웜 기어에 회로를 연결 또는 차단할 수 있도록 배치하여 와이퍼 스위치를 OFF시키면 정위치에 정지하도록 설계되어 있다. 와이퍼 스위치를 작동 위치로 가면 와이퍼 모터의 작동에 의해 모터 내부의 파킹 스위치의 접점은 작동 접지와 연결된 상태로 와이퍼 모터는 작동을 하게 된다.

　이 상태에서 그림 작동 원리 2의 와이퍼 스위치 ①을 OFF시키면 파킹 스위치 ②의 작동 접지에 의해 와이퍼 모터는 계속 회전을 하다가 ③-④-⑤-⑥ 파킹 위치가 되면 파킹 스위치 ⑦의 접지는 반대편으로 접점이 접촉되어 접지에 의해 공급되던 접지가 와이퍼 모터의 작동 전원과 연결되어 와이퍼 모터 ⑧의 양단에 전원이 연결되는 상태가 되어 파킹위치에서 모터가 정지하게 된다.

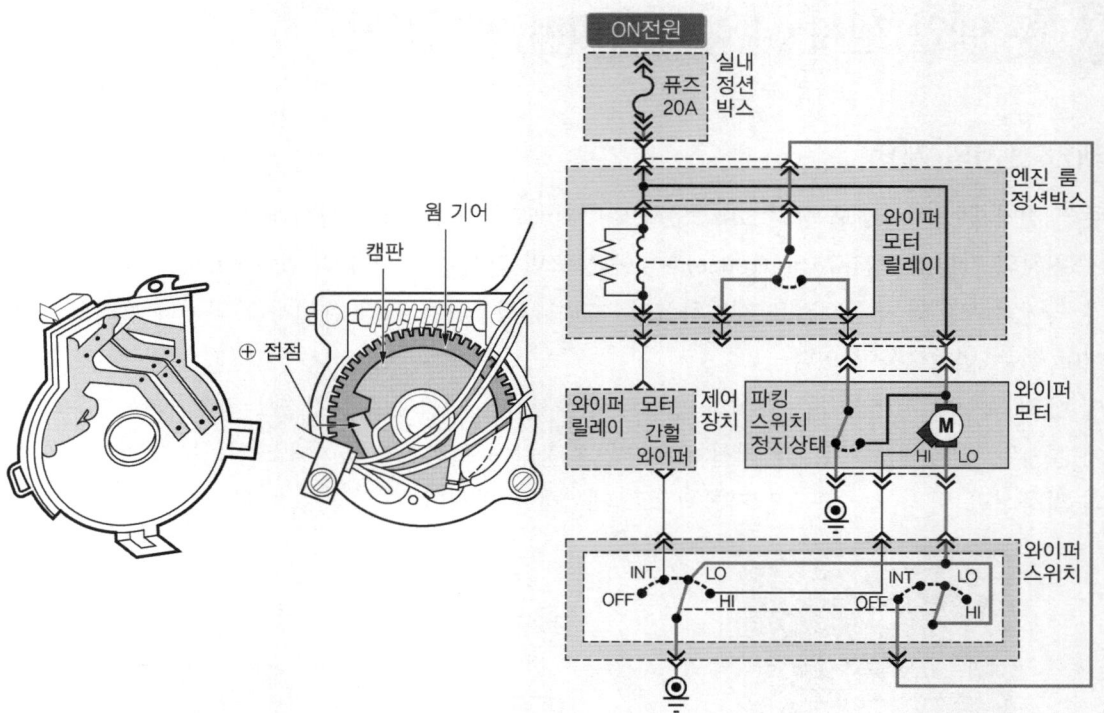

:: 와이퍼 스위치 OFF시 정지의 작동 원리 1

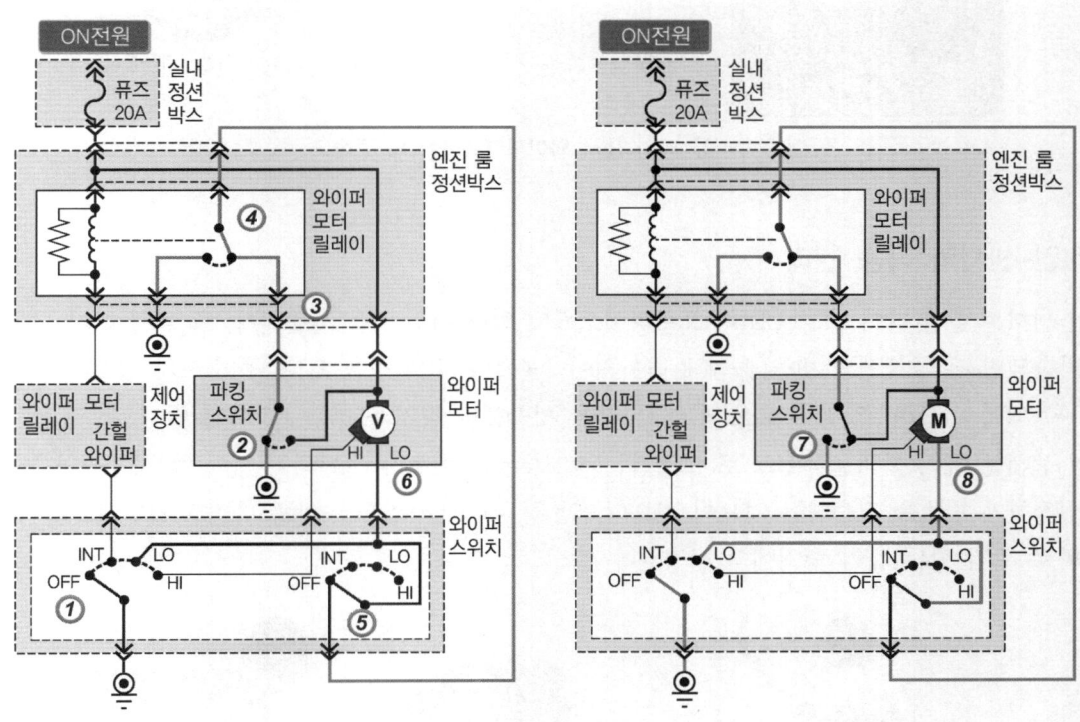

:: 와이퍼 스위치 OFF시 정지의 작동 원리 2

1 레인 센서의 개요

기존의 전자제어 시간경보 장치(ETACS)가 와이퍼 모터를 제어하는 형식에서는 와이퍼 모터 구동시간을 다기능 스위치의 간헐(INT, intermittence)위치에 놓으면 간헐 볼륨 저항의 입력신호에 따라 전자제어 시간경보 장치가 와이퍼 모터의 구동시간을 제어하였다. 그러나 강우량에 따라 운전자가 와이퍼 모터의 구동시간을 조절하여야 하는 번거로움이 있다.

레인 센서 와이퍼 제어장치는 와이퍼 모터의 구동시간을 전자제어 시간경보 장치가 앞 창유리의 상단 안쪽 부분에 설치된 레인 센서와 컴퓨터에서 강우량을 검출하여 운전자가 와이퍼 스위치를 조작하지 않아도 와이퍼 모터의 작동시간 및 저속·고속을 자동적으로 제어하는 방식이다.

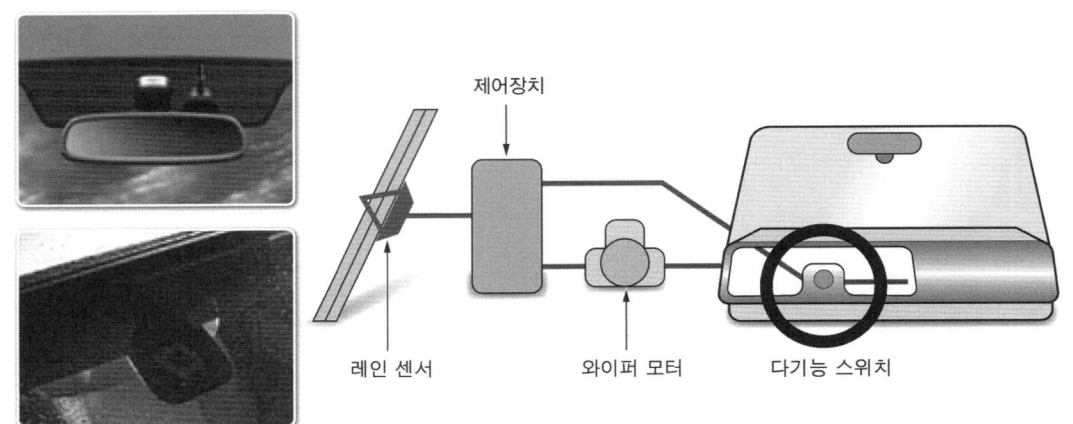

❖ 레인 센서 와이퍼 제어장치의 구성도

2 레인 센서의 작동 원리

레인 센서는 발광 다이오드(LED)와 포토다이오드에 의해 비의 양을 검출한다. 즉 발광 다이오드로부터 적외선이 방출되면 유리 표면의 빗물에 의해 반사되어 돌아오는 적외선을 포토다이오드가 검출하여 비의 양을 검출하도록 되어 있으며, 직경 0.4mm의 아주 작은 빗방울도 감지하도록 구성되어 있다.

레인 센서는 유리 투과율을 스스로 보정하는 서보(servo)회로가 설치되어 있어 앞 창유리의 투과율에 관계없이 일정하게 빗물을 검출하는 기능이 있으며, 앞 창유리의 투과율은 발광 다이오드와 포토다이오드와의 중앙점 바로 위에 있는 유리 영역에서 결정된다.

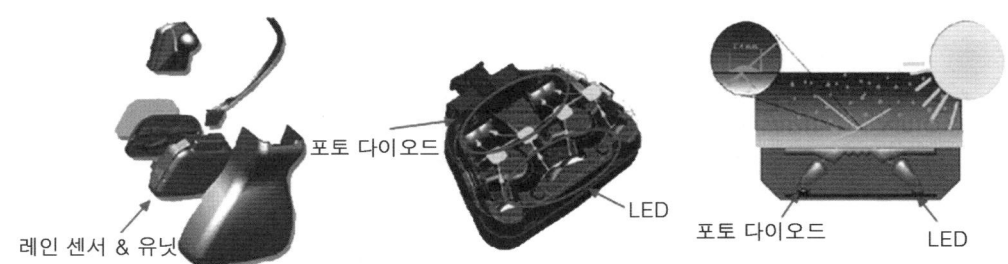

❖ 레인 센서의 구성 부품

3 레인 센서의 작동 모드

레인 센서 와이퍼 제어장치는 기존의 와이퍼 기능 즉, OFF, 안개(MIST), 저속(LOW), 고속(HIGH), 와셔 (WASHER) 기능에 AUTO 모드(기존의 간헐(INT)위치)가 있어 자동(AUTO) 위치로 하면 레인 센서에서 유리 에 떨어지는 비의 양을 검출하여 와이퍼 모터의 작동시간 및 와이퍼 모터의 작동속도를 저속 또는 고속으로 자 동제어 한다.

와이퍼 스위치의 위치	레인 센서 작동 모드	와이퍼 장치의 작동 모드
MIST	MIST	스위치가 MIST 위치에 있는 한 와이퍼 모터는 저속으로 구동되 고, 와이퍼 블레이드는 회전 후 정위치로 복귀한다.
OFF	OFF	와이퍼가 정위치에 있지 않을 때는 와이퍼가 정위치로 되돌아 갈 때까지 와이퍼 모터는 저속으로 회전한다.
AUTO AUTO 모드는 1~16 단계로 검출조절 가능	AUTO	AUTO(운전자 성향에 따라 조절가능) 자동지연·자동속도 제어는 유리창에 쌓이는 빗물의 검출은 와 이퍼 스위치로 검출이 조절된다.
LOW	MANUAL	와이퍼 모터가 45회/분의 저속으로 연속적으로 작동한다.
HI	MANUAL	와이퍼 모터가 70회/분의 고속으로 연속적으로 작동한다.
WASH-DEMAND 와셔 버튼 누름 시간 〉T demand SEC일 때	WASH	버튼을 누르고 있는 동안 와셔 액이 나오고, 미리 지정된 회전만 큼 와이퍼가 회전하며, 와이퍼는 WASH 모드 선택 전에 작동 모 드로 돌아온다.
WASH-DEMAND 와셔 버튼 누름 시간 ≤ T demand SEC일 때	WASH	미리 지정된 시간 동안 와셔 액이 나오고, 지정된 회전만큼 와이 퍼가 회전한다. 와이퍼는 WASH 모드 선택 전에 작동 모드로 돌 아온다.

1) OFF 모드

레인 센서와 컴퓨터는 OFF 모드 동안에 앞 창유리의 상태를 검출하여 와이퍼 스위치가 어느 단계를 설정 하여야 할지를 알 수 있도록 한다. 이에 따라 OFF 모드에서 자동 모드로 전환할 때 레인 센서의 성능이 최 적화 된다.

2) 자동(AUTO) 모드

OFF에서 자동 모드로 전환하면 즉각 와이퍼를 1회 작동하여 운전자에게 와이퍼 장치가 작동되었음을 알 리고 와이퍼가 1회 작동을 시작하고 나면, 휴식시간 동안에 유리에 떨어지는 비의 양에 적합한지가 결정될 때까지 와이퍼는 정위치에서 머문다. 이 작동은 운전자가 설정한 볼륨에 따라 변화된다.

3) 와셔 Washer 모드

레인 센서와 컴퓨터는 와셔 스위치의 신호를 입력받아 스위치를 작동할 때 와이퍼 모터를 저속으로 구동 하여 유리를 세척한다.

4) 저속 및 고속(Low/High) 모드

운전자의 스위치 조작에 따라 와이퍼 모터를 저속 또는 고속으로 작동시킨다. 이때 와이퍼의 작동은 레인 센서와 컴퓨터에서 제어하는 것이 아니라 다기능 스위치에서 직접 접지에 의해 작동된다. 또 레인 센서와 컴 퓨터가 고장일 경우에도 저속 및 고속 모드는 정상적으로 작동한다.

4 레인 센서와 컴퓨터의 작동 특성

① **전원 안정 시간** : 전원이 공급되고 250mS 이내에 레인 센서는 유효 출력이 나올 때까지 OFF 신호를 출력한다. 유효 출력은 전원이 공급된 후 2초 후에 가능해진다.

② **와이퍼 작동속도와 회전빈도** frequency **제어** : 레인 센서의 주 기능은 와이퍼 속도와 와이퍼 구동 사이의 지연시간을 조절하고, 운전자가 선택한 강우량(즉, 빗물이 유리창을 덮는 정도)을 유지하는 것이다. 설정된 검출과 빗물의 측정량에 따라 레인 센서의 연산(algorithm)은 작동 모드, 즉 자동 지연(automatic delay), 자동 저속(automatic low speed), 자동 고속(automatic high speed)을 결정한다. 일단 검출이 설정되면 운전자가 스위치를 조작하지 않아도 지속적인 와이퍼의 작동이 이루어진다.

③ **모드사이의 전환** : 레인 센서와 컴퓨터는 자동 지연, 자동 저속, 자동 고속 사이의 전환을 원활히 수행한다. 따라서 와이퍼의 작동이 시작과 정지가 덜컹거리지 않는다. 속도의 전환은 와이퍼가 "안쪽 영역" 위치를 통과할 때만 일어난다.

④ **조절가능 검출 성능** : 레인 센서의 검출을 와이퍼 스위치에 설정할 수 있다. 검출은 구현된 형식에 따라 1단계에서 16단계까지 설정이 가능하다. 센서 검출을 1단계 이상으로 설정할 수 있는 형식에서는 각 단계가 충분히 구별되므로 빗물의 축적에 대한 모든 운전자들의 취향을 만족시킬 수 있다. 조절 범위는 짧은 지연 시간(1~5초)에서 긴 지연 시간 때에는 센서 검출 설정에 관계없이 고속으로 연속 작동된다.

⑤ **자동 저속의 응답 특성** : 강우량이 0에서 자동 저속 모드(automatic low speed mode)로 와이퍼를 작동시켜야 할 정도로 바뀔 때 레인 센서와 컴퓨터가 저속 요구 신호를 출력하는 시간은 1초 이하의 휴식 시간을 포함하여 8초를 넘지 않는다.

⑥ **자동 고속의 응답 특성** : 강우량이 0에서 자동 고속 모드(automatic high speed mode)로 와이퍼를 작동시켜야 할 정도로 바뀔 때 레인 센서가 고속 요구 신호를 출력하는 시간은 9초를 넘지 않는다.

⑦ **자동 저속에서 자동 고속으로의 응답 특성** : 강우량이 자동 저속 모드(automatic low speed mode)로 와이퍼를 작동시켜야 할 정도에서 자동 고속 모드로 와이퍼를 작동시켜야 할 정도로 바뀔 때 레인 센서가 고속 요구 신호를 출력하는 시간은 6초를 넘지 않는다.

⑧ **자동 고속 모드에서 OFF로의 응답 특성** : 강우량이 자동 고속 모드로 와이퍼를 작동시켜야 할 정도에서 0으로 바뀔 때에는 와이퍼 장치가 고속일 때와 저속일 때의 와이퍼 횟수를 계측하여 총 와이퍼 횟수가 12회를 넘지 않는다.

⑨ **와이퍼 즉시 구동** instant wiper : 와이퍼 장치가 와이퍼 스위치에 의해 작동될 때 이 장치는 와이퍼 블레이드로 하여금 안쪽 영역·정위치에 돌아가기 전에 유리창을 1번 닦도록 한다. 이렇게 1번 와이퍼를 구동하는 것은 더 높은 단계의 검출을 설정하기 위해 와이퍼 위치를 조작할 때마다 일어난다. 이것은 와이퍼 스위치가 더 낮은 검출 위치로 바뀔 때에는 일어나지 않는다. 점화 스위치가 OFF이고, 와이퍼 스위치가 임의의 검출 설정 값으로 되어있는 상태에서 점화 스위치가 ON이 되면 와이퍼의 즉각 구동이 1번 일어나 운전자에게 와이퍼 장치의 작동이 시작되었음을 알린다. 비의 양이 적어 자동 모드로 와이퍼를 작동시킬 수 없을 때에는 레인 센서는 자동 지연 모드에서 오랫동안 머문다.

7 윈드 실드 와셔

1 윈드 실드 와셔의 개요

윈드 실드 와셔는 유리창에 먼지나 이물질이 묻었을 때 그대로 윈드 실드 와이퍼로 닦으면 블레이드와 창유리가 손상된다. 이를 방지하기 위해 윈드 실드 와셔(wind shield washer)를 부착하고 윈드 실드 와이퍼가 작동하기 전에 세정액을 분사하는 역할을 한다. 윈드 실드 와셔의 구조는 물 탱크, 모터, 펌프, 파이프, 노즐 등으로 구성되어 있다.

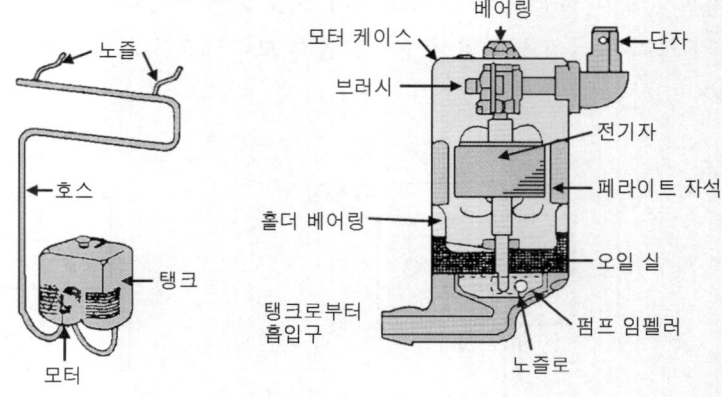

❖ 윈드 실드 와셔의 구성

2 윈드 실드 와셔의 회로

와셔 스위치를 작동하면 그림과 같이 와셔 스위치 접점으로 연결이 된다. 와셔 스위치가 연결되면 와셔 스위치로 와있던 접지가 와셔 모터로 접지를 공급하여 와셔 모터를 구동 하게 되고 또 한선이 와셔 연동 와이퍼 제어를 위해 제어장치로 와셔 작동 신호를 알려 주게 된다. 이 신호를 받은 와셔 제어장치는 와이퍼 모터 릴레이의 솔레노이드 구동을 위한 접지를 출력하게 된다.

와이퍼 모터 릴레이에서 솔레노이드가 작동하게 되면 접점은 아래쪽의 상시 접지와 연결이 되고 와이퍼 모터 릴레이에 연결된 접지는 와이퍼 스위치의 세 번째 스위치의 OFF 단자로 오게 된다. 와이퍼 스위치의 OFF 단자는 항상 와이퍼 모터의 LO 단자와 연결이 되어 있어 이 단자로 작동 접지를 공급하게 되어 와이퍼 모터는 저속으로 작동하게 된다.

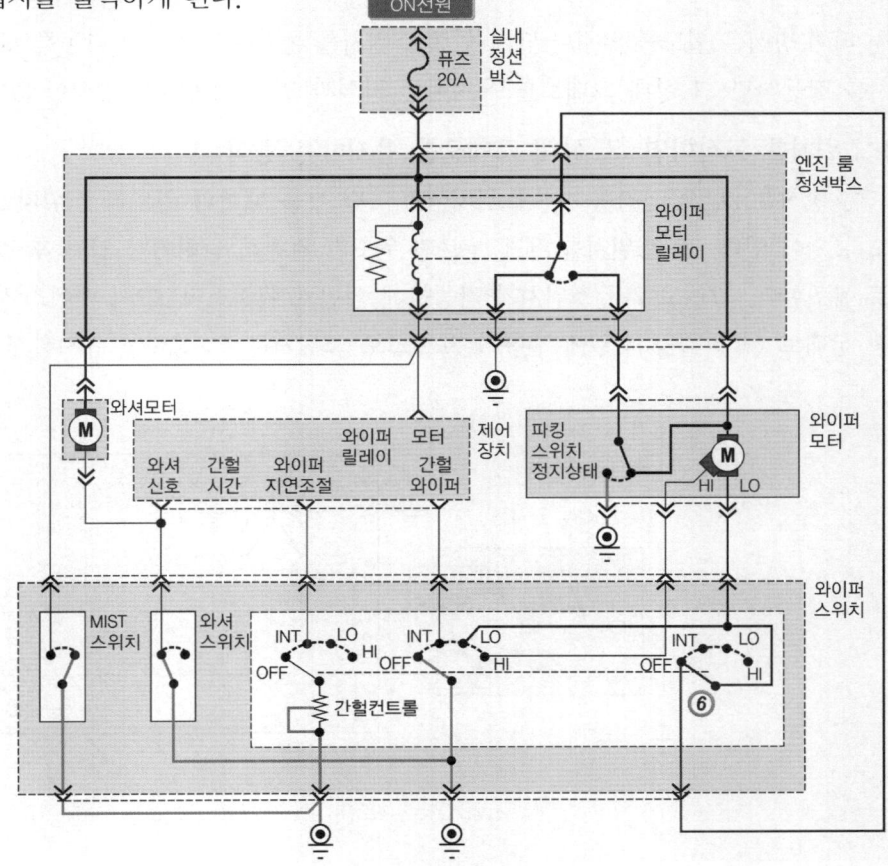

❖ 윈드 실드 와셔의 작동 회로도

파워 윈도는 모터를 사용하여 윈도를 상승·하강시키도록 고안된 장치이다. 모터는 윈드 실드 와이퍼 모터와 그 작동이 매우 비슷하다. 윈도가 상승 또는 하강하여야 하므로 모터의 방향 전환이 필요하며, 여기에는 모터의 브러시 극성을 전환시키는 방법과 브러시를 3개 사용하여 (+)쪽 브러시만을 전환하는 방법 등 2가지 방법이 있다.

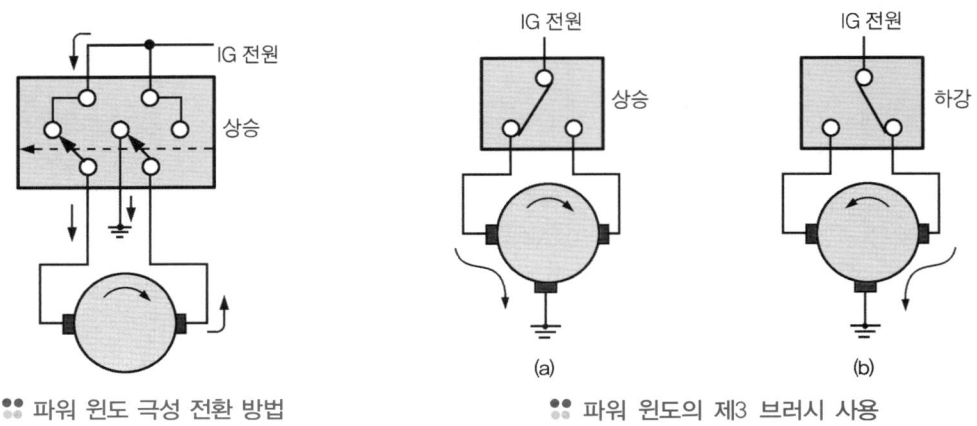

:: 파워 윈도 극성 전환 방법   :: 파워 윈도의 제3 브러시 사용

1 원 터치 파워 윈도 one touch type

원 터치 방식은 윈도를 열거나 닫기 위해 스위치를 눌렀다가 놓으면 작동하도록 고안된 것이다. 여기에는 스위치를 작동하면 그 상태 그대로를 유지하는 방식과 연속 작동하는 방식이 있다.

1) 스위치를 조작하면 그 상태 그대로를 유지하는 방식

이 방식은 2단으로 작동하는 스위치이며, 1번 누를 때마다 윈도가 스위치를 누른 만큼 상승 또는 하강하도록 되어 있다. 또 스위치를 세게 누르면 윈도가 완전히 닫히거나 열린 후 스위치는 자동으로 본래의 위치로 복귀한다. 그리고 2단 스위치가 작동하게 되면 트랜지스터 TR의 베이스에 전류가 흐르게 되어 TR이 통전 상태로 되고 홀딩 코일에 전류가 흐르므로 스위치는 그 상태를 유지하게 된다.

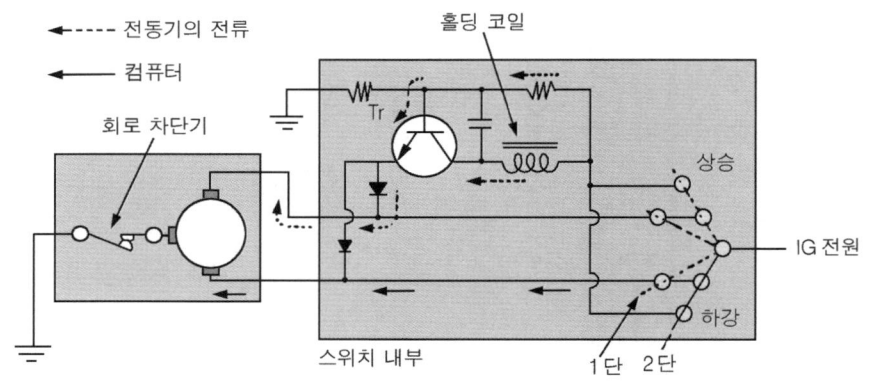

:: 스위치를 조작하면 그 상태를 유지하는 작동 (1)

윈도가 완전히 열리면 모터는 작동을 정지하고 전압은 Ⓐ 브러시에서 12V가 된다. 이때 전류는 더 이상 흐르지 않고 트랜지스터 TR에 전류의 흐름이 차단되어 스위치는 본래의 위치로 복귀한다.

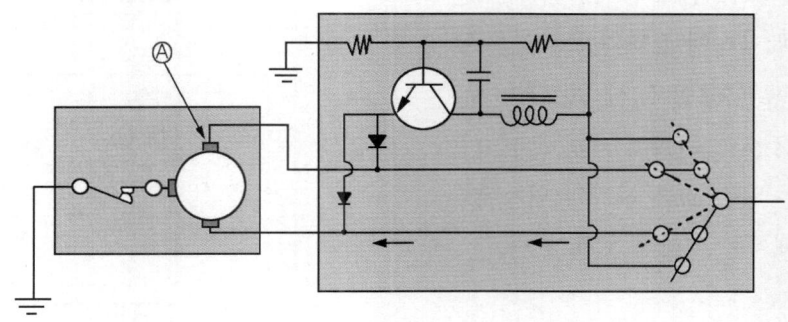

:: 스위치를 조작하면 그 상태를 유지하는 작동 (2)

2) 연속으로 작동하는 방식

스위치를 1번 눌렀을 때 스위치는 본래의 위치로 복귀하더라도 전동기는 윈도가 완전히 열리거나 닫힐 때까지 연속적으로 작동을 하는 방식이다.

① 수동 스위치를 작동할 때 : 이 때는 그림에 나타낸 것과 같이 릴레이 코일 L_1이 여자되어 스위치 ①이 통전되면 모터가 작동한다. 모터의 전류는 IG 전원에서 스위치 ① 및 ② 접지로 흐른다. 모터가 작동을 시작하고 통전 (ON) 신호가 나올 때 트랜지스터 Tr_1과 Tr_2는 통전된다.

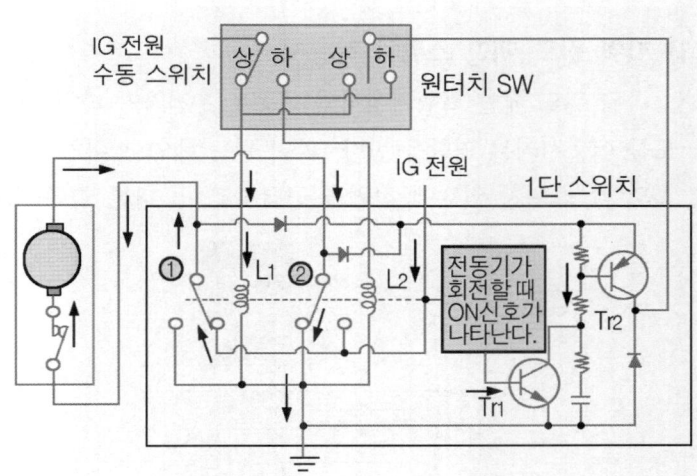

:: 수동 스위치를 작동할 때

② 강 또는 약으로 조작할 때 : 이 때는 그림에 나타낸 것과 같이 수동 스위치의 작동이 차단되고 원터치 스위치(1단 스위치)가 통전 되면 릴레이 코일 L_1을 여자시킨 IG 전원에서 트랜지스터 Tr_2의 이미터와 베이스를 거쳐 1단 스위치 L_1 접지로 흐른다. 스위치 ①은 통전 상태이며, 모터는 계속 회전한다.

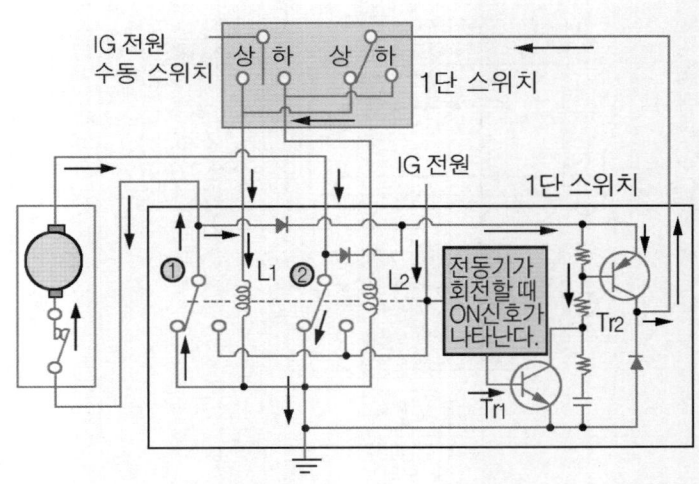

:: 강 또는 약으로 조작할 때

③ 윈도(window)를 완전히 개폐할 때 : 이 때
는 그림에 나타낸 것과 같이 모터의 작동
이 정지되고 통전 신호가 차단되면 트랜
지스터 Tr_1과 Tr_2에 전류의 흐름이 차단
되고 여자전류는 코일 L_1에 흐르지 않는
다. 스위치 ①은 본래의 위치로 복귀되고
1단 스위치는 상승 또는 하강의 위치에서
다음 작동 때까지 머물러 있게 된다.

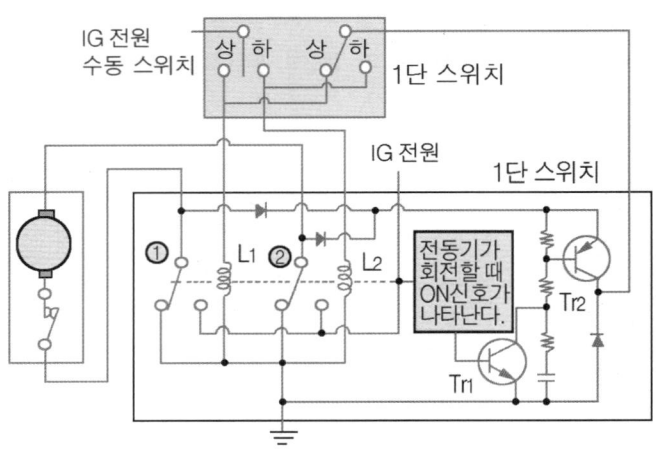

:: 윈도를 완전히 개폐할 때

2 파워 윈도 회로

파워 윈도 회로는 점화 스위치 ON과 관계없이 작동할 수 있도록 상시 전원을 파워 윈도 릴레이에 작동 전원으로 공급한다. 그러나 파워 윈도의 일반적인 작동은 점화 스위치 ON상태에서도 작동하여야 하므로 파워 윈도 릴레이의 작동은 제어장치에 의해 작동되도록 하고 있다. 접지의 경우 파워 윈도 메인 스위치 내부 회로와 각 도어의 윈도 스위치 내부 회로를 거쳐 모두 파워 윈도 모터의 양단에 접지를 공급하여 작동을 대기하고 있다.

1) 파워 윈도 메인 스위치 작동시

파워 윈도 메인 스위치에서의 작동은 운전자가 파워 윈도 스위치를 선택하는 위치까지 계속 눌러 파워 윈도를 이동시키는 역할을 한다. 파워 윈도 메인 스위치에서의 작동은 파워 윈도 릴레이에서 공급받은 전원을 ①의 각 스위치 접점에 전원을 공급하고 또 다른 한쪽 스위치 접점에 접지를 공급하게 된다.

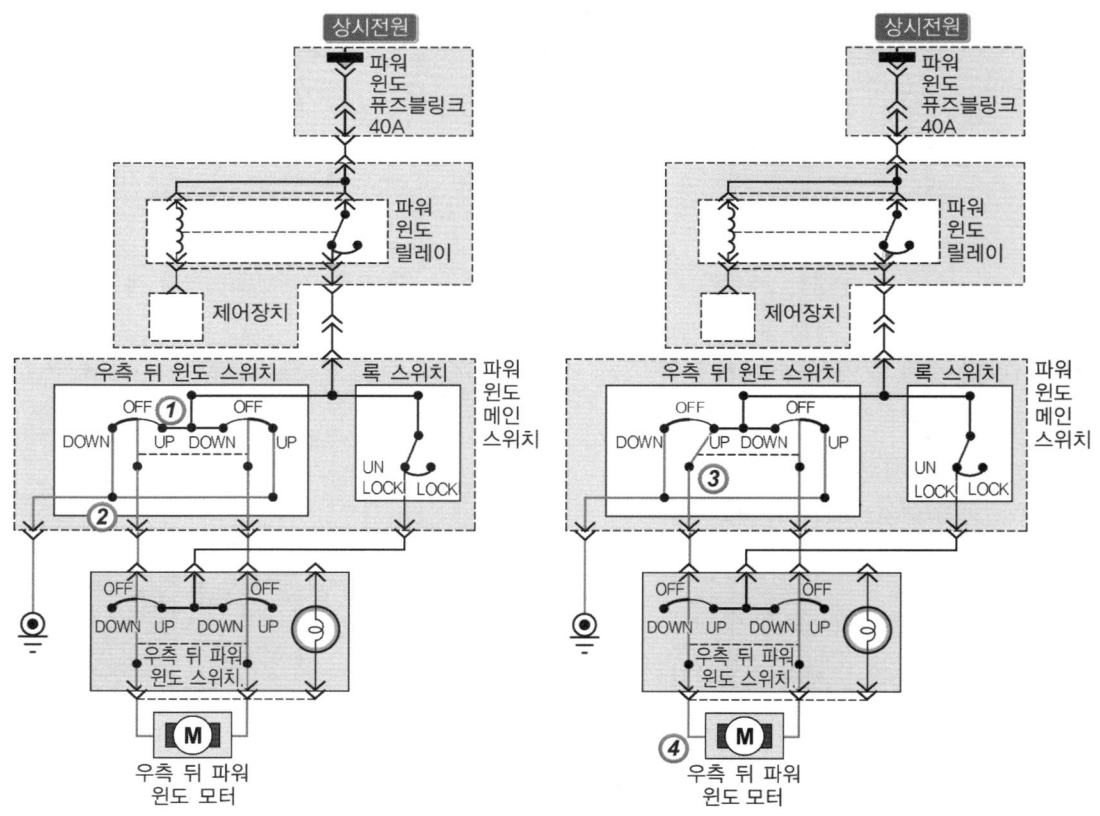

:: 파워 윈도 메인 스위치에서의 작동 회로도

이때 ②의 메인 스위치를 운전자가 UP 또는 DOWN으로 스위치를 작동하게 되면 UP 또는 DOWN 스위치의 접점이 전원이 와있던 접점과 연결을 하게 되어 ③의 해당 윈도 모터로 전원을 공급한다.

④의 해당 윈도 모터는 파워 윈도 스위치에 의해 UP 또는 DOWN의 양단에 접지가 공급되어 있는 상태에서 한쪽으로 전원이 공급되는 형태이므로 이에 해당하는 방향으로 윈도 모터가 회전하여 파워 윈도를 작동시킨다. 또 다른 방향의 파워 윈도의 작동도 이와 같이 작동하게 된다. 즉 파워 윈도의 UP 또는 DOWN의 작동은 파워 윈도 스위치에 의해 작동 모터의 극성을 바꾸어 UP 또는 DOWN의 작동을 할 수 있다.

2) 파워 윈도 각 도어 스위치에서 작동시

파원 윈도 각 도어 스위치에서 작동 시에도 같은 원리로 탑승자에 의해 각 도어의 파워 윈도 스위치를 UP 또는 DOWN으로 작동하게 되면 UP 또는 DOWN 스위치의 접점이 전원이 공급되어 있는 ①의 접점과 연결되어 ②의 해당 윈도 모터로 전원이 공급된다.

②의 해당 윈도 모터는 파워 윈도 스위치에 의해 UP 또는 DOWN 양단에 접지가 공급되어 있는 상태에서 한쪽으로 전원이 공급되는 형태이므로 이에 해당하는 방향으로 윈도 모터가 회전하게 되어 파워 윈도를 작동시킨다. 단, 각 도어의 파워 윈도 스위치는 파워 윈도우 메인 스위치에 배치되어 있는 록(lock) 스위치에 의해 전원을 공급받으므로 록 스위치에서 전원이 공급되지 않으면 운전석을 뺀 다른 도어의 파워 윈도 스위치는 작동되지 않는다. 이는 다른 탑승자에 의해 위험의 요소가 있을 때 작동하기 위함이다.

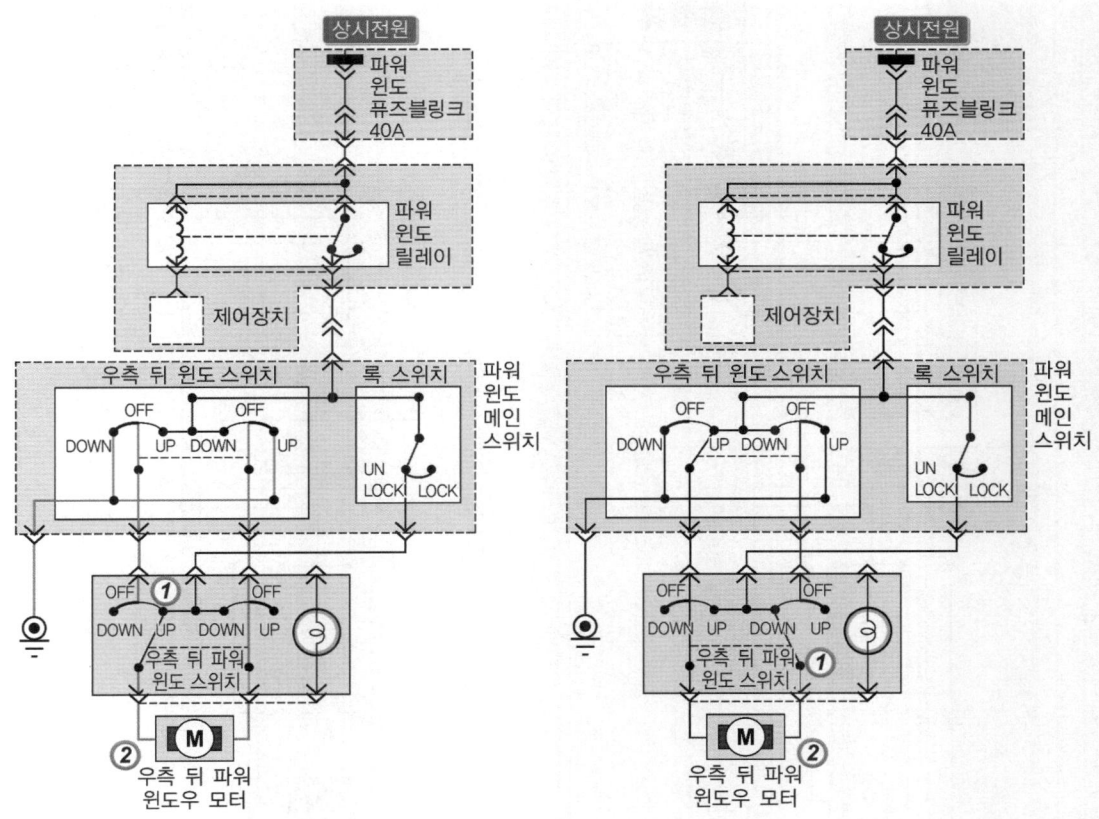

:: 파워 윈도 각 도어 스위치에서의 작동 회로도.

3) 파워 윈도 오토 스위치 작동시

파워 윈도 오토 작동은 파워 윈도 스위치를 작동하는 동안에 계속 눌러야 하는 불편을 덜어 주기 위해 사용되는 스위치이며, 차종에 따라 그 기능이 조금씩 다를 수 있다. 여기서는 가장 일반적으로 사용되는 운전석 오토 다운 기능이며, 윈도가 자동으로 올라가는 경우도 있기는 하지만 사고의 위험성 때문에 사용을 하지 않고 있다. 장애물이 걸릴 경우 자동으로 다운되는 기능이 있는 세이프티 파워 윈도의 경우에만 오토 업 기능을 사용한다.

운전석 오토 다운의 작동은 평상시에 파워 윈도 릴레이에서 공급받은 전원이 ①의 스위치 접점으로 공급되어 AUTO DOWN·UP 컨트롤 유닛으로 전원을 공급한다. ②의 다른 한쪽 스위치 접점은 접지와 AUTO DOWN·UP 컨트롤 유닛으로 접지를 공급하게 된다.

이때 ③의 스위치가 운전자에 의해 DOWN으로 작동하게 되면 DOWN 스위치의 접점에 전원이 와있던 접점과 연결되어 ④의 해당 윈도 모터로 전원을 공급하게 된다. ④의 해당 윈도 모터는 파워 윈도 스위치에 의해 UP 또는 DOWN 양단에 접지가 공급되어 있는 상태에서 한쪽으로 전원이 공급되는 형태이므로 이에 해당하는 방향으로 윈도 모터가 회전하게 되어 파워 윈도를 작동시킨다. 또한 스위치 작동에 의해 작동 전원을 공급하면서 AUTO DOWN·UP 컨트롤 유닛의 작동 여부를 알려주는 단자로 전원이 공급되어 ⑤의 AUTO DOWN·UP 컨트롤 유닛이 AUTO DOWN 컨트롤을 실행하도록 한다.

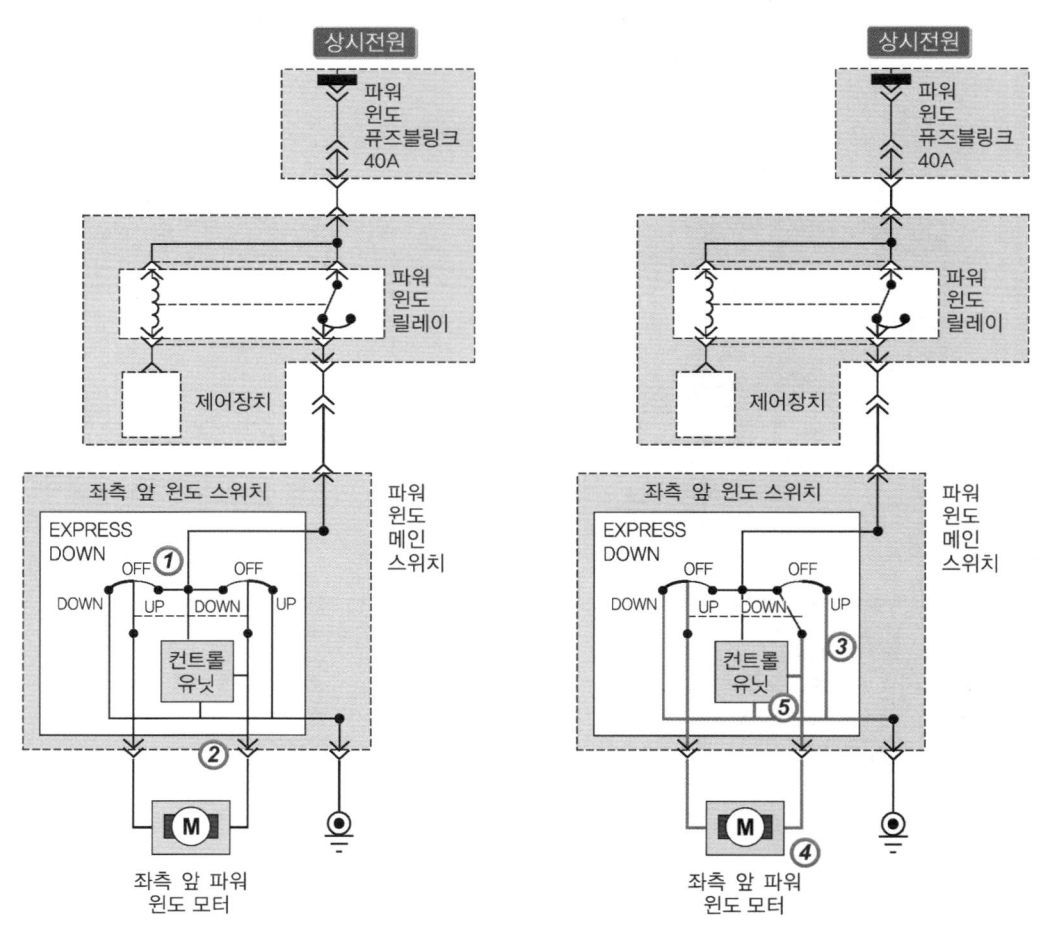

∷ 파워 윈도 오토 스위치 작동 회로도 (1)

DOWN으로 누르고 있던 스위치를 놓게 되면 전원을 공급하던 스위치 ⑥의 접점이 분리되어 윈도 모터로 공급되던 전원은 차단되지만 ⑦의 AUTO DOWN · UP 컨트롤 유닛에서 작동 전원을 계속 공급하여 윈도 모터가 계속 작동될 수 있도록 한다.

윈도 모터가 계속 회전하게 되면 윈도는 최대로 내려오게 될 것이다. 따라서 윈도 모터의 회전이 계속된다면 모터의 소손 및 관련 배선이 손상되는 현상이 발생될 수 있기 때문에 소손을 방지하기 위해 일반적으로 ⑧의 AUTO DOWN · UP 컨트롤 유닛에서는 윈도 모터가 최대로 회전하였을 경우 전류의 상승을 이용하여 기존의 작동시에 소모되던 전류보다 상승할 경우 최대로 작동하였다고 판단하여 AUTO DOWN 컨트롤을 멈추게 된다. 이 상태에서 록 스위치를 작동하여 각 도어의 파워 윈도 스위치로 공급되는 작동 전원을 차단함으로서 운전석을 뺀 다른 도어의 파워 윈도 스위치에서 윈도의 작동이 되지 않도록 한다.

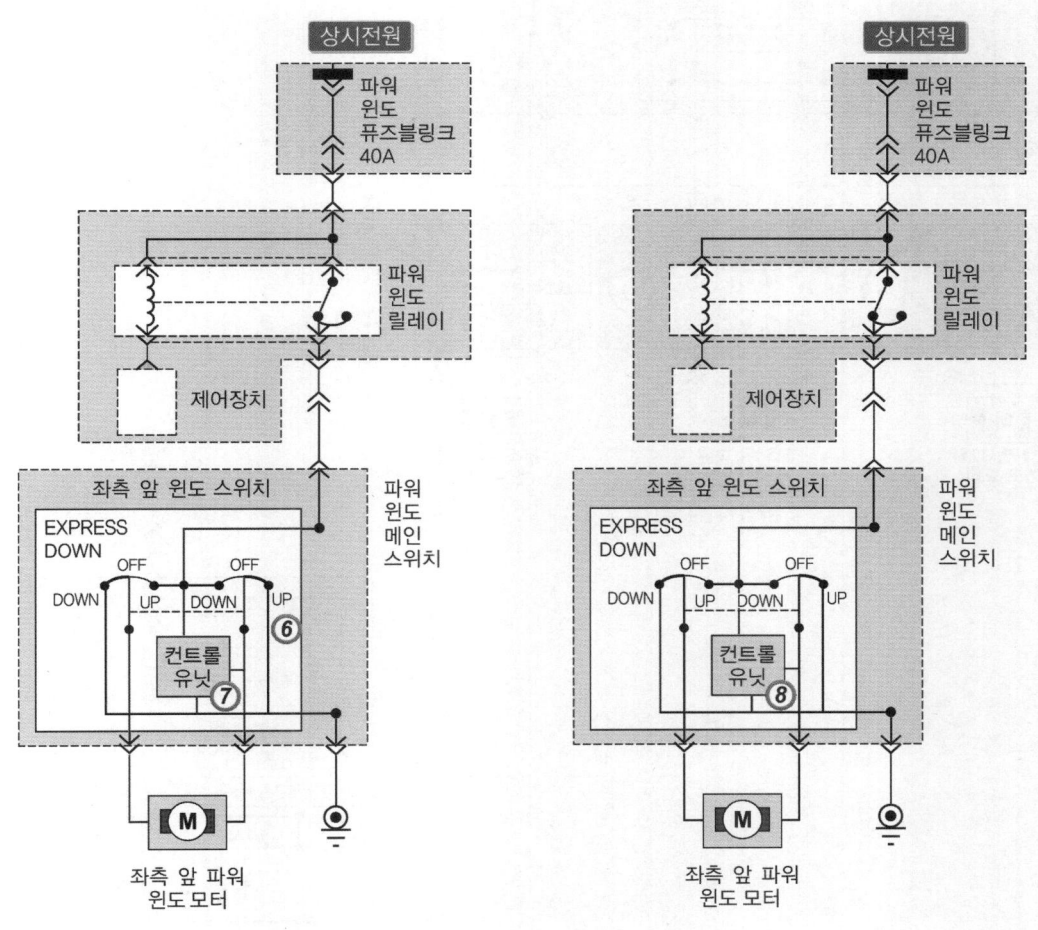

:: 파워 윈도 오토 스위치 작동 회로도 (2)

4) 록 스위치 작동시

록 스위치의 작동은 운전석을 뺀 다른 도어의 파워 윈도 스위치로 윈도가 작동이 되지 않도록 하는 스위치이다. 이는 운전 중 파워 윈도 스위치 작동으로 인해 발생되는 위험성(어린이의 장난 등)을 방지하기 위해서 사용된다. 일반적으로 운전석을 뺀 다른 도어의 파워 윈도 스위치에서 윈도의 작동은 ①의 파워 윈도 메인 스위치에 록 스위치에 의해서 ②의 각 도어의 파워 윈도 스위치로 작동 전원을 공급하도록 되어있다. 이 상태에서 ③의 록 스위치를 작동하여 ④의 각 도어의 파워 윈도 스위치로 공급되는 작동 전원을 차단함으로써 운전석을 뺀 다른 도어의 파워 윈도 스위치에서는 윈도가 작동이 되지 않도록 한다.

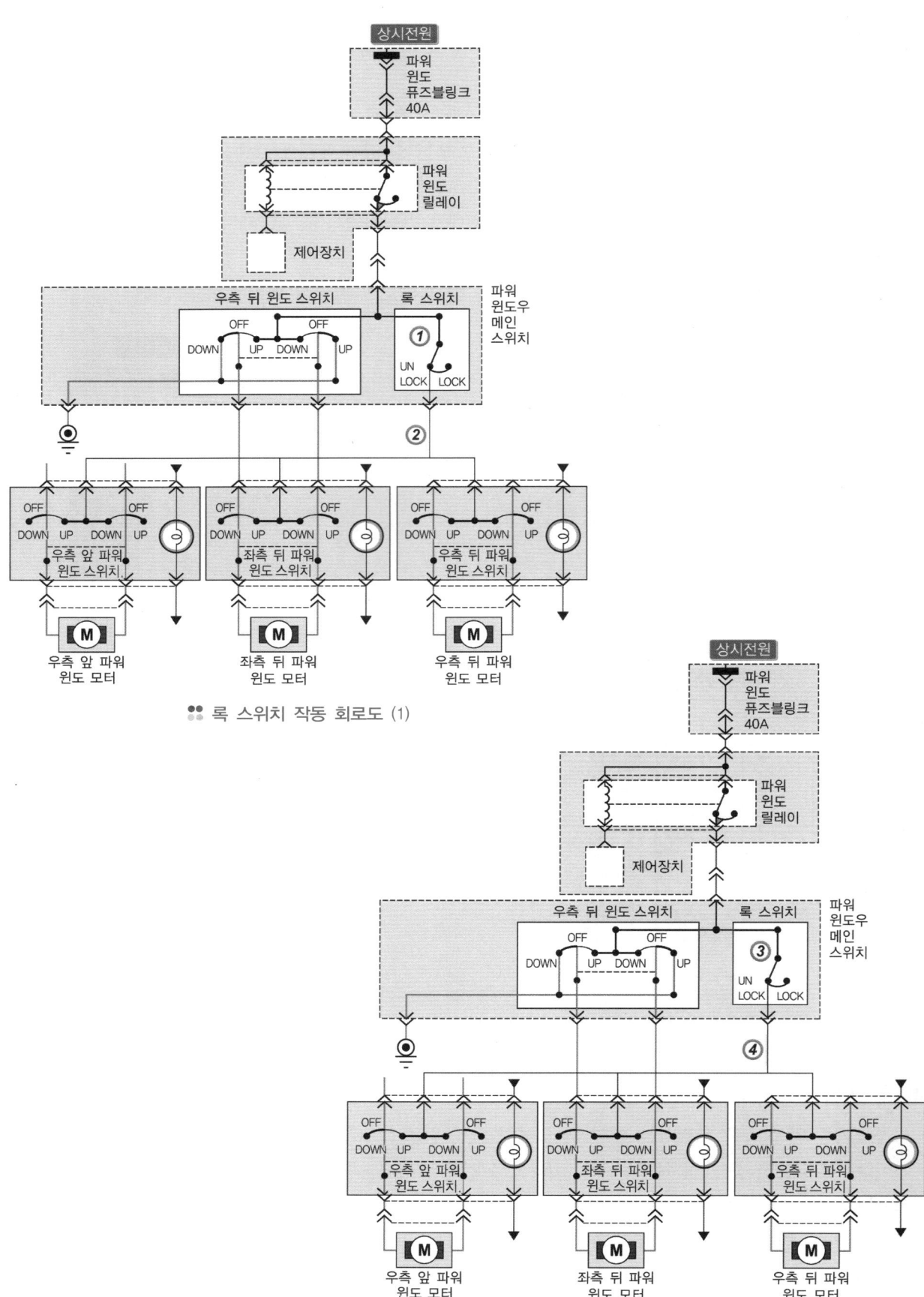

★ 록 스위치 작동 회로도 (1)

★ 록 스위치 작동 회로도 (2)

9 후진 경고 장치 Back Warning System

1 후진 경고 장치의 개요

자동차를 후진할 때에 후방의 장애물 존재 여부나 장애물이 있다면 장애물과의 거리를 판별하기 쉽지 않아 운전자가 확인할 수 없는 사각지대가 많다. 이를 방지하기 위해 후진할 때 편의성 및 안전성을 확보하기 위해 운전자가 변속 레버를 후진으로 선택하면 후진 경고 장치가 작동하여 장애물이 있다면 초음파 센서에서 초음파를 발사하여 장애물에 부딪쳐 되돌아오는 초음파를 받아서 컴퓨터에서 자동차와 장애물과의 거리를 계산하여 버저(buzzer)의 경고음(장애물과의 거리에 따라 1차, 2차, 3차 경보를 차례로 울림)으로 운전자에게 알려주는 장치이다.

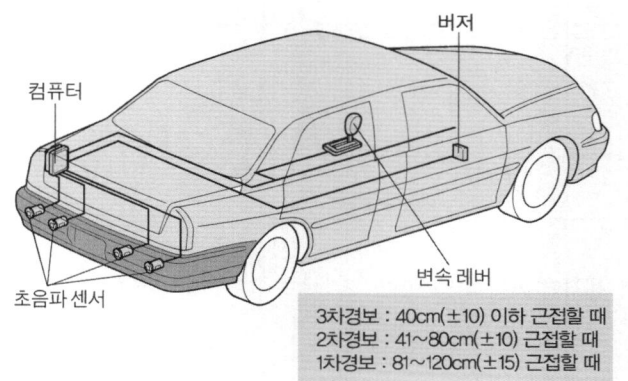

컴퓨터

버저

변속 레버

3차경보 : 40cm(±10) 이하 근접할 때
2차경보 : 41~80cm(±10) 근접할 때
1차경보 : 81~120cm(±15) 근접할 때

초음파 센서

초음파 센서

∷ 후진 경고 장치의 구성 부품

2 후진 경고 장치 구성 부품의 작동

후진 경고 장치는 컴퓨터를 비롯하여 초음파 센서, 버저(buzzer) 등으로 구성되어 있다.

1) 컴퓨터 back warning control unit

컴퓨터는 트렁크 룸 내에 설치되어 있으며, 초음파의 송신, 수신시기 제어, 물체 유무 판정 및 회로의 단선을 검출하는 역할을 한다. 컴퓨터의 케이스 옆쪽에는 정비 모드 스위치가 설치되어 있어 고장 경보음이 울릴 때 정비 모드 스위치를 ON으로 하고 좌·우측 또는 컴퓨터의 고장 유무를 판단할 수 있다.

2) 초음파 센서 ultrasonic wave sensor

① 작동 원리 : 초음파 센서는 초음파를 발산하여 물체에서 부딪쳐 되돌아올 때까지의 시간을 측정하여 물체까지의 거리를 구한다.

② 초음파 센서의 거리 검출 방식 : 초음파 센서는 검출 효율을 향상시키기 위해 직접 검출 방식과 간접 검출 방식을 혼합하여 사용한다. 직접 검출 방식은 1개의 센서로 송신하고 수신하여 거리를 측정하며, 간접 검출 방식은 2개의 센서를

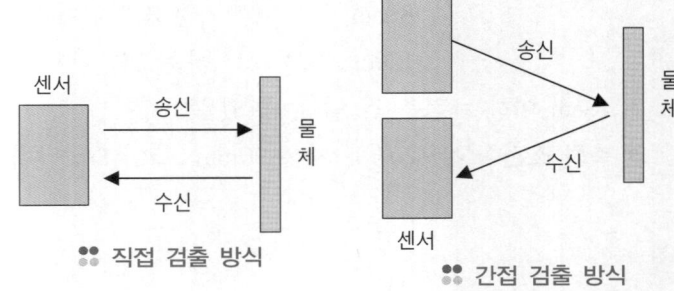

센서

송신

수신

물체

∷ 직접 검출 방식

센서

송신

수신

물체

센서

∷ 간접 검출 방식

사용하며, 1개의 센서로는 송신을 하고, 다른 1개의 센서에서는 수신하여 거리를 측정한다.

③ **초음파 센서의 거리 측정 방법** : 후진 경고 장치는 초음파의 전송 속도와 초음파의 이동 시간을 이용하여 자동차 후방의 장애물을 검출하고, 정해진 영역 이내에 물체가 있으면 버저(buzzer)로 운전자에게 경고를 해주는 후진 보조 장치이며, 대기 중에서 초음파의 전송 속도는 다음 공식으로 표시한다.

$$V = 331.5 + 0.6 \times t \,[\text{m/s}]$$

여기서, V : 초음파 전송속도 t : 대기 온도

그리고 초음파를 이용하여 거리를 측정하는 기본 원리는 그림과 같다.

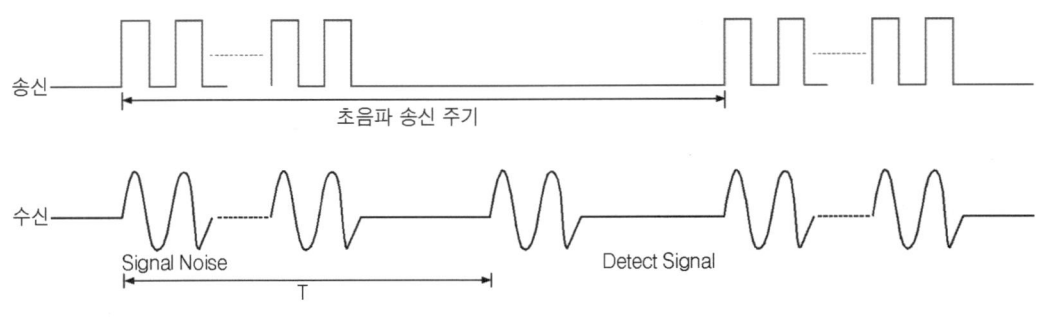

:: 초음파 센서의 거리 측정 방법

④ **초음파 센서의 검출 범위**

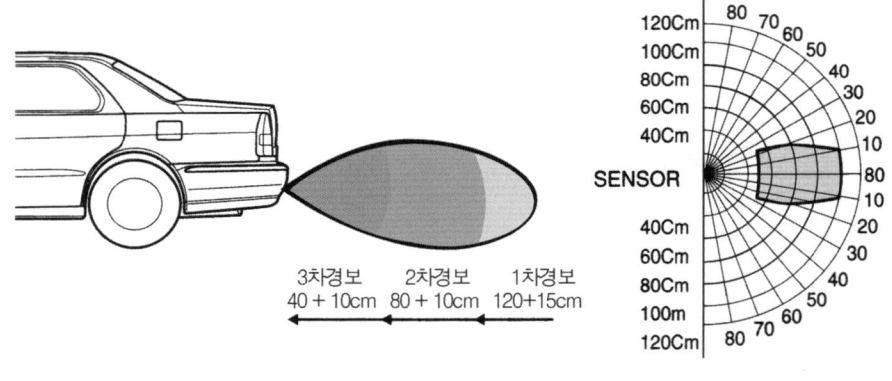

:: 수직 작동 범위

- 거리 오차 범위(센서 정면에서 측정) : 81~120cm ±15cm, 40~80cm ±10cm
- 검지 오차 범위 : 40cm 위치 : 0° 기준 45° 위치에서 ±15°
  - 80cm 위치 : 0° 기준 30° 위치에서 ±15°
  - 120cm 위치 : 0° 기준 20° 위치에서 ±15°
- 40cm 이하는 검출 안 될 수도 있음
- 측정 조건 : 상온(20℃), 지름 90mm, 길이 3m 막대

→ **초음파 센서가 물체를 검출하지 않을 수 있는 경우**

① 뾰족한 물체나 로프(rope)와 같은 가는 물체
② 면이나 스펀지, 눈 등과 같이 음파를 흡수하기 쉬운 물체
③ 지름 14cm, 길이 1m 이하의 작은 물체

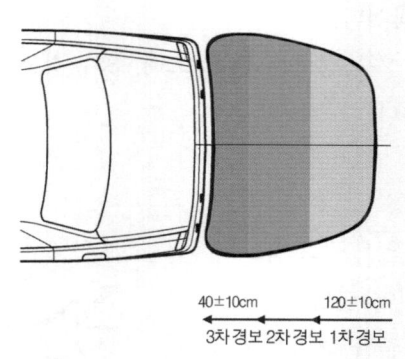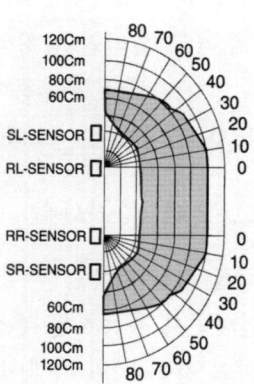

❖ **수평 작동 범위**

- **거리 오차 범위(센서 정면에서 측정)** : 81∼120cm ±15cm, 40∼80cm ±10cm
- **검지 오차 범위** : 80cm 위치 : 0° 기준 90° 위치에서 ±20°
  120cm 위치 : 0° 위치(센서 정면)에서 ±20°
- 40cm 이하는 검출 안 될 수도 있음
- 측정 조건 : 상온(20℃), 지름 140mm, 길이 1m 막대

⑤ **초음파 센서의 거리 경보** : 검출 작동 범위 영역 내에서 다음과 같이 3단계의 거리 영역으로 구분하여 각각 영역 내에서 물체가 검출되면 경보를 발생한다.

- **1차 경보** : 물체가 자동차 후방의 센서에 81∼120±15cm 이내로 접근하였을 때
- **2차 경보** : 물체가 자동차 후방의 센서에 41∼80±10cm 이내로 접근하였을 때
- **3차 경보** : 물체가 자동차 후방의 센서에 40±1cm 이내로 접근하였을 때

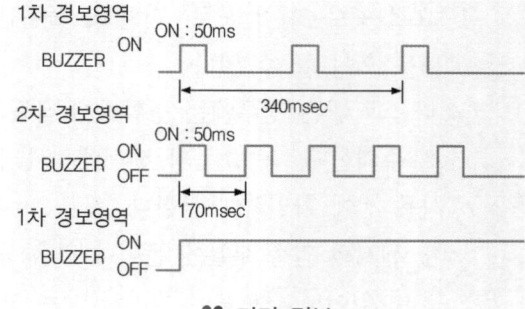

❖ **거리 경보**

① 40cm 이하의 영역에서는 경보가 발생하지 않을 수도 있다.
② 최소한의 경보 효과를 얻기 위한 자동차의 후진 주행속도는 5km/h 이하이다. 그리고 속도를 가지고 접근하는 타깃(target)의 경우는 타깃의 접근 속도가 5km/h일 때가 최대 작동 속도이다.
③ 위험 경보는 자동차나 타깃이 이동하고 있는 경우에는 순차적인 경보 진입이 안 되거나 경보 효과가 없어지기도 한다.
④ 다음과 같은 경우에는 잘못 경보를 할 수 있다.
  ㉮ 요철 길, 자갈길, 언덕길, 풀숲을 후진할 때
  ㉯ 자동차의 경음기 소리, 오토바이의 엔진 소음, 대형 자동차를 공기 브레이크 등과 같이 초음파를 발생하는 물체가 근접할 때
  ㉰ 센서의 부근에서 송신기능을 지닌 무선장치를 사용하는 때
  ㉱ 센서에 이물질이 부착된 때

3 고장진단 및 표시방법

① 점화 스위치 ON, 변속레버 위치 R상태에서 작동한다.

② 점화 스위치 ON, 변속레버 위치 R상태로 되면 장치의 이상 유무를 점검하여 이상이 없으면 전원인가 시점으로부터 0.5초 후 0.3초 동안 버저가 울린다. 버저가 울리지 않거나 짧은 소리가 연속적으로 3번 (삐삐삐) 0.55초 주기로 울리면 장치의 고장이다.

③ 장애물의 경보는 1, 2, 3차로 구분하며, 1, 2차 경보는 단속 소리, 3차 경보는 연속 소리를 발산한다.

④ 유효 작동은 자동차 주행 속도는 5km/h이다.

4 후진 경고 장치 사용시 주의사항

① 초음파 센서의 검출 가능 범위는 한정되어 있으므로 반드시 후방의 안전을 확인하면서 자동차를 후진하여야 한다.

② 그림에 나타낸 바와 같이 범퍼 가까이는 검출을 못하는 부분이 있다. 따라서 높이가 낮은 물건(도로 경계석 등)은 멀리서(약 1.2m) 한번 검출하여도 가까이 접근하면 검출하지 못한다.

③ 다음과 같은 경우에는 장애물을 검출할 수 있는 범위 내에 들어와도 검출을 못하는 경우가 있다.

㉮ 가는 물체(로프, 가느다란 돌출 봉)

㉯ 초음파를 쉽게 흡수할 수 있는 물질(솜, 눈)로 덮여 있는 경우

㉰ 벽이나 언덕 등과 같은 경사면에 대해 후진을 할 때

④ 요철 도로, 자갈 도로, 비탈길, 풀이 있는 경우 등에서는 장애물을 오인 할 수 있다.

⑤ 다음과 같은 경우에는 정확하게 작동하지 않은 경우가 있으므로 주의한다. 또 초음파 센서에 이물질이 묻어 있지 않은지를 사용 전에 확인하여야 한다.

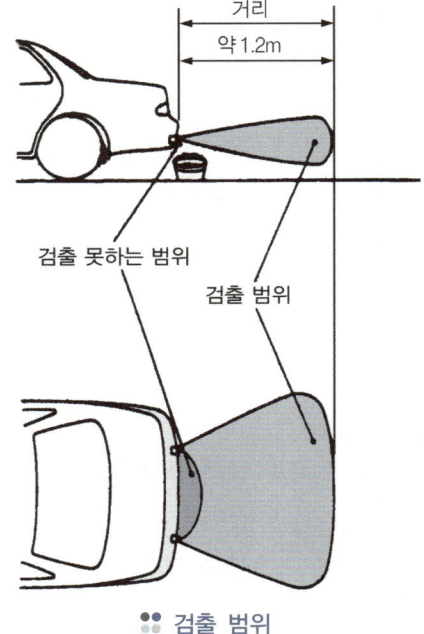

검출 범위

㉮ 센서의 검출 부분에 눈이나 진흙 등의 이물질이 묻어 있으면 검출 범위가 좁아지고, 장애물이 가까이 있어도 경보음이 울리지 않는 경우가 있다. 이물질은 물로 세척하여야 하며, 단단한 것으로 센서 내부를 건드리거나 문지르지 않도록 한다.

㉯ 센서의 검출 부분이 동결된 경우에는 경보음이 울리지 않는 경우가 있으나 동결 부분이 녹으면 정상이 된다.

㉰ 폭염이나 추울 때에 장시간 자동차를 정차해두면 검출 가능한 범위가 좁아지는 경우가 있으나 상온에 두면 정상이 된다.

㉱ 트렁크에 무거운 물건 등을 넣어 두어 자동차의 자세가 변화된 경우

㉲ 다른 자동차의 경음기 소리나 오토바이 엔진 등 초음파를 발산하는 물체가 접근하였을 경우

㉳ 폭우가 쏟아질 경우

㉴ 수직의 큰 벽을 향하여 후진할 때 자동차와의 간격이 15m에 되었을 경우(장애물이 없어도 경보음이 울리는 경우가 있음)

㉵ 무전기의 안테나를 차체의 뒷부분에 설치한 경우

㉗ 차체 뒷부분의 전기 배선의 위치를 변경하거나 차체 뒷부분에 전장부품을 추가한 경우

⑩ 뒤 스프링을 교환하여 차체의 자세(자동차의 높이)가 변환된 경우

⑪ 검출 한계는 자동차의 주행 속도가 5km/h 이하일 경우와 그 이상의 속도일 경우 성능보장이 안 된다.

5 후진 경고 장치 취급시 주의사항

① 뒤 범퍼의 부착상태 및 변형 유무를 점검한다. 부착 상태가 좋지 않거나 부착 각도가 틀어지면 오작동의 원인이 된다.

② 송신 또는 수신유닛의 센서를 떼어낼 때는 충격을 주어서는 안 된다.

③ 차체 뒷부분에 전장 부품을 추가하거나 하니스 등을 수정할 경우에는 송신 및 수신 유닛의 전기 배선 위치를 변경하지 않도록 한다. 송신 쪽과 수신 쪽이 함께 태킹(taking)하면 오작동의 원인이 된다.

④ 출력이 큰 무전기는 오작동의 원인이 되므로 자동차에 설치하지 않도록 한다.

⑤ 후진 경보 장치 초음파 센서 표면에 발열물체나 날카로운 물체의 접촉은 피하도록 한다. 또 센서의 표면을 막거나 압력을 가하지 않도록 한다.

14 히터와 에어컨

학/습/목/표

1. 자동차의 난방 및 냉방 장치의 개요에 대하여 설명할 수 있다.
2. 에어컨의 작동 원리에 대하여 설명할 수 있다.
3. 자동차 에어컨의 구조와 작용에 대하여 설명할 수 있다.
4. 가변 용량형 압축기의 작동에 대하여 설명할 수 있다.
5. 전자동 에어컨의 개요에 대하여 설명할 수 있다.
6. 전자동 에어컨 입력 요소의 기능 및 작동에 대하여 설명할 수 있다.
7. 전자동 에어컨 출력 요소의 기능 및 작동에 대하여 설명할 수 있다.

1 난방 · 냉방 장치의 개요

온도·습도 및 풍속을 쾌적 감각의 3요소라 하며, 이 3요소를 조절하여 안전하고 쾌적한 자동차 운전을 확보하기 위해 설치한 장치를 난·냉방장치라 한다. 그리고 자동차의 열부하에는 환기부하, 관류부하, 복사부하, 승원부하 등이 있다.

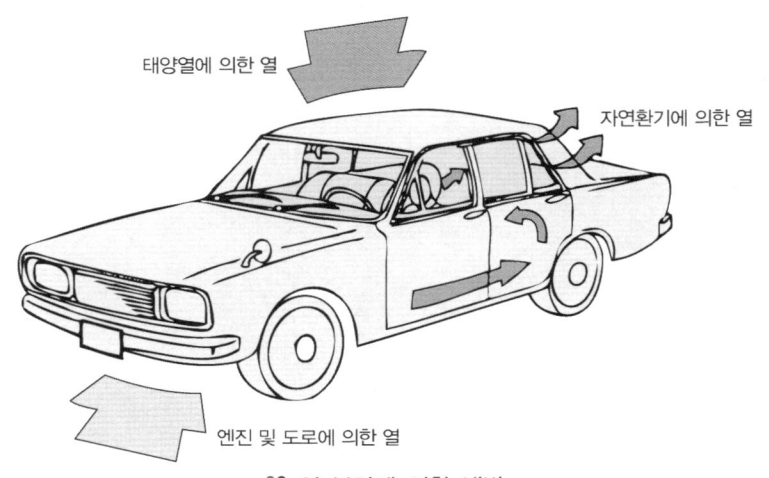

태양열에 의한 열
자연환기에 의한 열
엔진 및 도로에 의한 열

❖ 열 부하에 의한 냉방

① **승원 부하** : 승차 인원의 열 발생(난방을 할 때에는 열원)으로 인체의 피부 표면에서 발생되는 열로써 실내에 수분을 공급하기도 한다. 일반 성인이 인체의 바깥으로 방열하는 열량은 1시간당 100kcal/h정도 이다.

② **복사 부하(직사광선)** : 태양으로부터 복사되는 열은 자동차의 외부 표면에 직접 받게 된다. 이 복사열은 자동차의 색상, 유리가 차지하는 면적, 복사 시간, 기후에 따라 차이가 있다.

③ **관류 부하(차실 벽, 바닥 또는 창면으로부터의 열 이동)** : 자동차의 벽면 부근에는 대류에 의해 열이 전달되기 때문에 자동차가 주행 중에는 대류가 활발히 일어나므로 침입하는 열량이 많아지게 된다. 좀 더

실내를 시원하게 유지하기 위해서는 외기와의 온도차가 더 커야하기 때문에 그만큼 많은 열이 침입된다. 자동차의 표면은 고온인 외기에 노출되고 저온이므로 패널(PANEL)과 트림(TRIM)을 통해서 외기의 열이 침입한다. 또한, 엔진의 발열로 엔진룸이 뜨거워지므로 이 열도 패널과 트림(TRIM)을 통해 열이 침입된다.

④ **환기 부하(자연 또는 강제의 환기)** : 자동차 실내는 완전히 차단되어 있으나 주행 중에는 도어나 유리의 틈새로 외기가 들어오거나 실내의 공기가 빠져나가는 자연 환기가 이루어진다. 최근에는 대부분의 자동차에는 강제 환기장치가 부착되어 있다. 환기는 실내의 건조 공기를 외부로 빼내고 그 대신 외부에서 습하고 따뜻한 공기를 유입하므로 그 온도 차이만큼 열 및 수분이 침입하는 셈이 된다. 자동차 에어컨은 ①~④와 같은 열 부하가 실내에 침입할 때 증발기에서 열을 흡수하여 응축기에서 열을 방출하는 작용을 한다.

2 난방 장치 Heater

1 난방 장치의 종류

난방장치를 열원별로 분류하면 온수를 이용하는 방식, 배기 열을 이용하는 방식, 연소방식 등 3가지가 있으며, 구조나 용량으로 분류하면 승용차 및 소형화물차에서 사용하는 것과 대형차량에서 사용하는 것이 있다.

1) 온수를 이용하는 방식

온수를 이용하는 방식은 엔진의 냉각수 열을 이용한다. 구조가 간단하므로 수냉식 엔진 자동차에서 많이 사용된다.

2) 배기 열을 이용하는 방식

배기 열을 이용하는 방식은 배기가스의 열을 이용하는 것으로, 공랭식 엔진 자동차에서 사용하며, 구조는 간단하나 열용량이 부족하기 쉽다.

3) 연소 방식

연소 방식은 연료를 연소시켜 그 열을 이용한다. 대형 차량에서 사용하며, 구조는 약간 복잡하나 열용량이 커 한랭 지역용으로 적합하다. 위에서 설명한 3가지 방식 중 가장 일반적으로 사용하는 온수를 이용하는 방식에 대해서만 설명하도록 한다.

2 온수 방식 난방 장치의 개요

온수 방식은 그림에 나타낸 바와 같이 엔진의 냉각수 일부를 히터 유닛(heater unit)으로 흐르도록 하고, 냉각수가 배출하는 열량으로 유닛 내부의 공기를 데워 송풍기를 이용하여 자동차 실내로 보내어 난방하며, 동시에 바람의 일부를 앞 또는 옆 창유리에 불어 흐림을 방지하고, 또 성에가 생기는 것을 방지한다.

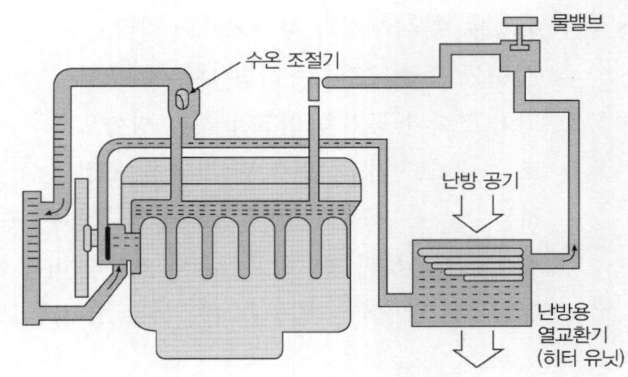

:: **온수 방식의 냉각수 흐름 경로**

온수 방식의 종류에는 히터 유닛으로의 공기 도입 방법에 따라 외기 도입 방식과 내기 순환 방식이 있으며, 외기 도입 방식은 공기의 신선도는 높으나 열 교환량이 큰 히터 유닛을 필요로 한다. 그리고 내기 순환 방식은 공기의 신선도는 약간 떨어지나 구조가 간단하고 자동차의 실내를 더욱더 따뜻하게 할 수 있다.

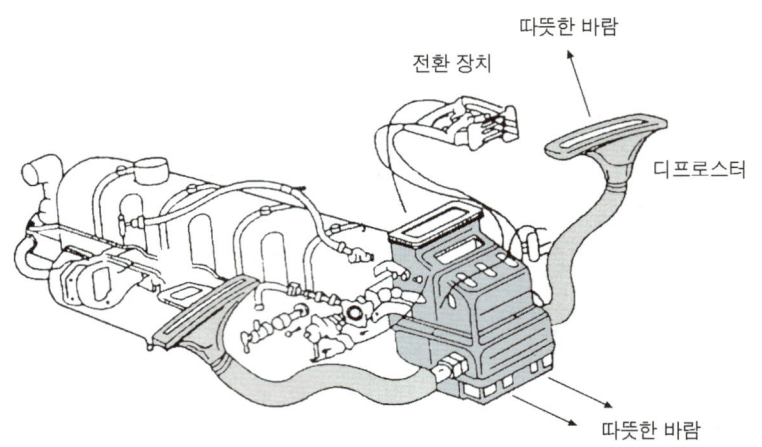

전환 장치
따뜻한 바람
디프로스터
따뜻한 바람

∵ 외부 도입 내기 순환 전환 방식

3 온수 방식 난방 장치의 구조

1) 히터 유닛 Heat Unit

① **히터 유닛의 개요** : 히터 유닛은 계기판 안쪽의 자동차 중앙에 설치되어 있으며, 외관은 플라스틱 케이스로 되어 있다. 케이스 내에 엔진의 냉각수가 흐르는 히터 코어(heat core)와 공기 방향 조절용 모드 도어(mode door), 온도 조절용 에어 믹스 도어(air mix door) 등으로 구성되어 있다. 또 도어 작동용 진공 액추에이터(vacuum actuator)나 전기 액추에이터(electronic actuator) 등이 부착되어 있으며, 히터 코어를 흐르는 냉각수 온도 측정용 수온 센서가 부착되기도 한다.

② **도어의 종류** : 도어는 히터 내부에 조립되어 조화된 공기를 얻고자 하는 방향으로 보내기도 하고, 또 바람의 양을 조절

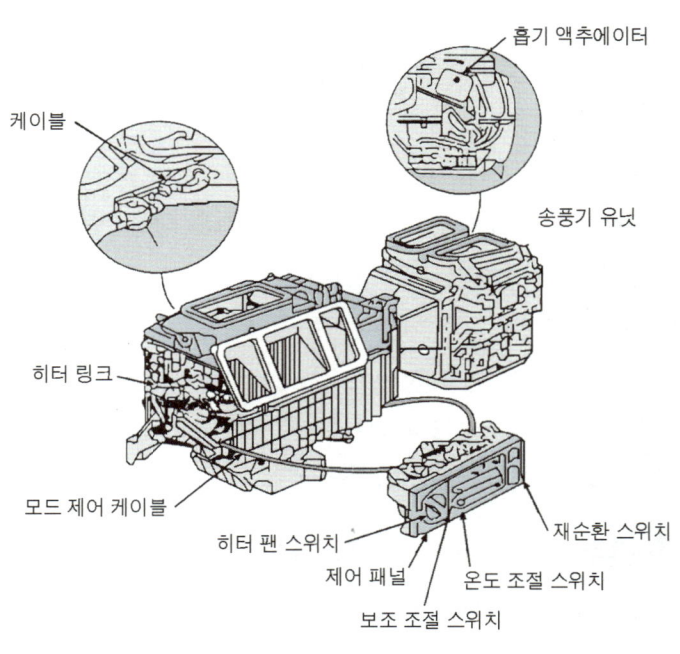

흡기 액추에이터
케이블
송풍기 유닛
히터 링크
모드 제어 케이블
히터 팬 스위치
재순환 스위치
제어 패널
온도 조절 스위치
보조 조절 스위치

∵ 히터 유닛의 구성 부품

하는 기능을 지니고 있다. 도어들의 작동은 조절 기구에 의해 이루어진다. 그리고 도어들을 작동하는 힘으로 분류하면 3가지가 있는데 조절 레버를 이동시켜 여기에 연결된 케이블로 작동시키는 수동 방식, 엔진에서 발생하는 진공을 이용하는 방식과 모터의 힘을 이용한 전기 방식 등이 있다.

③ 캠과 링크 : 캠과 링크는 도어와 연결되어 각 도어의 작동을 제어한다. 도어의 개폐는 캠과 링크의 형상에 따라 조절된다.

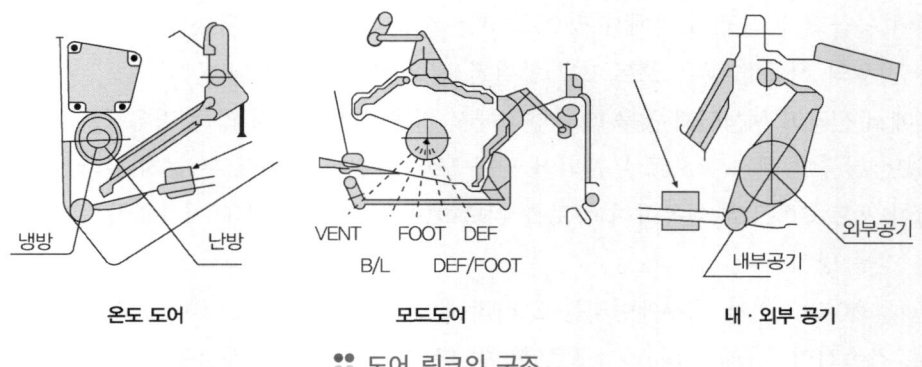

냉방   난방   VENT FOOT DEF   외부공기
                              B/L   DEF/FOOT   내부공기

온도 도어   **모드도어**   **내·외부 공기**

:: 도어 링크의 구조

④ **진공 액추에이터(vacuum actuator)** : 진공 액추에이터는 엔진에서 발생되는 진공의 흡입력과 진공 모터 내의 스프링 장력을 이용한 도어 개폐 기구이다. 진공 모터는 기능상으로 전기 액추에이터와 기능이 같다. 진공 모터는 구조가 간단하여 고장 발생률이 낮고, 값이 싼 장점이 있는 반면에 직선 운동에 따른 설치장소의 제약을 받으며, 작동 시간이 느리고, 작동 중 진공의 누설에 따른 소음 및 다이어프램 마찰 소음 등의 단점이 있어 최근에서는 점차적으로 사용 빈도가 낮아지는 추세이다.

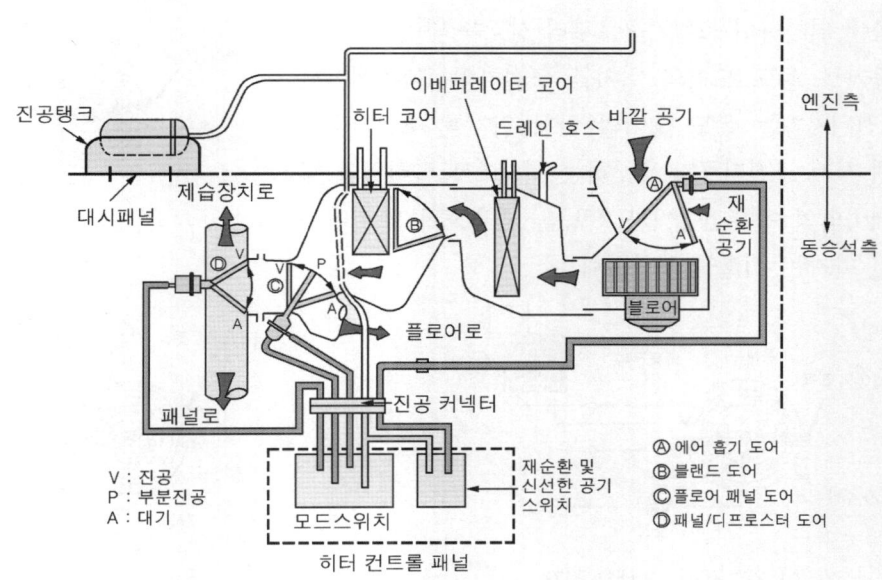

진공탱크   이배퍼레이터 코어   바깥 공기   엔진측
대시패널   히터 코어   드레인 호스
제습장치로   재순환 공기
                                    블로어   동승석측
플로어로
패널로   진공 커넥터
V : 진공   재순환 및
P : 부분진공   신선한 공기
A : 대기   스위치
모드스위치
히터 컨트롤 패널

Ⓐ 에어 흡기 도어
Ⓑ 블랜드 도어
Ⓒ 플로어 패널 도어
Ⓓ 패널/디프로스터 도어

:: 진공 모터를 이용한 도어 작동 원리

⑤ **체크 밸브(check valve)** : 체크밸브는 진공 발생부분인 엔진과 진공 사용부분인 진공탱크 및 진공모터의 진공호스 사이에 위치하여 진공의 역류를 방지하기 위한 개폐기구이다. 작동은 다음과 같다.

㉮ **엔진에서 진공이 생성될 때** : 엔진에서 진공이 생성될 경우에는 포트 A 방향으로

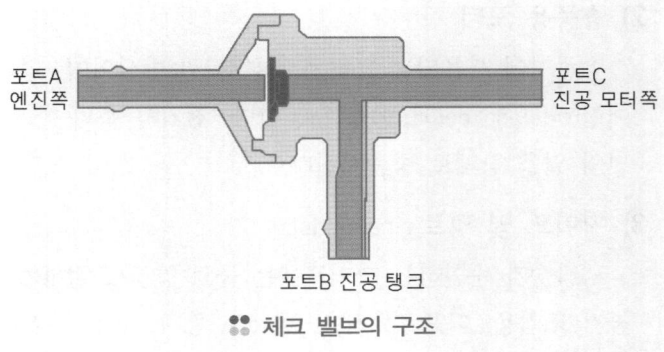

포트A   포트C
엔진쪽   진공 모터쪽

포트B 진공 탱크

:: 체크 밸브의 구조

진공이 작용하여 다이어프램이 포트 A쪽으로 움직임에 따라 진공 탱크 쪽 포트 B와 진공 모터 쪽으로 포트 C를 통하여 공기가 흡입된다(즉, 진공이 공급된다). 2차 작용으로는 진공 모터 쪽 포트 C로 진공이 공급되나 진공 모터에서 필요로 하는 진공량 이외의 잉여 진공량 또는 진공 모터가 작동하지 않는 경우의 진공량 등은 포트 B에 연결된 진공 탱크에 저장된다.

㉴ 엔진에서 진공이 생성되지 않을 때 : 엔진에서 진공이 생성되지 않는 경우에는 진공 탱크 내에 저장되어 있던 진공이 엔진 쪽으로 누출되어 진공 모터가 전혀 작동할 수 없게 된다. 이런 경우에는 다이어프램이 포트 C쪽으로 이동하여 통로를 차단하여 진공 탱크 내에 저장되어 있던 진공이 외부로 누출되는 것을 방지한다.

⑥ 전기 액추에이터 : 전기 액추에이터는 모터의 회전력을 이용한 것이며, 모터의 회전을 웜 기어(worm gear)로 감속시키고, 래크(tack)기구로 한 번 더 감속시킨 후 직선운동으로 변환시킨다. 이 래크가 연결 기구를 통하여 도어의 열림 정도를 조절한다. 전기 액추에이터는 전기 배선, 회전 방향과 회전량을 조절하기 위한 전기장치 및 조절장치가 필요하며, 진공 액추에이터보다 값이 비싼 결점이 있으나 조절 정도, 내구력 및 소음 측면에서 우수하다.

㉮ 내·외기 액추에이터 : 응축기와 송풍기 유닛의 내·외기 도입 부분 덕트에 부착되어 있으며, 내·외기 선택 스위치에 의해 내·외기 도어를 구동시킨다.

㉯ 온도 액추에이터 : 온도 액추에이터는 히터유닛 케이스 아래쪽에 위치하며 조절기구로부터 신호를 받아 소형 직류전동기로 온도 도어의 위치를 조절하며, 액추에이터 내의 전위차계는 온도 도어의 현재 위치를 조절기구로 피드백 시켜 조절기구가 요구하는 위치에 도달하였을 때 액추에이터의 직류전동기가 작동을 멈추도록 조절기구로부터 나가는 신호를 차단한다.

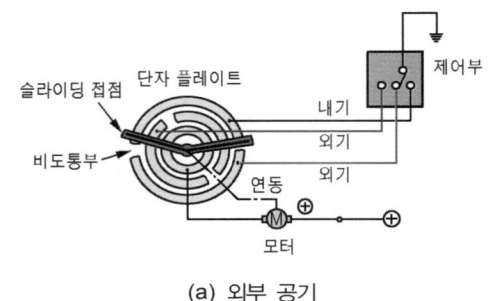

(a) 외부 공기

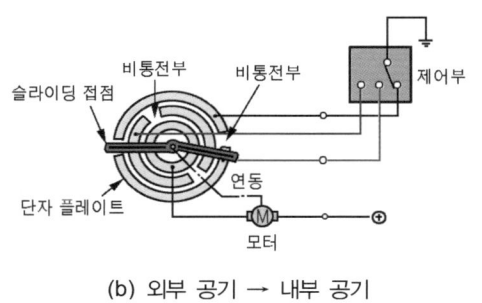

(b) 외부 공기 → 내부 공기

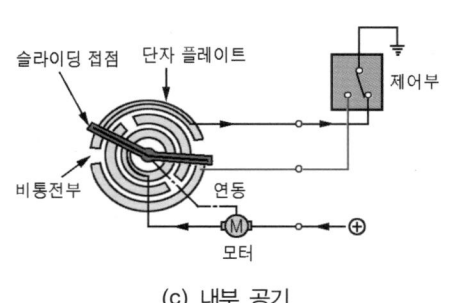

(c) 내부 공기

:: 내·외기 액추에이터의 내부 회로 및 작동

2) 송풍용 모터

송풍기에 사용되는 모터는 직류 직권 방식이며, 연속적으로 고속 회전을 하므로 베어링에는 오일리스 베어링(oil less bearing)을 사용한다. 전기자 축의 한 끝에는 팬(fan)이 부착되어 있어, 이 팬에 의해 히터유닛의 열을 강제로 방출시킨다.

3) 파이프 및 덕트 pipe & duct

냉각수가 순환하는 파이프에는 물의 양을 조절하거나 사용하기 위한 밸브가 설치되어 있다. 덕트는 외부 공기 도입용, 디프로스터용, 실내로 공기 불어 내기용 등이 있으며, 이들을 통과하는 공기량을 조절하거나 전환하기 위한 밸브가 설치되어 있다. 이 밸브의 조작은 운전석에서 하도록 되어 있다.

4) 전기회로

송풍기의 회전은 대부분은 저속 및 고속으로 전환이 가능하도록 되어 있다. 회전속도 조정은 모터에 직렬로 저항을 접속하면 저속이 되고, 저항을 통과하지 않으면 고속으로 된다. 이 저항은 히터 스위치나 송풍용 모터 부근에 설치되어 있다.

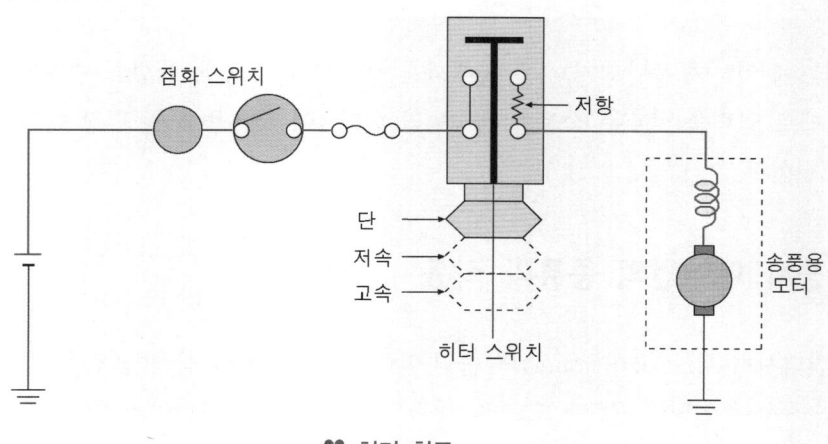

:: 히터 회로

3 냉방 장치 Air Con

3-1. 에어컨의 작동 원리

냉동 사이클은 냉매가 증발기 → 압축기 → 응축기 → 팽창 밸브의 장치를 한 바퀴 돌아서 1냉동 사이클을 완료한다. 즉, 냉매는 액체 → 기체 → 액체의 상태 변화를 반복하면서 순환한다.

1 증발 Evaporation

냉매는 증발기 내에서 액체가 기체로 변화한다. 이때 냉매는 증발 잠열이 필요하기 때문에 증발기의 냉각된 주위의 공기 즉, 자동차 실내의 공기로부터 열을 흡수한다. 이에 따라 열을 빼앗긴 자동차 실내의 공기는 팬(fan)에 의해 자동차 실내로 유입되어 온도를 낮춘다.

2 압축 Compression

증발기 내의 냉매 압력을 낮은 상태로
유지시키고 냉매의 온도가 0℃ 정도의 낮은 온도 상태에서 활발하게 증발할 수 있도록 하며, 상온에서도 쉽게 액화할 수 있는 압력까지 냉매를 흡입하여 압축시킨다.

:: 냉동 사이클의 원리

3 응축 Condensation

냉매는 응축기 내에서 외부 공기에 의해 기체로부터 액체로 변화한다. 압축기에서 나온 고온·고압의 냉매는 외부 공기에 의해 냉각되어 액화하며 리시버드라이어(receiver-dryer)로 공급된다. 이때 응축기를 거쳐 외부로 배출된 열을 응축열이라 한다.

4 팽창 Expansion

냉매는 팽창 밸브에 의하여 증발되기 쉬운 상태까지 압력이 내려간다. 액화된 냉매를 증발기로 보내기 전에 증발하기 쉬운 상태로 압력을 낮추는 작용을 팽창이라 한다. 이 작용을 하는 팽창 밸브는 감압 작용과 동시에 냉매의 유량도 조절한다.

🌸 3-2. 자동차 에어컨의 종류와 작동

에어컨은 에어컨디셔너(Air Conditioner)의 줄임 말이며, 공기 조화 장치(냉·난방 장치)를 의미한다. 이것은 "일정한 공간의 요구에 알맞은 온도·습도 및 청결도 등을 동시에 조절하기 위한 공기 취급 과정"이라 정의된다. 공기 조화 장치를 작동시키는 장치에는 다음과 같은 것들이 있다.

① 온도 조절 장치(냉·난방 장치)
② 습도 조절 정치
③ 공기를 청정 및 정제시키는 여과 장치
④ 공기를 이동 및 순환시키는 장치

1 에어컨 형식의 종류

자동차용 에어컨 형식의 종류에는 그림에 나타낸 바와 같이 TXV(Thermal Expansion Valve) 형식과 CCOT(Clutch Cycling Orifice Tube) 형식이 있다. 즉, 압축기, 응축기(콘덴서), 리시버드라이어, 팽창 밸브, 증발기 등이 주요 구성부품이며, 이들 부품은 알루미늄 또는 구리 파이프와 고무 호스 등으로 연결되어 있다. 그리고 그 구성 부품 내에는 냉매라 부르는 열의 이동 작용을 하는 물질이 들어있다. 이들 부품 사이를 냉매가 순환을

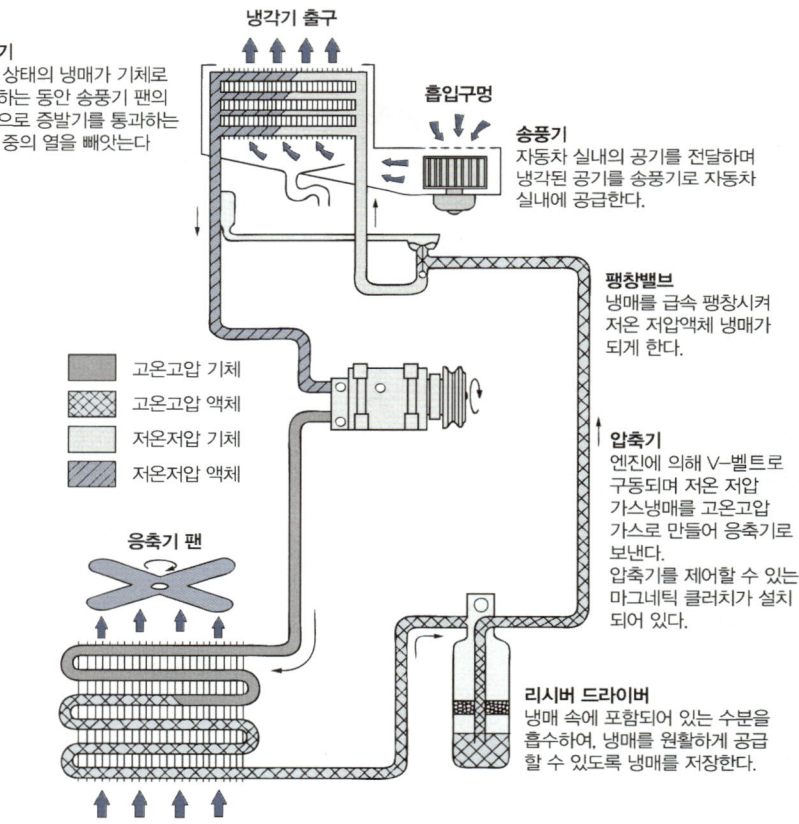

냉각기 출구

증발기
안개 상태의 냉매가 기체로 변화하는 동안 송풍기 팬의 작동으로 증발기를 통과하는 공기 중의 열을 빼앗는다

흡입구멍

송풍기
자동차 실내의 공기를 전달하며 냉각된 공기를 송풍기로 자동차 실내에 공급한다.

고온고압 기체
고온고압 액체
저온저압 기체
저온저압 액체

팽창밸브
냉매를 급속 팽창시켜 저온 저압액체 냉매가 되게 한다.

압축기
엔진에 의해 V-벨트로 구동되며 저온 저압 가스냉매를 고온고압 가스로 만들어 응축기로 보낸다.
압축기를 제어할 수 있는 마그네틱 클러치가 설치되어 있다.

응축기 팬

리시버 드라이버
냉매 속에 포함되어 있는 수분을 흡수하여, 냉매를 원활하게 공급할 수 있도록 냉매를 저장한다.

응축기
라디에이터 앞에 설치되어 있으며 주행속도와 냉각팬에 의해 고온고압 기체 상태의 냉매를 응축시켜 고온고압 액상냉매로 만든다.

🔹 **TXV형 에어컨의 구성**

하면서 액체 → 기체 → 액체로 연속적으로 변화하여 냉방 효과를 발휘한다.

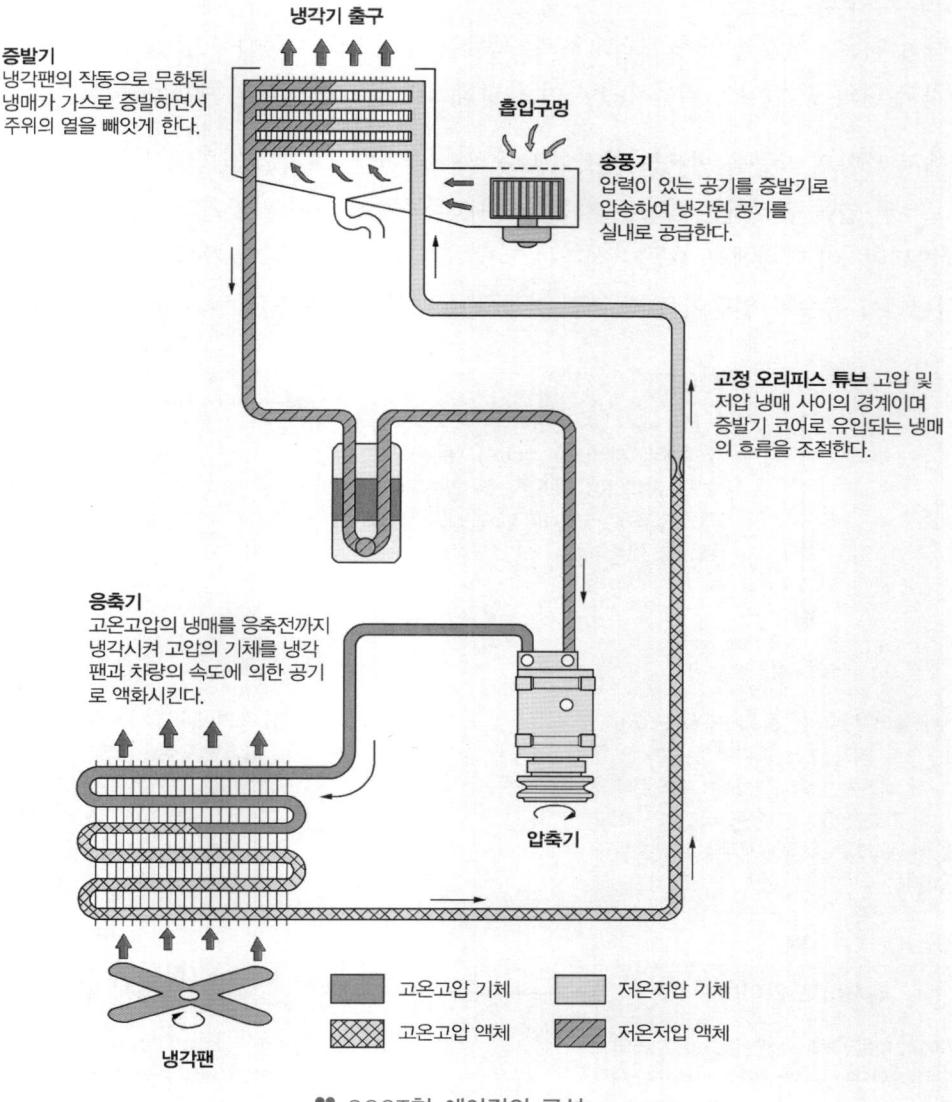

냉각기 출구

증발기
냉각팬의 작동으로 무화된
냉매가 가스로 증발하면서
주위의 열을 빼앗게 한다.

흡입구멍

송풍기
압력이 있는 공기를 증발기로
압송하여 냉각된 공기를
실내로 공급한다.

고정 오리피스 튜브 고압 및
저압 냉매 사이의 경계이며
증발기 코어로 유입되는 냉매
의 흐름을 조절한다.

응축기
고온고압의 냉매를 응축전까지
냉각시켜 고압의 기체를 냉각
팬과 차량의 속도에 의한 공기
로 액화시킨다.

압축기

고온고압 기체		저온저압 기체
고온고압 액체		저온저압 액체

냉각팬

CCOT형 에어컨의 구성

2 에어컨의 작동

저온으로 만들기 위해 냉매는 압축기 → 응축기 → 리시버드라이어 → 팽창 밸브 → 증발기를 거쳐서 다시 압축기로 되돌아오는 순환을 반복한다. 이 동안에 냉매는 액체 → 기체 → 액체로 그 상태를 변화시켜 열을 이동시킨다. 이 냉매가 하는 열의 이동 작용을 **냉동(또는 냉방) 사이클**이라 한다. 그리고 냉매가 기체(증기) 또는 액체로 되어 상태가 변화하는 냉동 사이클을 **증발 압축 냉동 사이클**이라 하며, 자동차용 에어컨은 이 원리를 이용한다. 그러면 실제 에어컨 장치의 냉동 사이클을 그림에 대비하여 설명하면 다음과 같다.

① 냉매는 압축기에서 압축되어 약 70℃에서 15kg/cm² 정도의 고온·고압 상태가 된다.

② 압축된 고온·고압의 냉매는 응축기로 압송된다.

③ 응축기에서는 냉매(약 70℃)와 외부온도(약 30~40℃)의 온도 차이로 인해 냉매는 약 50℃로 온도가 낮아진다. 냉매는 온도 상으로 약 20℃ 정도 밖에 냉각되지 않으나 기체에서 액체로 상태가 변화한다.

④ 액화된 냉매는 리시버드라이어에 의해 수분과 먼지 등이 제거된 후 팽창 밸브로 이동을 한다.

⑤ 팽창 밸브에서는 액화된 고압의 냉매가 급격히 팽창하여 약 −5℃에서 1.5kg/cm² 정도의 저온·저압의 안개 모양으로 된다.

⑥ 팽창하여 저온·저압의 안개 모양으로 된 냉매는 증발기로 이동하여 증발기 주위의 온도가 높은 공기 (자동차 실내의 공기)에서 열을 흡수하여 증발함으로써 기체 상태의 냉매로 되어 다시 흡입·압축된다.

위의 ①항에서 ⑥항의 작동을 반복하는 것이 냉동 사이클이다. 그리고 ⑥항에서 증발기 속에 저온의 냉매가 주위의 공기로부터 열을 흡수하는 작용은 자동차 실내의 공기에 의해 가열된다. 즉, 자동차 실내의 공기가 냉매에 의해 냉각되며, 이 단계에서 자동차 실내는 냉방이 된다. 그리고 응축기에 의해 대기 속으로 배출된 열량이 자동차 실내에서 흡수된 열량이 된다. 또, 자동차 실내의 공기는 냉각됨과 동시에 습기 제거작용도 한다.

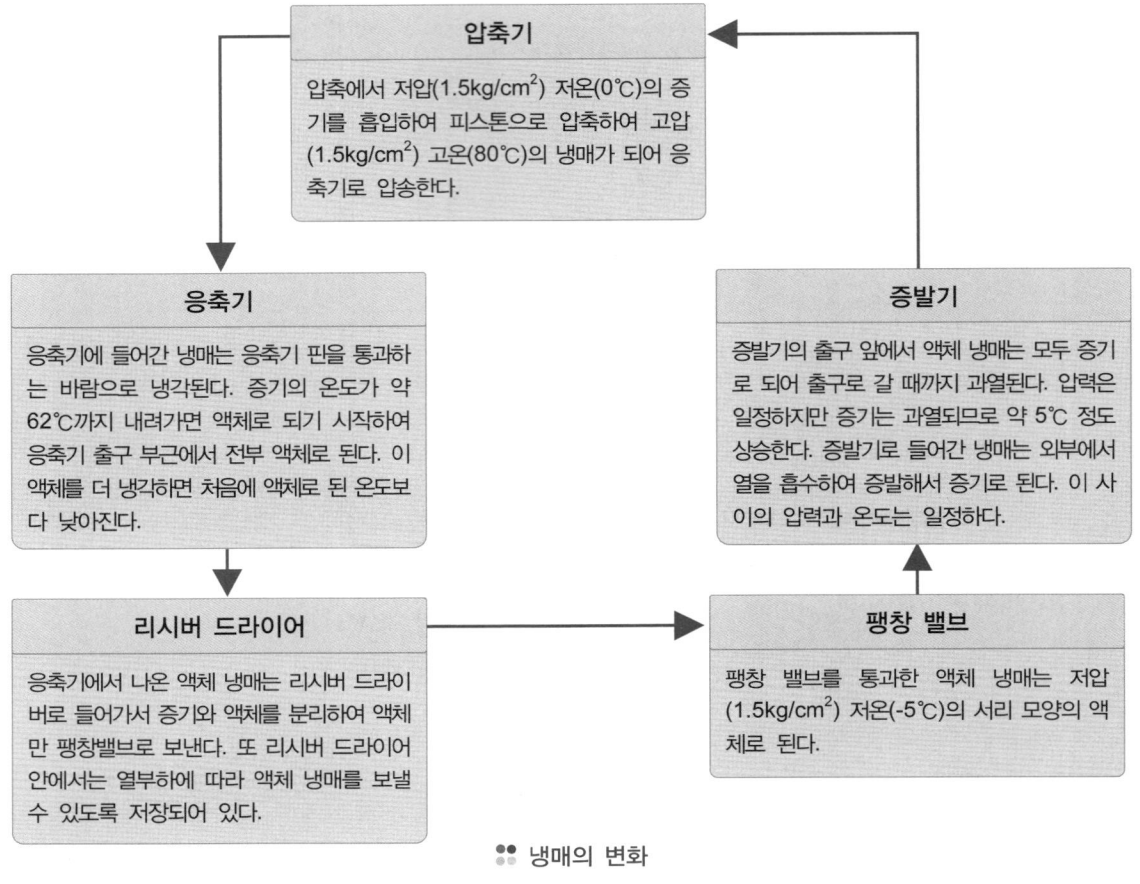

∷ 냉매의 변화

3-3. 자동차 에어컨의 구성 부품

1 냉매 Refrigerant

냉매란 냉동에서 냉동 효과를 얻기 위해 사용하는 물질이며, 저온 부분에서 열을 흡수하여 액체가 기체로 되고, 압축하면 고온 부분에서 열을 방출하여 다시 액체로 되는 것과 같이 냉매가 상태 변화를 일으켜 열을 흡수·방출하는 역할을 하는 것이다. 냉매의 가장 중요한 특성은 그다지 높지 않은 압력에서 쉽게 응축, 즉 액체로 되어야 한다. 냉매는 예전에는 R−12(프레온 가스)를 사용하였으나 현재는 R−134a를 사용한다. 냉매의 구비 조건과 R-134a의 장점은 다음과 같다.

1) 냉매의 구비조건

① **비등점이 적당히 낮을 것** : 비등점이 너무 높은 냉매를 저온용으로 사용하면 압축기의 흡입 압력이 극도의 진공으로 되어 효율이 저하한다. 그리고 주위와의 압력 차이가 너무 크게 되며, 응축되지 않은 기체 냉매가 유입되거나 냉매가 누출되기 쉽다.

② **냉매의 증발 잠열이 클 것** : 증발 잠열이 크면 적은 양의 냉매를 증발시켜도 냉동 작용이 증가한다.

③ **응축 압력이 적당히 낮을 것** : 공기나 물로 냉각을 할 때 대기 압력 이상의 적당한 압력에서 응축되는 것이 바람직하다. 압력이 너무 낮으면 장치 내로 응축되지 않은 기체 냉매가 유입되고, 너무 높으면 장치가 파손되기 쉽다.

④ **증기의 비체적이 클 것** : 압축기 흡입 증기의 비체적이 적을수록 피스톤의 배출량은 적어도 되므로 장치를 소형화할 수 있다.

⑤ **압축기에서 배출되는 기체 냉매의 온도가 낮을 것** : 압축기에서 배출되는 기체 냉매의 온도가 너무 높으면 체적효율이 저하할 뿐만 아니라 냉동 오일의 탄화나 열화 또는 분해가 발생하기 쉽고, 윤활 작용의 저하가 일어날 수 있기 때문에 낮을수록 좋다.

⑥ **임계 온도가 충분히 높을 것** : 임계 온도가 낮은 증기는 임계 온도 이상에서 압력을 아무리 높여도 응축되지 않기 때문에 다시 냉매로 사용할 수 없다.

⑦ **부식성이 적을 것** : 냉매에 오일, 공기, 수분 등이 유입되었더라도 장치에 사용되는 재료를 부식시키거나 변질시켜서는 안 된다.

⑧ **안정성이 높을 것** : 냉동장치에서 그 자신이 분해되어 응축되지 않은 기체 냉매를 생성하거나 성질이 변화하지 않아야 한다.

⑨ **전기 절연 성능이 좋을 것** : 전기 절연 재료를 침식하지 않고, 통전률이 적으며, 전기 저항값이 커야 한다.

2) R-134a의 장점

① 오존을 파괴하는 염소(Cl)가 없다.

② 다른 물질과 쉽게 반응하지 않은 안정된 분자 구조로 되어있다.

③ R-12와 비슷한 열역학적 성질을 지니고 있다.

④ 불연성이고 독성이 없으며, 오존을 파괴하지 않는 물질이다.

2 압축기 Compressor

1) 압축기의 역할

압축기의 역할은 증발기에서 증발한 기체 냉매가 응축되기 쉽도록 냉매의 압력을 높이는 것이다. 즉, 기체냉매를 압축하는 작용이다. 이러한 압축기의 작용에 의해 냉매는 응축과 증발 과정을 반복하면서 에어컨 장치 내를 순환하며, 열을 차가운 곳에서 따뜻한 곳으로 운반한다.

① **흡입 작용** : 증발기 내에서 냉매 압력을 낮추어 액체 상태의 냉매가 낮은 온도에서 증발할 수 있도록 한다.

② **압축 작용** : 기화된 냉매를 고온·고압으로 압축시켜 응축기로 보내어 상온에서 액화될 수 있도록 한다.

③ **펌프 작용** : 흡입과 압축작용을 통하여 냉매를 순환시켜 연속적인 작용이 되도록 한다.

2) 압축기의 종류

에어컨용 압축기의 종류에는 크랭크형, 사판형, 로터리형, 가변 용량형(외부제어식, 내부제어식) 등이 있으며, 여기서는 현재 자동차에서 주로 사용되고 있는 사판형과 로터리형 및 가변 용량형에 대해서만 설명하도록 한다.

① 사판형(swash plate type) 압축기의 구조와 작용

㉮ 사판형 압축기의 구조

사판형 압축기는 축(shaft)에 사판(swash plate)을 설치하고, 축을 회전시켜 사판의 회전 운동을 피스톤의 왕복운동으로 변화시켜 기체 냉매의 흡입 및 압축 작용을 한다. 피스톤의 양끝에는 기체 냉매의 흡입 및 배출을 실행하는 밸브 판(valve plate), 축과 실린더 헤드 사이에는 누출을 방지하기 위한 축 실(shaft seal)이 조립되어 있다.

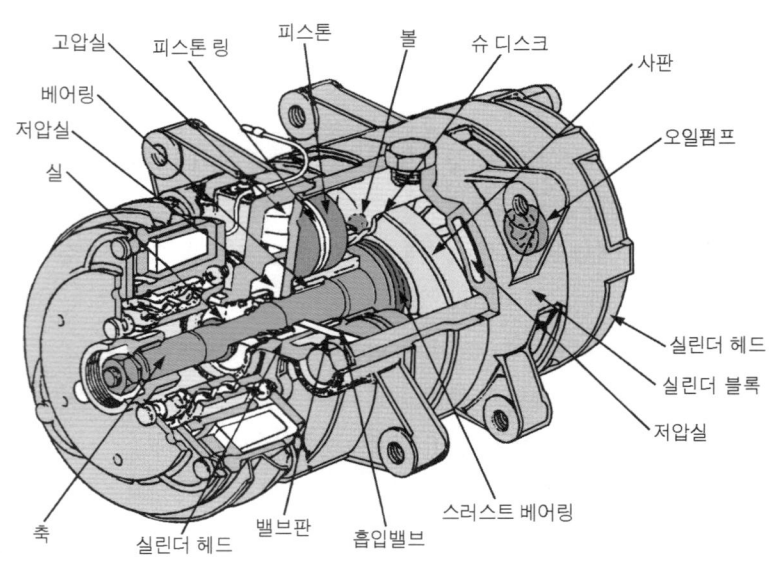

:: 사판형 압축기의 구조

㉯ 사판과 피스톤의 구조

피스톤은 사판의 축을 중심으로 하여 72°로 등분된 동일 원둘레 상에 5개가 있다. 각각의 피스톤은 사판의 양끝에 힌지(hinge) 역할을 하는 슈(shoe)라 부르는 반구형의 볼(ball)이 조립되어 있으며, 사판의 회전에 의해 피스톤은 실린더 내를 왕복 운동하여 1개의 피스톤이 2 실린더의 작동을 한다. 이에 따라 압축기 전체로는 10 실린더의 작동을 실행한다.

㉰ 흡입 및 배출 밸브의 구조

냉매의 흡입 및 배출 작용은 밸브 판(valve plate)을 사이에 두고 바깥쪽에 배출, 안쪽에는 흡입 리드 밸브를 각각 설치하고, 흡입·압축 행정을 할 때 실린더 내·외부의 압력 차이에 의하여 개폐된다.

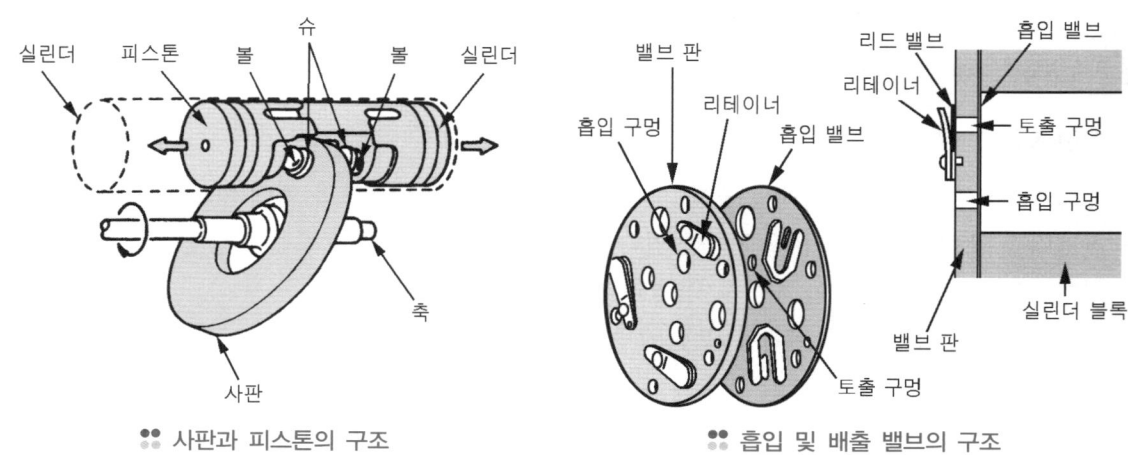

:: 사판과 피스톤의 구조   :: 흡입 및 배출 밸브의 구조

㉨ 사판형 압축기의 작동

축이 회전하면 사판도 일체로 회전하며, 축의 회전에 의해 사판에 볼이 끼워져 있는 상태에서 피스톤은 사판에 의해 왕복운동을 한다. 축이 1회전하면 흡입과 압축의 1행정이 완료된다.

- 기체 냉매의 **흡입 하사점** : 피스톤이 뒤쪽으로 이동을 하면 앞쪽 실린더 내의 압력이 낮아져 저압실의 기체 냉매가 흡입 구멍을 통하여 흡입 밸브를 밀고 실린더 내로 들어간다. 이때 뒤쪽 실린더는 압축 작용을 한다.

- 기체 냉매의 **압축 행정** : 피스톤이 앞쪽으로 이동을 하면 앞쪽 실린더 내의 압력이 높아져 실린더 내의 기체 냉매가 배출 구멍을 통하여 리드 밸브를 밀어 올려 고압실로 배출된다. 이때 뒤쪽 실린더는 흡입 작용을 한다.

- 기체 냉매의 **압축 상사점** : 피스톤이 앞쪽 최대 위치로 이동을 하면 앞쪽 실린더 내의 압축 및 뒤쪽 실린더의 흡입 작용이 완료된다.

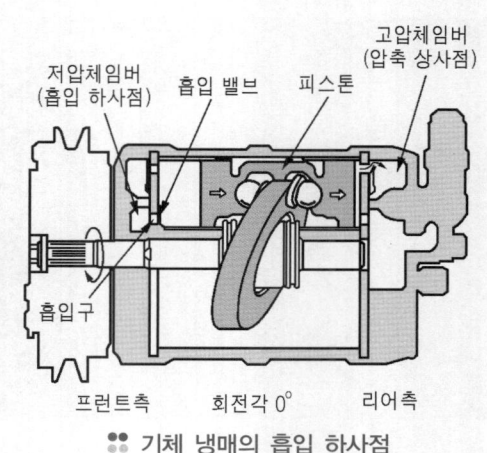

❖ 기체 냉매의 흡입 하사점

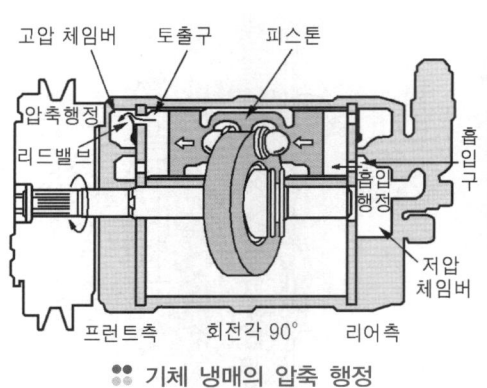

❖ 기체 냉매의 압축 행정

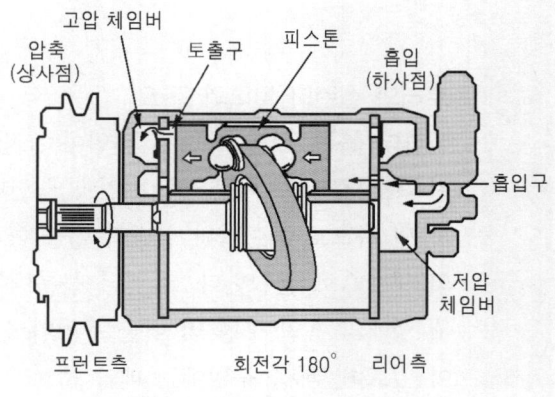

❖ 기체 냉매의 압축 상사점

㉮ 사판형 압축기의 역할
- 마그네틱 클러치에 의해 작동하며, 에어컨 사이클에 냉매를 반복하여 다시 사용하는데 필요한 기구이다.
- 증발기에서 열 교환이 끝난 기체 냉매를 온도가 높은 환경에서도 비교적 액화가 가능한 상태로 하기 위해 기체 냉매를 압축하여 고온·고압 냉매로 만드는 역할을 한다.
- 압축기의 흡입 구멍으로 흡입될 때 냉매의 온도는 약 0℃, 압력은 1.5kg/ cm²이고, 배출할 때는 온도가 70~80℃, 압력은 15kg/cm²이다.

② 로터리형(rotary type) 압축기의 구조와 작용

로터리형 압축기는 축에 조립된 로터(rotor)에 베인(vane)이 조립되어 축이 회전함에 따라 베인이 원심력으로 튀어나와 로터와 실린더 사이의 체적을 변화시켜 기체 냉매를 흡입 및 압축한다.

밸브는 충전 밸브 및 밸브 스토퍼가 실린더 블록에 조립되어 있고, 흡입 밸브는 없으며, 축과 실린더 헤드 사이에는 축 실(seal)이, 실린더 블록에는 베인에 배압을 가하는 트리거 밸브(trigger valve)가, 셀

(shell)에는 기체 냉매의 배출 온도를 검출하는 센서가 각각 부착되어 있다. 압축기 오일은 셀 내에 규정량이 봉입되어 기체 냉매의 배출 압력으로 각 부분에 공급된다.

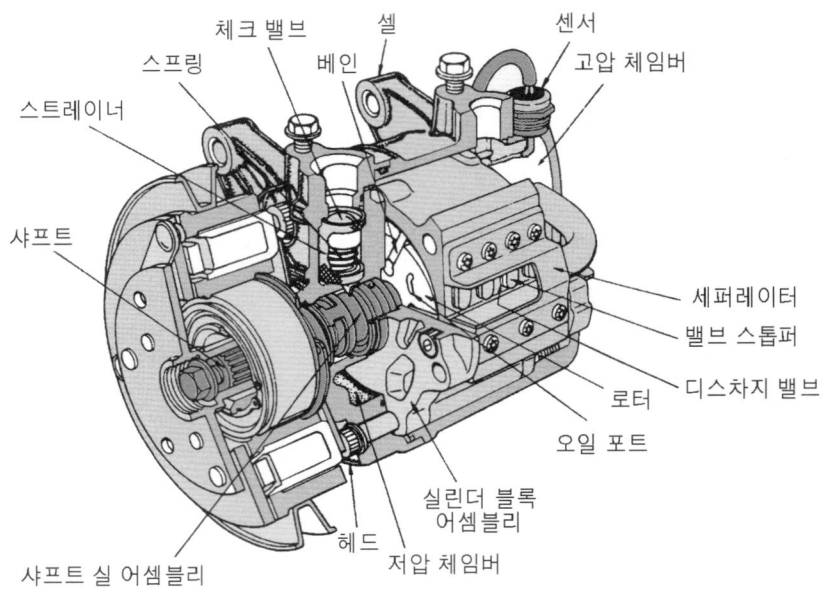

❄ 로터리형 압축기의 구조

㉮ 로터와 실린더 블록의 구조

실린더 블록 내의 로터에 베인이 조립되어 있으며, 로터의 회전으로 베인이 실린더 블록 면 쪽으로 튀어나와 실린더 내를 여러 개의 구역으로 분할한다. 실린더 블록에는 기체 냉매의 흡입 구멍 및 배출 구멍이 설치되어 있으며, 배출 구멍에는 배출 밸브가 조립되어 있다.

㉯ 배출 밸브(discharge valve)

배출 밸브는 실린더 블록의 배출 구멍에 밀착 조립되어 기체 냉매의 역류를 방지한다. 그리고 밸브 스토퍼는 배출 밸브를 보호하기 위해 밸브 위쪽에 조립되어 있다.

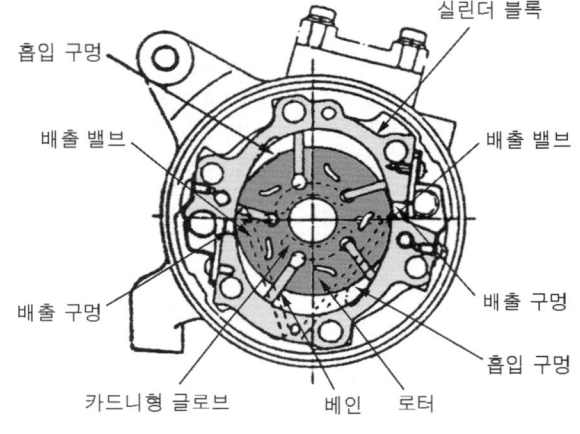

❄ 로터와 실린더 블록의 구조

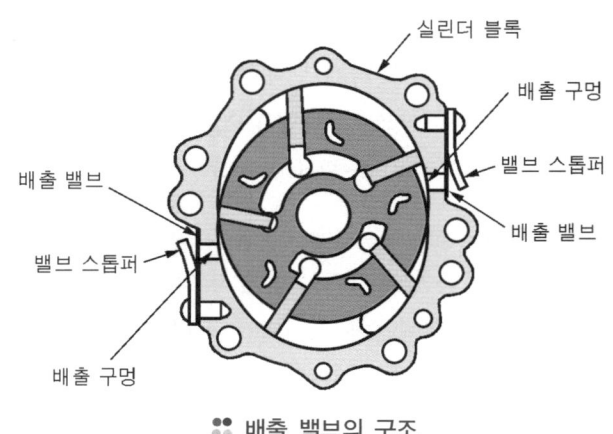

❄ 배출 밸브의 구조

③ 가변 용량형(variable capacity type) 압축기의 구조와 작용

㉮ 가변 용량형 압축기의 구조

가변 용량형 압축기는 냉방 능력(냉매의 순환량)의 필요에 따라서 사판(swash plate)의 경사각을 연속적으로 변화시킴으로써 피스톤 행정의 변화에 따라 냉매의 토출량을 변화시키는 방식으로 드라이브 블록이 마그네틱 클러치를 통하여 구동되는 샤프트에 고정되어 있으며, 드라이브 블록의 저널 핀을 통하여 사판이 부착되어 있다.

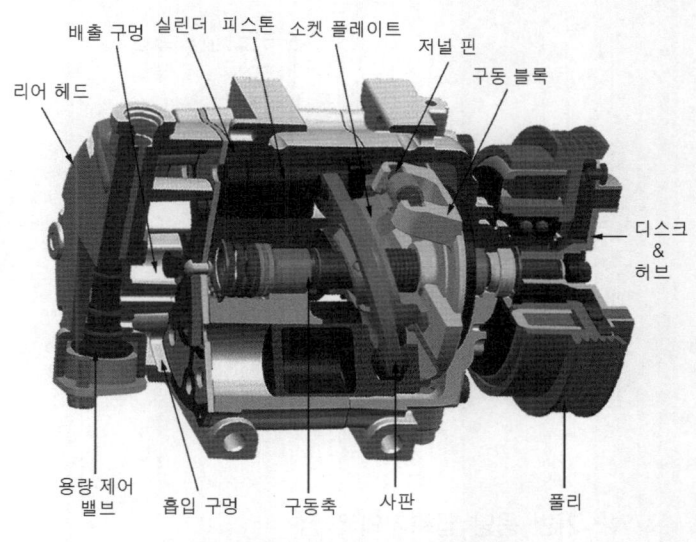

사판에는 샤프트와 평행으로 왕복운동을 하는 7개의 피스톤이 부착되어 있으며, 사판은 저널 핀을 중심으로 슬라이딩하여 경사각을 변화시킨다. 사판의 경사각은 피스톤에 가해지는 압력의 밸런스에 의해 변화되며, 컨트롤 밸브는 크랭크 케이스 내의 압력을 제어한다.

∷ 가변 용량형 압축기의 구조

㉯ 최대 냉방시 작동

저속 주행시 또는 외부의 온도가 높을 경우 등 증발기 내를 통과하는 냉매에 대하여 흡수하는 열량이 많을 경우에는 냉매의 저압측 압력(압축기의 흡입측 압력)이 상승한다. 저압측 압력이 컨트롤 밸브의 설정 압력(약 0.18MPa 또는 1.8kg/cm²)보다 높을 경우 컨트롤 밸브 내의 벨로즈가 수축되어 크랭크 케이스 내의 압력을 압축기의 흡입 측에 보내어 크랭크 케이스 내의 압력은 흡입 압력과 거의 동일하게 된다. 따라서 크랭크 케이스 내의 압력은 토출 압력과 비교할 때 낮기 때문에 사판의 경사각이 최대가 됨으로써 피스톤의 행정이 최대가 된다.

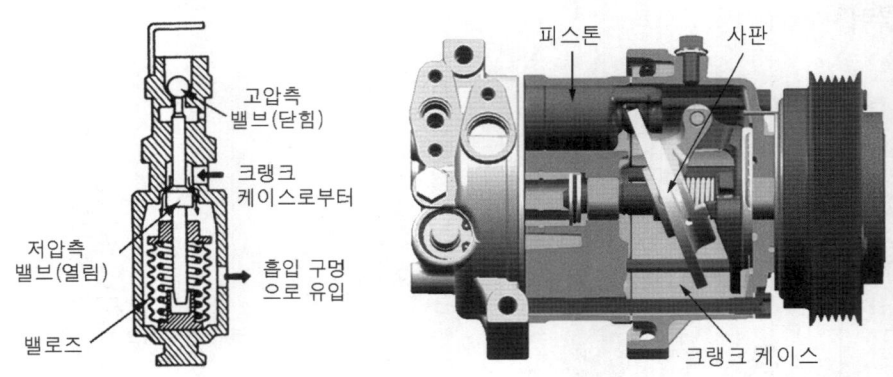

∷ 최대 냉방시 작동

㉰ 용량 제어시 작동

고속 주행시 또는 외부의 온도가 낮을 때, 차실 내의 온도가 낮을 경우에는 냉매의 저압측 압력(압축기의 흡입측 압력)이 낮아진다. 저압측 압력이 컨트롤 밸브의 설정 압력(약 0.18MPa 또는 1.8 kg/cm²)보다 낮을 경우 컨트롤 밸브 내의 벨로즈가 팽창하여 고압측 밸브가 열림으로써 토출 압력이

유입되기 때문에 크랭크 게이스 내의 압력은 토출 압력과 거의 비슷하게 된다. 따라서 크랭크 케이스 내의 압력과 토출 압력의 차이가 적기 때문에 사판의 경사각이 작아지는 방향으로 이동하여 냉매의 토출량이 감소되어 흡입 압력이 상승한다. 이때 사판은 압력의 밸런스가 평형 위치에 있게 되어 압축기는 용량 제어를 하게 된다.

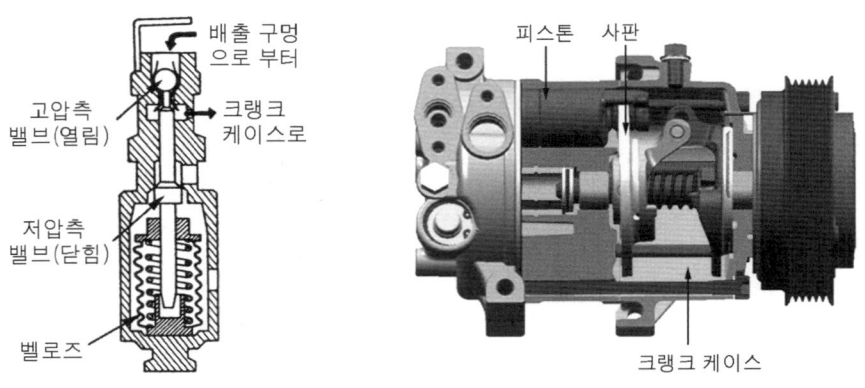

∷ 용량 제어시 작동

㉑ 가변 용량 압축기의 장점

- **냉방 성능 개선** : 압축기가 작동되는 모든 영역에서 냉방 부하량의 변동에 따라 냉매량을 가변 제어함으로써 빈번한 압축기의 ON, OFF에 따른 냉방 성능의 변동이 발생하지 않는다.
- **소음, 진동에 의한 불쾌감 개선** : 빈번한 압축기의 ON, OFF에 따른 소음 및 진동의 문제가 감소되고 흡입 압력에 따른 배출 압력이 조절되기 때문에 냉방 사이클 내의 부하가 적어 소음 및 진동에 따른 불쾌감이 개선되었다.
- **연비의 개선** : 실내 냉방 부하량에 따라 압축기가 가변 제어되기 때문에 이에 따른 엔진의 부하가 감소되어 출력 및 연비가 개선되었다.

3) 마그네틱 클러치 magnetic clutch

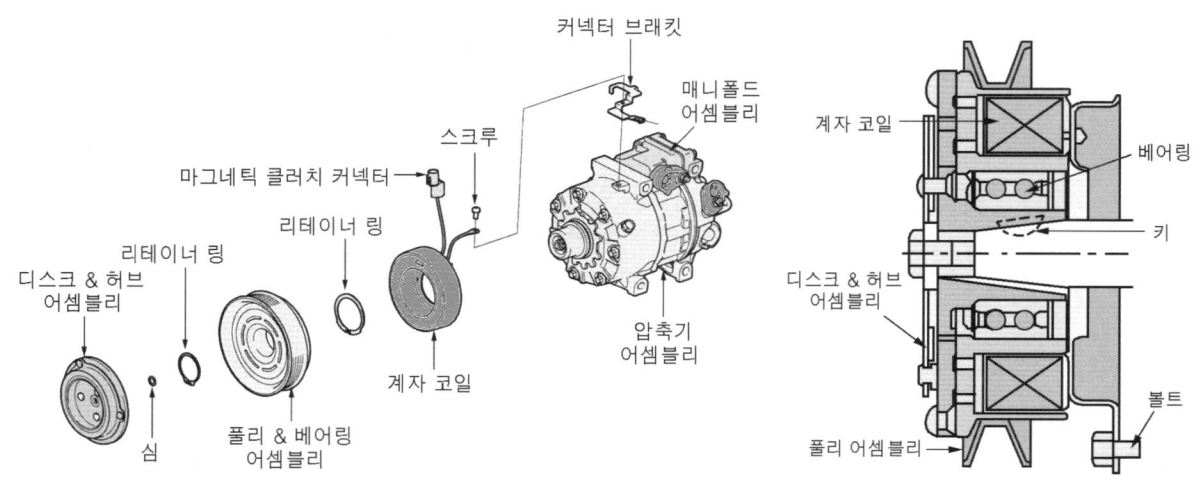

∷ 마그네틱 클러치의 구조

① 마그네틱 클러치의 구조와 작용

㉮ 풀리(pulley) : 엔진의 크랭크축으로부터 전달되는 동력이 구동 벨트로 연결되어 공전을 하며, 에어 컨 스위치의 ON에 의해 압축기를 구동시킨다.

㉯ 계자 코일(field coil) : 배터리에서 공급되는 직류 12V 전원으로 자속이 형성되고, 이 자속이 풀리의 벽을 타고 흘러서 자력을 발생시켜 디스크 허브의 디스크를 흡인한다.

㉰ 디스크 허브(disc hub) : 풀리의 벽을 타고 흐르는 자속이 디스크로 전달되면 에어 갭(air gap)으로 N극과 S극의 교번이 형성되면서 흡인 자력이 발생될 때 스프링의 특성을 지니는 탄성 부품이 일정거리를 변화하면서 디스크가 풀리의 마찰 면과 흡착된다.

② 마그네틱 클러치의 작동 순서

에어컨 스위치를 ON 시켰을 때	에어컨 스위치를 OFF 시켰을 때
1. 계자 코일에 전류가 흐른다. 2. 자속(자기력)이 발생된다. 3. 디스크가 흡인 흡착된다. 4. 압축기가 회전한다.	1. 계자 코일에 전류가 차단된다. 2. 자속이 소멸된다. 3. 디스크가 분리된다. 4. 압축기가 작동을 정지한다.(풀리는 계속 회전한다)

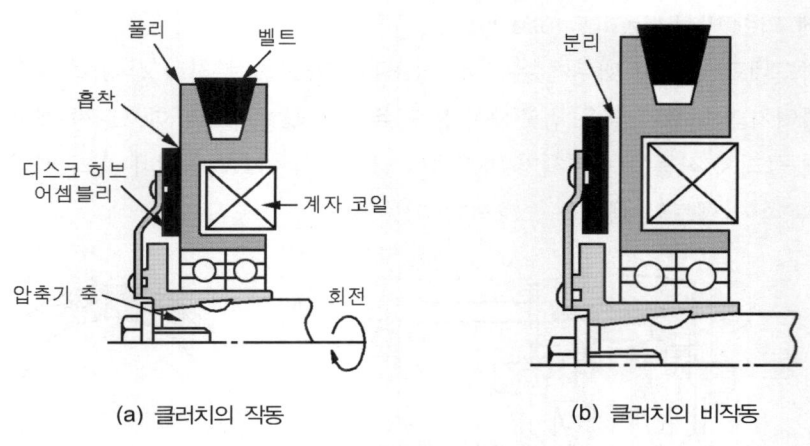

(a) 클러치의 작동 (b) 클러치의 비작동

마그네틱 클러치의 작동

4) 고압 안전 밸브 PRV ; Pressure Relief Valve

고압 안전 밸브는 에어컨 장치의 내부 막힘, 냉매의 과다한 충전으로 인한 냉매 과다, 응축기 팬의 작동 불량으로 장치 내부의 압력이 상승하여 손상되는 것을 방지한다. 즉 압축기 내부에 이상 고압이 발생하였을 때 이 밸브를 통하여 냉매와 오일을 배출시켜 장치를 안정시키는 역할을 한다. 따라서 고압 안전 밸브가 작동한 후에는 에어컨 장치 내에 냉매의 재충전과 오일을 보충하여야 한다.

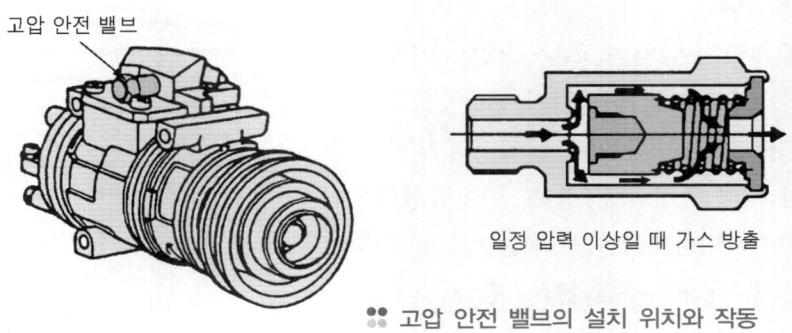

일정 압력 이상일 때 가스 방출

고압 안전 밸브의 설치 위치와 작동

5) 온도 센서 Thermal sensor

온도 센서는 에어컨 장치의 냉매가 누출되어 흡입 압력이 낮아져 운전 압력 비율이 증가하고 배출 온도가 상승할 경우 배출 쪽 냉매 온도를 검출하여 규정의 온도를 초과하면 압축기의 보호를 위하여 바이메탈형 자동 복귀 방식에 의해 마그네틱 클러치의 전원을 차단시킨다. 일반적으로 냉매의 온도가 155℃ 정도에서 압축기를 OFF시키고 냉매의 온도가 135℃ 정도에서 압축기를 ON시킨다.

6) 벨트 고착 belt lock 보호 기능

현재 자동차의 엔진을 개발할 때 동력 손실을 줄이기 위하여 1-벨트 방식의 사용이 증가되고 있다. 이 1-벨트에 연결된 에어컨 압축기가 내부의 고착이나 마그네틱 클러치의 미끄러짐이 발생하면 벨트에 손상이 발생되어 끊어지면 주행이 어려우므로 이에 대한 보호 기능으로 벨트 고착 제어 기능이 추가되었으며, 다음의 방식들이 있다.

① **스피드 센서에 의한 방식(speed sensor type)**

압축기의 회전속도를 검출하는 스피드 센서(speed sensor)를 설치하고, 엔진의 회전속도와 비교하여 미끄러짐의 여부를 판단하여 일정 이상의 미끄러짐 비율에서는 압축기의 전원을 차단시켜 벨트를 보호하는 방식이며, 별도의 제어기구가 설치되어 있다.

② **온도 퓨즈에 의한 방식(thermal fuse type)**

압축기의 마그네틱 클러치 내부에 온도 퓨즈(184℃ OFF)를 부착하고, 압축기에 이상이 발생하였을 때 마그네틱 클러치의 미끄럼 열을 검출하여 온도 퓨즈가 끊어지도록 함으로써 계자 코일의 전원을 차단하여 마그네틱 클러치 작동을 중지시켜 마그네틱 클러치의 미끄러짐이나 풀리 베어링의 손상이 계속 진행되지 않도록 하여 벨트와 엔진을 보호하는 기능이다.

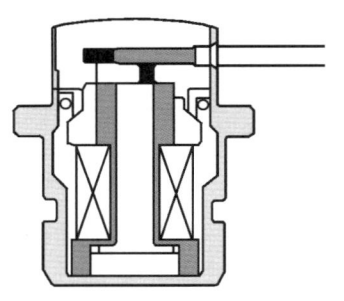

:: 스피드 센서의 구조

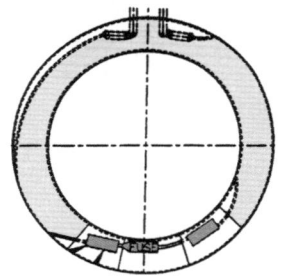

:: 온도 퓨즈의 설치 위치

3 응축기 Condenser

1) 응축기의 기능 및 구조

응축기는 압축기로부터 유입되는 고온·고압의 기체 냉매를 냉각 팬(cooling fan)으로 강제 냉각시켜 냉매를 액화시키는 역할을 한다. 응축기의 냉각 양은 압축기의 냉각 양과 증발기의 냉각 양에 의해 결정되며, 응축 상태가 불량하면 냉동 사이클의 압력이 과다하게 높아져 냉방 성능을 저하시키므로 용량의 결정 및 관리에 주의하여야 한다.

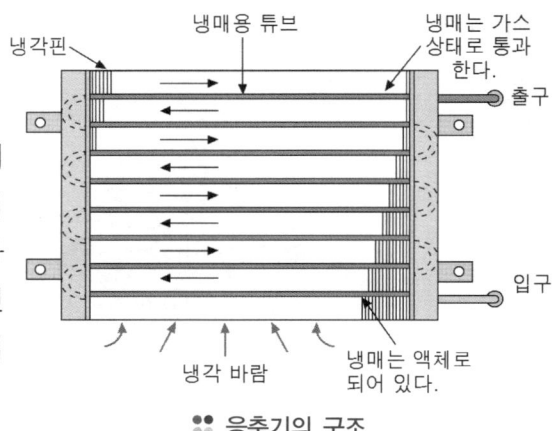

:: 응축기의 구조

응축기의 응축 기능은 열 교환기와 같이 공기 쪽 핀(fin)과 냉매 쪽 튜브(tube)로 구성되어 있다. 핀과 튜브는 주로 알루미늄 합금을 사용하며, 기체 냉매는 튜브 내를 흐르면서 외부로 열을 방출하며 핀 사이를 통과하는 공기로 열을 방출한다.

2) 응축기의 분류와 특징

① **핀과 튜브형**(fin & tube type) : 냉각 튜브에 냉각핀을 2mm 정도의 간격으로 설치한 것이며, 튜브는 구리, 핀은 알루미늄을 사용한다.

② **서펜틴형**(serpentine type) : 핀과 튜브형 응축기보다 강성은 약간 떨어지나 생산성이 좋고, 가격이 싸며, 냉각효율이 우수하다. 알루미늄 합금의 코루게이트 냉각용 핀이 부착되어 있다.

③ **패럴렐 플로형**(parallel flow type) : 냉매 흐름의 설정이 용이하며, 대체 냉매로 전환할 때 우수한 성능을 나타낸다. 소형, 경량 및 중량 당 방열 특성을 극대화시킨 응축기로 특히 공기 저항이 낮아 라디에이터의 단열 부하를 감소시켜 준다.

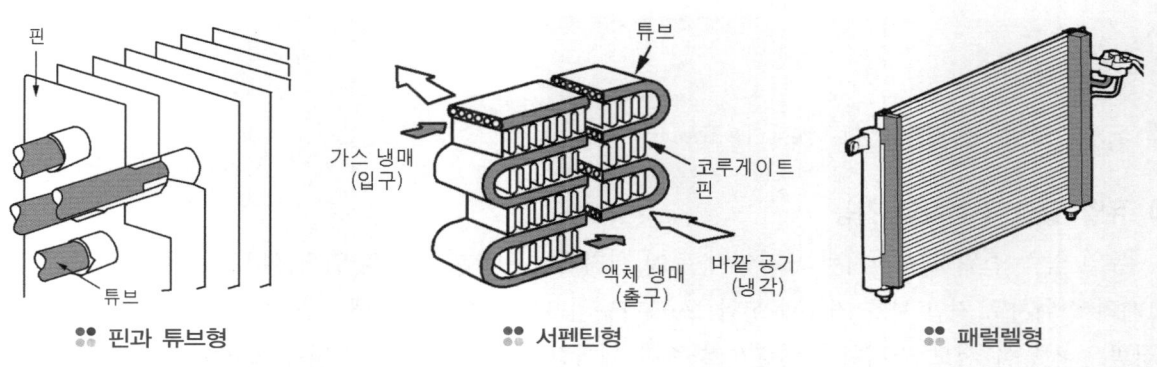

| 💥 핀과 튜브형 | 💥 서펜틴형 | 💥 패럴렐형 |

4 리시버 드라이어 Receiver Drier ; 건조기

1) 리시버 드라이어의 기능

① **냉매 저장 기능** : 에어컨 사이클의 부하 변화에 대응하여 냉매 순환량도 변동되어야 하므로 적절한 양의 냉매를 저장하며, 그 변동에 대응하도록 한다.

② **기포 분리 기능** : 응축기로부터 배출된 액체 냉매가 기포를 포함하고 있을 경우 냉방 성능의 저하를 초래하므로 기포와 액체를 분리하여 액체 냉매만 팽창 밸브로 보낸다.

③ **수분 흡수 기능** : 건조제와 필터를 사용하여 냉매 중의 수분 및 이물질을 제거한다.

④ **냉매량 관찰 기능** : 사이트 글라스(sight glass)를 통하여 냉매량의 적정 여부를 확인하는 기능이나, 최근에는 냉매가 R-134a로 바뀌면서 없어지는 추세이다.

2) 리시버 드라이어의 구조

리시버 드라이어 탱크 내부에는 건조제와 필터가 들어있으며, 냉매 속에 수분이 함유되어 있으면 부품을 부식시키거나 팽창 밸브 내에서 빙결되어 냉매의 순환이 정지된다. 또 에어컨 사이클 내를 흐르는 냉매의 상태를 점검하기 위한 사이트 글라스가 부착되어 있다. 리시버 드라이어에 사이트 글라스가 없는 경우는 냉매를 R-134a를 사용하면서 제거한 경우이다. 그리고 어떤 원인으로 고압 쪽의 압력이 비정상적으로 상승하였을 때 그대로 방치하면 부품들이 파손될 염려가 있으므로 이상 압력을 배출하기 위한 고압 안전 밸브가 설치되어 있다. 수분이나 이물질을 흡입하지 않도록 출구는 리시버 드라이어 위 부분에 설치되어 있기 때문에 입구와 착각하지 않도록 배관 상의 주의가 필요하다. 리시버 드라이어의 설치 방법에는 응축기의 출구 쪽 또는 파이프로 접속하여 응축기에서 떨어진 곳으로 하는 방법이 있다. 어느 형식에서나 주의할 것은 냉각을 위한 통풍이다. 응축기에서 아무리 냉각되더라도 리시버 드라이어의 설치상태가 불량하면 냉매는 과열하여 충분한 냉방 효과를 얻을 수 없다.

:: 리시버 드라이어의 구조

5 듀얼 압력 스위치 | Dual Pressure Switch

1) 듀얼 압력 스위치의 기능

듀얼 압력 스위치는 리시버 드라이어 위에 설치되어 있으며, 2개의 압력 설정 값(저압 및 고압)을 지니고 1개의 스위치로 저압 보호 기능과 고압 보호 기능의 2가지 기능을 수행한다. 작동은 송풍기 릴레이로부터 공급받은 전원을 서모 스위치가 연결시켜 주면 에어컨 릴레이 쪽으로 전원을 공급하는 역할을 한다.

듀얼 압력 스위치는 안전장치로서 에어컨 사이클 내의 냉매 압력에 의해 작동되며, 만약 냉매가 전혀 없는 상태에서 에어컨을 작동시켰을 경우 증발기는 냉각되지 않으므로 핀 서모 스위치가 작동하지 않아 압축기는 계속 작동한다. 이렇게 되면 압축기가 과열되어 파손될 우려가 있으므로 이때 듀얼 압력 스위치가 OFF되어 에어컨 릴레이로 공급되는 전원을 차단한다. 반대로 냉매가 과다하게 충전되었거나 에어컨 사이클이 막히면 냉매의 압력이 급격히 상승하여 압축기 및 에어컨 사이클이 파손되므로 서모 스위치가 OFF된다.

① High Side 저압 스위치 : 에어컨 장치 내에 냉매가 없거나 외부 온도가 0℃ 이하인 경우 스위치를 열어 (open) 압축기 마그네틱 클러치로의 전원 공급을 차단하여 압축기의 파손을 방지한다.

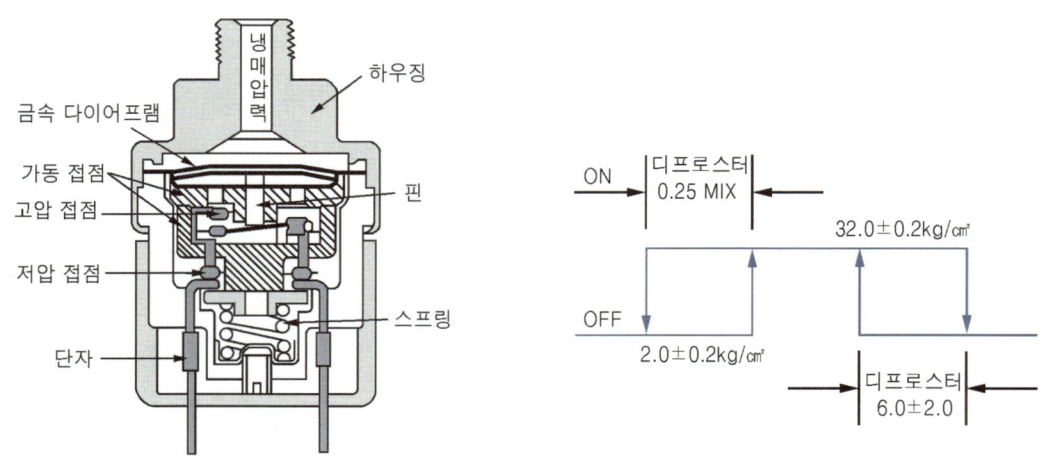

:: 듀얼 압력 스위치의 구조와 작동

② 고압 차단(high pressure cut out) : 고압 쪽 냉매압력을 검출하여 압력이 규정값 이상으로 올라가면 스위치 접점을 열어 전원공급을 차단하여 에어컨 장치를 이상 고압으로부터 보호한다.

2) 듀얼 압력 스위치 작동 원리

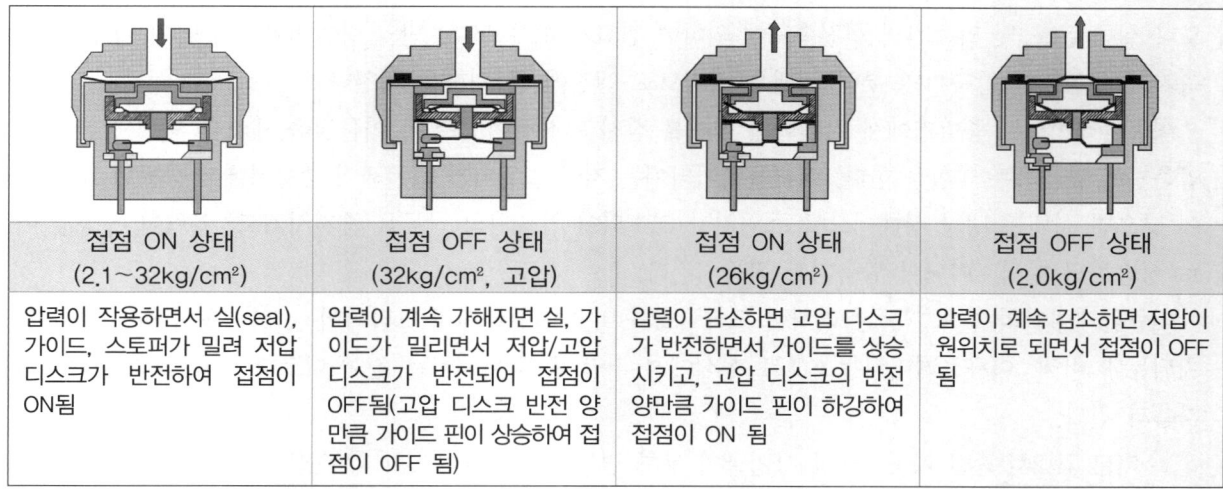

접점 ON 상태 (2.1~32kg/cm²)	접점 OFF 상태 (32kg/cm², 고압)	접점 ON 상태 (26kg/cm²)	접점 OFF 상태 (2.0kg/cm²)
압력이 작용하면서 실(seal), 가이드, 스토퍼가 밀려 저압 디스크가 반전하여 접점이 ON됨	압력이 계속 가해지면 실, 가이드가 밀리면서 저압/고압 디스크가 반전되어 접점이 OFF됨(고압 디스크 반전 양만큼 가이드 핀이 상승하여 접점이 OFF 됨)	압력이 감소하면 고압 디스크가 반전하면서 가이드를 상승시키고, 고압 디스크의 반전 양만큼 가이드 핀이 하강하여 접점이 ON 됨	압력이 계속 감소하면 저압이 원위치로 되면서 접점이 OFF 됨

6 트리플 스위치 Triple Switch

1) 트리플 스위치의 기능

트리플 스위치는 3개의 압력 설정 값을 지니고 있으며, 듀얼 스위치 기능에 팬(fan) 회전속도 조정용 고압 스위치의 기능을 추가시킨 것이다. 고압 쪽의 냉매 압력을 검출하여 압력이 규정값 이상으로 올라가면 스위치 접점을 닫아(close) 냉각 팬을 고속용 릴레이로 전환시켜 팬이 고속으로 회전하도록 한다.

2) 트리플 스위치의 작동 원리

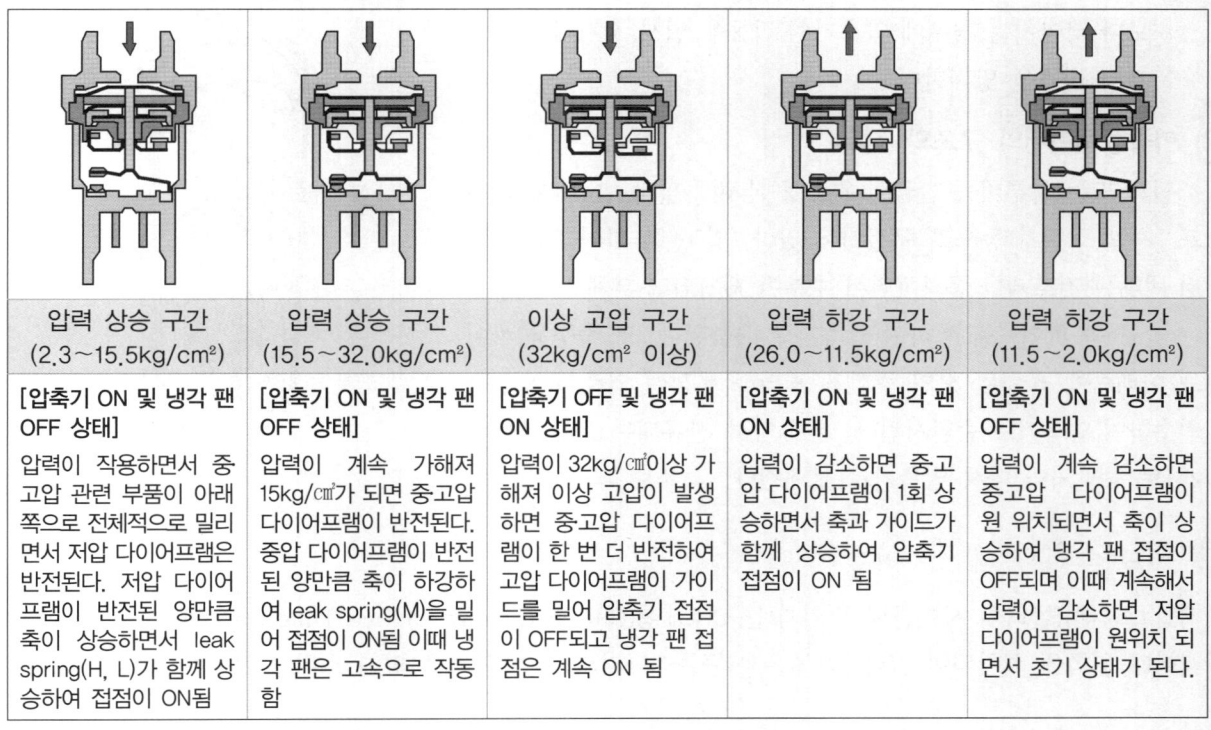

압력 상승 구간 (2.3~15.5kg/cm²)	압력 상승 구간 (15.5~32.0kg/cm²)	이상 고압 구간 (32kg/cm² 이상)	압력 하강 구간 (26.0~11.5kg/cm²)	압력 하강 구간 (11.5~2.0kg/cm²)
[압축기 ON 및 냉각 팬 OFF 상태] 압력이 작용하면서 중고압 관련 부품이 아래쪽으로 전체적으로 밀리면서 저압 다이어프램은 반전된다. 저압 다이어프램이 반전된 양만큼 축이 상승하면서 leak spring(H, L)가 함께 상승하여 접점이 ON됨	**[압축기 ON 및 냉각 팬 OFF 상태]** 압력이 계속 가해져 15kg/cm²가 되면 중고압 다이어프램이 반전된다. 중압 다이어프램이 반전된 양만큼 축이 하강하여 leak spring(M)을 밀어 접점이 ON됨 이때 냉각 팬은 고속으로 작동함	**[압축기 OFF 및 냉각 팬 ON 상태]** 압력이 32kg/cm²이상 가해져 이상 고압이 발생하면 중고압 다이어프램이 한 번 더 반전하여 고압 다이어프램이 가이드를 밀어 압축기 접점이 OFF되고 냉각 팬 접점은 계속 ON 됨	**[압축기 ON 및 냉각 팬 ON 상태]** 압력이 감소하면 중고압 다이어프램이 1회 상승하면서 축과 가이드가 함께 상승하여 압축기 접점이 ON 됨	**[압축기 ON 및 냉각 팬 OFF 상태]** 압력이 계속 감소하면 중고압 다이어프램이 원 위치되면서 축이 상승하여 냉각 팬 접점이 OFF되며 이때 계속해서 압력이 감소하면 저압 다이어프램이 원위치 되면서 초기 상태가 된다.

1) 어큐뮬레이터의 기능

어큐뮬레이터는 증발기와 압축기 사이에 설치되어 있으며, 증발기에서 증발된 기체 냉매의 압력은 바깥온도나 실내 온도 및 압축기의 회전속도에 의하여 변화가 매우 크다. 만약 증발기에서 증발된 냉매가 직접 압축기로 흡입되면 압축기의 부하가 매우 커지므로 엔진에 큰 영향을 미친다.

어큐뮬레이터는 증발기에서 기체화된 냉매를 잠시 저장하여 수분과 이물질을 제거한 후 일정한 압력으로 압축기에 공급하는 역할을 한다. 어큐뮬레이터에는 저압 스위치가 설치되어 증발기에서 증발된 냉매의 압력이 낮으면 실내는 냉각 상태이므로 스위치가 OFF되어 압축기의 작동을 중지시키고, 압력이 규정값 이상으로 상승하면 다시 ON되어 압축기를 작동시킨다.

어큐뮬레이터의 주요 기능은 리시버 드라이어와 비슷하나 리시버 드라이어는 TXV 형식에서 고압 쪽에 설치되는데 비해, 어큐뮬레이터는 CCOT 형식에서 저압 쪽에 위치하는 점이 다르다. 어큐뮬레이터의 기능은 다음과 같다.

① **저장 및 2차 증발 기능** : 냉방 사이클의 부하 변동에 대응하여 냉매의 순환 양도 변환되어야 하므로 적절한 냉매를 저장하며, 그 변동에 대응하도록 한다.

② **액체 분리 기능** : 증발기에서 증발된 냉매는 때에 따라 완전 증발이 일어나지 못하고 일부 액체 냉매를 포함하는 경우가 있다. 이 액체 냉매가 압축기로 유입되면 구동 부분의 손상을 초래할 수 있으므로 액체 냉매를 분리하여 완전한 기체 냉매만이 압축기로 유입되도록 한다.

③ **수분 흡수 기능** : 건조제를 사용하여 냉매 중의 수분을 흡수한다.

④ **오일 순환 기능** : 출구 아래쪽에 오일 회수용 필터를 설치하여 압축기 오일의 순환을 용이하게 한다.

⑤ **증발기 빙결 방지 기능** : 저압 스위치(low pressure switch - A/C clutch cycling)를 설치하여 저압 쪽 압력이 규정값보다 낮아지는 경우에 압축기의 작동을 일시 정지시켜 증발기의 빙결을 방지한다.

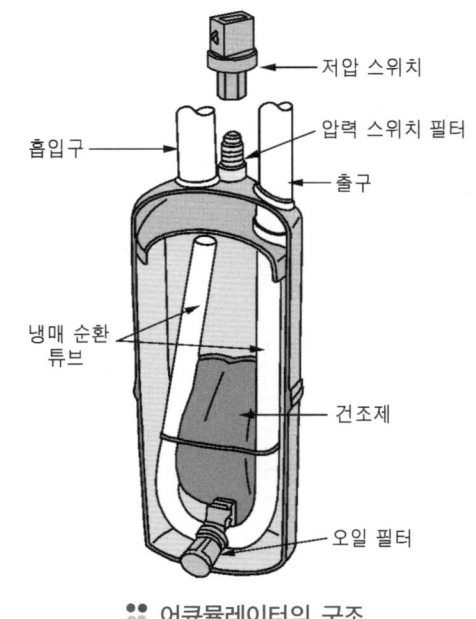

❖ 어큐뮬레이터의 구조

2) 어큐뮬레이터의 구조와 작동

철제 또는 알루미늄 합금의 원통형 본체에 필터, 건조제, 파이프, 저압 스위치 등으로 구성되어 있다. 입구 쪽 파이프로 유입된 냉매는 건조제를 통과하면서 수분이 제거되고 본체 위쪽에 있는 출구 쪽 파이프를 통하여 압축기로 배출된다. 또 출구용 파이프 아래쪽에 설치된 오일 순환용 필터를 통하여 압축기 오일을 회수하여 압축기로 순환시킨다. 본체 내에 잔류되는 액체 냉매는 2차로 증발되어 다시 압축기로 보내진다.

저압 스위치(클러치 사이클링 스위치)는 CCOT형(Clutch Cycling Orifice Tube type)에서 사용하며, 어큐뮬레이터 위쪽에 설치되어 있다. 작동은 어큐뮬레이터의 흡입 압력에 의해 스위치 작동이 조정된다.

전기 접점은 흡입 압력이 144kPa(21psi)일 때 정상적으로 열리고 흡입 압력이 약 323kPa(47psi) 이상 상승하면 닫힌다. 이 스위치는 압축기 마그네틱 코일의 전기적 회로를 조정한다. 스위치가 ON일 때 마그네틱 클러치 코일이 작동하여 클러치가 압축기를 작동시키고 스위치가 OFF일 경우 마그네틱 코일에 전류가 차단되어 클러치 작동을 중단시켜 압축기를 중지시킨다.

저압 스위치의 기능은 증발기 냉각핀의 표면 온도가 빙점의 바로 위 온도를 유지할 수 있도록 증발기 코어의 압력을 조절하는 것이며, 증발기의 빙결과 공기 흐름이 막히는 것을 방지한다.

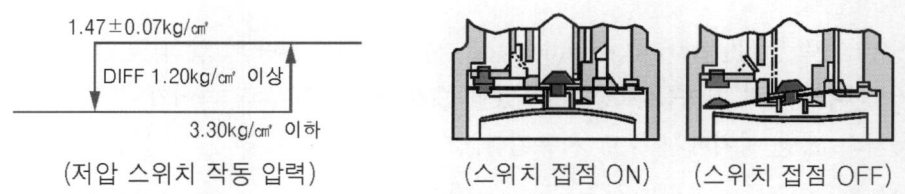

(저압 스위치 작동 압력)   (스위치 접점 ON)   (스위치 접점 OFF)

∷ 저압 스위치의 작동 원리

9 팽창 밸브 Expansion Valve

1) 팽창 밸브의 기능

팽창 밸브는 증발기 입구에 설치되며, 리시버 드라이어로부터 유입되는 중온·고압의 액체 냉매를 교축 작용을 통하여 저온·저압의 습포화 증기 상태로 변화시킨다. 그리고 팽창 밸브를 사용하는 에어컨을 TXV(Thermal Expansion Valve) 형식이라 부르며, 기능은 다음과 같다.

① **교축 작용** : 액체 냉매를 교축 작용을 통하여 저온·저압의 습포화 증기로 변화시키는 기능으로 이론적으로는 단열 과정이며, 엔탈피의 변화가 없다.

② **유량 조절** : 내·외부 환경, 압축기의 회전속도 등에 따라 변화하는 에어컨 사이클의 열 부하에 대응하여 최대의 냉방 성능을 발휘할 수 있도록 냉매 유동량을 조절하는 기능이다. 이것은 증발기 출구 쪽의 압력 및 팽창 밸브 입구 쪽의 압력과 미리 설정된 밸브 스프링 장력을 상호 조화시켜 통로의 단면적을 변화시켜 조절한다.

2) 팽창 밸브의 종류

팽창 밸브의 종류에는 블록형(block type)과 앵글형(angle type)이 있으며, 앵글형은 다시 내부 균일 압력 방식과 외부 균일 압력 방식으로 나누어진다.

① **블록형(block type)**

블록형 팽창 밸브는 기존의 앵글형과 기능은 같으나 부품의 형상, 설치 위치 및 온도 검출통 구조가 다르다. 엔진 룸 대시 패널 부위에 설치되므로 압력을 낮출 때 발생되는 팽창 밸브의 소음이 자동차 실내로 유입되는 현상을 최소화시킬 수 있고 교환 작업이 앵글형에 비해 훨씬 쉽다. 팽창 밸브 위쪽에 플라스틱 캡이 씌워져 있는데 이 플라스틱 캡이 이탈되면 팽창 밸브의 온도 검출통에 추가로 엔진 룸의 열이 전달되어 팽창 밸브의 다이어프램에 가해지는 압력이 상승되어 증발기로 냉매가 과다하게 공급될 수 있다.

∷ 블록형 팽창 밸브

증발기로 과다한 냉매가 공급되면 증발기에서 증발되지 못한 액체 냉매가 압축기로 유입될 수 있는 소지가 커져 압축기로 액체 냉매가 유입되어 압축기의 손상을 가져올 수 있기 때문에 주의하여야 한다. 또 팽창 밸브 조립부위 특히, 안쪽의 오일 실 등의 기밀 유지가 필요하다.

② 앵글형(angle type)

- **내부 균일 압력 방식(internal equalization type)** : 밸브의 교축 팽창 직후의 냉매 압력을 검출하는 방식이며, 증발기 앞뒤의 압력 강하를 보상할 수 없다. 주로 증발기 앞뒤의 압력 차이가 적은 자동차에서 사용한다.

- **외부 균일 압력 방식(external equalization type)** : 밸브 출구의 압력 및 온도를 검출하는 방식으로 증발기 앞뒤의 압력 차이를 보상할 수 있어 증발기 앞뒤의 압력 차이가 큰 자동차에서 사용한다. 승용자동차의 냉방 장치에서 주로 사용된다.

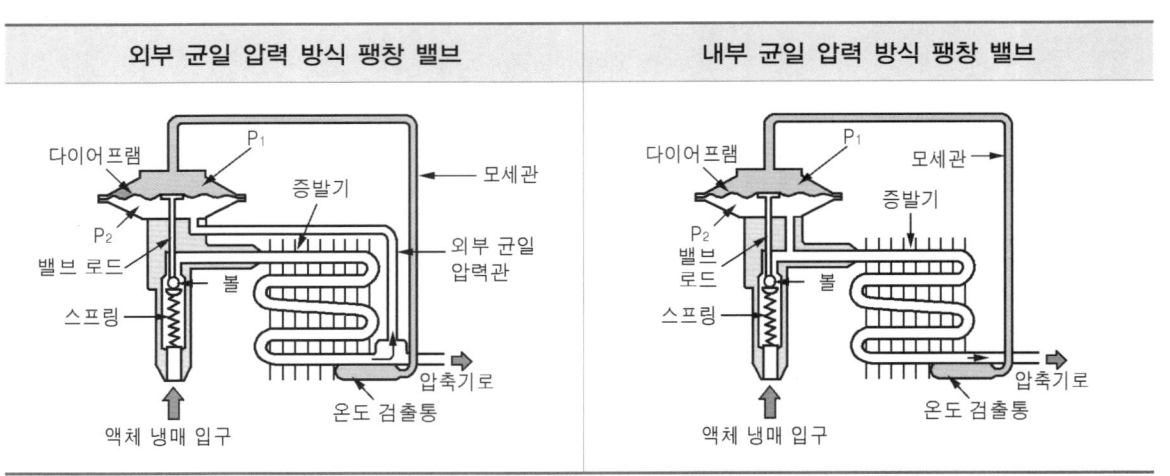

:: 앵글형 팽창 밸브의 구조

3) 팽창 밸브의 구조

팽창 밸브는 몸체, 다이어프램(diaphragm), 볼 밸브(ball valve), 스프링, 온도 검출통, 균일 압력관 등으로 구성되어 있다. 구성부품 중 온도 검출통은 증발기 출구 쪽의 냉매 온도를 검출하여 이것을 압력으로 변환하여 다이어프램 위쪽으로 전달하며, 균일 압력관은 냉매의 압력을 검출하여 다이어프램 아래쪽으로 전달하여 이들 힘과 스프링 장력의 평형관계에 의하여 냉매 통로의 열림 정도를 조절한다.

4) 팽창 밸브의 유량제어 기능

① 증발기의 냉각 부하에 대하여 팽창 밸브(TXV ; Thermo Expansion Valve)의 열림 정도가 적합할 때 : 증발기로 들어간 액체 냉매가 증발기 출구까지 완전하게 증발을 완료하여 압축기로 흡입된다.

② 냉각 부하가 감소되거나 팽창 밸브의 열림 정도를 지나치게 클 때 : 액체의 냉매가 충분히 증발하지 못하고, 압축기에 흡입되는 냉매 중에 액체로 남아 있는

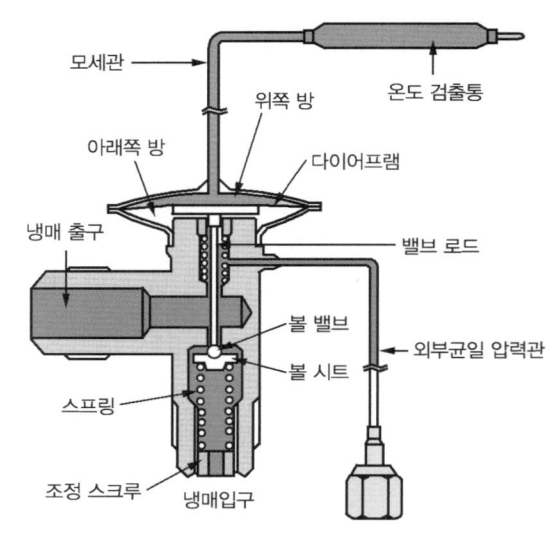

:: 팽창 밸브의 구조

상태가 계속되면 액체의 되돌림(liquid back)이 일어나서 압축기의 밸브를 손상시키고, 나아가 액체의 흡입량이 많아지거나, 배관 중에 고여 있는 액체가 일시에 압축기로 흡입되면 액체의 압축을 일으켜 압축기를 파손시킨다.

③ 냉각 부하가 커지거나 밸브 열림 정도가 적을 때 : 증발기 출구에 도달하기 전에 냉매가 완전히 증발하고, 더욱더 열을 흡수하게 되므로 기체 냉매는 증발 온도보다 온도가 상승한다. 이 과열도가 커지면 압축기의 배출 온도가 현저하게 상승하여 실린더의 과열을 초래한다.

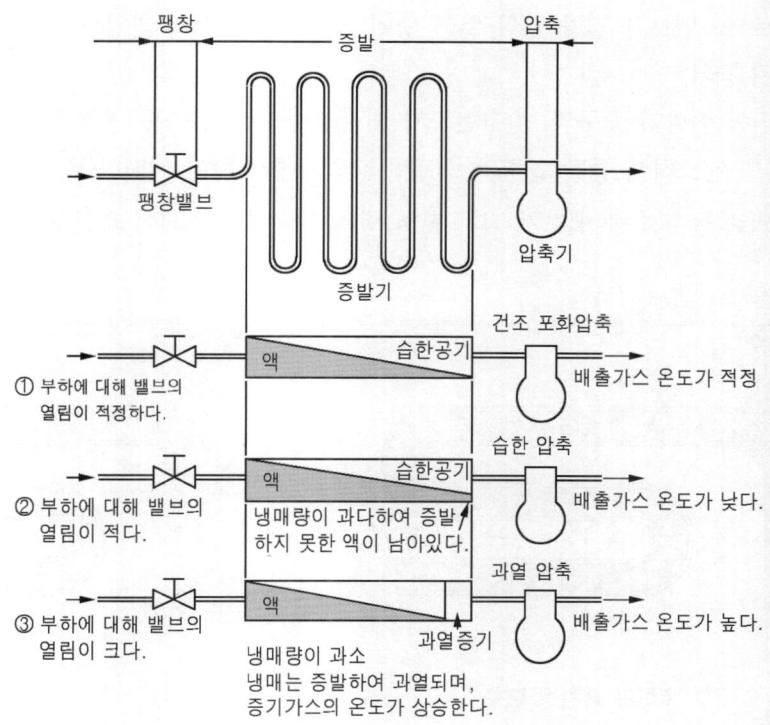

∷ 냉방 부하에 따른 팽창 밸브의 유량 제어

5) 내부 균일 압력 방식 팽창 밸브의 작동

① 안정된 제어 위치
- P_1 : 온도 검출통의 압력
- P_2 : 증발 압력
- P_3 : 스프링 장력
- 과열도 : 증발 온도와 압축기 온도와의 차이를 말한다(그림의 경우는 5℃임).

위의 조건에 따라 설명하면 현재 볼 밸브의 위치가 평형상태의 위치에 있을 때 온도 검출통 속에는 냉방 사이클에 사용된 동일한 기체 냉매가 봉입되어 있기 때문에 과열도 만큼 온도가 상승하여 온도 검출통 내의 압력을 다이어프램 위쪽 방으로 전달한다.

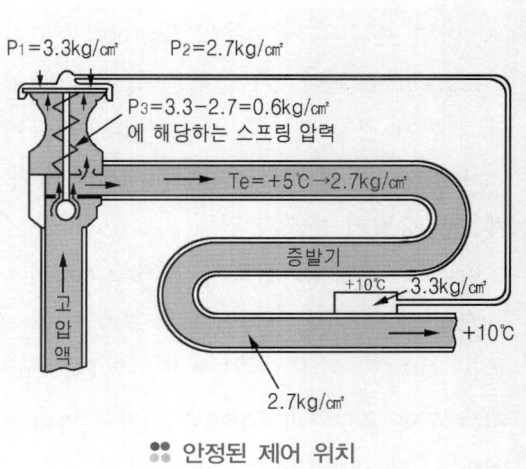

∷ 안정된 제어 위치

볼 밸브에는 힘 P_1(온도 검출통의 압력)과 이 힘에 대응하여 다이어프램 아래쪽 방의 밸브를 닫는 방향의 힘 P_2(증발 압력), 그리고 스프링 장력 P_3가 작용한다. 이상 3개의 힘들이 평형상태에 있을 때, $P_1 = P_2 + P_3$의 안정된 제어위치에 있게 된다.

② **부하가 증가된 경우**

부하가 증가되어 과열도가 상승할 때 온도 검출통은 온도를 검출하여 온도 검출통 내의 압력이 상승한다. 따라서 증발 압력과 스프링 장력보다 크게 된다. ($P_1 > P_2 + P_3$)이에 따라 다이어프램은 아래쪽으로 눌려지므로 볼 밸브가 점차 많이 열려 냉매 유량을 증가시켜 과열도의 상승을 방지한다.

③ **부하가 감소된 경우**

부하가 감소되어 증발기 출구의 냉매 온도가 내려가면 온도 검출통 내의 압력이 떨어져 다이어프램 위쪽 방의 압력도 감소하여 증발 압력과 스프링 장력의 합성력이 커진다($P_1 < P_2 + P_3$). 따라서 다이어프램은 위쪽으로 눌려져 볼 밸브가 점차 닫혀 냉매 유량이 감소되어 과열도를 적정 값으로 유지시킨다.

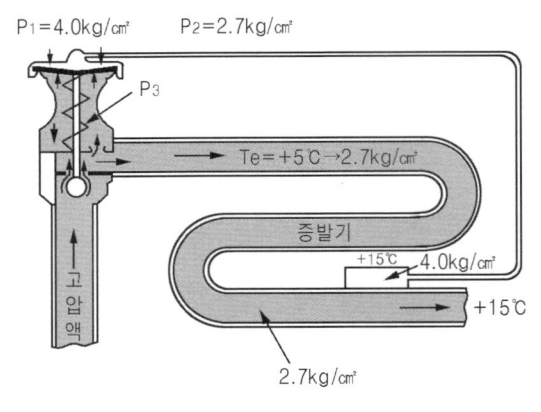

❖ 부하가 증가된 경우

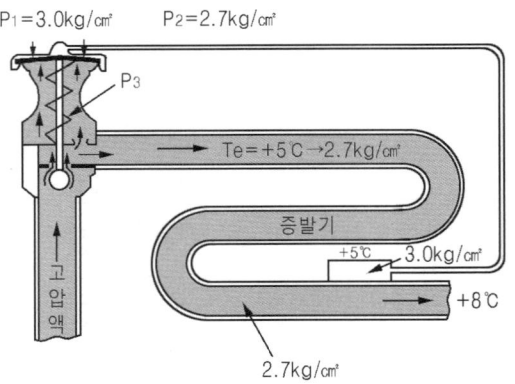

❖ 부하가 감소된 경우

6) 외부 균일 압력 방식 팽창 밸브의 작동

그림의 Ⓐ점에서의 증발기 온도는 5℃(압력 2.7kg/cm²)로 하고 증발기의 압력 강하를 0.6kg/cm²로 하면 Ⓒ점의 압력은(2.7kg/cm² − 0.6kg/cm²) 2.1kg/cm²로 된다. 이 압력은 즉시 외부 균일 압력관에 의하여 팽창 밸브로 피드 백(feed back)되어 다이어프램 아래쪽 방에서는 증발기에서의 압력 강하에 관계없이 증발기 출구의 압력 2.1kg/cm²를 검출한다.

따라서 스프링 장력이 0.6kg/cm²를 더한 2.7 kg/cm²의 압력이 다이어프램 위쪽 방에 가해진다면 좋을 것이다. 이($P_1 = P_2 + P_3$) 2.7kg/cm²의 압력에

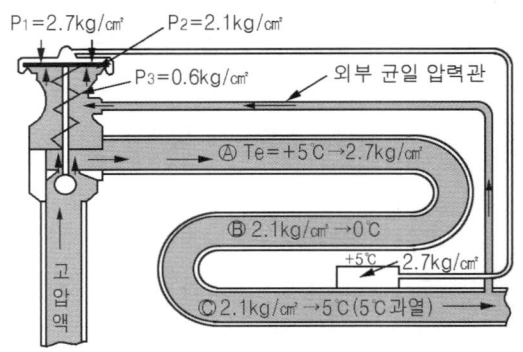

❖ 외부 균일 압력 방식 팽창 밸브의 작동

서는 포화 온도가 5℃이므로 Ⓒ점의 압력 2.1kg/cm²에서 포화 온도 0℃를 5℃ 정도로 상승시켜 Ⓒ점은 과열도 5℃가 유지된다.

1) 증발기의 기능

증발기는 팽창 과정을 거쳐 유입되는 습포화 증기 상태의 저온·저압의 냉매를 자동차 실내·외의 공기와 열을 교환시켜 기체(과열 증기)로 변화시킨다.

열을 빼앗긴 공기는 저온·저습 상태로 변화하고 이 공기는 송풍기(blower)에 의해 실내로 들어가 환경을 쾌적하게 유지시킬 수 있다. 증발기 코어(core)도 응축기와 같은 특성이 요구되며, 그밖에 증발기 코어만의 독특한 특성이 있는데 이것은 증발기 코어의 배수 성능이다. 냉각 작용에 의해서 공기 중의 습기가 응축되어 수분으로 되면 증발기 코어의 바깥쪽 표면에 응축수가 남아 있어 공기가 통과할 수 있는 면적을 감소시키고, 또 표면이 얼어 바람의 양을 감소시킨다. 따라서 열 관성률의 값이 작아져 방열량이 감소하므로 배수 성능을 고려하는 것이 중요하다.

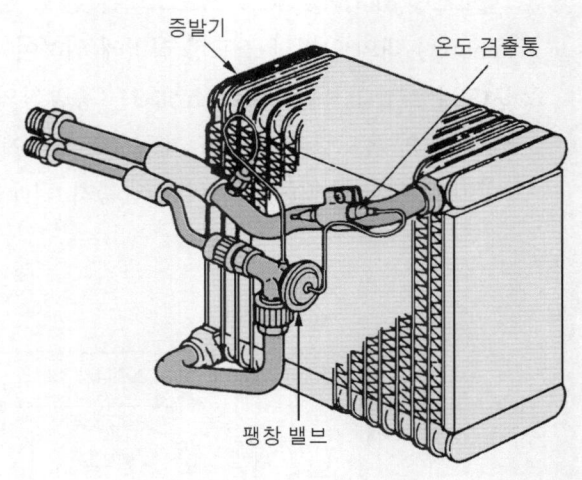

❖ **증발기의 구조**

2) 증발기의 종류와 특성

증발기의 종류에는 핀 & 튜브 방식(fin & tube type), 서펜틴 방식(serpentine type), 라미네이트 방식 (laminate type) 등이 있으며, 강판 모양의 알루미늄 판 2개를 1조로 하여 일렬로 적층하고 그 사이에 핀 (fin)을 삽입한 형태로 **적층형**이라고도 부른다. 알루미늄 판의 상하에는 공간이 형성되어 있으며, 이러한 판들이 조합된 후에는 냉매를 위한 공간이 형성되어 저장고 및 오일 통로의 역할을 한다. 최근에는 전체 체적을 축소시킨 한쪽에만 공간이 형성된 One 방식이 사용된다.

증발기의 종류		
핀 & 튜브 방식	**세펜틴 방식**	**라미네이트 방식**
핀, 분배기, 튜브	코루게이트 핀, 편평한 다공 튜브, 편평한 다공 튜브	위 탱크, 판, 아래 탱크, 핀

3) 증발기 빙결 방지 기능

냉방 부하가 감소되어도 압축기가 계속 가동되는 경우에는 증발기 표면이 빙결되어 공기의 흐름량을 감소시켜 냉방 성능의 저하를 초래한다. 따라서 빙결 방지 기능을 하는 서모스탯(thermostat), 서모 컨트롤러

(thermo control) 등을 설치하며, 또 증발기 센서는 증발기 표면의 온도(또는 공기 온도)를 검출하여 냉방 사이클의 작동을 일시 정지시켜 증발기의 빙결을 방지한다.

① 서모스탯(thermostat) : 서모스탯은 온도 검출통 내에 봉입되어 있는 기체냉매의 변화에 따라 벨로즈 (bellow) 내의 압력과 스프링 장력에 의하여 에어컨 릴레이를 작동시켜 마그네틱 클러치를 ON/OFF한다.

② 서모 컨트롤러(thermo controller) :증발기의 배출 구멍 또는 흡입 구멍 쪽에 부착된 센서에 의해 자동 차 실내의 온도를 검출하여 서모 컨트롤러에 입력 시킨다. 서모 컨트롤러에서 비교된 결과를 엔진 컴퓨 터(ECU)에서 출력하여 에어컨 압축기 릴레이를 작동시켜 마그네틱 클러치를 ON, OFF한다.

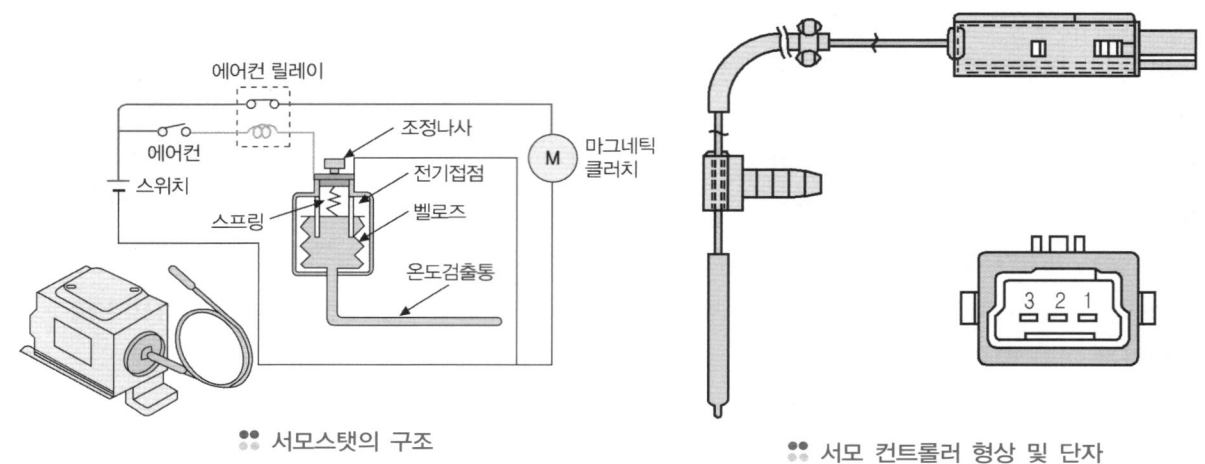

:: 서모스탯의 구조   :: 서모 컨트롤러 형상 및 단자

4) 증발기 온도 센서

증발기 온도 센서는 증발기 코어의 온도를 검출하여 증발기의 빙결을 방지하기 위한 자동 제어의 입력 신 호로 사용한다. 그리고 센서 단자 사이의 저항값을 측정할 때 저항값은 그림의 그래프 온도 범위 내에 있어 야 한다.

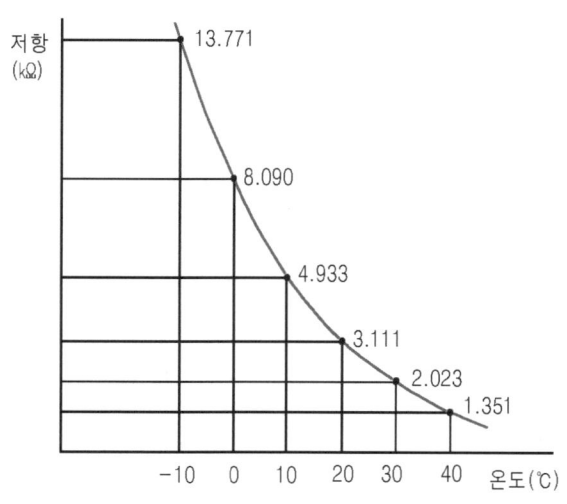

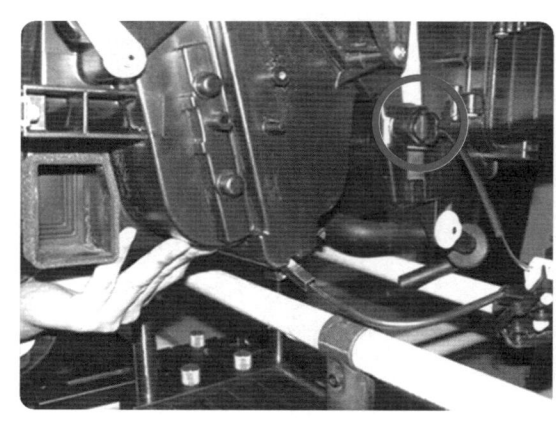

증발기 온도 센서 설치 위치

:: 증발기 온도 센서의 저항 특성 및 설치 위치

5) 드레인 호스 Drain Hose

드레인 호스는 습한 공기가 증발기를 통과하면서 제거되는 수분을 밖으로 배출하기 위한 통로이다.

6) 공기 필터

공기 필터는 자동차 외부로부터 유입되는 먼지를 제거하는 파티클 필터(particle filter)와 냄새 제거의 기능을 지닌 복합 필터(combination filter) 등 2가지가 있다. 필터를 교환하지 않고 장시간 사용하면 필터가 막혀 송풍기에서 바람이 제대로 배출되지 않아 냉방 성능이 감소한다. 따라서 필터의 교환 주기는 5,000~12,000km이나 대기 오염이 심한 지역이나 도로 조건이 나빠 먼지, 매연 등이 많이 발생하는 지역을 운행할 때에는 수시로 점검 및 교환해 주어야 한다.

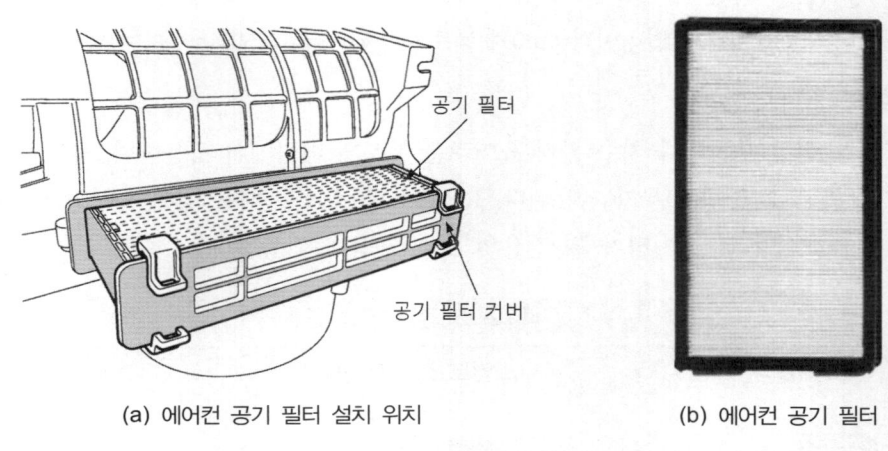

(a) 에어컨 공기 필터 설치 위치   (b) 에어컨 공기 필터

:: 에어컨 필터 위치와 사용전 에어컨 필터

11 오리피스 튜브 Orifice Tube

팽창 밸브는 가변 밸브로 실내의 냉방 부하에 따라 적절히 대응할 수 있는 능력이 있으나 오리피스는 항상 일정한 통로를 개방한다. 팽창 밸브 형식에서는 압축기와 팽창 밸브 사이에 리시버 드라이어를 설치하여 기체 냉매와 액체 냉매를 분리하여 액체 냉매만을 팽창 밸브로 공급해 준다. 그러나 오리피스 튜브 형식에서는 오리피스 튜브를 통과하는 냉매를 응축기에서 직접 공급되므로 응축기는 완벽하게 냉매를 액화시켜 오리피스 튜브로 공급하지 않으면 냉방 성능이 저하하기 때문에 중온·고압의 냉매를 저온·저압(-4℃, 1.5kg/cm²)의 안개 상태로 된 냉매를 분사하여 증발기로 보내는 역할을 한다.

오리피스 튜브의 구조는 지름이 작은 고압 파이프에 지름이 큰 저압 파이프와 연결하고 그 속에 오리피스를 설치한 간단한 구조이다. 에어컨의 팽창 과정에서 오리피스 튜브를 사용하는 형식을 CCOT(Clutch Cycling Orifice Tube)라 부른다.

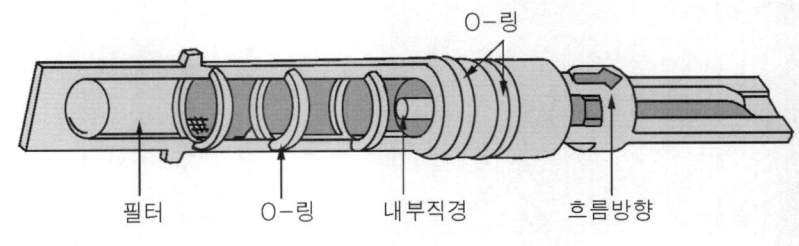

필터   O-링   내부직경   흐름방향

:: 오리피스 튜브의 구조

12 파이프와 호스 Pipe & Hose

파이프와 호스는 냉방 장치의 각 구성부품 들을 연결하여 냉매를 순환시키는 역할을 한다. 파이프는 알루미늄 또는 철제이며 진동 부위나 좁은 공간 등에는 파이프 사이에 플렉시블 호스(flexible hose)를 추가하여 사용한다. 파이프와 호스는 각 차종별로 크기와 형상이 다르다. 저압용 파이프 및 호스의 지름은 상대적으로 큰 Φ16이나 Φ20을 사용하는데 이것은 순환 냉매가 가체 상태로 비체적이 상대적으로 크기 때문이다. 고압용 파이프 및 호스는 반대로 지름이 작은 Φ8 또는 Φ12를 사용한다.

1) 파이프 연결부분 Pipe Fitting

파이프 연결 방식은 스프링 록 커플링 방식, O-링 방식 및 조인트 플랜지 방식 등 3가지가 있으며, 연결 부분의 치수는 인치(inch)계열과 밀리미터(mm)계열이 사용되는데 R-134a에서는 밀리미터 계열을 사용된다.

2) 플렉시블 호스 Flexible Hose

플렉시블 호스는 진동 부분이나 치수 관리가 어려운 부분의 배관에서 사용하며, 냉매나 압축기 오일과 상용성이 있는 재질의 특수 합성 고무가 사용된다. R-134a용 호스는 사용 냉매 특성상 투과율이 크기 때문에 호스 안쪽 면에 플라스틱 코팅 처리가 된 전용의 호스 사용이 가능하다.

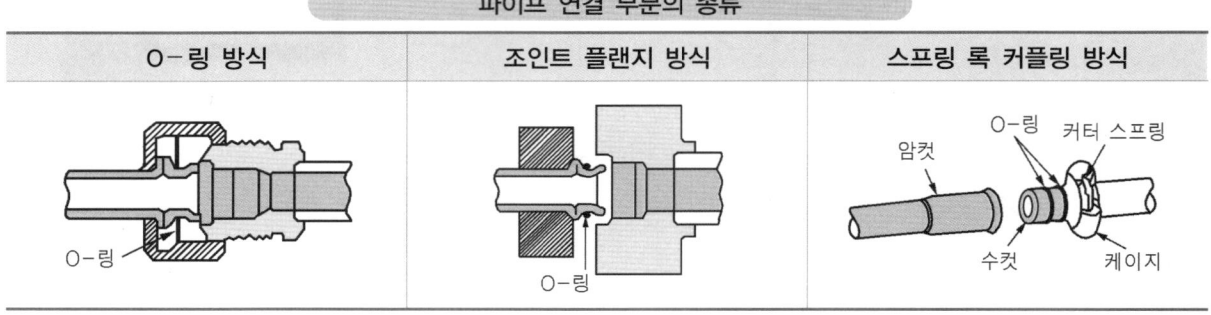

파이프 연결 부분의 종류		
O-링 방식	조인트 플랜지 방식	스프링 록 커플링 방식

13 장력 풀리 Tension Pulley

장력 풀리는 **공전 풀리**(idle pulley)라고도 부르며, 압축기 구동 벨트의 장력을 조정하는 역할을 한다. 풀리는 설치용 브래킷에 조립되어 있는데 조정용 볼트에 의해 상하 운동을 하면서 벨트의 장력을 조정한다. 풀리의 홈 형상은 엔진의 크랭크축 풀리의 형상에 따라 좌우되며, 일반적으로 홈의 수에 따라 V, 4PK, 5PK 등으로 부른다. 최근에는 벨트의 바깥 면에 접촉되어 장력 기능을 조정하는 평면 모양의 풀리도 사용하고 있는데 이를 **블록 푸시 방식**(block push type)이라 부른다.

장력 풀리의 종류			
설치 위치	V형	4PK형	Push형

14 V-벨트

V-벨트는 엔진의 구동력을 압축기 등 보조기구로 전달하는 동력전달 장치이며, 내온성 및 내구성을 위하여 특수고무로 만들어진다. V-벨트는 안쪽 면의 형상에 따라 다음과 같이 구분할 수 있다.

① V-벨트 : 벨트 단면이 V자형으로, 특수 배합고무와 특수섬유를 층으로 쌓아 만든다.

② V-리브드 벨트(V-ribbed belt) : 벨트 단면이 다수의 V자형으로, 특수 배합 고무와 특수 섬유 층으로 쌓아서 만든다. 동력전달 성능이 V-벨트보다 우수하며, 소음 등에도 강하기 때문에 최근에 널리 사용된다.

V-벨트의 종류	
V-벨트 형식	**V-리브드 형식**
① 위쪽범포 ② 심체 ③ 접착고무 ④ 아래쪽고무 ⑤ 아래범포	① 위쪽범포 ② 심체 ③ 접착고무 ④ 아래쪽고무 ⑤ 아래범포

15 서비스 밸브 Service Valve

서비스 밸브는 냉매의 충전 및 배출을 위한 접속 구멍이며, 고압용과 저압용으로 구분된다. 주요 재질은 철제 및 알루미늄이다. 서비스 밸브는 본체(valve stem), 코어(core), 마개(cap)로 구성된다. 밸브의 체결 부분은 R-134a용은 작용 성능을 고려하여 원터치 방식으로 되어 있다.

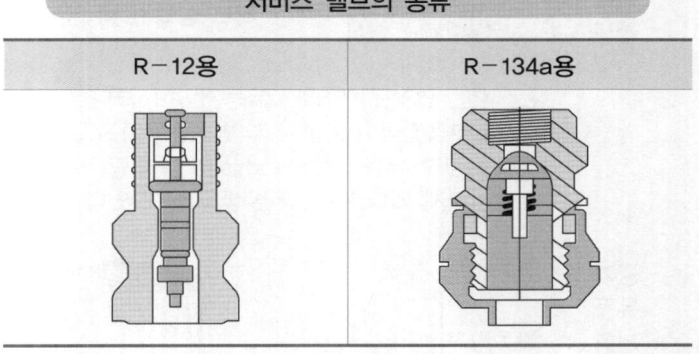

서비스 밸브의 종류	
R-12용	**R-134a용**

16 송풍기 유닛 Blower Unit

1) 송풍기 유닛의 기능

송풍기 유닛은 공기를 증발기의 냉각핀(cooling fin) 사이로 통과시켜 냉각한 후 자동차 실내로 불어내는 역할을 한다.

2) 저항기와 송풍기 스위치

송풍기 스위치와 저항기(resistor)를 조합하여 송풍용 전동기의 회로를 제어하고 바람의 양을 3단 또는 4단으로 변환할 수 있다.

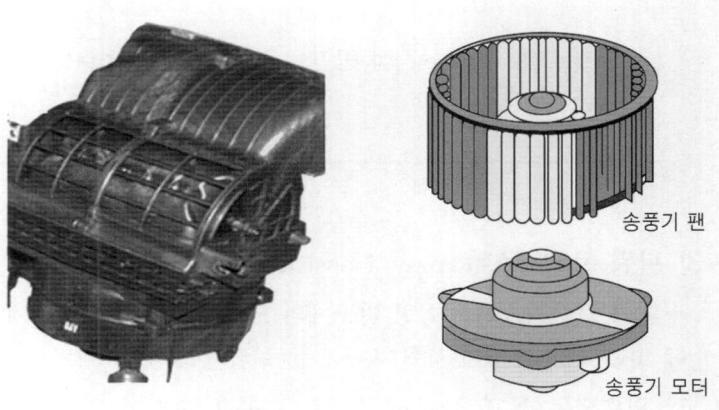

송풍기 팬

송풍기 모터

:: 송풍기 모터의 구조

① 송풍기 스위치 : 로터리형(rotary type), 레버형(lever type), 푸시형(push type) 등이 있으나 기본적인 작동은 같다.

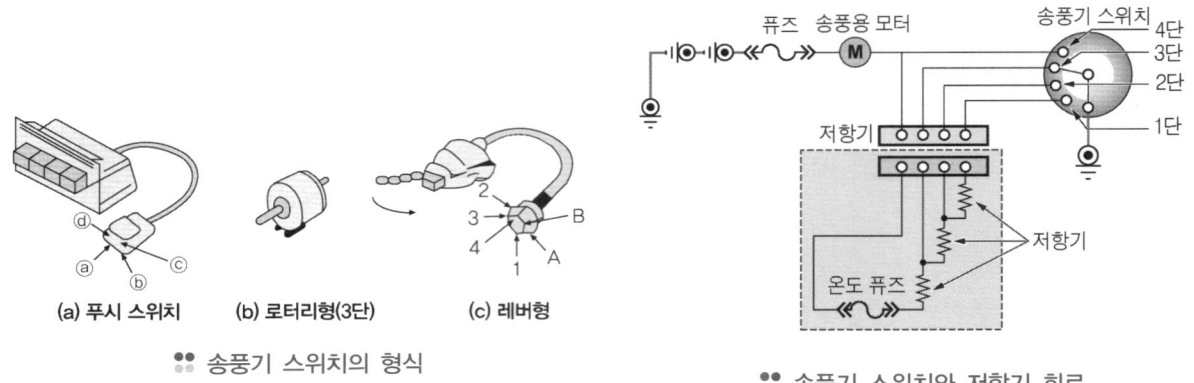

(a) 푸시 스위치   (b) 로터리형(3단)   (c) 레버형

:: 송풍기 스위치의 형식

:: 송풍기 스위치와 저항기 회로

② 저항기(resister) : 저항기는 히터 또는 송풍기 유닛에 설치되어 송풍용 전동기의 회전속도를 조절하는 데 사용한다. 저항기는 몇 개의 저항으로 회로를 구성하며, 각 저항을 적절히 조합하여 각 회전속도 단별 저항을 구성한다. 또 저항에 따른 발열에 대한 안전장치로 퓨즈(fuse) 기능을 포함하고 있다.

저항기의 종류 및 특성

항목		코일(coil) 형식	히트 싱크(heat sink) 형식	세라믹(ceramic) 형식	알루미늄 판 형식
공기 유동 저항		유동저항 면적은 다소 넓으나 부품간극이 충분하여 실질적 유동 저항이 불리하지 않다.	유동저항이 크며, 부품 사이의 간극이 조밀하여 whistle (휘파람 소리)음 발생 가능이 있다.	유동저항 면적은 다소 넓으나 유동방향에 대한 밀폐구조이다.	유동저항 면적이 최소이다.
냉각 특성		코일 저항을 직접 공기로 냉각시킴	알루미늄 압축 히트싱크 부분에 의한 간접 공랭	세라믹 몰딩 부분에 의한 간접 공랭	알루미늄 다이캐스팅 히트 싱크 부분에 의한 간접 공랭

3) 파워 트랜지스터 Power Transistor

파워 트랜지스터는 N형 반도체와 P형 반도체를 접합시켜 이루어진 능동 소자이다. 따라서 정해진 저항값에 따라 전류를 변화시켜 송풍용 모터를 회전시키는 저항기와는 달리 FATC 컴퓨터의 작은 신호 출력에 따라 입력되는 베이스(base) 전류로 송풍용 모터에 흐르는 큰 전류를 제어하여 모터의 회전속도를 조절하는 부품이다. 따라서 정해진 저항기의 회전속도 단수보다 세분화하여 회전속도 단수를 나눌 수 있다.

또 송풍용 모터가 회전할 때 여러 가지 변수에 따라서 세팅된 회전속도와 다르게 회전하는 현상을 방지하기 위하여 컬렉터(collector) 전압을 FATC 컴퓨터로 읽어 들여 사용자가 세팅한 전압값과 적절히 연산하여 파워 트랜지스터의 베이스로 출력하여 일정한 회전속도를 유지할 수 있다. 한편, 송풍용 전동기가 회전할 때 파워 트랜지스터에서 열이 발생한다. 정상적으로 회전할 경우에는 파워 트랜지스터의 열을 냉각시킬 수 있으나 모터가 구속될 경우에는 더 많은 전류에 이에 따른 열이 발생한다. 이때 컬렉터와 직렬로 연결된 온도 퓨즈가 세팅된 온도가 되면 단락되어 흐르는 전류를 차단하여 파워 트랜지스터 및 엔진의 손상을 방지할 수 있다.

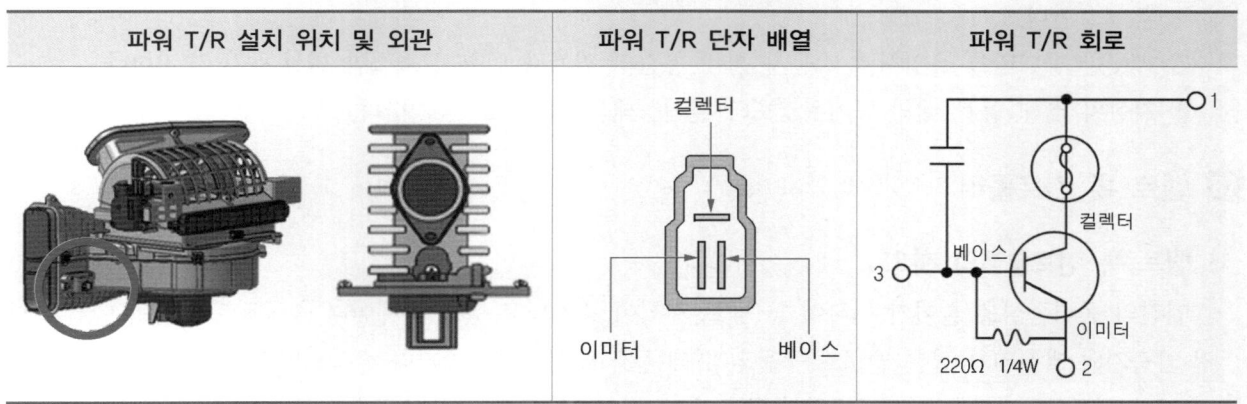

파워 트랜지스터 형상 및 단자		
파워 T/R 설치 위치 및 외관	파워 T/R 단자 배열	파워 T/R 회로

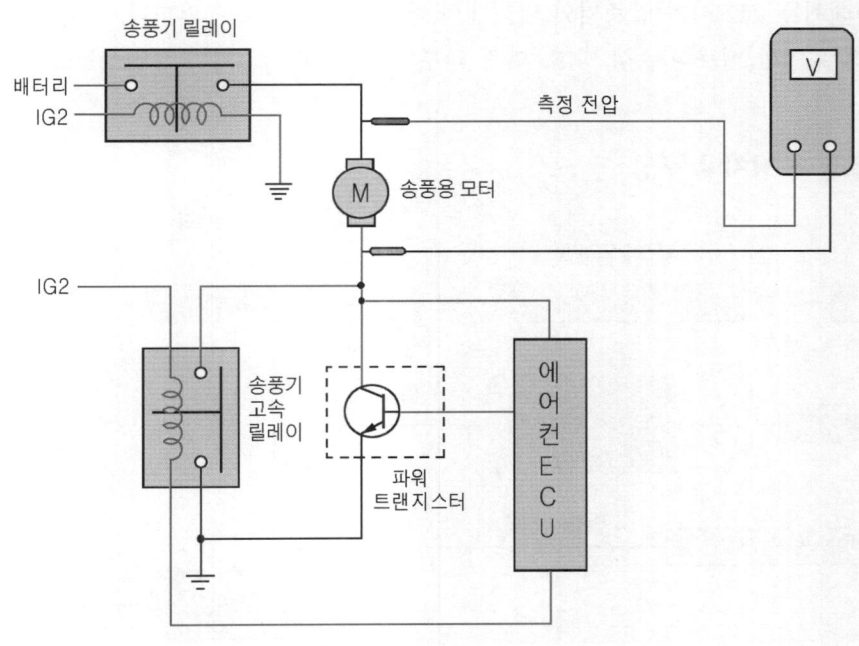

:: 파워 트랜지스터 관련 회로도

17 AQS 유닛 Air Quality System Unit

1) AQS 유닛의 개요

AQS는 배기가스를 비롯하여 대기 중에 함유되어 있는 유해 및 악취가스를 검출하여 이들 가스의 실내 유입을 차단하여 운전자와 탑승자의 건강을 고려한 공기정화 장치이다.

:: AQS의 작동 개요

2) AQS의 기능

① 운전 중 피로, 졸음, 두통, 무기력 등의 원인이 되는 유해 배기가스의 유입을 차단하여 탑승자의 건강을 보호한다.

② 깨끗한 공기만을 유입시켜 자동차 실내 공간의 밀폐로 인한 산소결핍 현상 등을 방지한다.

③ 자동차 실내 공간 내의 공기청정도와 환기상태를 최적으로 유지한다.

18 벨트 록 컨트롤러 BLC ; Belt Lock Controller

1) 벨트 록 컨트롤러의 개요

엔진의 동력손실을 줄이기 위하여 1-벨트 형식이 증가되고 있는 추세이며, 1-벨트 형식의 엔진은 에어컨 압축기와 발전기가 같은 벨트로 구동되기 때문에 벨트가 끊어지거나 손상되면 발전기의 충전 기능도 중지된다. 벨트 록 컨트롤러는 에어컨의 압축기가 내부 불량으로 고착되거나 과부하가 걸려 벨트가 미끄러질 경우 압축기 릴레이를 OFF시켜 압축기의 마그네틱 클러치의 전원을 차단한다. 따라서 벨트 록 컨트롤러는 압축기의 고착으로 인한 벨트의 손상 방지, 엔진 과부하 방지 및 발전기의 충전성능을 확보하는데 그 목적이 있다.

2) 벨트 록 컨트롤러 장치의 구성

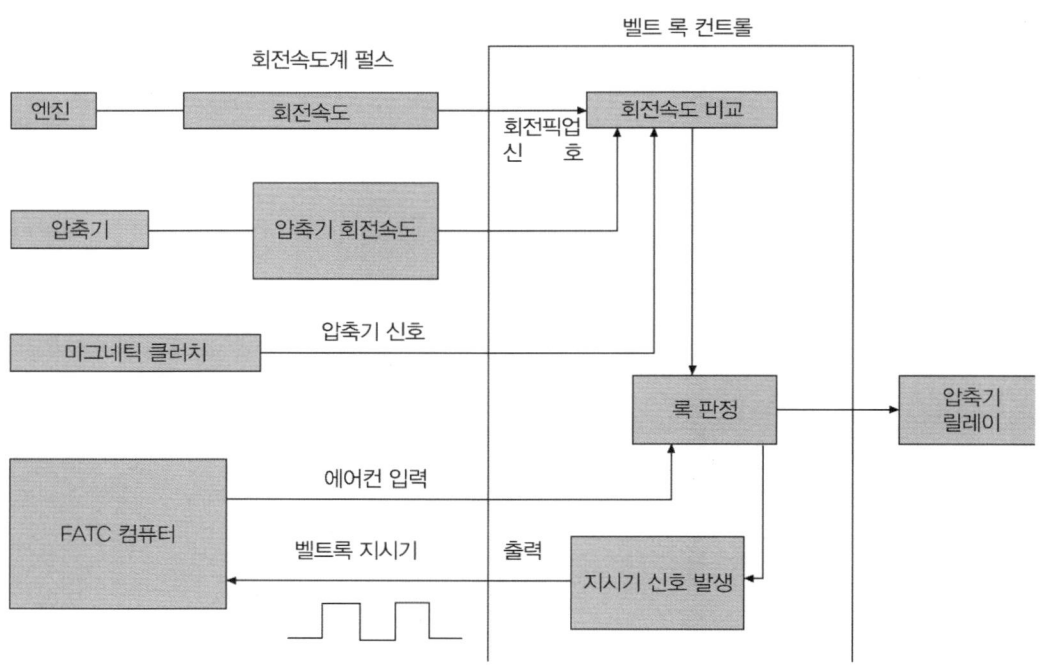

:: 벨트 록 컨트롤러 장치의 구성

4-1. 자동차 에어컨 장치의 개요

전자동 에어컨 장치는 각종 센서에 의해 검출된 자동차 실내외의 냉·난방 부하량을 FATC (Full Automatic Temperature Control) 컴퓨터가 입력받아 자동차 실내의 온도를 운전자가 설정한 온도로 항상 일정하게 유지시킬 뿐만 아니라, 자동차 실내의 습도나 햇빛 양(일사량)의 증가에 따른 보정 제어와 유해가스 유입 차단 제어를 통한 자동차 실내의 공기 청정도까지도 각종 액추에이터를 이용하여 자동적으로 조절하여 항상 쾌적한 실내 공간을 유지시켜 준다.

4-2. 전자동 에어컨 장치 입력 요소의 종류와 작동

입력부분	제어부분	출력부분
– 실내온도센서 – 외기온도센서 – 일사량센서 – 핀 서머 센서 – 수온센서 – 온도조절 액추에이터 위치센서 – AQS센서 – 스위치 입력 – 전원공급	FATC 컴퓨터	– 온도조절 액추에이터 – 풍향조절 액추에이터 – 내외기조절 액추에이터 – 파워 T/R – 고속 송풍기 릴레이 – 에어컨 출력 – 제어 패널 화면 Display – 센서 전원 – 자기진단 출력

전자동 에어컨 장치의 입출력 구성도

1 실내 온도 센서 IN-Car Sensor

1) 실내 온도 센서의 기능

실내 온도 센서는 자동차 실내의 온도를 검출하여 FATC 컴퓨터로 입력시키며, 제어 패널 상에 설치되어 있다. 또, 부특성(NTC) 서미스터이므로 검출 온도와 센서 출력값이 반비례하는 특성을 지닌다.

실내 온도 센서의 설치 위치

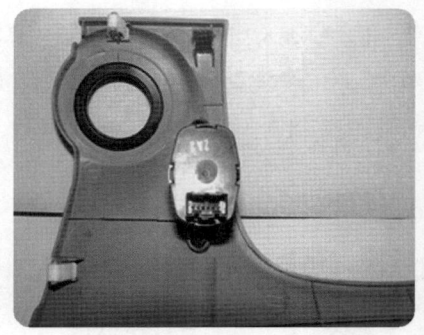

실내 온도 센서의 외형

2) 공기 튜브 Air Tube

일부 자동차의 경우 실내 온도 센서 뒤쪽에 공기 튜브가 설치되어 송풍기 유닛 또는 히터 유닛까지 연결되어 있는데 전자동 에어컨 장치가 작동 중 송풍용 모터의 송풍에 의해 발생되는 진공을 이용하여 자동차 실내의 공기를 센서 쪽으로 흡입하여 센서가 검출하는 온도의 오차를 줄이고, 자동차 실내의 평균 온도를 정확히 검출하기 위해 설치한다.

3) 실내 온도 센서 입력

FATC 컴퓨터는 실내 온도 센서 쪽으로 5V의 풀업 전원을 인가하고, 센서가 검출한 실내 온도의 변화에 따라 저항값의 변화가 발생하면 그 만큼의 전압 강하가 발생한다. FATC 컴퓨터는 이 전압값을 입력받아 현재 자동차 실내의 온도를 판단한다.

2 외기 온도 센서 Ambient Sensor

외기 온도 센서는 앞 범퍼 뒤쪽 즉, 응축기 앞쪽에 설치되어 있으며, 외부 공기 온도를 검출하여 FATC 컴퓨터로 입력시킨다. FATC 컴퓨터는 실내 온도 센서와 외기 온도 센서의 신호를 기준으로 냉·난방 자동 제어를 실행한다. 외기 온도 센서는 설치 위치를 임의로 변경하거나 외부 충격에 의해 센서가 정해진 위치를 이탈하면 센서가 검출한 온도와 실제 외기 온도와의 차이가 발생할 수 있기 때문에 주의하여야 한다.

:: 외기 온도 센서의 설치 위치

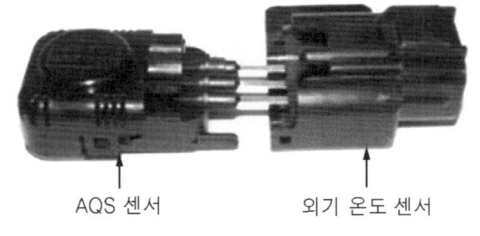

AQS 센서   외기 온도 센서

:: 외기 온도 센서의 외형

3 일사량 센서 Photo Sensor

일사량 센서는 실내 크래시 패드 정중앙에 설치어 있으며, 자동차 실내로 내리쬐는 햇빛의 양을 검출하여 FATC 컴퓨터로 입력시킨다. 광전도 특성을 가지는 반도체 소자를 재료로 이용하며, 햇빛의 양에 비례하여 출력 전압이 상승하는 특징이 있다. 그리고 일사량에 의해 자체 기전력이 발생하는 형식이므로 FATC 컴퓨터가 별도로 센서에 전원을 공급하지 않는다.

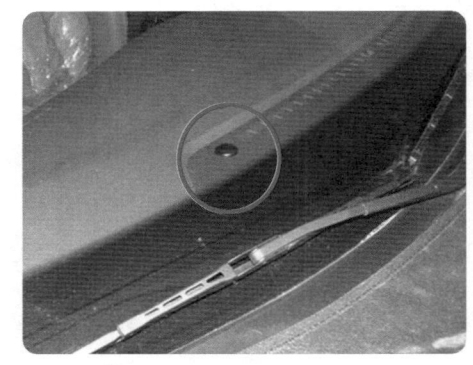

:: 일사량 센서의 설치 위치

4 핀 서모 센서 Fin Thermo Sensor

핀 서모 센서는 증발기 코어의 평균 온도가 검출되는 부위에 설치되어 있으며, 증발기 코어 핀의 온도를 검출하여 FATC 컴퓨터로 입력시키는 일을 한다. 부특성 서미스터로 되어 있어 증발기의 온도가 낮아질수록 센서의 출력 전압은 상승한다.

5 **수온 센서** Water Temperature Sensor

수온 센서는 실내 히터 유닛 부위에 설치되어 있으며, 히터 코어를 순환하는 냉각수 온도를 검출하여 FATC 컴퓨터로 입력시킨다. 부특성 서미스터를 이용하며, FATC 컴퓨터는 수온센서에 의해 검출된 냉각수 온도가 29℃ 이하일 경우 난방 시동 제어를 실행한다.

:: 핀 서모 센서의 설치 위치   :: 수온 센서의 설치 위치

6 **온도 조절 액추에이터 위치 센서** Temperature Actuator Position Sensor

온도 조절 액추에이터 위치 센서는 실내 히터 유닛에 설치된 온도 조절 액추에이터 내부에 설치되어 있으며, 히터 유닛 내부에서 히터 코어를 통과하는 따뜻한 바람과 히터 코어를 통과하지 아니한 찬바람을 적절히 혼합해주는 댐퍼 도어의 위치를 검출하여 FATC 컴퓨터로 피드백 시키는 역할을 한다.

온도 조절 액추에이터 위치 센서는 가변 저항 방식의 센서이며, 최소 난방 위치(17℃)에서 약 0.3V의 전압이 출력되고, 최대 난방 위치(32℃)에서 약 3.5V의 전압이 출력된다. FATC 컴퓨터는 이 값을 기준으로 현재 자동차 실내로 배출되는 바람의 온도를 판단하고 운전자가 설정한 온도에 최대한 신속하게 도달하기 위해 액추에이터의 작동을 피드백 제어한다.

7 **습도 센서** Humidity Sensor

습도 센서는 제어 패널 상에 실내 온도 센서와 같이 설치되어 있으며, 자동차 실내의 상대 습도를 검출하여 FATC 컴퓨터로 입력시키는 일을 한다. FATC 컴퓨터는 이 신호를 기준으로 AUTO 모드로 작동 중 에어컨 압축기를 자동으로 ON, OFF시켜 실내 습도를 가감한다.

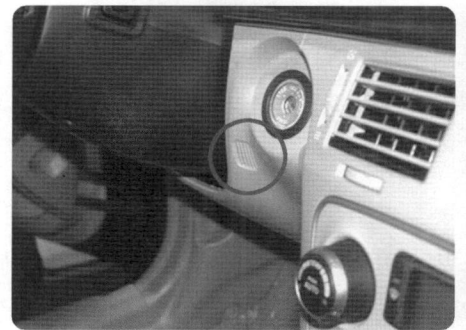

:: 습도 센서의 설치 위치   :: 습도 센서의 외형

4-3. 전자동 에어컨 장치의 출력 요소 기능 및 작동 원리

1 온도 조절 액추에이터 TEMP Actuator

1) 온도 조절 액추에이터 기능 및 특징

온도 조절 액추에이터는 실내 히터 유닛 아래쪽에 설치되며, 소형 직류 모터로서 FATC 컴퓨터의 전원 및 접지 출력을 통하여 정방향과 역방향으로 회전이 가능하다.

2) 배출 온도 제어방식

FATC 컴퓨터는 온도 조절 액추에이터를 이용하여 송풍용 모터로부터 송출된 바람을 히터 코어를 통과하는 따뜻한 바람과 히터 코어를 통과하지 않는 찬바람을 적절히 혼합하여 실내로 배출되는 바람의 온도를 제어한다. 액추에이터 내부에는 위치 센서가 설치되어 있으며, FATC 컴퓨터는 이 값을 피드 백 받아 현재 자동차 실내로 배출되는 바람의 온도를 판단하고 운전자가 설정한 온도의 바람이 송출될 수 있도록 계속적으로 제어한다.

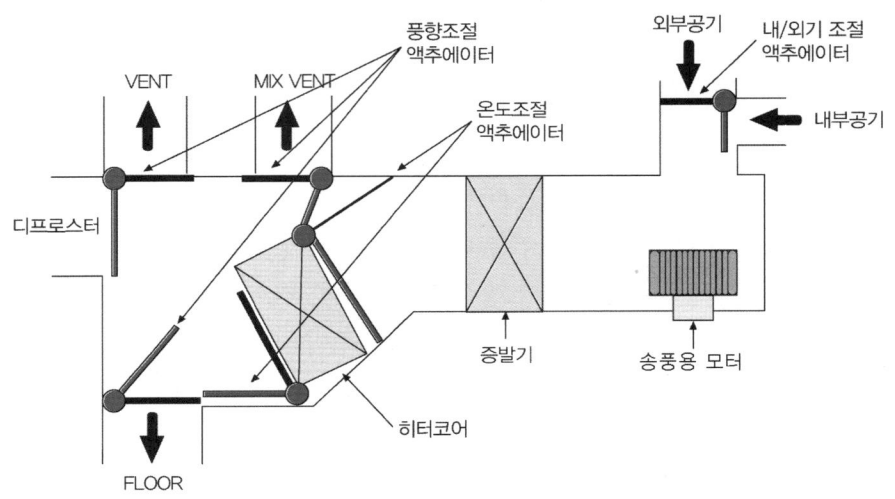

:: 배출 온도 제어 기능

2 풍향 조절 액추에이터 Mode Actuator

1) 풍향 조절 액추에이터의 기능 및 특징

풍향(바람의 방향)조절 액추에이터도 소형 직류 모터이며, FATC 컴퓨터의 전원 및 접지 출력을 통하여 작동되며, 온도 조절 액추에이터에 의해 적절히 혼합된 바람을 운전자가 원하는 배출 구멍으로 송출하는 역할을 한다.

2) 배출 풍향 제어방식

FATC 컴퓨터는 운전자의 풍향 조절(모드) 선택 스위치 신호가 입력되면 풍향 조절 액추에이터를 정해진 위치까지 회전시킨다. 이때 액추에이터와 연결된 래크(rack) 기구에 의해 각각의 배출 구멍을 열고 닫는 댐퍼가 일정 각도만큼 개폐되고 운전자가 선택한 배출 모드마다 정해진 비율로 각각의 배출 구멍으로 바람이 송출된다.

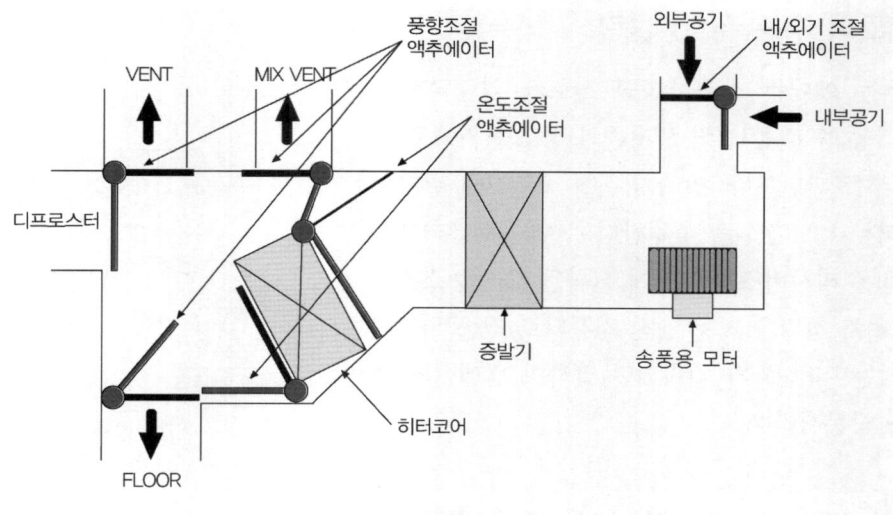

외부공기

VENT MIX VENT 풍향조절 액추에이터

온도조절 액추에이터

내/외기 조절 액추에이터

내부공기

디프로스터

증발기 송풍용 모터

히터코어

FLOOR

:: 배출 풍향 제어 기능

3 내·외기 액추에이터 Intake Actuator

내·외기 액추에이터는 송풍기 유닛에 설치되어 있으며, 운전자의 내·외기 선택 스위치 신호가 입력되거나 AQS 제어 중 AQS 센서가 검출한 외부 공기의 오염 정도 신호를 FATC 컴퓨터가 입력받아 액추에이터의 전원 및 접지 출력을 제어한다.

4 파워 트랜지스터 Power Transistor

1) 파워 트랜지스터 기능 및 특징

파워 트랜지스터는 실내 송풍기 유닛 또는 증발기 유닛에 설치되어 있으며, 전자동 에어컨 장치의 작동 중 송풍용 모터의 전류량을 가변시켜 배출 풍량(바람의 양)을 제어하는 역할을 한다. 파워 트랜지스터는 전자동 에어컨 장치의 작동 중 트랜지스터 내부를 흐르는 전류 때문에 열이 발생하므로 송풍기 유닛 내부로 노출시켜 송풍용 모터가 송출하는 바람에 의해 냉각되도록 설치되어 있다.

2) 파워 트랜지스터 작동

FATC 컴퓨터는 운전자의 송풍기 속도 선택 스위치 신호를 입력받아 파워 트랜지스터의 베이스 전류를 제어하고, 베이스에서 이미터로 흐르는 전류량의 변화는 컬렉터에서 이미터로 흐르는 컬렉터 전류량의 변화를 가져온다. 파워 트랜지스터 컬렉터 전류는 송풍용 모터의 작동 전류가 되기 때문에 송풍용 모터의 회전속도는 FATC 컴퓨터가 제어하는 베이스 전류량에 의해 결정된다. 송풍기 속도를 단계적으로 상승시켰을 때 파워 트랜지스터의 베이스 전압이 약 0.2V에서 2.0V까지 단계적으로 상승한다면 FATC 컴퓨터는 정상이다.

5 고속 송풍기 릴레이 High Blower Relay

고속 송풍기 릴레이는 송풍용 모터 케이스 아래쪽에 설치되어 있으며, 송풍용 모터의 회전속도를 최대로 하였을 때 송풍용 모터의 작동 전류를 제어한다. FATC 컴퓨터는 송풍기 스위치의 최대 선택 신호가 입력되면 고속 송풍기 릴레이를 내부 접지시킨다. 고속 송풍기 릴레이가 작동되면 송풍용 모터의 작동 전류는 파워 트랜지스터를 통하지 않고 고속 송풍기 릴레이 접점을 통해 차체로 직접 접지되기 때문에 허용 최대 전류가 흐르고 전동기의 회전속도도 최대가 된다.

6 에어컨(압축기 구동 신호) 출력

FATC 컴퓨터는 에어컨 스위치 ON 신호가 입력되거나, AUTO 모드로 작동 중 각종 입력 센서들의 정보를 기초로 압축기의 작동 여부를 판단한다. 압축기 작동 조건으로 판단되면 FATC 컴퓨터는 12V 전원을 출력한다. FATC 컴퓨터에서 출력된 12V 전원은 리시버 드라이어에 설치된 트리플 스위치 내부의 듀얼 스위치 접점을 거쳐 엔진 컴퓨터로 최종 입력되고, 엔진 컴퓨터는 이 신호가 입력되면 압축기 릴레이와 냉각 팬 릴레이를 작동시킨다.

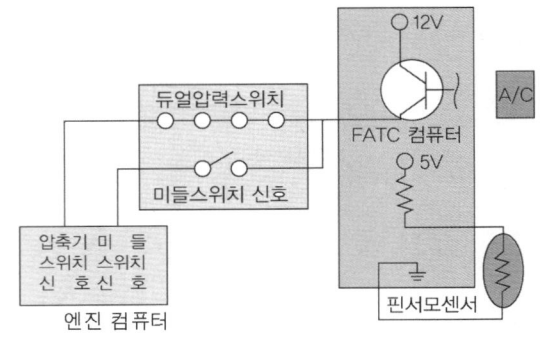

∷ 압축기 제어 과정

🌸 4-4. 전자동 에어컨 장치의 제어 기능

1 배출 온도 제어 Temperature Control 기능

배출 온도 제어는 히터 유닛에 설치된 온도 조절 액추에이터를 FATC 컴퓨터가 작동시켜 제어한다. FATC 컴퓨터는 액추에이터 위치에 상응하는 배출 온도의 맵핑(mapping) 값을 지니고 있기 때문에 액추에이터 위치 센서의 변화 값을 피드백 받으면서 액추에이터의 구동 출력을 제어한다.

운전자가 설정한 온도가 17℃일 경우 히터 코어 쪽 통로를 완전히 닫는 방향으로 액추에이터를 고정시키고, 32℃를 설정할 경우 히터 코어 쪽 통로를 완전히 개방하는 위치로 고정시킨다. 17.5℃에서 31.5℃ 사이의 온도를 설정하면 실내 온도 센서의 입력값을 피드백 받으면서 자동차 실내의 온도가 운전자가 설정한 온도에 도달할 때까지 액추에이터를 단계적으로 제어한다.

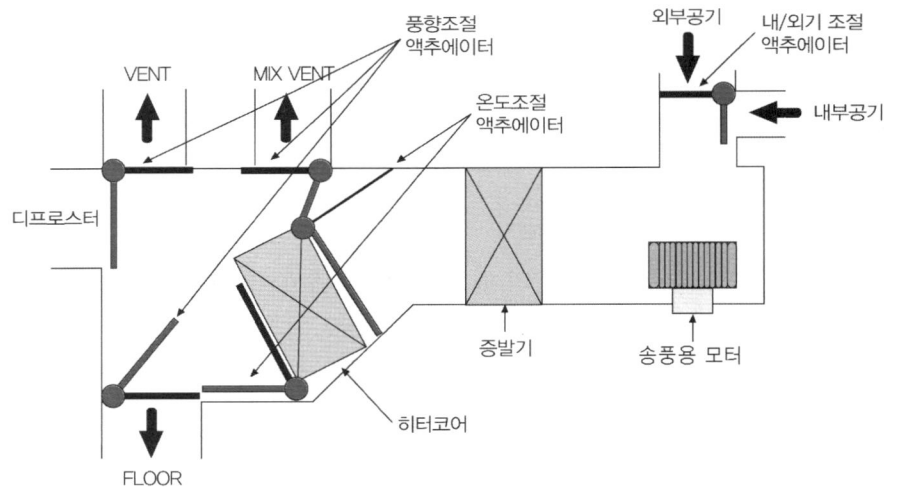

∷ 배출 온도 제어 기능

2 배출 모드 제어 Mode Control 기능

배출 모드는 FATC 컴퓨터가 풍향 조절 액추에이터를 작동시켜 제어한다. 운전자의 모드 선택 스위치 신호의 입력에 따라 VENT(벤트) → BI/LEVEL(바이 레벨) → FLOOR(플로어) → MIX(믹스) → DEFROST(디프로

스트) 순서로 순차적으로 제어한다. 배출 모드는 AUTO 모드로 작동 중 운전자가 설정한 온도에 따라 자동으로 제어되기도 하는데, AUTO 모드에서 최대 냉방 온도인 17℃를 선택하면 VENT 모드로 고정되고, 최대 난방 온도인 32℃를 선택하면 FLOOR 모드로 고정된다. 설정 온도가 17.5℃에서 31.5℃ 사이이면 VENT ↔ BI/LEVEL ↔ FLOOR 순서로 골고루 순환하면서 바람을 배출한다.

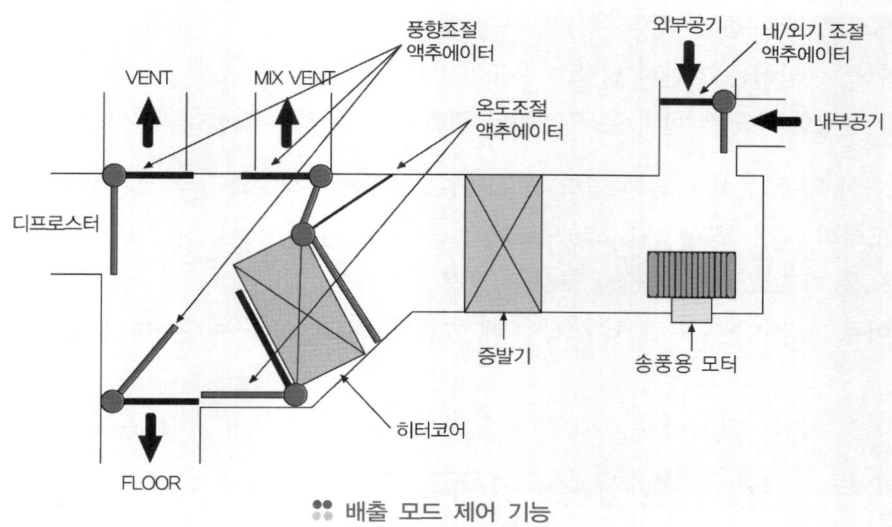

:: 배출 모드 제어 기능

3 배출 풍량 제어 Blower Speed Control 기능

배출 풍량은 수동으로 제어하면 7~12 단계로 제어되고, AUTO 모드로 작동 중에는 무단 제어가 이루어지는데 FATC 컴퓨터는 파워 트랜지스터의 베이스 전류를 단계적으로 가변시켜 목표의 회전속도가 되도록 송풍용 모터의 전류를 자동으로 제어한다. 즉, 운전자가 설정한 온도와 현재 자동차 실내의 온도를 비교하여 최대한 신속하게 실내의 온도를 운전자가 설정한 온도에 도달하도록 단계적으로 배출 풍량을 제어한다.

송풍기 스위치를 최대로 선택하거나 AUTO 모드로 작동 중 최대 냉방 온도인 17℃를 설정하면 FATC 컴퓨터는 고속 송풍기 릴레이를 작동시켜 송풍용 모터의 작동 전류가 파워 트랜지스터를 통하지 않고 고속 송풍기 릴레이 접점을 통해 직접 차체로 접지되기 때문에 송풍용 모터의 회전속도는 최대가 된다. 반대로, 최대 난방 온도인 32℃를 선택하면 FATC 컴퓨터는 파워 트랜지스터를 통해 제어할 수 있는 최대 단(AUTO HI)으로 제어한다.

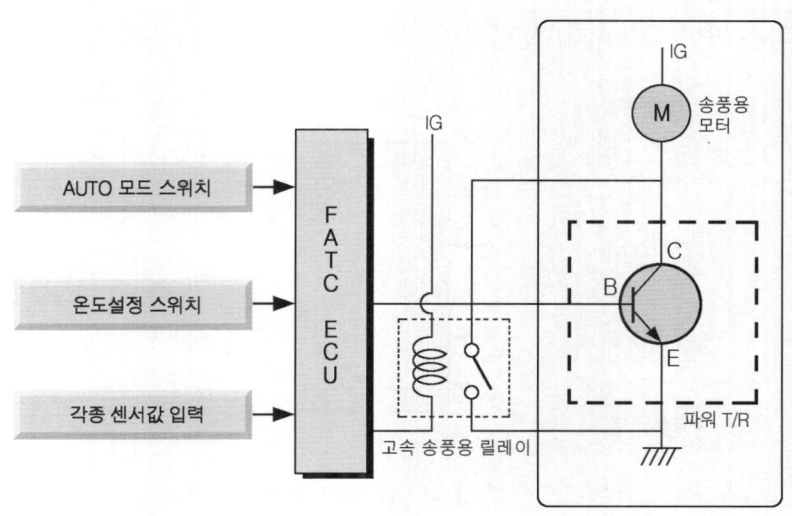

:: 배출 풍량 제어 기능

4 난방 시동 제어 기능 CELO ; Cold Engine Lock Out

난방 시동 제어는 AUTO 모드로 작동 중 엔진의 냉각수 온도가 낮은 상태(29℃ 이하)에서 난방 모드를 선택할 경우 찬바람이 운전자 쪽으로 강하게 배출되는 현상을 최소화시켜 주기 위한 제어 기능이다. 난방 시동 제어가 작동하기 위한 조건은 다음과 같다.

　① AUTO 모드로 작동 중일 때

　② 히터 코어를 순환하는 엔진의 냉각수 온도가 29℃ 이하일 때

　③ 운전자가 설정한 온도가 실내 온도 센서가 검출한 현재 자동차 실내의 온도보다 3℃ 이상 높을 때

위와 같은 조건이 각종 센서에 의해 입력되면 FATC 컴퓨터는 다음과 같은 2가지 제어를 실행한다.

　① 송풍용 모터의 회전속도를 1단(low)으로 정정시킨다.

　② 배출 모드를 디프로스트(defrost) 모드로 고정시킨다.

난방 시동 제어는 냉각수 온도가 29℃ 이상될 때까지 계속되고, 29℃ 이상이면 정상 AUTO 모드로 자동 복귀한다.

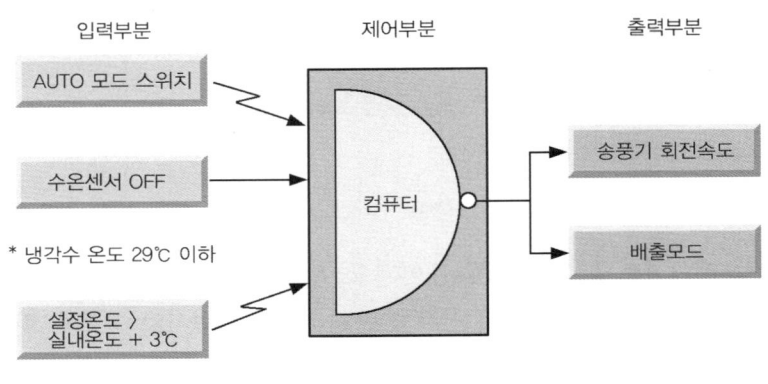

:: 난방 시동 제어 기능

5 냉방 시동 제어 기능

냉방 시동 제어는 앞에서 설명한 난방 시동 제어와 반대되는 제어 형태를 볼 수 있는데, 증발기의 온도가 높은(30℃ 이상) 상태에서 에어컨을 작동시켰을 때 미처 냉각되지 않은 뜨거운 바람이 운전자 쪽으로 강하게 배출되는 현상을 방지하는 제어 기능이다. 냉방 시동 제어 작동 조건은 다음과 같다.

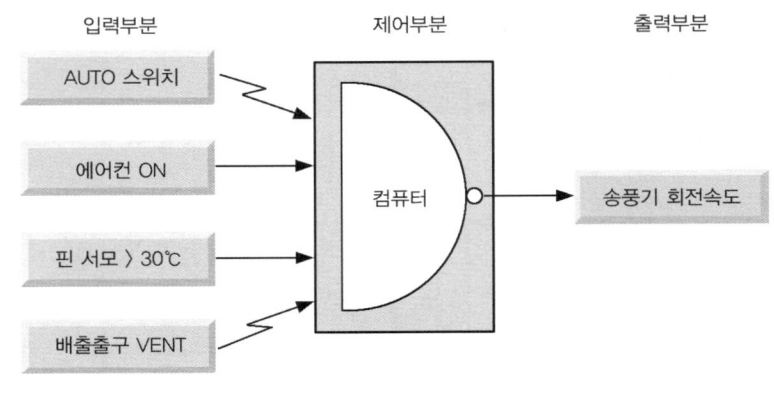

:: 냉방 시동 제어 기능

① AUTO 모드로 작동 중 일 때

② 핀 서모 센서에 의해 검출된 증발기 코어 핀의 온도가 30℃이상일 때

③ 에어컨이 ON 상태일 때

④ 배출 모드는 벤트(vent)모드 일 때

위와 같은 조건이 만족되면 FATC 컴퓨터는 냉방 시동 제어를 실행하게 되는데, FATC 컴퓨터는 송풍용 모터의 회전속도를 1단(low)으로 약 10초 동안 고정시킨 후 10초가 지난 후 정상 AUTO 모드로 복귀시킨다.

6 일사량 보정 제어 기능

자동차 실내에서 운전자가 느끼는 체감 온도는 실내로 내리쬐는 햇빛에 의한 복사열에 많은 영향을 받는다. 일사량 보정 제어는 자동차 실내로 내리쬐는 햇빛의 양이 증가됨에 따라 운전자의 체감 온도가 동반 상승되는 것을 방지해 주는 FATC 컴퓨터의 보정 제어 기능이다. FATC 컴퓨터는 일사량 센서에 의해 검출된 햇빛의 양이 증가하면 송풍용 모터의 회전속도를 단계적으로 상승시켜 운전자 신체의 열 방출을 도와줌으로써 운전자의 체감 온도 상승을 최소화시킨다. 배출 풍량이 벤트(vent)모드일 경우 일사량 증가에 따라 송풍용 모터의 회전속도는 최대 45 스텝(step)까지 증가되고, 바이 레벨(BI/LEVEL) 모드일 경우에는 최대 25 스텝까지 증가시켜 준다.

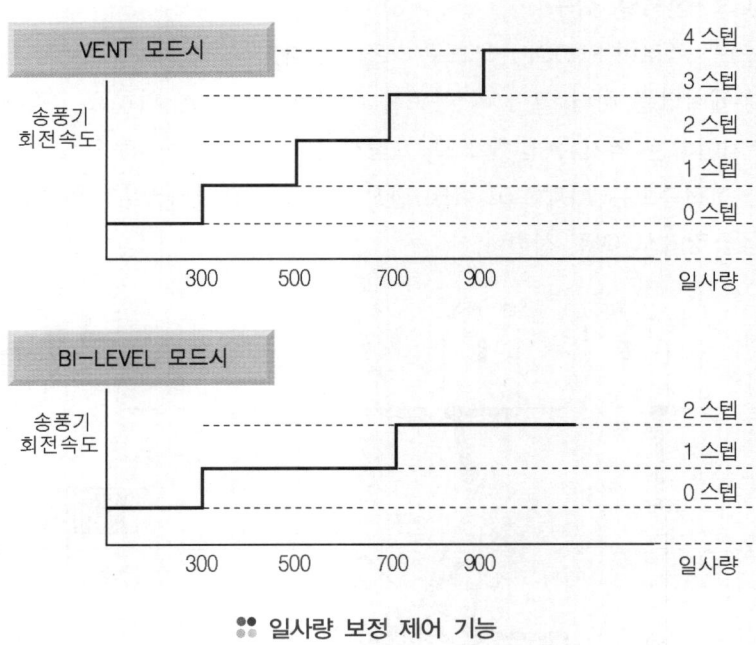

∷ 일사량 보정 제어 기능

7 최대 냉·난방 제어 기능

최대 냉·난방 제어 기능은 운전자가 설정 온도를 17℃ 또는 32℃를 선택하였을 때 FATC 컴퓨터가 배출 온도, 배출 풍량(모드), 배출 풍량(송풍용 전동기 회전속도) 및 내·외기 모드 등을 특정 모드로 고정 제어하는 기능이다.

1) 설정 온도를 17℃로 선택할 경우

① 배출 풍량(모드)을 벤트(VENT) 모드로 고정한다.

② 온도 조절 액추에이터는 히터 코어 쪽 통로를 완전히 닫는 위치로 고정시킨다.

③ 내·외기 액추에이터는 내기 순환 모드로 고정시킨다.

④ 송풍용 모터의 회전속도는 최대 단으로 고정시킨다(고속 송풍기 릴레이 ON).

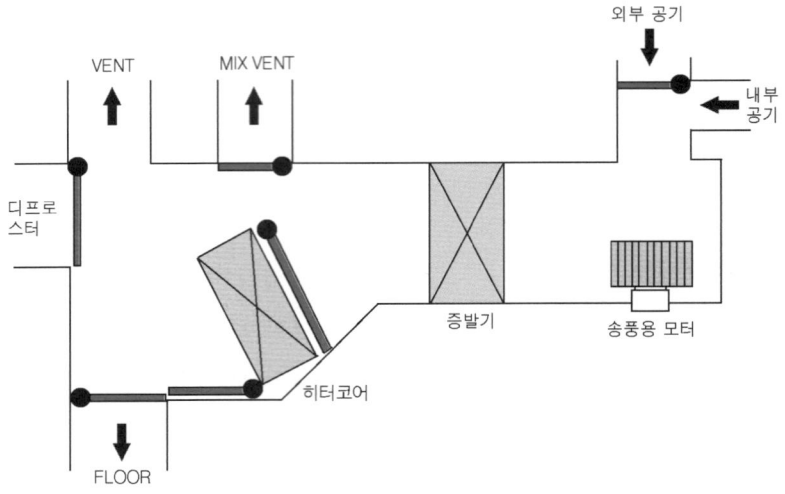

:: 최대 냉방 제어 기능

2) 설정 온도를 32℃로 선택할 경우

① 배출 풍량(모드)을 플로어(FLOOR) 모드로 고정시킨다.
② 온도 조절 액추에이터는 히터 코어 쪽 통로를 완전히 개방하는 위치로 고정시킨다.
③ 내·외기 액추에이터는 외기 유입 모드로 고정시킨다.
④ 송풍용 모터의 회전속도는 AUTO 고속(HI)단으로 고정시킨다. -일부 차종은 최대 단으로 고정됨)
⑤ 압축기의 작동을 강제로 OFF 시킨다.

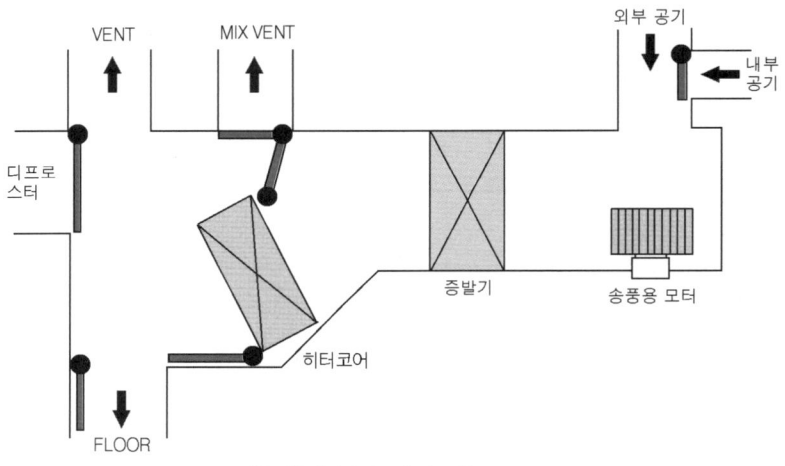

:: 최대 난방 제어 기능

8 압축기 ON, OFF 제어 기능

FATC 컴퓨터는 운전자의 에어컨 스위치 ON 신호가 입력되거나 AUTO 모드로 작동 중 각종 센서의 입력 정보를 연산하여 압축기의 구동 신호를 ON, OFF시킨다. 압축기의 구동 신호는 트리플 스위치 내부의 듀얼 압력 스위치 접점을 지나 엔진 컴퓨터로 입력되고 엔진 컴퓨터는 이 신호를 기준으로 압축기 릴레이의 ON, OFF를 제어한다.

15 계기장치

학/습/목/표

1. 유압계 및 유압 경고등의 구조 및 작동에 대하여 설명할 수 있다.
2. 연료계의 구조 및 작동 원리에 대하여 설명할 수 있다.
3. 온도계의 구조 및 작동 원리에 대하여 설명할 수 있다.
4. 속도계의 구조 및 작동 원리에 대하여 설명할 수 수 있다.
5. 적산계의 구조 및 작동에 대하여 설명할 수 있다.
6. 구간 거리계의 구조 및 작동에 대하여 설명할 수 있다.
7. 엔진 회전 속도계의 구조 및 작동에 대하여 설명할 수 있다.

1 계기의 개요

자동차를 쾌적하게 운전할 수 있고, 또 안전운전을 위해 운전 중의 자동차의 상황을 쉽게 알 수 있도록 각종 계기들을 그림에 나타낸 것과 같이 운전석의 계기판(instrumental panel)에 부착되어 있다. 주요 계기는 속도계, 충전 경고등, 유압 경고등, 연료계, 온도계 등이며, 그 밖에 자동차의 종류에 따라서는 엔진 회전속도계, 운행 기록계 등이 있다.

[엔진 오일 압력]   [충전]   [브레이크]   [에어백]   [엔진 점검등]   [ABS]

❖ 계기의 외관도

자동차에 사용되는 연료계와 온도계는 대부분 전기 방식이며, 계기 부분과 유닛 부분으로 되어 있다. 계기부분은 바이메탈 방식(bimetal type)이나 코일 방식(coil type)을 사용하며, 유닛 부분은 바이메탈 방식이나 저항 방식을 사용한다. 또 계기 대신에 램프(lamp)를 사용하여 경고를 표시하는 경고등(warning lamp) 방식도 있다. 자동차에 사용되는 계기는 일반적인 측정 기구와는 다른 표시기구이며, 그다지 좋지 않은 조건에서 사용된다. 따라서 자동차용 계기에는 다음과 같은 구비조건이 필요하다.

① 구조가 간단하고 내구성·내진성이 있을 것   ② 소형·경량일 것
③ 지시가 안정되어 있고, 확실할 것   ④ 읽기가 쉬울 것
⑤ 장식적인 면도 고려되어 있을 것   ⑥ 가격이 쌀 것

유압계는 엔진의 윤활회로 내의 유압을 측정하기 위한 계기이며, 유압경고등은 윤활회로에 이상이 있으면 경고등을 점등하는 방식이다. 유압계의 종류에는 부르동 튜브 방식(bourdon tube type), 평형 코일 방식, 바이메탈[**] 방식(bimetal type) 등이 있으나 여기서는 평형 코일 방식과 유압 경고등에 대해서만 설명하도록 한다.

1 평형 코일 방식 Balancing coil type

평형 코일 방식은 그림에 나타낸 것과 같이 계기 부분과 유닛 부분으로 구성되어 있다. 유닛 부분은 일종의 가변 저항기이며, 이동 암의 움직임에 따라 저항값이 변화된다.

그림에서 L_1에는 배터리 전압이 가해지며, 이에 의해 발생한 자속이 가동철편을 눈금판의 L쪽에 정지하도록 작용한다. 한편 L_2에 발생하는 자속은 가동철편을 눈금판의 H쪽으로 회전시키려는 방향으로 작용한

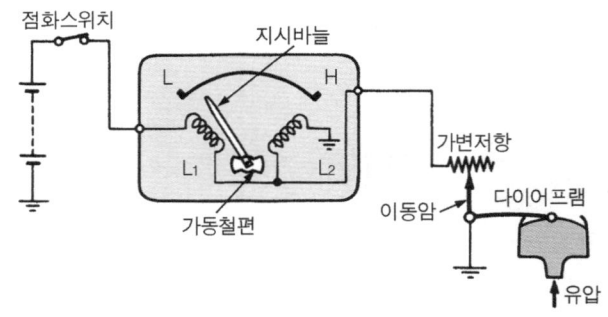

:: 평형 코일 방식 유압계

다. 이에 따라 가동철편은 L쪽에 정지시키려는 코일 L_1의 힘과 H쪽으로 회전시키려는 코일 L_2의 힘이 합성된 방향으로 움직인다. 작동은 다음과 같다.

유압이 낮을 때에는 유닛 부분 다이어프램의 변형이 적기 때문에 가변저항의 이동 암이 오른쪽에 있어 저항이 크므로 코일 L_2에는 적은 전류가 흐른다. 이에 따라 가동철편에는 거의 코일 L_1만의 흡인력이 작동하여 바늘을 L쪽에 머물도록 한다. 반대로 유압이 높을 때에는 다이어프램의 변형이 크게 되며, 이에 따라 이동 암이 왼쪽으로 움직여 저항이 작아진다. 따라서 코일 L_2의 흡인력이 커져 바늘을 H쪽으로 머물게 한다.

2 유압 경고등 Oil warning lamp type

유압 경고등은 엔진이 작동되는 도중 유압이 규정 값 이하로 떨어지면 경고등이 점등되는 방식이다. 작동은 유압이 규정 값에 도달하였을 때에는 유압이 다이어프램을 밀어 올려 접점을 열어서 소등이 되고, 유압이 규정 값 이하가 되면 스프링의 장력으로 접점이 닫혀 경고등이 점등된다.

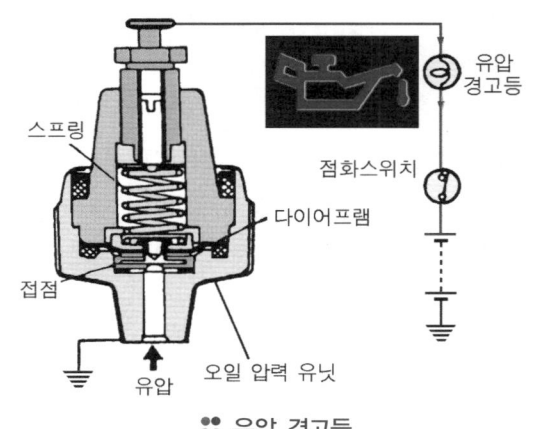

:: 유압 경고등

연료계는 연료 탱크 내의 연료 보유량을 표시하는 계기이며, 일반적으로 전기 방식을 사용한다. 연료계에는 기계 방식인 평형 코일 방식, 서모스탯 바이메탈 방식, 바이메탈 저항 방식과 연료면 표시기 방식이 있다. 여기서는 현재 사용되고 있는 평형 코일 방식과 연료면 표시기 방식에 대해서만 설명하도록 한다.

1 평형 코일 방식 Balancing coil type

평형 코일 방식은 계기 부분과 탱크 유닛(tank unit) 부분으로 되어 있으며, 탱크 유닛 부분에는 연료 면에 따라 상하로 이동하는 뜨개(float)와 연동된 이동암에 의해 저항이 변화하는 가변저항이 들어 있다. 작동은 연료 의보유량이 작을 때에는 저항값이 커서 코일 L_2의 흡인력보다도 코일 L_1의 흡인력이 크기 때문에 바늘이 E(empty)쪽에 있게 된다. 연료의 보유량이 많을 때에는 저항값이 작아지며, 이에 따라 코일 L_2의 흡인력이 증가한다. 따라서 바늘이 F(full)쪽으로 이동하여 머물게 된다.

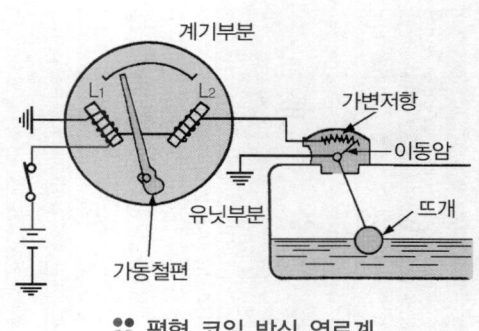

:: 평형 코일 방식 연료계

2 연료면 표시기 방식(표시등 방식)

연료면 표시기 방식은 연료 탱크 내의 연료 보유량이 일정 이하가 되면 램프(lamp)를 점등하여 운전자에게 경고하는 경보기이다. 작동은 연료가 조금 남아 접점 P_2가 닫히면 바이메탈 릴레이의 열선(heat coil)에 전류가 흐르며, 발열로 바이메탈이 구부러져 10~30초 사이에 접점 P_1을 닫아 램프를 점등시킨다. 또 바이메탈 열선에 10~30초간 전류가 흐르지 않으면 접점 P_1이 닫히지 않기 때문에 자동차의 진동으로 순간적으로 접점이 닫혀도 램프가 점등되지 않는다.

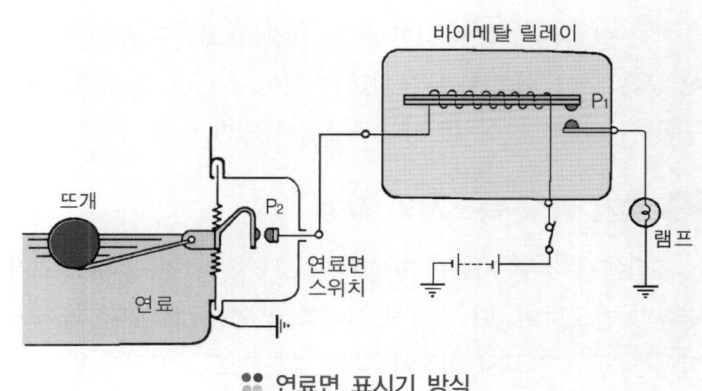

:: 연료면 표시기 방식

4 온도계(수온계)

온도계는 실린더 헤드 물재킷 내의 냉각수 온도를 표시하는 것이며, 온도계의 종류에는 부르동 튜브 방식, 평형 코일 방식, 서모스탯 바이메탈 방식, 바이메탈 저항 방식 등이 있으나 여기서는 현재 사용하고 있는 평형 코일 방식에 대해서만 설명하도록 한다.

평형 코일 방식(balancing coil type)은 계기 부분과 엔진 유닛 부분으로 구성되어 있으며, 엔진 유닛 부분에는 서미스터를 두고 있다. 작동은 그림에서 엔진의 냉각수 온도가 낮을 때에는 코일 L_2의 흡인력이 약하다.

이에 따라 온도계의 지침이 C(Cool)쪽에 머물게 되고 냉각수의 온도가 상승하면 코일 L_2의 흡인력이 커지므로 지침이 H(High)쪽으로 움직여 머물게 된다.

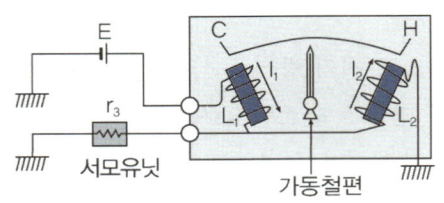 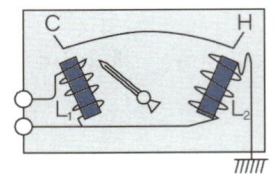 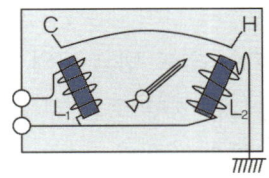

(a) 평형 코일 방식 온도계의 회로　(b) L_2코일의 자력이 약함(온도가 낮을 때) (c) L_1코일의 자력이 강함(온도가 높을 때)

:: 평형 코일 방식 온도계

5 속도계 Speed meter

속도계에는 자동차의 속도를 1시간당의 주행 거리(km/h)로 나타내는 속도 지시계와 전 주행 거리를 표시하는 적산계의 2부분으로 되어 있으며, 다시 수시로 0으로 되돌릴 수 있는 구간 거리계를 설치한 것도 있다. 그리고 속도계는 변속기 출력축에서 속도계 구동 케이블을 통하여 구동된다. 종류에는 원심력 방식과 자기 방식이 있으며 현재는 자기 방식을 사용한다. 자기 방식의 구조와 작동은 다음과 같다.

1 자기 방식 속도계의 구조

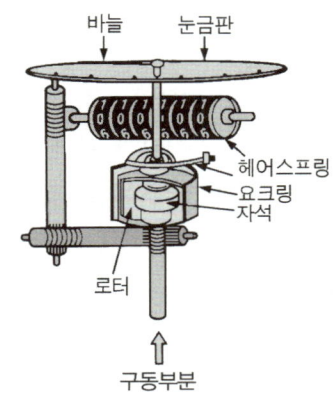

자기 방식은 그림에 나타낸 것과 같이 회전축 붙이 영구 자석, 지시 바늘이 붙은 로터, 회전력을 조정하는 헤어 스프링, 눈금판, 적산계 및 적산계를 구동하는 특수 기어 등으로 구성되어 있다.

:: 자기 방식 속도계의 구조

2 자기 방식 속도계의 작동

그림에서 영구 자석이 회전하면 로터에는 전자 유도 작용에 의해 맴돌이 전류가 발생하며, 이 맴돌이 전류와 영구 자석의 자속과의 상호 작용으로 로터에는 영구 자석의 회전과 같은 방향으로 회전력이 발생한다. 따라서 로터는 헤어 스프링(hair spring)의 장력과 평형이 되는 점까지 회전하며 이 회전 각도 만큼 바늘이 움직여 속도를 표시한다. 로터에 발생하는 회전력의 크기는 자석의 세기와 그 때의 회전속도에 비례하므로 주행속도가 증가되어 구동 케이블의 회전속도가 증대되면 그만큼 로터의 회전수도 커지게 된다.

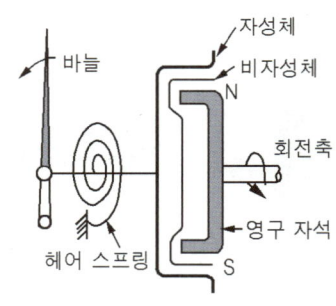

로터에 발생하는 회전력의 크기는 자석의 세기와 그 때의 회전속도에 비례하므로 주행속도가 증가되어 속도계 구동 케이블의 회전속도가 증대되면 그만큼 로터의 회전속도도 커지게 된다.

:: 자기 방식 속도계의 작동 원리

6 적산계 Total Counter

속도계의 회전축은 자석을 구동하는 일 외에 웜(worm) 기구를 사이에 두고 주행거리를 기록하는 적산계를 구동한다. 그림에 나타낸 바와 같이 적산 링은 특수 기어에 의하여 회전하며, 그 적산 링의 왼쪽 면의 안쪽에는 1개소, 또 다음 자리의 적산 링의 오른쪽 면의 안쪽에는 전체 둘레에 걸쳐 이가 파져 있고, 왼쪽 면 안쪽에는 1개소의 이가 파져 있다.

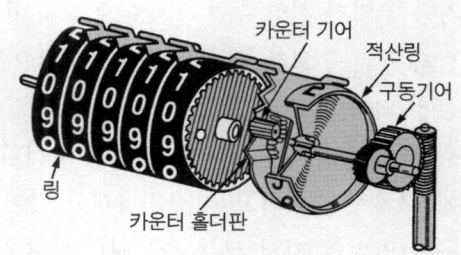

:: 적산계의 구조

적산 링과 적산 링의 중간에는 카운터 기어(counter gear)가 있어, 카운터 홀더 판에 지지되어 적산 링의 이와 물려있다. 이 적산 링의 회전 순서는 특수 기어에 의하여 맨 아랫자리(1눈금이 0.1km)의 링이 회전하여 1회전하면 그 반대쪽에 있는 이에 의해 카운터 기어가 1눈금 돌려져, 1자리의 적산 링이 1눈금, 즉 1km주행한 것을 표시한다.

그리고 10눈금(1회전)이 돌려지면 10자리의 링이 1눈금, 즉 10km 주행한 것을 표시한다. 이와 같이 차례로 윗자리의 적산 링을 돌려서 주행거리를 적산할 수 있게 된다.

7 구간 거리계 Trip Counter

구간 거리계는 자릿수가 2자리 적은 것 이외에 적산계와 같은 구조이며, 구동 방법도 적산계와 마찬가지로 속도계의 회전축으로부터 웜(worm) 기구를 사이에 두고 구동된다. 구간 거리계에 적산되는 주행거리 수는 적산계와 같으나 임의로 손잡이를 돌려 적산된 주행거리 수를 0으로 되돌릴 수 있다. 손잡이를 돌려 0으로 되돌리는 경우 그림에 나타낸 위치에 일방향 클러치가 있어서 구간거리계만 0으로 되돌릴 수 있다.

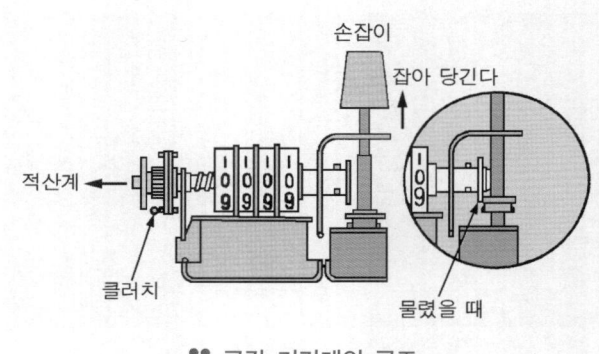

:: 구간 거리계의 구조

8 엔진 회전 속도계 Engine Tachometer

엔진 회전 속도계는 엔진 크랭크축의 회전속도를 측정하는 계기이며, 자석 방식, 발전기 방식, 펄스 방식 등이 있다.

1 자기 방식 회전 속도계

자기 방식 회전 속도계의 구조는 자기 방식 속도계와 같으며, 구동 케이블이 엔진 크랭크축 쪽에 접속되어 엔진의 회전속도를 나타낸다. 구조가 간단하여 2륜 자동차에서 주로 사용된다.

2 발전기 방식 회전 속도계

발전기 방식 회전 속도계는 그림에 나타낸 바와 같이 계기 (gauge) 부분과 발전기 부분으로 구성되어 있으며, 계기 부분은 가동 코일형 전압 부분과 다이오드를 이용한 정류회로가 있다. 발전기 부분은 교류 발전기와 같은 구조이며, 영구자석인 로터가 엔진에 의하여 회전속도에 비례하는 전압이 스테이터 코일에서 발생한다. 엔진이 가동되면 발전기 로터가 회전하여 스테이터 코일에 교류가 발생하고 이것을 4개의 다이오드로 전파 정류하여 가동 코일형의 지시 부분으로 보내져 지시 바늘이 움직인다.

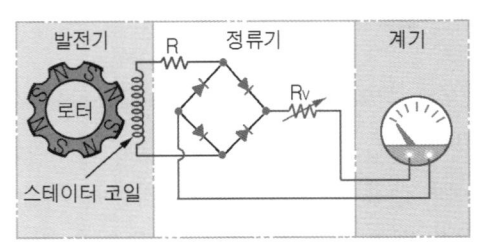

∷ 발전기 방식 회전 속도계

3 펄스 방식 회전 속도계

펄스 방식 회전 속도계는 그림에 나타낸 바와 같이 가동 코일형 전류계와 펄스 방식 회전속도 기판으로 구성되어 있다. 펄스 방식에서는 엔진의 회전속도를 배전기 신호에 의해 검출하고 있으므로 구동 케이블 등의 부속품을 필요로 하지 않는다.

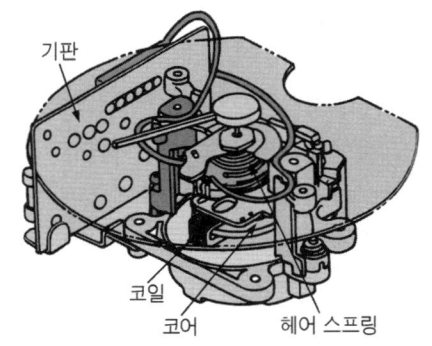

∷ 펄스 방식 회전 속도계

16 전자제어 시간경보 장치

통합 운전석 간섭 와이퍼 제어장치에 대하여 설명할 수 있다.

2. 와셔 연동 와이퍼 제어에 대하여 설명할 수 있다.

3. 뒷유리 열선 타이머(사이드 미러 열선 포함) 제어에 대하여 설명할 수 있다.

4. 안전벨트 경고 타이머 제어에 대하여 설명할 수 있다.

5. 감광 방식 실내등 제어에 대하여 설명할 수 있다.

6. 점화 스위치 키 구멍 조명 제어에 대하여 설명할 수 있다.

7. 파워윈도 제어에 대하여 설명할 수 있다.

1 전자제어 시간경보 장치(ETACS)

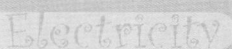

 1-1. 전자제어 시간경보 장치의 개요

전자제어 시간경보 장치(ETACS ; Electronic, Time, Alarm, Control, System)는 자동차의 전기장치 중 시간에 의하여 작동되는 장치와 경보를 발생시켜 운전자에게 알려주는 장치 등을 종합한 장치라 할 수 있다.

전자제어 시간경보 장치를 사용하기 전의 자동차에서는 윈드 실드와이퍼 제어, 파워 윈도 제어, 뒤유리 열선 제어, 등화 제어 장치 들을 각각 설치하였기 때문에 정비를 할 때 자동차의 종류마다 설치 위치가 달라 번거로움이 많았을 뿐만 아니라 접지와 전원이 중복되어 배선의 연결이 복잡하고 또 입력 신호를 여러 부분에서 받아 제어하므로 제작 비용이 비싸지는 원인이 되었다. 또 새로운 장치를 추가할 때마다 배선 및 컴퓨터 등을 추가시켜야 하므로 쉽게 성능을 향상시킬 수 없었다. 이러한 결점을 보완하기 위해 전기장치를 중앙에서 제어하는 것이 필요하였기 때문에 전자제어 시간경보 장치가 개발되었다.

전자제어 시간경보 장치는 자동차의 종류에 따라 제어되는 항목이 다르며, 고급 자동차일수록 제어 기능이 많다. 다음 항목은 자동차의 종류에 관계없이 전자제어 시간경보 장치에서 제어되는 기능을 열거한 것이다.

① 와셔 연동 와이퍼 제어   ② 간헐 와이퍼 및 차속감응 와이퍼 제어

③ 점화 스위치 키 구멍 조명 제어   ④ 파워 윈도 타이머 제어

⑤ 안전벨트 경고등 타이어 제어   ⑥ 열선 타이머 제어(사이드 미러 열선 포함)

⑦ 점화 스위치 회수 제어   ⑧ 미등 자동 소등 제어

⑨ 감광 방식 실내등 제어   ⑩ 도어 잠금 해제 경고 제어

⑪ 자동 도어 잠금 제어   ⑫ 중앙 집중방식 도어 잠금장치 제어

⑬ 점화 스위치를 탈거할 때 도어 잠금(lock), 잠금 해제(un lock) 제어

⑭ 도난 경계 경보 제어

⑮ 충돌을 검출하였을 때 도어 잠금, 잠금 해제 제어

⑯ 원격관련 제어

㉮ 원격 시동 제어　　　㉯ 키 리스(keyless) 엔트리 제어

㉰ 트렁크 열림 제어　　㉱ 리모컨에 의한 파워윈도 및 폴딩 미러 제어

⠿ 전자제어 시간경보 장치의 구성

입력 요소	제어 요소	출력 요소
간헐 와이퍼 스위치		• 와이퍼 릴레이 　와셔연동 와이퍼 제어 　간헐 와이퍼 제어 　차속 감응와이퍼 제어
간헐 와이퍼 볼륨 스위치		
와셔 스위치		
열선 스위치		• 열선 릴레이 　뒷유리 열선 제어 　사이드미러 열선 제어
안전 벨트 스위치		
도어 스위치	E	• 파워윈도 릴레이 　파워윈도 타이머
후드 스위치	T	• 미등 릴레이 　램프 AUTO CUT
트렁크 스위치	A	
도어 잠금/잠금 해제	C	• 도어 잠금/잠금 해제 릴레이 　중앙집중잠금 제어 　키리스엔트리 제어 　자동 도어 잠금 제어 　키 리마인드 제어 　충돌 검출 잠금해제 제어
조향 핸들 잠금 스위치	S	
도어키 스위치		
미등 스위치		• 안전벨트 경고등
발전기 "L" 출력		• 실내등
차속 센서		• 점화 스위치 조명
충돌 검출 센서		

⠿ 전자제어 시간경보 장치의 입·출력 다이어그램

1-2. 전자제어 시간경보 장치의 작동 및 제어

전자제어 시간경보 장치는 많은 기능을 가지고 있으나 제어 원리는 비교적 단순하다. 전압 형태의 각종 스위치 입력 정보를 1과 0의 2진법에 의해 ON, OFF를 판단하고, 특정 기능의 작동 조건이 되면 정해진 순서에 따라 각종 램프(lamp) 또는 릴레이(relay)를 작동시켜 운전자의 편의를 제공한다.

1 전자제어 시간경보 장치의 작동원리

그림은 전자제어 시간경보 장치에서 사용하는 가장 기본적인 회로도이며, 입력 쪽의 입력 정보가 특정 조건에 부합하면 출력 쪽에서는 특정 기능을 수행하기 위해 출력하는 원리이다. 예를 들면, 회로에서 램프가 특정 조건에서 점등되도록 하려면 전자제어 시간경보 장치의 컴퓨터에는 입력 A, B가 어떤 조건에서 C를 출력하도록 논리(logic)가 입력되어 있다. 만약, 스위치 1과 2 모두 ON일 때 릴레이를 작동하는 논리라면 컴퓨터는 스위치 1과 2가 작동할 때 전압의 변화로 ON, OFF를 판정하며, 두 스위치의 전압이 0V이면 ON으로 판정하여 출력 쪽 트랜지스터가 ON이 되어 릴레이가 작동하여 램프가 점등된다.

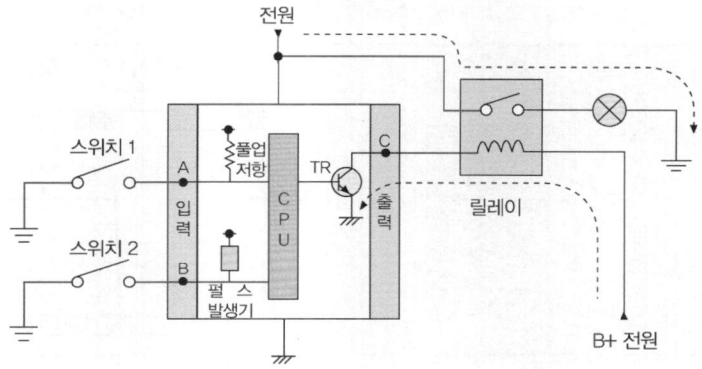

전자제어 시간경보 장치의 기본 회로

2 스위치 판단 방법

전자제어 시간경보 장치가 스위치 정보를 판단하는 방법에는 정전압 방식(constant voltage type)과 스트로브** 방식(strobe type)이 있다. 전자제어 시간경보 장치는 스위치 판단 방법과는 관계없이 입력 신호의 전압 크기를 이용하여 스위치의 ON, OFF를 판정한다. 따라서 컴퓨터는 몇 V가 입력되면 ON이고, 몇 V가 되면 OFF인지를 판정할 수 있는 판정 기준이 있어야 하며, 이 판정 기준을 ON, OFF 판정 수준 논리라 한다.

> **TIP**
>
> **■ 스트로브(strobe)란**
> 반복 현상하여 원하는 지점 또는 위치를 선택하는 것 또는 선택한 장소를 확인하는 장치이다. 로터(rotor)의 회전축에 회전속도의 배수인 빛을 비추어 회전속도를 검출하거나 주기파장에 대하여 주파수가 같고 좁은 펄스를 비트(bit)시켜 선택 점에 대한 주기파장의 진폭을 측정한다.

1) 정전압 방식

정전압 방식은 풀업저항 방식과 풀다운 전압방식이 있다.

① **풀업 저항 방식(pull up resistance type)**

전자제어 시간경보 장치는 풀업 전압 5V가 항상 출력되며, 스위치가 OFF일 때 입력 쪽에 5V가 공급되나 ON일 때에는 풀업 전압이 접지로 흘러 입력 쪽은 0V가 되며, 파형은 0~5V로 변화된다. 전자제어 시간경보 장치는 이 전압을 이용하여 스위치 ON, OFF를 판단한다. 풀업 저항 방식은 스위치가 ON일 때 접지되는 경우에 사용하며, 전자제어 시간경보 장치로 입력되는 대부분의 스위치는 풀업 저항 방식을 사용한다.

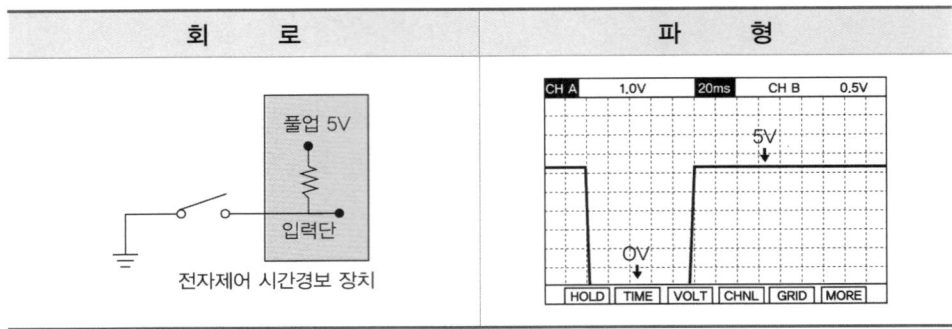

풀업 저항 방식

회 로	파 형

② **풀다운 전압 방식(pull down voltage type)**

전자제어 시간경보 장치는 스위치가 ON일 때 12V 전압이 입력 쪽으로 공급되고, OFF일 때에는 0V가 된다. 이 방식은 스위치가 ON일 때 [+]전원(12V)이 인가되는 경우에 사용한다.

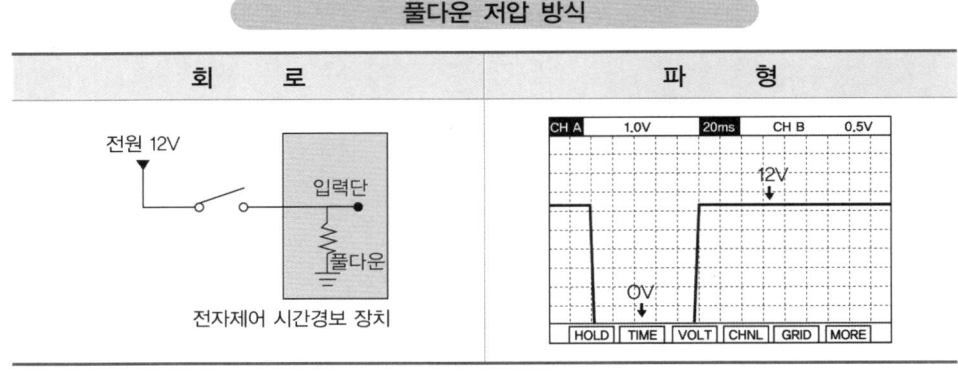

풀다운 저압 방식

회 로	파 형

2) 스트로브 방식

전자제어 시간경보 장치 내의 펄스(pulse) 발생 기구에는 0~5V 펄스가 10ms 간격으로 항상 출력된다. 따라서 스위치가 OFF일 때 입력 쪽에는 그림과 같은 형태의 펄스가 입력되고, 스위치가 ON일 때에는 풀업 전압이 접지로 흘러 0V가 입력된다. 전자제어 시간경보 장치는 입력 쪽의 신호가 약 40ms 동안 0V로 입력되면 스위치가 ON되었다고 인식한다.

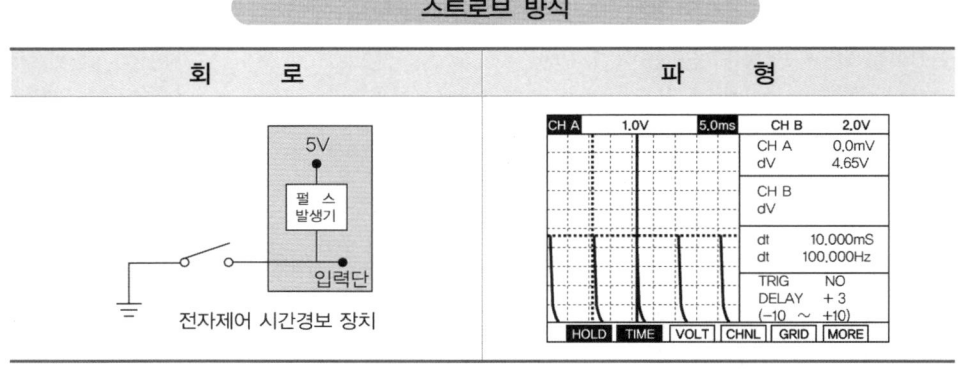

스트로브 방식

회 로	파 형

3 타임 차트 Time chart

타임 차트란 시간을 그래프(graph)화 시킨 것을 말하며, 전자제어 시간경보 장치를 이해하는데 매우 중요한 부분을 차지한다. 타임차트 분석방법은 다음과 같다.

① 그림에서 가로축은 시간의 흐름에 따른 스위치(switch)나 액추에이터(actuator)의 작동상태를 나타내며, 세로축은 작동순서(입력 및 출력)를 나타낸다.

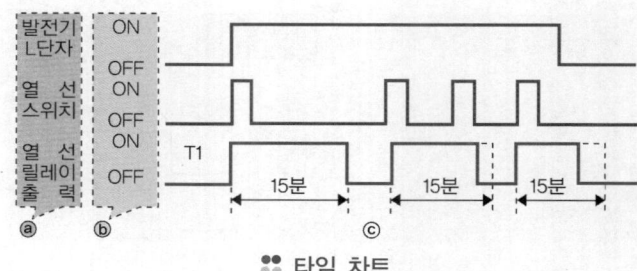

② 타임 차트 ⓐ번 항목의 경우 열선 릴레이 출력까지 열선을 제어할 때 필요한 입력 및 출력을 나타내며, 일반적으로 위쪽은 입력이고, 아래쪽은 출력을 나타낸다. 열선을 제어할 때 입력이 발전기 L단자와 열선스위치라는 것을 알 수 있으며, 출력은 열선 릴레이라는 것을 표시한다.

③ 타임 차트 ⓑ번 항목은 입력과 출력스위치의 상태를 나타낸다. 즉 발전기 L단자가 OFF라 함은 엔진의 작동이 정지된 상태, ON은 엔진이 가동되는 상태이며, 열선 릴레이 ON은 릴레이의 작동상태, OFF는 릴레이가 작동하지 않는 상태이다.

④ 타임 차트 ⓒ번 항목은 입력과 출력 요소 들이 어떤 논리에 의해 시간과 작동이 결정되는지를 보여준다. 타임 차트를 보면 열선이 작동하기 위해서는 먼저 발전기의 출력 신호가 입력되어야 하고, 열선 스위치 신호가 입력되면 열선 릴레이에서 출력이 되는 것을 알 수 있다. 열선 스위치를 누르면 릴레이 출력이 나가고, 다시 스위치를 누르면 출력이 정지하며, 열선의 작동 중에 엔진의 작동을 정지시키면(발전기 L단자 OFF) 출력이 멈추는 것을 알 수 있다.

🌸 1-3. 전자제어 시간경보 장치의 기능

1 간헐 와이퍼 제어

간헐적인 비 또는 눈에 의한 와이퍼 제어를 운전자 의지에 알맞은 속도로 설정하기 위한 기능이다. 와이퍼스위치를 작동시키면 간헐 볼륨에 설정된 속도에 따라 와이퍼가 작동한다. 점화 스위치가 ON일 때 간헐(INT) 스위치를 작동시키면 T1 후에 와이퍼 출력을 ON으로 하여야 한다. 간헐 와이퍼의 작동 중 와이퍼가 다시 작동하는 주기는 간헐 볼륨에 따라 T2 시간만큼 차이가 발생한다. 제어 시간은 T1이 최대 0.3초이며, T2는 0.5~11±1초이다. 간헐 볼륨의 저항은 저속에서는 약 50kΩ, 고속에서는 0kΩ이다.

간헐 와이퍼 제어 입력 및 출력 요소			
입력 및 출력 요소		전압 수준	
입력	간헐 스위치	OFF	5V
		간헐(INT) 선택	0V
	간헐 가변 볼륨	빠름(fast)	0V
		느림(low)	3.8V
출력	간헐 릴레이 접지	모터 구동	0V(접지시킴)
		모터 작동 정지	12V(접지해제)

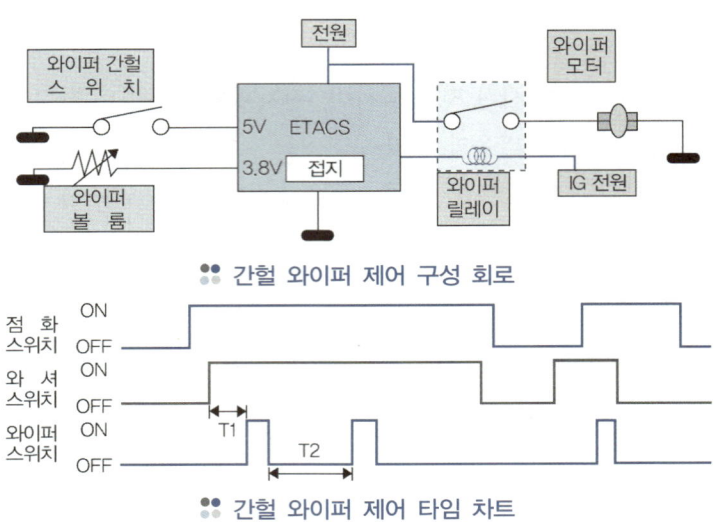

간헐 와이퍼 제어 구성 회로

간헐 와이퍼 제어 타임 차트

2 와셔 연동 와이퍼 제어

성에를 제거하거나 앞 유리의 먼지를 제거할 때 와셔 액을 분출시키면 와이퍼 모터가 자동으로 앞 유리를 세척한다. 와셔 스위치를 작동시키면 와셔 스위치를 작동시킨 시간에 따라 와이퍼 모터를 구동한다. 점화 스위치를 ON으로 하고 와셔 스위치를 작동시키면 T1 후에 와이퍼 출력을 ON으로 하여야 한다. 와셔 스위치 OFF 후 2.5~3.0초 후에 와이퍼 출력을 정지시켜야 한다. 제어 시간은 T1이 0.6±0.1초이고, T2는 2.5~3.8초이다.

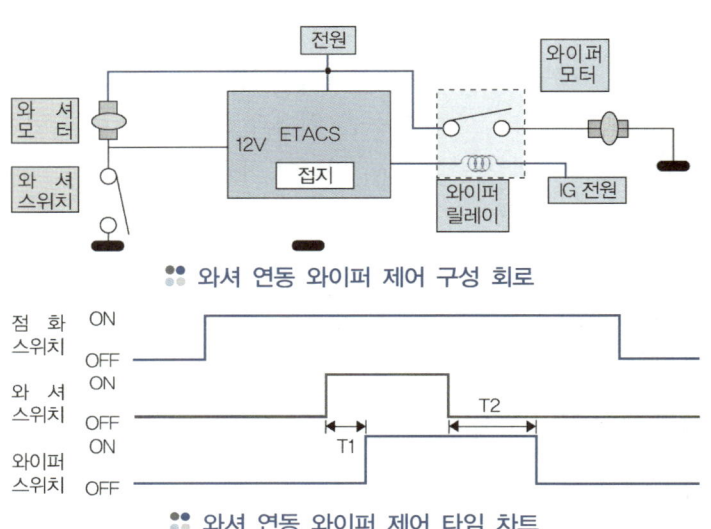

와셔 연동 와이퍼 제어 구성 회로

와셔 연동 와이퍼 제어 타임 차트

와셔 연동 와이퍼 제어 입력 및 출력 요소

입력 및 출력 요소		전압 수준	
입력	와셔 스위치	OFF	12V
		와셔 작동	0V
출력	간헐 와이퍼 릴레이 접지	모터 구동	0V(접지시킴)
			12V(접지해제)

3 뒤 유리 열선 타이머(사이드 미러 열선 포함) 제어

뒤 유리의 성에나 빙결을 제거하기 위하여 열선을 작동시킨다. 열선을 작동할 때에는 배터리의 방전을 방지하기 위하여 엔진이 가동되는 상태에서만 작동된다. 엔진이 가동하는 상태에서 열선 스위치를 작동시키면 약 15~20분 동안 열선 릴레이를 작동시켜 뒤 유리의 빙결을 제거한다. 뒤 유리 열선과 사이드 미러(side mirror)

열선은 동시에 작동한다.

발전기 L단자에서 12V가 출력될 때 열선 스위치를 누르면 열선을 15분 동안 출력시켜야 한다. 열선의 작동 중 다시 열선 스위치를 누르면 출력이 중지되어야 한다. 또 열선의 출력 중 발전기 L단자에서 출력이 없는 경우(엔진의 가동정지

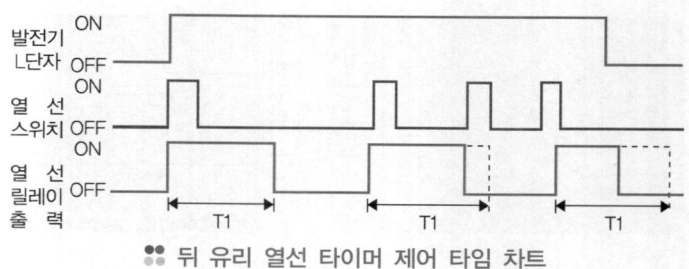

뒤 유리 열선 타이머 제어 타임 차트

상태)에도 열선의 출력을 중지시켜야 한다. 그리고 사이드 미러 열선은 뒤 유리 열선과 병렬로 연결되어 작동한다. 제어 시간 T1은 20±1분이다.

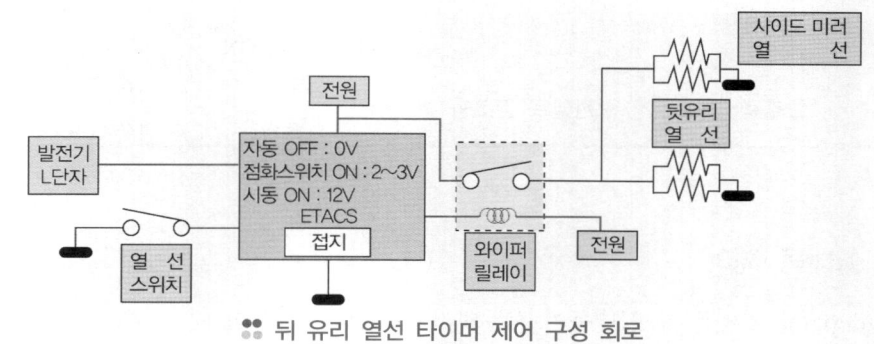

뒤 유리 열선 타이머 제어 구성 회로

뒤 유리 열선 타이머 제어 입력 및 출력 요소

입력 및 출력 요소		전압 수준
입력	발전기 L단자	점화 스위치 OFF : 0V
		점화 스위치 ON : 2~3V(충전 경고등을 통한 전압)
		엔진 가동 중 : 충전 전압
입력	열선 스위치	OFF : 5V
		열선 작동 : 0V
출력	열선 릴레이	열선 작동 : 0V(접지시킴)
		열선 해제 : 12V(접지해제)

4 안전벨트 경고 타이머 제어

점화 스위치를 ON으로 하였을 때 운전자에게 안전벨트 착용을 알리는 안전벨트 경고등이 점멸한다. 안전벨트 착용과는 상관없이 최초 IG_1 신호를 입력받아 1회만 작동한다. 안전벨트를 풀면 작동하지 않는다.

점화 스위치를 ON으로 하였을 때 안전벨트 경고등은 주기 0.6초, 듀티 50%로 6초 동안 점멸한다. 점화 스위치를 ON으로 한 후 6초 이내에 안전벨트를 착용할 때

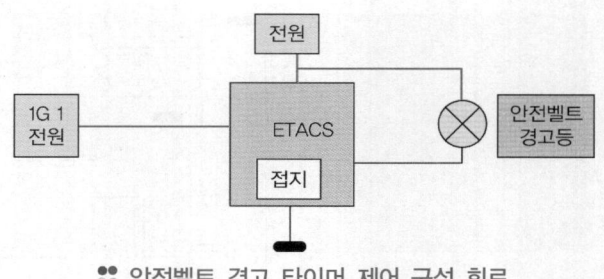

안전벨트 경고 타이머 제어 구성 회로

경고등은 잔여시간 동안 계속 점멸한다. 경고등이 소등된 후 안전벨트를 풀어도 경고등은 다시 점멸하지 않는다. 제어시간 T1은 6±1초이고, T2는 0.3±0.1초이다.

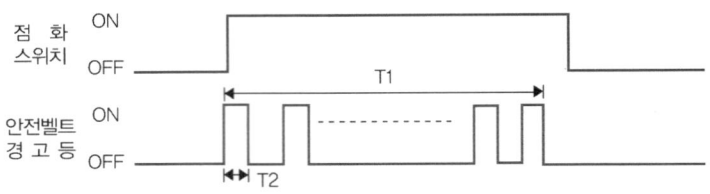

안전벨트 경고 타이머 제어 타임 차트

안전벨트 경고 타이머 제어 입력 및 출력 요소			
입력 및 출력 요소		전압 수준	
입력	IG₁신호	OFF	0V
		점화 스위치 ON	12V
출력	안전벨트 경고등	점등	0V(접지시킴)
		소등	12V(접지해제)

5 감광 방식 실내등 제어

자동차의 도어(door)를 열었을 때 실내등이 점등되어 승차나 하차를 할 때 도움을 준다. 이때 도어를 닫더라도 엔진시동 및 출발 준비를 할 수 있도록 실내등을 수초 동안 점등시켜 준다. 실내등의 점등 및 소등 조건은 다음과 같다.

① 실내등을 도어 위치로 스위치를 설정하여야 한다.

② 도어가 열릴 때(도어스위치 ON) 실내등을 점등한다.

③ 도어가 닫히면(도어 스위치 OFF) 즉시 75% 감광 후 천천히 감광하여 5~6초 후에 소등되어야 한다.

④ 도어 스위치 ON시간이 0.1초 이하인 경우에는 감광 작동을 하지 않아야 하며, 감광 작동 중 점화 스위치를 ON으로 하면 즉시 감광 작동을 멈추어야 한다.

⑤ 제어시간 T1은 5.5±0.5초이다.

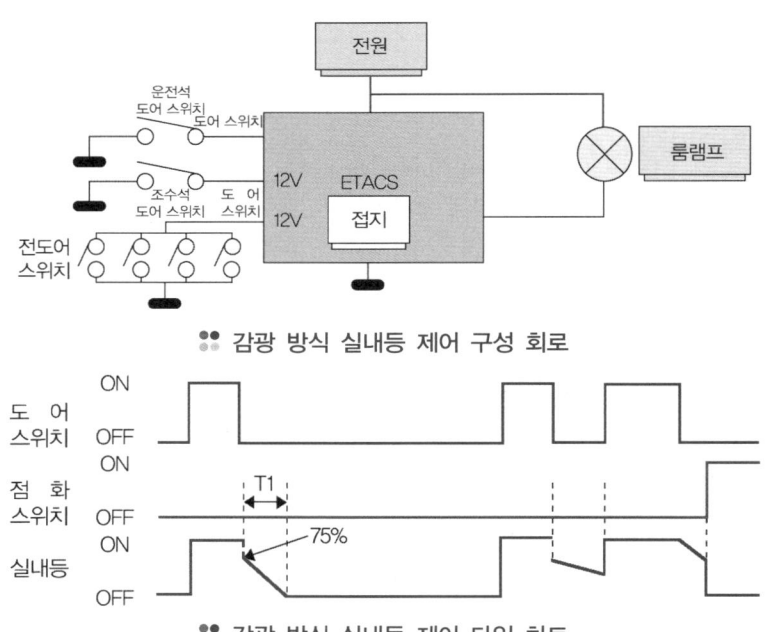

감광 방식 실내등 제어 구성 회로

감광 방식 실내등 제어 타임 차트

감광 방식 실내등 제어 입력 스위치 관계	
스위치	**역 할**
운전석 도어 스위치	• 운전석 도어 스위치만을 검출하여 도어 램프 점등 및 운전석 도어 잠금 해제 신호를 필요로 하는 제어에만 사용
동승석 도어 스위치	• 동승석 도어스위치만을 검출하여 도어 램프 점등 및 동승석 도어 잠금 해제 신호를 필요로 하는 제어에만 사용
전체 도어 스위치	• 실내등 점등이나 도난 경보기에만 사용

감광 방식 실내등 제어 입력 및 출력 요소			
입력 및 출력 요소		**전압 수준**	
입력	전체 도어 스위치	도어 잠금 해제	0V
		도어 닫힘	12V
출력	실내등	점등	0V(접지시킴)
		소등	12V(접지해제)

6 점화 스위치 키 구멍 조명 제어

점화 스위치를 OFF로 한 상태에서 운전석 도어를 열었을 때 점화 스위치 키 구멍의 조명을 점등시켜야 한다. 점화 스위치 키 구멍 조명이 점등된 상태로 운전석 도어를 닫았을 경우 10초 동안 키 구멍의 조명을 ON상태로 지연시킨 후 소등되어야 한다.

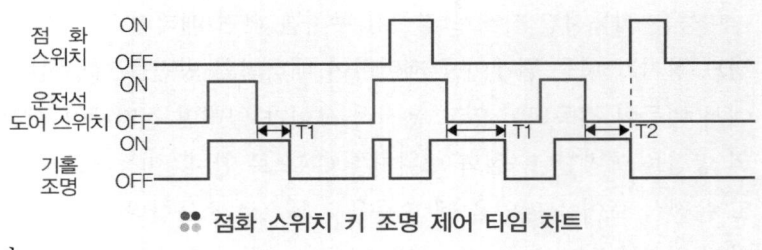

점화 스위치 키 조명 제어 타임 차트

위의 제어 중에 점화 스위치 ON 신호를 입력 받으면 키 구멍의 조명을 즉시 OFF시켜야 한다. 제어시간 T1은 10±1초이고, T2는 0±10초이다.

7 파워 윈도 제어

자동차에서 하차를 할 때 점화 스위치를 OFF로 한 다음 윈도(창문)를 올려야 할 경우가 있다. 파워 윈도 타이머 기능은 이때 파워 윈도가 작동할 수 있도록 제어한다. 점화 스위치가 ON되면 전자제어 시간 경보 장치는 파워 윈도 릴레이를 작동시켜

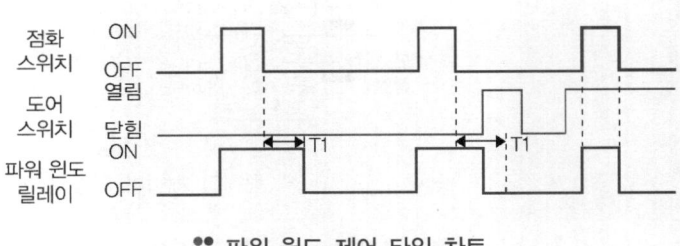

파워 윈도 제어 타임 차트

파워 윈도 메인 스위치로 전원을 공급한다. 점화 스위치를 OFF로 한 후 30초 동안 출력을 유지하여 윈도의 작동을 가능하도록 한다. 30초 제어 중 운전석 도어는 동승석 도어가 열리면 출력을 즉시 OFF하여야 한다. 제어시간 T1은 30±3초이다.

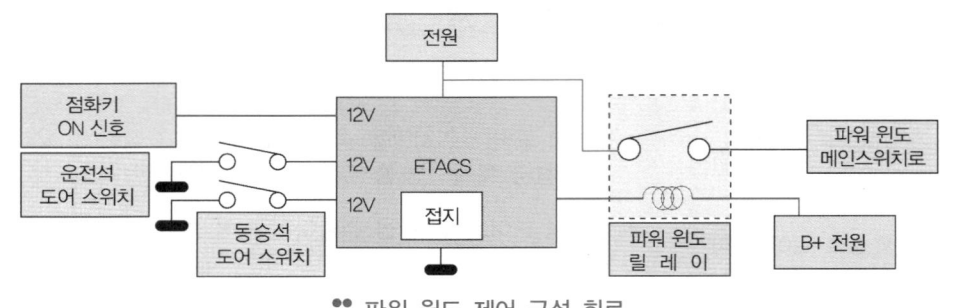

파워 윈도 제어 구성 회로

입력 및 출력 요소		전압 수준	
입력	점화 스위치 ON	점화 스위치 OFF	0V
		점화 스위치 ON	12V
입력	운전석 도어 스위치	도어 닫힘	12V
	동승석 도어 스위치	도어 열림	0V
출력	간헐 릴레이	작동	0V(접지시킴)
		해제	12V(접지해제)

파워 윈도 제어 입력 및 출력 요소

8 배터리 세이버(Saver) 기능

미등을 점등시킨 상태로 장시간 주차를 하면 배터리 방전으로 엔진의 시동이 곤란하게 된다. 전자제어 시간 경보 장치가 미등 릴레이를 제어하여 배터리의 방전을 예방한다. 점화 스위치가 OFF 상태(점화 스위치를 뺌)에서 미등이 점등되어 있고 운전석 도어가 열리면 전자제어 시간경보 장치가 미등 릴레이를 OFF시켜 배터리의 방전을 예방한다. 점화 스위치를 ON으로 한 후 미등 스위치를 ON으로 한 경우에 점화 스위치를 OFF로 하고 운전석 도어를 열었을 때 미등을 자동으로 소등한다. 점화 스위치 ON상태에서 운전석 도어를 연 다음에 점화 스위치를 OFF로 한 경우에도 미등을 자동으로 소등하고, 다시 미등 스위치를 ON으로 한 경우 미등을 점등시킨다.

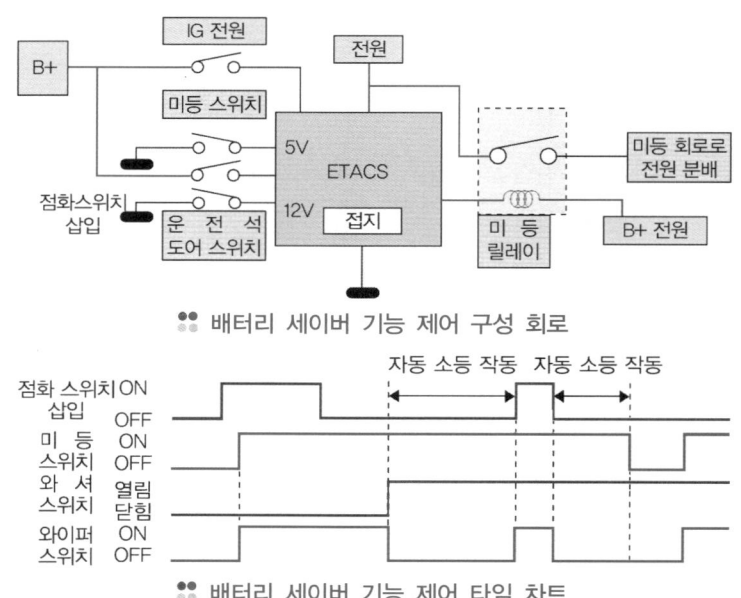

배터리 세이버 기능 제어 구성 회로

배터리 세이버 기능 제어 타임 차트

배터리 세이버 기능 제어 입력 및 출력 요소

입력 및 출력 요소		전압 수준	
입력	점화 스위치 삽입	점화 스위치 삽입	12V
		점화 스위치 빼냄	0V
입력	미등 스위치	미등 스위치 OFF	5V
		미등 스위치 ON	0V
입력	운전석 도어 스위치	도어 잠금 해제	12V
		도어 닫힘	0V
출력	미등 릴레이	작동	0V(접지시킴)
		해제	12V(접지해제)

9 점화 스위치 회수 기능

키 박스(key box)에 점화 스위치가 꽂혀져 있으면 도어의 잠금(door lock) 기능을 실행하지 않기 때문에 점화 스위치를 꽂아둔 상태에서 도어가 잠기는 것을 방지한다. 키 박스에 점화 스위치가 꽂혀져 있고 운전석 도어가 열린 상태로 도어를 잠그면 곧바로 잠금 해제(un lock) 출력을 발생시켜 도어가 잠기지 않으며, 키 박스에 점화 스위

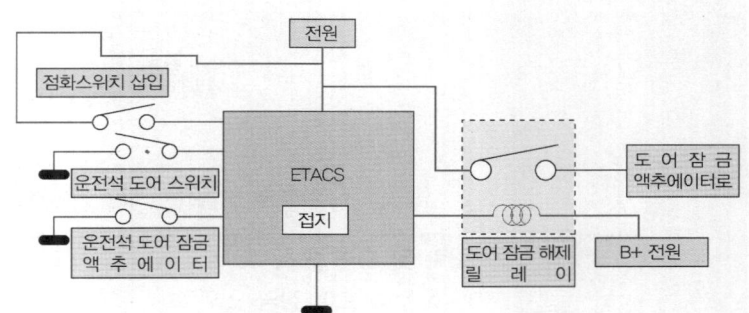

❖ 점화 스위치 회수 기능 제어 구성 회로

치가 꽂힌 상태로 운전석 도어를 열고 도어 잠금 노브를 눌러 도어를 잠글 때 0.5초 후 잠금 해제 출력을 발생시켜 도어의 잠금을 불가능하게 한다.

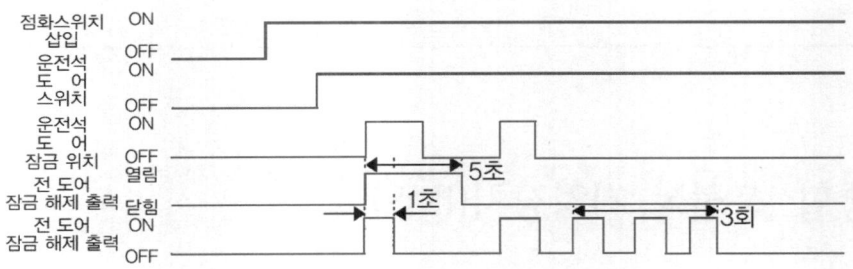

❖ 점화 스위치 회수 기능 제어 타임 차트

점화 스위치 회수 기능 제어 입력 및 출력 요소

입력 및 출력 요소		전압 수준	
입력	점화 스위치 삽입	점화 스위치 삽입	12V
	조향 핸들 잠금 스위치	점화 스위치 빼냄	0V
입력	운전석 도어 스위치	미등 스위치 OFF	12V
		미등 스위치 ON	0V
입력	도어 잠금 스위치(도어 잠금 액추에이터 안에 설치)	도어 잠금 해제	5V
		도어 닫힘	0V
출력	도어 잠금 해제(un lock) 릴레이	작동	0V(접지시킴)
		해제	12V(접지해제)

10 자동 도어 잠금 제어

운전석이나 동승석에서 노브를 눌러 도어를 잠글 경우 전체 도어가 잠기고, 잠긴 노브를 해제하면 전체 도어의 잠금이 모두 해제된다. 그리고 도난 경보기 리모컨 신호에 의해 잠금, 잠금 해제를 제어한다. 주행속도가 40km/h일 때 전체 도어의 잠금 작동이 일어난다. 제어 후 도어의 잠금 작동이 되지 않았을 경우에는 다시 잠금 작동을 수행한다. 제어시간 T1은 2~3초이다.

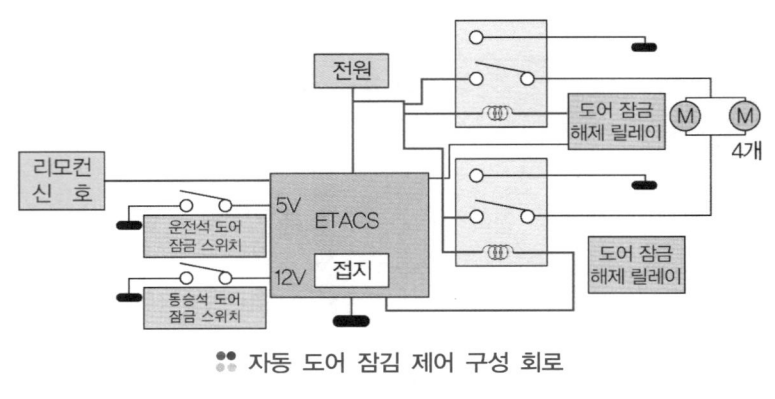

❖❖ 자동 도어 잠금 제어 구성 회로

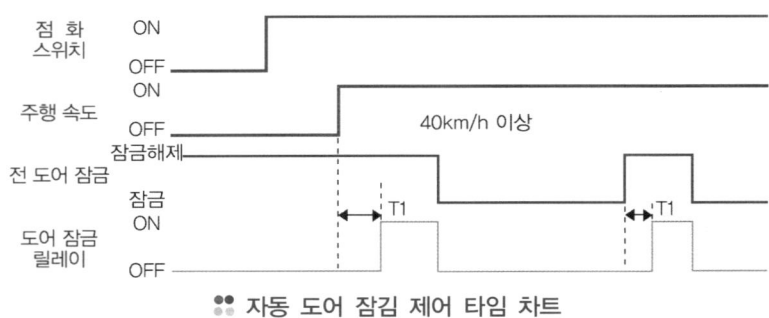

❖❖ 자동 도어 잠금 제어 타임 차트

자동 도어 잠금 제어 입력 및 출력 요소

입력 및 출력 요소		전압 수준	
입력	운전석 도어 잠금 스위치	도어 잠금	5V
	동승석 도어 잠금 스위치	도어 잠금 해제	0V
입력	도어 잠금 릴레이	평상상태	12V (접지해제)
		도어 잠금	0V (접지시킴)
출력	도어 잠금 해제(un lock) 릴레이	평상상태	12V (접지해제)
		도어 잠금 해제	0V (접지시킴)

---

2 통합 운전석 기억장치(IMS)

🌸 2-1. 통합 운전석 기억장치의 개요

운전자가 두 사람 이상인 경우에는 운전자의 체형이나 습관에 따라 시트 위치, 사이드 미러 위치 및 조향 핸들의 위치 등을 다시 조정하여야 하는 불편함이 있다. 통합 운전석 기억장치(IMS ; Integrated Memory System)는 운전자가 자신에게 맞는 최적의 시트 위치, 사이드 미러 위치 및 조향 핸들의 위치 등을 IMS 컴퓨터에 입력시킬 수 있으며, 다른 운전자가 운전하여 위치가 변경되었을 경우 컴퓨터가 기억시킨 위치로 자동적으로 복귀시켜주는 장치이다. 즉, 운전자 자신이 설정한 최적의 시트(seat)위치를 기억 스위치(memory switch)와 위치 센서(position sensor)를 이용하여 컴퓨터에 기억시켜 시트 위치가 변화되어도 1회의 스위치 조작으로 자신이 설정한 시트위치로 재생시킬 수 있는 기능으로 운전자가 편안한 운전 자세를 유지할 수 있도록 해주는 운전석 파워 시트(power seat) 기억장치를 통합 운전석 기억 장치라 한다.

통합 운전석 기억장치 기능에는 운전석 시트의 슬라이드(slide), 리클라이닝(reclining), 높이(height), 각도(tilt) 등의 기억(memory) 기능과 조향 핸들(steering wheel)의 각도와 텔레스코프(telescope) 기억기능이 있으며, 사이드 미러(side mirror)와 룸 미러(room mirror)의 상하·좌우 위치를 기억시킬 수 있는 기능이 있다. 통합 운전석 기억장치의 기능에는 다음과 같은 것들이 있다.

① **운전석 시트 위치를 자동으로 복귀시킨다** : 운전자가 자신의 체형에 맞도록 설정해 놓은 시트의 슬라이드 위치, 시트 등받이의 높이 및 각도 등을 기억해 둔 위치로 이동시켜 준다.

② **사이드 미러의 각도를 자동으로 복귀시킨다** : 운전석과 동승석 사이드 미러의 상하·좌우 각도를 기억된 위치로 이동시켜 준다.

③ **조향 핸들의 위치를 자동적으로 복귀시킨다** : 조향 핸들의 상하 각도를 조절해 주는 기능 및 조향 핸들의 앞뒤 이동거리를 자동으로 제어하여 기억된 위치로 조향 핸들을 이동시켜 준다.

④ **승차 및 하차를 할 때 시트위치 및 조향 핸들의 각도를 자동으로 제어한다** : 점화 스위치를 OFF로 하면 시트를 현재 위치에서 약 50mm 뒤로 이동시키고, 조향 핸들을 최대로 올려주어 운전자의 승차 및 하차를 편리하게 해주는 장치이다. 또 파워 시트 컴퓨터와 운전석 파워 윈도 메인 모듈 사이에는 양방향으로 통신을 실행하며, 주행할 때에는 재생 동작을 중지시키는 기능과 재생 동작을 긴급 정지하는 기능도 지니고 있다.

2-2. 통합 운전석 기억장치의 기능

통합 운전석 기억장치의 입·출력 구성도는 다음과 같다.

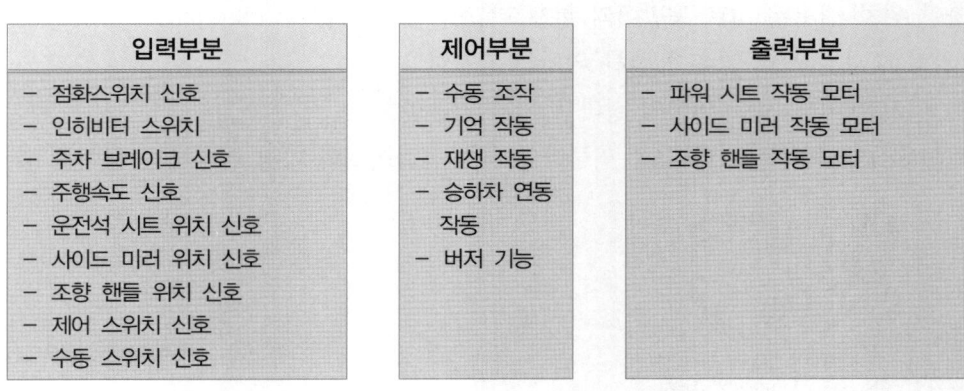

입력부분	제어부분	출력부분
– 점화스위치 신호 – 인히비터 스위치 – 주차 브레이크 신호 – 주행속도 신호 – 운전석 시트 위치 신호 – 사이드 미러 위치 신호 – 조향 핸들 위치 신호 – 제어 스위치 신호 – 수동 스위치 신호	– 수동 조작 – 기억 작동 – 재생 작동 – 승하차 연동 작동 – 버저 기능	– 파워 시트 작동 모터 – 사이드 미러 작동 모터 – 조향 핸들 작동 모터

통합 운전석 기억장치의 입출력 다이어그램

1 점화 스위치 신호

점화 스위치가 끼워져 있는지를 검출하는 것으로 점화 스위치 키 박스(key box) 옆에 설치되어 있다. 점화 스위치를 빼면 운전자가 하차하는 것으로 판단하여 자동차에서 내리기 편리하도록 운전석 시트를 약 50mm 정도 뒤로 이동시킨다.

2 인히비터 스위치 신호

자동변속기 변속 레버의 현재 선택 위치를 검출하는 것으로 운전석 시트의 위치 설정, 기억, 재생시키는 조건으로 사용된다. 시트의 위치 설정, 기억 및 재생 작동이 주행 중에 일어나면 안전에 문제가 있게 되므로 위치 설정 및 기억을 작동시킬 경우에는 반드시 변속 레버의 위치가 P레인지에 있어야 한다.

3 주차 브레이크 스위치 신호

주차 브레이크의 작동 여부를 검출하는 것으로 기억 위치의 재생은 변속 레버가 N 또는 P레인지이어야 하며, 주차 브레이크가 작동되어 있어야만 가능하다.

4 주행속도 신호

자동차의 주행속도를 검출하는 것으로 변속기에 설치되어 있다. 위치 설정, 기억 및 재생 등이 주행 중에 일어나면 사고를 일으킬 수 있기 때문에 컴퓨터는 이 신호를 이용하여 주행상태 여부를 검출한다.

5 시트 수동 스위치 신호

시트의 위치를 조절하는 스위치이며, 시트 옆에 설치되어 있다. 스위치를 작동하면 각 스위치에 해당하는 모터가 작동하여 시트 위치를 조절해 준다.
　　① 슬라이드(slide) 스위치는 시트를 앞뒤로 움직일 때 사용한다.
　　② 리클라인(reclining) 스위치는 시트 등받이의 각도를 조절할 때 사용한다.
　　③ 틸트(tilt) 스위치는 시트 앞쪽의 상하 위치를 조절할 때 사용한다.
　　④ 하이트(hight) 스위치는 시트 뒤쪽의 상하 위치를 조절할 때 사용한다.

6 운전석 위치 센서

시트 수동 스위치의 조작에 의하여 설정된 시트의 위치를 검출하는 것으로, 시트 쿠션 프레임에 설치되어 있다.
　　① 슬라이드 위치 센서는 시트의 현재 슬라이드 위치를 검출한다.
　　② 리클라인 위치 센서는 시트 등받이의 현재 각도를 검출한다.
　　③ 틸트 위치 센서는 시트 앞쪽의 상하 위치를 검출한다.
　　④ 하이트 위치 센서는 시트 뒤쪽의 상하 위치를 검출한다.
　　⑤ 리미트(limit) 스위치는 슬라이드, 리클라인, 틸트, 하이트의 가장 끝부분의 위치를 검출한다.

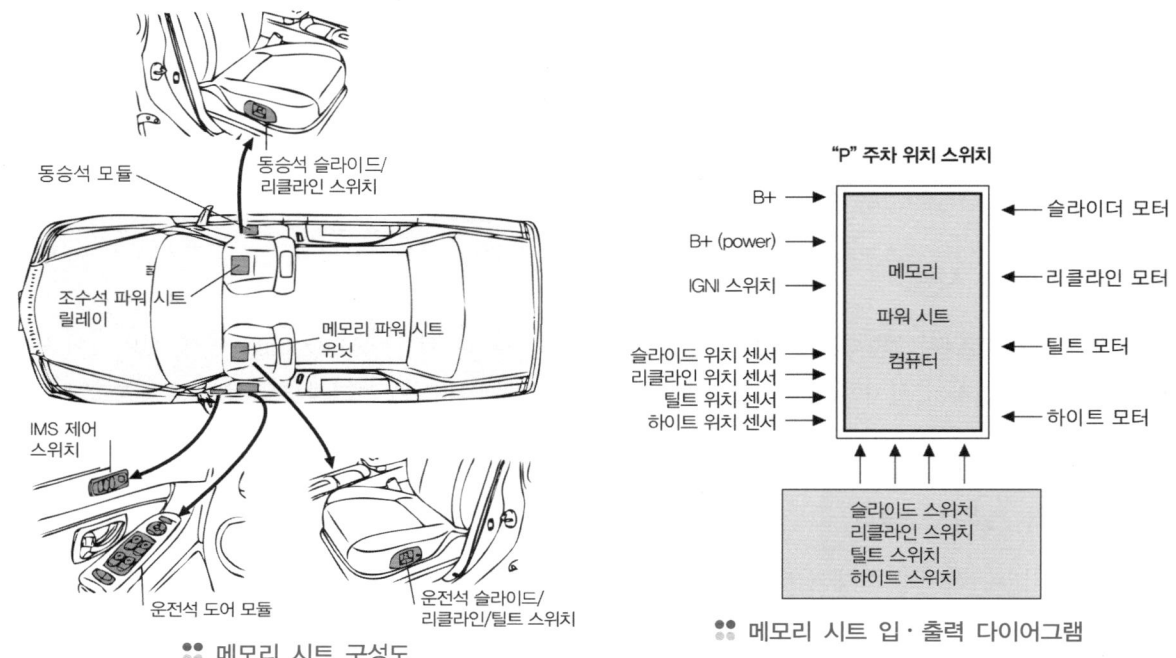

∷ 메모리 시트 구성도　　　　　　∷ 메모리 시트 입·출력 다이어그램

7 사이드 미러 위치 센서

좌우측의 사이드 미러의 조사 각도를 검출한다.

8 조향 핸들 위치 센서

조향 핸들의 현재 각도(tilt)와 텔레스코프(telescope) 상태를 검출하며, 조향 핸들 축에 모터와 함께 설치되어 있다.

9 제어 스위치 신호

제어 스위치는 운전석 도어 트림(door trim)에 설치되어 있다.

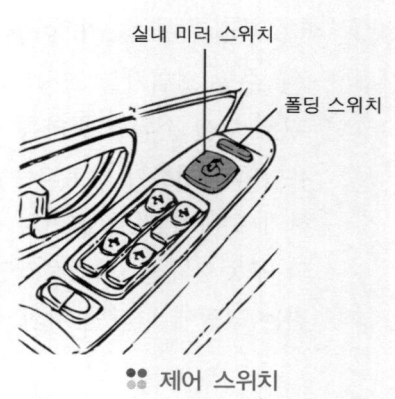

① AUTO 스위치는 승·하차 연동 제어를 위한 스위치이다.

② STOP 스위치는 재생 작동을 긴급히 정지시키기 위한 스위치이다.

③ M 스위치는 운전자가 설정한 위치를 기억시키기 위한 스위치이다.

④ 위치(1, 2) 스위치는 운전자가 설정한 위치를 지정하거나 지정한 운전자의 설정 위치를 재생시키기 위한 스위치이다.

∷ 제어 스위치

2-3. 통합 운전석 기억장치의 작동

1 시트 제어

1) 수동 스위치에 의한 수동 작동

수동 스위치로 시트의 모터를 직접 구동하는 것으로 시트의 슬라이드, 리클라인, 경사, 높이를 조정할 수 있다.

2) 기억 스위치에 의한 시트 위치 기억 및 재생 작동

점화 스위치 ON과 동시에 수동 스위치가 모두 OFF의 경우 기억 스위치를 누른 후 5초 이내에 위치 스위치를 누르면 현재의 시트 위치를 기억한다.

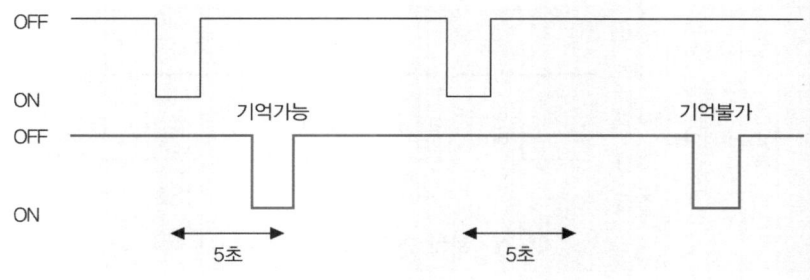

∷ 시트 기억 및 재생 작동 특성

그리고 기억의 해제는 다음 조건 중 하나라도 성립되는 경우에 실행한다.

① 기억 스위치를 ON으로 한 후 4초가 경과된 경우

② 시트 수동 스위치가 ON으로 된 경우

③ 자동 조정이 금지로 된 경우

3) 기억 재생 작동

① 점화 스위치를 ON으로 한 후 기억 스위치가 OFF인 경우 각 스위치를 누름에 따라 기억되어 있는 위치
  로 조정한다.

② 기억되어 있지 않은 위치 스위치의 재생 작동은 실행하지 않는다.

③ 동시에(50m/sec) 2개의 위치 스위치를 누를 경우 재생 작동을 하지 않는다.

④ 재생 금지 조건

  ㉮ 자동 변속기의 인히비터 "P" 위치 스위치 OFF

  ㉯ 주행속도 2km/h 이상

  ㉰ 수동 스위치를 조작하는 경우

⑤ **구동 우선 순위** : 모터를 구동할 때
  유입되는 전류가 중복되는 것을 방지
  하기 위하여 자동 제어의 경우 모터
  의 구동 시간을 지연시키면 우선 순
  위는 그림에 나타낸 바와 같다.

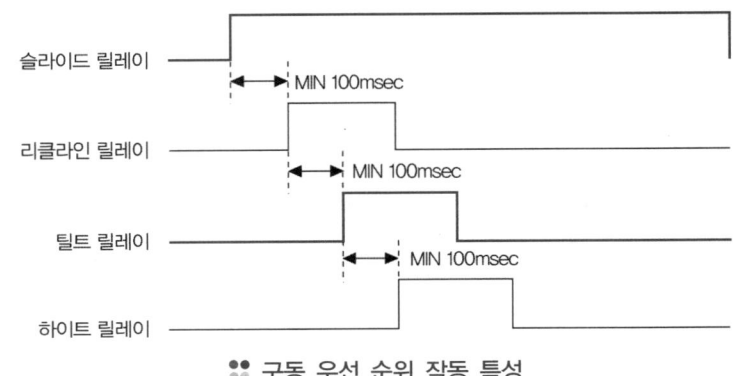

❋ 구동 우선 순위 작동 특성

4) 승·하차 연동 작동

① 자동 스위치 ON상태에서 점화 스위치 빼면 시트 슬라이드를 50mm 후퇴시킨다.

② 점화 스위치를 삽입하면 점화 스위치를 뺄 때의 위치로 복귀한다.

③ 승·하차 연동 작동 금지조건

  ㉮ 자동스위치 OFF

  ㉯ 자동변속기의 인히비터 "P" 위치 스위치 OFF

  ㉰ 수동 스위치를 조작하는 경우

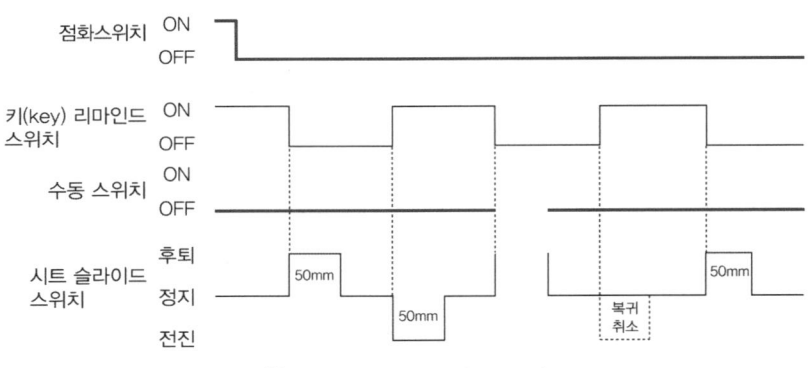

❋ 승·하차 연동 작동 특성

5) 버저 출력

① 기억 허가 상태가 되었을 경우(기억 스위치 ON)에는 1회 출력한다.

② 기억이 완료(위치 스위치 ON) 되었을 경우 2회 출력한다.

③ 기억 재생 작동(위치 스위치 ON)을 할 때 1회 출력한다.

④ 센서 고장으로 인한 이상을 검출하였을 때 10회 출력한다.

2 각도 및 텔레스코프

1) 룸미러 각도 및 텔레스코프의 개요

운전자 자신이 설정한 최적의 룸미러 위치를 기억스위치와 위치센서에 의해 컴퓨터(ECU)에 기억시켜 룸미러 위치가 변화하여도 자신이 설정한 위치로 재생시킬 수 있다. 그리고 안전상 주행상태에서의 재생작동을 금지하는 재생 작동금지 기능이 있다.

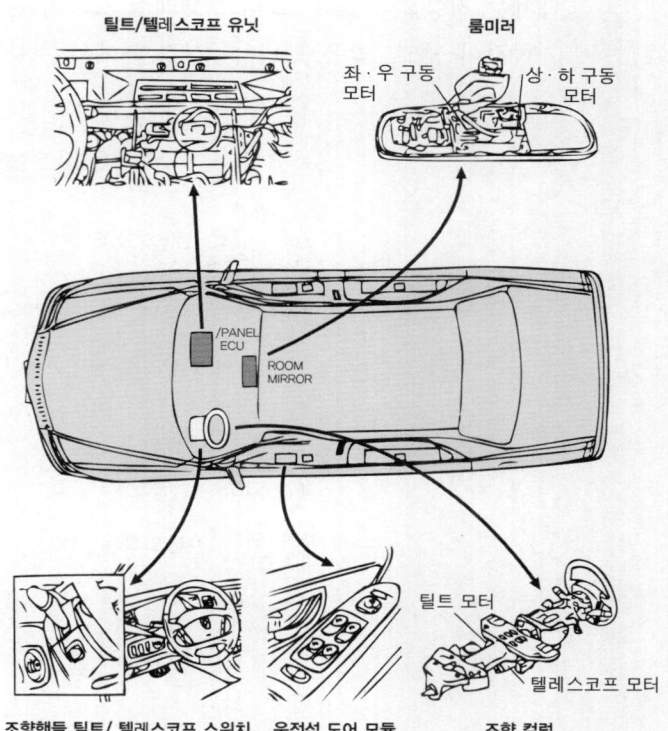

2) 조향 핸들 각도 및 텔레스코프의 기능 및 제어

① 조향 핸들 각도 및 텔레스코프의 입력 기능

㉮ 각도 수동 위치(tilt manual switch) : 조향 핸들을 상하방향으로 조정하기 위한 스위치이다

㉯ 텔레스코프 각도 수동 위치(telescope manual switch) : 조향 핸들을 앞·뒤 방향으로 조정하기 위한 스위치이다.

㉰ 각도 위치 스위치(tilt position switch) : 조향 핸들의 각도 위치를 검출하기 위한 센서이다.

조향핸들 틸트/ 텔레스코프 스위치   운전석 도어 모듈   조향 컬럼
:: 승·하차 연동 작동 특성

㉱ 텔레스코프 위치 센서(telescope position switch) : 조향 핸들의 텔레스코프 위치를 검출하기 위한 센서이다.

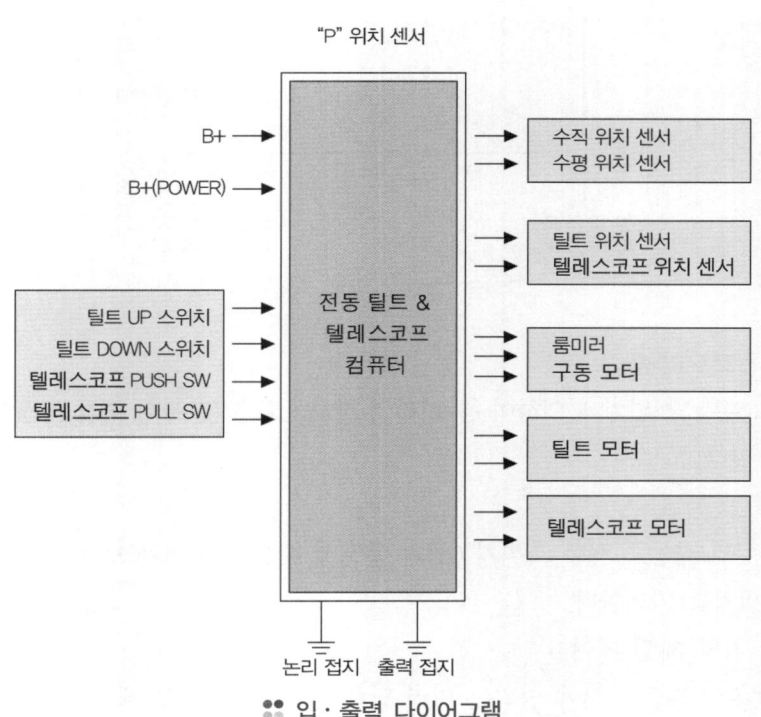

:: 입·출력 다이어그램

② 각도 및 텔레스코프 위치 센서의 작동 특성 : 각도 및 텔레스코프 위치 센서는 가변저항 방식으로 각도 위치센서는 그림에 나타낸 바와 같이 위쪽으로 이동시킬 경우에는 저항값이 낮고, 아래쪽으로 이동시킬 때에는 저항값이 높다. 그리고 텔레스코프 위치 센서는 그림에 나타낸 바와 같이 뒤쪽으로 이동시킬 때 저항값이 낮고, 앞쪽으로 이동시킬 때에는 저항값이 높다.

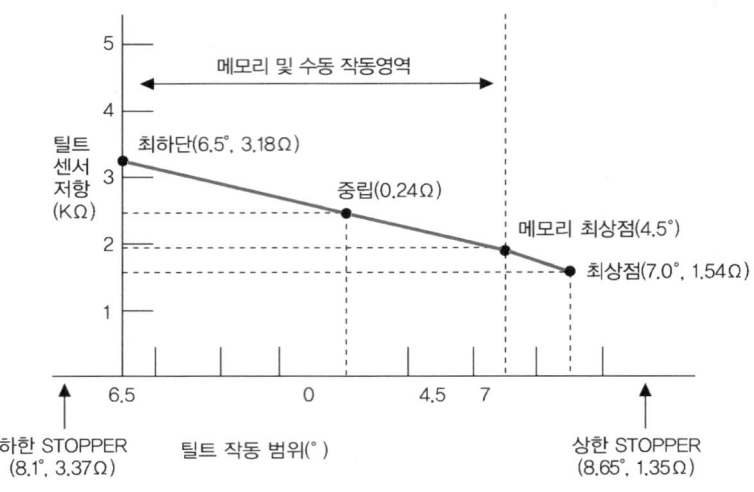

각도 위치 센서의 특성

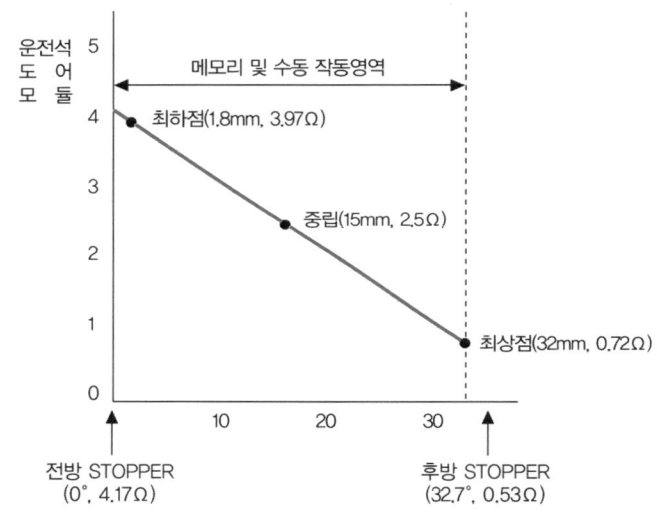

텔레스코프 위치 센서의 특성

③ 각도 및 텔레스코프의 제어

㉮ 수동 작동 : 수동 스위치에 의하여 룸 미러의 상하·좌우 및 조향 핸들의 상하 각도와 앞뒤의 길이를 제어할 수 있다.

㉯ 재생 작동

● 기억 장치의 작동 : 점화 스위치 ON과 동시에 수동 스위치가 모두 OFF인 경우 룸 미러 및 조향 핸들의 위치를 기억한다.

● 룸 미러 기억 재생 제어

ⓐ 시야 범위의 결정 : 시야 범위는 미러 단품에서 기계적으로 제한을 받지 않는 미러의 제어 범위 또는 센서 특성에 영향을 주지 않는 미러의 제어 범위를 말한다.

	제어 범위
수직 방향	25.5~32.0° (1.5~3.5V)
수평 방향	0~5.0° (1.5~3.5V)

ⓑ **고정(lock) 검출** : 고정 상태를 검출하기 위해 타이머를 사용하여 모터의 구동 시간을 검출한다.

ⓒ **모터 구동 시간 감시** : 구동 방향마다 각각 같은 방향으로 구동 시간을 감시한다. 같은 방향으로 구동이 20초를 경과하는 경우 모터의 출력을 정지시키고 재생 제어를 완료한다.

ⓓ **재생 실행 시간 감시** : 재생 제어 시작으로부터 40초 이내에 재생 작동이 완료되지 않을 경우 모터의 출력을 정지시키고 재생 제어를 완료한다.

ⓒ **각도 · 텔레스코프 재생 제어** : 점화 스위치 ON과 동시에 수동 스위치 모두가 OFF인 경우 시리얼 통신 데이터로부터 위치 재생 신호를 수신하면 기억된 각도 및 텔레스코프 위치에 조향 핸들을 자동으로 조정한다.

ⓐ **승 · 하차 연동 제어**

- **승 · 하차 연동 작동** : 통합 운전석 기억장치 컴퓨터에서 승 · 하차 연동 후퇴 신호가 발생하면 각도 위치를 "위쪽"으로 하고 텔레스코프 위치를 "앞쪽" 상태로 자동 조정한다.

- **승 · 하차 연동 조건(1)** : 각도 "위쪽" 위치, 텔레스코프 "앞쪽" 위치는 원칙적으로 각 위치 센서 특징의 "위쪽" 제한 위치와 "앞쪽" 제한 위치에 있지만, 위치 센서가 고장 난 경우 백업처리로서 모터의 작동 시간에 의한 자동 정지 처리를 실시한다.

- **승 · 하차 연동 조건(2)** : 승 · 하차 연동 작동 중에 시리얼 통신 데이터로부터 자동 조정 금지 또는 수동 스위치가 ON으로 된 경우에는 승 · 하차 연동 작동을 중지한다.

ⓜ **그 밖의 제어**

- **반전 구동** : 구동 중에 모터를 반대 방향으로 구동하는 경우에는 순방향 릴레이를 OFF하고 나서 50m/sec 이후에 반대 방향의 릴레이를 구동한다.

- **각도 및 텔레스코프 동시 작동** : 각도와 텔레스코프를 동시에 구동하는 경우에는 각도 작동 시작으로부터 50m/sec 후에 텔레스코프 작동을 시작한다.

- **위치 제어** : 각 모터의 위치 변화량을 위치 센서로 항상 감시한다. 위치 기억은 실행 명령이 기억 명령인 경우에 실행한다. 위치 재생은 재생 실행 명령인 경우 기억 위치 데이터와 현재 데이터와의 차이가 0으로 될 때까지 실행한다. 위치의 수동 제어는 수동 제어 입력을 받아 실행하며, 기억, 재생 제어에 우선한다.

17 에어백 Air Bag

학/습/목/표

1. 에어백의 종류에 대해서 설명할 수 있다.
2. 에어백 구성 요소에 대해서 설명할 수 있다.
3. 에어백 전개(펼침) 제어에 대해서 설명할 수 있다.
4. 승객 유무 검출 장치(PPD 센서)에 대해서 설명할 수 있다.
5. 사이드 에어백에 대해서 설명할 수 있다.

1 에어백의 개요

에어백은 운전자 및 승객을 보호하기 위한 안전장치로 운전자와 조향 핸들 사이 또는 승객과 계기판 사이에 설치된 에어백을 순간적으로 부풀게 하여 운전자 및 승객의 부상을 최소화하는 장치이다. 에어백의 구성은 다음과 같다.

조향 핸들 중앙에 설치한 운전석 에어백 모듈(DAB ; Driver Air Bag module), 동승석 에어백 모듈(PAB ; Passenger Air Bag module), 안전벨트 프리텐셔너(BPT ; Belt Pre Tensioner) 센서, 에어백 컴퓨터, 클럭 스프링(clock spring), 사이드 충격 검출

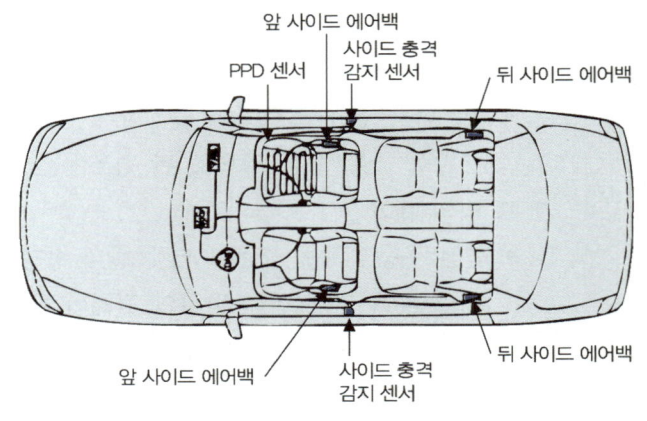

:: 에어백 설치위치

센서(side impact sensor), 인터페이스 모듈(interface module), 에어백 경고등(air bag warning lamp), 배선(wiring) 등으로 되어 있으며, 에어백 컴퓨터에 내장된 충격 센서에 의해 충격 신호를 받았을 때 작동한다. 에어백의 형식은 다음과 같다.

1 MES 형식 Machine Electric Sensor type

MES 형식의 에어백은 자동차의 정면 부분에서 충돌이 발생하였을 때 기계적으로 접점이 ON(작동)되는 충격 검출 센서(impact sensor)를 앞쪽 좌우에 1개씩 설치하였으며, 충격 검출 센서의 오작동을 방지하기 위하여 에어백 컴퓨터 내부에 기계적으로 작동되는 안전 센서(safe sensor)를 두고 있다.

따라서 앞쪽의 충격 검출 센서와 에어백 컴퓨터 내부의 안전 센서가 동시에 ON으로 되어야만 에어백이 펼쳐지며, 2종류의 센서 중 하나의 센서 신호만으로는 에어백이 펼쳐지지 않는다.

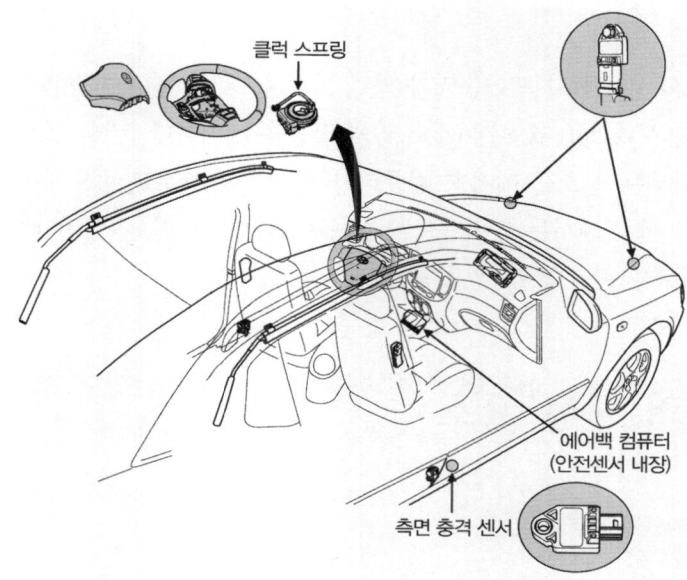

클러 스프링

에어백 컴퓨터
(안전센서 내장)

측면 충격 센서

:: MES 형식의 에어백 구성도

2 SAE 형식 Siemens Air bag Electronic

SAE 형식의 에어백은 에어백 컴퓨터 내에 충격 검출 센서와 안전 센서가 들어있으며, 그 구성은 다음과 같다.

1) 충격 검출 센서 impact sensor

충격 검출 센서는 자동차가 충돌하였을 때 전기적으로 충돌을 검출하여 에어백 컴퓨터로 전달한다.

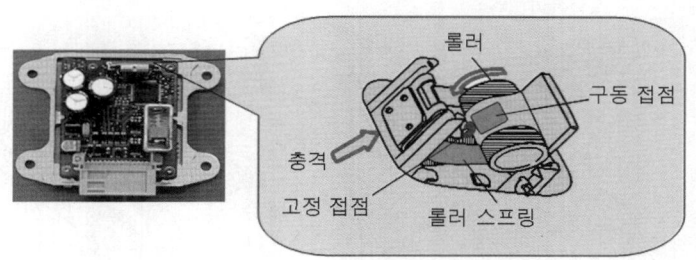

롤러

구동 접점

충격

고정 접점   롤러 스프링

:: 충격 검출 센서의 구조

2) 안전 센서 safety sensor

안전 센서는 기계적으로 충돌을 검출하는 센서이며, 충격 센서의 오작동을 검출한다. SAE 형식도 에어백
이 펼쳐지기 위해서는 충격 검출 센서와 안전센서가 동시에 ON으로 되어야 한다.

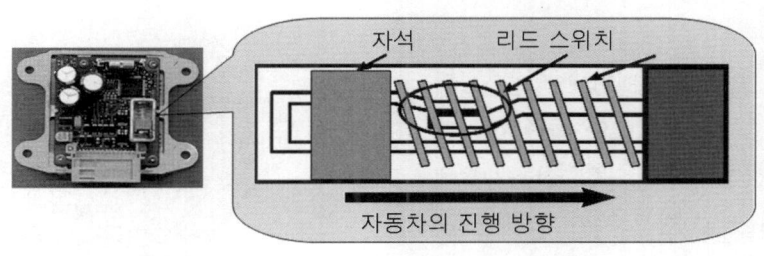

자석   리드 스위치

자동차의 진행 방향

:: 안전 센서의 구조

3 SDM-GH 형식

SDM-GH 형식은 SAE와 비슷하나 제어논리가 약간 다르다. 가장 큰 차이점은 버클 센서(buckle sensor)를 설치하여 안전벨트 프리 텐셔너(belt pre tensioner)의 작동을 제어한다. 버클 센서의 기능은 동승석에 탑승한 승객의 안전벨트에서 전달되는 신호를 에어백 컴퓨터가 판단하여 설정된 속도에 따른 에어백 및 안전벨트 프리 텐셔너를 제어한다. 즉 버클 센서는 안전벨트 버클 안에 들어있으며, 착용할 때 저항값이 변화하여 컴퓨터가 안전벨트 착용상태 여부를 판단할 수 있도록 한다.

2 에어백의 구성 요소

1 에어백 모듈 Air Bag Module

에어백 모듈은 에어백을 비롯하여 패트 커버(pat cover), 인플레이터(inflater)와 에어백 모듈 고정용 부품으로 이루어져 있으며, 운전석 에어백은 조향 핸들 중앙에 설치되고 동승석 에어백은 글러브 박스(glove box) 위쪽에 설치된다. 또 에어백 모듈은 분해하는 부품이 아니므로 분해 및 저항을 측정해서는 안 된다. 만약, 에어백 모듈의 저항을 측정할 때 뜻하지 않은 에어백의 전개로 위험을 초래할 수 있다. 에어백 모듈은 운전석 에어백 모듈, 동승석 에어백 모듈, 사이드 에어백 모듈 등이 있다.

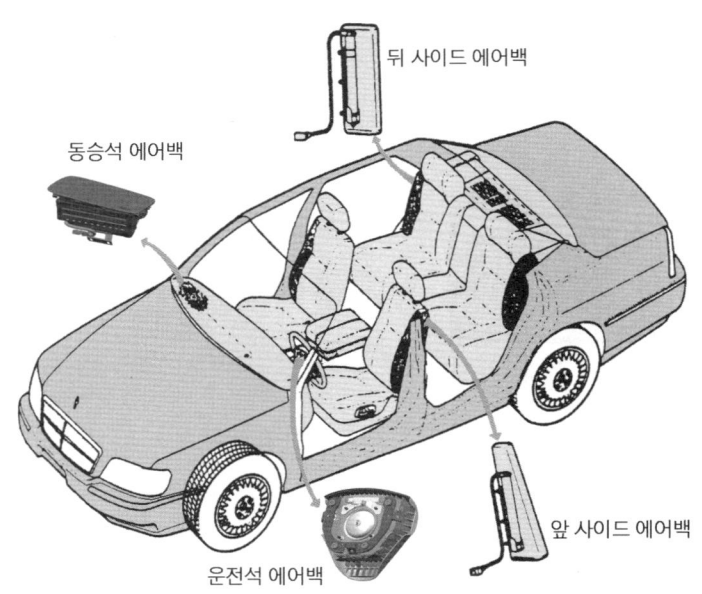

❖❖ 에어백 설치 위치

1) 에어백

에어백은 안쪽에 고무로 코팅한 나일론 제의 면으로 되어 있으며, 인플레이터와 함께 설치된다. 에어백은 점화회로에서 발생한 질소가스에 의하여 팽창하고, 팽창 후 짧은 시간 후 백(bag) 배출 구멍으로 질소가스를 배출하여 충돌 후 운전자가 에어백에 눌리는 것을 방지한다.

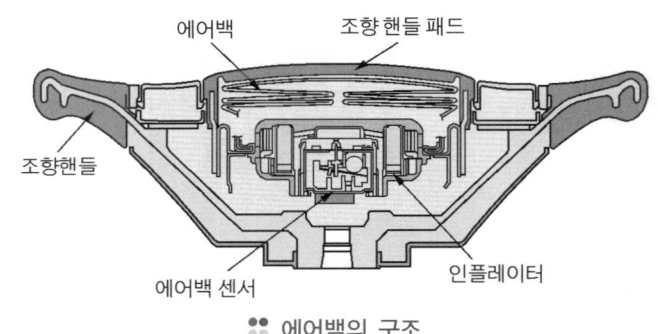

❖❖ 에어백의 구조

2) 패트 커버 pat cover - 에어백 모듈 커버

패트 커버는 에어백이 펼쳐질 때 입구가 갈라져 고정 부분을 지점으로 전개하며, 에어백이 밖으로 튕겨 나와 팽창하는 구조로 되어 있다. 또 패트 커버에는 그물망이 형성되어 있어 에어백이 펼쳐질 때의 파편에 의해 승객에게 피해를 주는 것을 방지한다.

3) 인플레이터 inflater - 화약점화 방식

인플레이터에는 화약, 점화 재료, 가스 발생기, 디퓨저 스크린(diffuser screen) 등을 알루미늄 용기에 넣은 것으로 에어백 모듈 하우징에 설치된다. 인플레이터 내에는 점화 전류가 흐르는 전기 접속 부분이 있어 화약에 전류가 흐르면 화약이 연소되어 점화 재료가 연소하면 그 열에 의하여 가스 발생제가 연소한다.

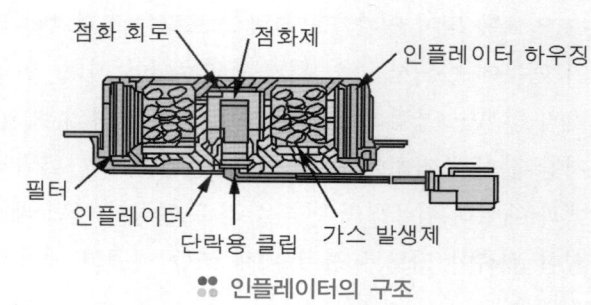

:: 인플레이터의 구조

연소에 의해 급격히 발생한 질소가스가 디퓨저 스크린을 통과하여 에어백 안으로 들어온다. 디퓨저 스크린은 연소가스의 이물질을 제거하는 여과작용 이외에도 가스의 냉각, 가스 소음을 감소시키는 작용을 한다.

4) 인플레이터 inflater - 하이브리드 방식(동승석용)

하이브리드 방식의 에어백 모듈은 동승석 에어백(PAB ; Passenger Air Bag)에 설치된다. 하이브리드 방식과 화약점화 방식의 가장 큰 차이점은 에어백을 펼치는 방법이다. 하이브리드 방식은 에어백 모듈에 일정량의 가스를 보관해 둔 상태에서 자동차가 충돌할 때 가스와 에어백을 연결하는 통로를 화약에 의하여 폭발 후 연결시키면 보관해 두었던 가스에 의하여 에어백이 팽창하는 구조로 되어 있다. 하이브리드 방식의 가장 큰 문제점은 오랫동안 모듈 안에 가스를 보관 해 두어야 하는 점이다. 만약, 가스가 누출되어 에어백이 작동할 때 백이 부풀어 오르지 않아 안전을 확보하지 못하게 된다. 이러한 단점을 보완하기 위하여 모듈의 재질을 강화하여 가스가 누출되는 것을 방지하고 있다. 또 저압 스위치를 모듈 안에 설치하여 가스의 압력을 항상 검출하였으나 최근에는 기술의 발달로 가스누출을 최소화하여 저압 스위치를 설치하지 않는다.

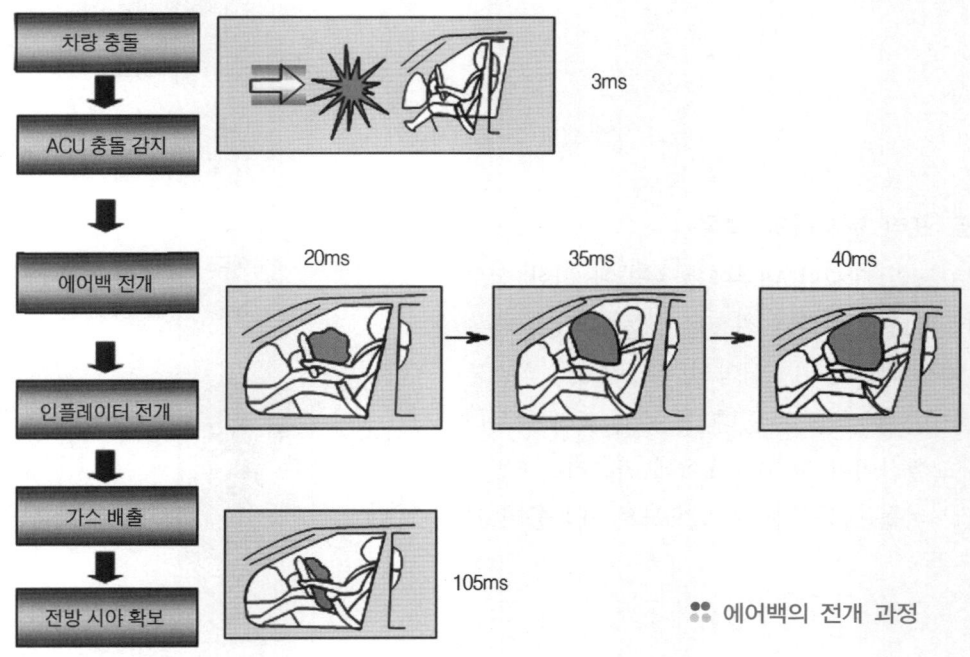

:: 에어백의 전개 과정

2 클럭 스프링 Clock Spring

클럭 스프링은 조향 핸들과 조향 칼럼 사이에 설치되며, 에어백
컴퓨터와 에어백 모듈을 접속하는 것이다. 이 스프링은 좌우로 조
향 핸들을 돌릴 때 배선이 꼬여 단선되는 것을 방지하기 위하여
종이 모양의 배선으로 설치하여 조향 핸들의 회전 각도에 대처할
수 있도록 되어 있다. 또 클럭 스프링은 조향 핸들과 함께 회전하
기 때문에 반드시 중심 위치를 맞추어야 하며, 만약 중심 위치가
맞지 않으면 클럭 스프링 내부의 종이 모양의 배선이 단선되거나
저항 값이 증가하여 경고등이 점등된다. 즉, 클럭 스프링은 에어
백과 에어백 컴퓨터의 연결을 접촉 연결이 아닌 배선에 의하여 확
실한 접촉이 되도록 하기 위해 조향 핸들의 에어백과 조향 칼럼 사이에 설치되어 있다.

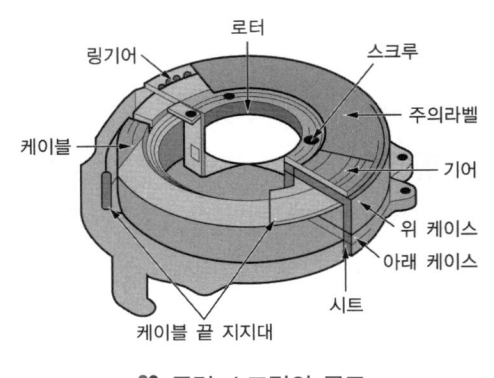

∷ 클럭 스프링의 구조

3 안전벨트 프리 텐셔너 Belt Per Tensioner

1) 안전벨트 프리 텐셔너의 역할

자동차가 충돌할 때 에어백이 작동하기 전에 안전벨트 프리 텐셔너를 작동시켜 안전벨트의 느슨한 부분을
되감아 충돌로 인하여 움직임이 심해질 승객을 확실하게 시트에 고정시켜 크러시 패드(crush pad)나 앞 창
유리에 부딪히는 것을 방지하며, 에어백이 펼쳐질 때 올바른 자세를 가질 수 있도록 한다. 또 충격이 크지
않은 경우에는 에어백은 펼쳐지지 않고 안전벨트 프리 텐셔너만 작동하기도 한다.

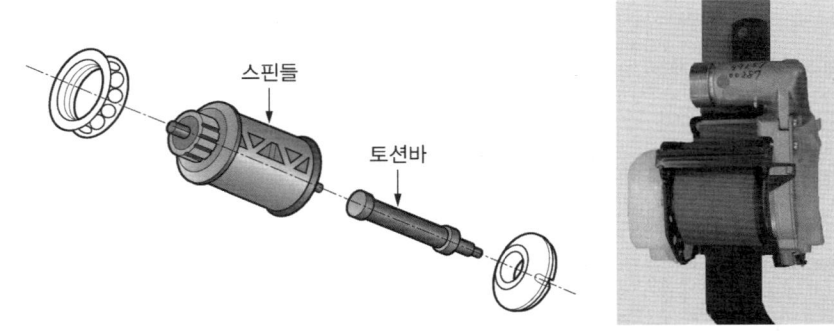

∷ 벨트 프리 텐셔너의 구조

2) 안전벨트 프리 텐셔너의 작동

안전벨트 프리 텐셔너 내부에는 화약에 의한 점화
회로와 안전벨트를 되감는 피스톤이 들어 있기 때문
에 컴퓨터에서 점화시키면 화약의 폭발력으로 피스톤
을 밀어 벨트를 되감을 수 있다. 작동된 프리 텐셔너
는 반드시 교환하여야 하지만 에어백 컴퓨터는 6번까
지 프리 텐셔너를 작동시킬 수 있으므로 재사용이 가
능하다.

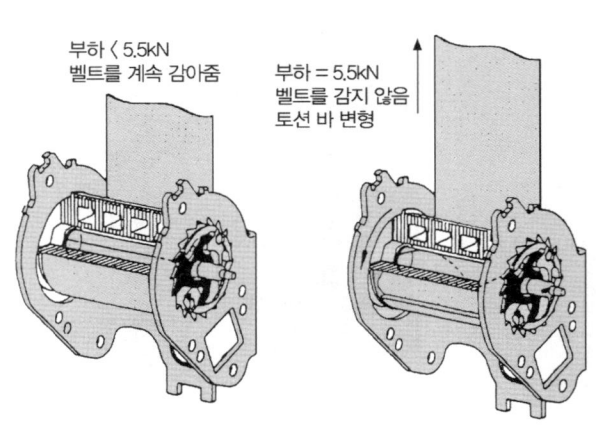

∷ 벨트 프리텐셔너의 작동

4 에어백 컴퓨터 회로의 안전장치

에어백 컴퓨터는 에어백 장치를 중앙에서 제어하며, 고장이 나면 경고등을 점등시켜 운전자에게 고장여부를 알려준다.

1) 단락 바 short bar

에어백 컴퓨터를 떼어내면 경고등이 점등되어야 한다. 또 컴퓨터를 떼어낼 때 각종 에어백 회로가 전원과 접지되어 에어백이 펼쳐질 수 있다. 단락 바는 이러한 사고를 미연에 방지하기 위해 에어백 컴퓨터를 떼어낼 때 경고등과 접지를 연결시켜 에어백 경고등을 점등시키며, 에어백 점화 라인 중 고압(High) 배선과 저압(Low) 배선을 서로 단락시켜 에어백 점화 회로가 구성되지 않도록 하는 부품이다.

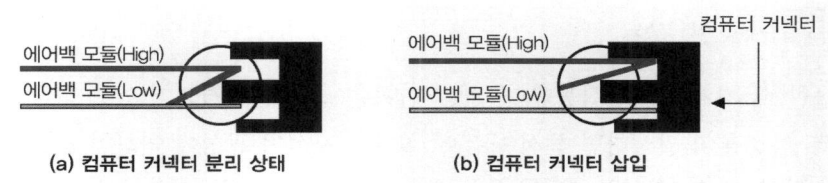

(a) 컴퓨터 커넥터 분리 상태   **(b) 컴퓨터 커넥터 삽입**

⁑ 단락 바의 구조

2) 2차 잠금장치 second lock system

에어백 장치에서 커넥터 접촉 불량 및 이탈은 장치에 큰 영향을 주며, 승객의 안전을 확실히 보장할 수 없다. 따라서 에어백에서 사용하는 각종 배선들은 어떤 악조건에서도 커넥터의 이탈을 방지하기 위하여 커넥터를 끼울 때 1차로 잠금이 되며, 커넥터

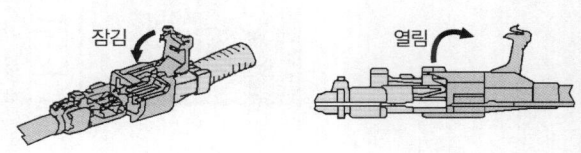

⁑ 2차 잠금 장치의 구조

위쪽의 레버를 누르거나 당기면 2차로 잠금이 되어 접촉 불량 및 커넥터의 이탈을 방지하고 있다.

3) 에너지 저장 기능

자동차가 충돌할 때 뜻하지 않은 전원의 차단으로 인하여 에어백에 점화가 불가능할 때 원활한 에어백의 점화를 위하여 에어백 컴퓨터는 전원이 차단되더라도 일정 시간(약 150ms) 동안 에너지를 컴퓨터 내부의 축전기(condenser)에 저장한다. 이는 점화 스위치를 ON에서 OFF로 할 경우에도 동일하다.

3 에어백의 전개(펼침) 제어

자동차가 주행 중 충돌이 발생하였을 때 가속도 값(G값)이 충격 한계 이상이면 에어백을 전개시켜 운전자를 보호한다.

1 충격 검출 센서의 작용

충격 검출 센서는 자동차의 충돌상태 즉 가·감속값(G값)을 산출하는 것이며, 평상적으로 주행할 때와 급가속 또는 급 감속할 때를 명확하게 구분하여 에어백 컴퓨터로 출력값을 입력시키면 에어백 컴퓨터는 입력된 신호를 바탕으로 최적의 에어백 점화시기를 결정하여 운전자의 안전을 확보한다. 이 센서는 전자센서이므로 전자파에 의한 오판을 방지하기 위하여 기계 방식으로 작동하는 안전 센서를 두어 에어백 점화를 최종적으로 결정한다. 충격 검출 센서는 에어백 컴퓨터 안에 설치되어 있다.

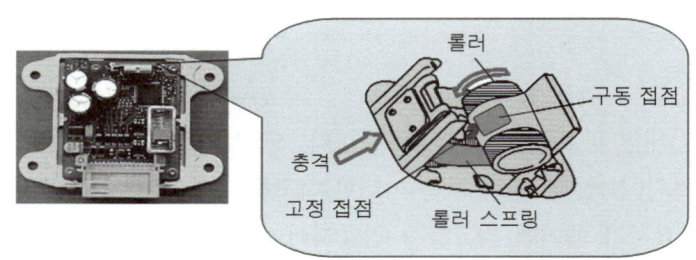

:: 충격 검출 센서의 구조

2 안전 센서safe sensor의 작용

안전 센서는 충돌할 때 기계적으로 작동한다. 센서 한쪽은 전원과 연결되어 있고 다른 한쪽은 에어백 모듈과 연결되어 있어 주행 중 충돌이 발생하면 센서 내부에 설치된 자석이 관성에 의하여 스프링 장력을 이기고 자동차 진행방향으로 움직여 리드스위치를 ON시키면 에어백 전개에 필요한 전원이 안전 센서를 통과하여 에어백 모듈로 전달된다.

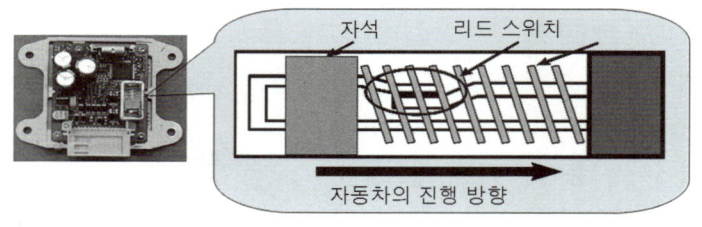

:: 안전 센서의 구조

4 승객 유무 검출 장치

1 승객 유무 검출 PPD ; Passenger Presence detect 센서의 역할

이 센서는 동승석에 탑승한 승객 유무를 검출하여 승객이 탑승하였으면 정상적으로 에어백을 전개시키고, 승객이 없으면 동승석 및 사이드 에어백을 전개시키지 않는다.

2 승객 유무 검출 센서의 작동 원리

인터페이스 모듈의 2개의 커넥터 중 녹색 커넥터가 승객 유무 검출 센서 커넥터이다. 커넥터는 2개의 핀(pin)으로 이루어져 있으며, 각각 다른 2개의 배선 사이에서 하중에 따라 저항값이 변화하는 압전 소자를 설치하여 승객의 하중에 따라 변화하는 저항값으로 승객 존재 유무를 판단한다.

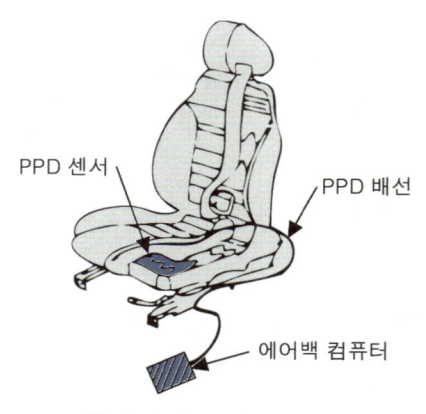

:: 승객 유무 센서의 구성

3 승객 유무 검출 센서 인터페이스 유닛

승객 유무 검출 센서에서 출력되는 저항값은 아날로그 신호이므로 에어백 컴퓨터는 승객 유무 검출 센서의 값을 인식하지 못한다. 그러나 저항값으로 출력되는 승객 유무 검출 센서의 값을 인터페이스 유닛(interface unit)이 디지털 신호로 변환하여 컴퓨터로 입력시킨다. 인터페이스 유닛에서 컴퓨터로 일방향 통신을 하며, 다음의 3가지 신호를 보낸다.

① 승객 있음
② 승객 없음
③ 승객 유무 검출 센서 고장

컴퓨터는 이 3가지 신호 중 어떤 신호든지 입력되지 않으면 승객유무 검출센서 인터페이스의 고장으로 인식하며, 인터페이스 유닛은 동승석 시트 아래쪽에 설치된다.

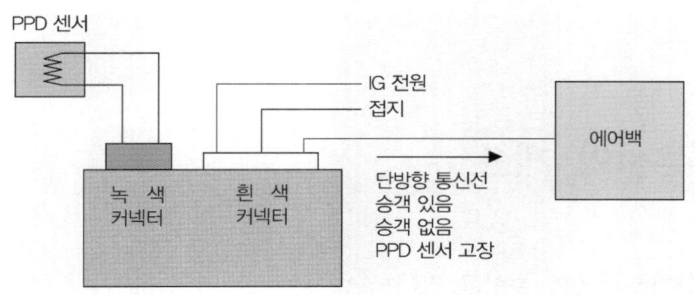

:: 인터페이스 유닛 구성 회로도

---

5 사이드 에어백 Side Air bag

사이드 에어백은 자동차 옆면에서 충돌이 발생하였을 때 운전자 및 승객의 머리와 어깨를 보호하는 장치이며, 시트 안에 들어 있다. 옆면 충격 검출 센서는 자동차의 좌·우측에 배치되어 있는 옆면 충격 검출 센서와 에어백 컴퓨터 내부의 옆면 충격 검출 센서에 의하여 작동하며, 2가지의 센서가 모두 작동하여야 에어백이 작동한다.

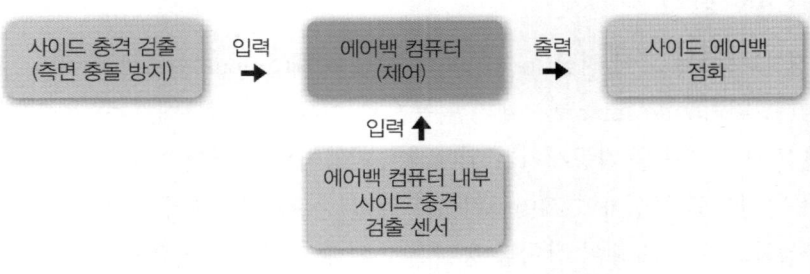

:: 사이드 에어백의 작동 원리

18 LAN 통신 Local Area Network

1 LAN 통신의 개요

최근에는 자동차의 성능을 더욱더 높이고, 안전성을 향상시키기 위하여 전자제어 장치가 증가하는 추세이다. 또 자동차 제어의 고도화 및 높은 부가가치에 따른 차체 전장부품의 사용 급증으로 배선이 증가하고 복잡해지는 원인이 되어 고장진단을 하는데 어려움이 발생한다. 이러한 문제점을 해결하기 위해 LAN(Local Area Network) 장치를 사용하는데 LAN 장치는 데이터를 처리하는 네트워크 방식으로 이해할 수 있다.

1 LAN 장치

LAN 장치는 중앙처리 방식에서 분산처리 방식으로 바뀐 데이터 통신 장치이며, 가까운 거리 내에서 단말기(terminal), 마이크로컴퓨터, 오디오 등 다양한 장치를 상호 연결해 주는 범용 네트워크라 정의할 수 있다. 즉, LAN 장치는 분산되어 있는 컴퓨터가 서로 대등한 입장에서 각각의 정보처리를 하고 필요한 데이터를 On-Line으로 처리하는 방치로 다양한 통신 장치와의 연결이 가능하고 확장 및 재배치가 쉬운 특징이 있다.

2 자동차에서의 LAN 장치

자동차의 차체 전장 부품에는 도어 잠금(lock), 도어 잠금 해제(unlock), 열선 타이머, 각종 등화 장치, 경보 장치, 안전벨트, 사이드 미러(side mirror), 계기판 등으로 이루어져 있는데, 이들을 편리하게 사용하고 자동차의 상태에 따라 여러 가지 기능을 작동시키기 위해서는 자동차의 조건에 따른 제어가 필요하며, 이러한 모든 것을 중앙 집중 제어 방식으로 구성하여 제어하기에는 배선 등 복잡한 문제가 발생한다. 이들을 몇 가지로 나누어 제어 장치를 구성하고 구성된 제어 장치를 통신선에 의해 연결하여 필요한 정보를 주고받을 수 있도록 한다면 배선부피의 감소로 자동차의 경량화를 이룰 수 있다.

1) LAN 장치의 필요성

자동차 전장 부품의 제어가 첨단화 되고, 높은 부가가치를 추구하면서 다음과 같은 문제점이 대두되기 시작한다.

① 전장 부품의 급격한 증가　　　　　② 스위치 및 액추에이터(actuator)의 수량 증가

③ 배선의 증가 및 복잡화　　　　　　④ 배선 무게 및 부피 증가

⑤ 전장 부품의 설치 공간 및 장소 제한　⑥ 작업성 악화

⑦ 고장 진단의 어려움

2) LAN 장치의 특징

① **배선의 경량화가 가능하다** : 각 컴퓨터 사이에 LAN 통신선 사용한다.

② **전장 부품의 설치 장소 확보가 쉽다** : 가까운 컴퓨터에서 입력 및 출력을 제어한다.

③ **장치의 신뢰성을 확보 한다** : 사용 커넥터 및 접속점이 감소된다.

④ **설계 변경의 대응이 쉽다** : 기능 업그레이드를 소프트웨어로 처리한다.

⑤ **정비 성능이 향상 된다** : 진단 장비를 이용하여 자기 진단, 센서 출력값 분석, 액추에이터 구동 및 점검
이 가능하다.

2 LAN 장치의 구성

　LAN 장치의 사양에 따라 인패널(In-panel) 컴퓨터(ECU), 전자제어 시간경보 장치(ETACS), 운전석 도어
모듈(DDM), 동수석 도어 모듈(ADM) 등의 메인 모듈(main module)과 각각의 메인 모듈이 연결되는 10개의
보조 모듈로 구성되어 있다.

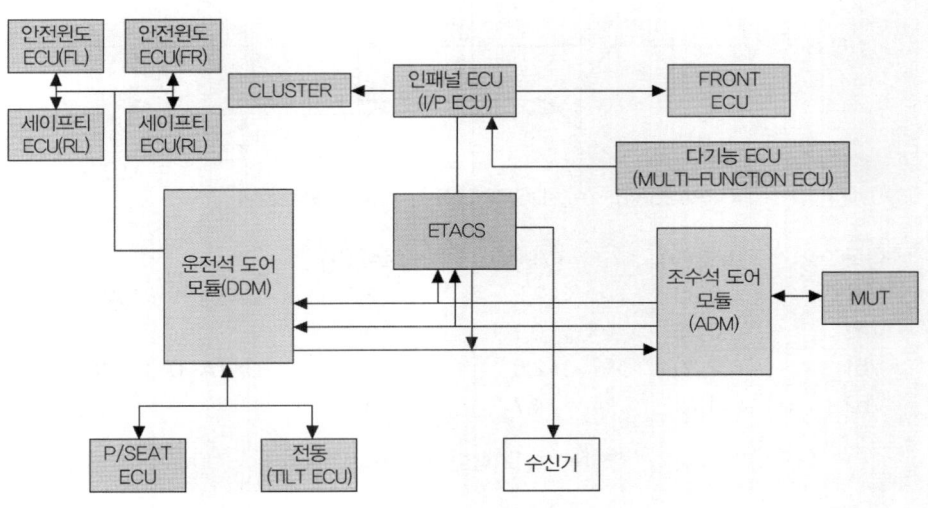

:: LAN 장치의 구성도

1 메인 모듈 main module 의 구성

　메인 통신은 인패널, 전자제어 시간경보 장치, 운전석 도어 모
듈, 동승석 도어 모듈은 BUS-A와 BUS-B의 통신 라인이 병렬로
연결되어 CAN 통신을 통하여 정보를 공유한다.

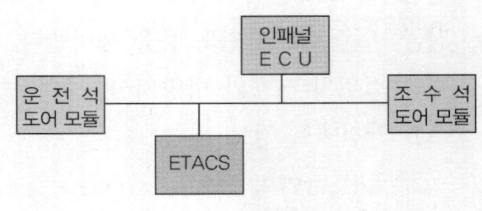

:: LAN 장치 메인 모듈의 구성

1) 데이터 프레임 구성

SOF	PRI	TYPE	ID	데이터1	데이터2	데이터3	데이터4	CRC	ANC	EOF

① SOF(Start Of Frame) : 프레임 시작을 나타내는 코드이다(8BIT).

② PRI(Priority) : 해당 프레임의 우선 순위를 나타낸다. 즉, SOF에 연속된 메시지의 값이 낮을수록 우선 순위가 높다. '1'보다 '0'의 우선 순위가 높다. 만약 동시에 여러 개의 데이터를 송신하고자 할 때는 우선 순위가 높은 컴퓨터가 먼저 송신을 한다.

③ TYPE : 해당 프레임의 형식(type)을 표시한다. LAN 장치에서는 40H로 세팅된다.

④ ID : 해당 프레임 중 데이터 영역의 내용을 식별하기 위한 코드. 즉 데이터를 읽고 있는 컴퓨터를 판별하기 위한 비트(bit)이다.

⑤ CRC(Cyclic Redundancy Check) : 데이터의 고장을 검출하기 위한 비트이다.

⑥ ANC(Acknowledge for Network Control) : 각 컴퓨터는 수신된 데이터의 ANC 설정 코드가 자신의 설정과 일치하는 프레임에 대해 고장이 없는 프레임을 수신한 경우 ANC 영역에서 해당하는 위치에 1비트의 ANC를 반송한다.

⑦ EOF(End of Frame) : 프레임의 완료를 나타내는 프레임이다.

⑧ BUS IDLE : EOF 또는 7비트 연속의 패시브(passive)를 검출한 후 BUS의 패시브 상태의 기간을 말한다. BUS가 IDLE일 때 송신하고자 하는 각 컴퓨터는 즉시 송신하며, 동시에 여러 개의 컴퓨터가 송신을 시작할 경우 경합이 발생한다.

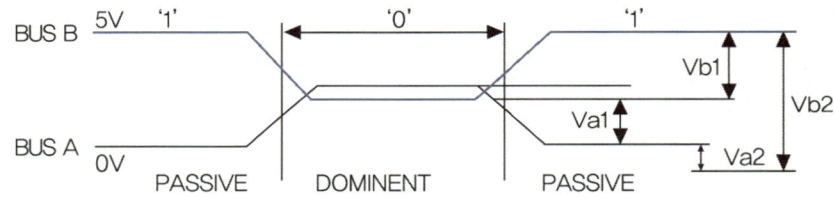

항목	MIN(V)	TYP(V)	MAX(V)	
Va1	2.30	2.5	2.8	DATA '1' : PASSIVE 상태
Va2	0.05	0.1	0.2	
Vb1	2.30	2.5	2.8	DATA '0' : DOMINENT 상태
Vb2	4.45	4.7	5.1	

데이터 비트의 정의(BUS 상태)

2) 전자제어 시간경보 장치(ETACS) 기능

비상등, 열선, 도어, 트렁크, 조향 핸들 잠금 등의 신호 및 원격 조작에 의한 도어 잠금(lock), 도어 잠금 열림(un lock), 파워 윈도, 아웃 사이드 미러 및 원격 시동 제어 신호를 받아 각종 램프, 경보, 알람, 도어 잠금, 열림, 파워 윈도 등을 제어한다. 그리고 통신상에서 운전석 및 동승석 도어 모듈에 필요한 도어나 트렁크 스위치 신호와 방향지시, 주차 브레이크, 주행속도 및 엔진 점검사항 등을 주고받는다.

① 안전벨트 경보 제어

② 열선 타이머 제어

③ 점화 스위치 미회수 경보 제어

]④ 파워 윈도 타이머 제어

⑤ 감광 실내등 제어

⑥ 중앙 집중방식 도어 잠금, 도어 잠금 해제 제어

⑦ 트렁크 열림 제어

⑧ 방향지시등 및 비상등 제어

⑨ 도난 경보제어

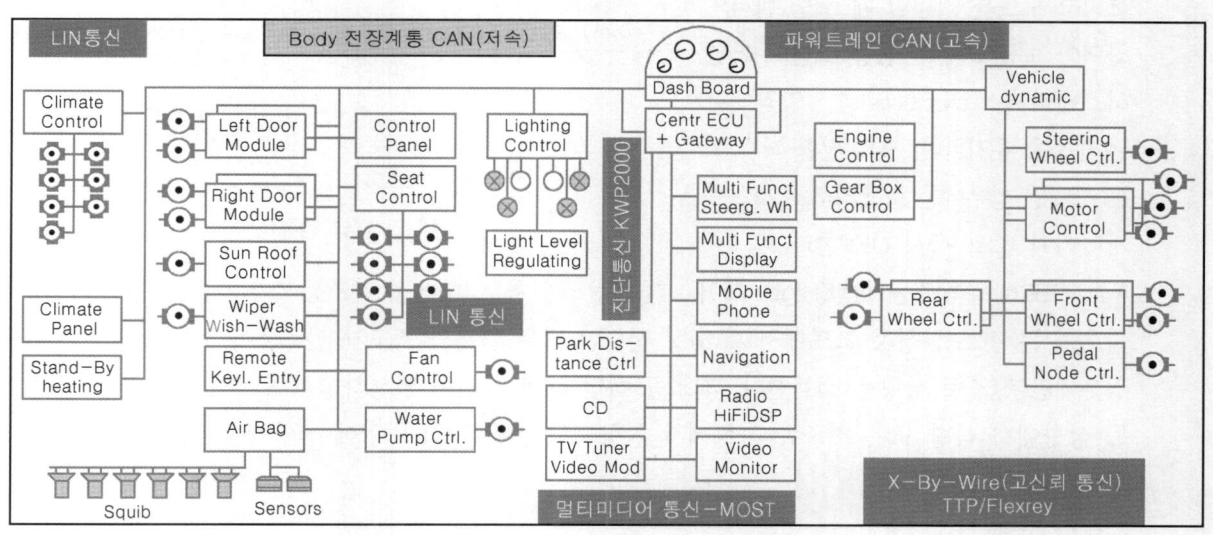

∷ 메인 통신 전기 다이어그램

3) 인패널 in panel 컴퓨터 기능

다기능 스위치의 신호를 받아 계기판의 지시등 및 경고등을 제어하고, 전조등, 미등, 안개등 및 관련 제어를 하는 프런트 컴퓨터(front ECU)로 신호를 준다. 인패널 컴퓨터는 네트워크로 구성된 컴퓨터로 방향을 지시를 할 때, 주행속도, 주차 브레이크, 엔진 점검 및 진단을 위한 신호 등을 통신상에 올려놓고, 통신상의 신호 중 각종 도어의 열림, 닫힘, 조향 핸들 잠김 및 장치제어의 관련 신호를 받는다.

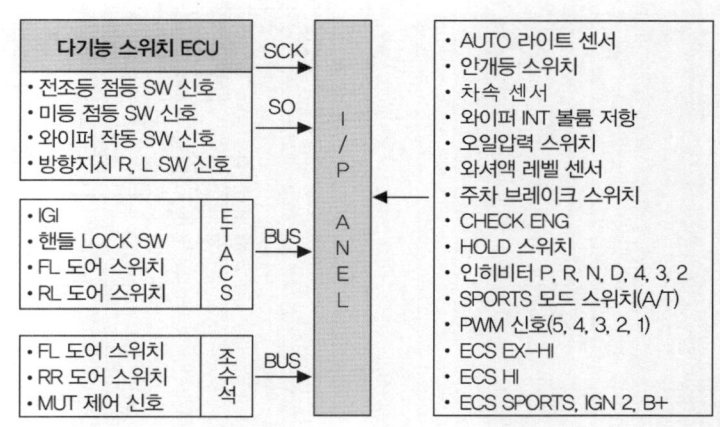

∷ 인 패널 컴퓨터 다이어그램

① 미등 자동 소등 기능 : 인 패널 컴퓨터는 다기능 스위치로부터 미등 입력 신호 및 전자제어 시간경보 장치로부터 운전석 도어 스위치, 조향 핸들 스위치의 신호를 수신하여 미등을 자동으로 소등 제어를 한다.

② 오토 라이트 기능 : 인 패널 컴퓨터는 다기능 스위치로부터 오토 라이트 입력 신호를 수신하면 오토 라이트 센서의 전압값을 입력받아 이에 대응하여 전조등과 미등의 작동 신호를 프런트(front) 컴퓨터와 클러스터(cluster) 컴퓨터로 송신한다. 점화 스위치 ON 상태에서 매분마다 평균 주행속도를 계산하여 평균 주행속도에 따라 제어 수준이 변화한다. 다만, 점화 스위치 ON 이전의 평균 주행속도는 리셋

(reset)되며, 매분마다 새로운 평균 주행속도로 경신된다.

- **연속 점등 모드** : 다기능 스위치를 Auto로 전환할 때 미리 연산된 조도 값을 이용하여 점등 조건이 형성되는 경우에는 이에 따른 연속 점등을 수행한다. 그리고 모드를 전환할 때 조도 센서의 입력이 소등 조건과 점등 조건도 아닌 히스테리시스(hysteresis) 영역에서는 점등을 유지한다. 모드 전환 직후 소등 조건인 경우에는 소등의 3초 지연을 기다리지 않고 즉시 OFF한다.

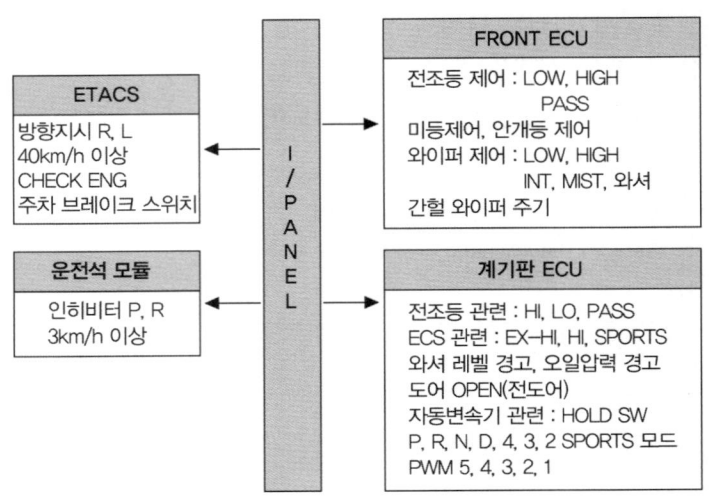

❖ 인 패널 컴퓨터 기능

- **Auto 모드에서 전조등 상향(High) 제어** : 다기능 스위치 Auto에서 전조등 스위치를 상향(High)으로 한 경우 또는 전조등 상향 모드에서 Auto로 전환한 경우 현재의 조도가 전조등이 하향(Low) ON 조건인 경우에만 전조등 상향을 점등한다. 전조등 하향 OFF 조건이 발생하여 3초 릴레이 작동 도중에 전조등 상향에서 하향 또는 전조등 하향에서 상향으로 전환한 경우 릴레이의 작동이 완료되기 전까지는 점등 모드가 변경된다.

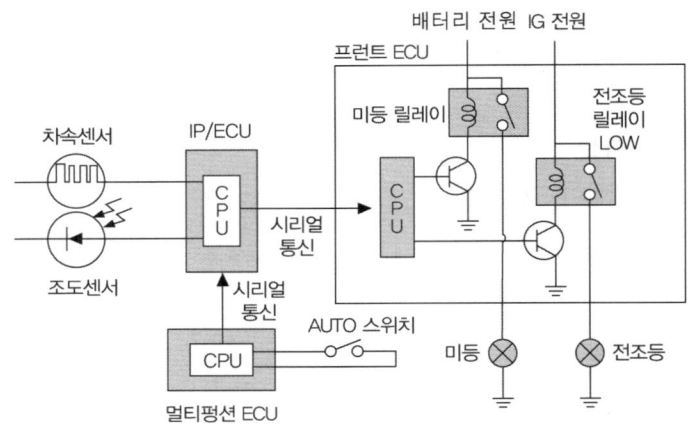

❖ 오토 라이트 회로

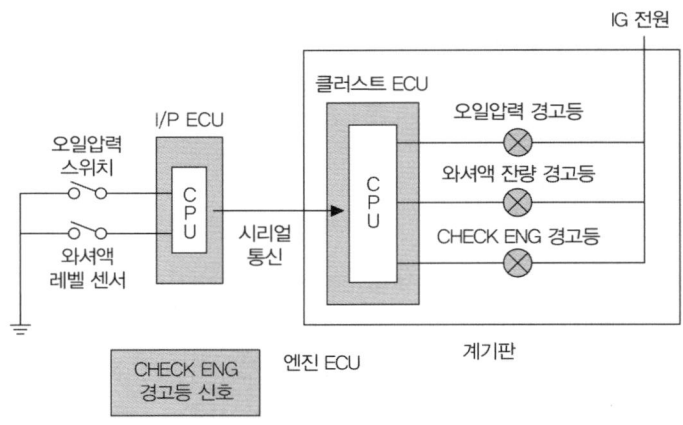

❖ 경고등 제어 회로

4) 운전석 도어 모듈

운전석 도어 모듈은 LAN 구성의 일부분으로 통신 프로토콜(protocol, 컴퓨터 상호간의 대화에 필요한 통신 규약)로 동승석 도어 모듈, 전자제어 시간경보 장치, 인 패널 컴퓨터와 통신을 하며, 통합 운전석 기억장치(IMS, Integrated Memory System) 제어와 관련하여 파워시트(power seat) 컴퓨터와 각도(tilt) · 텔레스코프(telescope) 컴퓨터와는 3선 동기방식 양방향 통신을 하며, 도어의 파워 윈도 제어신호는 단방향 통신을 통하여 안전 윈도(safety window) 컴퓨터로 송신한다. 운전석 도어 모듈은 운전자가 메인 스위치를 조작하여 파워 윈도 및 아웃사이드 미러, 기억장치에 관련된 기능에 주요 역할을 한다.

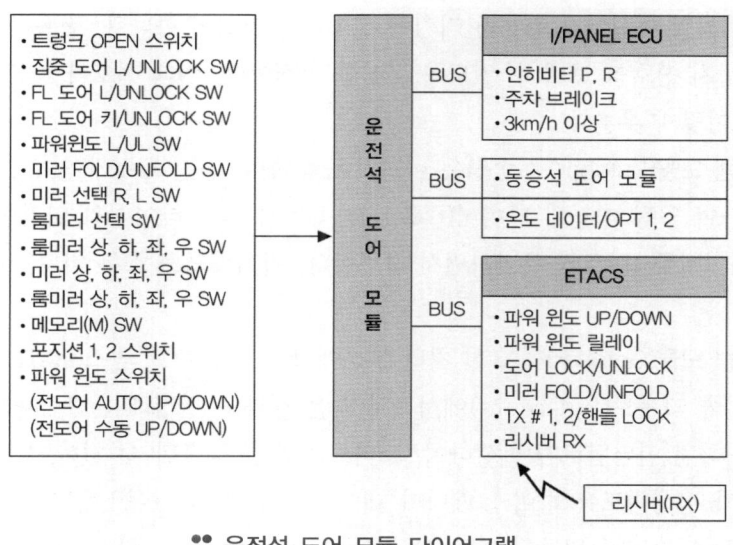

:: 운전석 도어 모듈 다이어그램

5) 동승석 도어 모듈

동승석 도어 모듈은 운전석 도어 모듈, 전자제어 시간경보 장치, 인 패널 컴퓨터와 통신하며, LAN 장치의 컴퓨터 및 스위치, 액추에이터에 대한 이상 유무를 양방향 통신을 통하여 송·수신한다.

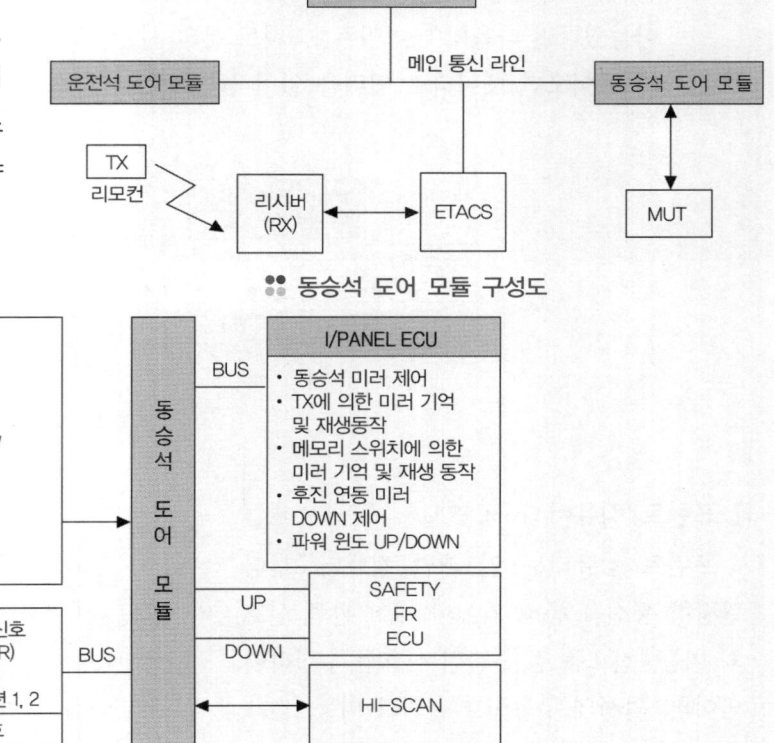

:: 동승석 도어 모듈 구성도

:: 동승석 도어 모듈 다이어그램

2 보조 통신

메인 통신 이외에 다음과 같은 보조 통신을 실행한다.

① **양방향 통신** : 운전석 도어 모듈 ↔ 파워 시트 컴퓨터, 전동 틸트 컴퓨터, 전자제어 시간경보 장치 ↔ 키리스 엔트리 리시버

② **단방향 통신** : 인 패널 컴퓨터 → 클러스터 컴퓨터, 다기능 스위치, 프런트 컴퓨터, 운전석 도어 모듈 ↔ 파워 윈도 컴퓨터

③ **동승석 도어 모듈** ↔ MUT

④ **시리얼 통신** : 시리얼 통신이란 컴퓨터 기기에 접속하는 방법의 하나로, 접속하는 배선의 수신을 절감하고, 또 먼 거리까지 신호를 보낼 수 있도록 구성한 방식이다. 이때 신호가 1비트마다 시리얼(직렬)로 보내지기 때문에 이렇게 부른다.

㉮ **송신 프로그램 모듈(Putchar)** : 송신은 비교적 단순하며, 송신 요구가 있으면 먼저 스타트 비트(start bit)를 출력하여 일정 시간의 타이머(timer)를 작동시킨다. 타이머의 인터럽트(interrupt)가 들어왔으면 순차 데이터를 1비트씩 운반하면서 출력한다. 마지막으로 스톱 비트(stop bit)를 송신하여 완료한다.

㉯ **수신 프로그램 모듈(Getchar)** : 수신 처리 부분에서 먼저 스타트 펄스(start pulse)를 수신할 수 있도록 타이머를 풀 카운트(full count)에서 1개 작은 상태로 설정해 둔다. 따라서 스타트 비트에 의해 +1 카운트를 하면 인터럽트가 발생하여, 스타트 비트를 검출할 수 있다. 다음은 일정 시간마다 타이머 인터럽트가 발생하도록 하여 그때마다 데이터를 입력한다. 이것을 그림으로 나타내면 다음과 같다. 여기서, 먼저 스타트 비트의 인터럽트가 들어왔다면 확인을 하기 위해 10μs를 기다린 후 다시 한 번 입력을 읽어보고 같은 신호이면 스타트 비트로 간주한다. 틀리면 노이즈(noise) 인터럽트가 들어온 것으로 간주하여 무시하고 다음 스타트 비트의 인터럽트를 기다린다. 확실하게 스타트 비트를 받아들였다면 다음의 타이머는 1.5비트 분의 시간으로 작동한다. 그리고 타임 업(time up)의 인터럽트가 들어오면 데이터로 입력을 읽어 들인다.

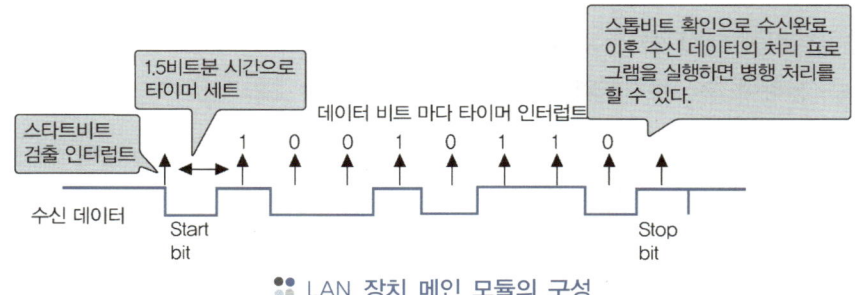

⁚⁚ LAN 장치 메인 모듈의 구성

1) 프런트 컴퓨터 Front ECU

프런트 컴퓨터는 인 패널 컴퓨터로부터 단방향 통신을 통해 와이퍼 제어 관련 신호와 미등, 전조등 점등 관련 신호를 수신하여 와이퍼, 와셔의 구동신호 출력과 미등, 전조등, 안개등의 제어 신호를 출력한다.

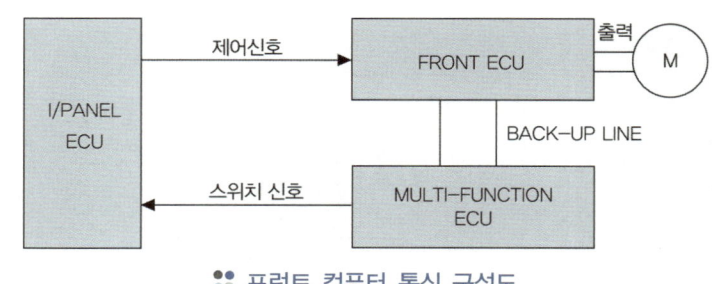

⁚⁚ 프런트 컴퓨터 통신 구성도

또 데이터 통신에서 고장이 발생하였을 때 전조등과 와이퍼를 작동시키기 위한 다기능 스위치에서 백업라인(back-up line)이 연결되어 있어 전조등 하향과 와이퍼 저속이 다기능 스위치 조작에 의해 직접 제어할 수 있도록 되어있다.

① 와셔 및 와이퍼 제어 출력

② 간헐 와이퍼 제어 출력

③ 와셔 연동 와이퍼 제어 출력

④ 미등 및 전조등 제어 출력

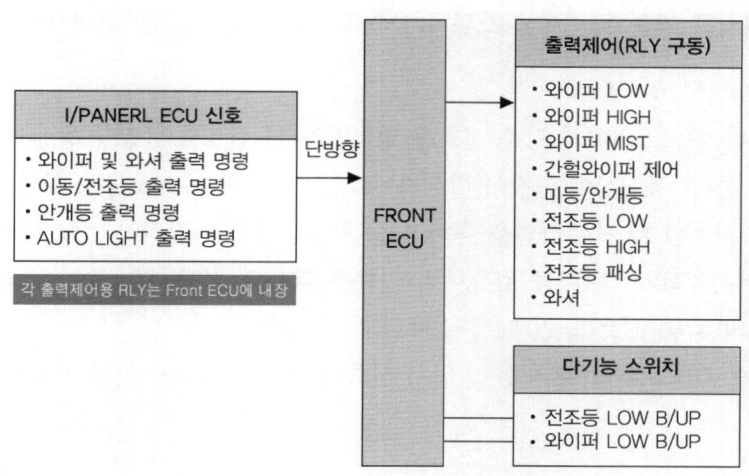

:: 프런트 컴퓨터 다이어그램

2) 안전 윈도 컴퓨터 Safety Window ECU

안전 윈도 컴퓨터는 각각의 도어에 설치되어 있으며, 운전석 도어 모듈과 단방향 통신을 통해 운전석 도어 모듈의 파워 윈도 제어 신호를 수신하여 파워 윈도 상승(up)/하강(down) 모터의 구동출력을 제어한다. 또, 각 모터에 설치된 홀(hall) IC에 의해 모터의 회전펄스를 검출하여 파워 윈도를 자동 상승 또는 수동 상승 작동 중 이물질에 의한 협착이 발생하였을 때 이를 검출하여 모터의 구동 출력을 반전시키는 기능인 안전 윈도 제어 기능을 한다.

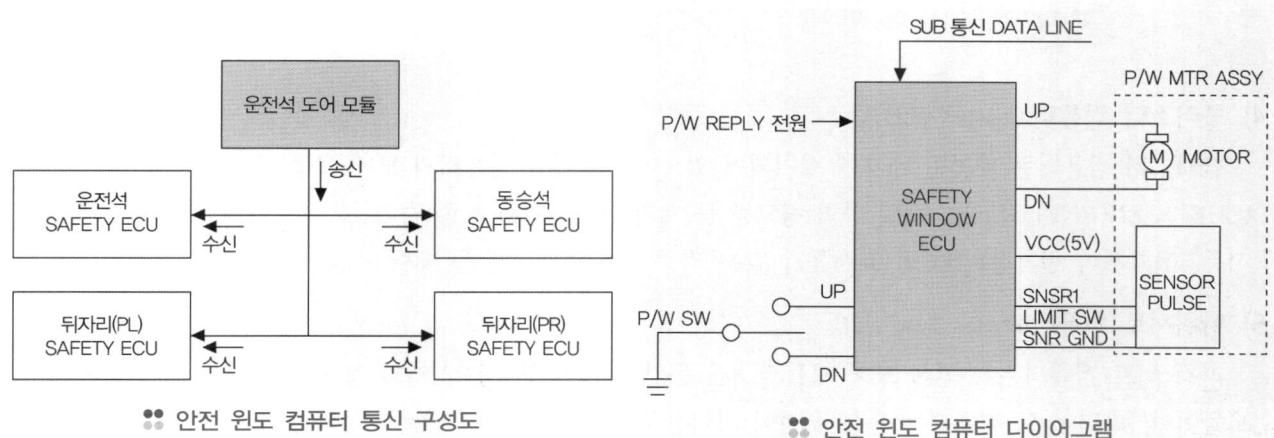

:: 안전 윈도 컴퓨터 통신 구성도

:: 안전 윈도 컴퓨터 다이어그램

① 운전석 도어 모듈과의 단방향 통신에 의한 파워 윈도 제어

㉮ 수동 스위치에 의한 파워 윈도 수동 상승·하강 제어

㉯ 자동 스위치에 의한 파워 윈도 자동 상승 · 하강 제어

㉰ 파워 윈도 잠금(lock) 스위치에 의한 파워 윈도 잠금 제어

② 안전 윈도 컴퓨터의 작동조건

㉮ 운전석 도어 모듈의 자동 상승을 작동할 때 윈도사이에 이물질이 협착 될 경우 이를 검출하여 파워 윈도를 일정시간 하강하도록 한다.

㉯ 윈도 상단위치를 검출하는 제한(limit) 스위치가 OFF되기 전에 모터를 구속할 경우 주기 또는 속도 변환 비율에 의해 이물질 협착으로 검출한다.

㉰ 윈도 상승위치를 검출하는 제한 스위치가 OFF되면 안전 기능을 해제시킨다.

3) 다기능 컴퓨터 Multi Function ECU

다기능 컴퓨터는 다기능 스위치의 각종 신호를 입력받아 이 신호를 단방향 통신을 통하여 인 패널 컴퓨터로 전송하는 기능을 한다. 통신상에 고장이 발생하면 페일 세이프(fail safe)를 위하여 전조등 하향과 와이퍼용 모터가 저속으로 작동할 때 백업라인을 통하여 릴레이와 직접 연결되어 있어 통신이 고장일 경우에도 작동이 가능하도록 한다. 그리고 다기능 컴퓨터의 기능은 다음과 같다.

① 다기능 스위치의 각종 신호를 인 패널 컴퓨터로 전송한다.

② 전조등 스위치를 ON으로 할 때 미등 스위치 신호와 디머(dimmer) 하향 신호를 인 패널 컴퓨터로 전송한다.

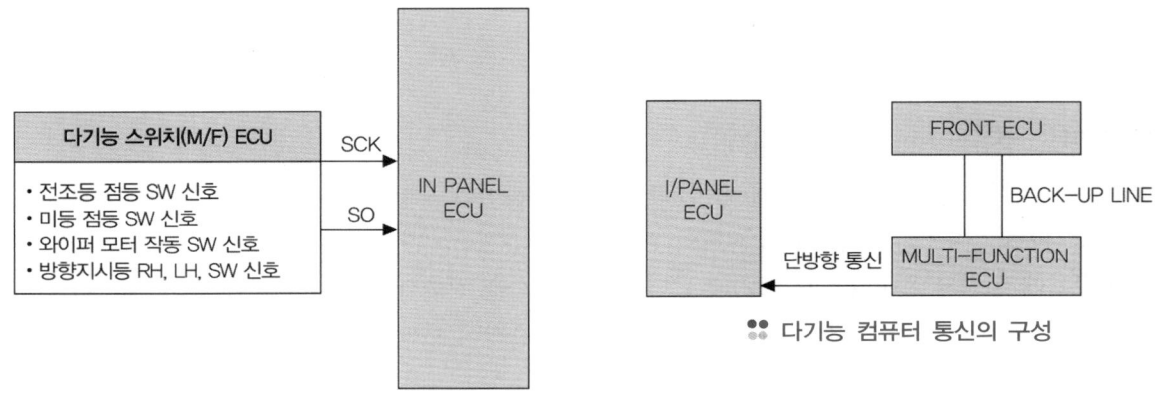

:: 다기능 컴퓨터 다이어그램

:: 다기능 컴퓨터 통신의 구성

4) 클러스터 컴퓨터 Cluster ECU

클러스터 컴퓨터는 계기판 내부에 설치되어 있으며, 인 패널 컴퓨터의 보조 모듈 중의 하나로 체크 엔진(CHECK ENGINE) 경고등, 오일 압력 경고등 등 계기판에 설치된 각종 경고등과 자동변속기의 변속단계 표시등, 전자제어 현가장치(ECS) 표시등과 같은 각종 지시등의 작동을 제어한다.

5) 파워시트 컴퓨터 Power Seat ECU

파워 시트 컴퓨터는 운전석 도어 모듈과 3선 동기 방식의 양방향 시리얼 통신 라인을 통해 연결된 보조 모듈이며, 파워 시트 컴퓨터는 통합 운전석 기억장치(IMS)의 기능이 있는 자동차에 설치되어 있으며, 운전자가 설정한 최적의 시트 위치를 각종 모터의 위치 센서값을 입력받고, 통합 운전석 기억장치의 기억 스위치를 작동할 때 이 값을 컴퓨터에 기억한다. 따라서 시트 위치가 변화하더라도 재생 버튼을 누르면 운전자가 기억시켜 둔 위치로 시트 위치를 복귀시키는 등 시트와 관련된 전반적인 통합 운전석 기억장치의 제어를 담

당한다.

6) 조향 핸들 각도 · 텔레스코프 컴퓨터

조향 핸들 각도(tilt) · 텔레스코프(telescope) 컴퓨터는 운전자가 설정한 최적의 조향 핸들 위치와 룸 미러의 상하 · 좌우 각도를 각 모터의 위치 센서값과 통합 운전석 기억장치의 기억 스위치 신호를 입력받아 컴퓨터에서 기억하기 때문에 각각의 위치가 변경되더라도 운전자가 기억시켜 놓은 위치로 재생시키는 역할을 한다.

7) 키 리스 엔트리 리시버

키 리스 리시버(key less entry receiver)는 전자제어 시간경보 장치와 3선 동기 방식의 양방향 시리얼 통신을 하는 보조 모듈이며, 멀티 모드(multi mode) 리모컨의 각종 버튼의 조작 신호를 입력받고 전자제어 시간경보 장치로 해당 기능의 작동 신호를 송신한다.

3 CAN 통신

1 CAN Controller Area Network 통신의 기능

CAN 통신은 컴퓨터들 사이에 신속한 정보 교환 및 전달을 목적으로 한다. 즉, 엔진 컴퓨터(ECU), 자동변속기 컴퓨터(TCU) 및 구동력 제어장치(TCS) 사이에서 CAN 버스라인(CAN High와 CAN Low)을 통하여 데이터의 다중 통신을 한다.

예를 들면 구동력 제어장치에서 구동력을 제어할 때 엔진 컴퓨터로 바퀴의 미끄러짐을 감소시키기 위하여 엔진 회전력의 감소를 요구하면, 엔진 컴퓨터는 회전력을 감소시키며, 감소시킨 양을 구동력 제어장치로 다시 송신하여 구동력의 제어를 지원한다. 또 각 제어기구(controller)는 상호 필요한 모든 정보를 주고받을 수 있으며, 어떤 제어기구가 추가정보를 필요로 할 때 하드웨어의 변경 없이 소프트웨어만 변경하여 대응이 가능하다. 데이터의 통신의 속도는 500kbps(kilo bit per second)이며, 각 제어기구 사이의 인터페이스 스텝(interface step)은 IS 011898을 따른다.

2 비트(Bit) 정보 인식

ΔV(High 라인과 Low 라인의 전압차이)의 값에 비트 정보 "0" 또는 "1"을 인식한다.

- bit "1" -> ΔV = Vcan_H - Vcan_ L) = 2.5V - 2.5V = 0V (열세[Recessive] bit)
- bit "0" -> ΔV = Vcan_H - Vcan_ L) = 3.5V - 1.5V = 2V (우세[Dominant] bit)

bit "1"과 bit "0"과 CAN 라인에서 충돌할 때에는 bit "0"이 Dominant(survival ; 생존) bit이므로 "0"이 전송된다. 또 데이터의 충돌을 방지하기 위해 각 메시지(massage)마다 우선순위(priority)를 다음과 같이 정한다.

priority -> **구동력 제어장치** massage > **엔진 컴퓨터** massage > **자동변속기 컴퓨터** massage

19 도난 방지 장치

학/습/목/표
1. 도난 방지 장치의 개요와 구성에 대하여 설명할 수 있다.
2. 도난 방지 장치의 주요 제어에 대하여 설명할 수 있다.
3. 이모빌라이저 장치의 구성에 대하여 설명할 수 있다.
4. 이모빌라이저 구성 부품의 기능에 대하여 설명할 수 있다.

자동차의 도난 방지 장치에는 도난 상황이 발생하였을 때 단순한 경보 수준의 장치에서부터 이모빌라이저 (immobilizer) 장치까지 다양하게 사용되고 있다. 여기서는 일반적인 도난 경보 장치와 이모빌라이저 장치에 대해 설명한다.

1 도난 방지 장치

 도난 방지 장치의 개요 및 구성

도난 방지 장치는 대부분 종합 경보 장치의 일부 기능이며, 자동차의 도난 상황이 발생하였을 때 사이렌을 통하여 경보한다. 또 시동회로를 차단하여 엔진이 시동되지 않도록 한다. 도난 경보 장치는 자동차에 등록된 리모컨에 의해 작동되며, 그림은 도난 방지 장치의 개략도와 회로도의 한 예이며, 자동차의 종류에 따라서 차이가 있다.

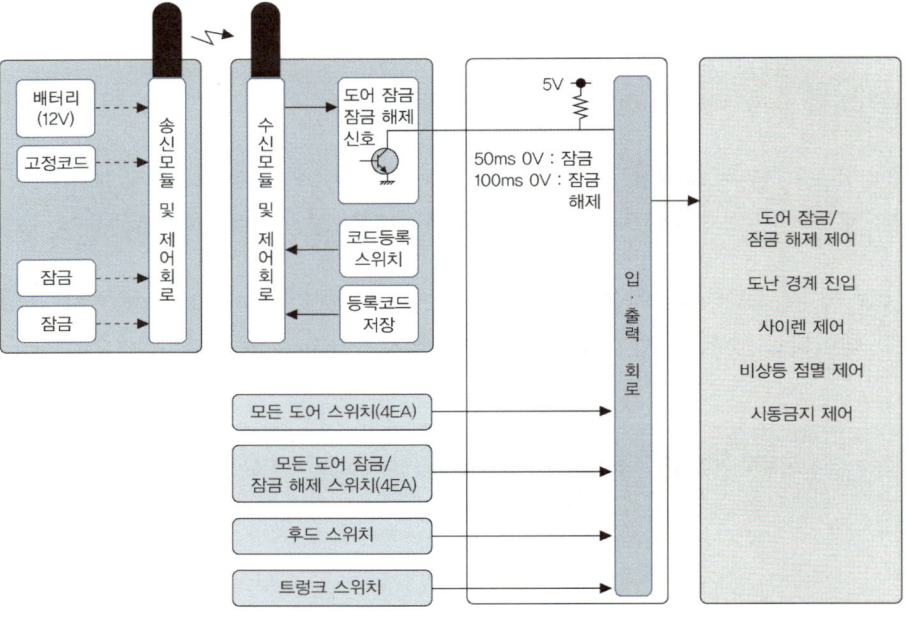

❖ 도난 경보 장치의 개략도

그리고 요소별 기능과 작동은 다음과 같다.

① 리모컨 : 도어의 잠금(lock)·풀림(unlock) 스위치 정보를 무선에 의해 수신기로 송출한다.

② 수신기 : 리모컨으로부터 입력받은 신호가 사전에 등록된 코드와 일치하는 지를 비교하여 일치하면 잠금에서는 5ms 동안 트랜지스터를 ON으로 하고, 풀림에서는 100ms 동안 ON으로 한다.

③ ECU : 수신기 트랜지스터의 ON, OFF에 따른 전압 및 시간의 변화 및 각종 입력 정보를 종합적으로 판단하여 도어의 잠금 및 도난 경계 진입 또는 잠금 풀림 및 도난 경계 모드의 해제를 실행한다.

④ 출력 : 도난 경계 상태로 진입, 경보, 해제를 할 때 작동되는 요소들이다.

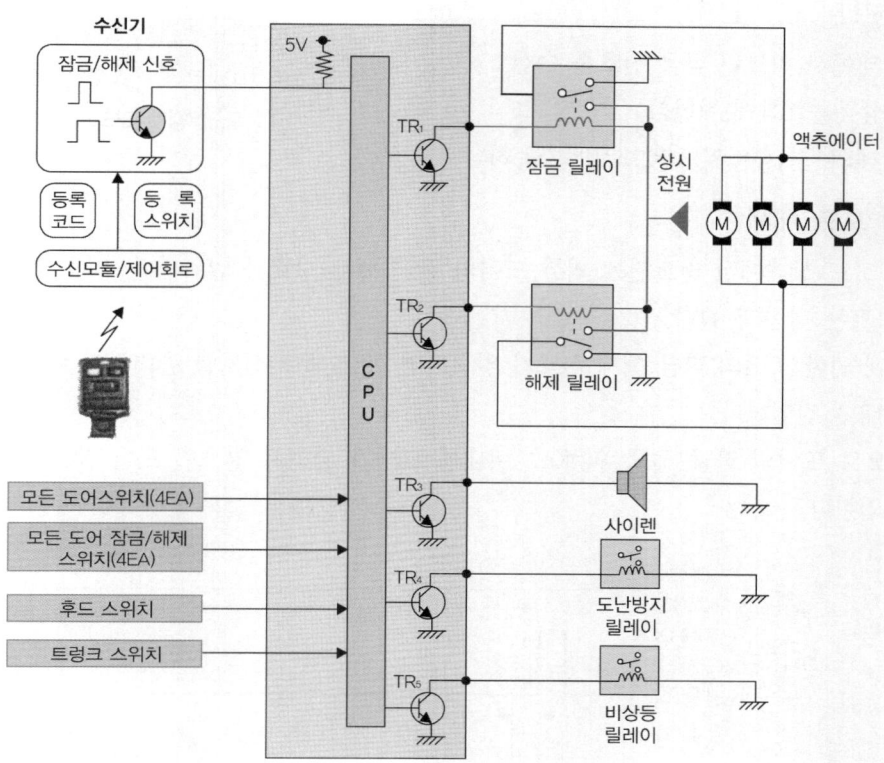

:: 도난 경보 장치의 회로도

2 도난 방지 장치의 주요 제어

1) 도난 경계 모드 진입

도난 경계 모드는 도난 상황이 발생하였을 때 도난 경보 모드로 진입하기 위한 앞 단계이다. 컴퓨터(ECU)는 수신기로부터 도어 잠금 신호(50ms 동안 트랜지스터를 ON)가 입력되면 각종 입력 정보들을 확인하고, 다음의 조건이 만족되면 경계 상태로 진입한다. 다음의 조건이 하나라도 만족하지 않으면 도난 경계 상태로 진입하지 않는다.

① 후드 스위치(hood switch)가 닫혀 있을 것　　② 트렁크 스위치가 닫혀 있을 것

③ 각 도어 스위치가 모드 닫혀 있을 것　　④ 각 도어 잠금 스위치가 잠겨 있을 것

도난 경계 모드의 타임 차트는 다음과 같다.

① 컴퓨터는 후드와 트렁크 그리고 모든 도어가 닫힌 상태에서 리모컨의 잠금 신호가 수신되면 도어 잠금과 비상등 구동 신호를 출력하고 경계 상태로 진입한다.

② 컴퓨터는 후드, 트렁크, 각 도어 중 어
느 하나라도 열린 상태로 리모컨의 잠금
신호를 수신한 경우 도어 잠금만 수행하
고 비상등은 출력하지 않으며, 경계 상
태로도 진입하지 않는다.

③ 위 ②항 상태에서 각 도어가 완전하게
닫힌 경우 비상등을 출력하고 경계 상태
로 진입한다.

④ 경계 상태에서 리모컨 잠금 신호를 수신
하면 비상등을 1회 출력한다.

⑤ 경계 상태의 진입은 리모컨으로만 가능하다.

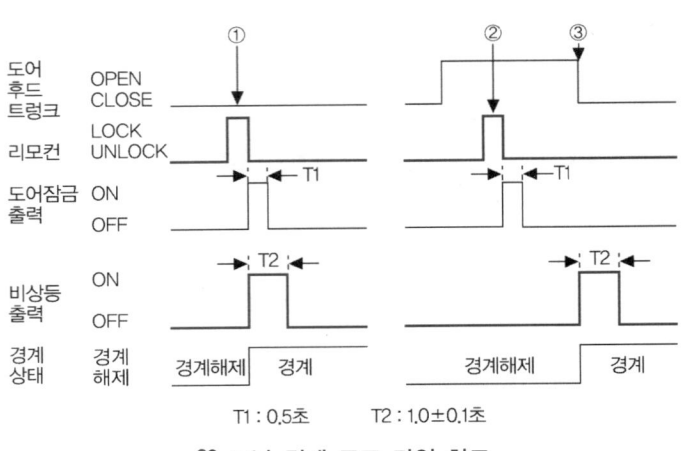

T1 : 0.5초   T2 : 1.0±0.1초

∷ 도난 경계 모드 타임 차트

2) 도난 경계 모드 해제

도난 경계 모드 상태에서 리모컨에 의한 도어의 잠금 해제 신호가 입력되면 경계 상태를 해제한다. 이 모
드의 타임 차트는 다음과 같다.

① 리모컨에 의한 도어의 잠금 해제 신호가 입력되면 잠금 해제 신호를 출력하고 비상등을 출력하며, 경계
해제 상태로 진입한다.

② 리모컨으로 도어의 잠금 해제 후 30초 이내에 도어가 열리지 않으면 도어 잠금이 되면서 경계 상태로
자동 진입한다.

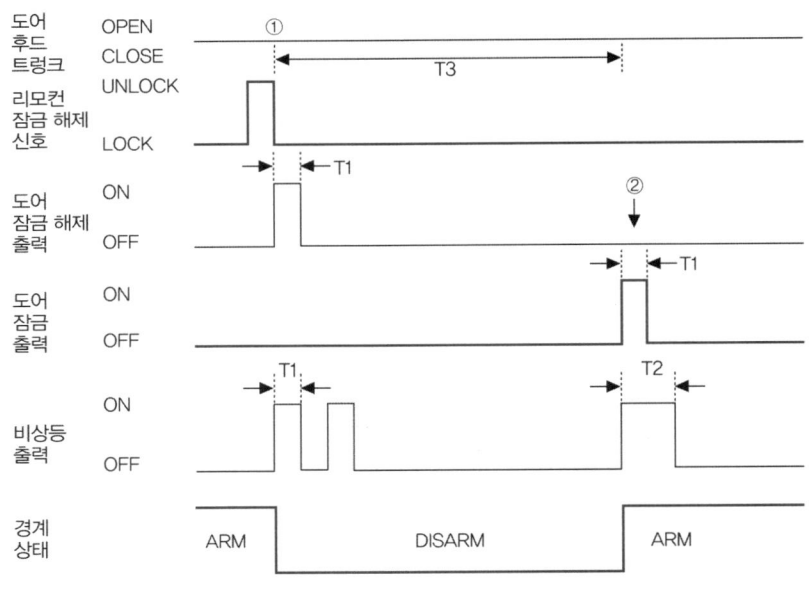

∷ 도난 경계 모드 해제 타임 차트

3) 도난 경보 모드

도난 경보 모드는 경계 상태에서 외부의 침입이 발생하였을 때 사이렌을 작동시킴과 동시에 엔진을 시동
이 되지 않도록 하여 자동차의 도난을 방지하는 모드이다. 경계 상태에서 각종 도어 중 1개 이상이 열리면
도난 방지 릴레이를 ON으로 하여 시동회로를 차단하고 비상등과 사이렌을 주기적으로 작동한다. 그리고 컴

퓨터는 도난 상황, 즉 경보 모드 진입 상태에서는 시동회로의 도단 방지 릴레이를 구동하여 시동회로를 차단함으로써 엔진이 시동되지 않도록 한다.

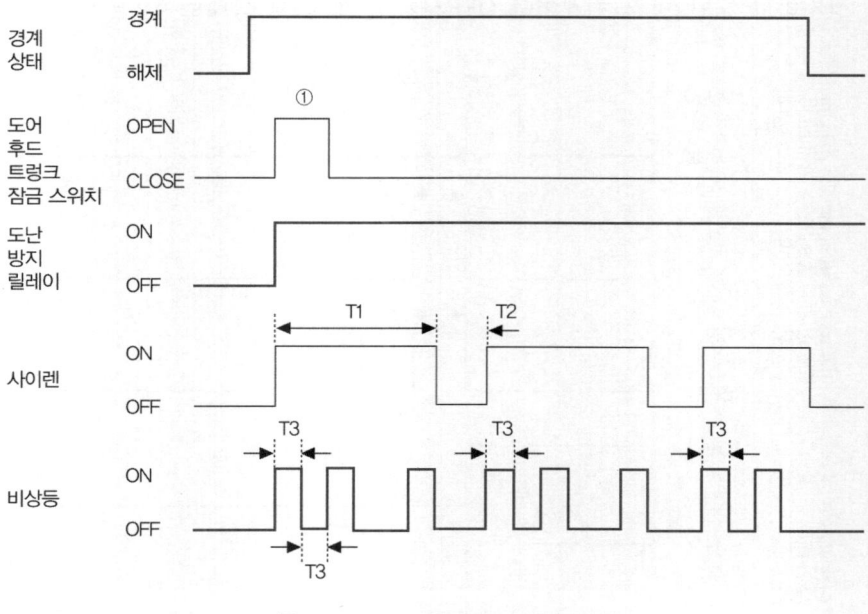

∷ 도난 경보 모드 타임 차트

∷ 도난 방지 릴레이 회로도

4) 경보 모드 해제

경보 중 리모컨으로 도어 잠금을 해제시키면 잠금 해제 출력을 0.5초 동안 ON으로 하고, 비상등 점멸 및 사이렌 구동을 정지하고 도난 방지 릴레이를 OFF시켜 경계 해제 상태로 된다.

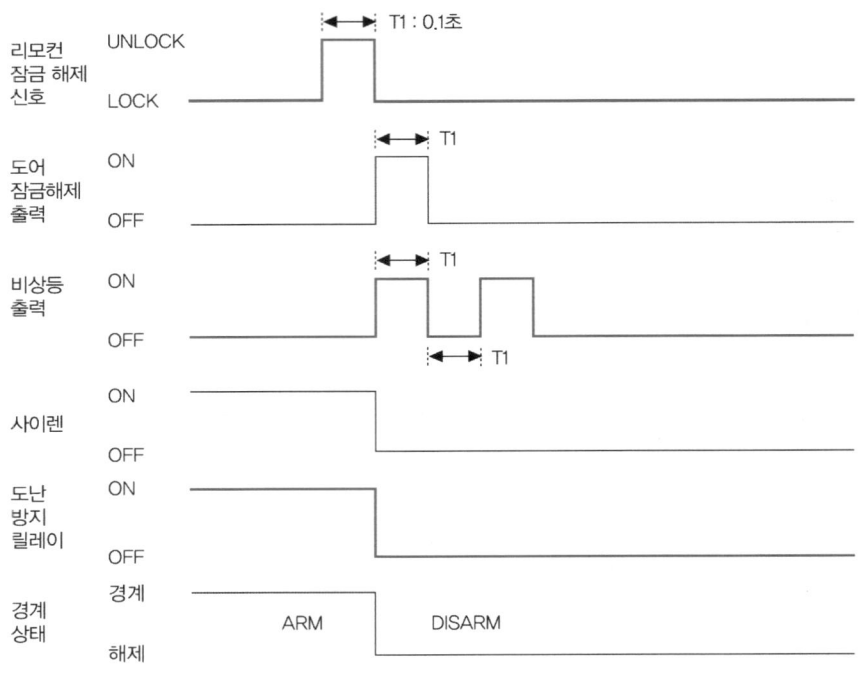

:: 도난 경보 모드 해제 타임 차트

2 이모빌라이저 장치

이모빌라이저 장치는 무선 통신으로 점화 스위치의 기계적인 일치뿐만 아니라 점화 스위치와 자동차가 무선으로 통신하여 암호 코드가 일치하는 경우에만 엔진이 시동되도록 한 도난 방지 장치이다. 이 장치에 사용되는 점화 스위치(시동 키) 손잡이(트랜스폰더)에는 자동차와 무선으로 통신할 수 있는 특수 반도체가 들어있다. 따라서 기계적으로 일치하는 복제된 점화 스위치나 또는 다른 수단으로는 엔진의 시동을 할 수 없기 때문에 도난을 원천적으로 봉쇄할 수 있다. 앞에서 설명한 도난 방지 장치와는 차원이 다른 장치이며, 자동차 종류마다 장치의 구성 및 원리는 차이가 있으며, 여기서는 그 한 예를 설명하도록 한다.

1 이모빌라이저 장치의 구성

점화 스위치를 키 실린더에 꼽고 ON으로 하면 엔진 컴퓨터는 스마트라에게 점화 스위치 정보와 암호를 요구한다. 이때 스마트라는 안테나 코일을 구동(전류 공급)함과 동시에 안테나 코일을 통해 트랜스폰더에게 점화 스위치 정보와 암호를 요구한다. 따라서 트랜스폰더는 안테나 코일에 흐르는 전류에 의해 무선으로 에너지를 공급받음과 동시에 점화 스위치 정보와 암호를 무선으로 송신한다.

트랜스폰더에서 송신된 점화 스위치 정보는 무선으로 안테나 코일에 전달되고 스마트라를 거쳐 엔진 컴퓨터로 전달된다. 엔진 컴퓨터는 점화 스위치의 정보가 수신되면 이미 등록된 정보와 비교 분석하여 일치하는 경우에는 엔진을 시동하고, 일치하지 않는 경우에는 시동 금지 기능을 실행하는데 시동을 금지할 경우에는 점화와 연료분사를 하지 않는다. 또 장치의 고장 유무를 경고등 제어를 통하여 운전자에게 알려준다.

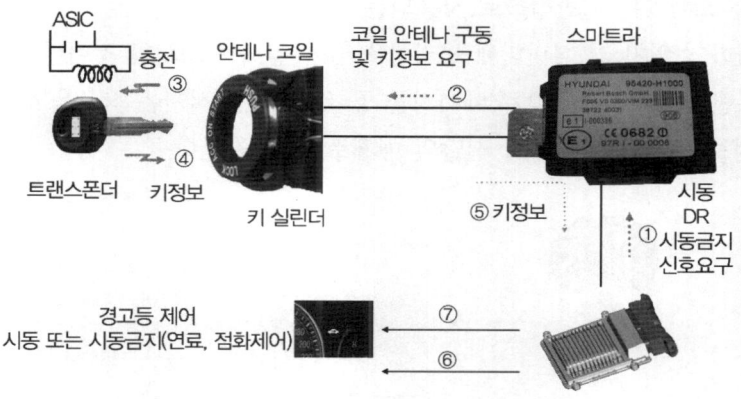

:: 이모빌라이저 장치의 구성 및 제어 원리

2 트랜스폰더의 충·방전 원리

전류가 흐르고 있는 안테나 코일에 트랜스폰더가 가까이 접근하면 트랜스폰더에 들어 있는 코일에 전자유도 작용이 일어난다. 이때 축전기(condenser)가 충전된다. 따라서 트랜스폰더는 점화 스위치를 ON으로 한 직후 작동할 수 있는 에너지를 얻게 됨과 동시에 스마트라로부터 점화 스위치의 정보와 암호를 요구하는 신호를 수신 받는다. 그리고 축전기가 충전되면 곧바로 방전되면서 무선으로 점화 스위치의 정보를 송신한다.

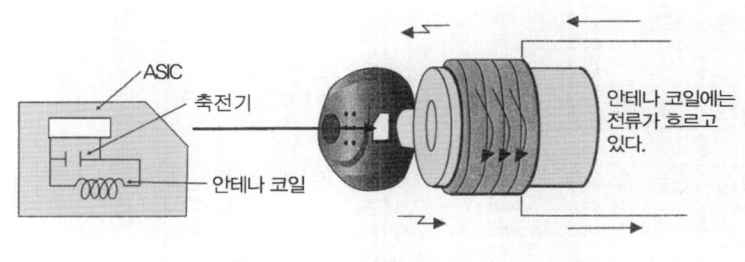

:: 트랜스폰더의 충·방전

3 이모빌라이저 구성 부품의 기능

1) 엔진 컴퓨터

엔진 컴퓨터는 점화 스위치를 ON으로 하였을 때 스마트라를 통하여 점화 스위치의 정보를 수신 받고, 수신된 점화 스위치의 정보를 이미 등록된 점화 스위치의 정보와 비교 분석하여 엔진의 시동 여부를 판단한다.

2) 스마트라

스마트라는 엔진 컴퓨터와 트랜스폰더가 통신을 할 때 중간에서 통신 매체의 역할을 한다. 그리고 어떠한 정보도 저장되지 않는다.

3) 트랜스폰더

점화 스위치의 손잡이에는 그림과 같은 회로가 들어 있는데 이 부분이 트랜스폰더이다. 트랜스폰더에는 전지가 들어 있지 않기 때문에 반영구적으로 사용할 수 있다. 그러나 작동할 때에는 무선으로 에너지를 공급받아 축전기의 충전과 방전을 통하여 작동한다. 트랜스폰더는 스마트라로부터 무선으로 점화 스위치의 정보 요구 신호를 받으면 자신이 가지고 있는 신호를 무선으로 보내주는 역할을 한다. 따라서 이모빌라이저 장치에서 사용되는 점화 스위치는 일반적으로 사용되는 것과는 다르다.

안테나 코일은 점화 스위치 키 실린더에 구리선을 감아 일체형으로 한 것이며, 이 코일은 스마트라로부터 전원을 공급받아 트랜스폰더에 무선으로 에너지를 공급하여 충전시키는 작용을 한다. 그리고 스마트라와 트랜스폰더 사이의 정보를 전달하는 신호 전달의 매체로 작용을 한다.

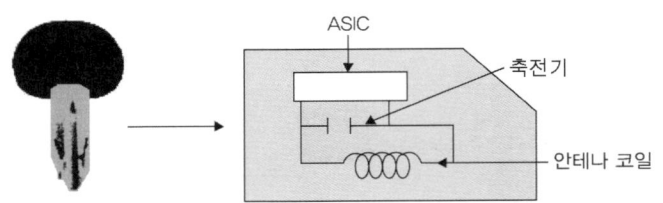

∷ 트랜스폰더 안테나 코일

4 트랜스폰더 등록

이모빌라이저 장치는 이미 등록된 점화 스위치에 의해서만 엔진의 시동이 가능하기 때문에 트랜스폰더는 일정한 절차에 의해 등록하여야만 사용할 수 있다. 그림은 트랜스폰더 등록 방법의 예를 나타낸 것이다.

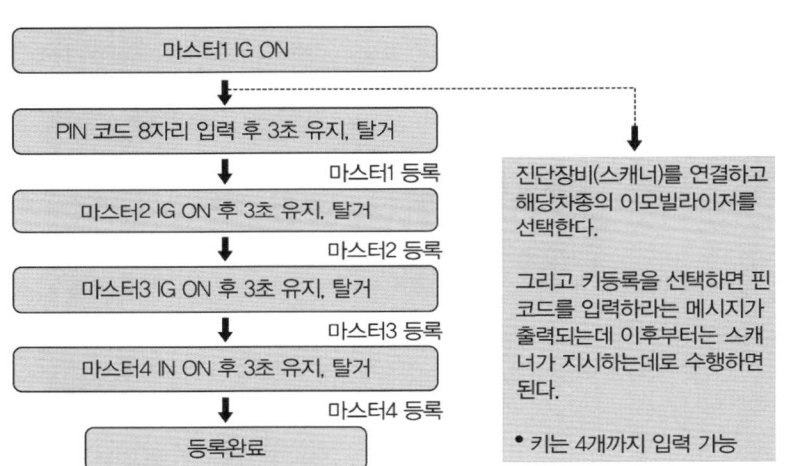

진단장비(스캐너)를 연결하고 해당차종의 이모빌라이저를 선택한다.

그리고 키등록을 선택하면 핀 코드를 입력하라는 메시지가 출력되는데 이후부터는 스캐너가 지시하는데로 수행하면 된다.

• 키는 4개까지 입력 가능

∷ 트랜스폰더 등록 절차

학/습/목/표

    1. 스마트키의 필요성에 대하여 설명할 수 있다.
    2. 스마트키의 구성 요소에 대하여 설명할 수 있다.
    3. PIC 장치의 작동에 대하여 설명할 수 있다.
    4. 파워 모드 인증을 위한 스마트키 인증에 대하여 설명할 수 있다.
    5. 림프 홈의 기능에 대하여 설명할 수 있다.
    6. 경고등 제어에 대하여 설명할 수 있다.

1 스마트 키의 개요

    PIC(Personal IC card) 장치는 점화 스위치나 리모컨을 이용하여 자동차에 탑승하거나 엔진을 시동하는 것이 아니다. 즉 스마트키(PIC용 리모컨)를 소지한 운전자는 어떠한 행동(점화 스위치 또는 리모컨을 이용하여 도어 잠금 및 잠금 해제)도 하지 않은 상태에서 자동차에 탑승할 수 있는 장치이다. 또 PIC 장치는 운전자가 스마트키로 어떤 행동(점화 스위치를 키 실린더에 끼운 후 각 위치로의 조작)도 하지 않은 상태에서 MSL (Mechatronic Steering Lock)을 구동하여 점화 스위치의 조작이 가능하도록 하여 엔진의 시동과 시동을 금지할 수 있도록 되어 있다.

    PIC는 기존 자동차 입·출입 및 시동 방법과 비교할 때 다음과 같이 구분된다.

항목	기존방식	PIC 장치
도어 열림	• 점화 스위치를 키 실린더에 끼운 후 잠금 해제 방향으로 회전 • 리모컨의 잠금 해제(unlock) 버튼 조작	• 스마트키를 소지한 상태에서 도어 손잡이를 터치한다.
도어 잠금	• 점화 스위치를 키 실린더에 끼운 후 잠금 방향으로 회전 • 리모컨의 잠금(lock) 버튼 조작	• 스마트키를 소지한 상태에서 도어 손잡이의 잠금 버튼을 누른다.
트렁크 열림	• 리모컨으로 트렁크 열림(open) 버튼 조작	• 스마트키를 소지한 상태에서 트렁크의 리드 핸들을 당긴다.
엔진 시동	• 점화 스위치를 키 실린더에 끼운 후 시동위치로 조작하여 시동한다.	• 푸시버튼을 누른 상태에서 로터리 노브를 회전시킨다.

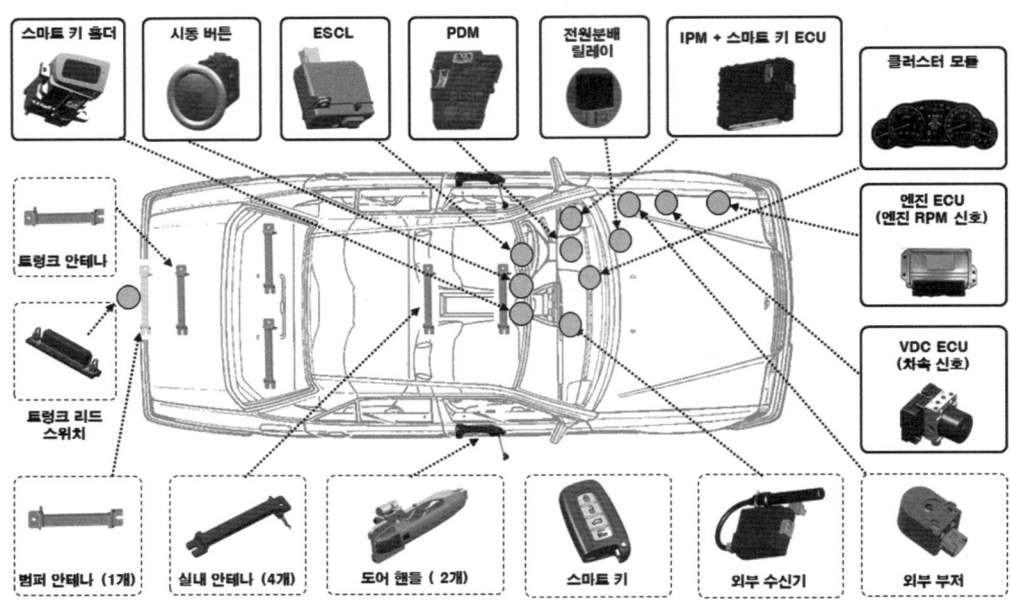

:: 스마트키의 구성도

- PIC 장치의 기능은 다음과 같다.

순서	기능	세부 내용
1	키리스 엔트리 기능	일반적인 리모컨 기능과 같이 도어 잠금 및 잠금 해제, 트렁크 잠금 해제 제어 기능(도어를 잠금으로 하였을 때 도난경계 진입)
2	스마트키 인증에 의한 도어 잠금 해제	스마트키를 소지하였을 때 도어 핸들의 터치 센서를 만지는 것만으로도 도어의 잠금이 해제되는 기능
3	스마트키 인증에 의한 도어 잠금	스마트키를 소지하였을 때 도어 핸들의 잠금 버튼을 누르는 것만으로도 도어가 잠기는 기능(도어를 잠금으로 하였을 때 도난 경계 진입)
4	스마트키 인증에 의한 트렁크 잠금 해제	스마트키를 소지하였을 때 트렁크를 별도의 조작 없이 열 수 있는 기능
5	스마트키 인증에 의한 MSL 해제	스마트키를 소지하였을 때 무선 인증에 의해 MSL 잠금을 해제하고 엔진 시동이 가능한 가능
6	스마트키 인증에 의한 엔진 시동	스마트키를 소지하였을 때 무선 인증에 의해 엔진 시동이 가능한 가능
7	림프 홈 시동(트랜스폰더에 의한 시동)	스마트키에 고장이 발생하였을 때 이모빌라이저 기능과 동일하게 스마트키를 MSL 노브에 끼웠을 때 트랜스폰더를 인증하여 MSL 해제 및 엔진 시동이 가능하도록 하는 기능
8	경고등 제어	계기판의 PIC 램프를 통하여 장치의 상태를 운전자에게 알려주는 기능

2 스마트키의 구성 요소

1 PIC 컴퓨터

PIC 컴퓨터는 패시브 액세스(passive access), 패시브 잠금 해제(passive unlocking), 그리고 패시브 인증 등 모든 기능을 관리한다. PIC 컴퓨터는 커패시티브(capacitive) 센서, 잠금 버튼, 브레이크 페달 신호, key in contact 등의 신호를 입력받고, 내·외부 안테나를 같이 출력 제어를 하며, 자동차의 다른 부품들과 CAN 통신을 한다. 스마트키와의 통신에서는 PIC 컴퓨터 내부에 변조된 스마트키 확인 요구(challenge) 신호를 보내고 스마트키로부터의 응답(response) 신호를 받는 수신기로부터 스마트키 확인 신호를 받는다.

2 PIC 스마트키

PIC 장치의 스마트키는 2개이며, 기능은 다음과 같다.
① **수동 작동** : 스마트키 확인(challenge) 요구 신호를 PIC 컴퓨터로부터 받아 자동적으로 응답(response) 신호를 보낸다.
② 잠금, 잠금 해제, 트렁크 등 3가지를 작동시키는 푸시 버튼으로 되어 있다.
③ 비상 상태에서 도어 개폐를 기계적으로 작동시킬 수 있는 키가 있다.
④ 배터리 불량이나 통신에 장애가 있을 때 사용하는 자동 응답 장치가 있다.

트랜스폰더 내장

(a) 기존 차량용 스마트키

PCB 기판에 트랜스폰더 내장

(b) 버튼 시동 차량용 스마트키

∷ 스마트키의 외관

3 안테나 Antennas

1) 내부 및 외부 안테나

자동차 실내 및 외부에 감응(inductive) 안테나가 설치되어 있다. 안테나는 PIC 컴퓨터의 안테나 구동 전류를 자기장의 변화로 변형시켜 PIC의 확인 요구 신호를 받는다. 자동차 외부에는 3개의 안테나가 설치되어 있고, 이 중 도어 손잡이(운전석과 동승석)의 2개 안테나는 앞 도어 주위 2곳을 담당하며, 뒤 범퍼에 설치된 안테나는 트렁크 주위를 담당한다.

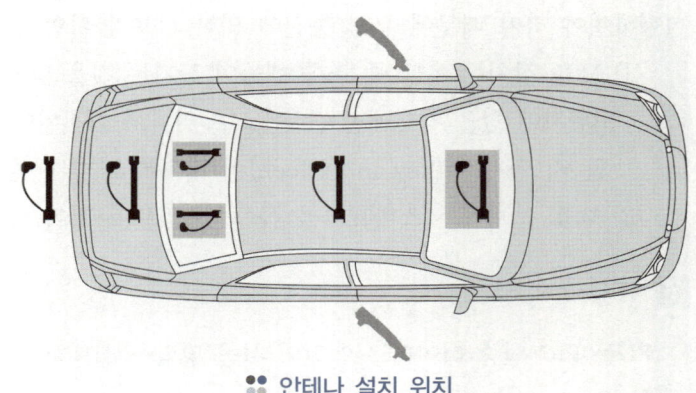

∷ 안테나 설치 위치

자동차 실내와 트렁크 부분에는 5개의 실내 안테나가 있으며, 2개의 안테나는 승객(passenger), 다른 2개의 안테나 중 한 개는 hat shelf(승용차 뒷유리 설치부분의 스피커를 설치하는 공간으로 모자 등을 올려놓을 수 있는 부분)를 나머지 한 개는 트렁크 부분을 담당한다.

2) 이모빌라이저 백업 안테나(림프 홈 - limp home 용)

비상 상태일 때 트랜스폰더(transponder)를 확인하기 위해 자성의 확인 요구 신호를 출력 및 입력받는다.

3) 외부 수신기

스마트키의 확인신호를 PIC 컴퓨터 외부에 설치된 수신기에서 받고, 이것은 시리얼 통신을 통하여 PIC 컴퓨터로 전달한다.

4 도어 손잡이

앞 도어의 도어 손잡이(운전석과 동승석)는 주파수 신호를 출력할 수 있도록 페라이트 안테나를 사용하며, 커패시티브 센서와 잠금 기능을 실행하기 위한 버튼이 설치되어 있다.

1) 잠금 버튼 Lock Button

스마트키가 수신거리 이내에 있을 때 잠금 버튼을 누르면 전체 도어가 잠긴다. 그리고 도난 경계 진입조건이 되면 경계 모드로 진입한다.

2) 커패시티브 센서 Capacitive Sensor

스마트키가 수신거리 이내에 있을 때 사용자의 손이 도어 손잡이(도어 손잡이 안쪽에 있는 센서)에 닿는 순간 도어의 잠금을 해제하는 센서이며, 이때 도난 경계 상태도 해제된다.

3) 도어 래치 Door Latch

사용자가 도어 손잡이를 잡아당길 때 너무 빨리 당기면 도어의 잠금 상태가 해제되지 않고 잼(jam)이 되는 경우가 있다. 이때 잼이 되어도 다시 한 번 도어 손잡이를 잡아당기면 열릴 수 있도록 한 앤티 잼 래치(anti jam latch)를 사용한다.

5 MSL Mechatronic Steering Lock

MSL은 자동차의 허가 받지 않은 사용을 금지할 때 조향 핸들을 블로킹(blocking)하기 위한 장치이다. 그리고 엔진을 시동할 때 페일 세이프(fail safe) 기능은 트랜스폰더가 설치된 스마트키로 할 수 있다.

스마트키를 MSL에 끼웠을 때 BCM(body control module)이 스마트키가 적합한 것으로 인증을 하면 MSL의 잠금을 해제한다. 그러나 PIC의 경우 점화 스위치를 끼운 후 돌리지 않고 패시브 시동(passive start)기능을 실행하여야 하기 때문에 무선 통신에 의한 사용자 확인 및 이모빌라이저 기능이 필수이다.

    ① MSL 장치는 운행 중 조향 핸들이 잠기는 것을 방지하기 위하여 PIC 노브는 자동변속기의 변속레버가 P위치에 있을 경우에만 잠금(lock) 위치로 회전된다. 즉 MSL 장치는 변속레버가 P위치에 있을 경우에만 키 인터 록(key inter lock)이 되도록 조향 핸들과 변속레버가 케이블에 의해 연결되어 있다.

    ② MSL 노브에는 스마트키를 꼽을 수 있는 구멍이 있는데 이것을 **키 인 스위치**(key in switch)라 한다.

6 IFU Inter Face Unit

IFU는 PIC 인증 데이터로 엔진의 시동 명령을 실행하며, 통신에 의한 엔진의 시동이 불가능할 때 스마트키를 끼운 후 트랜스폰더의 인증으로 MSL 해제 및 엔진의 시동 인증이 가능하도록 한다. 또 리모컨에 의한 도어 잠금, 잠금 해제, 트렁크 열림 작동에서 받은 데이터를 번역, 중계하여 BCM으로 전달한다.

3 PIC 장치의 기능

1 도어 잠금 해제 Passive Access or Entry 기능

1) 도어 잠금 해제의 작동 범위

스마트키는 그림에 나타낸 바와 같이 자유 공간의 외부 안테나로부터 최소 0.7m에서 최대 1m 범위 안에서 도어 손잡이에 부착된 외부 안테나를 통해 자동차로부터 보내온 스마트키 요구 신호를 받아들여 이를 해석한다.

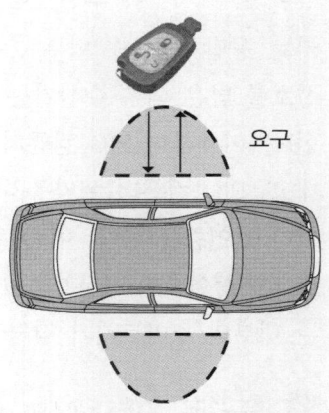

🔹 도어 잠금 해제의 작동 범위

2) 도어 잠금 해제의 작동 다이어그램

커패시티브 센서(capacitive sensor)가 부착된 도어 손잡이에 운전자가 접근하는 것은 운전자가 자동차의 실내로 들어가기 위한 의도를 나타내는 것으로 이때 장치 트리거(system trigger)의 신호로 인식한다. 즉 스마트키를 지닌 운전자가 자동차에 접근하여 도어 손잡이를 터치하면 도어 손잡이 내에 있는 안테나는 유선으로 PIC 컴퓨터로 신호를 보낸다. 신호를 받은 PIC 컴퓨터는 다시 도어 손잡이의 안테나를 통하여 스마트키에 확인 요구 신호를 무선으로 보내고, 스마트키는 응답 신호를 무선으로 외부 수신기로 데이터를 보낸다. 데이터를 받은 외부 수신기는 유선(시리얼 통신)으로 PIC 컴퓨터로 데이터를 보내고, PIC 컴퓨터는 자동차에 맞는 스마트키라고 인증을 한다. 그리고 PIC 컴퓨터는 CAN 통신을 통해 도어 잠금 해제(unlock)신호를 운전석 도어 모듈과 BCM으로 보낸다. 이에 따라 운전석 도어 모듈이 잠금 해제 릴레이를 작동시키고, BCM은 방향지시등 릴레이(비상등)를 0.5초 동안 2회 작동시켜 도난 경계를 해제시킨다.

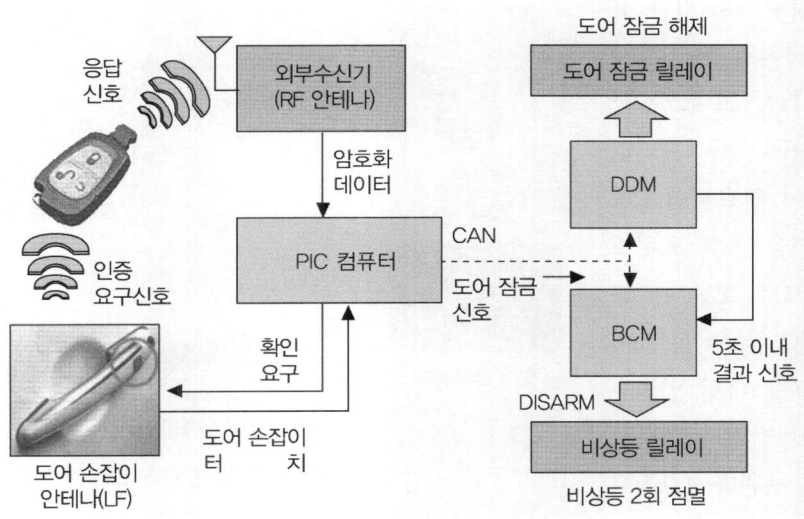

🔹 도어 잠금 해제의 작동도

2 도어 잠금 Passive Locking, Exit 기능

잠금 버튼을 누르는 것은 운전자가 도어를 잠그기 위한 의도이며, 이때 장치의 트리거 신호로 인식한다. 즉 전체 도어가 닫힌 상태에서 도어 손잡이에 있는 잠금 버튼을 누르면 도어 손잡이는 PIC 컴퓨터로 신호를 보낸다. 신호를 받은 PIC 컴퓨터는 다시 도어 손잡이의 안테나를 통해 스마트키 확인 요구 신호를 무선으로 보내며, 스마트키는 응답 신호를 외부 수신기로 보낸다. 신호를 받은 외부 수신기는 유선(시리얼 통신)을 이용하여 PIC 컴퓨터로 데이터를 보내고, PIC 컴퓨터는 자동차에 맞는 스마트

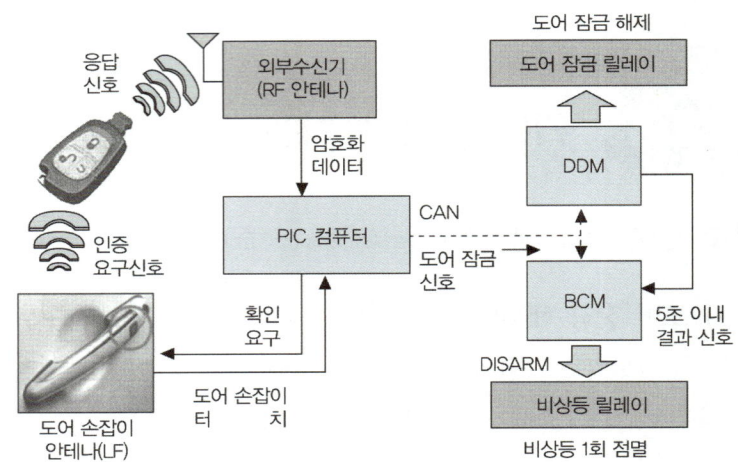

:: 도어 잠금의 작동도

키라고 인증을 한다. 이때 운전석 도어 모듈은 잠금 릴레이를 작동시키고, BCM은 방향지시등 릴레이(비상등)를 1초 동안 1회 작동시키고 도난 경계 상태로 진입한다. 만약, 자동차 실내에 스마트키가 있으면 PIC 컴퓨터는 내부의 스마트키가 잠금 신호를 수신하는 것을 방지하기 위하여 내부 안테나로 작동 중지 신호를 보낸다.

3 트렁크 열림 Passive Access Trunk 기능

트렁크 리드 버튼을 누르는 것은 운전자가 트렁크를 열기 위한 의도이며, 이때 즉 트렁크 리드 버튼을 누르면 리드 버튼은 PIC 컴퓨터로 신호를 보낸다. 신호를 받은 PIC 컴퓨터는 다시 범퍼 안테나를 통해 스마트키의 확인 요구 신호를 무선으로 보내며, 스마트키는 응답 신호를 무선으로 외부 수신기로 데이터를 보낸다.

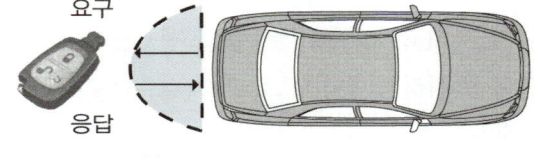

:: 트렁크 열림 작동 범위

데이터를 받은 외부 수신기는 응답이 맞으면 유선(시리얼 통신)으로 PIC 컴퓨터에 데이터를 보내고 PIC 컴퓨터는 자동차에 맞는 스마트키라고 인증한다. 인증이 완료되면 PIC 컴퓨터는 CAN 통신을 통해 트렁크 열림 신호를 BCM으로 보낸다. 또 트렁크가 닫히면 PIC 컴퓨터는 스마트키로 인해 트렁크가 다시 열리는 것을 방지하기 위해 범퍼 안테나로 작동 중지 신호를 보낸다. 그리고

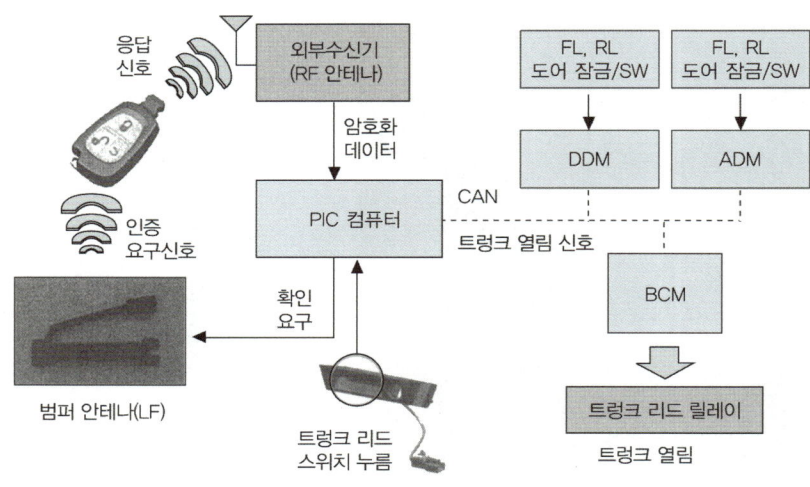

:: 트렁크 열림 기능의 작동도

PIC 컴퓨터는 트렁크 내부에 스마트키가 있는지 확인한다. 만약 사용하는 스마트키라면 PIC 컴퓨터는 BCM으로 트렁크 리드 릴레이를 구동하기 위한 열림 신호를 보낸다.

파워 모드 스위치 작동은 점화 스위치를 통해 실행된다. PIC 장치는 PIC 컴퓨터에 의해 MSL 이 해제된 후 운전자에게 엔진의 시동(크랭킹)과 가동정지 뿐만 아니라 파워 모드의 조작(OFF, ACC, IG)을 허용한다.

작동 과정은 다음과 같다. 먼저 파워 모드 인증을 위하여 브레이크 페달을 밟으면 브레이크 스위치는 PIC 컴퓨터로 신호를 보낸다. 신호를

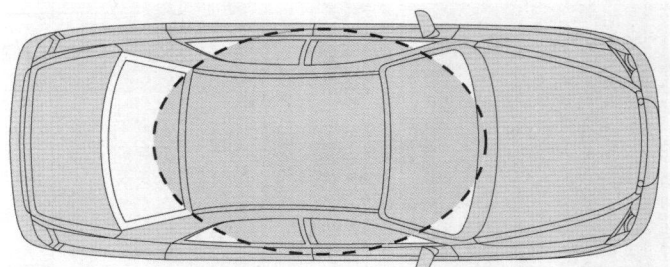

:: 파워 모드 작동을 위한 스마트키 인증 범위

받은 PIC 컴퓨터는 다시 실내 안테나를 통해 스마트키 확인 요구 신호를 무선으로 보내고, 스마트키는 응답 신호를 무선으로 외부 수신기로 데이터를 보낸다.

데이터를 받은 외부 수신기는 응답이 맞으면 유선(시리얼 통신)으로 PIC 컴퓨터로 데이터를 보내며, PIC 컴퓨터는 자동차에 맞는 스마트키라고 인증한다. 인증이 되면 PIC 컴퓨터는 유선을 통해 MSL로 해제 신호를 보낸다. 신호를 받은 MSL은 점화 스위치의 키 실린더 잠금을 해제하고 파워 모드의 조작을 허용한다.

파워 모드의 조작을 허용하고 난 후 약 10초 이내에 점화 스위치를 조작하지 않으면 MSL은 다시 잠긴다. 이를 해제하기 위해서는 브레이크 페달을 밟아 인증을 다시 받아야 한다.

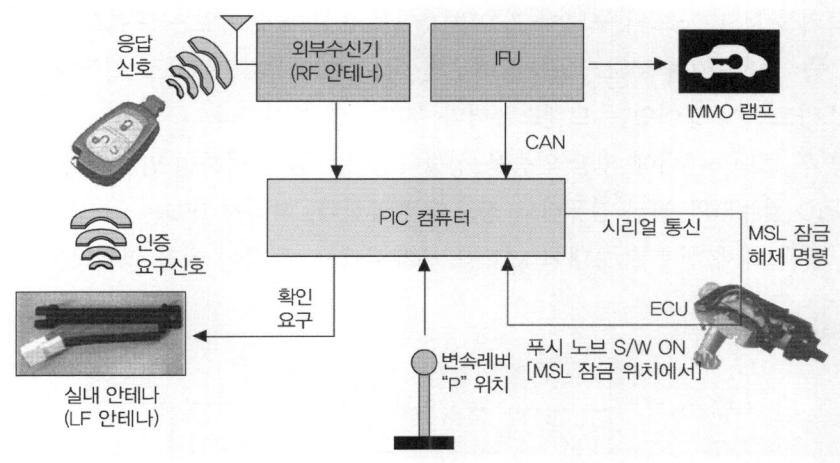

:: 파워 모드 작동을 위한 스마트키 인증 작동도(1)

이 기능은 MSL 노브 해제 상태에서 노브를 IG 위치로 돌리면 인증된 스마트키의 경우 엔진 시동이 가능하지만, 그렇지 않은 경우는 시동이 되지 않는 경우이다. 일반적인 이모빌라이저 기능과 같다. 즉 노브를 IG 위치로 ON시키면 PIC가 IFU로 스마트키 인증 신호를 보낸다. 이때 IFU는 엔진 컴퓨터로 엔진의 시동 허가를 보내고, 엔진 컴퓨터는 크랭킹할 때 연료분사가 가능하도록 제어하므로 엔진이 시동된다.

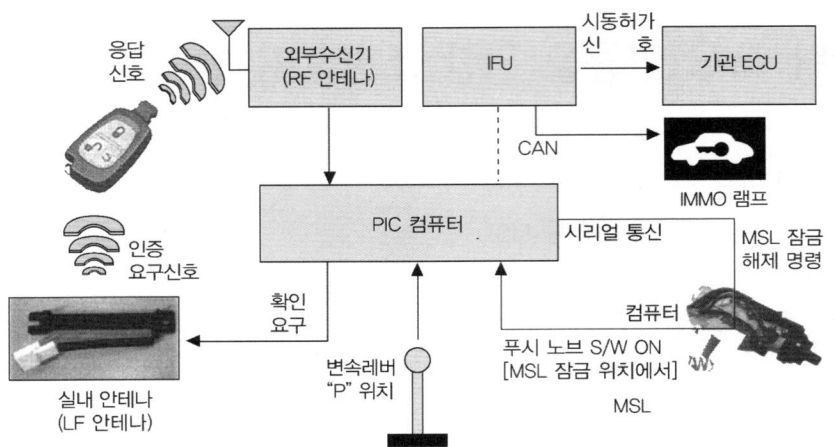

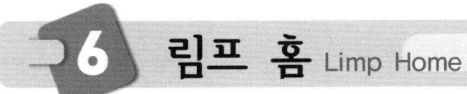

파워 모드 작동을 위한 스마트키 인증 작동도(2)

6 림프 홈 Limp Home

 이 기능은 림프 홈 시동이라고 부르는 것이며, 스마트키의 배터리 방전이나 외부 수신기의 불량으로 인한 MSL 잠금 해제 및 엔진의 시동이 불가능할 때 스마트키를 MSL 노브의 구멍에 끼워 MSL 해제 및 엔진의 시동이 가능하도록 하는 보완 기능이다.

 이 기능은 스마트키를 MSL 노브의 구멍에 끼우면 스마트키 내에 들어있는 트랜스폰더(이모빌라이저 기능과 같음)가 작동된다. 즉 스마트키를 MSL 노브에 끼우면 이 신호가 IFU(BCM)로 입력되며, 이때 IFU는 안테나 코일을 구동시켜 스마트키에 들어있는 트랜스폰더와 무선으로 통신한다.

 IFU는 통신 실행 후 트랜스폰더에 대한 인증을 성공하면(정보를 분석하여 암호와 핀 코드가 일치되는 경우) 통신 라인을 통해 PIC 컴퓨터와 엔진 컴퓨터로 정보를 전달한다. 따라서 IFU는 이 정보에 의해 경고등을 제어하는 한편, MSL로 잠금 해제 신호를 보내어 MSL을 해제시키고, 동시에 엔진 컴퓨터는 엔진의 시동이 가능하도록 제어한다.

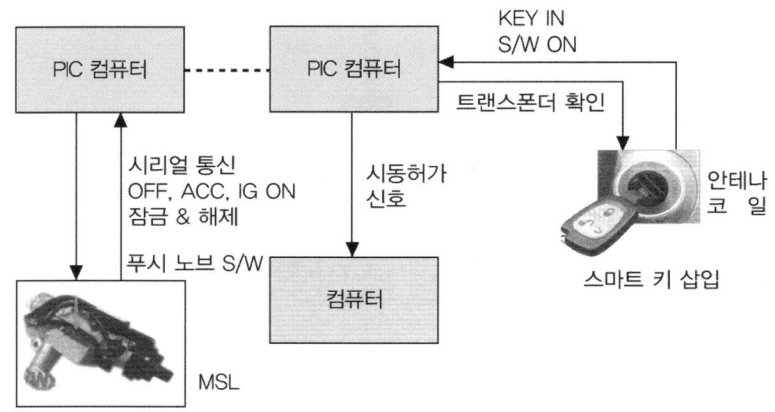

림프 홈 기능 작동도

 **7 경고등 제어**

1 램프 모드 상태

이모빌라이저 램프 구동은 장치의 상태에 따라 BCM 또는 IFU가 ON/OFF 제어를 한다.

2 램프 표시에 따른 장치의 상태

1) 정상인 경우

① 트랜스폰더에 의해 인증된 경우

조건	IG OFF인 경우	IG ON에서 인증 실패
램프 상태	최대 10초 동안 점등	2초 동안 점등

② 스마트키(PIC 리모컨)에 의해 인증된 경우

조건	IG OFF인 경우	IG ON에서 인증 실패
램프 상태	최대 10초 동안 점등	2초 동안 점등

③ 빠른 재시동 : IG OFF 중에 10초 동안 램프 점등
④ 도어를 열고 닫을 경우

조건	IG OFF인 경우	IG ON에서 인증 실패
램프 상태	10초 동안 다시 점등	이전 램프 상태 유지

2) 비정상인 경우

① 트랜스폰더에 의한 인증 실패 : 깜박거림
② PIC 리모컨에 의한 인증 실패 : 깜박거림, IG ON일 때의 깜박거림은 IG OFF 상태에서도 계속되며, 새로운 IG OFF, ON에서도 인증을 실패하면 깜박거림은 다시 시작된다.
③ 재시동 시간 초과

조건	ECU 시간초과	인증 요구 취소
램프 상태	OFF	OFF

④ 도어의 열고 닫을 때 PIC 리모컨 이탈(out) 발생

조건	IG OFF인 경우	IG ON에서 인증 실패
램프 상태	램프 OFF/버저 OFF	기존 램프상태 유지/버저 ON

⑤ 트랜스폰더 키 out : OFF(인증 요구 취소)

⑥ 포브로 ACC OFF : OFF(인증 요구 취소)

⑦ 브레이크 페달을 놓고 포브로 10초 이내에 ACC ON : OFF(인증 요구 취소)

⑧ MSL 과열 또는 MSL 해제 안 됨(통신 문제로 인한) : OFF(인증 요구 취소)

3) IG ON으로 전환

① IG ON에서 인증 성공 :램프 ON

② IG ON에서 인증 실패 : 램프 깜박거림

③ IG ON에서 인증 성공 및 엔진 컴퓨터 통신 실패 : 2초 후 램프 OFF

8 그 밖의 제어 *Electricity*

1 조향 칼럼 잠금 Block of Steering Column

조향 칼럼 잠금(block) 장치는 기계적 장치와 비슷하다. MSL 장치의 노브를 시계방향으로 회전시키면 ON 이고, 시계 반대방향으로 회전시키면 OFF이다. 조향 칼럼의 잠금 조건은 다음과 같다.

① PIC 노브가 OFF 위치에 있고

② 스마트키가 끼워져 있지 않은 상태 즉 key in 스위치가 활성화 되어 있지 않고

③ 변속레버가 P 위치에 있는 경우이다.

즉, PIC 컴퓨터가 MSL 장치를 잠금으로 작동시킨다. 만약, 조향 칼럼이 올바르게 잠기지 않은 상태에서 운전자가 자동차에서 떠나면(도어가 열리면) 버저를 울려 운전자 에게 경고한다. 키 인터록(key inter lock) 기능을 사용하기 때문에 변속레버가 P 위치 에 있지 않으면 MSL 노브를 잠기지(lock)

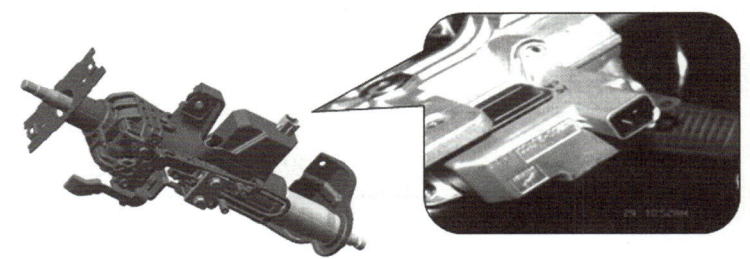

❖ 조향 칼럼 장금 장치 설치 위치

않는다. 또 스마트키가 끼워져 있더라도 운전자가 스마트키를 빼는 순간 MSL은 잠금으로 된다.

2 스마트키의 활성화와 비활성화(무력화)

도난 경계 상태로 진입하면 PIC 장치는 내부의 스마트키를 찾는다. 만약, 자동차 내부에서 스마트키가 발견 되면 스마트키는 도난 경계 상태가 해제될 때까지 그 기능이 비활성화 된다. 리셋(reset) 후에도 PIC 장치는 도난 경계 상태이면 자동차 내부의 스마트키를 검색한다. 즉 PIC 컴퓨터가 리셋 되더라도 자동차 내부의 모든 스마트키는 비활성화를 유지한다.

3 페일 세이프 Fail Safe, Limp Home 백업용

스마트키의 배터리가 방전된 경우 또는 통신 장애가 발생한 경우에는 다음과 같은 페일 세이프 기능이 가능 하다.

① 도어 또는 트렁크의 열림, 잠금 기능 : 기계적인 키(점화 스위치)를 이용한다.

② 조향 칼럼의 해제 : 스마트키는 자동 응답 장치(트랜스폰더)를 내장하고 있다. 엔진을 시동하기 위해서

운전자는 MSL에 스마트키를 끼워야 한다. IFU(BCM)이 키(key) 삽입 신호를 인식하면 자동 응답 장치 안테나로 통신한다. 자동 응답 장치 코드가 맞으면 BCM은 해제 신호를 PIC 컴퓨터로 보내고, PIC 컴퓨터는 시리얼 라인을 통하여 MSL로 전한다.

③ 엔진 시동 : 운전자가 IG_1 위치로 MSL 노브를 돌린 경우 엔진 컴퓨터는 K-라인을 통해 이모빌라이저에 확인 요구 신호를 BCM으로 보내고, BCM은 유효 신호를 응답한다. 즉 엔진 컴퓨터가 엔진의 시동 여부를 최종적으로 판단한다.

4 운전자에게 알림(경고) 기능

1) 스마트키 이탈 경고

운전자가 엔진이 가동되는 상태 또는 빠른 시동 조건 상태에서 스마트키를 지니고 자동차에서 떠날 경우 자동차 도난 등의 우려를 버저로 알려주는 기능이다. 즉 도어가 열렸다가 닫히고 MSL 노브가 ON 위치에 있는 상태에서 운전자가 스마트키를 지니고 자동차로부터 떠나게 되면 PIC 컴퓨터는 자동차 내부에서 인증된 스마트키를 찾는다. 만약, 인증된 스마트키가 없으면 PIC 컴퓨터는 BCM에 버저를 울리도록 신호를 보낸다 (경고 버저는 5초 동안 작동). 버저가 작동하는 동안 도어가 열렸다가 다시 닫히고 나서 인증 받은 스마트키가 발견되면 버저는 바로 정지한다.

2) 스마트키 비활성화 경고

스마트키가 BCM(IFU)이나 PIC 컴퓨터와 통신을 하였지만 인증을 받지 못하는 경우 PIC 컴퓨터는 BCM에 버저 경고를 하도록 신호를 보낸다. 버저가 작동하는 동안 인증된 스마트키가 발견되면 버저는 곧바로 정지한다.

3) 엔진을 시동할 때 스마트키 없음 경고

패시브(passive) 시동 기능을 작동하기 위해서는 자동차 내부에 인증된 스마트키가 있어야 한다. 만약, 인증된 스마트키가 없는 경우의 상태에서 엔진의 시동을 하기 위해서는 브레이크 페달을 밟고 PIC 노브를 조작하면 PIC 컴퓨터는 BCM으로 이모빌라이저 램프가 점멸하도록 신호를 보낸다. 이때 버저 기능은 제외된다.

4) 변속레버 위치 경고

변속레버가 P위치에 있지 않고 ACC와 IG_1이 OFF된 상태에서 도어를 열면 PIC 컴퓨터는 BCM에 버저 경고 신호를 보낸다. 버저는 경고가 해제될 때까지 지속적으로 작동한다. 이때 MSL은 잠기지 않는다.

5) 스마트키 리마인더 Remainder 경고

스마트키 리마인더 경고는 패시브 인증일 때 존재하며, 이 기능은 BCM이 관리한다.

6) MSL 장치 잠기지 않음 경고

PIC 컴퓨터는 다음의 조건에서 MSL 장치가 잠기지 않았음을 BCM을 통해 버저를 작동시킨다.

① 점화 스위치가 삽입되어 있지 않고,

② ACC나 IG_1이 ON 되어 있지 않은 상태에서

③ MSL이 0 위치에 있지 않은 상태에서 도어가 열리면 버저를 작동시킨다.

7) 스마트키의 배터리 전압저하 검출

스마트키의 배터리 전압이 낮은 경우를 확인하기 위해 스마트키에는 배터리 전압 측정과 낮은 전압 상태를 검출할 수 있도록 되어 있다. 배터리 전압 측정은 버튼을 누르거나 측정 요구 신호가 수신되었을 때이다.

버튼을 눌러 측정하는 것은 충분하지 않기 때문에(예, 운전자가 버튼을 누르지 않고 패시브 모드만 사용하는 경우) 측정의 확실한 결과를 얻기 위해서 PIC 컴퓨터는 측정 요구 신호를 스마트키로 보낸다. 이 측정 요구 신호는 IG_1 ON 동안에 처음으로 주행속도가 40km/h를 초과할 때 1회 보낸다. 스마트키의 전압이 낮은 것으로 확인되면 버튼을 눌러도 ON으로 되지 않는다.

8) 도어 잠금 경보

전체 도어 중 1개라도 열려있는 상태에서 아웃사이드 핸들에 있는 잠금 버튼을 누르면 도어는 잠기지 않으며, 이때 경고음을 낸다.

9) 트렁크 다시 열림 경고

트렁크를 연 후 닫을 때 트렁크 안에 스마트키가 존재하면 트렁크를 열면서 동시에 버저가 울린다.

21 통합 정보 장치(DIS)

학/습/목/표

1. 통합 정보 장치의 개요에 대하여 설명할 수 있다.
2. 통합 정보 장치의 특징에 대하여 설명할 수 있다.
3. 통합 정보 장치 구성 부품의 기능에 대하여 설명할 수 있다.
4. MOST 통신에 대하여 설명할 수 있다.
5. 내비게이션의 작동 원리에 대하여 설명할 수 있다.
6. GPS에 대한 개요에 대하여 설명할 수 있다.

1 통합 정보 장치의 개요

통합 정보 장치(DIS ; Driver Information System)는 사용자의 조작 인터페이스를 단순화시켜 멀티미디어, 공조 시스템, 트립 및 각종 자동차 운행 정보 등의 표시를 멀티미디어 유닛(AV 모니터)에 통합시켜 복합 기능을 가진 DIS 통합 조작 버튼을 이용하여 사용자의 정보 검색 및 조작 편의성을 향상시킨 장치이다.

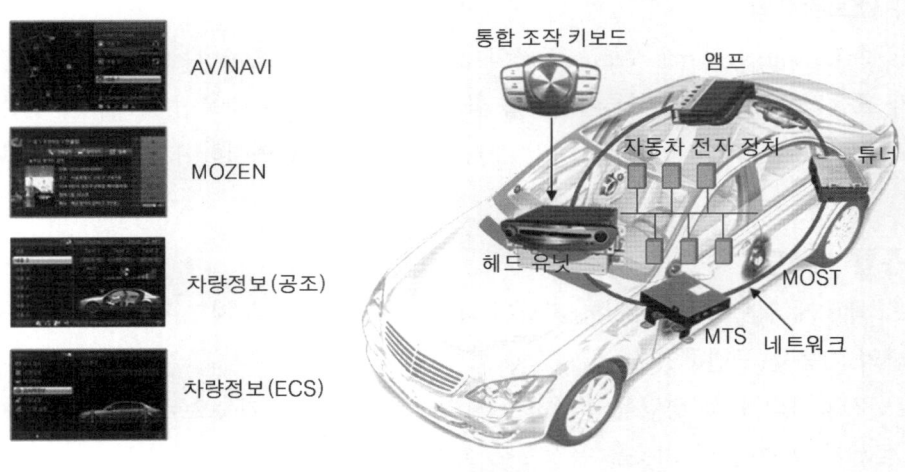

AV/NAVI

MOZEN

차량정보(공조)

차량정보(ECS)

통합 조작 키보드
앰프
자동차 전자 장치
튜너
헤드 유닛
MOST
MTS 네트워크

:: 통합 정보 장치

 **통합 정보 장치의 개요**

기본적인 복합 기능의 조작을 담당하는 통합 키보드인 8방향 조그다이얼, 앞·뒤 좌석의 해상도가 높은 8인치 LCD 모니터, 블루투스 핸즈프리, 음성 인식 기능과 하드 디스크형 내비게이션을 내장한 헤드 유닛, 지상파 DMB 튜너, 사운드를 출력하는 앰프와 FM·AM 라디오 튜너가 통합된 DIF(Digital Intermediate Frequency) 튜너, 뒷좌석에서의 조작을 위한 뒷좌석 조작 버튼, 기타 외부장치의 연결을 위한 미디어 유닛 등으로 구성되어 있다.

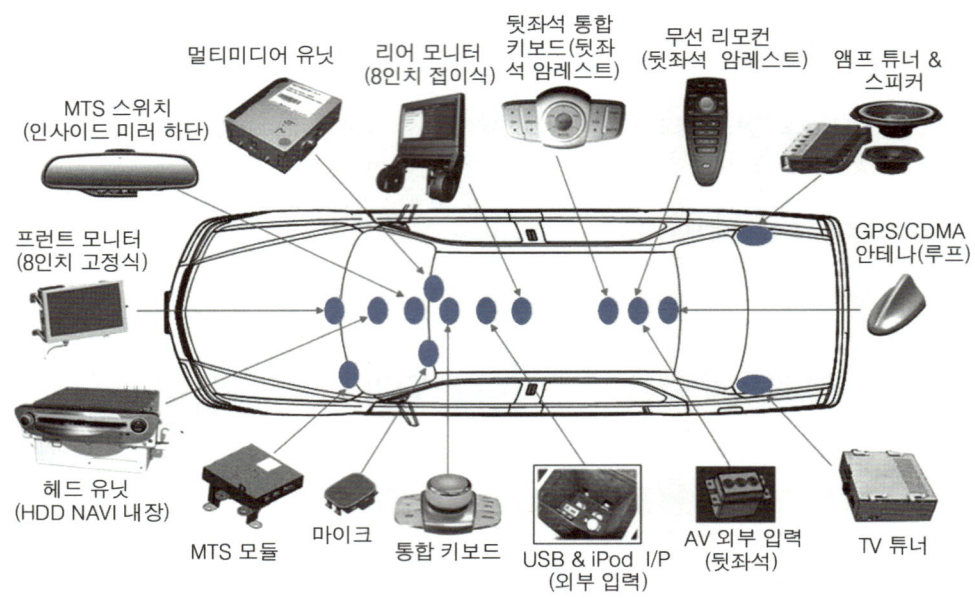

다음은 맨 위쪽부터 표시된 라벨:
- 멀티미디어 유닛
- 리어 모니터 (8인치 접이식)
- 뒷좌석 통합 키보드(뒷좌석 암레스트)
- 무선 리모컨 (뒷좌석 암레스트)
- 앰프 튜너 & 스피커
- MTS 스위치 (인사이드 미러 하단)
- 프런트 모니터 (8인치 고정식)
- GPS/CDMA 안테나(루프)
- 헤드 유닛 (HDD NAVI 내장)
- MTS 모듈
- 마이크
- 통합 키보드
- USB & iPod I/P (외부 입력)
- AV 외부 입력 (뒷좌석)
- TV 튜너

:: 통합 정보 장치의 구성도

2 통합 정보 장치의 특징

1) 사용자 인터페이스의 단순화

멀티미디어 장치, 공조 장치와 자동차 정보 등을 모니터에 표시하여 통합 키보드로 조작이 가능하도록 단순화한 장치이다.

2) 전자 장치의 네트워크화

MOST(Media Oriented Systems Transport)와 CAN(Controller Area Network) 통신을 통하여 자동차의 모든 정보가 효율적으로 전송이 이루어지도록 하고 있다. MOST는 광통신 국제규격의 통신 방법으로 최근 많이 사용되는 방식이며, CAN 통신은 여러 개의 ECU를 병렬로 연결하여 데이터를 주고받는 통신 방법이다.

3) 첨단 기능 통합 시스템

① 하드 디스크 내비게이션 : 헤드 유닛에 저장된 하드 디스크(HDD)에 지도 정보를 저장하고 소프트웨어로 내비게이션의 기능을 구현하였다.

② 음성 인식 : 사용자의 음성 명령을 인식하여 시스템을 조작하는 기능으로 AV·블루투스 폰·내비게이션·모젠 콜센터 연결 등의 기능을 음성으로 조작이 가능하다.

③ 블루투스 핸즈프리 : 국제 무선 통신 규격이며, 현재 출시되는 휴대폰에 많이 적용하는 블루투스 통신을 이용한 핸즈프리 방법이다. 그리고 처음 사용할 때 연결을 설정하면 승차 시 핸즈프리와 자동으로 연결되어 사용이 가능하다.

④ USB·i-Pod 연결 기능 : 휴대 음향 장치로 많이 사용되고 있는 i-Pod, USB 메모리 스틱, 워크맨 등의 외부기기를 연결하여 자동차의 스피커로 사운드를 재생할 수 있도록 한 편의 장치로 i-Pod의 경우 자동차의 통합 키보드로 메뉴의 조작이 가능하다.

3 통합 정보 장치의 블록 다이어그램

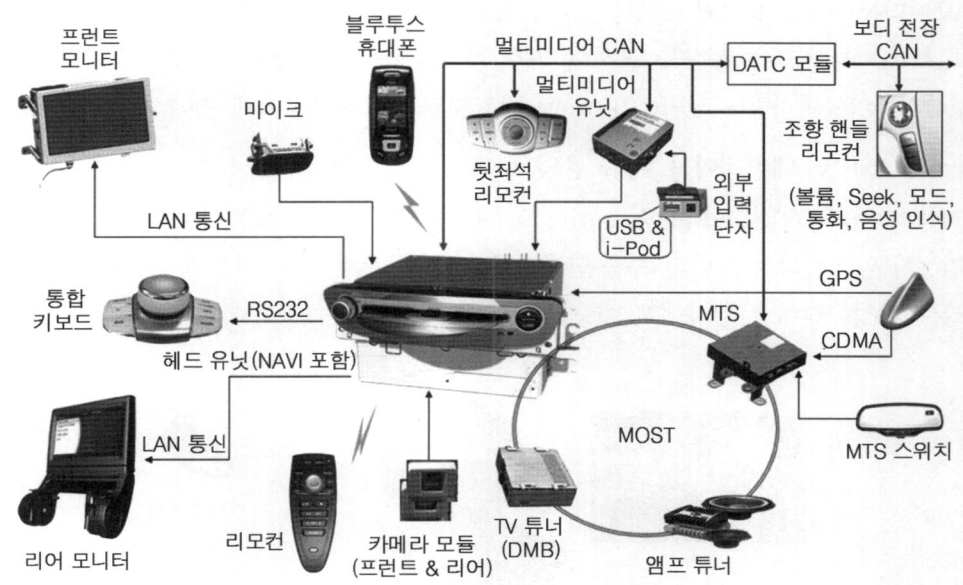

다 통합 정보 장치의 구성

4 통합 정보 장치 구성 부품의 기능

1) 통합 클러스터

TFT-LCD(Thin film Transistor Liquid Crystal Display) 계기판은 속도 등 자동차의 정보를 입체적인 이미지로 표현하며, 통합 클러스터를 **슈퍼비전 클러스터**(Super-vision Cluster)라고 한다. 가볍고 얇으며, 낮은 온도에서도 응답성이 우수하다. 또한 주·야간의 인식성이 높고 광원의 밝기는 운전자가 피로를 최소화하도록 하였으며, 버튼 시동, 도어 열림 등 기본 43개의 기능 표시 외에 차선 이탈 경보 시스템(LDWS ; Lane Departure Warning System)) 등 38개 기능의 표시를 나타내며, 자동차의 모든 정보를 칼라 문자와 이미지 및 음성으로 전달하여 운전자에게 편의성을 제공한다.

2) 조향 핸들 리모컨

스마트 크루즈 컨트롤(SCC ; Smart Cruise Control) 및 차선 이탈 경보 시스템(LDWS)과 공조 및 오디오 시스템 등을 조작할 수 있는 스위치가 조향 핸들 주변에 배치되어 운전 중 편리하게 사용이 가능하도록 한 장치이다.

3) 통합 키보드

앞·뒷좌석의 독립적인 영상의 구현, 블루투스 폰 북 다운로드 기능, 지상파 DMB(Digital Multimedia Broadcasting), TPEG(Transport Protocol Experts Group) 교통 정보, 음성 인식, 주차 보조 시스템(PGS ; Parking Guide System) 연동, 공조 시스템, 현가장치 제어 등 모든 편의 장치의 정보를 확인하고 중앙 집중식 제어가 가능하도록 되어 있으며, 버튼 및 8방향 조그다이얼로 모든 조작이 가능하다.

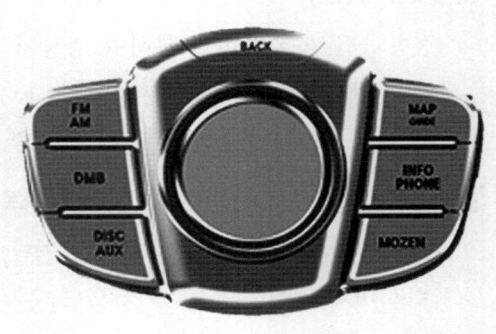

다 버튼 및 8방향 조그다이얼의 구조

4) 프런트 모니터

프런트 모니터는 헤드 유닛과 영상 신호인 LVDS(Low Voltage Differential Signal)와 직접적으로 LAN(Local Area Network) 통신을 통하여 제어 및 신호를 주고받으며, 모니터의 표면은 눈부심 방지 (Anti-Glare)와 낮은 반사량(Low-Reflection)으로 처리되어 사용자에게 편의성을 제공한다.

5) A/V Audio / Visual & 내비게이션 헤드 유닛

오디오 기능, 6매의 DVD(Digital Versatile Disc) 체인저, 하드디스크 내비게이션, 음성 인식, 블루투스 핸즈프리 기능과 앞·뒷좌석 모니터 송출 단자, 모뎀 단자, 주차 보조 시스템 카메라, 미디어 유닛, 현가장치 등의 모든 정보를 받아 운전자에게 제공한다.

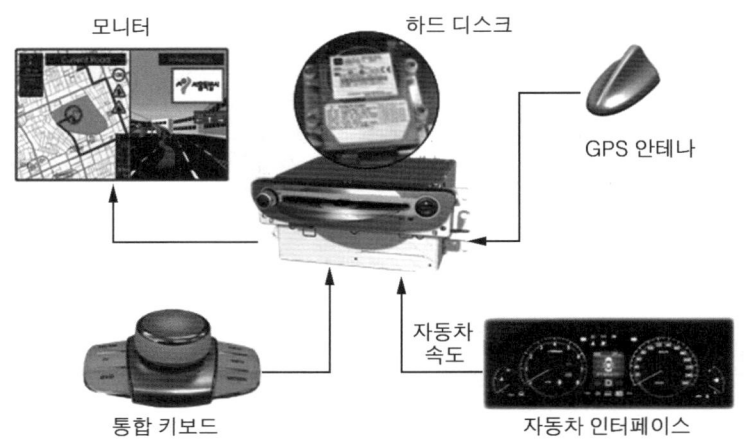

모니터　　　　하드 디스크

GPS 안테나

통합 키보드　　　　자동차 속도　　　　자동차 인터페이스

∷ 헤드 유닛 및 내비게이션 유닛

6) 미디어 유닛

CAN 통신을 통하여 USB(Universal Serial Bus) 장치의 인식이나 i-Pod의 작동 및 AUX(auxiliary) 단자를 제어하여 외부기기의 입력을 자동차의 영상 장치와 오디오 장치로 재생하여 사용할 수 있도록 해 주는 장치이다.

7) 뒷좌석 리모컨

앞좌석의 통합 키보드와는 달리 뒷좌석의 VIP를 위하여 뒷좌석의 암레스트에 리모컨을 설치하여 DMB, AM·FM(Amplitude Modulation·Frequency Modulation), DISC와 NAVI(navigation) 등을 조작 할 수 있는 장치이다.

8) PGS Parking Guide System 유닛

전방과 후방 카메라를 통하여 영상이 모니터에 표시되는 전·후방 주차 보조 시스템과 핸들의 조향 각 센서와 카메라를 이용하여 평행 및 직각 주차시 각각 단계별 주차 보조선과 핸들 조작에 따른 자동차의 예상 진행 궤도를 표시하여 주차시에 발생할 수 있는 사고의 방지를 목적으로 제공된 편의장치이다.

9) DIF Digital Intermediate Frequency 튜너

MOST 통신에 의한 음성 신호의 전달, 파워 앰프와 FM·AM 튜너의 복합형, FM 더블 튜너 내장형, 안테나 다이버시티(Diversity) 기능을 적용하여 수신의 성능이 높으며, 11채널의 오디오 앰프(Logic 7)의 기능이 포함되어 있다.

10) GPS Global Positioning System 안테나

라디오와 TV(television) 안테나의 기능을 동시에 하며, 루프에 있는 GPS 안테나와 모젠 그리고 DMB 안테나 기능을 동시에 한다. 국내의 GPS 신호의 입력은 두 종류로 구분이 되는데 그 하나는 안테나를 통해 HU(Head Unit)으로 직접 입력되고 다른 하나의 CDMA(Code Division Multiple Access)는 안테나를 통해서 MTS(Mobile Telematics System)으로 입력된다. 통합 안테나의 장착위치는 자동차의 루프 위에 설치되어 있다.

11) TV 유닛

TV 유닛은 MOST(Media Oriented Systems Transport) 통신으로 음성과 영상 신호를 전달하는데 디지털 TV 수신과 DMB 수신 기능이 포함되어 있다. MOST 통신으로 TV 영상 신호를 전송(Video Over Most)하여 시청이 가능하고 안테나 다이버시티(Diversity)**의 기능을 가지고 있다.

> **TIP**
>
> ■ Diversity란
> 다양성을 의미하며, 통신에서의 의미는 신호가 전달되는 다양한 무선 경로를 뜻한다. 즉 신호의 전달경로를 공간적, 시간적, 주파수적으로 분리하여 받음으로써 두 수신 신호의 차이를 비교하거나 적절한 신호만 추출해내어 Fading효과를 줄이는 방법론을 Diversity라고 호칭한다.

12) MOST 통신

MOST(Media Orientated System Transport) 통신은 HU(헤드 유닛), MTS(모젠 시스템), TV 튜너 그리고 스피커로 구성된 부품이 광케이블로 연결되어 있다. HU(Head Unit)이 마스터가 되고 각각 부품간의 통신을 통해서 상태를 점검하고 고장을 표출하게 된다. MOST 통신에 이상이 있다고 표시되면 해당 부품 또는 해당 광케이블의 고장 코드가 점등된다.

① 광케이블의 개요

MOST(Media Orientated System Transport)란 멀티미디어 유닛 간에 광섬유 케이블을 연결하여 각종 제어 신호, 음성 신호, 영상 신호를 전송하는 광통신 네트워크이다.

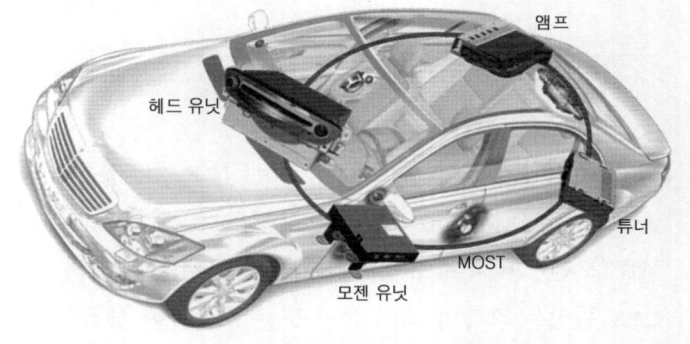

∷ 광케이블의 사용 위치

㉮ 광통신(Optical Fiber Communication)
이란 기존의 금속 심선을 이용한 유선 통신이나 주파수를 이용한 무선 통신과는 달리 광섬유 케이블을 통하여 정보를 전송하는 통신 방식으로 최근에 많이 사용하는 기술이다.

㉯ POF(Plastic Optical Fiber) : 코어와 클래딩 재료를 플라스틱으로 만든 플라스틱 광섬유로 자동차의 통신 케이블로 사용한다.

② 광케이블의 특징

㉮ 링 타입으로 구조가 단순하고 설계 및 유지가 용이하며, 모듈의 확장성이 뛰어나다.

㉯ 광대역 LAN 시스템의 구축이 가능하며, 대용량의 고속 전송이 가능한 시스템이다.

㉰ 노이즈에 의한 장애가 없으며, 멀티미디어의 운용을 위한 품질 향상을 가져 온다.

㉱ 전선에 대비 회로 수 및 중량의 감소와 커넥터 수가 감소되며, 조립 및 보전 관련 작업성과 전송의 흐름이 높아진다.

㉲ 다기능 데이터의 동시 전송이 가능하며, 디지털 오디오, 동영상, 제어 신호 등 신호의 동시 다발적 전송이 가능하다.

③ 광통신의 구성

㉮ 부호기(Coder) : 정보를 코드화시킨 전기 신호로 전환한다.

㉯ 광원(Light Source/Transceiver) : 전기 신호를 광 신호로 전환하여 광섬유에 입사한다.

㉰ 광섬유 케이블(Optical Fiber Cable) : 광 신호를 원하는 곳까지 전달한다.

㉱ 광 중계기(Optical Fiber Repeater) : 광 손실과 분산에 의해 광 신호의 왜곡현상을 보상(광 신호⇒ 전기신호 ⇒ 증폭 ⇒ 광 신호)하여 준다.

㉲ 광 검출기(Detector/Transceiver) : 광섬유를 통해 전달된 광 신호는 검출기를 통하여 전기 신호로 전환한다.

㉳ 복호기(Decoder) : 코드화된 전기 신호를 원래의 정보 형태로 전환하여 식별이 가능하게 한다.

④ 광통신 구성도

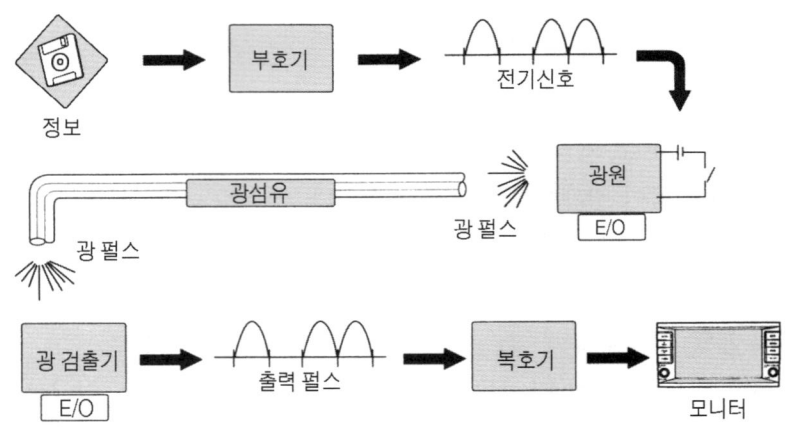

❖ 광통신의 구성도

13) 멀티미디어 CAN Controller Area Network 통신

MM(Multi-Media) CAN의 구성은 DATC(Dual Automatic Temperature Control), HU(헤드 유닛), MTS(모젠), 미디어 유닛(USB 또는 i-Pod), 뒷좌석 컨트롤러(Rear Armrest Control)로 구성되어 있으며, CAN 통신은 각각의 제어 유닛 또는 모듈들이 상호 정보 내용을 교류 할 수 있도록 LOW, HIGH 통신선으로 분류되어 있는 회로를 통하여 제어를 한다.

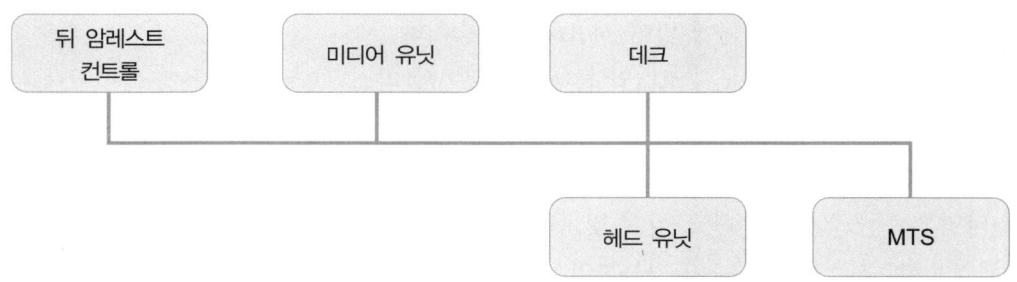

❖ CAN BUS 회로

1 내비게이션 장치의 개요

내비게이션 장치는 인공위성으로 수신된 정보를 이용하여 계산된 정보를 앞 모니터에 도로 표시를 지도상에 현 위치를 표시하고 경유지를 선택하여 목표 지점까지의 직선거리, 방향 등의 정보를 운전자에게 제공하여 주는 편의장치이다.

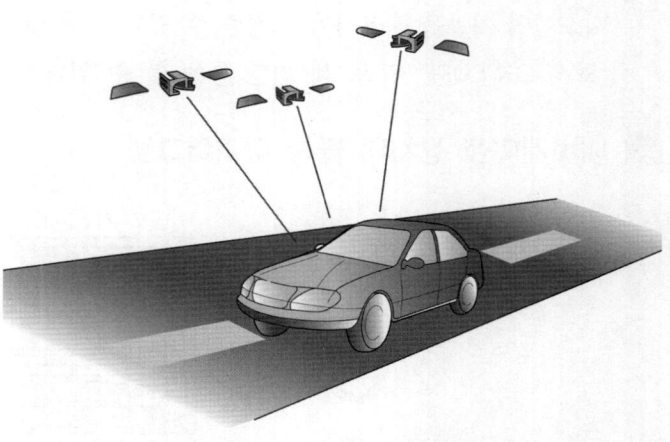

❖ 내비게이션 장치의 개요

2 내비게이션 장치의 특징

① 지도상에 현재의 자동차 위치와 진행 방향을 표시하며, 자동차의 이동을 계산하여 지도상에 현재의 위치 표시부를 움직인다.

② 현재의 위치와 진행의 방향은 자동차에 장착되어 있는 지자기 센서(방위 센서), 자이로(각 속도) 센서, 차속 센서 및 GPS^{**} 안테나에서의 신호와 지도 메모리 데이터에 보내 A/V(Audio Visual) 및 내비게이션 컨트롤 유닛에서 산출한다.

③ 각 속도 센서에 신뢰성을 높이기 위해 자이로 센서를 사용한다.

④ 선택된 지도 화면의 스크롤 사용이 용이하도록 구성되었다.

⑤ 상세 지도의 입력으로 지역을 확대한다.

⑥ 목적지를 설정할 때 현재 위치에서 목적지까지의 참고 자료들을 표시한다.

> **TIP**
> ▌GPS(Global Positioning System)
> 위성에서 발사하는 전파를 수신하여 자동차, 선박, 항공기 등의 위치를 측정하는 시스템이다.

3 내비게이션 장치의 주요 기능

1) 위성 항법 기능

① GPS 위성 전파를 수신하여 현재 자동차의 위치 및 진행 방향을 표시한다.

② 약 1초마다 사용자의 자동차 위치를 갱신한다.

③ 위성으로부터 정보를 받아서 위성의 자동차의 속도, 현재 위치의 좌표값(경도, 위도), 현재의 시간을 표시한다.

2) 지도 검색 기능

① 유선 리모컨으로 원하는 지역을 고속으로 스크롤하여 탐색할 수 있다.

② 5단계의 지도 레벨을 축소·확대할 수 있다.

3) 경유지 설정 기능

① 목적지를 설정할 때 원하는 중간지점을 경유지로 설정할 수 있는 기능으로 경유지의 입력, 수정, 삭제, 전체 삭제가 가능하도록 한다.

② 입력된 경유지들을 코스로 등록하고 관리할 수 있도록 코스의 호출, 보기, 삭제가 가능하도록 한다.

4) 정보 검색 기능

숙박시설 및 관공서 등 각종 서비스 정보를 검색할 수 있는 기능으로 자모음별(전체), 항목별(이름), 항목별(지역). 자모음별(행정구역), 지역별(행정구역)로 검색할 수 있도록 한다.

5) 시스템 설정 기능

시스템의 기능을 사용자가 설정할 수 있는 기능으로 남북 자동 전환 ON · OFF, 음성 안내 ON · OFF, 궤적 표시 ON · OFF, 도로 색 변환 등을 할 수 있다

4 내비게이션 장치의 블록 다이어그램

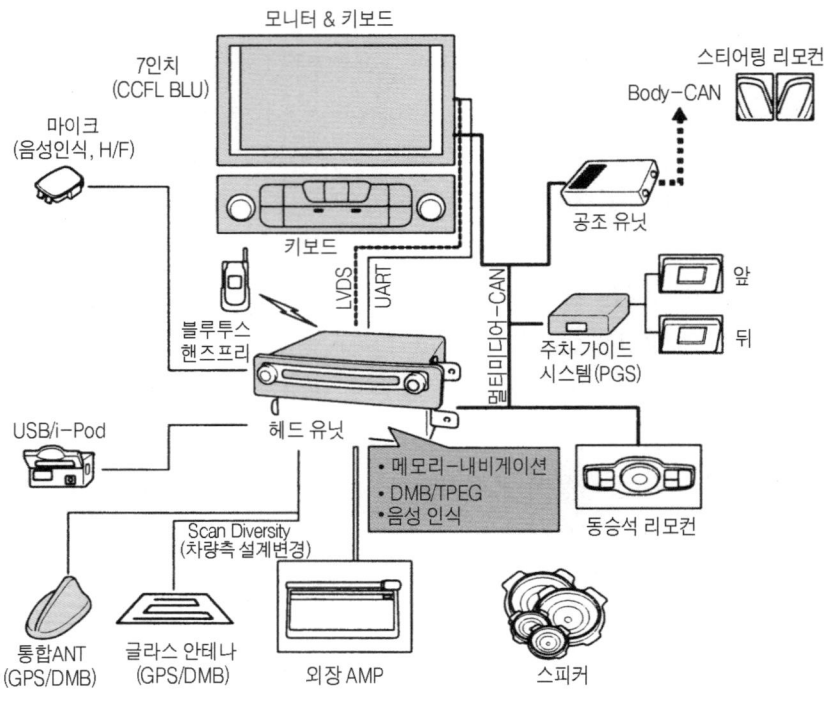

:: 내비게이션 장치의 블록 다이어그램

5 GPS Global Positioning System의 작동 원리

1) GPS의 개요

GPS 위성으로부터 받아들인 자동차의 현재 위치를 A/V(audio visual) & 내비게이션 헤드 유닛의 내부 메모리에서 읽은 지도 데이터와 비교하여 현재 위치를 계산하여 디스플레이에 현재 위치를 표시한다.

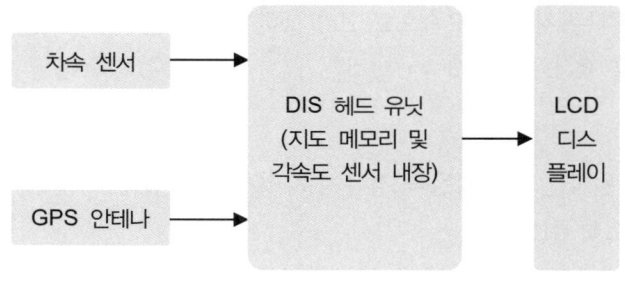

:: GPS의 개요

2) **GPS** Global Positioning System

GPS는 미국의 국방성이 개발하여 운용하고 있는 전세계 위치 측정 시스템으로 GPS 위성(NAUSTAK)은 고도 약 21,000Km의 궤도로 지구를 회전하면서 전파를 발산하고 있으며, GPS 수신기는 4개 이상의 GPS 위성에서 도착하는 전파의 시간차에 의해 자동차의 3차원 위치(위도, 경도, 표고)를 계산한다.

GPS의 측위는 거리 측정 방식에 의한 삼각법을 이용하는데 위성과 수신기 안테나간의 거리를 구하고 위성의 신호가 위성을 떠나 수신기까지 도착하는데 소요된 시간을 측정한다. 따라서 광속(위성신호의 속도) × 소요 시간으로 위성과 수신기간의 거리를 측정하게 된다. GPS 수신기는 4개의 위성으로 관측하고 거리를 측정하여 위치를 계산하는데 이는 4개의 미지수를 해결하는데 4개의 관측 값이 필요하기 때문이다. 이를 단계별로 표시하면 다음 그림과 같이 된다.

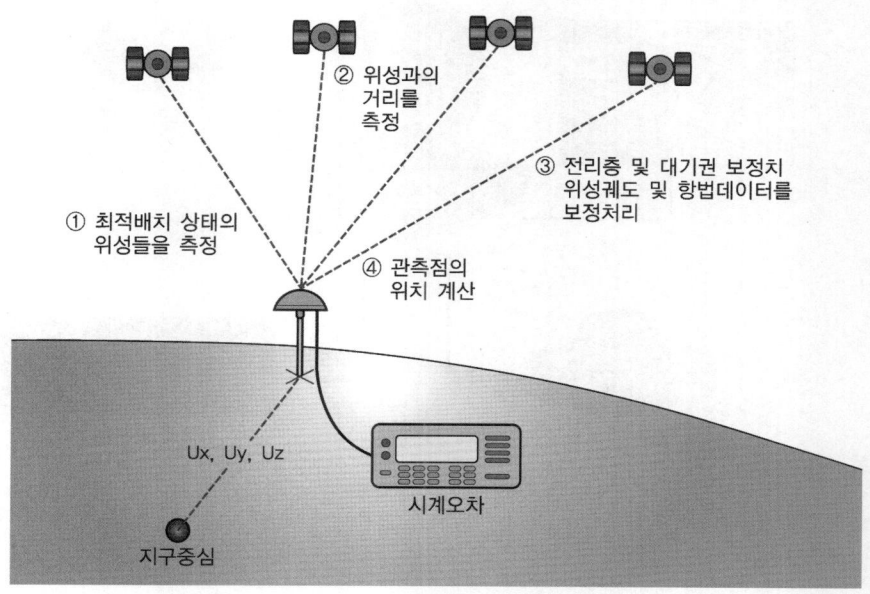

² 위성과의 거리를 측정

③ 전리층 및 대기권 보정치 위성궤도 및 항법데이터를 보정처리

① 최적배치 상태의 위성들을 측정

④ 관측점의 위치 계산

Ux, Uy, Uz

시계오차

지구중심

:: **GPS의 측위 원리**

6 **내비게이션 장치의 기능과 역할**

내비게이션 시스템의 구성 부품을 자동차에 배치한 예는 그림과 같이 앞좌석의 차체 중앙에 TFT-LCD 디스플레이 즉 모니터와 자동차의 위치를 알아내는 GPS 안테나와 리모컨 및 내비게이션 장치의 모듈로 구성되어 있다.

① **글라스 안테나** : 초기의 기능은 FA · AM 그리고 FM2 신호를 수신하도록 되어 있으나, 여기에 스캔 다이버시티를 적용할 경우 GPS 신호와 DMB 신호를 각각 받아 최상의 신호만을 검색하여 최상의 품질 및 정확성을 높이는 역할을 한다.

② **통합 안테나** : 통합 안테나는 GPS의 신호를 위성에서 받아 직접 헤드 유닛으로 입력하며, WCDMA(wideband code division multiple access) 신호는 안테나를 통해 DIS 헤드 유닛으로 입력된다. 통합 안테나는 GPS의 신호, DMB의 신호, TPEG(Transport Protocol Experts Group)의 신호, WCDMA의 신호를 모두 수신한다.

③ **차속 센서** : 차속 센서는 GPS의 위치 계산에서 시간적, 공간적 계산의 기준을 위한 데이터를 제공한다. 즉 자동차의 현재 위치에서 움직인 거리를 계산하기 위해 위성에서 보낸 신호를 기준으로 자동차의 속

도와 위성과의 신호 각을 기준으로 계산하여 자동차의 위치와 움직인 거리를 계산할 수 있는 정보를 제공한다.

④ DIS(Driver Information System) 헤드 유닛 : 헤드 유닛은 내장된 하드 디스크에 지도 정보를 저장하고 소프트웨어로 항법장치의 기능을 구현한 헤드 유닛 일체형 내비게이션이다. 헤드 유닛은 자동차의 속도, GPS 안테나의 신호를 받아 내장된 항법장치 즉 지자기 센서(방위 센서)와 자이로(각 속도) 센서에 의해 계산되어 지도 메모리 데이터에 보내어져 현재 위치 등의 정보를 제공한다.

⑤ LCD 디스플레이 : 내장된 내비게이션 소프트웨어를 화면으로 표시해주는 장치로 헤드 유닛으로부터 각종 정보를 제공받아 도로 표시와 지도상의 현 위치 등의 각종 정보를 보여준다.

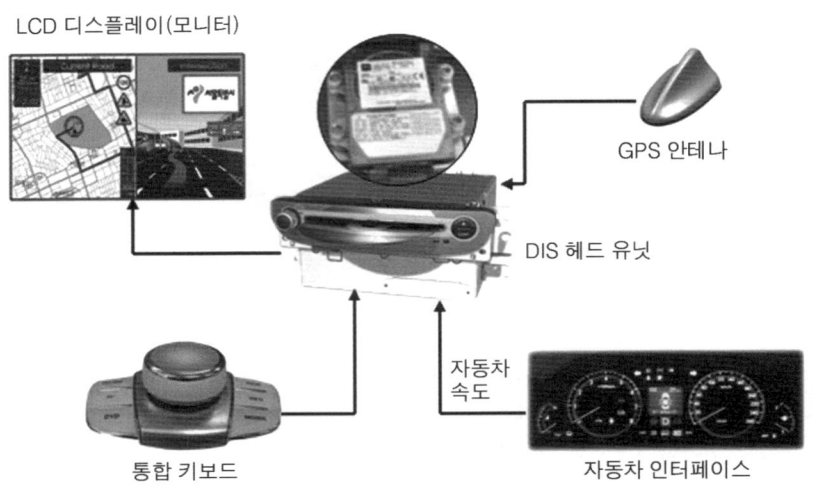

내비게이션 장치의 구성 부품

22 하이브리드 자동차

학/습/목/표

1. 하이브리드 자동차의 개요 및 장점과 단점에 대하여 설명할 수 있다.
2. 하이브리드 자동차의 장점과 단점에 대하여 설명할 수 있다.
3. 하이브리드 자동차의 형식에 따라 분류하여 설명할 수 있다.
4. 하이브리드 자동차의 구성 부품에 대하여 설명할 수 있다.
5. 하이브리드용 구동 모터에 대하여 설명할 수 있다.
6. 고전압 배터리의 종류와 특징에 대하여 설명할 수 있다.
7. 하이브리드 자동차의 제어에 대하여 설명할 수 있다.

1 하이브리드 자동차의 개요

하이브리드 자동차(Hybrid Vehicle)란 전기 자동차(EV ; Electronic Vehicle)에 엔진이나 그 밖의 다른 2종류의 동력원 즉, 가솔린 엔진과 모터, 수소 엔진과 연료 전지, 디젤 엔진과 모터(motor) 등 2종류의 동력원을 함께 사용하는 자동차이다. 하이브리드 자동차는 유해 배기가스를 내연기관의 자동차보다 90% 이상 줄일 수 있고, 대도시의 공기와 주변 환경을 개선할 수 있기 때문에 **친환경 자동차**(eco-car)라고도 부른다. 현재의 하이브리드 자동차는 출발 및 저속으로 주행할 때는 모터를 사용하고 높은 출력이 필요할 경우에는 엔진을 가동시키는 방식이 대부분이다. 하이브리드 자동차의 장점 및 단점은 다음과 같다.

1 하이브리드 자동차의 장점

① 연료 소비율을 50% 정도 감소시킬 수 있고 환경 친화적이다.
② 탄화수소, 일산화탄소, 질소산화물의 배출량이 90% 정도 감소된다.
③ 이산화탄소 배출량이 50% 정도 감소된다.
④ 엔진의 효율을 향상시킬 수 있다.

2 하이브리드 자동차의 단점

① 구조가 복잡하고 정비가 어렵다.
② 수리 비용이 높고 가격이 비싸다
③ 고전압 배터리의 수명이 짧고 가격이 비싸다.
④ 동력전달 계통이 복잡하고 중량이 무겁다.

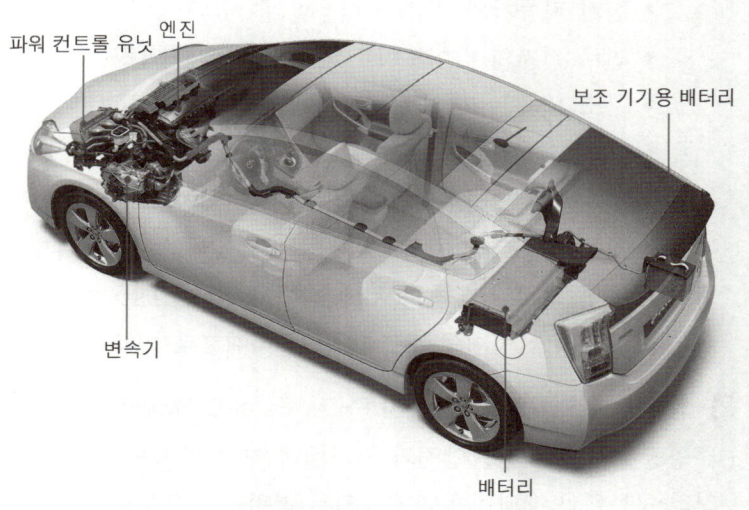

:: 하이브리드 자동차의 구성도

1 엔진과 모터의 연결방식에 따른 분류

하이브리드 자동차는 바퀴를 구동하기 위한 모터, 모터의 회전력을 바퀴에 전달하는 변속기, 모터에 전기를 공급하는 배터리, 그리고 전기 또는 동력을 발생시키는 엔진으로 구성된다. 이들 중 엔진과 모터의 연결방식에 따라 직렬형, 병렬형, 복합형(직·병렬형)으로 구분된다.

1) 직렬형 하이브리드 자동차 SHEV ; Series Hybrid Electronic Vehicle

직렬형 하이브리드 자동차에서 엔진은 바퀴를 구동하기 위한 것이 아니라 발전기가 연결되어 배터리를 충전하기 위한 것이다. 따라서 차체는 순수하게 모터의 동력으로만 구동하는 방식으로 모터의 동력이 변속기를 경유하여 구동 바퀴로 전달된다. 직렬형 하이브리드의 동력전달 과정은 엔진→발전기→배터리→모터→변속기→구동바퀴의 순서로 전달된다.

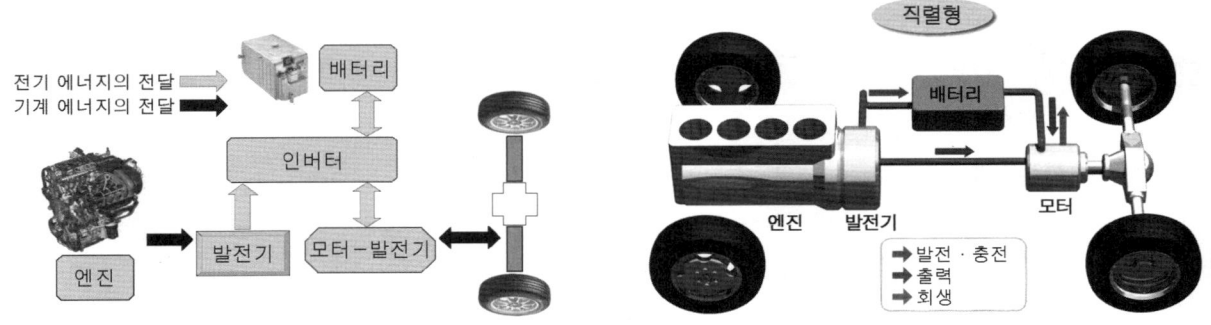

:: 직렬형 하이브리드 자동차의 구성도

① 직렬형 하이브리드의 장점
  - 엔진의 작동 영역을 주행 상황과 분리하여 운영이 가능하다.
  - 엔진의 작동 효율이 향상된다.
  - 엔진의 작동 비중이 줄어들어 배기가스의 저감에 유리하다.
  - 전기 자동차의 기술을 적용할 수 있다.
  - 연료 전지의 하이브리드 기술 개발에 이용하기 쉽다.
  - 구조 및 제어가 병렬형에 비해 간단하며 특별한 변속장치를 필요로 하지 않는다.

② 직렬형 하이브리드의 단점
  - 엔진에서 모터로의 에너지 변환 손실이 크다.
  - 주행 성능을 만족시킬 수 있는 효율이 높은 전동기가 필요하다.
  - 출력 대비 자동차의 무게 비가 높은 편으로 가속 성능이 낮다.
  - 동력전달 장치의 구조가 크게 바뀌므로 기존의 자동차에 적용하기는 어렵다.

2) 병렬형 하이브리드 자동차 PHEV, Parallel Hybrid Electronic Vehicle

병렬형은 구동력을 엔진과 모터에서 각각 단독으로 또는 양쪽에서 동시에 얻을 수 있는 형식이다. 즉 엔진의 구동력과 배터리에서 공급되는 전원을 이용하는 모터의 구동력을 병렬로 바퀴를 구동한다. 주행상태에 따라 엔진과 모터의 특성을 잘 이용하여 최적의 조건에 알맞도록 조합시켜 유해 배출가스의 감소, 소음의 감소, 높은 효율, 낮은 연료소비율의 운전을 실현하는 것이 목적이다. 병렬형 하이브리드의 동력 전달 과정은 배터리→모터→변속기→바퀴로 전달하는 전기적 구성과 엔진→변속기→바퀴로 전달되는 기계적인 구성이 변속기를 중심으로 병렬로 연결된다.

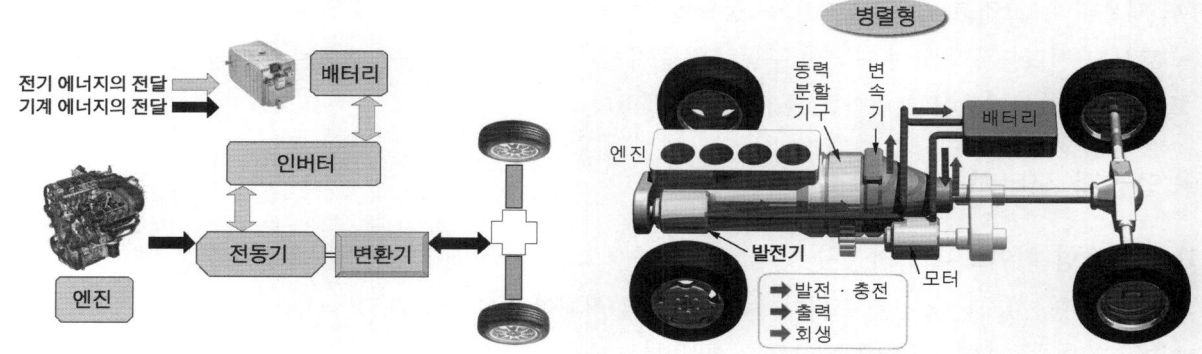

∷ 병렬형 하이브리드 자동차의 구성도

① 병렬형 하이브리드의 장점
- 기존 내연기관의 자동차를 구동장치의 변경 없이 활용이 가능하다.
- 저성능의 모터와 용량이 적은 배터리로도 구현이 가능하다.
- 모터는 동력의 보조 기능만 하기 때문에 에너지의 변환 손실이 적다.
- 시스템 전체 효율이 직렬형에 비하여 우수하다.

② 병렬형 하이브리드의 단점
- 유단 변속 기구를 사용할 경우 엔진의 작동 영역이 주행 상황에 연동이 된다.
- 자동차의 상태에 따라 엔진과 모터의 작동점을 최적화하는 과정이 필요하다.

3) 복합형 하이브리드 자동차 Series Parallel Hybrid Electronic Vehicle

복합형 하이브리드 자동차는 직렬형과 병렬형의 장치를 모두 설치하고 운전 조건에 따라 최적의 운전 모드를 선택하여 구동하는 형식이다. 공회전이나 저속 부하 영역에서는 직렬형이 엔진의 열효율이 높기 때문에 모터로 운행을 하고 엔진은 발전기를 구동하는데 사용되며, 고속 부하 영역에서는 병렬형이 엔진의 열효율이 높기 때문에 직렬형에서 병렬형으로 변환시켜 모든 운전 영역에서 높은 열효율과 유해 배출가스를 감소시킬 수 있다.

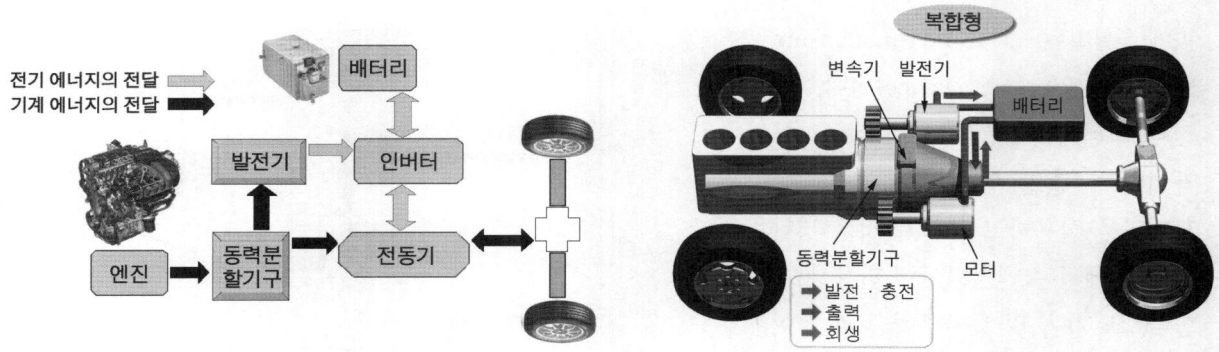

∷ 복합형 하이브리드 자동차의 구성도

구동 바퀴의 회전속도를 측정하여 엔진으로 구동하는 것이 효율적이라고 판단되면 엔진으로 바퀴를 직접 구동하도록 하고, 이 보다 엔진 – 발전기 – 모터로 구동하는 것이 효율적이라고 판단되면 모터로 바퀴를 구동시키고 엔진은 발전기를 구동하여 배터리를 충전시킨다. 자동차가 출발할 때와 경부하 영역에서는 배터리로부터의 전력으로 모터를 구동하여 주행하고, 통상적인 주행에서는 엔진의 직접 구동과 모터의 구동이 함께 사용된다. 그리고 가속, 앞지르기, 등판할 때 등 큰 동력이 필요한 경우에는 통상 주행에 추가하여 배터리로부터 전력을 공급하여 모터의 구동력을 증가시켜 주행하고 감속할 때에는 모터를 발전기로 변환시켜 감속 에너지로 발전하여 배터리를 충전하여 재생한다.

2 엔진과 모터의 구동방식에 따른 분류

1) 소프트형 하이브리드 자동차

소프트 형식(soft type)은 모터가 플라이휠에 설치되어 있는 FMED(Fly wheel Mounted Electric Device)이며, 변속기와 모터 사이에 클러치를 설치하여 제어하는 것이다. 출발을 할 때는 엔진과 모터를 동시에 구동하여 주행을 하고, 부하가 적은 평탄한 도로에서는 엔진의 동력만을 이용하여 주행하므로 연료소비율을 향상시킨다. 또한 감속을 할 때에는 모터를 이용하여 브레이크에서 발생하는 열에너지를 전기적 에너지로 변환(회생 제동)하여 배터리를 충전시키며, 신호 대기 등에 의한 정차 상태에서는 엔진의 가동을 정지시키는 오토스톱(auto stop)으로 연료소비를 감소시킨다.

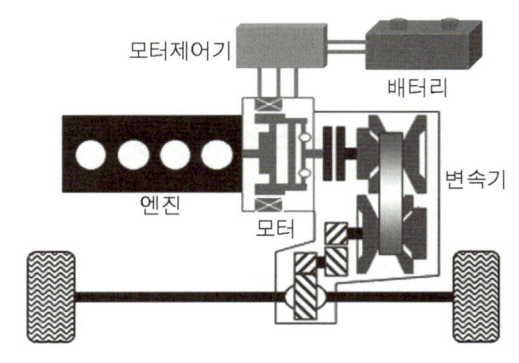

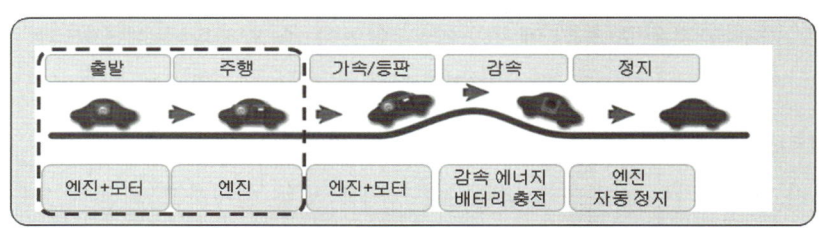

:: **소프트 하이브리드 자동차의 구성도**

2) 하드형 하이브리드 자동차

하드(hard type)형식은 모터가 변속에 설치된 TMED(Transmission Mounted Electric Device)이며, 엔진과 모터사이에 클러치를 설치하여 제어한다. 출발 및 저속 주행에서는 모터만을 사용하고 부하가 적은 평탄한 도로에서는 엔진의 동력만을 이용한다. 또 가속 및 등판주행 등과 같이 큰 출력이 요구되는 주행에서는 엔진과 모터를 동시에 이용하여 주행하

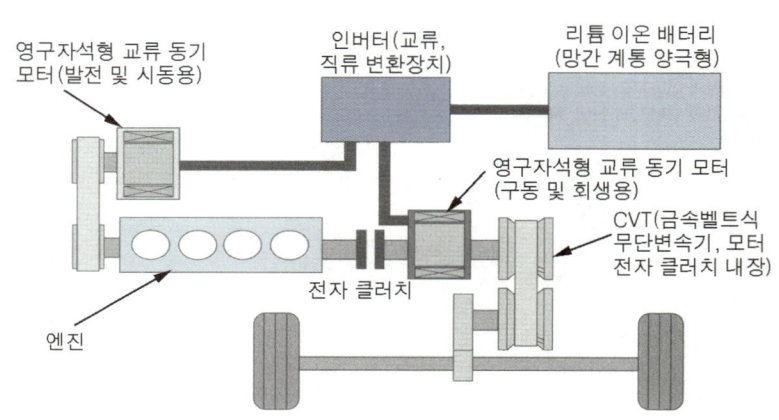

며, 감속할 때에는 모터를 이용하여 브레이크에서 발생하는 열에너지를 전기적 에너지로 변환하여 배터리를 충전시키며, 신호 대기 등에 의한 정차 상태에서는 엔진의 가동을 정지시키는 오토스톱(auto stop)으로 연료소비를 감소시킨다.

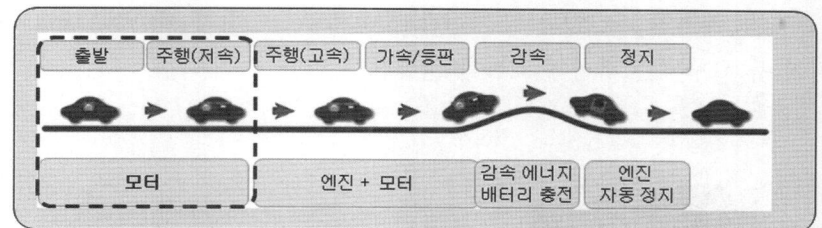

∷ 하드 하이브리드 자동차의 구성도

3) 플러그 인 하이브리드 자동차

플러그 인(plug in)형식의 구조는 하드 형식과 같거나 소프트 형식을 사용할 수 있으며, 가정용 전기 등 외부 전원을 이용하여 배터리를 충전시킬 수 있어 하이브리드 자동차 대비 전기 자동차의 주행 능력을 확대하는 것을 목적으로 이용된다. 하이브리드 자동차와 전기 자동차의 중간 단계라 할 수 있다.

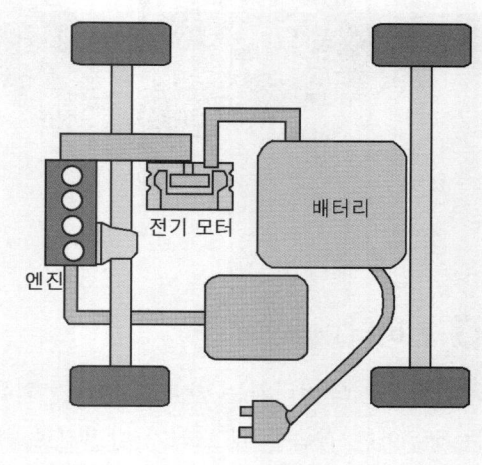

∷ 플러그 인 하이브리드 자동차의 구성도

3 하이브리드 자동차의 구성 부품

Electricity

3-1. 동력제어 기구 PCU, Power Control Unit

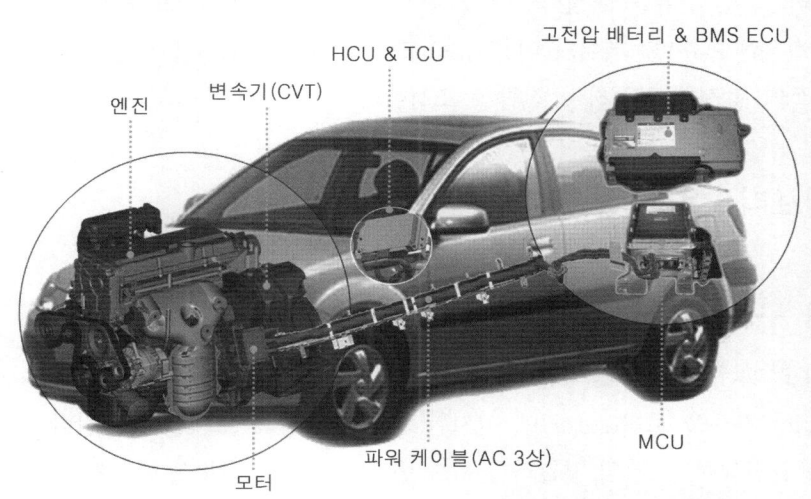

∷ 하이브리드 자동차 구성 부품의 위치도

1 인버터 Inverter

인버터는 직류(DC)를 교류(AC)로 변환하는 장치이며, 인버터를 사용하는 이유는 자동차 구동에 교류 모터(동기 모터)를 사용하기 때문이다. 자동차 구동용 모터는 자유로운 주파수와 전압을 변화시킬 수 있고 회전속도와 회전력을 자유롭게 제어할 수 있는 인버터가 필요하다. 이것이 VVVF(Variable Voltage Variable Frequency) 인버터이며, 요구되는 파형의 교류를 자유롭게 만들 수 있다.

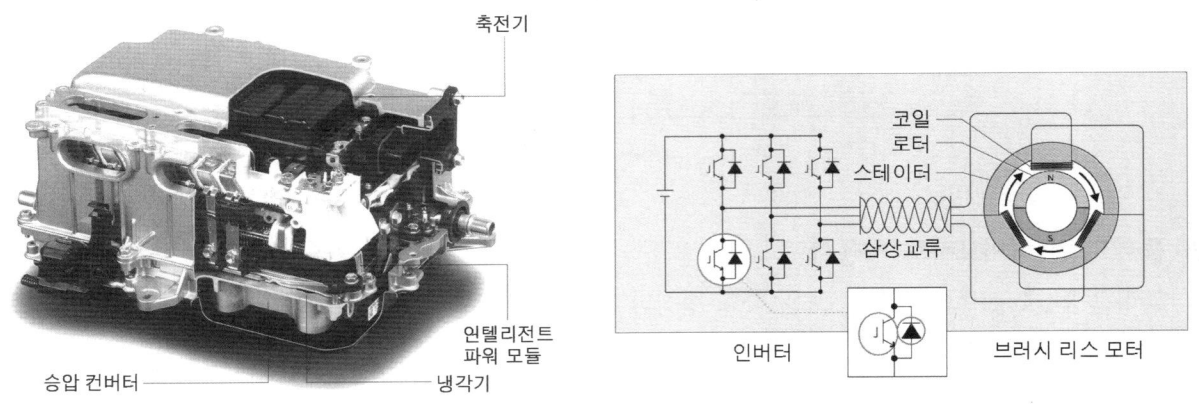

:: 인버터의 구조 및 회로도

2 컨버터 Converter

컨버터는 인버터와는 반대로 교류를 직류로 변환시키는 정류기이며, 에너지를 회생하는 장치가 배치되어 있는 경우에는 감속할 때 모터가 발전기로 변환되어 발전을 한다. 이때 발전한 전류는 교류이므로 배터리에 충전할 수 없으므로 교류를 직류로 정류하여야 한다.

3 모터 제어 Motor Control

모터 제어는 VVVF 제어에 의해 인버터가 자유롭게 만들어내는 파형의 전류에 의해 이루어지고 있으나 실제는 직류로 제어하여 전류를 미세하게 ON과 OFF시킨다. ON과 OFF가 1/2씩 이면 전압도 1/2이 되기 때문에 ON 시간과 OFF 시간을 바꾸어 평균 전압을 자유롭게 변환할 수 있다. 이것을 PWM(Plus Width Modulation, 펄스 폭 변조) 제어라 하며, 전류를 규칙적인 시간 간격으로 ON-OFF하므로 초퍼 제어(chopper control)라고도 부른다. 교류의 경우에도 PWM 제어가 이용되며, 교류의 파형에 초퍼를 넣어 직사각형인 전류 신호로 변환하여 높이에 따른 폭의 펄스를 형성하여 전압을 조절한다.

3-2. 하이브리드용 구동 모터

1 하이브리드용 구동 모터의 주요 기능

구동 모터는 출발할 때 주(main) 동력원으로 또는 주행할 때 엔진의 동력을 보조(assist)하는 작용을 하며, 네오디뮴(neodymium) 자석을 로터(rotor)에 설치한 영구자석 동기 모터를 사용한다. 구동 모터의 성능은 로터의 지름과 길이로 결정되며, 로터의 지름과 길이를 변경하지 않고 성능을 향상시키기 위하여 보다 큰 전류가 흐르도록 설계하거나 냉각에 주안점을 둔다.

① **동력보조** : 가속할 때 전기 에너지를 이용하여 구동 모터를 구동시켜 자동차의 구동력을 증대시킨다.
② **충전모드** : 감속할 때 구동 모터를 발전기로 작동시켜 운동 에너지를 전기 에너지로 변환시켜 고전압
배터리를 충전한다.
③ **아이들 스톱**(idle stop) : 정차 상태일 때 엔진의 가동을 정지시켜 불필요한 연료소비를 방지하고, 엔진
을 시동할 때 기동 전동기 대신 구동 모터로 엔진을 시동한다.

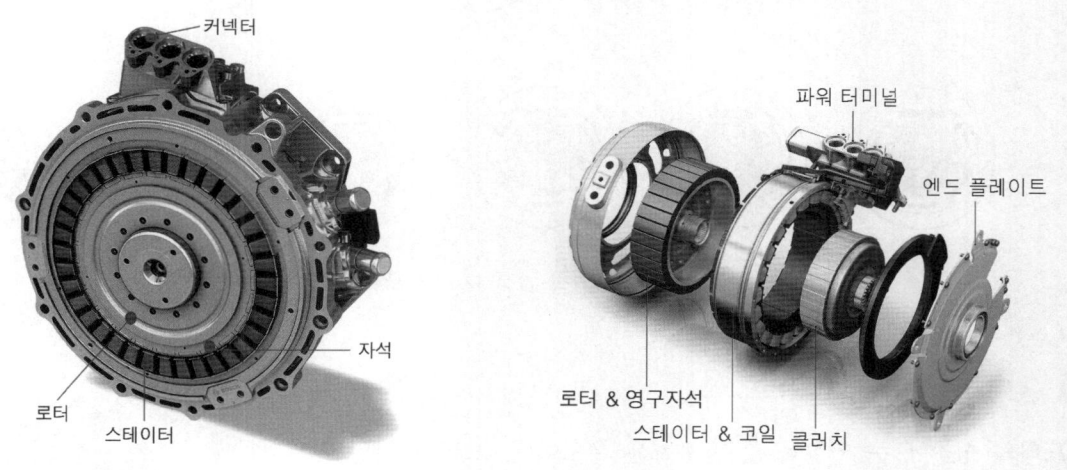

:: 구동 모터의 구조도

2 구동 모터의 작동 원리

모터의 작동 원리는 자계 내의 도체에 전류를 공급하면 도체와 자계 모두에 대해 직각인 방향으로 전자기적
인 힘이 발생한다. 모터는 이 전자력을 이용하여 자계 내의 도체(로터)에 회전력을 발생한다.

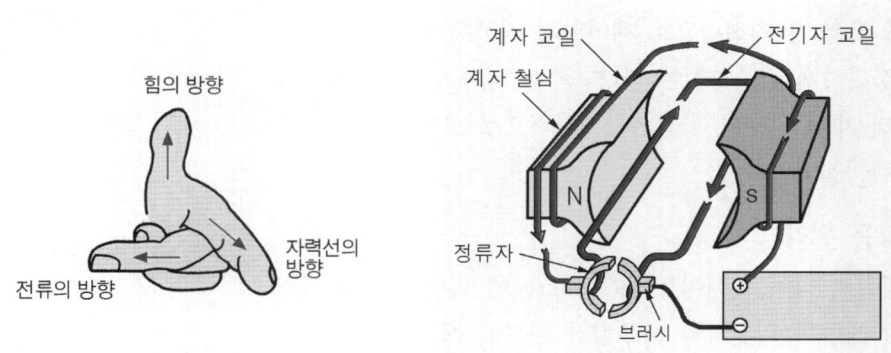

:: 구동 모터의 작동 원리

3 3상 교류 모터의 작동

3개의 코일을 각각 120° 간격으로 배치하여 1회전에 3개의 상(phase)을 동시에 형성하는 방법으로 모터의
크기를 작게 할 수 있고, 효율이 높아 하이브리드용 구동 모터로 많이 사용한다. 작동 원리는 그림과 같이
중앙에 N극·S극을 가진 영구자석(로터) 주위에 3극의 전자석(스테이터)을 배치한 상태에서 스테이터 코일
의 교류 전류에 의해 스테이터의 자극이 변화되기 때문에 자력에 의해 로터가 흡인과 반발이 반복되어 회전
하게 된다.

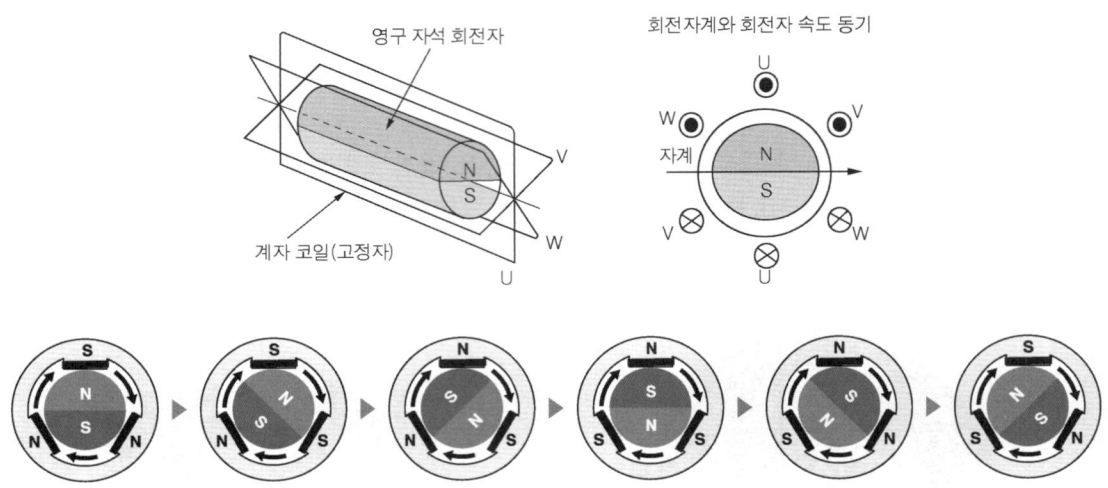

회전자계와 회전자 속도 동기

3상 교류 모터의 작동 원리

4 온도 센서 Temperature Sensor

모터의 성능에 큰 영향을 주는 요소는 온도이며, 모터가 과열되면 영구자석 및 스테이터 코일 등의 변형 및 성능의 저하가 일어난다. 이를 방지하기 위하여 모터 내부에 온도 센서를 설치하고 모터의 온도에 따른 제어를 한다.

온도 센서(스테이터에 부착)

5 레졸버 Resolver ; 로터 센서

1) 레졸버의 필요성

구동 모터를 가장 큰 회전력으로 제어하기 위해서 로터와 스테이터의 위치를 정확하게 검출하여야 한다. 즉 로터의 위치 및 회전속도 정보로 모터 제어 기구가 가장 큰 회전력으로 모터를 제어하기 위하여 레졸버를 설치한다.

2) 레졸버의 작동 원리

레졸버는 엔진의 리어 플레이트(rear plate)에 설치하며, 모터의 로터에 연결된 레졸버 회전자와 하우징과 연결된 레졸버 고정자로 구성되어 엔진의 캠축 위치 센서의 작동과 같이 모터 내부의 로터와 스테이터의 위치를 파악한다. 레졸버는 고정자 코일에 일정한 주파수의 여자 신호가 인가되고 회전자의 회전에 의한 리럭턴스의 변화에 의해 1차, 2차 쪽의 교차 파형이 출력된다. 고정자 2상의 검출 출력 전압의 진폭이 회전각도에 비례하여 변화된 출력 신호가 컨버터를 거쳐 위치 각도로 변화시킨다.

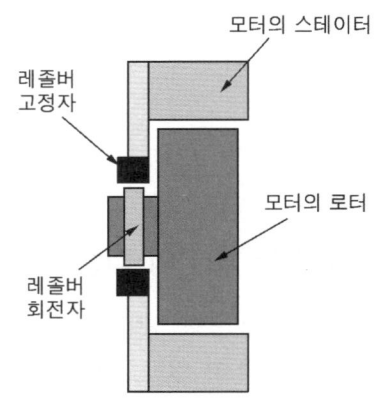

모터 – 레졸버의 연결 상태

6 모터 제어 기구 MCU ; Motor Control Unit

모터 제어 기구는 통합 패키지 모듈(IPM ; Integrated Package Module) 내에 설치되어 고전압 배터리의 직류 전원을 모터의 작동에 필요한 3상 교류 전원으로 변화시켜 하이브리드 통합 제어 기구(HCU, Hybrid Control Unit)의 신호를 받아 모터의 구동 전류 제어와 감속 및 제동할 때 모터를 발전기 역할로 변경하여 배터리 충전을 위한 에너지 회수 기능(3상 교류를 직류로 변경)을 한다. 모터 제어 기구를 **인버터**(inverter)라고도 부른다.

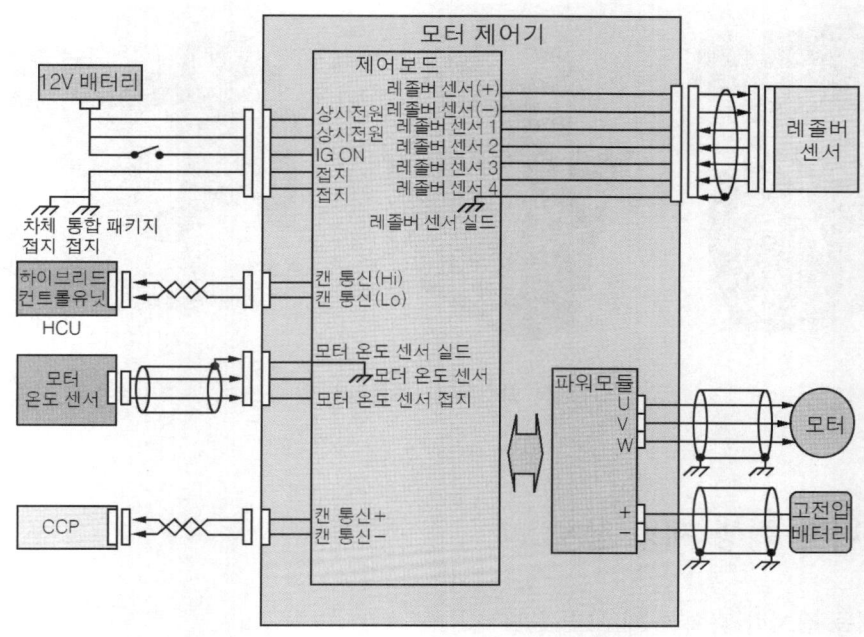

❖❖ 모터 제어 기구의 입·출력 신호도

7 모터-발전기 Motor & Generator

구동력을 발생하는 모터는 예전의 전기 자동차용에서는 직류 모터를 사용하였으나 하이브리드 자동차에서는 정밀한 제어가 가능한 교류 모터로 변경되었으며, 현재 사용하고 있는 모터는 영구자석 교류 동기 모터이다. 영구자석 교류 동기 모터의 원리는 120°의 위상차가 있는 3상 교류의 전류를 각 스테이터에 1상씩 흐르도록 하면 120° 마다 로터는 흡인력과 반발력이 변경되면서 계속 회전하게 된다.

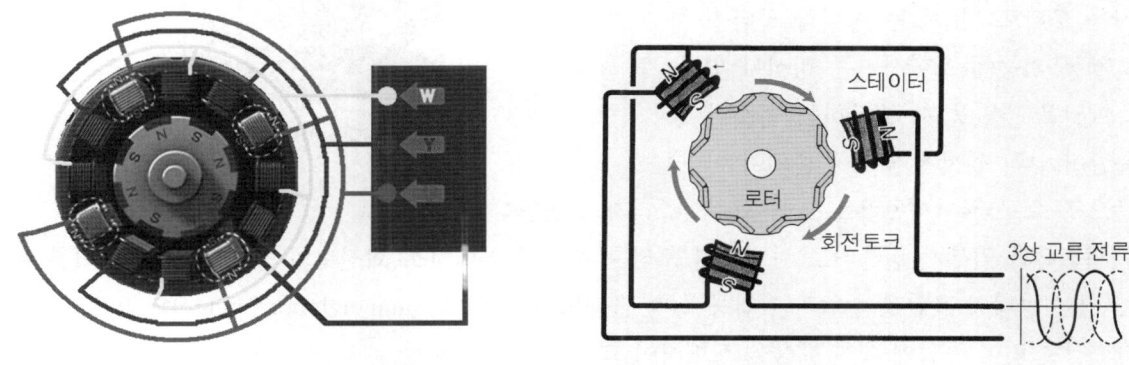

❖❖ 영구자석 교류 동기 모터의 작동 원리

로터를 3상 교류의 주파수에 동기시켜 회전시키며, 강력한 자석을 사용할 수 있기 때문에 소형으로 제작할 수 있다. 발생하는 회전력은 전류의 크기에 거의 비례하며, 회전속도는 교류의 주파수로 제어한다. 이 모터를 **직류 브러시리스 모터**라고도 부른다. 모터의 출력을 높이려면 전류와 전압을 높여야 하는데 전압을 높이면 그만큼 전류를 낮춰도 출력은 같다. 전압을 높이려면 모터 코일을 가늘게 하여야 하므로 코일을 가늘게 한 만큼 많이 감으면 같은 크기로도 출력을 높일 수 있다. 즉 높은 전압으로 하면 가는 코일을 사용할 수 있어 소형·경량이 가능하다.

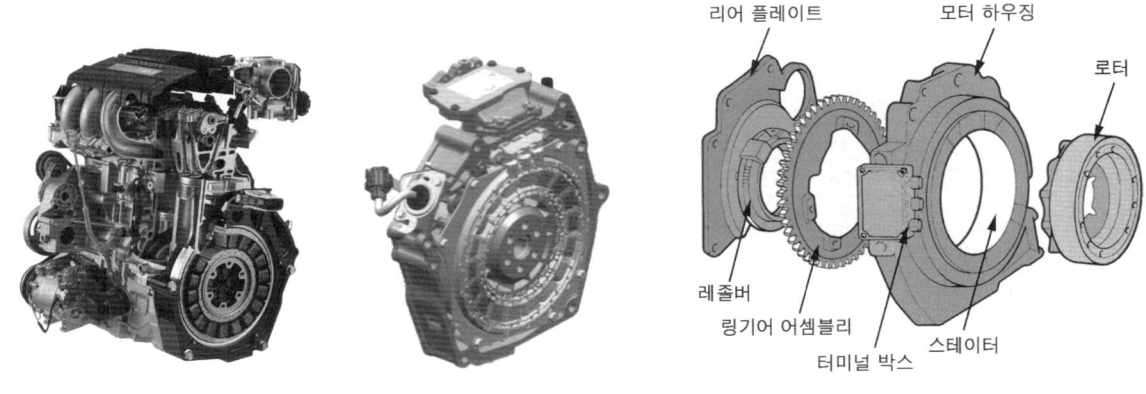

:: 모터 발전기의 설치 위치 및 구조

3-3. 에너지 회생 제동 장치

에너지 회생 제동 장치란 감속할 때 모터를 발전기로 변경(그림과 같이 전기의 흐름을 반대로 하면 모터는 발전기가 된다.)시켜 자동차의 운동 에너지를 전기 에너지로 변환시켜 배터리를 충전시킨다. 하이브리드 자동차에서는 회생 제동 장치를 사용하여 충전된 에너지로 모터를 구동하여 엔진의 동력을 보조함으로써 연료소비율의 절감 효과는 매우 크다.

회생 제동 장치는 주행상태에서 발생하는 감속 에너지를 모터로 회수하는 형식과 모터를 적극적으로 제동 기능에 포함시키는 형식이 있다. 브레이크 페달을 밟았을 때 발생하는 마스터 실린더의 유압이 압력 센서에 의해 검출되어 이 압력을 기준으로 요구되는 제동력을 브레이크 컴퓨터가 산출한다.

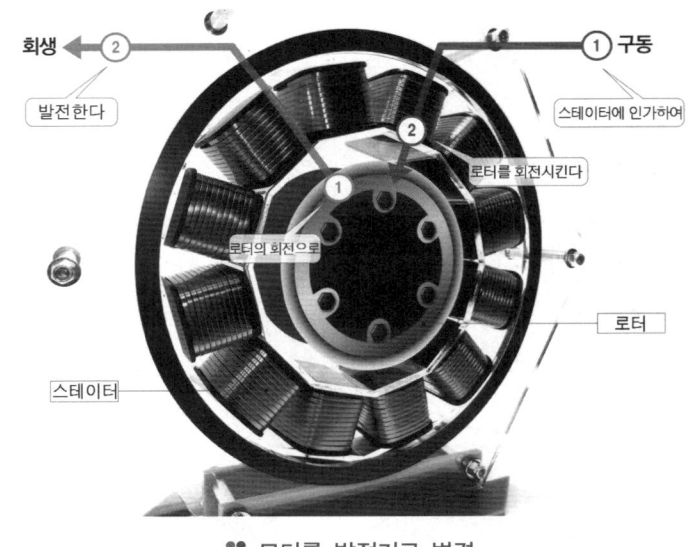

:: 모터를 발전기로 변경

요구된 제동력의 일부가 컴퓨터로 보내지면 모터를 통하여 마이너스 회전력의 신호를 보내어 회생 제동이 실행된다. 휠 실린더의 유압은 증압과 감압용 선형 솔레노이드 밸브(linear solenoid valve)의 열림 정도를 제어하여 마스터 실린더 유압에 대한 대응을 실행하여 회생 제동의 부분한 분량을 보완한다. 즉 운전자가 요구한 제동력은 회생 제동과 제동 장치가 분담하여 발생시킨다.

브레이크 페달을 밟는 힘은 전환 솔레노이드 밸브와 선형 솔레노이드 밸브의 작동에 의해 유압 통로가 변환되어 최종적인 제동 장치의 유압은 하이드로 부스터가 발생하는 유압을 조절한다. 이 시점에서 마스터 실린더와 휠 실린더의 유압 통로가 차단되어 브레이크 페달의 응답은 없어지지만 페달을 밟은 정도나 반발력은 스트로크 시뮬레이터(stroke simulator)에 의해 형성되므로 브레이크 페달에는 정상적인 응답이 확보된다.

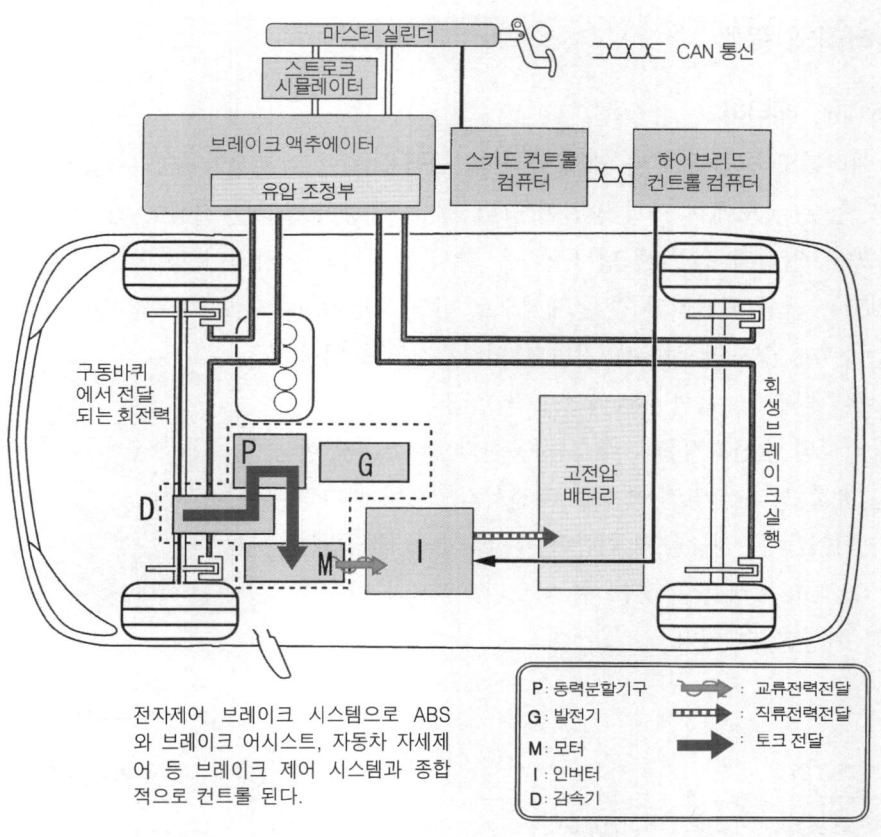

전자제어 브레이크 시스템으로 ABS와 브레이크 어시스트, 자동차 자세제어 등 브레이크 제어 시스템과 종합적으로 컨트롤 된다.

P: 동력분할기구   : 교류전력전달
G: 발전기   : 직류전력전달
M: 모터   : 토크 전달
I: 인버터
D: 감속기

❖ 에너지 회생 제동 장치

3-4. 고전압 배터리

1 고전압 배터리의 개요

하이브리드 자동차에서 사용하는 배터리는 충전과 방전이 가능한 2차 전지이다. 전기 자동차와 마찬가지로 배터리의 용량과 제작하는 비용이 문제가 되지만 납산 배터리보다 에너지의 밀도가 높은 니켈-수소(Ni-mh)배터리나 리튬이온(Li-ion) 배터리를 주로 사용한다. 그 밖에 캐패시터도 사용을 검토할 가능성이 있다.

하이브리드 전기 자동차의 동력원이 되려면 높은 전압 및 전력이 필요하므로 셀(cell)을 수십 개

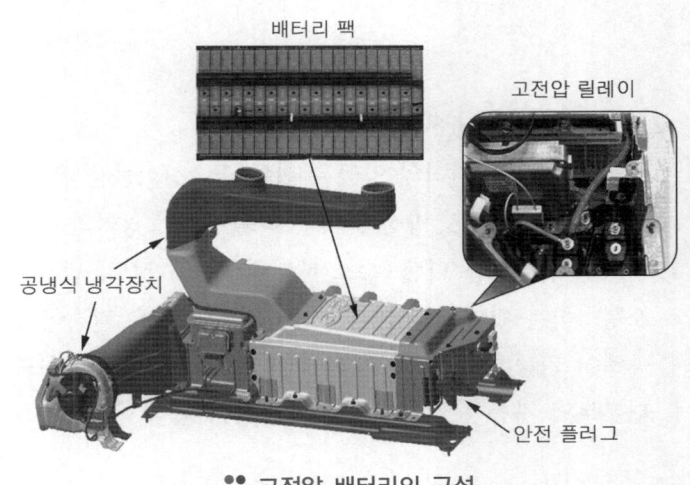

❖ 고전압 배터리의 구성

모듈(module)화 한 상태에서 자동차에 사용된다. 그리고 오디오, 에어컨, 내비게이션, 각종 등화장치 등에 필요한 전력은 12V 납산 배터리를 별도로 설치하는 경우도 있다. 또 하이브리드 전기 자동차용 배터리는 높은 전압이 필요하며, 충전과 방전의 반복에 따른 수명의 단축도 최소화 되어야 하며, 배터리 자체의 무게도 가벼워야 한다.

2 고전압 배터리의 종류

1) 니켈-수소 Ni-mh 배터리

니켈-수소 배터리도 전해액 내에 양(+)극과 음(−)극을 지닌 기본적인 구조는 납산 배터리와 같으나 제작비용이 비싸고, 높은 온도에서 자기 방전이 크며, 충전 특성이 불량한 결점이 있지만 에너지의 밀도가 높고 방전 용량이 크며, 안정된 전압(셀 당 1.2V)을 장시간 유지하는 장점이 있다.

에너지의 밀도는 납산 배터리와 같은 체적으로 비교 하였을 때 니켈-카드뮴 배터리는 1.3배 정도, 니켈-수소 배터리는 1.7배 정도의 성능을 지니고 있다. 전극의 양극 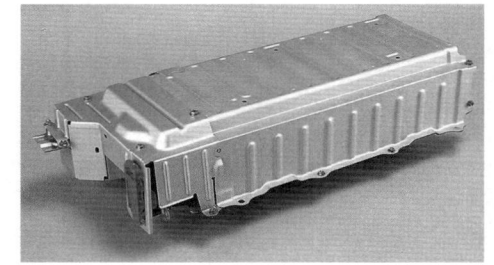 쪽에는 옥시수산화니켈을, 음극에는 수소흡장 합금을 사용하며, 전해액은 알칼리성의 수산화칼륨을 주로 사용한다. 수소흡장 합금의 수소이온 방출 상태가 방전 특성을 촉진시킴으로써 전자의 흐름이 활성화 되어 높은 성능을 발휘한다. 니켈-수소 배터리는 1회 충전으로 200km 이상을 주행할 수 있으며, 충전과 방전의 반복을 1000회 이상할 수 있다.

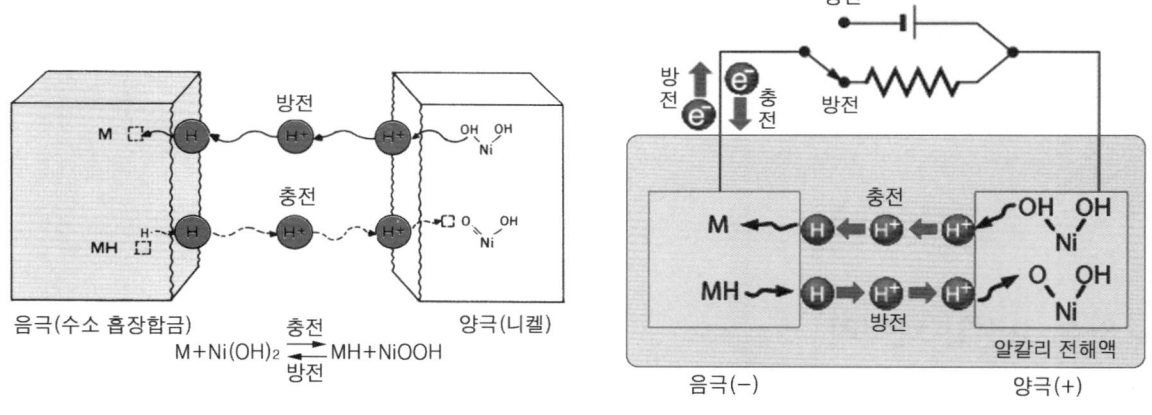

:: 니켈-수소 배터리

2) 리튬이온 Li-ion 배터리

리튬 이온 배터리의 양극은 리튬 금속산화물을 음극은 탄소질 재료, 전해액은 리튬염을 용해시킨 재료를 사용하며, 충전 및 방전에 따라 리튬이온이 양극과 음극사이를 이동한다. 발생 전압은 3.6~3.8V 정도이고, 에너지의 밀도는 니켈-수소 배터리의 2배 정도, 납산 배터리의 3배 이상이다. 같은 성능에서 체적을 1/3로 소형화하는 것이 가능하지만 제작비용이 높은 결점이 있다. 또 메모리 효과가 발생하지 않기 때문에 수시로 충전이 가능하며, 자기 방전이 적고, 작동 온도 범위도 −20~60℃로 넓다. 하이브리드 자동차를 비롯하여 대부분의 자동차에서 사용될 가능성이 높다.

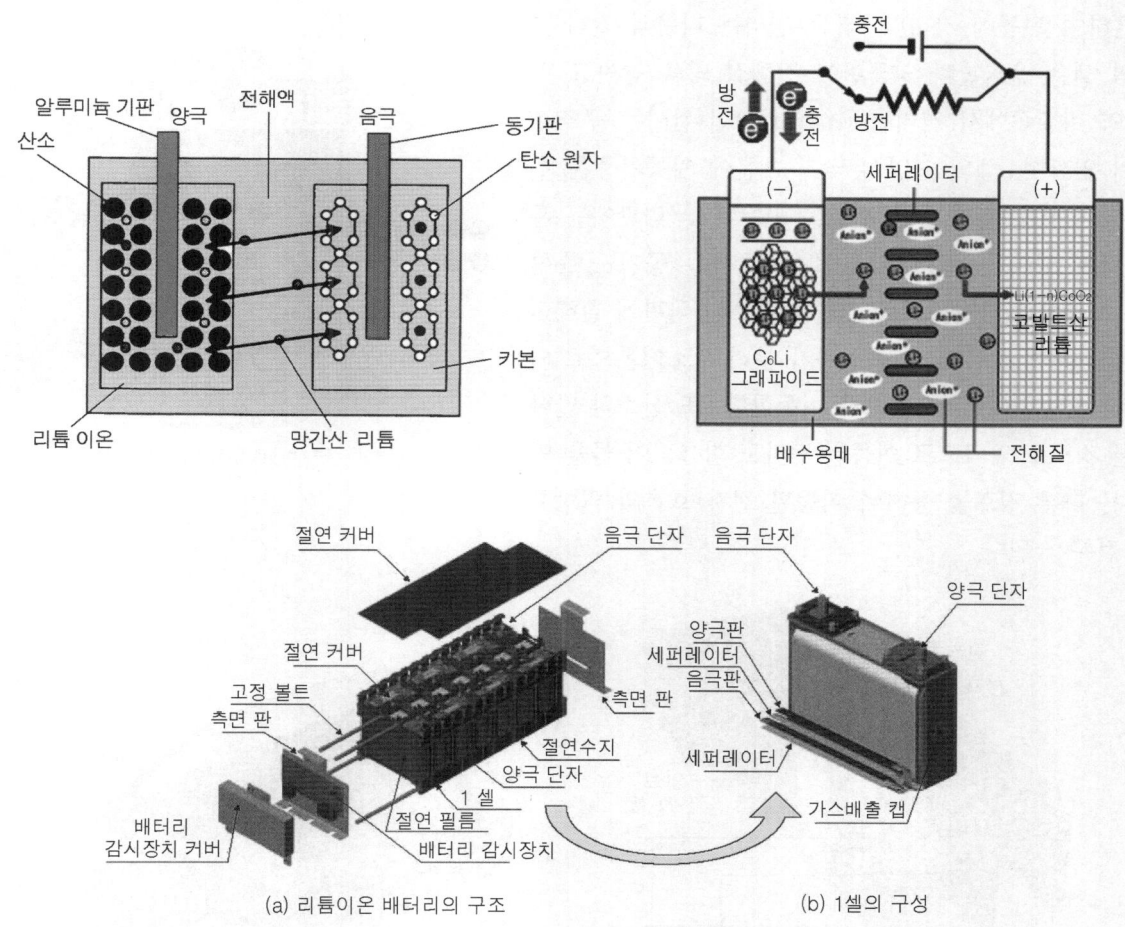

(a) 리튬이온 배터리의 구조　　　　　(b) 1셀의 구성

❖ 리튬이온 배터리

3) 니켈-카드뮴 Ni-Cd 배터리

니켈-카드뮴 배터리는 양극에 니켈계열을 물질, 음극은 카드뮴 계열의 물질, 알칼리 전해액을 사용하며, 셀당 전압은 1.2V 정도로 납산 배터리보다는 낮으나 수명에 영향을 미치는 충전 및 방전 횟수는 2배나 된다. 그러나 현재 자동차에서 사용되지 않는다. 니켈-카드뮴 배터리는 납산 배터리에 비해 유효 충전 및 방전 횟수가 많고 에너지의 밀도도 높기 때문에 한때 전기 자동차용 배터리축전지로 유력시된 적도 있으나 현재는 효율성이 높은 니켈-수소 축전지가 하이브리드 자동차용으로 더욱더 많이 사용된다.

4) 고체 고분자 연료전지 PEFC ; Polymer Electrolyte Fuel Cell

고분자 전해질(Polymer Electrolyte)을 사용하기 때문에 **고체 고분자형 연료전지**라고 부른다. 또 연료전지(fuel cell) 스택이라고도 부르기 때문에 전지라기보다는 발전기라고 부르는 것이 적당할지도 모른다. 연료전지는 고체 고분자 전해질에 순수한 불소를 통과시킬 때 공기 중의 산소와 화학반응을 하여 백금전극에 전류가 발생한다. 발전을 할 때에는 열을 발생하지만 물만 배출시킨다. 또 불소계열의 전해질 막에서 수소이온을 교환하는 기능을 지니고 있기 때문에 프로톤 교환 막(Proton Exchange Membrane)의 머리글자를 따서 PEMFC(Proton Exchange Membrane Fuel Cell)이라고도 부른다. 출력의 밀도가 높기 때문에 소형·경량화가 가능하며, 작동 온도가 상온에서 80℃까지이고, 기동·정지 시간이 매우 짧아 자동차 등의 이동용 전원이나 비상용 전원으로 주목받고 있다. 또 낮은 온도에서 작동하므로 전지 구성의 재료 면에서 제약이 적고 튼튼하여 진동에 강하다. 작동 원리는 다음과 같다. 1개의 셀은 음극판과 양극판이 전해질 막을 감싸고 또 그 양 바깥쪽에서 격리판(separator)이 감싸는 구조로 되어 있으며, 셀의 전압이 낮기 때문에 자동차용은 수백 장의 셀을 겹쳐 높은 전압을 얻는다. 격리판에는 홈이 파져 있어 (−)쪽에는 수소, (+)쪽에는 공기가 통한다. 격리판과 극판사이를 흐르는 수소는 극판에 칠해진 백금의 촉매 작용에 의해 전자가 분리 수소이온으로 되어 막을 통하여 양(+)극으로 이동한다. 또 산소와 만나 다른 경로로 양극으로 이동된 전자도 합류되어 물을 만든다. 다른 경로를 통하여 이동된 전자 흐름의 역방향이 전류가 된다.

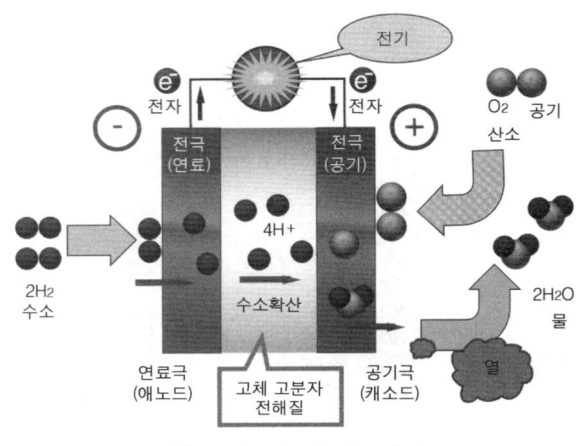

:: 고체 고분자 연료전지

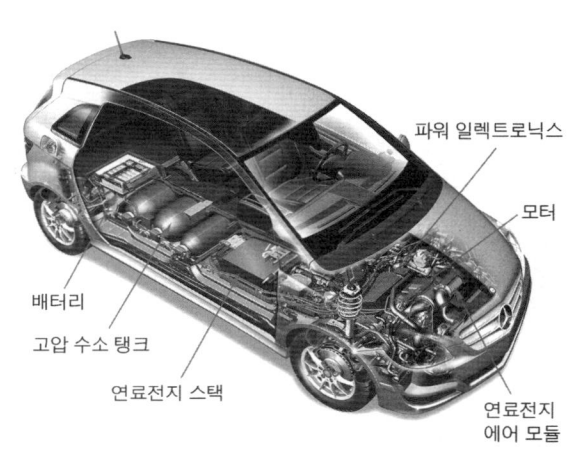

:: 고체 고분자 연료전지의 구조

:: 연료전지 자동차의 구성

3-5. 캐패시터 Capacitor

배터리는 원자와 분자로부터 분리된 전자가 음극에서 양극으로 이동하여 전기가 발생하지만 그 한편에서는 전자를 분리시킨 원자와 분자가 이온화 하여 음극에서 양극으로 이동한다. 이 양쪽의 이동으로 방전이 된다. 이에 비해 캐패시터는 배터리와 같이 화학반응을 이용하여 축전하는 것이 아니라 축전기(condenser)와 같이 전자를 그대로 축적해 두고 필요할 때 방전시킨다.

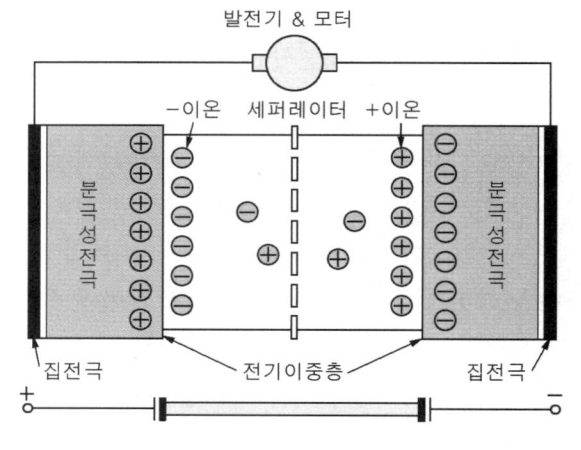

:: 전기 이중층 캐패시터의 기본 원리

3-6. 고전압 배터리 제어 장치 BMS ; Battery Management System

1 고전압 배터리 제어 장치의 개요

고전압 배터리 제어 장치(BMS ; Battery Management System)는 제어 모듈인 BMS ECU (Battery Management System Electronic Control Unit)와 파워 릴레이 어셈블리(PRA ; Power Relay Assembly)로 구성되어 있으며, 고전압 배터리의 SOC(State Of Charge), 출력, 고장 진단, 배터리의 균형(balancing)과 냉각, 전원 공급 및 차단을 제어한다.

파워 릴레이 어셈블리는 메인 릴레이(main relay), 예비 충전 릴레이(pre charge relay), 예비 충전 저항기((pre charge resistor), 배터리 전류 센서, 메인 퓨즈 및 안전 스위치로 구성되어 있으며, 부스 바 (bus bar)를 통하여 배터리 팩과 연결되어 있다.

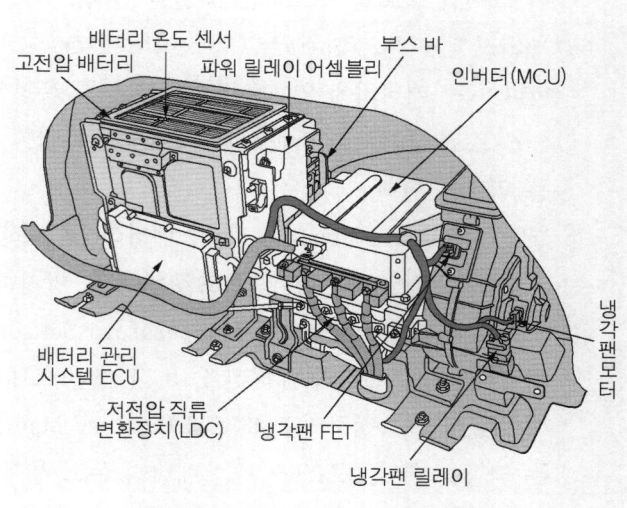

✲✲ 고전압 배터리 제어 장치의 구성도

전기 동력 장치는 직류(DC)의 고전압 배터리와 교류(AC) 3상 교류 동기 모터, 인버터(invertor), 저전압 전류 변환 장치(LDC ; Low DC-DC Converter), 케이블 등으로 구성되어 있다. 그리고 기존의 자동차에서 사용되었던 직류 12V 배터리의 경우 하이브리드 자동차에서는 보디(body) 전장부품이나 각종 제어용 ECU의 작동을 위한 전원으로 사용된다. 고전압 배터리 장치는 12V 배터리와는 완전히 분리된 독립적인 전원 장치이다.

2 고전압 배터리 제어 장치의 구성

① 파워 릴레이(PRA ; Power Realy Assembly) : 고전압 차단(고전압 릴레이, 퓨즈), 고전압 릴레이 보호 (초기 충전 회로), 배터리 전류 측정

② 냉각 팬 : 고전압 부품 통합 냉각(배터리, 인버터, LDC(DC-DC 변환기))

③ 고전압 배터리 : 출력 보조시 전기 에너지 공급, 충전시 전기 에너지 저장

④ 고전압 배터리 관리 시스템(BMS ; Battery Management System) : 배터리 충전 상태(SOC ; State Of Charge) 예측, 진단 등 고전압 릴레이 및 냉각 팬 제어

⑤ 냉각 덕트 : 냉각 유량 확보 및 소음 저감

⑥ 통합 패키지 케이스 : 하이브리드 자동차 고전압 부품 모듈화, 고전압 부품 보호

3 파워 릴레이 어셈블리 PRA ; Power Relay Assembly 의 기능

고전압 배터리의 기계적인 분리(암 전류 차단), 고전압 회로에 과전류의 흐름을 보호, 전장품의 보호(초기 충전회로 적용), 고전압 정비 작업자 보호를 위한 안전 스위치의 역할을 한다.

① 메인 릴레이(Main Relay) : 고전압 배터리의 (-) 출력 라인과 연결되어 배터리 시스템과 고전압 회로를 연결하는 역할을 한다. 고전압 시스템을 분리시켜 감전 및 2차 사고를 예방하고 고전압 배터리를 기계적으로 분리하여 암 전류를 차단한다.

② **프리 차저 릴레이**(Pre-Charge Relay) : 인버터의 캐패시터를 초기 충전할 때 고전압 배터리와 고전압 회로를 연결하는 역할을 한다. 초기에 콘덴서의 충전 전류에 의한 고전압 회로를 보호한다.

③ **프리 차저 레지스터**(Pre-Charge Resistor) : 인버터의 캐패시터를 초기 충전할 때 충전 전류를 제한하여 고전압 회로를 보호하는 역할을 한다.

④ **배터리 전류 센서**(Battery Current Sensor) : 고전압 배터리의 충전 및 방전시 전류를 측정하는 역할을 한다. 즉, 배터리에 입·출력되는 전류를 측정한다.

⑤ **안전 스위치**(Safety Switch) : 기계적인 분리를 통하여 고전압 배터리의 내부 회로를 연결 또는 차단하는 역할을 한다.

⑥ **메인 퓨즈**(Main Fuse) : 고전압 배터리 및 고전압 회로를 과대 전류로부터 보호하는 역할을 한다. 즉, 고전압 회로에 과대 전류가 흐르는 것을 방지하는 역할을 한다.

⑦ **배터리 온도 센서**(Battery Temperature Sensor) : 배터리 팩의 인렛 쿨링 덕트의 장착부에 설치된 1개의 인렛 온도 센서와 배터리 1, 3, 4, 5번에 내장된 4개의 모듈 온도 센서로 구성되어 있으며, 배터리 팩의 온도를 측정하여 BMS ECU(Battery Management System Electronic Control Unit)에 입력시키는 역할을 한다. BMS ECU는 배터리 온도 센서의 신호를 이용하여 배터리 팩의 온도를 감지하고 배터리 팩이 과열될 경우 쿨링 팬을 통하여 배터리의 냉각 제어를 한다.

⑧ **Y자형 콘덴서** : 고전압 배터리 관리 시스템에 입력 노이즈를 저감시키는 역할을 한다.

⑨ **부스 바** : 배터리 및 다른 고전압 부품을 전기적으로 연결시키는 역할을 한다.

⑩ **와이어 하니스** : 배터리 온도 센서와 인터페이스, 자동차와 고전압 관리 장치를 연결하는 역할을 한다.

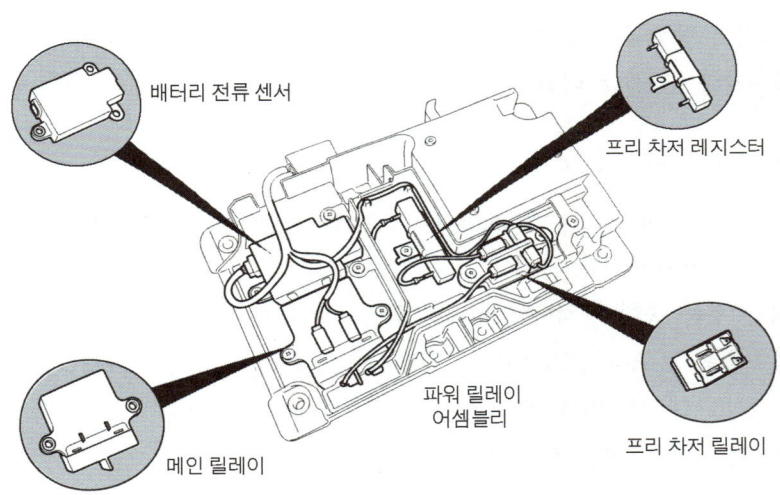

배터리 전류 센서

프리 차저 레지스터

파워 릴레이 어셈블리

메인 릴레이

프리 차저 릴레이

∷ 파워 릴레이 어셈블리의 구성도

4 고전압 배터리 냉각 시스템

고전압 배터리 냉각 시스템은 냉각 팬과 3개의 덕트로 구성되어 있고 냉각 팬은 모터, FET(Field Effective Transistor) 및 냉각 팬 릴레이로 구성되어 있다. 시스템의 온도는 배터리 팩 상단에 설치된 1개의 온도 센서와 1, 3, 4, 5번 모듈에 장착된 4개의 온도 센서 신호를 이용하여 BMS ECU에 의해 연산되며, 고전압 배터리 시스템이 항상 정상 작동 온도(-30~55℃)를 유지하도록 제어한다. 또한 냉각 팬은 자동차의 상태와 소음·진동 상태에 따라 8단계로 풍량이 제어된다. 고전압 냉각 시스템은 공랭식을 이용하며, 냉각 팬이 실내의 공기를 흡입하여 배터리 팩, 파워 릴레이 어셈블리, 인버터 및 저전압 직류 변환장치(LDC ; Low DC/DC Converter)로 구성된 통합 패키지를 냉각시킨 후 자동차의 밖으로 배출시킨다.

모터 냉각 장치

고전압 배터리 제어
모듈 냉각 장치

파워 일렉트로닉(인버터
컨버터 컨트롤러) 냉각 장치

:: 고전압 배터리 냉각장치

 **4** 하이브리드 자동차의 제어

4-1. 하이브리드 제어

1 하이브리드 제어의 개요

하이브리드 제어는 4개의 제어유닛[엔진 컴퓨터(ECU), 고전압 배터리 관리 장치(BMS), 모터 제어 컴퓨터(MCU), 변속기 컴퓨터(TCU)]을 포함한 하이브리드 자동차 전체의 장치를 제어하므로 각종 장치 및 제어 유닛의 상태를 파악하여 그 상태에 따라 가능한 최적의 제어를 실행하고 각종 제어 유닛의 정보를 이용하여 기능 여부와 신호의 수용 기능 여부를 적절히 판단한다.

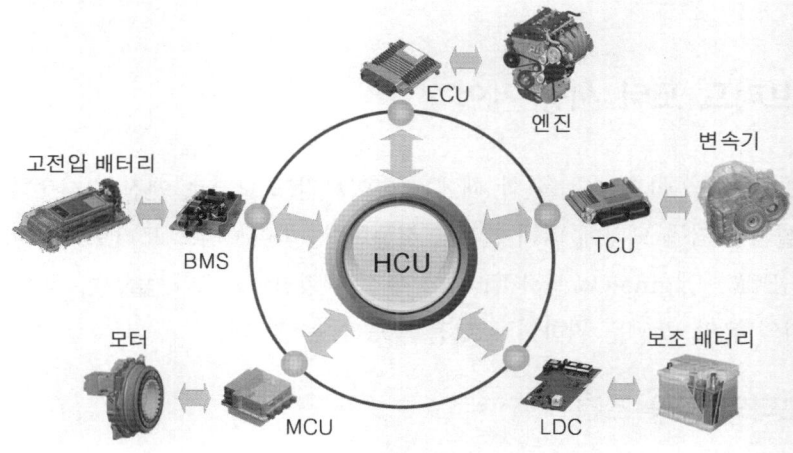

:: 고전압 배터리 냉각장치

2 하이브리드 자동차의 주행 모드

① **가속 및 등판 주행 모드** : 엔진에 큰 부하가 걸리는 가속 또는 등판 주행을 할 때 하이브리드 모터에서 동력을 보조하기 위하여 엔진과 모터가 함께 구동한다.

② **일반적인 주행 모드** : 출발 및 가속을 제외한 주행에서는 엔진으로만 구동된다.

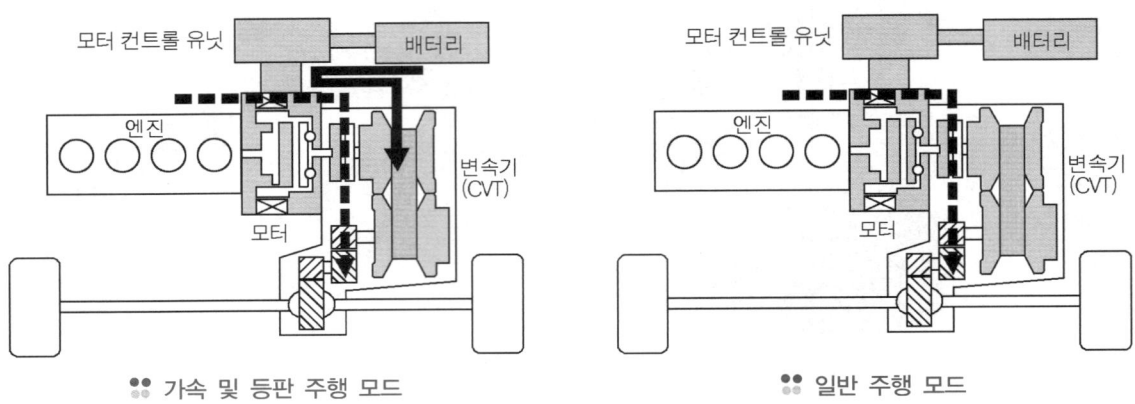

❖❖ 가속 및 등판 주행 모드 ❖❖ 일반 주행 모드

③ **감속 모드** : 제동장치 작동에 의해 발생하는 감속 에너지를 모터가 회생시켜 배터리를 충전한다.

④ **정지 모드** : 자동차가 정차 중일 때에는 엔진의 가동을 자동적으로 정지(Auto Stop)시켜 불필요한 연료 소비 및 배출가스를 감소시킨다.

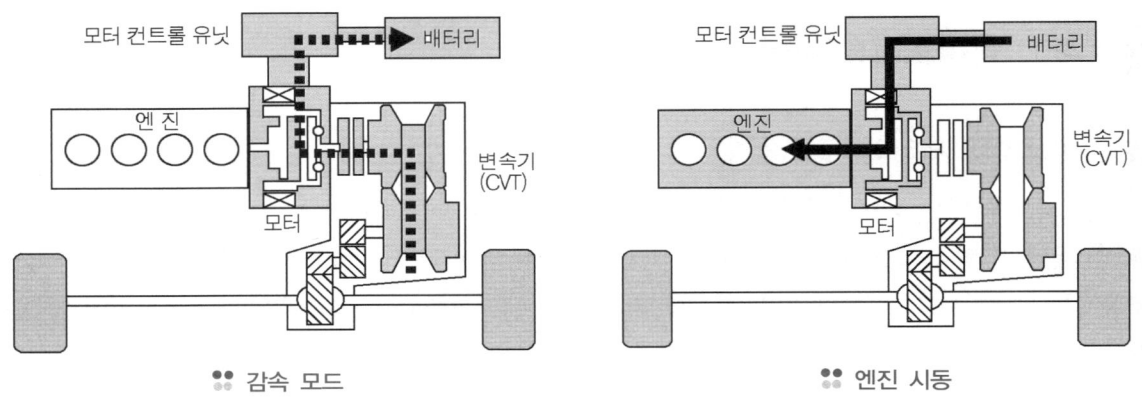

❖❖ 감속 모드 ❖❖ 엔진 시동

🌸 4-2. 하이브리드 모터 시동 제어

초기 시동 또는 Auto Stop 이후 시동을 할 때에는 하이브리드 모터로 엔진을 시동하며, 모터의 시동 금지 조건에서는 엔진에 설치된 기동 모터에 의해 엔진을 시동한다. 하이브리드 모터로 시동할 때 엔진의 공회전 속도는 엔진 제어 모듈(ECM, Engine Control Unit)에 설정된 회전속도보다 높으며, 장시간 Auto Stop 후 시동을 할 때에는 변속기의 유압 발생을 위하여 공회전 속도가 높아진다.

1 하이브리드 모터의 시동 조건

① 변속 레버의 P 또는 N 위치에서 점화 스위치를 이용하여 시동할 때

② Auto Stop이 해제되어 다시 시동하는 때

2 하이브리드 모터의 시동 금지 조건

① 고전압 배터리의 방전 제한 값, 모터의 방전 제한 값(엔진 시동 회전력 부족)일 때

② 고전압 배터리의 온도가 -10℃이하 또는 약 45℃이상일 때

③ 모터 제어 컴퓨터(MCU)의 인버터 온도가 94℃이상일 때

④ 고전압 배터리의 충전 비율이 25% 이하일 때

⑤ 엔진의 냉각수 온도가 -10℃이하일 때

⑥ 엔진 컴퓨터(ECU), 모터 제어 컴퓨터(MCU), 고전압 배터리 관리 장치(BMS), 엔진 제어 모듈(ECM) 등이 고장일 때

3 시동 회전속도

① 엔진 컴퓨터의 공회전 속도 이상으로 설정한다.

② 장시간 Auto Stop 후 시동을 할 때에는 회전속도를 높인다.

하이브리드 모터로 시동이 금지된 경우에는 점화 스위치를 이용하여 기동 모터로 시동을 하며, Auto Stop 중 시동 금지 조건이 발생하면 Auto Stop을 즉시 해제시키고 모터가 시동하도록 제어한다.

4 오토 스톱 Auto Stop

오토 스톱은 주행 중 자동차가 정차할 때 연료소비를 줄이고 유해 배기가스를 감소시키기 위하여 자동으로 정지시키는 기능으로 에어컨은 일정시간 유지된 후 정지된다. 오토 스톱이 해제되면 연료분사를 다시 시작하고 하이브리드 모터를 통하여 다시 엔진을 시동한다.

오토 스톱이 작동되면 경고 메시지의 오토 스톱 램프가 점멸되며, 오토 스톱이 해제되면 램프는 소등된다.

❖ 오토 스톱 램프

또 오토 스톱 스위치가 눌려 있지 않을 경우에는 오토 스톱 OFF 램프가 점등된다. 점화 스위치 IG OFF 후 ON으로 하면 오토 스톱 스위치는 ON이 된다.

1) 엔진 가동 정지 조건

① 주행속도 9km/h 이상으로 2초 이상 운행한 후 브레이크 페달을 밟은 상태로 4km/h 이하가 되면 엔진의 가동을 자동으로 정지시킨다.

② 정차상태에서 3회 까지 재진입이 가능하다.

③ 외부 공기의 온도가 일정온도 이상일 경우 재진입이 금지된다.

2) 엔진 가동 정지 금지 조건

① 오토 스톱 스위치가 OFF 상태일 때

② 엔진 냉각수 온도가 45℃이하일 때

③ 무단변속기 오일 온도가 -5℃이하일 때

④ 고전압 배터리 온도가 50℃이상일 때

⑤ 고전압 배터리 충전비율이 28% 이하인 때

⑥ 브레이크 부스터 압력이 250mmHg 이하인 경우

⑦ 가속페달을 밟은 때

⑧ 변속레버가 P, R 및 L 위치에 있는 때

⑨ 고전압 배터리 제어 시스템 또는 하이브리드 모터가 고장인 때

⑩ 급 감속할 때(기어비율 추정논리로 산출)

⑪ ABS가 작동할 때

3) 오토 스톱 해제 조건

① 금지 조건이 발생한 때

② D, N 또는 E 위치에서 브레이크 페달을 놓은 때

③ N 위치에서 브레이크 페달을 놓은 때에는 오토 스톱이 유지됨

④ 주행속도가 발생한 경우

✿ 4-3. 저전압 직류변환 장치 LDC ; Low DC-DC Converter

하이브리드 자동차는 보조(12V) 배터리를 충전하기 위하여 기존의 교류 발전기 대신 저전압 직류 변환 장치가 설치되어 있으며, 저전압 직류 변환 장치를 통하여 고전압 배터리 전원을 저전압(12V)로 변환하여 보조 배터리를 충전한다. 오토 스톱 모드에서도 배터리 충전이 가능하며, 교류 발전기보다 효율이 높고, 엔진의 동력 손실을 감소시킬 수 있어 연료소비율이 향상된다. 하이브리드 제어 유닛(HCU)은 저전압 직류 변환 장치의 ON, OFF 제어, 발전 제어, 출력 전압 제어를 수행한다.

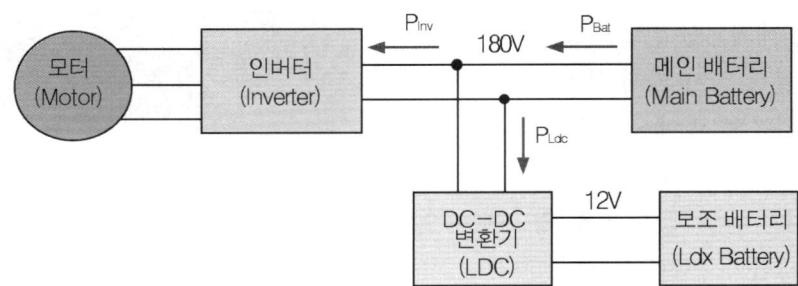

❖ 저전압 직류 변환 장치의 제어

사단법인
한국과학기술출판협회 회원사
Korea Science & Technology Publishers Association

저자약력 및 Q&A

유 재 복	〔現〕	한국폴리텍대학 창원캠퍼스
이 태 영	〔現〕	구미대학교 자동차기계공학과
채 수	〔現〕	오산대학교 자동차과
한 창 평	〔現〕	상지영서대학교 자동차과

그린 오토전기

초 판 발 행 | 2014년 2월 10일
1판9쇄발행 | 2025년 1월 10일

지 은 이 | 유재복, 이태영, 채수, 한창평
발 행 인 | 김 길 현
발 행 처 | ㈜ 골든벨
등 록 | 제 1987-000018호
I S B N | 979-11-85343-34-1
가 격 | 22,000원

이 책을 만든 사람들

교 정 및 교 열 | 이상호   디 자 인 | 조경미, 박은경, 권정숙
제 작 진 행 | 최병석   웹 매 니 지 먼 트 | 안재명, 양대모. 김경희
오 프 마 케 팅 | 우병춘, 이대권, 이강연   공 급 관 리 | 오민석, 정복순, 김봉식
회 계 관 리 | 김경아

⊕ 04316 서울특별시 용산구 원효로 245〔원효로1가 53-1〕 골든벨빌딩 5~6F
• TEL : 도서 주문 및 발송 02-713-4135 / 회계 경리 02-713-4137
       내용 관련 문의 02-713-7452 / 해외 오퍼 및 광고 02-713-7453
• FAX : 02-718-5510   • http : // www.gbbook.co.kr   • E-mail : 7134135@ naver.com